日本農学80年史

日本農学会編

養賢堂

日本農学会歴代会長

第1代　古在由直
(1929〜1934)

第2代　白沢保美
(1935)

第3代　安藤広太郎
(1936〜1947)

第4代　麻生慶次郎
(1948〜1949)

第5代　佐藤寛次
(1950〜1961)

第6代　平塚英吉
(1962〜1965)

第7代　住木諭介
(1966〜1969)

第8代　越智勇一
(1970〜1979)

第9代　松 尾 孝 嶺
（1980〜1983）

第10代　松 井 正 直
（1984〜1989）

第11代　尾 形　学
（1990〜1991）

第12代　高 橋 信 孝
（1992〜1997）

第13代　光 岡 知 足
（1998〜2001）

第14代　熊 澤 喜 久 雄
（2002〜2005）

第15代　鈴 木 昭 憲
（2006〜2009）

日本農学会加盟学協会一覧

園芸学会
漁業経済学会
(社)砂防学会
システム農学会
実践総合農学会
樹木医学会
植物化学調節学会
森林計画学会
森林立地学会
動物臨床医学会
日本育種学会
日本応用糖質科学会
日本応用動物昆虫学会
日本海水学会
日本家禽学会
日本魚病学会
日本国際地域開発学会
日本砂丘学会
日本作物学会

(社)日本蚕糸学会
日本雑草学会
日本芝草学会
(社)日本獣医学会
日本植物病理学会
日本森林学会
(社)日本水産学会
日本水産工学会
日本生物環境工学会
日本草地学会
(社)日本造園学会
(社)日本畜産学会
日本動物遺伝育種学会
(社)日本土壌肥料学会
日本土壌微生物学会
日本熱帯農業学会
日本農業気象学会
日本農業経営学会
日本農業経済学会

(社)日本農芸化学会
日本農作業学会
日本農薬学会
日本繁殖生物学会
日本ペット栄養学会
日本ペドロジー学会
日本木材学会
農業機械学会
農業施設学会
農業情報学会
(社)農業農村工学会
農村計画学会
木質構造研究会
林業経済学会
(社)林木育種協会

(50音順, 53学協会)

まえがき

　日本農学会は，2009年に学会創立80周年を迎えました．

　本会は，農学に関する専門学協会の連合協力により，農学およびその技術の進歩発達に貢献し，総合統一された農学の発展を目指す連合体として1929年に設立されました．1979年に学会創立50周年を祝してから既に30年が経過しましたが，この間に日本農学会および会員である各学協会は，それぞれ大きく変貌を遂げております．

　この30年間に，地球環境および資源の有限性が明白になり，いまや資源循環型社会の創造は全人類的課題となっておりますが，それは日本農学会の目指す農学の課題でもあります．今日では，農学研究の対象，領域も大きく拡大し，農林水産業に直接関係する学問分野のみでなく，人類の生存と福祉の向上に貢献することを究極の目標に，自然科学と社会科学の基礎から応用までの幅広い分野を包含する総合科学としての農学の発展と普及が期待されております．このような状況の変化に対応して，本会では従来の活動に加えて，シンポジウムの開催や，「シリーズ21世紀の農学」の出版等の諸活動を通じて農学の新しい課題に関する取組を強化して参りました．

　さらに，わが国の農学の研究の主な担い手である研究機関は，この30年間に大学も含めて，その機構，体制が大きく変化してまいりました．それらの変化は当然，各学協会や本会の活動にも大きな影響を与えております．

　日本農学会では，80周年記念事業として，この間における本会ならびに会員学協会の発展の足跡を記録にとどめ，農学の今後の発展に資することを期待して「日本農学80年史」を編纂出版することといたしました．2009年を一つの通過点として，100周年に向けて，日本農学会ならびに各学協会の活動が一層活性化し，農学研究が発展することを確信しております．

　おわりに，各加盟学協会には，本80周年記念事業に対しご理解を賜り，ご協力ご支援をいただきましたことに深く謝意を表します．また，困難な編纂事業にあたられた，日本農学会創立80周年記念事業実行委員会の山﨑耕宇委員長（東京大学名誉教授）をはじめとする委員ならびに事務担当の各位に，厚く御礼申し上げます．

　2009年10月

日本農学会　会長　鈴木　昭憲

凡　例

本書は以下の3編よりなっている．

第1編：わが国における農学の展開過程を，13の主要な研究領域に分けて概括している．各研究領域は第2編で取り扱う専門分野を，近縁関係をもとに便宜的にグループ別にまとめたもので，研究の性格上，複数の研究領域に及ぶ専門分野も少なくない．

第2編：日本農学会に加盟する50の学協会について，それぞれが取り扱う専門分野の発展を記述している．各専門分野は，第1編の13研究領域の順に配置し，またひとつの研究領域内では，原則として当該学協会の設立順をもとに記載している．なお加盟する50の学協会の概要は一覧表として第3編末尾にまとめてある．
　2009年度に新たに加盟した3つの学協会（実践総合農学会，日本ペドロジー学会，木質構造研究会）については，時間的にその発展史を第2編に収録することができなかった．そのため学会概要のみを第3編の一覧表末尾に追加するにとどめた．

第3編：日本農学会自身の発展史を略述し，あわせて関連資料を付表として示している

目　次

第1編　主要な研究領域の展開

第1章　生産植物学 …………………… 1
第2章　植物保護学・応用昆虫学 ………… 9
第3章　造園学・緑地環境科学 ………… 16
第4章　土壌環境科学 …………………… 21
第5章　農芸化学 ………………………… 25
第6章　森林科学 ………………………… 30
第7章　木材科学 ………………………… 37
第8章　水産科学 ………………………… 41
第9章　畜産学 …………………………… 47
第10章　獣医学 ………………………… 53
第11章　農業工学 ……………………… 59
第12章　農業機械・施設学 ……………… 68
第13章　農業の社会科学 ……………… 72

第2編　個別専門分野の発展

[生産植物学]
第1章　園芸学 …………………………… 77
第2章　作物学 …………………………… 85
第3章　育種学 …………………………… 91
第4章　草地学 …………………………… 97
第5章　熱帯農学 ……………………… 101

[植物保護学・応用昆虫学]
第6章　植物病理学 …………………… 104
第7章　応用動物昆虫学 ……………… 115
第8章　雑草学 ………………………… 121
第9章　農薬学 ………………………… 126
第10章　蚕糸学 ………………………… 130

[造園学・緑地環境科学]
第11章　造園学 ………………………… 136
第12章　芝草学 ………………………… 144
第13章　樹木医学 ……………………… 147

[土壌環境科学]
第14章　土壌肥料学 …………………… 149
第15章　土壌微生物学 ………………… 157
第16章　砂丘学 ………………………… 161

[農芸化学]
第17章　農芸化学 ……………………… 164

第18章　植物化学調節学 ……………… 172
第19章　応用糖質科学 ………………… 176

[森林科学]
第20章　森林学 ………………………… 180
第21章　砂防学 ………………………… 187
第22章　林木育種学 …………………… 190
第23章　林業経済学 …………………… 194
第24章　森林立地学 …………………… 197
第25章　森林計画学 …………………… 200

[木材科学]
第26章　木材学 ………………………… 203

[水産科学]
第27章　水産学 ………………………… 207
第28章　漁業経済学 …………………… 216
第29章　魚病学 ………………………… 220
第30章　水産工学 ……………………… 223

[畜産学]
第31章　畜産学 ………………………… 226
第32章　繁殖生物学 …………………… 233
第33章　家禽学 ………………………… 236
第34章　動物遺伝育種学 ……………… 240

［獣医学］
第35章　獣医学 ………………… 243
第36章　ペット栄養学 …………… 252
第37章　動物臨床医学 …………… 254

［農業工学］
第38章　農業農村工学 …………… 256
第39章　農業気象学 ……………… 263
第40章　生物環境工学 …………… 269
第41章　農村計画学 ……………… 274
第42章　システム農学 …………… 277

第43章　農業情報学 ……………… 280

［農業機械・施設学］
第44章　農業機械学 ……………… 284
第45章　海水学 …………………… 290
第46章　農作業学 ………………… 294
第47章　農業施設学 ……………… 298

［農業の社会科学］
第48章　農業経済学 ……………… 301
第49章　農業経営学 ……………… 306
第50章　国際地域開発学 ………… 309

第3編　日本農学会小史・資料

第1章　日本農学会小史 ………… 313
第2章　資料 ……………………… 323
1. 日本農学会名誉会員，歴代会長・副会長ならびに事務所所在地 …………… 323
2. 日本農学会加盟学協会の設立・加入等の動向 ………………………… 326
3. 農学賞および日本農学賞受賞総覧 …… 330

4. 日本農学会シンポジウム記録一覧 …… 344
5. 日本農学会規則 ………………… 352
6. 加盟学協会の概要一覧 ………… 355

実行委員会・執筆者名簿 ………… 375
あとがき ………………………… 376

第 1 編

主要な研究領域の展開

第1章　生産植物学

1．はじめに

　本項で対象とするのは，農作物，園芸作物ならびに雑草にかかわる研究領域で，かつて狭義の農学といわれた領域の主要部分である．ただしその後，農学が著しく専門分化してきたため，ここでは生産植物学の表題のもとに記述することにする．現在の学会でいえば，園芸学会，日本育種学会，日本作物学会，日本熱帯農業学会，日本雑草学会，日本草地学会の取り扱う領域を中心としているが，後述するように近年成立してきた多くの領域が，この狭義の農学から派生してきているので，ここではそれら領域の発展の経緯をも含めて記述することにする．

　そのような意味で本項では，約30年前に出版された「日本農学50年史」（養賢堂，1980）の主要部分をも参照しながら，やや総論的に記述していることをお断りしておく．

2．作物学・園芸学研究の系譜

　本論に入る前に，ここで取り扱われる「作物」なる用語について簡単にふれておく．農業の対象となる作物は農作物と園芸作物に大分類される．欧米流にいえば，前者は土地利用型の field crop であり，後者は労働集約型の garden crop である．農作物はさらに食用作物（イネ，ムギ類，イモ類，マメ類など），飼料作物（飼料用穀類，牧草類），工芸作物（センイ，油，糖などの加工に用いる作物），嗜好料作物（チャ，タバコ，コーヒーなど），薬用作物などきわめて多様に区分され，生育特性のみならず利用・加工の面でもまったく異なる植物群を包含している．園芸作物は果樹類，野菜類，花卉類に分類されるのが通例である．

（1）近代科学としての学術成立の経緯

　農作物や園芸作物についての知識体系が近代科学としての体裁を整えるのは，明治前期のこととされている．それまでのわが国では，中国農書の影響を受けながら，農業生産者の独自の経験が数々の農書や老農（篤農家）の知識として集積されており，遺伝学が未発達の段階にありながら，多くの作物品種が選び出されるなど，技術的にはかなり高い水準に達していたとみられる．これら伝統的ないわゆる本邦農学と明治初年に欧米諸国からもたらされた泰西農学との相克のなかから，近代科学の性格を整えた農学が誕生してきたとされている．

　新たな学術を担ったのは内藤新宿試験場（設立1872年，のちの新宿御苑），札幌農学校（同1876年），駒場農学校（同1878年）などで，内藤新宿では外来作物の導入・試作や初期の育種事業が，また札幌農学校では北海道農業の開発について，駒場農学校では耕地の土壌分析や施肥栽培試験が，それぞれ外人教師の指導のもとに始まっている．やや遅れて，初歩的な試験研究や教育を目指して，全国各地に勧業試験場や農学校が相次いで設立されているが，試行錯誤の状況にあって改廃されるものも少なくなかった．

　1886年に駒場農学校は東京山林学校と合併して東京農林学校となり，さらに1890年に帝国大学農

科大学（後の東京大学農学部）に発展するにおよんで，次第に新しい学術の体制が整備されてきた．農科大学には農学科（第1部農学，第2部農芸化学），林学科，獣医学科および実業者養成の乙科が設置されており，このうち第2部農芸化学は間もなく農芸化学科となり，農学科から独立している．

　1893年，農科大学には講座制が施行され，ここにわが国初の農学の分野区分が制度化される．すなわち農学科の講座体制を担当分野（カッコ内）とあわせて示すと，農学第1講座（栽培汎論），農学第2講座（作物学—農作物を対象），園芸学第1講座（果樹学，蔬菜学，花卉学），植物病理学講座，植物学講座，動物学・昆虫学・養蚕学第1講座（動物学・昆虫学），動物学・昆虫学・養蚕学第2講座（養蚕学），農林物理学・気象学講座（農業気象学）となっている．開学当初には学理を中心とする分野を設けるべきであるとする提言もあり，生物学関連の講座も設置されている．一時，理学系の出身者が講座を担当したり，理学系で研修を重ねた出身者もいた．また担当講座は不明であるが，昭和初期にいたるまで畜産学や農業工学の教育研究が農学科内で行われている．

　その後，農学第1講座の担当分野が農業経済・経営学に移行するに伴い，代わって栽培汎論を担当する農学第3講座が新設され（1923年），また園芸学第2講座が新設されて花卉学，造園学を担当することになった（1929年）．一方，外山亀太郎のカイコの遺伝学に端を発して動物学・昆虫学・養蚕学第3講座が新設され（1916年），のちに育種学講座になっている．これらの講座体制の概要は1990年代初頭の小講座制の廃止まで100年の長きにわたって維持されてきたが，このうち農学第2，3，園芸学第1，2，および育種学講座の担当するところが，本項で取り扱う領域とほぼ合致している．いわゆる種芸，園芸の領域である．

　このようにして発足した帝国大学農科大学農学科においては，上記の担当分野を基本的枠組みとして駒場農学校出身者を中心に研究教育が軌道に乗ってきたが，ほぼ同時に発足した農事試験場（1893年設立）においても，農科大学出身者が中心となって，重点のおき方に相違はあっても，ほぼ同様な分野別の試験研究が進められたと考えられる．またその後，1897年には京都帝国大学が設立され（それまでの帝国大学は東京帝国大学に名称変更），相次いで設立された各地の帝国大学においても，農科大学（1919年より農学部となる）の農学科の研究教育の分野分けは，東京帝国大学のそれに準ずるものであったとみられる．

（2）分野別学会の設立

　発足間もない駒場農学校で，外人教師の指導のもとに施肥試験や土壌分析の実験が早くから始められていたことは先に述べたが，やがてそれらの研究を発表する場を設けたいという機運が高まってきた．これに対応して駒場農学校と札幌農学校の出身者や在校生が中心となって1887年に農学会が結成され，機関誌農学会会報（後に農学会報と名称変更，1931年まで発行）が発刊され，研究発表の場とされるようになった．この農学会は現在，財団法人農学会として活動を続けており，日本農学会の発足とも密接に関係しているので，本書の「日本農学会小史」の項に記載されているところを参照されたい．

　上記した農学会には農学にかかわる多様な専門分野の研究者が参加していたため，時代の移り変わりとともに，それぞれの専門分野ごとに独自の学会を発足させて発表の機会を設ける動きが一般の趨勢となった．1910年代（大正時代）からの専門学会設立の詳細については本書の日本農学会小

史に付された「日本農学会加盟学協会の設立・加盟記録」を参照されたい.

　本項で対象とする作物・園芸領域についてみると，まず1915年には明治初年からの実績をふまえて日本育種学会が設立されている．ただしこの学会はその後まもなく，理学系の研究者と合同して日本遺伝学会を発足させて（1920年）発展的に解消している．ついで1923年には園芸学会が，また1927年には日本作物学会が設立され，これら2学会が1929年に発足した日本農学会に加盟することになった．新たに日本育種学会が設立されたのは1951年のことであり，農学領域での育種学の重要性が再認識されたことが契機になっている．

　学会の設立に関連して，東京大学農学部の学科構成の変遷について若干言及しておきたい．農科大学発足当時の3学科のうちの農学科から，まもなく農芸化学科が独立したことは先に述べた．その後，1919年には農学科に第2部が作られ，これが1925年に農業経済学科として独立している．また同じ1925年には農学科に農業土木専修が設けられ，1935年には農業土木学科（後の農業工学科）として独立している．さらに1944年には農学科に畜産学専修が設けられ，1946年には農科大学発足当時からあった獣医学科と統合して畜産学科が設置されている．

　いいかえればそれまでの農学科では，上記した専門分野が未分化の状態で研究され教育されていた，ということができよう．相前後して農業経済学会（後の日本農業経済学会）が1922年に，また農業土木学会（後の農業農村工学会）が1929年に設立されたのは，このような学術状況を反映しているとみられる（日本畜産学会の設立は1924年にさかのぼる）．

（3）明治中期から大正時代（1890～1925年）の研究の展開

　体制の整った大学や試験場では近代科学の方法にもとづいた研究が展開するようになったが，それまでの伝統的農法に学びこれを新しい手法によって検証しようという姿勢は必ずしも強くなかった．むしろ欧米的な農学理論や技術をわが国の農業に適用して解釈しようとする立場にたつ研究者が多かった．耕地の集中化が進んだこの時期は，篤農技術の担い手とも言うべき地主小作が減少し，生産の場から研究者に刺激を与える機会の減ったことが，このことに大きくかかわっているとされている．このような状況の中にあって農業の現場にしばしば足を運び，自ら開発した塩水選種法（1883年）を生産者との交流を通して普及させ，米の増産に寄与した横井時敬の存在は特異なものといえよう．

　一方この間，育種分野の研究は独自の展開を見せている．すなわち農事試験場の畿内支場（1903年設置）を中心とした育種事業においては，再発見されたメンデルの法則を背景に，主要作物であるイネ・ムギを手始めとして，純系分離法から交雑育種法へと理論的手法を適用し，多様な品種群を育成してきた．後年目覚しく発展する育種事業の基礎はこの時代に築かれたといってよかろう．かつて篤農家によって経験的に進められていた品種改良は，少なくとも米麦に関する限り農家の手から離れ，もっぱら官制の試験研究機関にゆだねられることになった．

　必ずしも直接農業に関係しないが，池野成一郎（農科大学植物学講座担当）および平瀬作五郎によるイチョウ，ソテツの精子の発見（1896年）は，近代日本初の生物学上の世界的業績として特記に値するであろう．

3. 社会状況の変動と研究領域・分野の発展

（1）日本農学会発足（1929年）の前後から太平洋戦争の終結（1945年）まで

　わが国はこの時代の末期に太平洋戦争の混乱に巻き込まれるが，本項で取り扱う生産植物の研究領域についてみると，この時代はこれまでの研究の蓄積の上に，生産の現場に即したわが国独自の研究が展開し，近代科学としての水準が達成された時代とされている．昭和初期の世界的な農業恐慌に見舞われた農村に対して政府が強い救援策を講じたことも，研究者の目が農村に注がれる一因になったと考えられる．

　稲作についてみると，塩入松三郎を中心とする土壌学者によって水田土壌における物質の動態が解明され，施肥方式や水管理の改善による秋落ち防止など，水稲の肥培管理技術に大きな指針が与えられた．

　北日本における水稲の冷害は，わが国の米の生産を大きく左右するものとして注目されてきたが，十分の科学的解析をみるには至っていなかった．イネの生育経過が綿密に調べられ，低温に敏感に反応する発育段階が特定され，冷害対策の策定に大きく貢献した．これらは，寺尾　博を中心とする農林省の研究グループによるところが大きいが，わが国初のファイトトロンもこの時に建設されている．作物の生育経過を詳細に観察する研究は，この時期にいろいろな作物で試みられているが，片山　佃によるイネ・ムギの分げつ発生の規則性に関する研究成果は特筆されるべきであろう．

　育種事業は明治以来，着実に進行していたが，この時期になると温度や光に対する品種の感応性が各種作物で明らかにされてくる．感光性や感温性などの品種生態の解明であるが，これによって品種の地域適応性が明らかにされ，また地域に適合した合理的な育種の指針も得られるようになってきた．この問題については，海外で明らかにされた光周性（1920年）や春化現象（1929年）の概念が大きな影響を与えている．

　以上は主として農林省の研究機関で行われた研究であるが，大学に目を転ずると，木原　均によるコムギ属のゲノム分析（1930～1940年）をはじめとして，各種作物の細胞遺伝学的研究など，質の高い基礎的な研究が展開している．

（2）太平洋戦争後10数年（1945～1960年）の研究の展開

　この時期は国をあげて戦後の復興に努めたきびしい時代であったが，一方，海外との新たな交流を契機として，その後の学術を発展に導いた多くの萌芽が形成された時代とみることもできる．以下，そのいくつかをその後の発展にも言及しながら記述することにする．

1）戦後の食糧増産研究

　これまでも見てきたように，作物研究は農業生産と密接に関係するため，生産を左右する折々の社会状況や農政の影響を強く受けながら展開してきた．太平洋戦争は農村における生産者の減少，資材の窮乏，輸入食糧の途絶などにより，破滅的な食糧の危機をわが国にもたらした．米を中心とする食糧の増産は，緊急に対処すべき国策のひとつとなり，研究者に課せられた大きな責務ともなった．この時期には，これまでの研究の蓄積をもとに多様な試みが実地に移された．1949年に朝日新聞によって始められ20年間続けられた「米作日本一表彰事業」は，とくに土壌肥料の研究者を中心

に研究者が現場に赴き，生産者と共同で施肥や水管理の改善など多収技術の開発に努めた点で特筆さるべきであろう．

また戦時中に生産者の手によって開発され，その後，研究者との共同で技術化した保温折衷苗代は，耐冷性の品種の開発ともあいまって，とくに北日本の稲作の安定化と増産に大きく貢献した．戦後復興してきた工業サイドからの化学肥料の供給は次第に潤沢となり，1955年には米の生産は戦前の水準を上回るまでに復帰した．

2）海外からの新知見や新素材の導入と新分野の展開

戦中から長期にわたって鎖国状況にあったわが国の学界に，戦争の終結とともに海外の斬新な学術情報が少しずつ流入し始めた．研究者は限られた場所（東京ではたとえばアメリカ文化センター）に送られてくる学術誌をむさぼり読んで，空白期に発見・発明された新知見の吸収に努めた．これらの知見から下記するような数々の新しい分野が展開することになる．

1934年のオーキシンの単離同定や1938年わが国の研究者によって結晶化されたジベレリンによって，植物ホルモンについての知識は次第に作物・園芸領域にもおよんできた．画期的であったのは1940年代半ばに導入されたホルモン型除草剤2，4-Dで，作物学や農芸化学の研究者によって研究会が設けられるとともに，現場での試験が開始されて一般への普及が始まった．研究会はやがて日本雑草防除研究会となり（1962年），さらに生態学研究者も加わって，日本雑草学会の結成をみるに至った（1975年）．雑草は病害虫と並んで，作物に危害を加える元凶であり，これに関する研究成果はそれまで主として日本作物学会に発表されていたが，新たな学会の設立とともに，研究者も成果の発表も新学会へ移行し，大学や試験場には，雑草を専門とする研究室や施設の新設が相次いだ．

植物ホルモンのもうひとつの利用場面はケミカルコントロールである．植物の成長や分化などにおよぼすその作用を活用するもので，その応用は園芸作物などの成長・繁殖・開花の調節など広範な場面におよんでいる．この面では園芸，作物および農芸化学の研究者によって植物化学調節学会が結成されている（1965年）．

戦後に導入された農業資材の代表はDDT，BHCや国産の有機水銀剤などの農薬であるが，作物栽培上に大きな影響をおよぼしたもうひとつは，農業用ビニルシートの導入で，これが園芸生産にもたらした効果は計り知れない．ビニルシートの農業利用は1952年ごろに始まったとされるが，米の増産が一段落し，国民の栄養向上の視点から野菜生産が注目され始めた時期と合致し，ビニル利用の施設・装置を中心に，その利用は生産のさまざまな場面で一気に広まった．こうした状況のもと1970年には園芸学，畜産学や農業機械学，農業工学の研究者が研究会を作り，農業施設学会の発足（1974年）をみている．

1950年代の後半には，各地の大学や試験研究機関に相次いでファイトトロンやバイオトロンの建設が始まっている．作物や家畜の生育と環境要因との関係をより精密に研究しようという期待から生まれたもので，作物・園芸・畜産研究者が農業気象学や農業工学の研究者と共同して，日本生物環境調節学会を創設している（1969年）．なお，この学会はその後設立された植物工場学会（1989年）と合併して日本生物環境工学会（2007年）となっている．

園芸作物と並んで，戦後国民の栄養向上の対象となったのは畜産物で，その飼料としての飼料作物が次第に注目されるようになった．飼料作物には食用にもなる穀類や豆類があるが，固有の役割

を果たすのは牧草類で，牧草を生産する草地の造成管理が畜産振興の一翼として注目されるようになる．このための研究会が組織され（1954年），ついで日本草地学会が設立された（1961年）．日本作物学会を主たる発表の場としていた草地や飼料作物の研究者は新たに設立された学会へと移行していった．

　戦後の作物栽培に変革をもたらした大きな要因のひとつは，機械力の導入である．それまで手労働を基本にしていた農作業方式は，新たに開発，供給されてくる作業機により一変してくる．次第に大型化していく機械を活用し労働の効率化を図っていくためには，個々の作業にとどまらず，農家経営を含めた総合的対応が必要となる．作物栽培や畜産の現場研究にたずさわる大学の付属農場や試験研究機関の研究者が共同して農作業研究会を設け（1961年），1965年には日本農作業学会を設立してこれに対応してきた．

　3）途上国との技術・学術の交流

　戦後の混乱が一段落した1949年，わが国はコロンボ計画に参加し，政府開発援助（ODA）の一環として，農業も含めた途上国に対する技術支援を開始した．研究者を含め多くの専門家が途上国に赴いて支援活動をはじめ現在に至っている．当初の海外技術協力事業団が1974年からは国際協力事業団（JICA，2003年から国際協力機構に変わる）に統括されて，これらの支援事業を支えている．この前後から農学研究者はさまざまな資金を得て，熱帯域の調査研究や途上国との学術共同研究に乗り出している．これら研究の発表の場として1957年に熱帯農業研究会が，さらに1965年にはこれが発展して熱帯農業学会（のちに日本熱帯農業学会に名称変更）が設立された．初代会長が元日本作物学会長であることに示されるように，当初，日本作物学会からの加入者が多かった．これらの研究を強化するために，1970年に農林省は熱帯農業研究センター（1993年，国際農林水産業研究センターに変わる）を設立した．大学の中には関連した研究室や施設を設けたところも少なくない．なお戦時中に設けられ，戦後消滅した熱帯農業学会は，上記の学会とは別の組織である．

（3）高度経済成長（1961〜1980年）下の研究の展開

　戦後10数年を経過してわが国の経済は発展の度を加速してくるが，ここでは日本農学会が創立50周年を迎えたころまでの，およそ20年間に重点をおいて記述を進めることにする．すでに述べたように，これに先立つ時期に萌芽的に始まった専門分野・領域は，この時期に分化・発展の度を高めていくが，その詳細は個々の分野や領域の記述に譲ることにする．ここでは領域全体の大きな流れと，これに影響をあたえてきた諸状況についてふれるにとどめておく．

　1）園芸・畜産領域の発展

　1961年に施行された農業基本法では選択的拡大部門として園芸と畜産をあげており，これに対応して農林省は大きな機構変革を行い，専門別の場所を設立している．園芸試験場や畜産試験場が独立して専門の試験研究を強化してくる．後者に関連しては，さらに草地試験場が設立され（1970年），それまでの個々の飼料作物中心の研究から，生態系生態学をも考慮した草地の研究へと，研究領域の拡大が志向されるようになった．

　米だけが重視されてきた戦後の研究状況は大きく変わり，前項で萌芽的と記述した諸技術の研究は一気に発展し実用化されていく．野菜の施設栽培，ケミカルコントロール，組織培養の利用など

がそれであるが，従来から続いている園芸作物の育種事業は，民間業者の参入のもと，一代雑種利用を含めさらに発展してくる．

2）イネに関する研究状況

戦後の生産者・研究者の活躍の成果として，わが国の米の総生産量は1962年に最高に達した．高収品種の育成，施肥法や土壌の改良などと合わせて，田植機など機械力の導入や土地基盤の整備が，効率的な高収量の達成に大きく寄与してきた．"農業の化学化，機械化，装置化，兼業化"といわれた時代の到来となる．作物の研究面では，光合成を基本とした物質生産の研究がもっとも活発化した時代が持続し，得られた個体群光合成の理論は国際面でも大きく貢献している．1960年代に発足した国際イネ研究所（IRRI）や国際とうもろこし・小麦改良センター（CIMMYT）などの国際的な研究機関には，わが国の研究者がそれら理論をたずさえて参加し，いわゆる"緑の革命"の達成に大きな役割を果たしている．一方，国内の光合成研究者は結集して国際学術連合の主催する国際生物事業計画（IBP）に参加し，世界の生物生産量の推定に活動するなど，国際的な活躍の場を広げている．

米の国内生産量は1960年代のなかばには飽和に達し，1970年には米の生産調整が実施されることになる．イネの研究は育種についても栽培管理についても，高収よりも高品質へと目標が変化してくる．

3）農学をめぐるその他の状況変化

カーソンの「サイレント・スプリング」（1962年）に描かれた農薬の災禍は次第にわが国にも広がり，1970年前後には農薬害を含め各種公害が社会的問題を提起するに至ってくる．作物栽培における農薬使用に規制がかかり，低毒性農薬の開発使用が推奨され始めるのは1970年である．このような状況を反映して，民間には日本有機農業研究会が発足し（1971年），その後1999年には日本有機農業学会に発展する（ただし日本農学会には加盟していない）．

DNAの構造解明（1953年）からかなりの歳月をへて，1970年代に入ると遺伝子導入技術の開発など，その実用化への試みが実り始めてくる．関連する各種の実験機器が開発され，基礎および実験生物学領域は大きな発展の時期を迎える．コンピューターの発達やソフトの開発など，情報科学を支える基盤も整い始めてくる．

この時期の大学に目を転ずると，米不足が解消された時期を境に，農学部への学生の入学志望者が急速に減少してくる．農芸化学科のように志望のほとんど減らない学科に対して，農学科の落ち込みはかなりの状態に達している．1970年前後から，多くの大学で学部や学科の名称変更が行われているのは，このような状況と無関係ではなかろう．「農」の代わりに「生物」，「生産」，「資源」，「環境」などの文字が付された学科名が多く見られるようになっている．それとともに，近代的機器をそなえた実験室が整備され，学生も教師も実験室的研究に熱中する傾向が高まってきた．「農」離れが着実に進行し，農村の生産現場に足を運ぶ研究者は少なくなってきた．

（4）1980年より現在までの研究状況

前項までに当該領域の専門分野が多様に分化発展してきたことを述べた．それら細分化した分野のその後の研究の発展はきわめて多岐にわたっているので，別途，各論で述べられるところに譲りたい．ここでは研究を規定してきた周辺状況の主要点を指摘するにとどめたい．問題のほとんどは

世界規模で進行しており，農学諸領域には，以前にも増して緊急性と重要性が要請されている．

1）持続的農業の推進

1985年アメリカ政府は低投入持続的農業（LISA）の推進を公表した．これまでの農業が肥料や農薬など多量の物財の投入の上に立っており，環境の持続的維持が困難になるとの危機感にもとづく提言である．事態はわが国もまったく同様であり，農林水産省は持続農業法を制定して（1999年）対応に取り組んでいる．ただし農業環境や農業生態系を維持保全することは，個々の専門分野だけでの研究で解決できるほど単純な問題ではない．農業生態系での物質循環やエネルギーの流れを総合的に把握しながら，個々の場面に対処していく必要があろう．

農学における総合化の必要性は古くから唱えられ，1960年代には総合農学科を設けた大学もみられたが，方法論の検討の不十分さの故か，その実を発揮しないままに終わっている．農業の現場を生産要素の統合されたひとつのシステムとしてとらえ，システム論的に追求しようとして設立されたのがシステム農学会（1999年）である．その他，各専門分野で行われつつある総合化の試みに期待したい．

2）地球環境劣化への対応

人間活動が環境に及ぼす悪影響は，20世紀の後半から次第に顕在化し，当初の局地的な公害規模から地球規模にまで拡大している．温室効果ガスによる地球温暖化はその最たるもので，水循環の変調などによる各種災害が頻発する一方，作物栽培の適地の高緯度地域への移動など，農業面においても目にみえる変化が実感されるまでになっている．暑さや乾燥などのストレスに対する育種的，栽培的対応や環境修復へ向けての研究が進みつつあり，その成果が期待される．

3）世界に広がる食料危機への対処

上記した世界的な環境変動とも関連するが，世界的な人口増と食料需給のアンバランスから，とくに途上国の食糧危機が懸念されるようになった．経済格差による食料資源の偏在が大きな要因であるが，食料資源をバイオエネルギー資源として変換活用しようとする動きが，事態を一層深刻化させている．

これらは地球環境の問題とともに，世界各国首脳の担うべき最重要の政策課題でもあるが，それをおいても世界における食料生産は，有効な土地資源の枯渇や既存の耕地の劣化などにより楽観を許さない状況にある．持続的農業生産の発展を考えれば，食料危機は従来型の化学化や機械化一辺倒の方式で解決できる問題ではない．ひるがえってわが国では，食料自給率が40％を割って輸入食料依存が高まる中，水田の3割以上が作付け制限されて遊休地が増加している．これらの閉塞的状況をいかに解決すべきか，研究者も十分考えねばならない．

4）遺伝子工学の研究状況

1994年にアメリカで遺伝子組み換えトマトの販売が始まり，遺伝子組み換え作物（GMO）の実用化が口火を切った．以来，アメリカを中心にGMのトウモロコシやダイズの栽培が飛躍的に発展し，従来これに消極的であったヨーロッパ諸国でも，解禁の動きが出始めている．

ひるがえってわが国の状況を見ると，本書の各専門分野の記載に見られるように，20世紀後半からあらゆる分野で，遺伝子工学の手法による研究が展開し，それぞれに成果をあげてきている．GMOについても，画期的なアイデアをこめた新品種の作出が可能とみられている．これらのアイデ

アの中には，上記した地球環境問題に対処する手段として活用できるものも少なくない．しかしGMOに対する社会の抵抗はわが国ではとくにきびしく，実用化のための野外実験は未だほとんど実施に移されていない．欧米の研究に10年以上の立ち遅れがみられると嘆く研究者もいる．

5）研究教育環境の現状と問題

1970年代に経済のグローバル化が進むとともに，経済以外のいろいろな場面でグローバル・スタンダード（実はアメリカ中心の基準）にもとづく評価が一般化してきた．自由競争を旗印にした評価基準は学術の世界にも取り込まれ，以後，研究者は研究業績がきびしく評価され，その結果は人事管理の面にもおよぶことになった．2004年に国立大学の法人化が進むと，大学自身の評価やランク付けまでも行われるようになっている．

研究業績が評価されること自身は当然のことであるが，問題は評価基準がもっぱら学会誌（知名度の高い）に掲載された論文数によっているのが現状となっている．近年の学術論文に共著者の数が多く，短期で完結する実験室的内容のものが多いのは，このような状況と無縁ではあるまい．本項で取り扱う生産植物学の領域には，一方で遺伝子工学的な実験的研究もあるが，一方には長期にわたって現場で検証を繰り返すフィールド研究もあり，研究評価は単純な基準では律しえないことに注意すべきであろう．また同じ理由により，国内誌より欧米誌を重視する傾向は，国内学会の存立にも影響する重大事と考えられる．

日本農学会が創立50周年を記念して発刊した「日本農学50年史」の第1編では，「日本農学研究を推進したもの」と題して，研究者がいかに農業の現場や生産者と交流してきたかにひとつの焦点が当てられている．本項でも明治以来，そのような研究者と現場との接点が何度かあったことを記してきた．現在の状況は，この接点がふたたび遠くなりつつあることを示しているのではなかろうか．

（山﨑耕宇）

第2章　植物保護学・応用昆虫学

1．植物保護学の意義と関連学会

植物保護学は，各種の農作物，園芸作物，樹木などを中心に地上のあらゆる高等植物を対象として，それらの病害虫や雑草などによる被害を防ぐことによって，農業生産の安定と生態環境の保全に寄与することを目的とした基礎と応用の総合科学である．その中核をになう学会は，日本植物病理学会，日本応用動物昆虫学会，日本雑草学会，日本農薬学会の4学会である．日本植物病理学会は1916年に，日本応用動物昆虫学会は1938年設立の日本応用昆虫学会を経て1957年に，日本雑草学会と日本農薬学会は1975年に，各々設立され，それぞれ，わが国の病害防除，虫害防除，雑草防除，薬剤防除の技術の発展に中心的な役割を果たしてきた．植物保護学領域には以上の4学会に加えて，日本線虫学会，植物化学調節学会（除草剤関係），日本育種学会（耐病性育種関係），日本森林学会（旧日本林学会；森林保護学・樹病学関係），樹木医学会，日本草地学会（牧草病害虫関係），日本芝草学会（芝草病害虫関係），日本土壌微生物学会（土壌病害関係），日本農芸化学会（農薬関係），日本菌学

会，日本ウイルス学会，日本マイコプラズマ学会（ファイトプラズマ関係），日本植物生理学会（植物感染生理学関係），日本植物細胞分子生物学会（旧日本植物組織培養学会；植物バイオテクノロジー関係），日本昆虫学会 など，農学以外の分野も含めて数多くの学会が関係している．ここでは，わが国における植物保護学全体の歴史と主要な成果を概観した後，植物保護学の現在の課題と展望についてふれることにしたい．なお，広域にまたがる本研究領域の性質上，他の関連研究領域・専門分野での記述と一部重複するところがあるが，その点はご容赦いただきたい．

2．わが国における植物保護学の歴史と主要な成果

植物保護に関係する主要な学問は，植物病理学，応用昆虫学（害虫学），雑草学および農薬学である．植物病理学の開祖は1861年にジャガイモ疫病菌を発見したドイツの A. de Bary とされるが，この学問が日本に導入され，やがて植物病理学の講義が白井光太郎によって東京農林学校（前駒場農学校，現東京大学農学部）で，続いて宮部金吾によって札幌農学校（現北海道大学農学部）で開講されたのは，それぞれ1886年（明治19年）と1889年（明治22年）のことであった．1906年（明治39年）には東京帝国大学農科大学（現東京大学農学部）に，翌1907年（明治40年）には東北帝国大学農科大学（現北海道大学農学部）に，それぞれ植物病理学講座が開設された．やがてこの2講座を源流として，各大学の農学部や農林専門学校，農商務省（現農林水産省）および各県の農業試験場などの試験研究機関において，わが国独自の植物病理学研究が大きく発展するに到った．害虫学の基盤を築いたのは1860年に「農園の害虫」を著した英国の J. Curtis とされるが，わが国では欧米から輸入された昆虫学とわが国独自の養蚕学を基礎とした応用昆虫学関係の講座が，1893年（明治26年）に佐々木忠次郎および石川千代松によって帝国大学農科大学（現東京大学農学部）に，続いて1894年（明治27年）に松村松年によって札幌農学校（現北海道大学農学部）にそれぞれ開設された．その後，各帝大，農事試験場，農林専門学校など農学分野を中心に昆虫学の講座や研究室が設けられた．わが国の雑草学は1910年（明治43年）に東北帝国大学農科大学の半澤 洵が著した大著「雑草学」を始点とする．一方，わが国で病害虫防除のために農薬が使用され始めたのは1890年頃からであるが，初の農薬化学講座が京都大学に設置されたのは1947年（昭和22年）であった．

明治から大正末期に至る植物保護学の草創期（1886～1925年）には，病害の研究は主としてイネいもち病菌をはじめとする各種病原菌の分類・同定と生活史の解明で，これによってわが国の植物病理学の基礎が確立された．1895年にはイネ萎縮病がツマグロヨコバイによって伝搬されることが示され，ウイルスの虫媒伝染についての世界最初の発見となった．昆虫学の初期の研究は分類学や形態学が中心であった．農薬は当初いずれも無機化合物や植物由来の殺虫成分に限られ，先進国から導入された農薬についての実用化技術の開発が主であった．1914年にはわが国の植物検疫事業が開始された．

昭和前期（1926～1945年）には，イネの病害虫の生理生態，病原菌の寄生性の分化，病態解剖などに関する研究が本格化した．病害防除には種苗消毒，薬剤散布などが重視された．1926年にイネばか苗病菌によるイネの異常徒長症状の原因が明らかにされ，後のジベレリン単離の端緒となった．1932年，デリス根の殺虫成分ロテノンの化学構造が決定された．1933年にはイネ萎縮ウイルスのヨ

コバイによる経卵伝搬が証明された．一方，ニカメイガの走光性の研究が誘蛾灯による防除や発生予察への利用につながった．1941年以降，病害虫発生予察と早期発見が国家事業として開始され，都道府県の病害虫研究レベルの向上に貢献した．

　昭和中期（1946～1960年）には，イネ早期栽培，野菜施設栽培の普及などにより病害虫の発生様相が変化した．病害では，多数の病原ウイルスについて，接種試験や血清反応を用いた同定と媒介生物に関する研究が急速に進んだ．一方，各種病原菌の代謝生理学的研究や感染生理・生化学的研究が台頭するとともに，系統類別やレース検定も盛んに行われた．1940年代後半から1950年代は有機合成農薬の発展期であり，DDTやBHCなどの有機塩素剤，パラチオンなどの有機リン剤，および有機水銀剤が続々と発見され，わが国にも導入された．また，除草剤2,4-Dによる雑草の化学的防除が本格的に始まり，わが国の雑草学も広範かつ組織的に展開されるようになった．

　昭和後期（1961～1980年）には，電子顕微鏡観察法と生化学的実験法の進歩によって，植物ウイルスの分類・同定研究が隆盛を極めるとともに，イネ萎縮ウイルスの粒子と核酸の構造やイネ縞葉枯ウイルスの糸状粒子などが明らかにされた．また，各種植物病原菌類でも多くの菌類ウイルスが見出された．ウイロイドによる病害がホップ，リンゴ，カンキツなどで発見される傍ら，1967年にクワ萎縮病などの病原がファイトプラズマであることが世界に先駆けて発見された．また1969年以降，各種植物プロトプラストによるウイルス感染実験系が開発され，これを用いて種々のウイルスの感染・増殖過程が明らかにされた．植物プロトプラスト技術は，やがて細胞融合法や直接遺伝子導入法の開発にも繋がり，広く世界に普及するに到った．一方，ジャガイモをはじめとする各種栄養繁殖作物の茎頂培養によるウイルスフリー株の作出が事業化され，弱毒ウイルスも防除に実用化された．イネ縞葉枯病に対する抵抗性品種の育成にも成功した．イネいもち病菌では完全世代が初めて確認される一方，イネ9品種を判別品種とするレースの類別方式が考案され，以後のいもち病抵抗性イネ育種に大きく貢献した．イネ白葉枯病菌や *Rhizoctonia solani* などでもレースあるいは菌糸融合群が類別された．また，ナシ黒斑病菌とリンゴ斑点落葉病菌からは宿主特異的毒素が見出された．一方，菌類の胞子形成を阻害する近紫外線除去フィルムが防除に応用された．虫害では，ニカメイガ，ツマグロヨコバイ，ヨトウ類，ハダニなどの害虫化，1974年以降のアザミウマ類，サビダニ類，ゾウムシ類，ハモグリバエ類，コナジラミ類などの侵入定着など，害虫相も著しく変わった．森林害虫では，1971年，マツノザイセンチュウをマツノマダラカミキリが伝搬することが判明して，殺虫剤などによる防除研究が着手された．一方，1972年にジャガイモシストセンチュウが北海道で確認された．生態学分野ではニカメイガをはじめとする各種害虫の個体群動態研究が進められた．1967年，洋上における大群のイネウンカ類の発見は，海外飛来説を実証する画期的発見であった．他方，農薬による殺虫機構や抵抗性発達の機構，作物の耐虫性などの生理学的研究が大きく前進した．1972年にはハマキ類の性フェロモン成分が世界ではじめて証明され，以後，ホルモンやフェロモンなどの生理活性物質が次々と構造決定されるとともに，発生予察や交信撹乱による防除への応用が試みられた．1968年にミカンコミバエの雄除去法が開始され，1986年には南西諸島から一掃された．また，1975年から不妊化雄成虫の大量放飼によるウリミバエの根絶試験が開始され，1993年に南西諸島全域から根絶された．これは20世紀応用昆虫学の最大の成果と言える．雑草害では，雑草の適応と変異，環境中での除草剤の挙動の解析などを重点とした研究が展開された．農薬分野で

は，1960年代に大学の農薬学講座や研究施設の新設，理化学研究所の農薬研究部門の新設などが次々と実施された．また，多くの大手化学工業企業が農薬の創製，生産に参画し，スミチオン，ブラストサイジンS，カスガマイシンなどが国産農薬として始めて登場した．1970年代になると，農薬の残留基準や安全使用基準が定められるとともに，残留性や毒性の高いいくつかの農薬は使用が禁止された．一方，新規薬剤に対する耐性菌が出現して問題となり，他薬剤との交差耐性などについて研究された．

　1981年以降，現在に至るこの約30年間（1981～2009年）は，分子生物学や遺伝子工学の飛躍的な進歩に伴って，植物病理学では，病原体ならびにその宿主との相互作用に関する分子レベルでの理解が急速に進み，分子植物病理学の時代が到来した．一方，周年栽培の普及や輸入の拡大などに伴って，トマト黄化葉巻病，ウリ類果実汚斑病，カンキツグリーニング病などの新病害がわが国に侵入した．ウイルス病では，イネ萎縮ウイルス，イネ縞葉枯ウイルス，ムギ類萎縮ウイルス，オオムギ縞萎縮ウイルス，ビートえそ性葉脈黄化ウイルス，温州萎縮ウイルス，リンゴクロロティックリーフスポットウイルス，ダイズ退緑斑紋ウイルス，ホップわい化ウイロイド，リンゴさび果ウイロイドなど数多くの植物ウイルスやウイロイドでゲノムの全塩基配列が決定されるとともに，タバコモザイクウイルス，ブロムモザイクウイルス，キュウリモザイクウイルスなど各種ウイルスの複製・移行・病徴発現機構や植物のウイルス抵抗性機構が，ウイルスならびに宿主に由来する分子間の相互作用として，詳細に解析された．ウイルスの動態解析のためのGFPマーカーによる生細胞観察法やウイルスRNAの転写・複製・翻訳のための無細胞実験系も開発され，感染性トランスクリプトあるいは感染性cDNAがウイルス遺伝子の機能解析に広く利用されるようになった．また，根頭がん腫病菌のTiプラスミドや植物ウイルスをベクターとする植物への遺伝子導入法が開発され，植物のRNAサイレンシング機構を利用したウイルス抵抗性組換え植物などが作出される一方，ウイルス誘導型ジーンサイレンシング（VIGS）による植物遺伝子のノックダウン法も確立された．さらに，従来のELISA法に加えてDIBA法やRIPA法などのウイルスの簡易免疫診断法が開発され，PCR法などによる遺伝子診断法とともに広く利用されるようになった．細菌病および菌類病では，ジーンターゲティング法やDNAマイクロアレイによる網羅的発現解析法などの進歩によって，各種の病原性関連遺伝子あるいは抵抗性関連遺伝子の単離とそれらの構造ならびに発現の解析がなされるとともに，種々の毒素，エリシターあるいはPAMPs，サプレッサー，エフェクター，レセプター，ファイトアレキシン，PRタンパク質などの探索とそれらの構造ならびに相互作用の解析，感染器官の分化・形態形成機構の解析，病原性発現や感染応答に関わる細胞膜ATPase，cAMP，カルシウムチャンネル，MAPキナーゼカスケード，各種の転写因子など一連のシグナル伝達系の解析，過敏感細胞死に関与するオキシダティブバーストやプログラム細胞死現象の発見，全身獲得抵抗性の誘導と発現に関わるサリチル酸，ジャスモン酸，エチレンの作用機構の解析などが進み，感染特異性の決定や病原性と抵抗性の発現における遺伝子応答機構の解明への道が拓かれた．1990年代以降，ファイトプラズマの全ゲノム解読に世界に先駆けて成功する一方，イネ白葉枯病菌の全ゲノム解読も日本から発信された．また，タバコ野火病菌のタブトキシン解毒酵素遺伝子を導入した世界で最初の細菌病抵抗性組換え植物が作出され，さらに，植物の溶菌酵素遺伝子を導入した菌類病抵抗性組換え植物も開発された．一方，菌類が示す薬剤耐性の機構について，薬剤標的遺伝子の変異や高発現，

ABCトランスポーターの関与など，分子レベルでの解明がなされた．害虫分野では，1980年から90年代にかけて，チョウ目，コウチュウ目，カメムシ目の性誘引フェロモンが同定され，それらの工業的合成法と徐放性製剤の開発により，交信撹乱法による防除が実用化されるに至った．1983～1987年に，イネウンカ類，コブノメイガ，アワヨトウ，コナガ，ハスモンヨトウなどの生理生態的特性，地理的変異などの解析と移動追跡・予知技術の開発が行われ，2004年には総合的害虫管理（IPM）マニュアルが公表された．また，リモートセンシングやコンピューター解析による高精度の病害虫発生診断・予測システムも開発された．森林虫害では，クリタマバチの被害が抵抗性品種への転換によって終息した．雑草分野では，農林水産業での雑草害の評価，雑草の個体群生態の解析，化学物質に対する植物の生理・生化学的反応の解析などを通じた選択性と作用点に関する研究が新規除草剤の開発と実用化に寄与し，化学的雑草防除技術が定着した．1982年以降，多種の雑草を同時に防除する混合剤「一発処理剤」，1キロ粒剤，フロアブル，顆粒水和剤，ジャンボ剤などの新たな剤型が開発・実用化され，省力化に大きく貢献した．畑作や草地・樹園地の雑草生態と防除に関する研究，帰化雑草の生態と防除に関する研究も進展した．一方，1980年代にパラコート剤，1990年代にスルホニルウレア系剤に対する雑草の抵抗性生物型が見いだされ，その発現実態や遺伝様式が研究された．アレロパシーに関しては，プラントボックス法やサンドイッチ法などの簡易な検定手法が開発され，膨大な数の植物種の活性の検索，候補物質の同定が実施された．雑草の持つ生物的特性を不良環境下での緑化や修復などに利用する研究でも多くの成果があげられた．農薬では，1980年以降，選択性が高く低薬量で効果を発現する薬剤とともに，抵抗性誘導剤（プラントアクチベーター），ベンゾイルウレア系化合物，ジベンゾイルヒドラジン系化合物など，従来とは全く作用機構を異にする農薬が出現した．また，スルホニルウレア系除草剤の開発により，除草剤投下量や投与回数も減少した．1990年代以降になると，微生物農薬や天敵農薬など生物農薬の開発が活性化し，また，植物生育促進性微生物（PGPR, PGPF）や内生微生物を用いた拮抗作用もしくは植物への抵抗性誘導の研究も活発となり，バイオコントロール（生物防除）が時代の脚光を浴びるようになった．現在，微生物農薬では，病害用のズッキーニ黄斑モザイクウイルス（ZYMV）弱毒株，*Agrobacterium radiobacter*, *Bacillus subtilis*, *Pseudomonas fluorescens*, 非病原性 *Erwinia carotovora*, *Trichoderma atroviridae*, 非病原性 *Fusarium oxysporum*, 害虫用のチャハマキ顆粒病ウイルス（HomaGV），リンゴコカクモンハマキ顆粒病ウイルス（AdorGV），*Bacillus thuringiensis*, *Beauveria bassiana*, *Steinernema kushidai*, 線虫用の *Pasuteuria* 属細菌，除草用の *Xanthomonas campestris* pv. *poae* などが実用化されている．天敵では，ヤノネカイガラムシ，クリタマバチ，オンシツツヤコバチ，チリカブリダニ，ハモグリバエ，アブラムシ，アザミウマに対する各種天敵類が農薬登録され，2007年現在17種の節足動物天敵が利用できる．ただし，これらの生物農薬は一般に対象となる病害虫の範囲が狭く，効果も不安定なために，他の防除法と組み合わせた総合防除の一環として組み込まれる場合が多い．一方，遺伝子組換え作物の本格的な商業栽培は，1996年に始まり，現在では主に除草剤耐性と害虫抵抗性の組換え作物が世界で広く栽培されている．しかし，わが国では一般国民の理解が得られず，一部の花卉を除いては栽培の実績はまだない．なお，1992年の生物多様性条約を受けて，生態系保全のため，農薬を含む化学物質の生態リスク評価が義務付けられ，また2003年に，基準が設定されていない農薬等が一定量以上含まれる食品の流通を原則禁止するポジティブ

リスト制度が導入された．2004年には，植物保護分野の国家資格である技術士（農業部門・植物保護）が新設された．

3. 植物保護学の現在の課題と展望

　20世紀以降の人間活動は地球環境に深刻な影響を与え，気候の変化や貿易の拡大などに伴って，植生，昆虫相および微生物相が大幅に変化する様相をみせ始めており，このような地球温暖化や侵入病害虫・雑草の急増などに対応した新たな防除対策の確立が急がれている．同時に現代は，環境保全型農業を推進して，安心・安全な農産物を消費者に提供するとともに，多様な生態系を保全しながら持続的に農業生産を進める方向を目指しており，これに応える合理的な総合的病害虫・雑草管理（IPM）あるいは生物多様性管理（IBM）の重要性はますますその重みを増しつつある．一方，今後の分子細胞生物学やゲノミクス，プロテオミクス，メタボロミクスを統合したシステム生物学などの進歩が農林生物の機能の分子的解明を通して，新規の植物保護技術の開発へと応用されて行くことは確実であり，新たな病害虫抵抗性組換え作物などもいずれは国民の理解を得て広く普及することになろう．さらに，Tiプラスミドや植物ウイルスに関する知見あるいは植物プロトプラスト技術など植物保護学領域における基礎的知識や技術が現在の植物バイオテクノロジーの基盤を築いたように，今後も本領域の研究成果が広く他領域へ波及して行くことが期待される．そうした意味でも，他の研究領域との学術上ならびに技術上の密接な連携・協力が益々重要となるであろう．

〔日比忠明〕

4. わが国における応用昆虫学の歴史と主要な成果

　明治初期に欧米の動物学が日本へ持ち込まれ，自然科学，動物学の一分科としての「昆虫学」が，わが国にも成立する．明治から昭和にかけて，日本は，国策として生糸の生産と輸出を強力に推進したため，農学の一分科としての蚕糸学も重視された．蚕糸学は，栽桑・養蚕・製糸の3分野を包含するが，養蚕学は蚕糸学の中核であると同時に昆虫学の一分野でもある．また，わが国では，稲作を中心とした農林業における植物防疫の重要性が早くから認識され，植物病理学・応用昆虫学・応用動物学・雑草学・農薬学の5分野がそれぞれ発展してきた．中でも応用昆虫学は植物防疫の中心的な研究領域であり，かつ，わが国の昆虫学において最多の研究者を擁する分野でもある．

　わが国の昆虫学は，とくに農学のなかで発展してきたところに特徴がある．それを支えてきた学会としては，日本蚕糸学会が1929年（昭和4年）に設置された．次いで，日本応用昆虫学会が1938年（昭和13年）に創立され，1957年には日本応用動物学会と合併して日本応用動物昆虫学会（応動昆）となっている．以来，今日に至るまで，わが国の昆虫学の発展には，日本農学会の加盟学会である応動昆と蚕糸学会が，大きな役割を果たしてきた．これら2学会は，日本農薬学会，日本農芸化学会など，農学会加盟の多くの学会と連携して応用昆虫学を支えてきており，さらには日本昆虫学会，日本衛生動物学会など，農学の外の学会とともに日本の昆虫学を牽引している．

　国際的には，わが国の昆虫学の水準の高さを反映して，国際昆虫学会議（1978年，京都），国際養

蜂会議（1985年，名古屋），国際無脊椎動物病理学会議（1998年，札幌）など多くの国際会議をわが国で開催してきた．また海外に本拠を置く昆虫学の国際誌でも，多くの日本人研究者が運営や編集に参加している．

わが国における応用昆虫学の主要な成果をとりまとめると，大略以下のようになろう．

害虫防除の分野では，昭和初期まで，主要作物における害虫の発生予察と，その背後にある生態の解明が，重要な研究課題であった．イネの重要害虫であったニカメイガとウンカ類の発生予察に多くの努力が払われた．太平洋戦争の後，化学殺虫剤の登場で害虫防除の方法が大きく変貌する．一方で，農業の機械化や施設栽培の普及にともなって，わが国の害虫相も大きく変化した．ハスモンヨトウやオンシツコナジラミなどの新たな害虫が出現し，それらの防除が必要になった．当初は，殺虫剤の積極的な施用が推進されたが，1960年代から，殺虫剤抵抗性が顕在化するとともに，食品の安全性や環境汚染が社会問題となっていった．その反省にたって，1970年代には，環境に優しい農業のための「総合的害虫管理」（IPM）が，応用昆虫学の大きな目標に掲げられるようになる．フェロモン，昆虫成長制御剤（IGR），微生物農薬，天敵生物，などを用いた新しい防除方法が次々と提案され，実現していった．さらに，沖縄返還（1972年）や人間活動の国際化に伴って，侵入害虫の問題が次第に大きくなっていった．南西諸島のウリミバエの防除には放射線を使った不妊雄放飼法が利用され大きな成果を挙げたが，アメリカシロヒトリやミナミキイロアザミウマなどは，現在でも多くの作物に被害を与えている．

蚕糸学の分野では，蚕育種と病害対策の技術開発が研究の大きな柱であり，それは現在まで続いている．1900年頃から，日本では，カイコを用いて，動物では世界で最初の遺伝学の研究が始まった．他の農業生物に先駆けて雑種強勢の利用が試みられ，1914年には農林省によって全国の蚕種が一代雑種に統一された．これで絹糸生産が大きく向上したが，種繭の雌雄鑑別にかかる労力を減らすために，性決定機構の研究が進められ，農家でも容易に雌雄を鑑別できる限性品種が誕生する．一方，稚蚕飼育の効率化を目的にして，桑葉粉末を用いた人工飼料が開発され，蚕作はさらに向上してゆく．その人工飼料育に適した品種が求められるようになり，食性の研究や広食性品種の開発も進んだ．一方，蚕病の分野では，19世紀の欧州の養蚕業に破壊的打撃を与えた微粒子病に対して，日本は母蛾検査の方法を確立し，蚕糸業法（1911年）に基づいて健全蚕種のみを流通させることに成功した．さらに，膿病や軟化病などの研究を推進し，病原となるウイルスや細菌を次々と解明，診断技術も飛躍的に向上させた．

5．応用昆虫学の現在の課題と展望

20世紀以降の人間活動は，地球環境に深刻な影響を与えており，気象や植生の変化などを通して，昆虫相，害虫相を大幅に変化させている．従来日本では問題にならなかったミナミアオカメムシなどの害虫が北上しつつあり，研究と対策が必要である．また，環境保全の研究でも，食物連鎖の中枢をなす昆虫は重要な対象であり，それら社会的要請に応用昆虫学は応える責務がある．一方，分子生物学やゲノム科学の進展は，昆虫学分野にも大きな効果をもたらした．すでに10数種の昆虫で全ゲノムが解読され，日本のカイコゲノム解読（2004年）もその成果の一つである．さらに，カイコ

の形質転換技術（2000年）をはじめとする昆虫のバイオテクノロジーでも，日本は世界最高水準にあり，今後，昆虫機能の解明を通して，新規の害虫防除技術や物質生産技術へ応用されてゆくと期待される．

（嶋田　透）

第3章　造園学・緑地環境科学

1．はじめに

本項で対象とするのは，造園学，緑地学，緑地環境科学ならびに，周辺領域となる都市緑化に係る研究領域である．日本農学会に所属する学会では，(社)日本造園学会，日本芝草学会，樹木医学会が主となり，その他の関連学協会については本文の中で適宜触れながら，対象領域の学術的発展過程について記述することにする．ただし，1970年代までは1925年に創設された（社）日本造園学会を中心とした研究の流れを概観している．

なお，本稿は「日本農学会50年史」（養賢堂，1980年）を参考にしつつ，それ以降の動向を主体として総論的に内容をまとめた．日本農学会所属の上記3学会の活動と研究動向については，各学会の各論を参照されたい．

2．近代造園学成立の経緯（1925年まで）

近代（明治時代～昭和時代戦前期）における造園に係る歴史事項としては，明治6年（1873年）の太政官布達第16号により，都市における公園が法的に裏付けられたことがトピックとなる．江戸時代から継承されてきた，神社仏閣の境内地，城跡，景勝地などが公園として指定され，欧米風にならった近代的生活様式に合うような改造，改修が個別に加えられていった．これら，都市における公園（public garden, public park），緑地（open space）が衛生，レクリエーション，防災などに係る都市施設として，都市計画的観点から位置づけられるのは東京市区改正（1888年）からであった．しかし，わが国における新たな近代的公園の創出は日比谷公園（1903年開園）が嚆矢で，その設計案が確定し公園が完成するまでに10年ほど時間を要した．この間に日比谷公園設計案として提出された，庭園，園芸，建築そして林学関係者のプランに，明治時代中頃，わが国における近代造園学萌芽期の混沌とした様子が見て取れる．

採用された日比谷公園設計案は東大林学科教授本多静六のものだが，このプランはドイツの造園書を参考に造られたものであった．同じころ，新宿御苑の造園が始まっておりその完成は1906年である．この大規模西洋風庭園はフランス人造園家アンリ・マルチネが設計し，その導入を計画したのは宮内省の福羽逸人であったが，彼が新宿御苑の園芸見習生のために講義した記録「園芸論」（1903年）は，フランスの造園書を参考にして構成されていた．

この時期の特徴としては，西欧の造園学のわが国における紹介，その技術的導入の一方，江戸時代の作庭書などにまとめられた伝統的な庭作りの技術を，近代的に解釈し直した整理作業を通じて，

近代の作庭技術書として再構成する成果などがみられた．その象徴として，イギリス人お雇い建築家ジョサイア・コンドル著「Landscape Gardening in Japan」(1893年)があげられるが，コンドルが参考とした本多錦吉郎「図解造庭法」(1890年)は江戸時代の作庭技法の近代的解釈による成果だった．また，伝統的な庭園に関する総括的・通史的な研究は，横井時冬「園芸考」(1889年)において一応の体系的整理がなされていた．

こうした19世紀末から20世紀初頭の，欧米の造園技術導入や日本の伝統技術の近代造園への応用を図る動きは，その後の国家的事業である明治神宮(1920年完成)の造園計画などを直接的な契機として，近代造園学形成の基礎となっていった．

造園学・緑地学の特色は，自然と人間との共生を目指し自然を活用して空間・土地・環境を整序することにあり，基礎科学というよりも応用科学として位置付けられるが，そのための研究成果の蓄積と，実践する人材の専門教育に関しては，1909年の庭園学(千葉県立園芸専門学校)，1915年頃からの造園学・景園学(東京帝国大学農科大学林学，同農学)の講義の開講があり，専門書として「造園概論」(田村 剛，1918年)が初めて近代造園学を体系的に示した．学術団体として，1919年に日本庭園協会が組織され英名を The Japanese Society of the Landscape Architecture としていた．

法制度では1919年に都市計画法が制定され，公園は都市施設として明確に位置づけられ，その計画的配置が考慮され，また地域制としての風致地区制度も設けられた．庭園や名勝地などの特異な記念物の保存に係る史蹟名勝天然記念物保存法の制定(1919年)もこの時期であり，公園緑地の研究，文化財庭園に代表される史跡・名勝などの研究推進の契機となった．

1920年代，大正時代も半ばを過ぎると社会経済，生活一般にモダンの息吹にあふれる世相となってきた．都市の近代化は人々の休養レクリエーションなどの場としての，関東大震災(1923年)は防災・非難空地としての公園緑地の必要性の認識を深化させた．首都東京における震災復興事業は，造園関連事業への技術，資材，人材の需要を増大させた．折から，造園学の体系化とその実践への機運も高まっていた時期であり，結果として造園研究，実践活動の活発化とともに，専門教育機関として東京高等造園学校(1924年)が創設され，1925年には研究者，教育者，実務家らが集い，日本造園学会が設立された．

3．造園学会設立以降昭和時代戦前期の状況
(1926～1945年)

震災復興公園，土地区割整理審査標準による当該地区における3％以上の公園地の確保などが契機となり公園は次第にその地位を確たるものにしていった．風致地区の指定(1926年，明治神宮周辺地区)が始まり，変貌する都市景観を対象として1926年都市美協会が組織され活動を開始した．

市民の生活空間の近郊地域への拡大，休養レクリエーション需要の増大，他方では都市の外延的拡大による近郊レクリエーション地の減少に直面し，都市周辺地域には景園地，緑地の名のもとに地域制緑地が考慮され，若干の施設整備もなされるようになる．一方，自然地域では観光レクリエーション利用と自然保護を目的とする国立公園設置の機運が高まり，国立公園協会(1929年)が発足して活動を開始し，1931年には国立公園法が制定された．

こうした時代背景から，公園を核としつつ，地域制緑地を補完部分としながら，都市およびその周辺の公園緑地の体系・拡大化が意図され，その概念，分類，意義，機能，必要面積などに関する論議が活発化し，公園系統，田園都市構想への論及もなされ，これらの研究課題がこの時期以降の発展方向を示した．

1939年にはわが国最初の本格的緑地計画である東京緑地計画が立案され，1940年には都市計画法が改正されて，緑地の法定化，都市計画施設化もなされた．自然地域においては国立公園が設置され，広大な面積にわたる風景計画技術とその研究の必要性を促すことになる．しかし，やがて，戦時体制をむかえ，造園も防空緑地，住宅菜園・市民農園計画など，防空，戦時自給，国民体位向上策などの戦時色を色濃く反映するものとなり，その本来的な発展が阻害されることになった．

4．造園・緑地学研究と関連分野の充実（1946〜1964年）

元来人間の生活環境美化を志向する造園学・緑地学と関連研究分野は，戦争の激化につれ不要不急の学問として苦難の時代であった．

1946年戦災都市の復興計画が特別都市計画法として施行されたが，造園学の対象とする，自然環境，都市環境，生活環境の保全，整備活動が本格化するにはさらに10年ほど必要であった．この間，いち早く1948年「造園雑誌」が復刊スタートした．1950年には文化財保護法が制定され，史跡・名勝・天然記念物保護への法体系が整備され，国立公園協会も財団法人となりその活動を充実させ，都市公園・都市緑地関係者が集って財団法人ガーデン協会（後の日本造園修景協会）が発足した．1951年日本自然保護協会が発足，日本都市計画学会が設立されて自然環境，都市環境を対象とした研究者・実践家の研究成果の蓄積が図られるようになった．

1955年住宅公団が発足し，住宅団地の造成に伴う生活レベルから都市，地域環境レベルでの造園の学術，技術展開とその蓄積が図られるようになる．高速道路関連の緑化事業に伴う研究機関として，1958年日本道路公団試験研究所石部分室（現・高速道路総合研究所緑化技術センター）が設置され，この分野の研究機関の草分けとなり現在に至っている．

1956年，都市公園法が制定され，1957年には自然公園法も成立して，わが国の公園行政は体系的に整備され，関連施策，事業の増加と共に学術，技術面での研究蓄積の需要が増していった．

一方，教育面では1949年の学制改革により高等教育機関も再編スタートし，千葉大学園芸学部造園学科，東京農業大学農学部緑地学科が設置された．こうして各研究機関のたて直しと，新たに造園学・緑地学などの専門教育研究機関が発足して，研究・教育活動が再開した．また，国際動向では1954年，造園関連の国際組織 IFLA（International Federation of Landscape Architects）に日本造園学会が加入，造園学を支える造園家の国際交流が本格化していった．

戦後復興から関連領域の研究者，実務家たちが集まり活動を展開する組織，機関の充実がなされていったが，この頃から造園学に内包された学術・技術的側面は，「美的および機能的空間の創造活動とみられる計画（planning）・設計（design）の側面」，「緑の空間を対象とすることから，必然的に生物学特に生態学（ecology）を基礎とする農学に結びつく側面」，「造園のもつ工学的側面（landscape engineering）」の3つとしてとらえられていた．

5. 環境問題の拡大多様化と関連領域での研究発展 (1965〜1984年)

　1950年代の戦後復興から高度経済成長期（1955〜1973年）における生活空間の拡大と変化は，社会的要請として庭園的空間の技術条件を，都市的・地域的・国土的スケールのオープンスペース，ランドスケープに対応する技術手段にまで発展させることを促進させた．また，同時に社会問題化した開発と保護に係る課題に対応して，緑地保全，公害対策など法制度の整備が進んだ．

　こうしたこの時期の社会動向は，環境庁（1971年）の創設，自然環境保全法（1972），都市公園等整備緊急措置法（1972年）の制定，国土庁（1974年）の発足などに象徴され，環境保全と総合国土利用，すなわち調和のとれた保全と開発に係る学術・技術体系としての造園学・緑地学への期待と社会的要請が強まるのも，まさにこの時期であった．

　この時期に社会現象化した環境問題は生活環境，都市環境，地域環境，自然環境と拡大多様化し，個別化，地域化も進む一方で，森林破壊，砂漠化の進行に代表されるように国際化していることの社会認識も芽生えていった．したがって，緑や環境整備に係る課題は造園学と近接学問領域のみが扱う対象ではなくなり始め，関連諸分野の研究成果や方法論の積極的導入が図られるようになった．また近接専門分野との学際的研究が芽生えるとともに，周辺領域における新たな研究組織の結成や研究発表機会の増加があった．

　一方，国家的事業として開催された東京オリンピック（1964年）に伴う公園緑地の整備，首都圏の緑化（競技場周辺緑地造成，芝生整備，道路緑化，公園建設など）において，造園建設技術の機械化・大規模化などの近代化が飛躍的に進展し，それに付随した計画・設計技術，養生・管理技術研究の進展もあった．この時期以降，関連産業界・行政機関・学界それぞれにおいて技術蓄積や人材需要の増加，学術成果拡大への期待が増していくことになる．そして，大規模に進む住宅団地建設，道路建設，大規模公園建設などに直接応用された環境保全と創造のための各種技術を支える緑地環境科学の進展に結びついていった．

　研究・教育機関の増加・充実としては，造園関連学科・講座・コースを持つ大学が1968年で13校，教員数50余名であったものが，1986年時点には22校，110余名になっていた．新設学科では，南九州大学園芸学部造園学科（1967年），大阪芸術大学芸術学部環境計画学科（1971年），千葉大学園芸学部環境緑地学科（1974年）が設立された．また，1970年日本緑化工研究会が発足（1989年日本緑化工学会に改称）し，環境科学に関心の深い各分野の科学者，技術者による環境情報科学センター（1972年）も発足，学術機関誌「環境情報科学」を創刊した．同年，日本芝草研究会（1984年日本芝草学会に改称）が発足し，芝草に関する学術研究成果の蓄積を開始．1973年には環境緑化に対応した財団法人日本緑化センターが設立された．

　この時期には学術・技術面では領域への環境科学としての期待，それは生態学的思考やエコロジカルプランニング手法（「Design with Nature」1968年），環境影響評価や景観アセスメントそして，建築・土木学領域とも連携した街並み，景観工学研究への関心，さらに環境緑化技術，特に人工地盤や埋立地・斜面地などの植栽基盤整備手法や表土保全手法の開発志向として現れた．また，環境，景観研究領域への関心は芸術学領域の大学にも環境計画，環境デザイン，環境造形などのコース創

設を促した．

　こうした領域の拡大に対し，日本造園学会には造園独自の方法論の確立と，総合化・体系化を目指した造園学の再構築が求められ，拡大する領域の関係者が相互にその全体像を確認することも必要となっていた．1976年日本造園修景協会が発足し，時勢の象徴ともいえる『造園修景大事典（全9巻）』（1980年）を刊行した．また，研究発表機会の増大を目指して，1983年造園雑誌「研究発表論文集」の発行が開始された．

6．研究の多様化と学の総合化への志向（1985年以降）

　1980年代後半のバブル景気の続く中，造園学・緑地環境科学領域への社会的関心は以前にも増してさらに強まっていった．そしてこの時期の研究の多様化は研究分野を細分化し，関連領域内に新たな学会を誕生させた．また，既存の学会内においても研究分科会，地域支部活動の充実，国際交流の発展などが進んでいった．

　バブル経済期の社会要請に対して，「環境を創造する－造園学からの提言」（1985年），「世界のランドスケープデザイン」（1990年），などが日本造園学会から刊行され，また機関誌「造園雑誌」が「ランドスケープ研究」（1994年）に改題され論文掲載誌から特定のテーマによる特集に重点を置いた機関誌へと移行していった．研究課題の多様化と学問領域の拡大に対し，学の体系的再構築・総合化の必要性も認識され『ランドスケープ大系（全5巻）』（日本造園学会編，1996～1999年）が刊行された．さらに，造園学・緑地環境科学領域内での専門家の活躍の場と内容を体系的に示す目的ももって，造園家の職能と造園学の領域をやさしく一般に紹介した「ランドスケープのしごと」（日本造園学会編，2003年）が刊行された．

　前期より続く生態学的関心からの研究展開は，ランドスケープエコロジーとして発展し，1994年には国際景観生態学会日本支部が発足（2004年日本景観生態学会に改称）．1997年応用生態工学研究会（2002年応用生態工学会に改称）も発足した．環境影響評価や景観アセスメント関連研究はランドスケープ解析・情報処理といった研究領域として拡大発展し，隣接領域において1991年，地理情報システム学会が発足した．

　環境緑化技術研究では1989年日本緑化工学会が日本緑化工研究会を母体として発足，1995年樹木医学研究会が発足（1998年樹木医学会に改称）して，環境の保全と創造に資する応用植物学研究進展の組織的条件が整っていった．

　造園学周辺では，この他にも1992年に日本庭園学会が，1995年には環境経済・政策学会が発足した．隣接領域の日本観光学会（1960年創立）領域では，1986年日本観光研究者連合が発足（1994年日本観光研究学会に改称）し，さらに1993年日本国際観光学会が発足するにいたっている．

　1990年代初頭のバブル経済崩壊以降，公園緑地など造園空間整備の停滞を招いたが，市民の環境や持続可能な社会の構築への意識は高まっていった．地球規模で広がる環境問題をも意識しつつ，地球温暖化対策，循環型社会実現，生物多様性保全，社会資本整備推進，歴史遺産継承・景観保全など実効性のある環境政策が望まれるようになり，また市民生活に深く係わる身近な環境の管理に市民参加が進み関連研究の進展をみた．

政策的動きでは，1994年に緑の政策大綱，「緑の基本計画」制度が創設され，2002年地球温暖化対策推進大綱，新生物多様性国家戦略，2003年美しい国づくり政策大綱，社会資本重点整備計画，観光立国行動計画，2004年ヒートアイランド対策大綱，景観緑三法，そして2008年歴史まちづくり法の実現をみた．

当然，こうした動きに関連した研究分野の進展をみている．またこの時期に増加充実した造園学・緑地環境科学関連の大学院における教育研究が研究発展のけん引力ともなり，研究対象の拡大・多様化に対応した研究者需要を支えた．

造園学・緑地環境科学領域は，社会的要請を反映し研究を進展させてきた．その対象と関心は常に環境の保全と創造にあり，人間生活空間の美的で快適な環境の実現に資する応用学として発展をみてきた．今後も環境科学の進化と共に，学問領域の拡大と関連学系個々の深化傾向は続くことと思われる．

（鈴木　誠）

第4章　土壌環境科学

1．明治以降黎明期の土壌環境研究

わが国の農業は多肥多収で，水田農業の基礎は江戸時代末期に確立された．明治以降1960年頃までの土壌環境研究は，食料とくに米の増産を目的とした肥料の有効利用が主な研究課題であり，国策とともにその研究内容も変化した．したがって，1960年以前の土壌環境研究は，土壌肥料研究であった．

わが国の土壌肥料研究は，明治初年に西欧の農芸化学と地質学が輸入されたときに始まる．世界的には，リービヒの鉱物説（1840年）とローズとギルバートにより英国のローザムステッドで開始された施肥に関する圃場試験（1843年）に対応するものであり，その基礎は，明治政府によって招かれたケルネルやフェスカなどによって築かれた．1881年に来日したケルネルは，魚肥，人糞尿などの肥料の分析とその肥効を3要素に分けて評価する近代的三要素試験を実施した．その結果，水稲に対するリン酸の肥効が確認され，わが国最初の化学肥料となった過リン酸石灰製造（1888年）の契機となった．

他方，フェスカは1882年地質調査所に招かれて来日し，13年間にわたって地質学的土壌観に基づいて全国の土壌を調査し，縮尺10万分の1の土性図と解説書を作成した．また，ケルネルの帰国後に，1893年ロイブが来日し，今日の植物栄養分野の先駆けとなる研究を行った．この間体制的にも，農科大学（1878年駒場農学校）や農事試験場（1893年農事試験場および6支場の開設）の組織が逐次整備され，20世紀に入ってからは，土壌肥料に関する試験研究の大部分がわが国の研究者によって実施されるまでに成長した．

1881年菜種油粕検査所が設立され，1888年頃からは大豆油粕の輸入が急増し，1893年頃には配合肥料が増加，1896年からは硫安の輸入が始まり，1909年には石灰窒素と合成硫安の製造も始まった．同時に不正肥料の問題も発生し，1899年肥料取締法の公布にともなって，肥料品質の検査を目

的に全国に肥料取締官が配置され，土壌肥料関係の研究者の広がりに役立った．

わが国の農業は歴史的に多肥多収をもって特徴とされ，農家経済に占める肥料代の割合がきわめて大きいことから，当時肥料の合理的施用は緊急の課題であった．このような状況を背景に，土壌の地力的性格と諸作物の肥料反応特性を明らかにし，農家に肥料の効率的施用を指導奨励することを目的に，全国的な施肥標準調査事業が1921年以降，道府県農業試験場を動員して実施された．本事業は1947年まで継続され，終戦までのわが国の土壌肥料学は，この事業を背景として進展したといえる．

2. 日本土壌肥料学会の創立，土壌環境研究の展開 （昭和初期～1940年）

明治時代における近代農学の導入以来，わが国の農学者は農学会（1887年設立）に結集し，初期の土壌肥料学に関する研究は，主として「農学会報」に発表された．その後専門別の分化が進み，土壌肥料分野においても全国的な規模で独自の機関紙を発行する土壌肥料学会が1927年に創立された．なお，1927年は，第1回国際土壌科学会大会がワシントンで開催された記念すべき年に当たる．

過リン酸石灰，硫安などの化学肥料が導入されはじめた明治末期からの反収増加は顕著であったが，大正末から昭和初期には，肥料の増投にもかかわらず水稲の反収増は停滞した．当時はまた，肥料の主体が有機質肥料から無機質肥料へと移行する過渡期でもあった．このような時代背景の下，化学肥料の合理的施用法の追求（報酬漸減法則の克服）が強烈な刺激となって，日本の風土と農業を基盤とした土壌・肥料・植物栄養学が開花・発展した．

その基盤となったのが上述した施肥標準調査事業の成果である．施肥標準調査は，水田土壌と畑土壌の差異，水稲と各種畑作物の施肥反応の差異を明らかにした．本事業により，水田では窒素の天然供給量が最も少ないことが判明し，窒素の合理的施肥法の研究を促進させた．その成果は，塩入松三郎らによる水田における脱窒現象の発見であり（1942年），全層施肥法の確立となって結実した．

3. 戦時体制下，戦後の食糧増産期の土壌環境研究 （1940～1960年）

戦時体制下に与えられた命題もまた肥料の効率的施用であった．1942年には，食料の生産・流通・消費にわたって政府が管理する食糧管理法が制定されている．さまざまな少肥条件の効率的施用法が登場し，地力の培養や潜在地力の活用法が研究された．

戦後の深刻な食糧危機は，国をあげて食糧増産を至上命題とした．1947年には低位生産地調査事業が発足し，開拓地土壌調査（1948年），水田土壌断面調査（1950年），林地土壌調査（1951年）がそれぞれ開始され，耕土培養法が制定された（1952年）．また，海岸砂地地帯農業振興臨時措置法も1953年に施行された．

低位生産地調査は，一般調査から始まり特殊調査，対策調査と継承されたが，一般調査の結果は

水田・畑とも全耕地面積の60％が何らかの不良土壌であること，秋落，酸性，火山性，塩害などの不良耕地の分布を明らかにし，以後の耕土培養事業（1952〜1971年），土層改良事業（1951〜1970年）などへと引き継がれた．

一方民間では米作日本一の競作が1941年に開始され，農民の経験と知恵の結集は，その記録を年ごとに上昇させ，一般農家の増産意欲を刺激した．またこの競作の審査に多くの試験研究者が参加して多収技術の徹底的解析を行い，篤農技術の一般化，今後追求すべき研究課題が多数提起された．全国的な多収穫競争は，稲作における地域的諸条件の比較検討，生育相の地域的差異に対する関心を高め，栄養生理研究に生態学的観点を導入するのに貢献した．

戦後の肥料生産は急速に回復し，1955年頃には戦前の消費量を凌駕するとともに，新たな肥料の開発が活発に進められた．1950年から熔性リン肥の本格的な生産が始まり，ケイ酸肥料（1955年），焼成リン肥（1956年），腐植酸苦土肥料（1962年）の登場を見るとともに，1955年頃からは，産業廃棄物の肥料としての利用が始まり，緩効性肥料，硝酸化成抑制剤入り肥料も普及するようになった．これに伴って国の諸施策も，施肥改善事業（1960年〜），施肥合理化対策事業（1958〜1962年），地力保全基本調査・同特殊調査（1959〜1978年）など，低位生産，不良耕地の改良対策から次第に農耕地全般の生産力増強を目標として進められた．

4．土壌環境分野の新たな研究会・学会の設立

1950年代は，欧米から新たな学問が堰を切って流入し，その刺激を受けて土壌環境分野の各種研究会が誕生した時代で，わが国の食糧増産を主な命題とするそれまでの学会活動から，土壌環境に関わる各分野の自然科学的探求を目的とする学会活動へと脱皮する時代となった．土壌微生物談話会（1954年；現日本土壌微生物学会），ペドロジスト懇談会（1958年：現日本ペドロジー学会），粘土科学研究会（1958年：現日本粘土学会），土壌物理研究会（1958年：現土壌物理学会），森林立地懇話会（1959年：現森林立地学会）の誕生である．これらの学会はいずれも，関連の「親学会」（日本土壌肥料学会，日本林学会など）から派生したものであり，「親学会」と密接な連携のもと，各学会の発展が図られ現在に至っている．他方，日本砂丘研究会（現日本砂丘学会）は，鳥取農林専門学校などで行われていた砂丘造林研究の関係者により1954年に発足し，その後，砂丘に加えて乾燥地を研究対象とした．

後述するように，1960年代以降，経済成長に伴ってわが国の農業をめぐる環境は大きく変容するとともに，バイオサイエンスが急速な発展を遂げ，地球環境問題への対応が1990年代以降急浮上した．1960年代以降，さまざまな側面から土壌環境分野の研究の重要性が認識されるようになり，各学会は，その専門分野における学問の進歩に寄与するとともに各時代の要請に呼応して研究を展開した．一例を挙げれば，連作障害（日本土壌微生物学会），農耕地土壌の物理性・化学性に関連する諸問題（日本粘土学会，土壌物理学会），乾燥地農業，沙漠化（日本砂丘学会），酸性雨，地球温暖化（森林立地学会），わが国土壌の分類体系の確立（日本ペドロジー学会，森林立地学会），などである．

5. わが国経済の高度成長に伴う土壌環境研究の展開と新たな課題（1961～1990年）

　わが国の水稲生産量も昭和30年代には1,200～1,300万トンに達して需給が次第に緩む一方，1955～1973年の間，わが国経済は成長率が年平均10％を超える高度成長を続けた結果，農家の経済的優位性が失われた．むしろ非農家との所得格差が顕著となり，農業の発展と農業従事者の地位向上を目的に1961年農業基本法が制定され，農業構造改善事業がスタートした．また，高度経済成長は，わが国の農業をますます多肥化に向かわせ，農薬の多投化が進行した一方で，堆厩肥の施用は低下の一途をたどった．耕地の基盤整備事業に伴ってさまざまな土壌物理性改善の必要性が明らかとなり，選択拡大の農業政策は果樹園や牧草畑における新たな土壌肥料研究の必要性を，多肥化は野菜の栄養障害やハウスにおける塩類濃度障害解決の必要性を，また，大気・水質・土壌の汚染は土壌化学的対応の必要性を痛感させた．

　加えて，1973，1979年の石油危機は，土つくり運動，地力問題の議論を活発化させる契機となり，その結果，これまで農地土壌の化学的性質の改善を重視した耕土培養法の改正を眼目に，土壌の物理性・生物性をも含めた土壌の性質全般を改善し，農業生産力の増進と農業経営の安定化を図ることを目的に地力増進法が1984年制定された．また，水田農業確立対策（転作目標77万ha）が1986年決定され，1988年には農山漁村地域環境基本構想が決められている．

　この間，地力保全基本調査のデータを基に，1977年に「土壌統の設定基準及び土壌統一覧表」として耕地土壌が分類され，5万分の1土壌図が作成された．その後，1995年に大幅な改訂がなされ第3次改訂版として公表された．他方，森林土壌の分類は林野土壌調査事業を基に1975年「林野土壌分類」として公表された．

　この時代の無秩序な工業の発展は，四日市喘息や水俣病に象徴されるさまざまな大気，水・生態系，市民生活への汚染・公害をもたらした．その結果，公害対策基本法（1967年），大気汚染防止法（1968年），水質汚濁防止法，土壌汚染防止法（1970年）などが成立し，1971年には環境庁が設立された．1970～1980年代の土壌環境研究に関連する環境問題として，重金属汚染，水質汚濁，酸性雨などの大気汚染，有機性廃棄物，オゾン層破壊，熱帯林破壊が挙げられる．この間，1962年R.カーソン「沈黙の春」が出版され，ローマクラブにより「成長の限界」が1972年に発表された．加えて，各種の環境問題，環境劣化が地球規模に達していることが国際的に認識されるようになり，各種の宣言，条約が締結，採択された．ラムサール条約（湿地，1971年），国連人間環境宣言（1972年），国連砂漠化防止計画（1977年），琵琶湖宣言（湖沼，1984年），オゾン層保護条約（1985年），モントリオール議定書（フロン，1987年），気候変動に関する政府間パネルIPCCの設立（1988年），有害廃棄物処理条約（1989年），ノールドベイク宣言（温暖化防止，1989年）などである．

　なお，1970年に農林省熱帯農業研究センター（1993年農林水産省国際農林水産業研究センターに改組）が設立された．1980年代には，農業関係試験研究機関の再編整備が行われ，1983年旧農業技術研究所から農業環境技術研究所，農業生物資源研究所が設立，1988年には農業工学研究所が改組・設立され，時代に対応（国際化，環境問題）した研究体制の整備が進行した一方，大学の機構改革に伴う土壌環境分野の研究室の所属問題が新たに浮上した．

6. バイオと地球環境時代の土壌環境研究（1991年～現在）

　1990年以降,地球環境問題,とくに地球温暖化問題が深刻さを増し,国内においては食料自給率が39％にまで低減し,農山村部の過疎化に伴う農地の荒廃,土壌資源の劣化が問題視されるようになった.加えて,消費者の食の安全・安心への関心の高まりなどから,バイオサイエンスの急速な進歩を背景としたさまざまな遺伝子組換え作物の研究・普及の将来像に賛否両論が唱えられている.

　1992年リオデジャネイロで開催された国連環境開発会議において,21世紀に向けて持続可能な開発を実現するための具体的な行動計画（アジェンダ21）とともに,生物多様性条約および気候変動枠組条約が採択された.また,各国の温室効果ガス排出量の具体的削減目標を明記した京都議定書が1997年のCOP3で採択され,2005年に発効した（日本2002年批准）.これまでに3回IPCCによる地球温暖化に関する評価が報告されている（1990, 1995, 2001年）.わが国においても,1993年環境基本法が施行されるとともに,1998年地球温暖化対策推進法が公布,2002年地球温暖化対策推進大綱が決定された.1990年代以降,各種の土壌生態系における炭素蓄積・温室効果ガスの収支とそのメカニズムの解明が,土壌環境分野共通の重要な研究課題となった.

　また,国土の保全,水源のかん養,自然環境の保全など農業・農村の有する多面的機能など,農業環境問題を含めた持続的農業を重視する食料・農業・農村基本法が1999年,関連の農業環境3法（持続農業法,家畜排泄物法,肥料取締法改正）とともに公布された.また,食品廃棄物の発生抑制,減量化,再生利用を目的に食品リサイクル法が2001年に施行されるとともに,2002年には土壌汚染の状況の把握と土壌汚染による人の健康被害の防止を目的とした土壌汚染対策法が公布され,同年には農薬取締法も改正された.さらに,1990年以降,土壌をかけがえのない天然資源とする考え方が普及し,EU諸国や米国を中心に土壌保全を目的とした農業者の農業環境規範の策定,土壌保全のための諸施策が講じられるようになった（米国農業法2002年；EU土壌保全に関する分野別戦略2006年）.

　加えて,重金属や農薬による土壌汚染,水域の富栄養化,酸性雨,土壌の劣化などの諸問題,食料と飼料の大量輸入に伴う食品・畜産廃棄物の処理や資源化など,1990年以降土壌環境分野による問題解決への期待が飛躍的に増大した.

（木村眞人）

第5章　農芸化学

1. 草創期

　「農芸化学」とは,動物・植物・微生物の生命現象,生物が生産する物質,食品と健康などを,主に化学的な考え方に基づいて基礎から応用まで広く研究する学問領域である（日本農芸化学会ホームページより）.この「農芸化学」は駒場野農学校（後の東京帝国大学農学部）の専門科の一名称として登場し,その後,大学等の学科名として1890年に設置された帝国大学農科大学（後の東京帝国大

学農学部）において学科名として定着した．

　日本の農芸化学の学術基盤の構築に東京帝国大学農学部教授の鈴木梅太郎先生が大きく寄与された．脚気の予防・治癒因子を米糠から発見してオリザニンと命名し（のちのビタミンB_1），さらに，これがヒトにとって必要不可欠の新しい栄養素（つまり食品成分）であることを実証，ビタミン栄養学の体系基盤となった．この鈴木梅太郎先生らにより，1924年に日本農芸化学会が設立され，日本農藝化學會誌 第1巻が発刊され，農芸化学者らの活動の場が整備された．

2．成 長 期

　昭和の時代に入って農芸化学は戦争による困難な時代を経ながらも大きく成長した．主な研究として，ビタミンを中心とする栄養因子の化学的・生化学的研究，動物・植物・微生物の成長因子・代謝産物に関する生化学的・有機化学的・生産科学的研究，そして発酵技術の開発および工業化に向けた研究が挙げられる．

　この中で，藪田貞次郎先生のイネの馬鹿苗病菌の研究は生理活性物質という広大な分野を確立するきっかけとなった．坂口謹一郎先生は，日本古来の醸造技術を近代化し，発酵産業の基礎を築かれた．具体的な研究として，副栄養素としてのビタミンの研究，ジベレリンなど微生物代謝産物，ロテノンなどの植物殺虫成分，テトロドトキシンなど生物毒，本邦発酵菌類とその酵素，抗生物質ブラストサイジン，カナマイシン，乳酸菌の成育因子としての火落酸（メバロン酸），乳酸菌とそのアミラーゼ，酸化発酵の研究などが挙げられる．

　農芸化学領域の研究は，抗生物質生産という形で産業的にも大きく貢献した．戦後，ペニシリンの工業生産は困難の中，農芸化学研究者を中心に産学官一体となり進められた．この協力体制はその後，多くの抗生物質の発見と生産の礎となった．また，発酵によるアミノ酸類の生成の研究は，産業界におけるリジン，グルタミン酸の発酵生産という形で応用された．また，旨味成分5′-イノシン酸ナトリウムと5′-グアニル酸ナトリウムの発酵生産が，日本特有ともいえる核酸関連物質の発酵生産の発展につながっていった．

　一方，天然物化学，有機合成化学を源流として農薬学が進展した．1959年に，農薬研究の緊急性に関する政府勧告が日本学術会議によりなされ，農産製造学から分離独立するなどして，大学に農薬化学等の講座や植物防疫学科，農薬研究施設・雑草防除研究施設などが新設され，理化学研究所にも農薬関係の研究室が新設された．この1960年代は，これまでの導入農薬の適用研究から，新農薬の創成研究へと転換した時期である．新規薬剤の開発は，有機合成と共に，天然物（植物成分，微生物代謝産物など）から生物活性を指標に有用化合物を探索し，さらに合成化学的に構造展開をするという農芸化学的な手法で進められた．また，農業用抗生物質という概念が提唱，実用化され，ブラストサイジンSが初めて農薬として市場に出た．これは農芸化学の得意とする発酵学を基礎とした応用展開の成果といえよう．

　また，第二次世界大戦後のデンプン製造技術の合理化，高度化を目指したデンプンの研究から発したのが応用糖質科学である．余剰となった甘藷や馬鈴薯の有効利用の必要性がブドウ糖の工業生産につながった．さらに，異性化酵素の発見以来，これを利用した甘味物質の生産が可能となり，

1960年代後半には本格的な異性化糖の工業的生産が確立された．

さらに，大学の農芸化学科の中に食品関連の講座が設置され，化学の視点から食品が研究された．食品が多成分複合系であることに関連して，糖とアミノ酸の化学反応（メイラード反応），脂質の自動酸化，多彩な香味（フレーバー）成分とその変化，大豆タンパク質などの食品タンパク質の研究が行われた．また，食品を物性学的に制御する科学として食品工学が登場し，プロセス工学へと発展していった．

また農芸化学領域の研究者は，常に環境問題への取り組みに大きく寄与してきたが，当初から特に農地の重金属汚染に関して多くの成果をあげた．

このように，農芸化学領域内の各分野における研究・産業的基盤が確立された．こうした中，1957年に日本農芸化学会は社団法人となった．

3．発 展 期

以降，領域内の各分野ごとの発展がめざましく，分野ごとに記述する．

（1）生命科学

分子・細胞のレベルにまで研究が進むと，それぞれの分野で行われてきた研究は，学際化し始め，生物の種を超えて「生命科学・ライフサイエンス」といえる研究に発展する．特に，細胞機能の要因である DNA, RNA, タンパク質，糖質，脂質，その他の生理活性物質の研究，そしてタンパク質工学，構造生物学の研究がこれを担う．

農芸化学領域としては特に酵素研究が特徴的である．微生物をはじめ，種々の生物由来の酵素：キモシン，ズブチリシン，セラチオペプチダーゼなどは，生命科学への展開を担った．また酵素の阻害物質としてのツニカマイシン，コンパクチンの発見は特筆すべきである．植物生化学では，植物培養細胞系，自家不和合性，生体膜リン脂質の多機能性，植物オルガネラの動態，光応答遺伝子，情報伝達，光合成機能統御，植物シスタチンなどの研究がある．また，葉緑体，ミトコンドリア，稲のゲノム解析に貢献した．一方，動物・動物細胞を対象とした研究が，カルシニューリン阻害剤などの新たな微生物由来生理活性物質の発見，核内レセプターを中心としたビタミンなどの作用機序研究の新たな展開，これを含めた細胞内情報伝達機構の解明，赤血球造血因子エリスロポエチンなどのヒト関連のペプチド・タンパク性生理活性物質の生産につながっていく．また X 線結晶解析や NMR によるタンパク質の高次構造の研究が，基質特異性の変換，耐熱性の付加などを目的としたタンパク質工学とともに農芸化学領域に登場した．これらは，植物・動物の発生工学によるトランスジェニック・ノックアウト生物の作製と利用とともに各分野の発展に貢献している．

（2）有機化学

農芸化学領域における有機化学は何らかの面で生物に関わりをもつ研究が主流であることが特色である．特に生物に対し生物活性を有する多種多様な生理活性物質を中心に発展した．天然物を対象とする物質科学として，抗生物質に関する研究に，植物ホルモン，動物フェロモン，誘因・忌避

物質などが加わり，さらに，探索・精製・構造決定・立体化学を考慮した合成のみならず，分子レベルでの作用機構の解明も取り入れて生物制御化学へと進展していった．こうして天然物有機化学から生物有機化学への発展を遂げる．

具体的には，世界的に認知されるジベレリンの研究をはじめ，エチレン，サイトカイニン，オーキシン，アブシジン酸などの植物ホルモンの研究が展開された．こうして植物ホルモンなどを利用して作物の生長を積極的に調節すると同時にその作用発現の仕組みについても追究しようという気運が高まり，1965年，植物化学調節研究会が発足，1973年の国際植物生長物質会議（IPGSA）の開催を経て，1984年植物化学調節学会となった．その後の学会の活発な活動の成果として，ジャスモン酸，そしてブラシノライドが植物ホルモンとして認知されるにいたった．一方，宿願だったジベレリン受容体が発見され，ストリゴラクトン類が新しい植物ホルモンであることを示した．このほか植物関連の注目すべき研究として，防御物質フィトアレキシン，植物香気，生理活性ペプチドなどの研究が行なわれた．

さらに，昆虫ホルモンについては，前胸腺刺激ホルモン，脱皮ホルモン，幼若ホルモン，休眠ホルモン，羽化ホルモンなどの詳細な生物有機化学研究が行われた．脳神経ペプチドホルモンの研究は特筆すべきで，カイコガの前胸腺刺激ホルモンおよび休眠ホルモンの構造を世界に先駆けて解明した．

一方で，1970年代に入ると，農薬取締法が大幅に改正され，農薬の残留基準や安全性基準が定められ，低毒性農薬の開発が進展する．昆虫に存在しほ乳類には存在しない生理作用をターゲットとするなどにより，選択性が高く，低薬量で効果を発現する農薬の開発がなされた．合成による創製，構造活性相関による構造最適化，作用機構の解明による選択性の証明から，より優れた化合物のデザイン・開発へとつながった．こうした中，国際的な農薬研究の発表の場として4年に1回開催されていた国際農薬化学会議（ICPC）を，1982年（第5回ICPC）に受け入れることがきっかけとなり，1975年に日本農薬学会が設立された．その後，ICPC，環太平洋農薬科学会議，国際植物保護会議等の場で，積極的に国際交流を行っている．また学会として残留農薬分析セミナーによる技術の普及と指導や市民フォーラム等による啓蒙活動を行っている．最近は，植物保護関係関連学会（日本農芸化学会，日本農薬学会，植物化学調節学会，植物病理学会，応用動物昆虫学会，雑草学会）が協力し，環境保全型農業・総合防除への努力が続けられている．

薬学との学際領域の研究も進展した．これらの研究は機器分析の進歩とともに発展したが，次第にコンビナトリアル合成，ハイスループット・スクリーニング，コンピューター化学，ケミカル・ゲノミクスの領域へ拡張し，これらを含めケミカルバイオロジーの分野が確立された．

（3）微生物科学

農芸化学領域の微生物科学は発酵学・醸造学を中心に，微生物の機能を利用した有用物質生産へつながる応用微生物学へ発展する．特に前述のアミノ酸・核酸発酵・ステロイド発酵そして抗生物質生産は世界をリードした．その発展にはこれらの探索などに駆使されたスクリーニング技術や培養技術が大きく寄与した．さらに，食糧・エネルギー・環境問題へ分野は拡大した．また，応用微生物学の基盤となる微生物生理学，遺伝学，培養工学が合わせて盛んに研究されているのも農芸化

学領域の大きな特徴である．

　微生物の系統分類学では，微生物の多様性・多機能性がどのように獲得され，変異したかが研究され，分子進化という言葉が頻用されるようになった．環境との関連では極限条件下で生きる微生物に関する研究が行われた．微生物と植物・動物との共生の観点から，ヒトを含めた哺乳動物の腸内菌叢の動態の研究も開始された．酵素関係では，枯草菌などの有用菌体外酵素の生産制御と分泌経路，代謝関連酵素の研究が行われた．また，酵母などの情報伝達の研究，分子育種，分子遺伝学的手法に基づく物質生産の研究も進展した．

　また，構造生物学，タンパク質工学が大きく発展した．例えば，細菌の細胞表層構造，細菌におけるタンパク質の局在化機構，超チャネル，微生物関連タンパク質のX線結晶構造解析とシミュレーション・モデリング，糖鎖工学とつづく．さらに種々の微生物のゲノム塩基配列が次々に解明されている．

（4）食品科学

　食品科学分野に酵素化学も導入され始めた．こうした中，応用糖質科学は，オリゴ糖開発研究，加水分解や糖転移，デンプン生合成に関係する酵素の開発研究等により発展する．1970年代に入るとオリゴ糖研究が盛んになり，フラクトオリゴ糖，ガラクトオリゴ糖，乳果オリゴ糖，キシロオリゴ糖などが工業的に生産されるようになった．さらに，大豆オリゴ糖，キシロオリゴ糖，ラフィノース，ラクチュロース，ニゲロオリゴ糖，ゲンチオオリゴ糖が商品化された．またデンプンに作用してマルトオリゴ糖を生成するアミラーゼの発見から酵素の基質特異性の研究が進歩する．さらに，1990年代には遺伝子工学的手法により，デンプンの生合成系酵素の知見が集積した．また，新規酵素の発見に伴い，クラスターデキストリンや環状四糖など各種新規素材の開発，安価な酵素合成トレハロースの新しい用途開発がなされている．こうした中，澱粉工業学会は，1972年には日本澱粉学会，1993年には応用糖質科学会と学会名称を改めた．

　生物化学の一分野として発展してきた栄養学は，食品科学の色彩が強くなった．その研究の主軸はアミノ酸栄養で，特筆すべきとして必須アミノ酸インバランスの研究がある．タンパク質栄養状態を評価するためのインスリン様成長因子に関する分子論も展開された．次第にこれらの研究はペプチド栄養をも包含し始めた．一方で，生理機能性ペプチドの研究が進展した．オピオイド活性をもつオリゴペプチドから，血圧調節に寄与するアンギオテンシン変換酵素阻害ペプチド，食欲調節・記憶増進ペプチド，フェニルケトン尿症患者用ペプチドが研究された．

　こうした中1984年に農芸化学領域の研究者が中心となって文部省特定研究（後の重点領域研究）を発足させ，その中で"機能性食品"の名称と概念と実例を世界に発信した．厚生省（当時）により，機能性食品の一部を"特定保健用食品"の名で認可する制度が発足し現在に至っている．こうした背景から産業界も機能性食品の開発を推進した．また，「食品機能学」が研究分野名，大学の研究室名として定着した．これに関連して，新しい研究として，免疫・アレルギーと食品による調節の研究，食品タンパク質の分子育種，フラクタル構造の研究，タンパク質代謝の分子栄養学，ペプチドの腸管吸収・腸管免疫・プロバイオティクスの研究，抗酸化食品因子と酸化ストレス制御の研究，機能性食品評価の指標となるバイオマーカーの開発，味覚受容・応答の分子生物学，食品・味覚関連タ

（5）環境科学

　農芸化学分野の環境科学は，時代の期待に応じた，新しい研究を生み出した．環境問題から，難分解性廃棄物の微生物による生分解を達成することを目的に，ゼノバイオティクス（生体異物）としてのPCB，ダイオキシン，プラスチックなどの生分解の研究が進められた．デンプンを原料とした生分解性プラスチックの合成も行われるようになった．また，CO_2排出の削減目的で，有用生物資源（バイオマス）利用への期待が高まり，廃セルロースの利用などの研究が行われ，デンプンや砂糖原料からのアルコール生産が注目された．さらに，農薬の環境動態や残留分析などの研究を通して環境保全型農業へも農芸化学領域が貢献している．

4. 農芸化学領域のさらなる展開

　1990年代に入り，国立大学の大学院重点化は，農芸化学領域に学科等における「農芸化学」の名称改称という形で大きく影響した．こうした動きは日本の農芸化学が長年にわたって培ってきた固有の学問の系譜を崩したが，より新たな学際領域への発展にもつながったといえよう．農芸化学のこうした変化が，当該領域内の各亜領域の間に，そして周辺の学問領域との間に，いっそうの学際化を産んだ．各研究は，生命科学・有機化学・微生物科学・食品科学・環境科学といった領域にオーバーラップし，医・薬・理・工の分野へ広がった．その結果，多くの関連学会を生むようにもなった．もともと農芸化学が多彩な研究を含有してきたからこそ，その融合に対応できるのであろう．また最近，どのような学術領域でも，出口を求められるようになったが，これも農芸化学領域がこれまで実践してきたことである．

　ゲノム解読，構造生物学，ケミカルバイオロジー，バイオインフォマティクスをはじめとした21世紀の生命科学の新しい展開の中で，世界的にユニークな学問として発展した農芸化学領域は，さらに国際化し発展している．今後も大いに学術・産業・社会貢献を果たすことが期待される．

　本稿執筆にあたり，荒井綜一先生ご執筆の日本農芸化学会各論をはじめ，日本農薬学会，日本応用糖質科学会，植物化学調節学会の各論原稿を拝読し勉強させていただきました．また，浅見忠男先生（植物化学調節学会），山本幹男先生（日本応用糖質科学会），夏目雅裕先生（日本農薬学会）の多大なご協力を賜りました．先生方に深く感謝申し上げます．

（八村敏志）

第6章　森林科学

1. 明治期・戦前の林学・林業

　1870年（明治3年），伏見満宮に随行してプロシアに渡り，エーベルスワルデ高等山林専門学校で

学んだ松野 礀(はざま)は，1876年に帰国後，樹木試験場（林業試験場，現在（独）森林総合研究所の前身），東京山林学校（1886年駒場農学校と合併して東京農林学校，1889年農科大学）の設立に尽力し，林学教育，林業試験の基礎を築いた．明治の林学教育の揺籃期は，ドイツから造林学のH. メーヤー，E. グラスマン，K. ヘーフェル，オーストリアからは砂防・森林土木のA. ホフマンなど，外人教師に負うところが大きいが，留学帰国教師により知識の吸収が旺盛になされ，とくに保続原則を理念とする森林経営の考え方の導入がはかられた．明治末から大正にかけて東京大学などに林学科が設けられ，1902年に盛岡高等農林学校が設立された．教育体系は行政官養成が主体の官房学であり，主要な就職先は山林局や大林区署であった．多くの逸材が輩出された．

1890年代になって紡績などの軽工業を中心とした産業革命が起こり，日清（1894～95年），日露（1904～05年）の両戦役の狭間で，日本は政府主導による高度成長を遂げた．1901年に官営八幡製鉄所が操業を開始し，重工業の基盤が築かれた．農山村の余剰労働力は，富国強兵，殖産興業政策を支えていた．このような時期，1899年に国有林野法が公布され，国有林野特別経営事業が開始される．林業経営は，豊富な天然林資源を控えた木曽，青森，秋田等をはじめとする御料林，国有林や，北海道の製紙産業等に限られていた．1906年に青森大林区署管内で津軽ヒバ約7万haの開発のために日本で初めての森林鉄道が起工され，1910年から運転を開始した．それまで木材の搬出利用は，人力や畜力でそり（木馬(きんま)）や荷車をけん引したり，修羅（滑路）や索道を利用したものであり，林内で水場まで集められた木材は，管流し，鉄砲堰，筏流しと，大勢の人達によって組織的に消費地まで運ばれていた．農山村はまだ松明やランプの時代であった．1911年に台湾阿里山森林鉄道が完成し，阿里山山頂に眠るヒノキ原生林が開発されていった．阿里山で多くの技術者が養成され，各地に技術を伝播していった．日本の植民地拡大とともに，林務行政も敷かれ，植民地の森林経営の研究が，現地演習林で行われた．

ドイツ林学に範をとって，国有林の大面積一斉造林が行われた．1928年には寺崎式間伐法が確立され，1939年には森林資源の充実をはかるため優良種苗を採取することを目的とする林業種苗法が公布された．一方，海外ではすでに照査法の研究がすすんでおり，人工造林への批判として，ドイツのA. メラーが提唱した恒続林思想に基づき，1929年には択伐方式による天然更新を採用する天然更新汎行の時代を迎える．天然林経営も，松川恭佐(きょうすけ)の北海道天然林や青森ヒバ林の指導に見られるように，現場の測定や観察に基づく良質な実践研究が行われた．

2．戦後の林学・林業

戦後，荒廃した山野の緑化と再生，焦土と化した都市の復興のための木材増産は急務であり，必然でもあった．第二次大戦中および戦後の伐採跡地にスギ，ヒノキ等の針葉樹が植林され，また，将来の成長量増大を見込んだ人工造林の積極的拡大と，1955年頃から始まった燃料革命によって，広葉樹薪炭林が針葉樹に林種転換された．折しも漂白技術の進歩によって広葉樹が製紙用クラフトパルプに使用されるようになり，1953年からセミケミカルパルプ，ケミグラウンドパルプが広葉樹利用拡大を目的として製造開始されるにおよび，広葉樹の需要に拍車がかけられた．

1954年，北海道を襲った5月の暴風雨と15号台風（洞爺丸台風）は2,200万m^3に及ぶ大量の風倒

木被害をもたらした．この風倒木処理を契機としてそれまでの鋸と馬搬に代わってチェーンソーとトラクタ集材が定着し，機械化による重筋労働の解放と労働生産性向上が図られた．戦後の経済復興にのって風倒木処理はすすみ，天然林経営から短期で木材収穫を上げると想定された人工林経営化に傾くことになり，北海道では成長の早いカラマツが風倒跡に多く本州から導入されることになる．慢性的木材不足はいち早く木材自由化への道を選択し，後に国内林業を圧迫することとなった．

かくして約1,000万ha，国土の実に約1/4を占める若齢人工林が誕生し，1975年頃からは徐々に間伐期を迎えるようになった．1965年から75年にかけて，民有林においては各種の間伐用小形林業機械による機械化への移行をはじめた．これに対する1964年からの林業構造改善事業が果たした役割は大きい．

しかし，1970年代に入ると，自然破壊につながる乱開発，国有林の大面積皆伐などが批判を浴び，国有林野では，皆伐施業における伐区面積の縮小・分散，亜高山帯等における天然林施業の採用などが通達された．一方で，国有林野事業の赤字が問題化していった．森林の価値観も従来の木材生産一辺倒から環境保全，自然保護へと見直されるようになり，1972年には森林の持つ各種公益的機能計量化の中間報告が発表された．

木材・木製品の貿易自由化への移行を契機に，1960年代から外材が増え続け，困難な地形条件と林業の保守性を理由に国内林業の停滞が続いた．森林資源が未熟な日本の経済発展を支えるために，人件費が安くて豊富な森林資源を有する東南アジア，北洋のロシア，豊富な針葉樹林を有する北米から木材が買い集められた．製紙業界も原材料を求めて南米やオセアニアに造林進出をしている．1985年末のプラザ合意以降，外材の攻勢はさらに強くなり，期を同じくして木材伐出生産のイノベーションに成功した北欧やオーストリアからも木材が輸入されるようになった．日本でも近年ようやく車両系伐木造材機械のプロセッサやハーベスタが使用されるようになってきている．

高度経済成長は，山村からの人口流出を加速し，里山も人手が加わらなくなってきている．1955年には約52万人いた林業就業者数は，21世紀初頭には6.6万人になり，2030年以降は2.5万人に収束することが予測されている．不在村地主の増大や，林業への無関心，土地境界の不明確化が各地で問題化しはじめ，山村，中山間地の維持は今後の人口減少化と相俟って大きな課題である．森林資源が主伐期を迎えつつある現在，途上国の木材需要増大と輸出国の丸太輸出規制により，国産材需要の期待が高まっている．国産材を利用していくためには，複雑で製品の種類も広範囲にわたる加工・流通機構の整備と，木材の生産システムの確立，価格安定化，新たな需要開発が急務となっている．

エネルギーとしての森林バイオマスの利用は，1973年のオイルショック後，早生樹の造林も含めて国内外で盛んに研究が行われたが，原油価格の落ち着きに伴い，研究も下火になっていった．森林のバイオマス資源としての利用は，常に収穫方法の確立とコスト高が大きなネックとなっていた．しかし，林内路網整備の進展に伴い，森林未利用バイオマス資源の収穫システムの確立があらためて必要な時期にきている．

3. 戦後の各学会の萌芽と発展

　日本林学会は1948年（昭和23年），学会活動を純学術なものと定めた．そのため，現場技術者会員の退会が増え，さらに1955年の日本木材学会の分離独立によって会員の減少が進んだ．一方，戦後いち早く，1950年前後に，日本林業再建に資するため，大学，行政官や林業家も交えた広い層の小人数の研究グループが専門分野ごとに産声を上げた．例えば財団法人林業経済研究所のちの林業経済学会，林木育種研究懇談会のちの林木育種協会，森林立地懇話会のちの森林立地学会，森林利用研究会のちの森林利用学会などである．1965年には，統計的手法を林学分野へ適用することを目的とした林業統計研究会のちの森林計画学会が発足した．これらの学協会は，日本学術会議の会員選出制度の改正に伴い，後年学術団体として参加登録され，学会へと名称変更している．

　戦後の経済成長がひと段落すると，1978年国立林業試験場が目黒から筑波学園都市へ移転した．森林の環境保全機能の重視とともに各大学の林学科が森林科学科，森林環境学科などへ改組され，1988年林業試験場は森林総合研究所となった．

　この間1981年に京都でユフロ（IUFRO, International Union of Forest Research Organizationsの略称．国際森林研究機関連合）世界大会が開催され，日本の林学研究も世界に活躍の場を広げることとなる．ユフロは，非営利，非政府の組織で，ウィーンに本部を置き，110カ国，700機関が加盟し，森林林業・林産業全般にわたり幅広く，活発な活動を展開している．設立は1892年にさかのぼり，造林，生理・遺伝，森林作業工学，森林経理経営，林産，森林政策，森林保護，森林環境の8つの部門からなる．各学協会もユフロ各部門の国際研究集会への参加，合同研究集会や国際シンポジウム等の開催を積極的に行っている．ユフロでは国際用語集の作成など，用語面での統一，整備化もはかっている．

　1970年代後半からになると，化学分析機器，野外計測機器，分析手法の進歩・開発は目覚しく，林学，森林科学の研究も大きく進展した．計算機も身近なものになり，データ解析が大いに省力化，高速化された．また，ITによる研究の国際化と情報化は，世界を一層身近なものにした．研究環境は格段に良くなるとともに，学会としては，国際化，学際化の動向の中で，学会の社会的位置付けを明確にしながら，会員確保と学会誌の充実が求められている．日本森林学会は，1996年，英文誌「Journal of Forest Research」の発刊に踏み切り，和文誌「日本林学会誌」と「森林科学」を刷新し，2005年，「日本林学会」から「日本森林学会」へ改称を行った．しかし，優れた論文は国際誌に投稿される傾向にあり，ややもすると国内誌や国内学会の空洞化につながりかねない．学会の役割と学会員であるメリットを明確にし，学会員の帰属意識を高め，若手研究者の充実と育成をどうするか，いずれの学会も学会の将来戦略が求められている．

4. 学会の林業・社会に果たした成果と貢献

　森林科学分野の学会には，学問分野，拠って立つところのディシプリンの基礎的研究と社会への応用，貢献があるが，学問の進歩が時代を動かし，林業，社会に果たした役割を検証してみる．

　1948年より全国的な土壌調査事業が開始され，1983年に『日本の森林土壌』（日本林業技術協会）

としてとりまとめられた．地位指数と土壌の理化学性との関係に関する研究成果は，各地のスギ品種の成長と土壌の対応関係の違いを明らかにした．森林立地懇話会の発足10周年を記念して1972年に刊行された『日本森林立地図』は，全国の土壌図，植生図，降水量・積雪深図，温量指数図を記載し，森林立地のそれまでの調査研究の成果を集大成した．

森林の有機物生産量や集積量，分解速度が気候要因（水・熱）に左右されることが明らかにされ，炭素，窒素，ミネラルの土壌中の集積量のオーダーや地形による窒素の存在形態の違いなどが明らかにされている．森林生態系の養分収支についても系内外の流入，流出，固定，吸収などの量のオーダーが明らかにされている．土壌微生物については，有機物の分解過程での分解微生物の酵素系のはたらきが明らかにされ，アンモニア態窒素の生成，硝化反応，揮散，脱窒の過程が明らかにされている．また植物の根圏が，空中窒素固定，メタンの生成，脱窒素反応，土壌微生物活性に関わっていることが解明された．近年は，樹木菌根（外生菌根，アーバスキュラー菌根）が注目され，アカマツ，クロマツなどと共生する外生菌根の形成，菌根菌とバクテリアとの関係について研究成果があがっている．

土壌動物に関しては，一連の土壌動物と微生物の連携作用が明らかにされている．道路建設に伴う土壌動物相の変化やマツ枯れ対策としての薬剤散布が土壌動物に与える影響などについても実態が明らかにされている．

地球温暖化の問題に関連して，森林生態系の炭素固定機能，炭素収支が検討され，成熟した森林では固定量と放出量がほぼ同じで，炭素のシンクにもソースにもなっていないが，成長旺盛な若い森林では高いオーダーでシンクとなっていることが明らかにされた．森林土壌中の有機物が炭素のシンクとして注目され，各種森林での炭素蓄積量の調査，評価が行われている．森林のメタンと亜酸化窒素のフラックスについての調査研究も2000年代に入ってから全国各地の森林で観測され，立地環境との関係が明らかにされつつある．

木材増産における林木育種への期待から，1954年に精英樹選抜による育種計画が立てられ，1957年からは全国5箇所の林木育種場を中心に国家事業として育種事業が開始された．精英樹選抜育種事業では，さし木やつぎ木によってクローン化して保存した数は9,000クローンを越え，採種（穂）園を造成して直ちに造林に実用され，並行して次代検定林等で特性が評価された．精英樹は育種素材として材質優良化，花粉症対策等の数多くの品種開発に寄与している．現在は，より優れた第二世代の精英樹を選抜する事業が進められている．

冬季の低温や乾燥，雪による被害が拡大し，これに対応した気象害抵抗性育種事業が1970年に始まった．スギ，ヒノキ等の寒風害抵抗性，凍害抵抗性等計258クローン，雪害抵抗性27クローンが開発された．

1960年代より，マツ林の集団的枯損害が西日本から急激に増大して社会問題となった．原因がマツノザイセンチュウであることが明らかにされ，抵抗性に差異があることを確認して「マツノザイセンチュウ抵抗性育種事業」が1978年に始まり，アカマツ92クローン，クロマツ16クローンの抵抗性品種が開発された．その後も抵抗性品種の開発が継続され，2007年3月現在，アカマツ142クローン，クロマツ64クローンの抵抗性品種が開発されている．スギカミキリ抵抗性育種事業，スギザイノタマバエ抵抗性育種事業もそれぞれの抵抗性品種が開発されている．

1980年にカラマツ製材のねじれを少なくすることを目的とするカラマツ材質育種事業が始まり，ねじれの少ない優良品種が開発された．また，スギの水分特性や強度特性は育種による改良効果の高いことがわかり，材質に優れたスギ精英樹クローンの選抜が進められている．花粉の少ないスギ，ヒノキ品種が開発され，さらには雄性不稔スギ品種の開発に至っている．最近は，地球温暖化へ対応するため，炭素固定量の大きな品種の開発も進められている．

森林害虫に関しては，薬剤のみに頼らない戦略的思考と総合防除の考え方が次第に浸透した．一方，シイ・カシ類にカシノナガキクイムシによる枯損が現在次第に広がり，また野生動物とくにシカの被害が増え，これらは重要な研究課題となっている．

1968年以降，樹種別密度管理図は人工林施業の指針となった．拡大造林による大面積造林地については，優良材生産のための間伐や枝打ちの技術とともに，環境保全機能を損なわない非皆伐施業が重要な研究目標になり，複層林施業，小面積伐採に適する伐出技術の研究が行われた．広葉樹に関しては，環境保全面からと国産材需要拡大の面からも関心が高まり，1980年代に入ると，「バイオマス変換計画」での利用技術の進展と相俟って，天然性広葉樹林の育成研究が進められた．

伐採地の奥地化，集材機作業の長距離化，トラック運材の一般化によって，林道の必要性が急速に高まっていった．1963年頃から林道網の研究が盛んに行われ，林道網計画に関する理論体系が構築され，行政にも反映されている．林道の機械化施工と林道網の開設は，林業生産の増大と山村振興に資している．架線作業の安全面を支える架空索理論については，電算機が普及していない1959年当時にあって，実用的見地から放物線索理論として集大成され，索道や集材機の安全性確保と急峻地における木材収穫に貢献した．

森林の皆伐前後の土壌水と渓流水の硝酸態窒素濃度の変動が調べられ，各地河川の水質のモニタリングも行われている．砂防研究として，流域特性，斜面崩壊，地すべり，土石流，流送土砂と河床変動，材料・構造，海岸砂防，砂防計画に成果があげられ，土石流の流動機構に関する研究，雪崩の運動機構の研究や雪崩防止技術，地震や降雨による山腹崩壊などは，直接国民の生活と安全にも関わっている．戦後，しばらくは台風のたびに大水害に見舞われたが，当時に比べて大きな水害は減少しており，治山治水事業の成果によるところが大きい．

海外の森林の維持・造成・管理に関連した調査研究も，1980年代以降アジア，アフリカの熱帯降雨林地域，半乾燥地域をはじめ，ロシア，中国など世界各地で幅広く行われている．熱帯林の再生も学会の大きなテーマとなっている．途上国の森林・林業研究は地域住民との関わりも重要なことから，現地の長期滞在をベースにした社会科学的アプローチも成果を上げている．ロシア北東ユーラシア地域永久凍土上に成立する森林の実態も明らかにされている．近年は海外の大規模な山火事の把握と地球環境に及ぼす影響などの研究も精力的に進められている．

5．環境と開発，グローバル化

1992年のリオデジャネイロ「環境と開発に関する国連会議」(UNCED)において，天然資源の持続的利用は同時に三つの原則，すなわち，生態，社会，経済の諸相における持続性に従うこととされ，森林に関する原則声明（持続可能な森林経営）が出された．森林の持続可能な開発に関する行動計画

として「アジェンダ21」が採択された．この会議では，「生物の多様性に関する条約」，「気候変動に関する国際連合枠組み条約」も採択され，生物多様性の概念がはじめて導入された．

　UNCED以降，持続可能な森林経営を実現するための共通の「基準・指標」の検討が開始され，日本はモントリオールプロセスに合意した．モントリオールプロセスには，北米，中国，ロシアなどが参加している．ヨーロッパはヘルシンキプロセスを形成している．2007年からモントリオールプロセスの事務局が，カナダから林野庁に移された．研究面では「指標」の測定法などモントリオールプロセスを日本に適用するための具体的手法の検討が行われた．また基準指標を基礎とする「森林認証」もFSC，日本独自のSGECなどが立ち上がり，違法伐採根絶の動きと相俟って，世界的な流れとなっている．

　日本では「生物多様性国家戦略」を基本に森林の生物多様性や外来種に関する取り組みや研究が組織的に始まり，近年の遺伝子解析の手法の開発によって遺伝子・種レベルでも急速に進展している．生態系保全の概念と相俟って，生態系多様性レベルにおいても，里山などの保全や地域景観，国有林の緑の回廊など，各地で取り組まれている．

　一方，1988年「気候変動に関する政府間パネル（IPCC）」が地球温暖化に関する科学的・技術的な検討・分析に着手し，日本からも研究者が報告書の作成検討に参加した．この頃から温暖化研究の基礎となる森林生態系における温暖化ガスのフラックスや炭素を中心とした物質循環の研究が盛んになった．森林のCO_2吸収を透明かつ検証可能な方法で算定報告するため，炭素収支のモデル化，データ管理システムの構築に研究者が従事するようになった．

　1997年12月京都で開催された「気候変動枠組み条約締結国会議」の第3回会議（COP3）で，先進諸国の温暖化ガス削減目標と，この目標の達成を助けるための共同実施，CDM，排出量取引を含む京都議定書が採択された．日本の温暖化ガス排出量は2008年から始まる5年間に1990年の6％削減と決まり，このうち日本では森林が主要な吸収源とされ，3.8％を上限とするCO_2吸収を確保するための森林整備などの吸収源対策が重要施策となった．具体的には，2008年，森林・林業白書の閣議決定で，年間間伐目標面積が35万haから55万haに引き上げられている．

　2001年に，構造改善による林業の発展を目指すそれまでの「林業基本法」から，森林の多面的機能の発揮と林業の持続的発展を両立させる「森林・林業基本法」が施行された．森林の公益的機能を発揮する政策として，森林を機能分類し，これらの評価をもとに森林計画が立てられることになった．このために森林計画にリモートセンシングやGISの技術や合意形成の手法が開発され，その導入が試みられている．

　今後環境資源としての森林の利用と，産業素材やエネルギー源としての木質バイオマス資源の利用など，種々の研究が重点的に取り組まれている．森林の活用と森林科学研究を通じて，森林が長期安定的な社会資本として国民的合意が得られるよう貢献することが求められている．

（酒井秀夫）

第7章 木材科学

1. 林産学の成立と日本木材学会の創設

　木材科学と言う学問分野は歴史的に林産学として展開されてきた．林産学は大きく分けて，木材加工分野と林産化学分野に大別されるが，この両分野とも，かつては林学のうちの森林利用学という分野で研究・教育が行われてきた．農学会50年史では「1930年ごろまでには林産化学が森林利用学からほぼ分離した分野となったが，木材加工学は第2次大戦までは依然として森林利用学の範ちゅうに入っていたものと思われる．林産化学が早く独立する傾向をもった理由は，方法論が他の林学分野と著しく違うこと，および近年パルプ・紙産業が著しく発展拡大してきたことに対応したものと考えられる」と記述している．第2次大戦中は，航空機の木製化という大プロジェクトに対応して木材加工学，中でも，接着加工が急速に進展した．戦後は，製材工業，合板工業，木材保存工業，繊維板工業，集成材工業などの木材加工業が著しく発展し，1948年に木材加工技術協会が設立された．また，パルプ・製紙産業もいっそうの発展を迎えることとなり，木材加工分野と林産化学の両分野において木材の基礎的および応用的研究の一層の発展が促される社会的な基盤が成熟してきた．このようにして，昭和30年4月7日，農林省林業試験場で学会設立発起人会が開かれ，日本木材学会の発足が決定された．当初は林産学会と言う名称が予定されていたが，発起人会の過程で，「林産」では一般に分かりにくいため林産物の中心である木材と言う言葉を用いて「木材学会」にすべきだとの意見で一致した．初代会長を務めた西田屹二九州大学教授は「林産物に関する学問がほんとうに望ましい姿において進歩しますためには，林学の一分野という観点からだけでは不充分でありまして，機械・化学・電気・建築などの分野と広く関連を保ち各方面の研究者の力が結集せられ，総合的にまた分析的に攻究されることによってはじめて達成されるものと考えます」と述べている．

2. 林産学を支える研究・教育体制

　大学における教育・研究分野として林産学が独立したのは1956年の北海道大学ならびに東京大学における林産学科の設立が最初である．その後も林産学科の設立や林学科の中における林産関係の講座の設立が続き，1970年代初めには，全国の30大学が林産系の学科や研究室を持つに至った．その内訳は1980年の段階で次のようになっていた．

　林産学科7大学：北大，東大，東京農工大，静大，名大，京大（林産工学科），九大
　林学科内の林産系研究室18大学：岩大，山形大，宇大，新大，東農大，日大，信大，岐阜大，三重大，京都府大，鳥取大，島根大，香川大，高知大，愛媛大，宮大，鹿児島大，琉球大
　農芸化学科内の林産系研究室2大学：帯広畜大，近畿大
　その他2大学：筑波大（農林工学系），職業訓練大学校（木材加工科）
　研究所1大学：京大（木材研究所）
　教員養成のための大学や学部では，全国で60近い大学・分校で，主に技術科において林産系の教育や研究が行われてきた．

その後，1990年代に入り，学部を基礎とする大学から大学院を基礎とする大学への移行，学科の統廃合，名称変更などにより「林産学」を名称として掲げる学科や講座は激減し，2008年には東京農大の林産化学研究室が「林産」という言葉を残すのみになっている．しかしこれは林産学を中心にさらに研究領域が広がりつつある状況を反映しての名称変更であり，内容的に林産学分野の研究・教育を行う大学は，秋田県立大における木材高度加工研究所の設立に見られるように，むしろ増加している．バイオマス利用や木造建築への関心の高まりから，北見工業大学や岩手大学工学部のように工学系の学部において林産系の研究・教育を行う大学も増加しつつある．また，東京芸大に見られるように文化財保存学においても林産学の分野が確立してきた．このように今後も他分野との融合などを経て，林産学の研究・教育は発展していくものと考えられる．

　大学における林産学の教育に影響を与えるものとして，公務員試験制度がある．林産分野の行政職・研究職に国家公務員を供給する国家公務員試験の設置を日本木材学会が中心となって林野庁や人事院に請願した結果，1979年に「林産学」の試験がスタートした．この試験は人事院ではなく林野庁が行うもので，Ⅰ種試験に含まれないいわゆる準試と言うものであった．それ以前は林産学分野の学生は他分野でしかⅠ種試験を受験できなかったため，準試と言う形ではあれ，国家公務員Ⅰ種相当の身分で行政，研究の分野で活躍できる試験制度ができたことは林産学分野の教育にひとつの目標を与えるものとなった．その後，公務員試験制度は2001年度に大きな改革を迎え，農学系の試験区分として設けられていた「農学」，「林学」，準試の「林産学」など9区分を統合して新しく農学Ⅰ～Ⅳの4区分に再編し，「林産学」は「林学」，「砂防」，「造園」とともに農学Ⅲに組み入れられることになった．公務員試験制度の他にも，今後，林産学分野での教育内容に大きな影響を与え得る外的要因としてJABEE（Japan Accreditation Board for Engineering Education，日本技術者教育認定機構）がある．

　林産学研究を担う試験研究機関として，森林総合研究所や地方自治体の各試験研究機関がある．森林総合研究所は明治38年農商務省林業試験所として設立され，移転・改組などを経て現在に至っている．1990年においては木材化工部，木材利用部，生物機能開発部の3部のもと9科・31研究室において林産系の研究が行われていたが，その後の再編により，2008年段階においては8研究領域・2研究センターの20研究室となっている．研究領域・研究センターの内訳は，木材特性，加工技術，構造利用，生物工学，バイオマス化学，きのこ・微生物，複合材料，木材改質の各研究領域，森林バイオ，林木育種の各研究センターであり，パルプ学・製紙学分野が無いことを除けば，林産学のほぼ全域をカバーしている．地方公共団体については，2008年段階で北海道立林産試験場をはじめとした57研究・試験機関において林産系の研究が行われており，その数は，ここ20年ほぼ変わっていない．その他にも建築研究所や旧通産省工業技術院傘下の各研究機関において林産系の研究が展開されてきた．最近ではバイオマス利用研究の充実が著しい．

　日本木材学会以外に，林産学に含まれる特定分野の研究を担う学・協会として，日本木材保存協会，日本木材加工技術協会，紙パルプ技術協会，繊維学会，セルロース学会，日本接着学会，日本包装技術協会，日本きのこ学会などがある．また日本農芸化学会，日本森林学会，日本建築学会などにおいても林産学分野の研究が展開されている．日本の学術研究体制の中における林産学分野の位置づけとして，日本学術会議には木材学研究連絡委員会（木研連）が設置されていた．これは，木

材学会が，繊維学会，日本木材加工技術協会，日本木材保存協会，紙パルプ技術協会などとともに組織していたものであるが，日本学術会議第19期で研究連絡委員会の制度が廃止され，現在はそれに代わるものとして，林学系の旧2研究連絡委員会とともに，林学分科会として活動している．

3．国際的な研究体制の発展

　日本木材学会は1998年に欧文誌"J. Wood Science"（Springer社刊）を発刊し林産学分野における世界的な学術誌としての評価を確立している．またISWPC (International Symposium on Wood and Pulping Chemistry)などのように，林産学の個別の分野を代表する多くの国際会議の運営において本学会の会員が長年にわたって重要な役割を果たしてきている．

　森林・木材に関連する研究機関の国際的な連合組織として1892年に設立されたIUFRO (International Union of Forest Research Organization)がある．IURFOには約110カ国から700の研究機関が加盟しており，8つの部門に分かれて世界の15,000名もの研究者を組織している．このうち林産学に関連する部門は，第5部門の『林産』と第2部門の『生理・遺伝』である．その他の部門は『造林』，『森林経理経営』，『森林政策』，『森林環境』など林学との関係が強い．

　第5部門『林産』はほぼ4年に一度ほどのペースで第5部門のみの国際会議"IUFRO All Division 5 Conference"を開催している．部門には現在，『木材品質』『木材および木質材料の物理的機械的性質とその応用』『木材保護（Wood protection）』『木材加工』『複合材料』『プランテーション木材の性質と利用』『森林バイオマスからのエネルギーと化成品の製造』『林産物のマーケッティングとビジネスマネージメント』『非木材林産物』『林産物の持続的利用』『林産教育』という多くの研究グループがある．しかし，日本木材学会がカバーしている学問分野と比較すると，セルロース，ヘミセルロース，リグニン，紙・パルプ，繊維関連の研究に対応した化学系の研究グループが欠けており，IUFROのDivision 5は林産関係の学問分野を網羅しているとは言えない状況にある．このような状況を打開するために，2007年台北で開催されたAll Division 5 Conferenceでは，研究グループに準じるものとして"Pulp & Paper"という発表部門が設けられ，化学系の研究者の組織化への取り組みが始まっている．

　一方IUFROほどの国際的な広がりは無いものの，林産学の全分野を網羅した国際組織として『国際木材学会』(International Association of Wood Products Societies, IAWPS)がある．この設立には日本木材学会が中心的役割を果たした．1995年の日本木材学会創立40周年記念大会（東京）および1996年の日本木材学会大会（熊本）時に開催された海外学協会代表者を迎えた会合を経て，1997年に国際木材学会が創設され，その最初の会合が高知で開催された日本木材学会大会時にもたれた．創立当時の構成は，米国，中国，韓国，台湾，オーストラリア，インドネシアの海外6学会，日本木材加工技術協会，日本木材保存協会，紙パルプ技術協会，繊維学会，全国木材機械工業会，APAST（森林・木質資源利用先端技術推進協議会），そして日本木材学会の国内7学協会であった．その後IAWPSは定期的に国際シンポジウムを開催している．1999年には竹山（台湾）で，また2001年には規模は小さいものの国際シンポジウムを開催した．2003年4月に韓国・太田でIAWPS2003として開催された大会は，IAWPSとしては初の大規模な国際シンポジウムであり，わが国からも60名以上

が参加した．2005年にパシフィコ横浜において開催されたIAWPS2005，また，2008年に中国ハルビンで開催されたIAWPS2008では，400件以上の研究報告がなされ，マレーシア，メキシコ，ブラジルが加盟するなど，国際学会としての機能を急速に高めつつある．

4．新しい社会状況への対応

　林産学とは木質バイオマス利用の学問である．1990年代以降，地球温暖化等の環境問題や資源問題への取り組みが世界的に共通の課題として認識されるようになって来た．このような中で，林産学分野の研究者にとって，木材利用の推進と地球環境保全との整合性を明らかにすることは避けて通れないことであった．木材の積極的利用が森林の炭素貯留機能を高めることに貢献し得ること，木材の利用が金属などの利用に比べてはるかに二酸化炭素発生量が少ないことなどが，次々と定量的に示されるようになった．このようなことを背景に，1995年に開かれた日本木材学会40周年記念大会は，大会テーマとして「文明の基盤を化石資源から木材を中心とする生物資源へ移行する科学の振興と，それを可能にする新しい価値観の創造」を掲げ，再生可能な生物資源に依拠した社会への変換，またそれを可能にする科学技術の発展を訴えた．2000年代に入って，燃料用エタノール製造などバイオマス利用の推進へむけて，全社会的な取り組みがなされるようになり，そのことがバイオマス利用の基礎科学としての林産学の新しい発展を促しつつある．最後に木材学会40周年記念大会で採択された『宣言』を紹介する．

「第40回日本木材学会大会宣言」

　我々は，21世紀への人類文明の発展を図るために，資源とエネルギーを大量に消費し，処理の困難な廃棄物を大量に生み出している現在の資源利用システムを，地球環境保全，持続的な資源確保が保証される人類生存の基本に合致するシステムへ変換しなければならないと考える．

　このような観点から木質資源の生産と利用を考察した結果，資源の再生産性，資源生産時の環境保全性，そして建築資材，化学原料への加工・解体・廃棄・再利用過程における省エネルギー性，低公害性においてこの木質資源利用システムは他資源のそれに比べてはるかに優位であることを確認した．ここに，化石資源に依存した現在の生活方式を，木質資源を中心とする生物資源を基礎にしたシステムへ変換することの必要性を強く訴えるものである．

　なお，この変換を実現するためには，技術開発を進めることはもちろん，各人が強い決意を持って日常の生活を点検し，環境への負荷の少ない生活スタイルを受け入れるなど，新しい価値観を創成しなければならない．

　　　平成7年4月9日

　　　　　　　　　　　　　　　　　　　　　　　　　　　　　　　　　　　　　日本木材学会

　　　　　　　　　　　　　　　　　　　　　　　　　　　　　　　　　　　　　（松本雄二）

第8章　水産科学

　1970年代までの水産系学会の動向を概観した「日本農学50年史」(1980年)が刊行されているが，まず，水産学の発祥の経緯を述べ，次いで，現在，日本農学会に加盟している水産系の日本水産学会，漁業経済学会，日本魚病学会，日本水産工学会の設立経緯やその後の進展を大まかに述べる．最後に，1970年代末から今日までの約30年間の水産系の研究の主要動向を概説する．なお，「1970年代末からの社会情勢の変化と水産学研究の変遷の概観」の経済，社会関係の多く部分は各論「漁業経済学会」(加瀬和俊著)の内容を，漁業統計，漁業の動向などについては平成20年度版水産白書(水産庁編)を引用した．

1. 水産学研究の発祥

　水産系研究は政府の動向と大学の変革に大きな影響を受けて展開した．

　「水産」という言葉は中国の古典から出てきたものであることは間違いないと思われるが，19世紀後半，すなわち明治維新の近代国家を建設中の日本で，「水産」という言葉に新しい近代的な意味を持たせて使われ始めたようである．これは現在，中国でも逆輸入して使われている．1877年に政府は勧農局に水産掛を設置している．この年には第1回内国勧業博覧会が開催されている．また，同年には内村鑑三と新渡戸稲造が札幌農学校(現，北海道大学)の第二期生として入学した．新渡戸は農業経済を進展させたが，内村は水産学を志した．内村は札幌農学校で水産学を専攻し，当時はまだ学問として認められていなかった漁業を「学術の一つなり」と強調して1881年に卒業した．その後，両氏とも教育界で活躍して幾多の高名な弟子を育成した．

　1880年代後半から1900年代前半にかけて大学や政府機関に相次いで水産関連学科および水産専門の高等教育機関が設立された．すなわち，1887年，東京農林学校(現，東京大学)に水産科が新設された．1889年には農商務省(大日本水産会)が水産伝習所(東京水産大学を経て現，東京海洋大学)を創立した．1907年には札幌農学校に水産学科が新設されたが，東北帝国大学農科大学の所属とされた．1910年には東京帝国大学農科大学に水産学科が新設されたが，前述の東京農林学校の水産科とのつながりはない．後者の3機関は個別の研究会を結成し，独自の学会誌を編纂していたが，1932年にはこれらの各機関に存在していた水産の研究会をまとめて日本水産学会を新たに設立するとともに，各機関が刊行していた研究誌，雑誌，会報を統合して日本水産学会誌として発刊した．1949年には東京帝国大学農科大学が主宰した「水産学会」は発足当初から加盟していた日本農学会を脱会し，前述の「日本水産学会」が新たに日本農学会に加盟した．

2. 日本水産学会

　日本水産学会 Japanese Society of Scientific Fisheries (1993年に Japanese Society of Fisheries Science と改称)は1932年に設立されたが，他の農林関係の主要学会よりも設立が遅れ，また日本農学会に入会したのも設立後かなり経た1949年のことであった．その経緯については前節で述べた．

しかし社団法人化には早期に取組み，設立が認可されたのは1970年であった．日本水産学会50年史に記載された「水産学研究の足跡」は，Ⅰ．漁業・資源・海洋，Ⅱ．増殖・養殖，Ⅲ．利用・加工・化学の3章構成となっていたが，創立70周年記念出版として2003年に刊行された日本水産学会70年史（日本水産学会誌第69巻特別号）では，漁具・漁法の研究，生態の研究，資源管理の研究，増養殖・魚病の研究，生理学の研究，遺伝育種の研究，化学・生化学の研究，利用・加工の研究，水圏環境の研究の9章構成になった．このことは，この間に水産学の大きな発展があったことを示している．

3. 漁業経済学会

漁業経済学会の創設は1953年であるが，これは第二次世界大戦後における漁業制度改革とともに漁業経済研究がスタートした時点である．「日本農学50年史」に記載されたサーベイによれば，1970年代までの学会活動としては，漁業制度改革の評価，戦後漁業の発展過程とその政策課題の推移，資源管理の方法などについての検討がなされているが，総じて学会全体の研究動向について視点と方法が整理されていない傾向が見られたという．1970年代末以降の30年間においては，200海里体制，オイルショック後のコストアップ，輸入増加などによって日本漁業が縮小再編過程を歩んだ時期であり，そうした経営事情とそれに対する漁業政策の対応についての検討が研究の中心を占める傾向が強くなり，政策論議や時論との境界が曖昧になって来るという傾向も見られている．日本農学会への入会は1953年である．

4. 日本魚病学会

日本魚病学会（Japanese Society of Fish Pathology）は，病原体の分類や生態，病理，治療，予防など魚介類の疾病に関する広範囲な分野における研究の進歩と知識の普及を図ることを目的に，魚病談話会として1966年に設立された．同時に，魚病の専門誌である魚病研究（Fish Pathology）が創刊された．その後，魚病談話会は1980年に魚病学会となった．毎年2回の魚病学会大会が，また数多くの魚病シンポジウムが開催され，1978年および1997年には魚病の国際会議が開催された．増養殖魚介類で発生する疾病に関する価値ある多くの研究成果が口頭発表ならびに論文として公表され，日本魚病学会はわが国のみならず世界の魚病問題に貢献してきた．2003年に日本農学会に入会した．

5. 日本水産工学会

本学会は，1964年に農業土木学会内に設置された水産土木研究会を前身とする．水産土木研究会は水産生物の生理生態，水産海洋学，海岸工学等の研究者らが集い，水産有用種の魚礁，漁場や増殖場・養殖場の造成を目指して学際的な研究活動を行う研究会であった．この水産土木研究会を発展的に解消し，水産学分野の漁具・漁法研究者，船舶工学，舶用機器工学分野の漁船関係研究者の

参加と協力を得て，1989年に日本水産工学会として新たに発足，1990年に日本学術会議の学術研究団体として水産科学分野に所属して，同時に日本農学会に入会した．当時の水産を取り巻く状況は国内外に多くの問題を抱えて，その解決には，海洋生物学，水産海洋学から海岸工学に跨る学際的な科学領域の研究が必要となり，著しい周辺科学技術の進展と相まって，広い分野の研究者の研究交流を図る組織が必要とされたことによる．

6. 1970年代末からの社会情勢の変化と水産学研究の変遷の概観

(1) 国際連合海洋法条約に基づく排他的経済水域の設定の影響

1977年における国際連合海洋法条約に基づく排他的経済水域（EEZ）体制への突入で外国200海里内漁場および公海の相当部分における漁場喪失で遠洋漁業の縮小が余儀なくされた．わが国も韓国，中国との関係も含めて1996年に200海里体制の法的，制度的条件を整えた．この200海里体制の出現を巡っては，国際漁業条約などの政策的対応，遠洋漁業から撤退した企業の支援，水産大企業の輸入商社化など，種々の問題が生じた．1990年代後半以降では生態系の保全に関する関心の高まりにつれて，資源管理の研究が促進されてきている．また，水産基本法が2001年（平成13年）に制定され，資源管理型漁業としてTAC（漁獲可能量）が取り入れられるようなり，さらに枯渇した資源の回復や海洋生態系の保全を目的とする順応的管理として，海洋保護区や自主管理型漁業の有用性も議論され始めており，真に実効ある資源管理法の確立が急務となっている．

(2) バブル経済とその崩壊の影響

1970年代後半から1980年代におけるわが国経済の好況（バブル経済）と国際的地位の向上，1990年代以降の長期不況と国際的地位の低下は，わが国の漁業のあり方に大きな影響を与えた．バブル期を中心にした好況期には業務用需要増大による高値の出現などがあり，高コストの活魚流通などが発達し，高級品志向への積極的対応，沿岸リゾート開発，各種の「都市との交流」事業の実態報告や評価がなされた．同時に円高の進行に伴う輸入急増があり，わが国の漁業の国際的競争力の維持が問われた．

1990年代には一転して長期不況が続くと，国際市場において競争的な買い付けにわが国が負ける「買い負け」の現象が生じてきた．また，漁業経営戦略として外国人労働力の導入が図られた．また，1990年代末から2000年代始めにかけて，一般経済の低迷を受けて，若年層の自営漁業就業者が初めて増加した．

(3) 水産業のグローバル化と漁業資源の枯渇化

海洋基本法が一昨年の2007年（平成19年）に制定され，わが国の水産，海洋に関する社会情勢は今や大きな変革期にある．人類は現在までに多くの水産生物を食料や工業材料として利用してきたが，乱獲や環境破壊に伴う水産生物資源の減少が世界的に大きな問題になっている．このような現状において，人類の繁栄と様々な生物との共存を見据え，科学的見地から水産生物資源および生息

環境を保全し，持続的に利用する方法を編み出して行くことが必要である．

　全世界の供給量は年々増大しているが，とくに1990年代からの伸びが顕著である．これは中国による供給量が増大したためである．ヨーロッパ連合（EU），アメリカ合衆国（米国），インドの供給量も年々増大しているが，その割合は中国には及ばない．この中で，中国の漁業・養殖業，とくに養殖業による生産が世界全体の漁業・養殖業生産量の伸びを大きくさせてきた．国際連合食糧農業機関（FAO）は，水産庁の発行している「水産白書」の世界版ともいえるレポート「the State of World Fisheries and Aquaculture（通称「SOFIA」）」を1995年から発行している．それによると，世界全体で漁業・養殖業生産量はほぼ頭打ちになって来ている．漁業生産は1990年代からほとんど増大していないが，養殖業の生産もこのところほぼ限界に達している．漁獲状況をみると，約50%がほぼ最大量を漁獲しており，危険な状態である．約1/4が過剰に漁獲されており，資源が既に枯渇している状態になっている．残りの1/4が適正に漁獲されているか，まだ充分には利用されていない漁業資源が占めている．世界の漁業資源は大変危険な状況にある．マグロ漁業についての国際的な規制が本格化してきている．また，クジラ資源の利用についても国際的な論争が起きている．

　世界における漁業の危機を乗り越えるに当たって，わが国の沿岸漁業は漁業協同組合を基本とした共同体管理の典型例で，責任ある漁業を昔から実践してきた模範例であるとも考えられる．また，これまで，このようなわが国の経験や教訓が十分に世界に紹介されてきたとは言えない．一方，わが国の漁業管理システムをそのまま外国に適用できるとは思えないが，蓄積してきた経験と教訓は世界の責任ある漁業発展の見本になることが期待されるであろう．

（4）わが国の水産業，漁業の衰退

　世界の水産物の貿易は1975年で1000万トン以下あったが，2005年には3000万トンを超えた．わが国が占める割合は1995年の16.4%をピークに年々減少して，2006年には9.9%にまで低下した．これに替わって中国の占める割合が増加し，2005年にはついにわが国を越えて11.6%に，2006年ではやや減少したものの10.4%に達している．

　前述のように，全世界の供給量は年々増大しているが，とくに1990年代からの伸びが顕著である．一方，わが国をみると，1980年代後半から頭打ち，あるいはむしろ減少傾向にある．国民一人当たりの供給量をみると，わが国は70 kg/人・年と，他の国に比べて圧倒的に多くの魚介類を消費している．EU，米国，中国，インドを詳細にみると，いずれも増加傾向にあり，ここ30年間で中国は5倍，米国では1.5倍，EU15カ国では1.3倍となっている．ただし，中国ではここ数年では横ばい状態になってきている．

　このように，わが国の水産物貿易量，水産物供給量は世界の動きと反対で年々減少傾向にあるように思われる．その原因は水産業の衰退にあるように思われる．とくに大きな減少を示しているのがEEZの影響を受けた沖合漁業，遠洋漁業であるが，沿岸漁業も減少傾向にある．養殖業も横ばい状態で，ほぼ限界に達しているように見える．漁業の生産量の昭和の終わり頃（1980年代後半）からの大きな低下はマイワシの漁獲高の減少によるものである．わが国の漁業資源を評価すると低い水準にある系群（魚種）が約半分を占めている．漁獲量が豊富な系群はわずかに1/6に過ぎない．

　多くの検討課題があるが，前述のTACを取り入れた漁業の管理が強調されている．マサバを例に

あげると，資源量に対して40％程度も漁獲し続けてきたため，2歳以下の未成魚がほとんどを占めるようになり，資源量も大きく減少したままで回復しない状態が30年近くも続いている．これを教訓として，周辺水域の資源水準に応じた漁獲能力の調整を行い，資源回復を図るなどの資源管理についての取り組み強化が必要である．過剰漁獲を避けることができれば沿岸での食物連鎖がうまく循環し，海の生産力の増大が期待できる．

(5) 水産学関連の学術団体

日本学術会議は2005年の機構改革で文科省から内閣府に所轄官庁が移管されたが，移管前までは日本水産学会，日本水産増殖学会，日本海洋学会，漁業経済学会，日本魚類学会，地域漁業学会，日本魚病学会，日本水産工学会，水産海洋学会，日仏海洋学会，日本付着生物学会，日本プランクトン学会の12団体が水産学研究連絡委員会（水研連）を結成して水産学研究の発展のために努力してきた．2005年の学術会議の機構改革により，水研連は自然消滅したが，水産業，漁業のグローバル化の波にさらされている中，学際的な研究がますます必要になって来ていることから，水研連のような組織の再結成の必要性が叫ばれている．

なお，漁業経済学の分野における学会としては，漁業経済学会以外にも北日本漁業経済学会（北海道，東北地方等の研究者が中心），地域漁業学会（西日本在住の研究者が中心）が，相互に会員・問題関心の相当部分を共有しつつ，それぞれ独自に研究活動を展開している．

(6) 水産学研究の国際化

世界水産学協議会は1992年（平成2年）にアメリカ，イギリス，オーストラリア，インド，日本など51カ国の水産関係学会が水産学・海洋学に関する国際ネットワークを構築のために設立された．同年にアテネにおいて第1回世界水産学会議が開かれ，以降4年ごとに大会が開催され，2008年にはわが国で日本水産学会を主体として第5回大会が開催された．世界水産学協議会の目的は，水産学関係学会や団体による国際的な科学技術協力体制を構築することによって，水産分野における学際的・先端的学理と技術開発を促進し，海洋生物資源および海洋環境をめぐる諸問題の解決へ導き，水産資源の管理と保全を基本とした持続的生産および高度有効利用を推進することにある．

アジア水産学会はこれよりも早く1984年に設立された．当時の設立メンバーはわが国のほか，中国，台湾，フィリピン，インド，ベトナム，韓国，マレーシア，オーストラリア，タイなどである．わが国で1989年に第2回大会が開催された．

(7) 沿岸環境と漁業経営の問題

漁業就業者が減少し，高齢化も進んでいる．戦後漁業就業者の中心的担い手であった昭和一ケタ生まれ世代（1925～34年生まれ）が1990年代に60歳代を経過し，2000年前後には70歳代に到達した．この結果，後継者の得られない家族経営就業者の高齢化が極点を迎えたことを反映して，後継者問題，就業者高齢化問題の構造と動態が議論されてきた．また，漁船の老朽化も進行している．コストアップ，魚価低迷，資源変動等によって1980年代以降，中小資本漁業の経営が悪化すると，その経営実態をめぐる議論の中で，外国人労働力増加，代船建造難，資金調達難等の実態と，それに

対する政策的対応の実態や効果が分析された．一方，漁業経営を圧迫する要因は水産物の市場・流通体制にもある．量販店が水産物の小売段階の最大部分を握ることによって定価，定量，定時の販売が要請されるようになった．それが生産者および産地市場に与える影響についても分析され，産地市場の力量低下に結びついていることが明らかになった．これに対する方策として行政や系統によって採用された市場統合＝大型市場化策の効果についても実態調査が継続された．そうした全体状況の下で，漁協販売事業の戦略的展開や地域ブランド化の試みが検討されている．また，漁協経営難の原因，打開策，漁協リストラ策の漁業経営体への影響等をめぐる実態調査においても，政策論においても活発な意見交換がなされている．漁業経営難が強く意識され，政策的対応が要望されるにともなって，現実の水産政策がそれに応えていない実態を直視する研究が現われている．

漁業経営を圧迫する要因として沿岸環境の悪化があげられる．稚仔魚を育む沿岸の藻場や干潟が大きく減少している．干潟はこの50年間で4割減少，藻場の面積もこの20年間で4割減少している．先述のように，漁業就業者が減少し，高齢化も進んでいる．また，漁船の老朽化も進行している．これらの要因が複合的に働き，わが国の海の生産力が低下してきている．さらに，富栄養化，環境微生物，有害・有毒プランクトン，水域および生体汚染，化学物質の生体影響と内分泌攪乱物質，などの問題が沿岸環境の悪化と関連付けられている．身近にある沿岸，内湾，河川，湖沼などの水域は，我々の生活にかけがえのない自然であって，その環境を保全し，また有効に持続的に利用していくことはもっとも重要な課題の一つである．水圏環境に関する研究は，単に水産に関連した分野のみならず，地球規模での環境にかかわるとの認識を持って研究を進める必要がある．海洋，沿岸環境の保全と陸域，例えば森林の保全，田畑や河川環境の保全などは一体のものであり，大きな意味での循環型社会の形成という視点からの研究を展開することが重要である．2003年の農林水産大臣の「地球環境・人間生活にかかわる水産業及び漁村の多面的な機能の内容及び評価について」の諮問に対して，2005年に日本学術会議の水産学関連の学術会議会員を中心として，「食料・資源を供給する役割」のほか，「自然環境を保全する役割」，「地域社会を形成し維持する役割」，「国民の生命財産を保全する役割」，「居住や交流などの「場」を提供する役割」が答申された．

（8）高等教育機関や研究機関における水産学研究の変化

1990年代から続いた長期の不況でわが国の財政は危機的となり，種々の分野に影響を及ぼした．国立大学では2004年における法人化で政府からの運営交付金が毎年1％の減額措置がとられ，大学は外部資金の獲得に応用研究を重視する傾向になった．水産学自体は産業に結びつく研究が重要であることから喜ばしい傾向と思われ，事実，日本水産学会の会員の減少傾向は底をついて，若干増大傾向にある．しかしながら，長期的展望に基づく研究教育を怠るとその影響は突然現れ取り返しのつかないことになることも危惧される．1995年に東京大学農学部水産学科が大学院部局化されて水圏生物科学専攻に改称された．このころから水産学の名称が高等教育機関から少なくなり始めたが，実質的には水産学の研究教育は維持されたままである．農学系に進学する学生は「産」のつく学問を敬遠する傾向にあり，水産学研究が進んでいる傾向とは逆行しているようでそのギャップを埋める努力が必要であろう．

高等教育機関における実習船，練習船の在り方についても検討されてきた．海洋基本法体制が整

備されつつある社会情勢において，水産・海洋環境の分野で活躍する人材育成を担う練習船の重要性はさらに増している．また，高等教育機関に付属の水産実験所も水産学教育研究の分野で重要な位置を占めていることは明らかであるが，その施設の現状は必ずしも満足できるものではない．ほとんどの施設で老朽化が進んでおり，補修工事をしようにも運営交付金の配分額が少なく，費用が捻出できない．これらも国立大学の法人化に伴う変化で，大きな問題となっている．

一方，水産研究所の独立行政法人化の影響も大きく，特殊法人の栽培漁業センターやさけますセンターの吸収を経て巨大化したが，毎年数％の減額措置がとられて運営が苦しい．また，地方公共団体の試験研究機関においても法人化の動きがあり，予算の縮小とともに研究環境は悪化の一途と辿っている．

(9) 水産食品の機能的な側面と食育政策

魚介類の栄養機能的な側面も研究が精力的に行われ多くの成果が蓄積されてきた．魚油に多く含まれる高度不飽和脂肪酸の一種エイコサペンタエン酸（EPA）は血液を清浄化し，ドコサヘキサエン酸（DHA）は学習能力を高めることが知られている．そのほかにもペプチドの血圧上昇防止効果や，海藻類の食物繊維としての効果などが報告されている．主要国の国民一人当たりの魚介類消費量と平均寿命の関係をみると，わが国とアイスランドが最も多くの魚介類を消費しているが，いずれも高い平均寿命を示している．これは魚介類が循環系疾患の予防に有効であることを疫学的に示していることになる．

沿岸漁業を振興するに当たっては魚介類の高度利用，廃棄物利用，混獲魚など未利用生物資源の利用も重要な課題である．これらの総合的な対策により，漁業，流通，魚食の連携で海の生産力を利用した循環型社会が形成できると考えられ，これらについて多くの施策が議論され，関連した研究が続けられている．ましてやわが国は四方を海に囲まれており，沿岸は世界の四大漁場の一つを形成している恵まれた環境にあるので，水産研究はますます重要となってきている．

水産養殖の進行も重要で，最近20年間はバイオテクノロジーの一部と見なされる染色体操作や遺伝子操作に関する研究が展開されるとともに，遺伝子解析を用いた有用魚種の育種方法の研究が行われるなど，従来型の水産育種体系に大きな影響を及ぼしている．また，最近では，各種の魚介類でゲノム解析が試みられているとともに，マグロの完全養殖の成功例，絶滅危惧種を維持するための新たな方法である代理親魚養殖など，先端的な研究成果が発表されている．

（渡部終五）

第9章　畜　産　学

1．畜産関連団体とは

ここでいう畜産学関連学会とは社団法人日本畜産学会（以下，日本畜産学会），日本家禽学会，日本繁殖生物学会，日本動物遺伝育種学会の4団体である．日本畜産学会は家畜全般を対象，日本家禽学会は家禽全般を主な対象にする．日本繁殖生物学会は動物一般の繁殖に係わる研究，また，日本

動物遺伝育種学会は魚類を含む動物遺伝育種を研究の中心にする．ただし，後者2学会の会員は前者2学会の会員であるものが多く，このことによるメリットを生かしている．

しかし，区分はおおざっぱであり，次に述べる設立の経緯を知ると判明することであるが，研究内容が大きく変化し，同時に内容の細分化・専門化が進んだこと，動物学の一端として家畜の生物学が進展したことによる．30年前，ウシやブタ，ニワトリの研究に遺伝子情報，分子生物学の知識と技法が必須になるなどは予想できないことであった．

2. 畜産関連団体の現在までの歩み

日本畜産学会は1924年（大正13年）6月に設立された．第1回大会が1926年4月に東京青山会館において開かれ，同年9月には機関誌の日本畜産学会報の第1巻1号が発行された．第2次世界大戦により学会活動一時休止．大会は1948年7月に再開され，2007年9月に岡山大学で開催された大会で108回を数える．1950年には支部が発足し，学会活動は戦前にも増して活況を呈していった．1965年には世界畜産学会連合（WAAP）に加盟し，1967年7月には社団法人資格を取得し，名実ともにわが国における畜産学研究の中心団体としての役割を担うことになった．

日本家禽学会は，1954年，世界家禽学会の日本支部として設立されて以来53年が経た．産官学の連携の下，養鶏産業の発展と家禽科学の進展に貢献してきた．設立の目的を達成するために春秋の大会とともに，1971年以来，毎年家禽産業と科学に関する公開のシンポジウムを開催し，会員だけでなく広く社会に対して，研究の成果を公開してきた．

日本繁殖生物学会は，1948年4月に発足した家畜繁殖研究会を起源とする．1954年に会則等を制定し，春は宿題報告とシンポジウム，秋は会員の研究発表を主とする年2回の大会開催とし1995年まで継続した．1980年代までには研究・技術の範囲が著しく拡大し，医学，薬学，生物学等の研究者の中には本会に参加を望む声も聞かれ，1986年に家畜繁殖学会に移行した．

日本動物遺伝育種学会の母体となるものが家畜育種研究会で，1960年に統計遺伝学的育種理論に基づいて家畜の改良を図ろうとする研究者が集まって第1回懇談会を開催した．1961年には家畜血液型研究協議会と在来家畜研究会が発足した．前者は家畜の血液型研究に端を発し，その後魚介類の血液型や獣医学分野の研究者も加わり，1979年に日本動物血液型研究会に改称，一方タンパク質多型に関する研究が盛んになったのに伴って1968年には分子遺伝懇談会ができた．これらが合併して1982年に動物血液型タンパク質多型研究会となり，1992年動物遺伝研究会に改称した．

1994年，動物ゲノム研究会が発足した．さらに動物遺伝育種分野全体をカバーする学会を設立するための検討を開始，2000年，日本動物遺伝育種学会が設立された．家畜育種研究会，動物遺伝研究会，動物ゲノム研究会，在来家畜研究会，水産育種研究会，獣医臨床遺伝研究会，日本実験動物学会などの会員が参加し，文字通り動物を対象とする遺伝育種の学会となった．

3. 畜産関連団体の機関誌および開催した国際会議

日本畜産学会は，1980年頃から国際交流に対する取り組みに力を入れ，1980年に組織されたアジ

ア大洋州畜産学会（AAAP）の中心メンバーとして重要な役割を担い，アジア・大洋州地域での畜産学の活性化のために尽力している．1983年8月には第5回世界畜産学会議（WCAP）を京王プラザホテルで開催し，1994年には第8回アジア大洋州畜産学会議（AAAP）を幕張メッセで開催した．また，機関誌の国際化にも積極的に取り組んでおり，英文の論文が増加したこともあり1991年に日本畜産学会報を Animal Science and Technology に，その後1998年に Animal Science Journal に改名した．さらに2002年には海外からの論文投稿を促す目的で，機関誌を日本畜産学会報（和文誌），Animal Science Journal（欧文誌）に分冊した．2006年に ISI 社（Thomson Scientific 社）のデータベースに掲載され，2008年に Science Citation Index Expanded（Impact Factor（IF））値がつく予定で，国際誌として発展していくことが期待される．

日本家禽学会は，1988年に第18回世界家禽会議，1998年に第6回アジア太平洋家禽会議を名古屋で開催し，国際的な家禽科学情報の発信と交流に貢献した．1999年と2001年に技術賞と優秀発表賞を新設し，産業的な貢献の顕彰と若手研究者研究を奨励している．2001年からは日本家禽学会誌を和文誌と英文誌（The Journal of Poultry Science）に分け，International Journal の地位を獲得する努力をし，BIOSIS REVIEW などの国際的データベースに収録されるに至った．

日本繁殖学会は，1955年に家畜繁殖研究会誌を創刊した．繁殖学領域では本邦唯一の専門誌であるばかりでなく，英国や米国の専門誌より先に刊行され，世界で最も古い専門学術雑誌のひとつとして海外でも高く評価されるに至った．1992年から Journal of Reproduction and Development（JRD）として引き継がれ，年間英文誌4冊，和文誌2冊として海外からの投稿を受けやすくした（1999年から英文誌は年6冊）．JRD には2004年から Impact Factor が付き，現在では安定して1を越える値を獲得している．また，2006年には韓国の Korean Society of Animal Reproduction と学術交流協定を締結し，毎年，日韓合同シンポジウムを開催している．2007年10月には第100回日本繁殖生物学会記念大会を第12回日本生殖内分泌学会学術集会，第3回日韓合同シンポジウムと併せて盛大に開催した．さらに2008年5月には米国 Society for the Study of Reproduction，英国 Society for the Study of Fertility，豪州 Society for Reproductive Biology と日本繁殖生物学会との4学会が協力し，1st World Congress on Reproductive Biology がハワイで開催された．

日本動物遺伝育種学会は，機関誌を「動物遺伝育種研究」（英文名 Journal of Animal Genetics）とし，学会の母体となった研究会の一つ動物遺伝研究会の機関誌「動物遺伝研究会誌」を引き継ぐ形で，同誌の28号を本学会の創刊号とした．2004年，第29回国際動物遺伝学会議を開催し，49カ国から649名の参加者（うち国内から248名）があった．

4．畜産学分野の画期的進展

各分野で多様な研究がなされ，その画期的成果は各論で取り上げられている．ここでは発生工学のみに言及することとし，その一部は30年前，全く存在しなかった研究分野である．ただし発生工学が持つ意味は広く，ここでは受精卵関係に限る．

凍結精液はウシで実用化されており，発生工学を研究する上で大切な技術になっていた．未受精卵，受精卵においても凍結保存技術の確立が必須であった．未成熟卵子を取り出し，体外で受精さ

せ培養し，受精卵を母胎に移植し産子を得る技術が確立された．この全ての過程を満足させたことで，卵に対し様々な操作・加工が可能になった．受精卵移植は，最初，マウスで確立され，次に家畜に応用され，乳牛と和牛で実用技術になっている．また，ヒト不妊症の治療にも応用されるなど，社会的に重要な役割を担っている．

体外培養が可能になった意義は大きく，細胞核を入れ替えることや受精卵の分割，顕微注入により細胞核に外来遺伝子を導入することも可能になった．前者を発展させてヒツジ乳腺細胞からクローン動物「ドリー」を誕生させ，2細胞期あるいは4細胞期の受精卵を分割して2つ子あるいは4つ子の受精卵クローンを誕生させた．後者を発展させて成長ホルモン遺伝子導入によりスーパーマウスが作出された．また，受精に関する基礎研究を進展させ，減数分裂調節機構，受精卵が2細胞になる細胞分裂機構は通常の体細胞分裂を制御する機構とも異なることが明らかにされた．ただ，ほ乳類は胎盤を通して栄養が供給され，また，老廃物が除かれるため，現在のところ杯盤胞期までの体外培養に限られる．同様なことがニワトリとウズラを中心に可能になっていて，この場合は体外で雛にすることが出来る．

牛乳は雌ウシからのみ得られる．ウシで受精卵移植が確立された技術になったことで，改良速度が一段と速くなるであろう．遺伝子導入が可能になったことで，家畜を有用物質生産工場にすることもできるであろう．

これらの研究を通じてES細胞が樹立された．ES細胞とは，将来あらゆる器官に分化する能力を有する細胞のことで，正しく分化を誘導できれば人工臓器，臓器移植，治療面での応用が期待されている．

新技術の誕生は倫理面で議論を巻き起こす．受精卵クローン，体細胞クローンでは安全性が関心の的になり，市販できなかった．一応，食べても健康への危険性はないとアメリカ政府は結論，日本政府の見解も同様である（ただし，市場に出すことはできない）．筆者も同様と考えるが，成功率の低さ，また，産子で異常が多く見られると報告され，広く使われる技術となるには課題が残されている．

5．畜産学を停滞させた国内事情

畜産物の消費が増えなければ畜産業の発展はなく，畜産学を必要とすることもない．戦後しばらくこの状態が続き，畜産物の消費拡大，それに対応する畜産学の研究も高度成長期の始まりを待つことになった．

畜産物の消費が増え始める時期は1960年頃からである．この時期に出現した動力耕耘機（トラクター）は役用に使われるウシとウマを急速に減少させ，食用を目的にしたウマは実質的に日本からいなくなった．ところが黒毛和種の肉質が評価されると役用から牛肉生産用に，中ヨークシャーから成長が早く生産性が高く赤肉の多いランドレースに代わり，安価で生産できるブロイラーが出現した．牛乳と卵の消費も拡大し，高度成長と相まって，肉類と卵，牛乳など全ての畜産物消費を飛躍的に増加させた．

1961年に公布された「農業基本法」は農政の主要な目的として「農業の生産性を向上させて農家の

所得を上げ，農村の生活を他の産業に従事する人々のそれと均衡のとれるように改善向上させる」ことを掲げ，確かに畜産業の地位は上がった．選択的規模拡大が叫ばれ，次第に小規模生産様式が姿を消し，大規模生産様式に移行することになった．畜産学の研究対象も影響を受けた．

つまり畜産学において大規模生産に対応する技術開発が求められることになり，この時期に生まれた分野が大規模牛舎・豚舎・鶏舎などの設計と付帯施設の改良，群れとして家畜を適切に扱う広義の家畜管理学（動物行動学）である．

これに関連し，比較的歴史の浅い学問分野に草地学がある．粗飼料生産が必要になったのであるが，この分野を始めたパイオニアは林学出身者と農学出身者が大半を占め，放牧で暮らすウシの生態に疎い研究者が始めたことがわかる．

いずれも個体としてより群れとして扱うことが求められたのであるが，学問の基礎にならなかった．畜産物の需要に見合う餌の生産を国内で供給しなければならないのであるが，海外に依存する畜産業拡大であった．

6．畜産学を停滞させた国外事情

過去40年間，畜産学で見られた最大の成果は集団遺伝学を用いたニワトリの育種であり，スーパーコンピューターが一般化すると大規模集団を対象とした育種が可能になった．経済性に優れた雑種（ハイブリット）が作出され，安価な鶏肉と鶏卵が出現した．しかし日本で作出された生産鶏（実養鶏）は存在せず，ほぼ100％を海外に依存する．

70年代半ば，国家事業として乳牛の後代検定事業が始められ，優良種雄を介して泌乳能力を向上させることになった．着実に進行し，一頭当たりの年間乳量を見ると約30年間で約6,000から9,000を超えるまでになった．育種理論の発達は勿論，ここでもスーパーコンピューターが大活躍した．これらは遺伝的改良のみで可能になったことでなく，家畜栄養学や高度な管理技術の助けを借りて可能になったことである．しかし，受胎しにくいウシが増えたこと，また，高カロリー・高タンパク質を給与する必要性から海外への穀物飼料依存度を一段と高めることになった．

日本のロボット技術は世界最高といわれ，80年代，搾乳を省力化するため搾乳ロボットの開発が始まった．しかし実用化は難しいという理由から開発途中で計画中止となった．日本で数100台稼働する搾乳ロボットの大半はオランダ製である．

7．畜産物の安心と供給の安心

2001年9月10日，日本で最初のBSEになった乳牛が発表され，牛肉消費が半分に急減し，ホルスタイン牛肉の販売価格は約4割に下落した．ここで鶏肉の消費が増え，畜産物が一般的な食材であることを示した．

2003年12月末ワシントン州でBSEが発見され，日本を含む75の国と地域はアメリカ産牛肉の輸入を即座に停止した．これによってメニューから牛丼，焼き肉（アメリカ産がほぼ100％）が消え，牛タン（4万7000トンの7割）も消えた．しばらくすると，ホルモン料理に使われる内臓肉（半量が

輸入で，9割がアメリカ産）も品不足になった．このとき，約7割の牛肉を海外（アメリカとオーストラリアの二カ国）に依存していることを消費者が知ることになった．

2003年12月頃，東南アジア，中国，韓国などにおいてニワトリとアヒルがバタバタと死亡する事態が生じ，強毒性トリインフルエンザウイルス（H5N1型）が検出されたことから，政府は直ちに発生国からの輸入を禁止した．被害を実感した消費者はいなかったものの，もし北米・南米で発生したら大きな社会問題になったであろう．日本のニワトリの実質的供給はアメリカ，日本へ鶏肉を輸出する最大の国はブラジルだからである．

2005年，家畜用飼料原料としてトウモロコシ1,250万トン，マイロ240万トン，大麦・裸麦110万トン，大豆カス160万トン，小麦9万トンなど総量1,850トン輸入した．牛肉1 kgの生産に必要な穀物は11 kg（トウモロコシ換算），豚肉で6 kg，鶏肉で3 kg，鶏卵で2.2 kgといわれる．2005年，乳牛用配合飼料を1とすると，肉牛用1.7，養豚用1.8，養鶏用3の割合で，大半が肉と卵の生産に使われる．これらは国内で生産するための努力の少なさ，基盤の脆弱性を示すものであろう．

オーストラリアは2006年から2年連続して大干ばつに見舞われ，小麦が大減収になった．これを契機として始まった世界的穀物需給が価格を高騰させ，さらに原油高騰とバイオエタノール増産が穀物価格を押し上げた．2008年，あらゆる食品の値上げラッシュとなり，輸入トウモロコシと大豆に頼った畜産農家，ひいては消費者を直撃することになった．この30年とは，輸入による恩恵を受け，一方で輸入に頼ることの危険性を感じさせる時代であった．

8．畜産学教育と研究の大変貌

この30年間，研究以外で見られた大きな変化の幾つかを述べることは重要であろう．ここで簡単に述べると，

かつて畜産分野が扱う動物は家畜に限られることが多く，定義することは容易であった．しかし現在，野生の熊，イノシシ，シカ，猿，野鳥も研究対象になり，マウスやラットのみを研究対象にすることも多くなり，狭義の"家畜"の範疇でとらえきれなくなった．したがって"畜産学関連分野"といっても研究者によって考える内容が異なり全てを網羅できなくなっている．

かつて家畜は農家で小規模で飼われていた．多頭羽飼育が必要になり，農家であっても大規模，ブタと鶏は工場的規模が一般的になった．実験動物は産業上重要な意味を持つ産業に成長した．このようなことから病気治療より発生予防が大切になるなど大転換が必要になった．

大学における教育体制が大きく変更され，農学部という名称は少なくなり，類推して知るのみになった．畜産学科という名称がなくなり，代わって動物資源学科，動物生産学科（および関連学科名）などが用いられることになった．何を目的に大学で学ぶか希薄になったことから，学生の意識を変化させたのも当然である．

これまでは修士課程までの大学院が一般的であったが，90年代半ば，ほぼ全ての大学院に博士課程が設けられた．修士課程は高等技術者養成機関と捉えられていたが，卒業後，大半が修士課程に進学，就職はその後が一般的となり，かつての色彩が失われた．また，多くの大学院に博士課程が設置されたことで，大学自体が研究機関としての色彩の濃いものになった．この学部教育，大学院

教育の変更は，若手の農学と畜産学へのアイデンティティー（帰属意識）を低いものにした．その現れが大学院修了後，学生会員から正会員へ変更する若手研究者の減少で，各学会の運営上の悩みになるほどである．

大学院博士課程で学ぶ院生は研究成果を強く求められことになり，優秀な研究に対し研究発表会（学会大会など）で表彰する制度の創設，学会として機関誌の英文誌化と国際誌化が求められることになった．外国で開かれる学会に参加し研究成果を発表するなどは驚くことでない．

これを裏付けることは，各学会は機関誌を英文誌化したこと，研究内容を英文で発表することに違和感がなくなったこと，また，所属会員が著名な外国誌に投稿することが多くなったことである．つまり研究が高度化した事実を示すものに他ならず，世界に通用する研究が増えたのである．この結果，国際大会を主催することも可能になった．世界の研究水準が著しく高くなり，日本の研究者にも世界水準を超える研究が求められることになった．研究のための研究が増えることを意味し，畜産業の要望に目を向けることが難しくなった．

現場に学ばないことは日本農学の悪しき伝統であり，同じことが畜産学についてもいえる．「農学栄えて農業滅ぶ」の危惧を感じさせることになり，改めて農学・畜産学の果たす社会的役割を考えさせる30年であった．

（酒井仙吉）

第10章　獣医学

1．獣医学教育，獣医師制度等の変遷

明治維新に伴い近代化・西洋化が急激に推進され，1873年陸軍省兵学寮において陸軍馬医生徒が募集され，主に軍馬を対象に陸軍獣医師が養成されるようなり，翌年には農学修事場が内藤新宿（現新宿御苑）に開設された．1877年駒場野に移転され，農商務省所管の駒場農学校となり，翌年獣医学科が開設され，1882年には山林学校と合併して東京農林学校となった．さらに1886年創設の帝国大学に包括され農科大学となり，1890年に文部省に移管され，1897年東京帝国大学農科大学と改称し，1919年農科大学は農学部と呼称され獣医学教育が行われた．他方，北海道大学の前身である札幌農学校や陸軍においても獣医学教育が行われた．

1885年に「獣医免許規則」（太政官布告第28号）が公布され，初めて免許を取得した者のみが獣医師として業務を行うことになった．また，1925年獣医師の基幹法である「獣医師法（旧法）」が制定され，1927年「獣医師会令」（勅令第75号）が公布され，大学や専門学校で獣医学教育を受けた者のみに免許が与えられた．

第2次世界大戦後の1948年7月に至り，日本を占領中の連合国軍総司令部の政策により「獣医師および装蹄師会の解散に関する法律」が制定され，翌年の獣医師法改正で大学において4年間の獣医学課程を終了して国家試験に合格した者のみに免許が与えられるようになった．1977年に再び改正され翌年の大学入学者からは修士課程修了者が，また1983年に学校教育法が改定され翌年の入学者から学部6年の獣医学課程を終了した者が国家試験の受験資格者と定められた．現在16大学（公立

10校，公立1校，私立5校）で教育が行われ，年間約1,000名の獣医師が養成されている．獣医行政については監督官庁の変遷がその背景にある．

2．学会，研究会などの設立発展

（1）日本獣医学会の沿革

1885年に大日本獣医会が創設され，1888年に中央獣医会と改称され，1925年に社団法人となった．他方，1921年に日本獣医学会が創立された．この2学会はそれぞれ発展してきたが，1939年に合併して，大日本獣医学会として称することとなった．その後，1948年に日本獣医学会と改称され今日に至っている．獣医学の発展に伴い細分化の必要性が生じ，1966年に9分科会（解剖学，生理学薬理学，病理学，微生物学，寄生虫病学，公衆衛生学，鶏禽疾病学，臨床繁殖，臨床）が設置された．その後にも各種研究会が組織され，それぞれの領域において学術の発展に貢献している．また，1990年には部門制度も設置され，基礎部門，病態部門，予防部門，臨床部門の4部門を基盤に運営が行われ今日に至っている．

（2）日本獣医師会の沿革

1885年「獣医免許規則」の公布に伴い任意団体の大日本獣医会が組織され，その後，中央獣医会と改称された．また「獣医師法（旧法）」の制定により，1927年「獣医師会令」が公布され，地方獣医師会が相次いで設立された．1928年既存の会が統合され全国団体としての日本獣医師会が設立されたが，1948年7月に日本を占領中の連合国軍総司令部の政策により解散した．しかし，獣医師としての使命を達成するためには獣医師会が必要なことから，同年の11月に社団法人日本獣医協会が創設された．そして1951年に社団法人日本獣医師会と改称され現在に至っている．

（3）日本小動物獣医師会

1960年代後半小動物臨床獣医師は全国的に増加していたが，獣医師法，薬事法違反行為を犯す等の悪徳商法が社会問題となったため，臨床獣医師自身で解決を図るため，「東京畜犬問題対策協議会」，「六大都市連絡協議会」を土台として，1971年に全日本小動物臨床獣医師協議会が設立された．その後1983年日本小動物獣医師会と改称された．そして，小動物獣医学術の向上と獣医療の適正な運営を図り，動物愛護精神の高揚と公衆衛生，社会福祉の発展に寄与するため，小動物獣医学の振興，調査研究のほか新人獣医師の研修・育成事業や獣医学生の海外研修事業など各種事業を行ってきた．さらに，狂犬病等各種の人獣共通感染症問題，動物看護師の育成，学校飼育動物対策，身体障害者補助犬育成等の事業も推進してきた．

（4）その他各学会の設立

1970年代以降は動物別，手技別，臓器病や疾患別，地域別などに学会・研究会が陸続として創設され今日に至っている．

例えば，動物臨床医学会は獣医学に関する臨床的研究を研鑽する場として，獣医療技術の向上を

図るための教育と知識の普及を行い，動物臨床医学の発展に寄与することを目的に設立された学会である．第1回動物病院臨床研究グループ年次大会が1980年に鳥取で開催された．1982年小動物臨床研究会と名称が変更され，1996年からは動物臨床医学会と改称され現在に至っている．

その他日本ペット栄養学会などがあるが，獣医関係の学会，研究会として創設され現在活動を存続しているものを順不同に列挙すれば，日本伝統獣医学会（旧：獣医東洋医学会），日本ウマ科学会，日本家畜臨床学会，日本獣医画像診断学会，日本獣医循環器学会，日本獣医皮膚科学会，日本獣医臨床病理学会，日本臨床眼科学会，日本動物看護学会，日本比較臨床学会，比較眼科学会，犬の人工授精研究会，牛臨床寄生虫研究会，エキゾチックペット研究会，狂犬病臨床研究会，けやき臨床研究会，獣医神経病研究会，獣医腎泌尿器研究会，獣医臨床遺伝研究会，獣医臨床寄生虫学研究会，獣医臨床薬理研究会，小動物臨床血液研究会，中部小動物臨床研究会，動物医療発明研究会，動物行動研究会，動物のサプリメント研究会，動物のリハビリテーション研究会，動物用抗菌剤研究会，動物ワクチン研究会，日本家畜臨床感染症研究会，日本獣医がん研究会，日本獣医クリティカルケア研究会，獣医呼吸器談話会，日本獣医病理学専門家協会，日本女性獣医師会，日本動物病院福祉協会，日本臨床獣医フォーラム，日本獣医内科学アカデミーなどがある．

3．国際的な活動

（1）戦前における朝鮮半島や中国大陸における業績

1911年朝鮮総督府直轄の研究所牛疫血清研究所（農商務省牛疫血清製造所として発足）が釜山に設立され，牛疫に対する免疫血清を牛で作製し備蓄して予防に供した．また牛疫に関する研究が展開され，この研究所で世界に先駆けて開発されたワクチンは蠣崎ワクチンとして牛疫撲滅に大いに貢献した．

さらに，1925年奉天に創設された獣疫研究所において，中国北部に蔓延する伝染病に関する研究と予防対策が実施された．例を挙げれば，馬の当時治療不可能な伝染病である鼻疽の研究である．早期診断用試薬の開発研究，病理学的解明，原因菌の菌体成分の解析や実験感染により病原性や診断法が検討され，これらの成果は高く評価されるものである．馬パラチフス，腺疫についても研究が及び，馬伝染性貧血との混合感染例も多数存在していることを明らかにし，これら3疾患に関して大きな成果がえられた．このように昭和初期までには，韓国，台湾，中国（奉天以外にも河北など）に研究所が設置され獣医学の発展に寄与した．その他にも東南アジアにおける病原体（特に，レプトスピラなど）や寄生虫（特に，ダニなど）についての研究が行われた．

（2）怒涛の国際化

第二次大戦後の激動の混乱期を経て，獣医界も次第に整備充実が図られ，国際貢献も行われるようになった．

各大学では，大学院生や研究生を海外から受け入れて研究者や技術者を養育したが，その結果，彼らの多くは帰国後それぞれの国で中心的役割を果たしている．また，日本獣医師会ではアジア地区から研究者を募り，若手獣医師の研修事業を行って貢献した．

特に，家畜衛生研究所（2001年独立行政法人動物衛生研究所と改変）では国際協力機構（JICA）などの支援のもとにタイ，インドネシア，マレイシア，メキシコ，パラグアイなどで海外プロジェクトを展開し，各職員が東南アジアを中心に派遣されるとともに近隣諸国から研究者を受け入れ，その地域の獣医学の向上と公衆衛生行政の充実普及に貢献した．また米国，フランス，カナダ，韓国，中国などと二国間科学技術協力を行って成果を挙げてきた．

ザンビアにおける貢献では，1985年から約12年間にわたって我が国の獣医系大学の教員と卒業生が長期または短期滞在の専門家として，あるいは青年海外協力隊員として活躍し，ザンビア大学獣医学部（UNZA）の創設と発展に寄与した．この間にUNZAからわが国の獣医系大学に受け入れた多数の研修生と大学院生がザンビア大学獣医学部教員，ザンビアの他大学の副学長，あるいは政府高官として活躍している．また，UNZAは南部アフリカで最も充実した獣医学部とされ，最近では，我が国の獣医系大学教員がUNZA教員と感染症，野生動物および環境汚染に関する共同研究を行っている．2008年には北海道大学人獣共通感染症リサーチセンターが設置され，アフリカにおける人獣共通感染症研究の拠点形成を推進している．

アルゼンチンにおいては，1988年アルゼンチン国からの要請を受け国際協力事業団のプロジェクトとして，家畜衛生を改善するためラ・プラタ大学に協力し，ラ・プラタ大学獣医学部研究計画が行われた（1989年－2002年）．各研究室における研究・教育体制の強化，臨床関連研究室の拡大と診断部門における研究・教育体制の強化を図ってきた．この間，多数の短期・長期専門家（獣医系大学教員，国・県の研究所の研究員）を派遣するとともに，多数の短期・長期研修生や大学院生を受け入れラ・プラタ大学教員に博士の学位を修得させてきた．この間，近隣諸国（中南米約15カ国）にも診断技術普及，研究者養成を目的に多数の短期専門家を派遣してきた．さらに，2006年からは5カ年計画でアルゼンチン国ラ・プラタ大学獣医学部，ボリビア国ガブリエル・レネ・モレノ大学獣医学部，パラグアイ国アスンシオン大学獣医学部，ウルグアイ国共和国大学獣医学部を連携させた「広域協力を通じた南米南部家畜衛生改善のための人材育成プロジェクト」を推進し成果を挙げている．

その他にも国際獣疫事務局（OIE）をはじめ各種国際機関にわが国から獣医師が派遣され，それぞれの分野で活躍し国際貢献を果たしてきた．さらに，個人的にも獣医師として志願し海外青年協力隊に加わり獣医師の技能を発揮して積極的に海外で活躍して地域の発展に寄与してきた者もいる．

一方，各種の国際学会も開催されてきたが，1966年に第11回太平洋学術会議が東京で日本学術会議の下開催され，獣医学領域からも多くの人が参画し，国際的に大いに貢献した．また，1985年に第10回世界小動物獣医学会が東京で，また1995年には第25回世界獣医学会と第20回世界小動物獣医学会が同時に横浜で挙行され，極めて有意義に学会が開催され国際的にも国内的にも大きな成果が得られた．

その他，医学，生物学関係の国際学会開催においてもそれぞれ専門の獣医師が参加して活躍する状況であり，2国間の協力・交流を目的とした学会活動もみられた．

わが国獣医界とフランスの獣医界との間に組織的な学術交流の重要性から，1989年6月に日仏獣医学会が創設された．日本側とフランス側のそれぞれ対応する組織から構成され，日仏双方の代表者が会の取りまとめを担当しているが，1960年に日仏政府間で締結された日仏文化協定に基づいた日仏会館（日仏生物学会，日仏医学会，日仏農学会などの各学会が所属）の公認を受けている．日本

と仏国の交互に日仏獣医セミナーを開催しているが，1990年第1回日仏獣医セミナーをリヨンで開催して以来10回開催し，両国独自の獣医学の発展に寄与してきた．日本側の学会活動としては国内で年2回の学術集会が開催され，原著，総説，談話室と称する留学記や訪問記または感想談話のコラム，年間活動報告などの内容からなる学会誌が毎年発行されている．原著は英文か仏文，総説はほとんど日仏文の併記で刊行し，会員のほか，国会図書館，日仏会館図書室，全国の獣医学系大学図書館に配布しており，フランスでは4国立獣医大学，各研究機関，現在活躍中の獣医師に送付している．

日独獣医師協会は日本とドイツの公衆衛生分野の学術交流，共同研究，研究者・学生交流を図るため，ドイツ公衆衛生学会会長より日本獣医師会会長への提案もあり，1995年横浜で開催された世界獣医師大会の際に設立された．翌1996年より，隔年に両国でシンポジウムが開催され，2003年の第4回シンポジウムからは公衆衛生中心から獣医学全領域に拡大して開催されている．

日独原虫病協会は日本とドイツの獣医学領域と医学分野の研究者により1977年に設立され，両国の各都市で交互にシンポジウムを開催してきた．過去16回のシンポジウムでは，開催国の大会長の下，最先端の研究についての討議がなされてきた．

その他にも，わが国の獣医師が中心となり，アジア獣医皮膚科学会，アジア伝統獣医学会，アジア獣医内科学アカデミーなどを創立し，国際的活動を行っており，その成果は高く評価されている．

4．最近の問題

最近，社会の要請として，また時代の趨勢として各種の法律が制定または改正されている．それには複雑な社会における獣医学的背景が存在している．

(1) 食の安全

1990年に鳥処理の事業の規制および食鳥検査に関する法律（食鳥検査法）が制定され，2003年に食品安全基本法制定，食品安全関連法（食品衛生法，と畜場法など）が改正された．食品の衛生については，古くから獣医師が感染症や中毒の観点から取り組んできたが，社会構造の変貌に伴い生産・加工・流通の分野において食品の安全性に種々の問題が発現し，なかには国際的対応も必要になって来た．その1例はO157大腸菌による食中毒である．大腸菌由来毒素により出血性大腸炎，溶血性腎症などを呈し死亡する例も見られる．また所謂プリオン病とされる伝染性牛海綿状脳症で，人への伝達が国際的問題として出現した．その他，食品への有害物質の混入および医薬品・農薬・添加物の残留などが重視されるようになった．したがって，食品安全基本法の制定をはじめ食品衛生法，と畜場法などの改正が行われ，獣医師も重責を負うようになった．また，2003年に内閣府に食品安全委員会が設置され，獣医師の発言が国政に反映されるようになった．

(2) 人獣共通感染症（動物由来感染症）

1997年（平成9年）に家畜伝染病予防法が大幅改正され，2002年には牛海綿状脳症対策特別措置法が制定された．歴史的には何時の時代にも新興再興感染症の問題は存在してきたが，近年著しい

社会状況の変容，地球環境の激変を背景に感染症は人類にとって重大な局面に至っている．そしてそれが動物と密接な関係があることが指摘されている．動物由来の主な新興感染症を列挙すれば以下のようである．マーブルグ病，ラッサ熱，クリプトスポリジウム症，エボラ出血熱，リフトバレー熱，ハンタウイルス症，大腸菌症（O157大腸菌による），ライム病，伝達性牛海綿状脳症（プリオン病），ヘンドラウイルス病，鳥インフルエンザ，重症急性呼吸器症候群などである．したがって，2000年感染症の予防および感染症の患者に対する医療に関する法律（所謂感染症新法）が施行され，2003年と2007年に改正されている．これには人獣共通感染症対策として獣医師ならびに獣医療の役割が条文化されている．また，検疫法や狂犬病予防法も改正され，狂犬病指定動物と輸入検疫なども改正された．

（3）環境保全

獣医療が関係する環境汚染については，病原体対策のみならず診療に使用される試薬や薬剤の管理や自然界における残留など広範囲に及ぶ問題が対象になっている．また，発癌物質や内分泌撹乱物質についての研究も推進されている．環境破壊に関しては，絶滅に瀕している動物を獣医学の手で存続させる活動が行われている．例えば，朱鷺，雷鳥，西表山猫などを保全する展開もなされている．

（4）バイオテクノロジーなどの応用

分子生物学やナノテクノロジー等の科学技術の発展に伴い多くの最新技術が開発され，これらの獣医学への応用が行われてきた．すなわち，動物の疾病に関する診断・治療・予防，病態解明，病理発生の解析など多岐に及んでいる．幹細胞の構築による再生医療の推進などもその1分野である．

（5）その他社会的活動（学校教育，動物介在療法など）

1999年に動物の愛護および管理に関する法律が大幅改正され，人と動物の健全な関係が希求されるようになった．

教育における動物飼育の意義が認識され小学校などで飼育されている動物の健康管理や動物との接し方の指導など学校飼育動物を介しての社会貢献が行われるようになった．また，救助犬や身体障害者補助犬，介護犬，盲導犬，警察犬など社会活動に携わる動物に対する健康管理などの分野をはじめ，老人施設などで人と動物の絆を基とした社会福祉活動や動物介在療法に関与する動物の健康保全や衛生管理に関わる活動が活発に行われるようになった．

一方，職業倫理の問題として獣医師の倫理についても討議され，追究が行われるようになった．

（長谷川篤彦）

第11章　農業工学

1. はじめに

(1) 農業工学の範囲

農業工学は歴史的に農業土木学と農業機械学の2領域から成立っている．しかし，ここでは農業工学の領域を農業農村工学（旧，農業土木），日本生物環境工学，日本農業気象学，システム農学，農業情報学，および農村計画学の6学会とし，農業機械学の領域については農業土木学会から分離して，学会として独立する1937年（昭和12年）までを扱っている．

(2) 時代区分

時代区分は第1期を明治から大正時代まで，第2期を太平洋戦争終結の1945年（昭和20年）まで，第3期を米生産調整の始まる1970年（昭和45年）まで，第4期をそれ以降とした．

2. 明治以来の農業工学の系譜

(1) 第1期（明治から大正時代）（1868～1926年）

古くからの淀川水系開発，江戸時代の尾張平野，また利根川水系による関東平野の開発などに見られるように，水田灌漑には高度の伝統的技術があった．明治時代に欧米から多くを学び，それらは北海道の開拓事業，本州では灌漑，排水などの伝統技術の中に活かされて，農業工学は水田の耕地整理を中心に発展する．

大正時代は明治の継承と展開の時代であり，大学・研究機関の創設など近代農業が制度的に定着し，全国の農業開発事業も進展した．政府は当時の朝鮮，台湾の農業開発にも大きく関与した．

1) 耕地整理

耕地整理は水田稲作を前提としたものであり，江戸時代の農書に見られるように，零細な畦を改良し区画の拡大・畦整理による有効面積の増歩，および耕耘，田植え，管理や収穫などの農作業効率を高めることにあった．畑地は問題にされなかった．

明治維新後に私的な土地所有権の確立によって，作付け転換，水田灌漑・排水などの土地改良も可能になり，生産意欲のある豪農を中心に区画整理事業は進んだ．1884年（明治17年）の地租条例による地租の固定化，さらに米価の上昇によって地主農民の生産意欲も高まり耕地整理（田区改正）は注目された．耕地整理の主たる目的は，地力向上を重視した灌漑・排水にあった．

1885年にポンプ排水機がイギリスから導入されて，さらに大正時代には国産ポンプもできて排水技術も進み，農業工学は飛躍的に進歩した．

2) 欧米農学の中での水田の位置づけ

治水，利水に日本独特の技術を積み上げてきた農業土木は畑作中心の欧米農業へ強い批判を持ち，これを受け入れる体制には無かった．北海道開拓でも道南における耐寒種イネの成功（1873年）によって，はじめの畑作開発計画も水田開発中心に変わった．

耕地整理法が1899年（明治32年）に公布され，水田の耕地整理の研究も盛んになった．上野英三郎は，耕地整理は不規則な耕地を整形することで道路も整備され，水田の維持管理のみならず作業労力を節約し，生産の効率化に著しく有利であることを計量的に示した（1905年）．これに対し横井時敬は，水田の耕地整理の要点は灌漑・排水による地力の増進による経済効果にあると主張した（1906年）．上野の労働軽減を目的とした区画整理は地主制度のもとでの農政には反映されなかったが，また当時の区画整理が西欧の集団化を意味するものではなかったにせよ，わが国水田の土地改良事業の重要な課題を提起するものであった．1907年（明治40年）に耕地整理研究会（農業土木学会の前身）の発足はわが国の農地整備の方向を水田中心に定着させる役割を果した．

3）農学教育における農業工学

1874年（明治7年）に内務省は農事修学場（現，新宿御苑）を設け，高度な研究・教育の指導者を欧米から招へいした．農事修学場は農学校となり，札幌農学校（1876年）（後の北海道大学）と駒場農学校（1878年）（後の東京大学）に分かれた．札幌農学校はアメリカ式農法を取り入れ，大型農業と畑作農業を中心とした農業物理学，農地開発技術の教育も見られた．

駒場農学校では，西欧の畑作重点教育に批判も高まって，水田土壌の研究も行われるようになった．駒場農学校時代にも気象学，測量学のほか物理学，力学などの農業工学の基礎教科は設けられていたが，その後，農学校は大学に改組され，1892年（明治25年）には農学科に土地改良論の開講，さらに1900年には農業土木学の講義も開設されて，耕地整理学の講義も行われた．1911年には農業工学講座の新設によって内容も充実した．1925年に農業土木専修課程は完成した．その間1905年には東京高等農学校（現，東京農大）に耕地整理講習所も設立され，農業工学は研究・教育の重要な科目となった．1922年には九州大学に農業工学科，1924年に京都大学に農林工学科が新設された．農業工学には農業土木学と農業機学は共に不可分な分野として研究・教育は進んだ．

4）行政とのつながり

明治政府はわが国特有の農業土木にみられる治水，水利，および国土利用技術を西欧科学主義の導入の下で一元化し，さらにこれらを分業，目的別に行政機能に対応できる体系に組み替えることを方針とした．

1869年（明治2年）に政府は民部省に開墾局，北海道には開拓史を置いた．1871年に開拓局を設置し，関東，東北地方の開拓を奨励した．さらに1875年には北海道に屯田兵制度を設け，開墾を進めるにあたって外国式農具による開拓指導も行った．

水田灌漑のための猪苗代からの国営安積疏水の開発（1879年）はオランダ人ファン・ドールンの指導で行われた．水田用水量の算定に数値計算方法の導入，さらにセメント，ダイナマイトを用いた工法，その他の水利施設設計に数値計算に基づく西欧の工法はわが国の水利学，水田用水量管理とその水利構造技術に大きな影響をもたらした．1882年以降には児島湾干拓計画をはじめ，全国に大規模な多くの農業土木事業の進展をみた．明治時代初期に西欧式農機具会社も出現した．

大正時代になると土地改良事業における農業機械の役割は一段と増した．水田開発開墾の奨励および農業機械の発展にはめざましいものがあった．耕地整理に農作業機やポンプ排水技術も広く用いられるようになり，大正式稲扱機の発明（1913年），脱穀機械の電動化（1914年），その頃に背負式噴霧器，遠心式籾摺り機の発明など，多くの動力農機具の実用化によって，行政による農作業の

機械化が奨められた．さらに政府はアメリカからトラクターを輸入して開墾奨励の一層の促進を図った（1919年）．1920年（大正9年）には動力農具研究会も開催されるようになって，農事電化普及も次第に進んだ．

この時期のテルツァギーによる大著「土質力学」(1925年)はダム，水利構造物の研究者に大きな展望をもたらした．農業工学の研究・教育はこれらの西欧技術の多大な影響を受けながら，行政を支える大きな力となった．

(2) 第2期 昭和時代から太平洋戦争終結まで（1926～1945年）

耕地整理研究会は改組され，1929年（昭和4年）に農業土木学会（現，農業農村工学会）が創設された．1935年，東京大学に農業工学科も耕地整理事業に対応した講座編成で完成し，学会活動も盛んになった．大正時代から昭和にかけて，人口増大，国際環境の中でのさまざまな厳しい社会情勢下で，食糧増産のために農地開発が進められた．しかしながら，太平洋戦争（1941年）の勃発で農業工学の正常な活動は妨げられた．

1) 農業機械学の分離，独立

1930年代は農作業用機械の改良発達が顕著である．1929年には籾摺機の改良，1932年にはトラクターの製造，その後クランク式動力耕耘機の開発などは機械化農業の先駆けである．農業・農村道路も研究対象となるほどに，農業工学の分化は進んだ．

1937年（昭和12年）に農業土木学会から農業機械学は分離，独立して農業機械学会となった．農業機械学会は農作業用機械，ポンプなどの水管理施設，その他の農業施設を扱うので，その内容からもさまざまな分野で土木と協力し発展することになる．

2) 土地改良事業

1930年の大豊作による米価の低落，1931年の大凶作などの激しい社会不況の中で，開墾助成や耕地整理事業は失業者対策事業として進められた．1936年から農地災害対策と土地改良事業のための河川流量，気象，ダムサイト地質などの調査機関も設けられるようになって農業工学の研究対象はさらに広がった．1939年の大干ばつに対し水利，揚水施設の整備拡充が行われた．太平洋戦争中でも用排水の幹線改良，干拓地計画，北海道などで湿地の排水改良は進められた．

(3) 3期（1945～1970年付近）戦後から米の生産調整まで

1) 米の増産時代と農業工学の分化

戦後の緊急開拓事業計画（1945年），農地改革の原案作成（1945年），次いで1947年（昭和22年）に改革が開始された．さらに1949年には土地改良法の公布によって，農民のための耕地整理が行えるようになった．戦時中の森林乱伐，河川管理の不備による洪水や山崩れなどの防災策として河川堰やダム建設，災害防止対策事業も始まった．

緊急開拓時代を過ぎ，高度経済成長（1955～73年）の時代になって，農業基本法（1961年）が公布され，翌年には農地の生産性向上を目的とした圃場整備事業の発足によって，大規模干拓事業や機械化農業を目的とする農業振興政策も軌道に乗りはじめた（1957年）．八郎潟干拓地では新農村建設また全国の水田の区画整理と灌漑・排水，農道整備などを行う総合パイロット事業の展開の中で，大

型機械，大型圃場にも対応できるように農業工学の内容も変わってくる．

圃場整備と機械化農業および化学肥料・農薬の大量使用によって，1960年代後半（昭和40年代）には米生産の過剰を生じ，これを境に圃場整備事業による食糧増産対策は労働生産性を高める農業基盤整備事業として衣替えをした．1965年あたりから海外からの農産物輸入も増加し，農業の国際化も著しくなり，これらに影響されて農業工学の分化は進んだ．

2) 農業工学技術の発展と国際化

戦後の農業工学は栽培から収穫までの生産基盤の整備を重視してきたが，収穫後の貯蔵施設，農産加工，冷凍保存から温室などにいたる広い分野を扱うようになった．1964年（昭和39年）に農業土木学会は学会内に国際委員会を設け，技術の国際化に対応できる体制を取りつつあった．他の関連学会でも農業の国際化に対応できる農業システム工学，農産物の輸送・流通のための情報科学の研究も盛んになった．

一方，食糧増産時代に研究開発された破砕転圧工（岩大工法，1962年）は土壌物理学と結びついた学術的成果であるばかりでなく，その運用に当たっては農民独自の管理体制をも組み込んだ独創的な技術であり，火山灰地を水田造成可能地とする画期的工法と評価された．米の生産過剰と農業の国際化による穀物の輸入増加の状況下で，農地の造成は社会的価値を発揮できなかったが，この時代に体系化された農地工学（1972年，山崎）は農業工学の発展とその国際化に大いに役立った．

1975年（昭和50年）以降，国際協力事業団（JICA）を通して，国内の総合整備事業の技術は海外の農業開発，なかでも東南アジアの稲作水田開発に寄与した．

(4) 4期（1970～現在まで）

1) 米の生産調整時代

1971年度（昭和46年）から米の生産調整のための稲作転換対策が始まって，水田畑転換による新しい土地利用の時代になった．農業工学は圃場の生産環境から農村・農民の生活環境，持続的農業生産のための環境保全までの分野を扱うようになり，生産環境整備の工学として理解されるようになった．

コンピューター利用によって施設栽培型農業は著しい発展を遂げ，さらに農業の国際化，新しい情報機器の発達で農業経営の合理化，農産物の輸送・流通，農業情報のシステム化の時代となった．このような多彩な研究の発展する反面，農業人口の減少，耕作放棄地の増加，後継者不足などは深刻な社会問題となって，これらに応えられる技術が求められるようになる．

すでに細分化した各分野は農業土木，農業機械を中心にまとまり，日本農業工学会（1984年）の設立を見た．この学会の誕生は，戦後の生産性向上を重点としてきた農業工学が生産調整時代から持続可能な農業環境，生活環境整備，グリーンツーリズムなど，生産と農村住民の生活向上を目指す地域工学として再編されたことを意味するものである．

2) 水田転換畑

生産調整以前の土地改良事業では水田への水稲以外の夏期畑作物の導入はほとんど見られなかった．米の生産を抑制し，需給均衡を図るために1976年度（昭和51年）に夏期畑作物も可能な水田総合利用対策が始まるが，これはわが国農業にかつてなかった大きな変革である．

水田・畑地転換とは農地を水田あるいは畑として交互利用する汎用耕地化，および水田を永久に畑地化する永久転換の両者を意味している．この生産調整下の汎用化水田の創出は水田中心の圃場整備事業と異なり，営農コスト低減を目的とした耕地の集団化および圃場の大型化であり，これによって土地利用効率を高め，麦，大豆，飼料，などの自給率向上，転作作物の定着，普及に役立てることにあった．1978年に水田利用再編対策が始まった．その中で耕地の排水技術は最も重要なものと位置づけられた．生産調整目標は2002年には101万haにも及んだ．

食料・農業・農村基本法（1999年）の制定によって，環境への配慮に欠けていたとされるこれまでの土地改良法に代わって，2001年（平成13年）に新しく改正された「土地改良法」が公布され，内容は大きく変わった．新法では農業の有する多面的機能の発揮および農業の持続的発展，環境との調和，転作田の高度利用，および自給率向上などについて，地元の意向を踏まえた事業計画の策定を行い，その再評価も含むものになった．

3．関連学会の発足

（1）米生産過剰時代の社会的背景

食料生産の時代は過ぎて環境問題が重要な課題となり，農業集落でも非農業的土地利用の需要も高まった．農業構造改善事業の発足（1962年）以後，農業生産に土地利用型農業と施設栽培型農業の分化も鮮明になり，農業土木学会内にも多数の研究部会ができた．

米の生産調整（1971年）以降，農地転用基準の緩和によって各種土地利用の規制も緩和され，住宅地の供給など農地の内需拡大への寄与が強く求められた．新全総（1969年）以後，国土の総合開発の推進，さらに国土利用計画法（1974年）による農村地域の開発も進み，土地の乱開発も著しくなって，さまざまな社会問題，環境問題が生じた．なかでも都市周辺農村地域の無秩序な土地利用開発による農業・農村の環境悪化をはじめ，中山間地域における水田管理の弱体化は災害発生の原因と指摘された．

1973年（昭和48年）頃から排水による河川の汚濁，灌漑水の水質低下問題も生じ，水田稲作による水質の浄化機能も研究対象になり，これを契機に農業工学は地域計画，環境科学にも深く関わるようになる．

農村総合モデル事業（1978年）の発足によって圃場整備のほか，集落道整備，集落排水，営農用水，農村公園緑地，その他，防災安全施設，施設栽培などの整備は集落全体の総合整備事業の中に組み込まれた．今までの生産基盤整備から農村整備へと各分野の総合化も進み，農村における土地利用計画は農村整備計画の重要な課題となり，これらは農村計画学会（1982年）の発足への強い動機となった．

農業振興地域および市街化区域などの境界の線引きなどに農村計画学は大きな役割を演ずる一方，土壌の理化学性を扱う分野では作物栽培や土壌肥料学などの他領域と関連させた土壌物理学が発展し，施設栽培の灌漑技術に寄与した．また1960年代以降のコンピューターの利用・普及によって生物環境調節，植物工場，農業情報学分野も農業土木学会の各種の研究部会と関連を保ちつつ，めざましい進歩を遂げた．

1990年代（平成2年）から耕作放棄地の増大は著しくなった．とくに世界貿易機関（WTO）の発足（1995年）以来，2005年には38.4万ha（耕地面積の約10％）を占めるに至り，耕作放棄地の増加は食糧自給率の低下のみならず，農地の持つ地下水涵養，土砂崩壊防止などの多面的機能も失わせ，農村の生活環境悪化を招いている．これらに対する工学的対策が大きな課題となっている．

（2）関連学会の現状

1）農業農村工学会（1929年）（旧，農業土木学会）

時代の変遷と共に農業土木学会は内容も変わり2007年（平成19年）に農業農村工学会に名称を変更した．1960年代（昭和35年）の圃場整備事業発足以来，学会内に設けられた各研究部会は他の新しい学会の発足にも貢献した．部会の活動は現在も続けられていて，各学会との関連（一）は次のように示される．

土壌物理研究部会（1963年）―土壌物理学会．水産工学研究部会（1963年）―日本水産工学会．農村計画研究部会（1971年）―農村計画学会．農地保全研究部会（1979年）―農村計画学会．バイオホロニックス研究部会（1988年）―日本生物環境工学会．農村道路研究部会（1991年）―農村計画学会．農村生態工学研究部会（2003年）―日本生物環境工学会．資源循環研究部会（2003年）―日本生物環境工学会．農業農村情報研究部会（2004年）―農業情報学会．

この部会の広がりは農業土木学の変化の様相を如実に示すものであり，その学会名称変更の大きな理由となった．

2）日本気象学会（1940年）

農業気象学は農業工学領域の中で歴史も古く駒場農学校時代にも農学科の教科としてあった．1893年（明治26年），東京大学に農林物理気象学研究室が創設された．1900年の大冷害によって農業気象研究の重要性が注目されて，その後に九州大学などにも研究室ができた．

1940年（昭和15年）になって農業気象学会は発足したが，明治以来の長い歴史の中で土壌の侵食機構，微気象と作物生理との関係はじめ，施設気象，施設園芸では土壌環境を通じて生物環境工学の発展に大きな足跡を残した．地球環境劣化での食料生産環境と環境保全に関する国際シンポジウム（福岡，2004年）では農村環境と農業生産について高い指導性を発揮している．

3）農村計画学会（1982年）

1982年（昭和57年）に創立された学会は農村の計画・整備および農業地域の広域的整備計画を対象とし，農業農村工学会（旧，農業土木学会），都市計画学会，農村建築研究会，日本建築学会とも密接に関連している．明治のはじめ北海道屯田兵集落を創設時代にすでに，その必要性は認められていた．とくに農村計画学の形成に強い影響を与えたのは八郎潟干拓事業（1957～77年）における農村建設計画，および1970年代の米の生産調整以後の水田転換畑，汎用農地化に伴う農村総合整備事業である．

4）システム農学会（1984年）

多様化した農業工学では総合的な問題解決は困難となり，既存の領域を超えた新しい分野の必要性にせまられ，1984年（昭和59年）にシステム農学会の発足を見た．人と川との共生できる流域システム，農業と環境との調和，バイオマス利用の資源循環社会の建設，リモートセンシングの農業

への応用，人工知能を用いた農業技術など新しい研究分野を広げている．農業機械学会，農村計画学会，農業情報学会と関連している．

5）農業情報学会（1989年）

情報機器が農業分野にも入りはじめた1980年代から農業情報利用の研究は普及した．農業経営の効率化と農村への情報利用技術の普及が要望されて農協，大学，県などの諸団体の主催によって1989年（平成元年）に発足した農業情報利用研究会は2002年に現在の名称になった．「食の安全と生産・流通改革（2003年）」，「食の安全要求にこたえる情報通信技術（2004年）」「食の安全確保と適正農業規範（2005年）」「適正農業規範（GAP）全国会議（2006年）」「GAP全国会議 in 青森（2007年）」などを研究テーマに掲げている．農業農村工学，農業機械学，また水産工学に関係する漁業情報も発信している．世界農業コンピューター会議（WCCA）などに属し，アジア，ヨーロッパの農業情報技術連盟でも多彩な国際的な活動を行っている．

6）日本生物環境工学会（2007年）

1959（昭和34）年にコンピューター技術を用いた人工気象室が大学，研究機関に設けられ，その環境調節実験室委員会を中心に日本生物環境調節学会の誕生を見た．これとは別に太陽光利用型植物工場の研究が農学，工学研究者，企業研究者間で進められ，1989年に日本植物工場学会の発足を見た．2007年にこれらの2学会は合併して，バイオマス，温室の自動制御，風力発電，太陽熱利用などの地球温暖化対策，その他さまざまな生物生産環境を工学的に扱う日本生物環境工学会となった．植物工場，施設栽培農業関連の機関や農業機械学会，気象学会，農業農村工学会との関係は深い．

4．農業工学の新たな学術の導入と課題

1968年頃（昭和43年）からの米の生産調整による従来の土地改良の事業内容は，すでに見たように水田から畑地も含むものへと変わった．国，県，大学などの試験研究機関では水田の汎用化・高度利用を目的とした水田転換畑の圃場の排水対策，および畜産排水などの研究が進んだ．大区画水田整備，その汎用化のための集団転作，また作物別に見た排水，土壌改良，休耕田管理に関する新しい研究は圃場整備技術に大きな変化をもたらした．農村総合モデル事業（1978年）が始まり，集落地域整備法（1987年）も公布されて，農集落排水事業における汚泥処理施設の活性汚泥工法，水質環境管理，さらに土地改良事業の中でその地域の生態系，地域文化や農村景観の保全など周辺環境に配慮した取組も行われるようになった．

米の生産調整にはじまる農地の高度利用および流動化によって，経営の大規模化も進み，稲作農家を取り巻く社会条件は厳しくなり，農業経営の格差を生み出した．この解消のために休耕水田による水質環境，作付け体系，飼料作物自給率などの向上に技術面からの対応が農業工学に強く求められている．

汎用水田の作付けの輪作体系には連作障害回避のための水田休耕が余儀なくされる．この休耕田に畜産と組合わせたホールクロップサイレージ栽培方式を導入することで稲作も可能となり，しかも質の高い輪作体系を維持できるとされる．耕作放棄地を利用した飼料米の水稲栽培，温水施設，ビ

オトープの研究も進み生態学との関連も深くなった．このような新しい技術開発は高度土地利用の重要な課題として注目されている．

5．研究所，地域との関わり

　農業工学に関連する試験研究機関として農水省関係の農村工学研究所，農業環境技術研究所があり，行政の方向を示しつつも，独自の領域を広げてきた．

（1）農村工学研究所

　1950年（昭和25年）に農業技術研究所に農業土木部，同時に九州の農業試験場に干拓部が創設されて，1959年に農林省農地局建設部実験研修室ができたが，以上3部門の統合によって農業土木試験場となった．1988年に改組されて農業工学研究所が設立され，この間に戦後の灌漑・排水・圃場整備事業の推進をはじめ，農業土木事業とくに水田圃場整備，干拓技術，水利造構などに，行政の中心的指導機関として重要な役割を果たしてきた．2001年独立行政法人となり，2006年の改組で農村工学研究所になった．干拓部門は縮小されたものの水産工学の発展に寄与し沿岸漁場造成に役立った．

　時代の要請に即して，従来の研究部門に加え，食料・農業・農村の動向分析と評価，農業の生産性向上と持続的発展，および生産技術の開発，高品質農産物・食品の安全性など，多面的機能向上の研究開発を行い，農村計画，農村環境，農業工学の発展に大きな影響を与えている．

（2）農業環境技術研究所

　1893年（明治26年）に農商務省農事試験場に始まり，1950年に農業技術研究所，1983年に農業環境技術研究所へ改組され，2001年に独立行政法人となった．開設当初から土壌学および土壌物理研究分野で農業土木との関係は深く，土壌分類の研究では農業工学の水田研究，畑地土壌研究に大きく寄与した．現在では地球環境，地球化学，生態学分野などで農業工学と共通の課題を持つ研究機関であり，とくに基礎研究では農業工学に先導的な指針を与えてきた．

（3）農民・地域住民とのつながり

　農業工学は明治以来，土地改良事業などの公共事業に関係してきたので，多くの研究は官庁主導で進められたことは否めない．そのために事業成果は農民の意向を必ずしも十分に反映されたものではなく，圃場整備後に「欠陥水田」と言われた事例も見られた（1970年代）．また農水省の採択基準に合わない中山間地域の水田では地方自治体と農民の独自の圃場整備を進めた圃場整備事業（1989年～）も行われている．

　すでに述べたように，食料・農業・農村基本法（1999年）の制定によって新しい土地改良法（2002年）が施行され，環境との調和，地域住民と農民の意向を踏まえた農村環境整備が重視されるようになり，農民や地域住民との協働に役立っている．

6. 国際的な活動

国際農業工学会（CIGR）は1930年（昭和5年）に設立された国際機関であり、土地・水、施設・環境、生産機械、電化・エネルギー、農業管理、農産加工、情報技術の7分野に分かれ、技術の向上と国際交流を行っている．わが国は日本学術会議を窓口としてCIGRに加盟（1995年）し，その国内委員会である日本農業工学会（1984年）は国際委員選出，大会での講演や研究発表などを通じて国際的活動を行っている．

農業農村工学会は農水省の国際灌漑排水会議（ICID）で積極的な活動をしており，アジア・アフリカ地域に対して経済的，社会的観点から灌漑，排水，治水，および河川改修に関する多くの情報を提供している．さらに，韓国農業工学会，台湾農業工学会ともにアジアモンスーンの水田農業に共通の問題をテーマに国際会議を開催して技術交流を積極的に行っている．

日本農業気象学会はアメリカ農業工学会（ASAE）に加盟し，農業情報学会はアジア農業情報技術連盟（AFITA）（1989年～），ヨーロッパ農業情報技術連盟（EFITA）（1987年～）および世界農業コンピューター会議（WCCA）（2000年～）などで国際的活動を進めている．

7. 各学会間の学際的研究

各学会の農業工学内での学際的研究は日本農業工学会（農業機械領域を含め計10団体で構成）の毎年のシンポジウムに見ることができる．この学会はCIGRの分野で農業生産に関する基盤，作業，機械化，環境改善などの工学を研究する学際的学会であり，「土と水」，「環境の改善」，「作業機械」，「エネルギー」，「生産管理，労働科学」，「農産物処理」などのほか，「情報化技術とシステム制御」も加わり，わが国の農学の工学分野を幅広くカバーしている．農業工学会における農業農村工学領域（農業機械領域を除く）の学際研究の動向は以下に示されるシンポジウム名（簡略化題目）から，うかがうことができる．

農業工学と国際協力（1985年），農業生産における土と水（1987年），21世紀に向けての農業工学研究（1988年），バイオテクノロジー（1989年），農業・農村環境（1991年），情報化時代（1992年），環境調和・持続型農業（1993年），高付加価値（1995年），地域・農村文化（1996年），農業工学における教育（1997年），大型農業（1998年），環境調和（1999年），高度情報利用（2000年），21世紀の食料生産（2001年），地球環境問題と農業生産環境の改善（2003年），循環型社会形成と地域産業の振興（2004年），環境型持続的生物生産への挑戦（2005年），農山村再生における"景観"（2007年），農業工学分野における地理空間情報の利用（2008年）など．

以上述べてきた歴史の中で4期（1970年～現在まで）の稲作転換政策，ならびに農業の国際化は農業工学の多様化と総合化に大きな影響を与えてきたと考えられる．

（安富六郎）

第12章 農業機械・施設学

1. はじめに

　まず，領域の仕分けについて記す．本来「農業工学」領域は，第11，12章を包含した学問領域であるが，ここでは便宜上の仕分けとして「農業機械・施設学」と「農業工学」の2領域としてある．実際，我が国の研究者・技術者の多くが参加している国際学会，例えば国際農業工学会（総論第11章参照），米国農業工学会，欧州農業工学会，アジア農業工学会など農業工学を冠する学会では，農業土木学，農業機械学を始めとした関係各学問領域の研究者・技術者を中心として構成された学会になっている．

　さて，本章の農業機械・施設学で担当するのは，昭和12年（1937年）に農業土木学会（現農業農村工学会）から分離・独立して創立された農業機械学会，昭和25年（1950年：当初は日本塩学会，1965年日本海水学会に名称変更）に設立された日本海水学会，昭和40年（1965年：研究会，1986学会に移行）に設立された日本農作業学会および昭和45年（1970年：研究会，1974年学会に移行）に設立された農業施設学会である．

　はじめの2学会設立に関わる大学における教育制度として特筆すべき点は，時の前後はあるが，東京大学農学部の農業土木学科を母体として，昭和21年（1946年）に新設された農業工学第三講座であり，昭和22年（1947年）に新設された農業機械学講座であろう．前者は製塩や海水利用工学を主とし，後者は農業機械学分野の発展の基礎となった．なお，農業機械学会創立当時に農業機械学講座を有していたのは，京都大学（大正14年設置）のみであり，同年東京大学では，農学科農業土木学専攻で農業機械学，農業動力学が担当されている．いずれも，その後の全国の大学における同名の，あるいは関連する講座の開設の契機となると共に，学術分野の礎を築いた．更に，時を経て学術分野の深化と守備範囲の拡大が必然となり，日本農作業学会および農業施設学会が設立されるに至った．なお，農業機械学会，日本農作業学会および農業施設学会は日本農業工学会（総論第11章参照）を構成する学会でもあり，農業工学およびその技術の進歩発達に資するという共通の目的も有している．

2. 農業機械・施設学に関する研究・技術開発の概略

　戦後の食糧不足を克服した昭和20年代から昭和30年代の高度経済成長期にかけて，都市の労働力吸収に伴い農村労働力が急減し，兼業化が進んだ．その背景には，農業機械の普及がある．昭和20年代後期から30年代にかけて防水完備のロータリ型耕耘機が投入され，代かき作業の能率が格段に向上した．また，安価で汎用性に富むティラー型耕耘機も小規模農家に普及した．さらに，背負いの動力散粉機，噴霧機，バインダー，自動脱穀機，通風乾燥機（平型乾燥機）などが開発された．昭和30年代末になると規格のそろった稚苗を植え付ける機構を有した田植機や刈取り機と自動脱穀機構を併せ持った自脱型コンバインが開発された．これらは昭和45年以降に急速に普及し，乾燥機も立型乾燥機を経て循環型乾燥機が普及するに至り，昭和50年代中期には，乗用トラクタ，乗用田植

機，自脱型コンバインという生産体系に自動水分計を装備した循環型乾燥機が待ち受ける機械化生産・加工体系が完備するに至った．この間，昭和30年代後半に始まるライスセンタ，カントリーエレベータなどの共同乾燥施設の建設・整備が前述の機械化体系を実効あるものにする大きな素地となった．共同乾燥施設には循環式乾燥機も用いられるが，多くは連続送り式乾燥機であり，マルチパス方式のテンパリング乾燥方式が採用されている．

一方，青果物の品質評価と選別技術も格段の進歩を遂げた．当初は出荷前の等階級を決める，すなわち格付けをするための装置で果実が主な対象であったので選果機と呼ばれたが，現在では果実に限らず，いわゆる青果物にまで対象に広げているので，選別機あるいは選別装置と呼ばれることも多い．これらの装置の品質評価部では，大きさ，形状，重量，色などの外部品質や糖度，酸度などの内部品質を非破壊評価する．昭和60年代までにCCDカラーカメラなどを用いたサイズ，形状，色などの外部品質の評価技術が一定のレベルに達した．昭和64年（平成元年：1989年）に，近年「光センサー」と呼ばれるようになった近赤外分光法を利用した糖度センサーが初めて選果場に導入され，その後，反射光方式および透過光方式による内部品質の評価技術が飛躍的に充実した．平成15年（2003年）には，こうした品質評価装置が約1,600台，約400の選果・集出荷施設に普及するに至っている．

その後現在に至る各種の技術開発については，各論に詳述されているので避けるが，昭和60年代の前後から消費者の食品の安全に対する関心が高まり，更に，環境問題等がクローズアップされるようになった．これらの問題への対処・解決策として更なる技術の高度化が求められており，現在では，IT技術を利用した生産現場へのGAPや精密農業の導入，食品トレーサビリティシステムの構築，更には農業用ロボットの開発などが課題となっている．高品質で鮮度の高い農産物・畜産物・食品に対する消費ニーズの高まりは，生産に始まり流通の末端に至る総てのプロセスにおける，適切な鮮度・品質管理を求めている．しかし，近年の担い手の減少や熟練作業者の高齢化に伴う人的資源の枯渇という状況から，生産から流通に至るプロセスの更なる自動化・高効率化が求められている．

これら一連の技術開発や普及にともない新たな問題が浮上してきたことから，当該分野に対しても対象生物や人間，生産環境を意識した総合研究としての機能強化が求められるようになってきた．

3．日本学術会議における活動

近年の国際的な食料需給関係や国民の食生活に伴う消費動向の変化，更に食品への安全性確保に対する強い要求に基づいて，機械化生産体系にも更なる高度化が期待されるようになった．こうした社会的情勢に鑑み，第19期の学術会議において第6部の農業機械学研究連絡委員会は，「機械化された食生産システムにおける安全の確保に向けて」と題した報告を平成17年（2005年）にまとめた．農業機械学研究連絡委員会は農業機械・施設学に関係する学会から推薦された委員で構成されていたので，この提言は，本分野が，食品の安全に関わって今後どのような技術的，学術的進展を重要と考えるかを示したものとして，本誌に記録を留める意味があると考えた．以下にその概要を記す．

（1）背　景

　食の安全・安心は21世紀を貫く重要課題であり，快適で健康な長寿社会を根底から支えるためにも，食生産システムにおける安全性を確保・保証する総合的な技術の構築が求められている．これまでの食生産システムは食料供給力の向上および品質向上を目指して機械化が進められ，生産，加工，流通，小売りの全ての工程に渡り，機械による自動化と効率化が推進されてきた．しかし，国内自給率40％の我が国では国際的に流通する農畜産物や食品が多量に輸入され，国内生産のみならず輸入農畜産物・食品を含めた食の安全を保証する技術の体系化が，すべての国民にとって大きな課題となっている．今後の食生産システムの機械化は，生産性および品質向上の方向性を堅時しつつも，農場から食卓に至るすべての工程における要素技術の開発とそれらを統合した技術的安全体系の構築，ならびに，技術的安全体系を確実に機能させるための技術管理体制の確立および人材育成を図らなければならない．こうしたすべての国民にとっての重要課題を解決するべく，「機械化された食生産システムにおける安全の確保」を取り上げ，審議検討した．

（2）現状および問題点

　日本の穀物自給率は24％であり，これを補う輸入量は国際流通穀物の実に13％に達している．一方，食肉自給率は52.5％であるが，こちらも食肉貿易の21％を我が国の輸入が占めている．こうした現状では，国内農畜産物の供給力向上だけでなく，国際的に流通する農畜産物および食品の品質と安全性向上に資する技術開発が必要になる．我が国の食生産システムは，個々には高度に機械化されているが，個々の技術を連携させることにより，生産から消費に至る全工程において，国際基準を満たす食の安全に必要な概念，研究・技術開発の方向，環境整備，コスト，情報管理，事業評価システム等を検討し，統合・体系化する必要がある．

（3）提言内容

1）安全性確保に向けた危害要因の監視技術の開発

　国際基準に則って流通する農畜産物，食品の安全性確保に向けて，農場から食卓までの生産，加工，流通，小売，消費段階のすべてにおいて危害要因の早期検出および危害発生監視技術の開発が必要である．機械化された食生産システムに安全性を担保する機能を付与するために，新たに安全性確保のためのオンラインモニタリングを可能にする物理センサーの開発や安全管理・制御システムの開発を推進すべきである．

2）安全性確保に向けた危害要因の発生抑制技術の開発

　危害要因の監視技術の開発と並んで，農場から食卓までの全工程にわたって生物学的危害の発生を抑制する技術開発が肝要である．ポジティブリストで制限される化学物質に代わる微生物制御のための物理的殺菌・洗浄技術，温度管理および空調管理技術の開発を推進すべきである．

3）国際基準での安全性確保に向けた安全性評価技術開発および人材育成

　食生産システムに関わる安全性を評価するため，包括的なシステム構築が重要である．BSE発生により注目されたトレーサビリティはリスク管理のための一手法である．これを基にしたリスク管理に加えて，今後は食生産システムでの包括的な安全性評価エキスパートシステムの構築やリスク

管理および安全性評価の資質を備えた人材をe-ラーニングを活用して育成するプログラムの開発等を行い，さらに国際基準に則った安全保証，品質保証プログラムの開発を目指すべきである．

以上，食生産に関わる各種要素技術を俯瞰的視点で捉え，これらを統合して，機械化された食生産システムにおける安全の確保を図るべきである．

以上が，概要である．

一方，日本海水学会では，日本学術会議第6部に海水理工学研究連絡委員会（1989年に海水科学研究連絡委員会と改称）を設立し，第11章の日本生物環境調節学会（当時）などの参画を得て，シンポジウムの開催，ならびに，「沿岸海水環境の総合的研究構想」や「海水資源の環境保全型回収技術の開発と有効利用」などの報告書を公表した．

4．関連学会との連携

本領域に関係する学会が対象とする学術的・技術的課題解決には，境界を越えた学際的な研究の推進が重要であるとの考えから，学会間の連携が必要であるとの議論が生じた．これを受けて，平成12年（2000年）に，第19期日本学術会議第6部「農業環境工学研究連絡委員会（以下，環境研連）」所属の諸学会が環境研連と合同大会の開催に関する覚書を交わした．次いで平成14年（2002年）に，環境研連において，昨今の学術研究環境の変化を考慮して，従来，環境研連で合議してきた合同大会等に関する事項を別の組織で合議することの是非が検討された．さらに環境研連および農業機械学研究連絡委員会の関係者が合議した結果，両研連とは別の組織として，両研連の関係学会の合同体（日本農業環境工学系学会連盟（以下，フェデレーション））を組織することが検討された．これに基づき，平成14年にフェデレーションの発足と趣意書の作成が合意され，平成15年（2003年）4月にフェデレーションが発足した．その後も合議が継続され，平成20年（2008年）現在，日本農業気象学会，農業機械学会，農業施設学会，生態工学会，農業情報学会，日本雨水資源化システム学会で構成するフェデレーションが機能している．その役割は，合同大会に関する合議，農業環境工学系共通カリキュラムの検討および本フェデレーション所属学会が協力することが妥当なその他の事項の審議等である．このような，第11章と第12章にまたがる学際的な協力関係を目指した学会間のゆるやかな連携により，平成19年（2007年）までに関係学会による合同大会が過去3回開催されており，今後も連携による学際領域研究の進展が期待される．

5．国際的な活動

農業機械学会，日本農作業学会，農業施設学会は，前述のように日本農業工学会の構成学会であり，国際農業工学会（CIGR：International Commission of Agricultural Engineering）に加盟している．これは第1部会（土地・水），第2部会（施設・環境），第3部会（生産機械），第4部会（電化・エネルギー），第5部会（農業管理），第6部会（農産加工），第7部会（情報技術）の7つの部会からなっており，前章の領域11および本章の領域12に属する学会からは，第1部会，第2部会，第3部会，第4部会，第5部会，第6部会，第7部会のそれぞれに，部会長，副部会長あるいは部会理事として

参画し，現在に至るまで長年にわたって貢献している．こうした中で平成5年（1993年）にCIGR参加国総会が東京で開催され，創立70周年にも当たる平成12年（2000年）には，CIGR2000年記念世界大会がつくばで開催された．また，長い間欧州に置かれてきたCIGRの事務局が平成18年（2006年）1月から日本に移され，平成25年（2013年）末までの計8年間，我が国が事務局運営に当たる予定になっており，国際的に大きな貢献をなしている．

また，日本海水学会では，世界の塩関係の研究者，技術者が一堂に会する「国際塩シンポジウム」を平成4年（1992年）に日本で初めて開催する中心的役割を果たし，その後も継続的に研究発表や交流行事に参加している．

（大下誠一）

第13章　農業の社会科学

1. 農業における社会科学的研究

本稿において検討の対象とする農業の社会科学に関連する学会は日本農業経済学会（1924年創立），日本農業経営学会（1948年に前身の農業経営研究会発足），日本国際地域開発学会（1966年に前身の日本拓殖学会創立）である．いうまでもなく，これらはそれぞれ独立した学会である．しかし，設立時期の差からも容易に理解されるように，また，これらの学会を包括する学問領域の名称として農業経済学が有力な基礎となっていることからも明らかなように，かつての日本農業経済学会の学問分野からの発展として，日本農業経済学会の会員を有力な母体として，後二者の学会が設立されたとみることが許されるであろう．

したがって，それぞれの学会における固有の研究の発展に関しては以下の別稿に譲り，本稿においては全体を包括する形で，日本農業・農政の展開過程と関連づけながら，農業経済学を中心とした農業における社会科学的研究の発展過程を素描することにしたい．

2. 日本農業・農政の展開過程と社会科学的研究の発展

日本農業経済学会が設立された1924年から今日までの時期を大きく区分してみると，A.『日本農学50年史』までの時期：(1) 戦前期（1945年まで），(2) 戦後復興期（1945～55年），(3) 高度成長期（1955～71年），B.『日本農学50年史』以降の時期：(4) 低成長期（1971～85年），(5) 経済構造調整期（1985～94年），(6) 長期不況期（1994～2001年），(7) 経済構造転換期（2001年以降），となる．それぞれの時期の特徴と研究の展開過程を整理すれば以下のようになろう．

（1）戦前期（1945年まで）

日本農業経済学会が設立された1924年前後は，一方では国民1人1年当たり米消費量がピーク（約140 kg）を迎えていた時期（1921～24年）であり，他方では50 ha以上所有の地主数が5,078でピークに到達した時期（1923年）でもあった．前者の消費ピークは国内生産だけではなく，朝鮮・台湾か

らの移入米を条件として達成されていたにすぎず，増加する人口圧力の下で，米の増産が農業に対する最大の課題とされていた．後者は地主・小作関係の激化の下で，農村の貧困＝小作農民の貧困を解消するとともに，いかなる主体が向後の日本農業発展を担うかを明確にすることを農業経済学の研究に課した．

近藤康男『農業経済論』(1932年)はマルクス経済学の立場から，東畑精一『日本農業の展開過程』(1936年)は近代経済学の立場から，国民経済の中における農業の位置，土地所有制度と経営主体との関係，農業に対する国家の役割を解明しようとした双璧であり，わが国における農業経済学の初めての体系的把握であった（小倉武一）．この時期の研究は，一方では外国の農業理論・農業事情の翻訳・紹介といった輸入学問的性格をもつとともに，他方では土地制度・村落社会・経営発展のあり方などの検討を通じて日本農業の特殊性を明らかにするという視角が優勢であったといってよい．

（2） 戦後復興期（1945〜55年）

戦後日本の非軍事化と民主化を二大支柱として開始された戦後改革は資本（財閥解体・独占排除），労働（労働関係の民主化），土地（農地改革）にわたる全機構的なものであった．農業においては戦前の農業生産構造を規定していた地主的土地所有の解体と自作農創設をめざす農地改革（1946年〜）が最も根本的な改革として取り組まれる一方，創出された自作農を基軸とした新たな農業生産構造に対応すべく，各種の制度再編が行われることになった．農業協同組合法制定（1947年），農業改良助長法制定・全国農業会解散（1948年），土地改良法公布（1949年），農業委員会制度創設（1951年），などがそれであり，1952年にはこれら全体を包括する内容を有し，農地改革の成果の恒久化を謳った農地法が公布され，戦後改革にひとつの区切りをつけることになった．他方では戦時中から戦後にかけての混乱の中で日本農業の後退・荒廃は著しく，1946年度の1人1年当たり米消費量が93 kgにまで落ち込み，飢餓が現実のものとなるとともに，非軍事化と海外植民地の喪失による復員や引き揚げに対応するための緊急開拓事業（1945〜49年度）が実施され，食糧増産が最大の課題となった．

こうした状況の下で，一方では農地改革の内容と成果を問い，これによって創出された自作農の性格，食糧増産を可能とする新たな農業生産力のあり方（1948年農業経営研究会設立），集落や農家の家族関係の変化（農村の民主化）をめぐる研究が展開した．他方では大量の過剰人口の存在が戦前・戦後における農山漁村の貧困の原因であり，戦争・海外移民・引き揚げといった問題を引き起こした要因であるとの共通認識の下に農民の低所得，農業の低い生産性を問う研究が盛んとなった．

（3） 高度成長期（1955〜71年）

米が史上最高の豊作となった1955年を起点とする高度経済成長の下で，①兼業化の進展，②農工間所得格差の顕在化，③農産物輸入自由化進展（1966年日本拓殖学会設立），④機械化を背景とした「中型機械化一貫体系」の成立，がみられた．1961年に制定された「農業基本法」は，自作農体制を基本としつつ，①需要の伸びが期待される農産物の「選択的拡大」，②離農跡地の農地買入を通じた「自立経営」農家の確立，による農業構造改革を展望した．高度成長による所得水準の上昇と旺盛な需要に対応して，野菜・果実・畜産物の生産が急速に拡大した．1955年に農業産出額の52.0％

をしめた米は70年には37.9％に低下する一方，野菜は7.2％から15.8％へ，畜産物は14.0％から25.9％へと増加した．しかし，「自立経営」の確立はこれらの成長部門ではある程度成功したものの，土地利用型農業（水田作や普通畑作）では農地価格の上昇と「兼業滞留化現象」のため，農地売買を通じた規模拡大は進まなかった．

この時期の研究は大なり小なり「農業基本法」の政策意図・目標・実績の評価を軸として展開した．戦後復興期から継続されてきた農工間生産性格差に関わる研究は農業生産関数分析へと発展させられ，自立経営の成立条件をめぐっては経営計画論や農法論が展開した．また，離農ではなく兼業形態での農家滞留の実態と評価の研究に多くのエネルギーが傾注されるとともに，中型技術体系の下で成立した新たな稲作上層農の性格をめぐってはこれ以降活発な論争が展開した．外国農業研究では日本農業のモデルを求めて，欧米先進国とともにソ連・東欧などの社会主義農業にも関心がもたれた時期であった．

（4）低成長期（1971～85年）

1971年の金ドル交換停止，1973年の石油危機・食料危機によって先導された低成長期は日本の農業と農政にとっては重要な転換期でもあった．第1に，1968年に米とりんご，1975年にみかんが過剰に到達したのを出発点として，多くの農産物が順次過剰局面に突入し，国内農業生産が縮小に転ずるとともに，農産物価格の低迷と政策的抑制基調への転換がみられることになった．第2に，米では転作の長期化を余儀なくされる中で，麦・大豆・飼料作物等の転作に対応できるか否かで農民層に分化が生じ，農業生産組織という新たな地域農業対応が生まれた．第3に，「土地もち労働者」化した兼業農家が広範な地域に成立することを背景として，1972年度に全農家の世帯員1人当たり家計費が都市勤労者世帯のそれを上回る事態が出現し，古典的な意味での農民・農村の貧困問題が「解消」した．第4に，1970年の農地法改正を契機として構造政策の基調が自作農主義から借地農主義へと転換した．第5に，1971年の「外食元年」を起点として食の欧米化が外部化をともないながら急速に進展した．

こうした中で，食糧増産と農民・農村の貧困問題の解決をめざして狭義の農業問題に取り組んできた農業経済学においても学問分野の細分化が進行することになった（1983年日本農業経営学会発足）．第1に，農産物の加工・流通・外食の意義増大にともなって，これらの分野の研究が盛んとなり，農業生産に関する経済学から食料需要に関する経済学へのシフトが進んだ．第2に，農業生産主体としてこれまでの家族農業経営に加えて農業生産組織や法人経営が注目され，地域農業の組織化という課題が登場する中で，農業生産関数分析は農業の成長過程分析にシフトした．第3に，農薬・化学肥料に過度に依存した農法と大産地・広域流通システム形成をめざす農業近代化への批判から有機農業や産直に注目する研究が開始された．

（5）経済構造調整期（1986～1993年）

恒常的な貿易黒字（1981年以降）と円高（1986年以降）局面への移行の中で，国内経済にまで踏み込んで国際的経済調整を図るシステムの形成を通じて，日本の農業と農政は独自の展開を大幅に制約されるようになった．第1に，円高の急激な進行によって，農産物内外価格差が急速に拡大し，国

内農産物の行政価格は抑制から引き下げ基調へと転換した．第2に，貿易不均衡是正の手段として農産物の一層の輸入拡大が求められ（1986年ガット・ウルグアイラウンド開始，1991年牛肉・オレンジ自由化），食料自給率は急激な低下に見舞われた（1989年度供給熱量自給率49％）．第3に，流通における量販店の制覇と外食産業の地位確立（食の外部化率は1975年28.4％から1990年41.2％へ）に対応して国内農業は抜本的な再編を迫られた．こうした中で，第4に，農水省はガット・ウルグアイラウンドの推移を睨みながら，その後の農政のあり方を規定する「新しい食料・農業・農村政策の方向」を1992年に公表した．

日本経済が国際化対応を強く求められたのに応じて，日本の農業経済学もまた国際化対応を迫られた．第1に，1991年に日本農業経済学会が中心となって第21回国際農業経済学者会議が東京で開催された．世界61カ国から約1,500人の農業経済研究者が集った会議のテーマは持続的農業と緑の国際協力であり，その後の研究の発展方向を示唆するものだった．第2に，ガット・ウルグアイラウンドへの日本の対応（とくに米の関税化）を重要な争点としながら，農産物の国際市場・貿易の性格や農業保護政策のあり方をめぐって，多方面の研究が進められた．第3に，日本農業を労働力の面で支えた昭和一桁世代の引退年齢への突入を控え，農業の担い手論が農業の企業形態論などを含みながら深化させられた．

(6) 長期不況期（1994〜2001年）

1995年のWTO体制発足と1999年の食料・農業・農村基本法制定，2000年の同基本計画策定に挟まれたこの時期は新自由主義的な経済学の影響が強く及んだ時期でもあった．そこでは，第1に，1995年に旧食管法が廃止され，新「食糧法」への移行にともなって米の生産・流通における政府の役割の後退と民間へのシフトが本格化し，向後の市場主義的な農業政策の基調を形成することになった．第2に，外食・中食産業における日本・中国・韓国食などの展開に歩調を合わせて生鮮野菜を始めとする農林水産物の中国からの輸入が急増し，食料自給率が一段と低下した（2000年度40％）．第3に，国内農業の後退により中山間地域を中心とした広範な地域で耕作放棄地が激増するに及んで，環境保全型農業や農業の多面的機能の意義を見直す動きが急速に強まることになった．そして，第4に，新たな基本法では食料自給率向上目標の設定と農業における多面的能の認知が行われることになった．

この時期は中国や韓国を中心としたアジアからの大量の留学生が日本の大学院へ進学を開始したことも影響して，アジア地域に関する研究が急速に進んだことを特徴としている．そこでは，第1に，2000年からのWTO農業交渉開始を展望し，国内農業保護と農産物貿易のあり方をめぐって，各国の実態と政策，国際貿易理論などに関する研究が深化した．第2に，ヘドニック法やCVMなどを適用し，農業の多面的機能の価値を計量的に計測する研究が進められた．第3に，激しい農業後退をいかに食い止め，地域再生を図るかという観点から中山間地域研究が著しい進展をみた．第4に，新基本法制定時の論戦も含めて，農業への一般株式会社の参入是非をひとつの論点としながら農業の担い手論における深化が図られた．

(7) 経済構造転換期(2001年〜)

　この時期は何よりも2001年9月のBSEショックによって幕開けされた．第1に，それまで安全が自明の前提とされた農産物・食品の安全性や偽装をめぐる問題が次々と明るみに出て，行政は後手後手の対応に追われている．第2に，2000年の基本計画によって2010年に45％という自給率向上目標が設定されたにもかかわらず，05年の基本計画でも目標時期の先送りがされただけで，今日に至るまで40％水準での停滞から脱出することに成功していない．第3に，WTO交渉対応の観点から「所得補償政策」の一形態として中山間地域直接支払政策が2000年度から導入され，2007年度からは担い手対策たる品目横断的経営安定対策へと拡充されたにもかかわらず，後者は実施初年度途中で修正を余儀なくされた．第4に，WTO農業交渉はアメリカとEUが主導したウルグアイラウンド交渉とは大きく異なって，ブラジル・インド・中国などの開発途上国が大きな影響力を行使しており，容易に妥結には到達していない．

　こうした新たな状況に対応して，農業経済学の研究分野は大幅に拡大している．第1に，食品の安全性をめぐるリスク評価・管理・コミュニケーションに関わる研究が格段に発展させられた．第2に，これと密接に結びつく食の外部化に関しては，川上から川下までを一貫して取り扱うフードシステムという観点からの研究領域が学会を設立するまでに至っている．第3に，グローバリゼーションの一層の進展に対抗する形で展開する地産地消・ファーマーズマーケット・スローフード・グリーンツーリズム・環境保全型農業(有機農業)・地域農業などに関する研究が進展し，これまた独自の学会設立に至るケースが増加している．

　以上のように，近年に至るほど農業経済学をめぐる研究は一層の細分化傾向を強めているが，それだけにこれらを束ねた中理論・大理論の構築が嘱望されているといってよい．

(谷口信和)

第 2 編

個別専門分野の発展

第1章　園芸学

　園芸学会が平成10年に創立75周年を迎え，記念出版した「新園芸学全編，園芸学最近25年の歩み」(1998，養賢堂発行) に，研究の成果が詳細に報告されている．そこで，本稿では，30年間の園芸産業を振り返りながら，その関連研究を記念出版を参考にして記載した．

　1981年，東京で開かれた国際柑橘学会と，1994年に京都で開かれた第24回国際園芸学会議，2006年には韓国で第27回会議が開かれ，北東アジアの園芸産業，園芸学の現状と歴史が世界に発信された．2002年には学会誌を英文誌化し，和文誌（園芸学研究）を創設した．

　また，1973年には学会創立後50年間の研究業績をまとめた園芸学会史に準ずる「部門別の解説園芸学全編」を養賢堂から出版した．

1．果樹園芸

(1) 温州ミカンの生産過剰とキウイフルーツの登場

　温州ミカンの転作果樹として，キウイフルーツが導入されたが，追熟させる食習慣が消費者に無かったため，本来の味を味わえないでいた．このため，果実の追熟生理の解明とエチレンの作用，処理方法が研究された．リンゴでは，CA貯蔵のガス条件や貯蔵傷害が明らかになった．温州ミカンでは，数多くの枝変わり品種が発見されるとともに，珠心胚に生じる突然変異を利用した新品種育成がおこなわれた．さらに，早生温州の中から，極早生温州を発見する探索活動が行われ，優良系統が選抜・普及したが，宮本早生が保毒していたウイルス病が柑橘地帯に広がり，茎頂接ぎ木による無毒化技術が開発された．また，種間交雑育種では，清見や不知火（通称，デコポン），はるみなどが育成され，温州ミカンの長期貯蔵果実に代わるようになってきた．また，柑橘では染色体や果実の無核化についての基礎研究が進展した．一方，温州ミカンの貯蔵前予措技術や貯蔵技術の研究が実施された．

(2) 施設栽培の普及と出荷の前進，周年供給化

　果樹の生理研究では，休眠，花芽分化，栄養生長などについて，基礎的研究が進展し，これらの成果を基に，各種施設を利用した収穫期の前進が図られた．この結果，従来からある長期貯蔵技術と南北に長い産地の分布とが組み合わされ，さらに，南半球の果物が輸入され，一部の期間を除いて，技術的には，ほぼ周年に果物が供給可能となった．

(3) 果実と果汁の輸入自由化への対応研究

　リンゴでは，わが国独自のわい性台木が開発された．傾斜地のミカン園では，園内作業道の配置設計やモノレールの多目的利用が実用化するとともに，隔年交互結実技術が開発された．また，ニホンナシでは黒斑病抵抗性が劣性ホモであることが明らかにされ，幼苗での抵抗性検定技術が確立されて育種体系に組み込まれた．この結果，抵抗性品種の幸水，豊水が普及し，1985年に発表され

たガンマ線照射で誘発された耐病性突然変異のゴールド二十世紀が原品種の二十世紀に置き換わってきた．

この間，ニホンナシ，モモ，リンゴ，ブドウ，カキなどにおいて，果実形質や耐病性の遺伝様式が統計的に解析された．熱帯果樹では，施設でマンゴーを栽培し，完熟果実が出荷できる栽培技術が開発され．

（4）産地間競争と地域特産果樹の技術開発

1991年，台風19号の被害を契機にして，温州ミカンは優良系統への品種更新や不知火（通称：デコポン），はるみなどの優良中晩柑への更新が進んだ．また，温州ミカン果汁が茶系飲料の普及などで衰退し，ジュースへの加工研究は衰退した．

30年間で品種の構成が大きく代わった．ニホンナシでは，二十世紀と長十郎から，幸水と豊水に代わり，特に前者は施設栽培が導入されて，長期間にわたり供給が可能となった．リンゴでは，国光，紅玉から，ふじに代わり，ふじは世界一の生産量の品種となった．また，わい性台木や各種遺伝の研究が進展した．1980年から2007年までに，リンゴで150品種，モモで205品種など，主な果樹で756品種が登録されている．ブドウでは，キャンベル・アーリーとデラウエアの二大品種から，ジベレリン処理で無核化したデラウエアと巨峰，ピオーネ，安芸クイーンなどに代わった．

園芸学会で報告され，普及が進んで来た品種としては，渋皮剥皮が容易なニホングリのぽろたん，多汁な肉質のカキ　太秋，青系ブドウのシャインマスカット，リンゴのシナノゴールド，シナノスイートなど，従来からある品種と置き換わるような画期的な品種が登場した．

このような品種の登録や品種識別の基礎となる果実の成熟特性の調査法や，果皮色変化を客観的に数値化するカラーチャートがニホンナシで提案され，カキなどの各種果樹で作成された．ニホンナシでは在来品種の収穫期，果形，葉中フラボノイドに，その在来地で地理的変異が見られることが明らかにされ，分類や品種形成の解明に貢献した．さらにニホンナシでは1,200以上の品種名が記録され，来歴や特性，栽培記録が整理された．

ニホンナシでは，交配和合性の新たなS因子型が提案され，中国大陸，朝鮮半島産のナシとの関連が注目されている．リンゴでも既存品種の不和合成遺伝子型の解析が進んだ．また，不和合性の機作に関する研究がニホンナシや核果類で進んだ．カキでは渋味について，タンニンの不溶化の過程が明らかにされるとともに，甘柿の出現時期やその遺伝なども明らかになってきた．北米から導入されたブルーベリーは優良果実の生産技術が解明され，もぎ取り園として発達している．

一方，各種休眠打破剤や，植物生長調節物質が試験された．また，剪定や樹形の研究や根域制限栽培による果実品質向上研究も行われ，根域制限やポット栽培が一部樹種で実用化している．さらに，開花，結実や花芽分化について，形態的な詳細な観察がなされるとともに，気象要因の影響や樹体の状態や，剪定等の各種処理の効果，植物生長調節剤による制御効果などが明らかにされている．また，各種種子の発芽条件と発芽の生理，挿し木や接ぎ木について，台木との親和性や作業適期が明らかにされた．

（5）果実輸出の再挑戦とそのための研究

近年，台湾や中国大陸沿岸地帯の経済発展に伴い，これら地域へのリンゴ，ニホンナシ，ブドウなどの輸出が再開され，果実成熟を抑制する1-MCP（メチルシクロプロペン）による鮮度保持効果の研究が進展している．海外への品種の不正持ち出しや国内での不法増殖などの知的所有権問題が発生しており，ニホンナシやモモでゲノム解析結果を利用した品種識別同定のためのDNAマーカーが開発された．

（6）分析機器の発達と生理．生化学的研究手法の登場

分析機器が発達し，樹体の栄養生理や花芽分化について，詳細な成分変化が明らかにされ，果実の発育についても，各種ホルモンの動向とその作用が明らかにされた．また，成熟過程におけるエチレンの生成とその役割が明らかにされるとともに，成熟に関連する各種酵素の発現が研究された．また，栽培管理や気象要因と果実の成熟の関係が明らかにされた．さらに，果実の成熟に伴う細胞の形態的変化，関連酵素の変化など，果実内部で生じている変化が明らかにされた．

一方，果樹における光合成や水分生理の研究が進展するとともに，光合成産物の生成，転流，果実内への移行と，果実内での蓄積や，糖代謝系の解明，果実細胞液胞内への糖集積が解明された．また，ナシ属では果実内の糖組成に種間差，品種間差が見られることも明らかにされた．

非破壊で糖度，酸含量といった果実内部成分が測定できるようになり，果実内部品質を店頭で表示・保証することが可能となった．土壌や植物体の元素分析技術が発展し，各種の要素欠乏・過剰障害の原因究明につながるとともに，果実中の元素組成から産地を推定し，産地偽装の摘発手法として利用されている．

花芽分化などの現象について，リンゴで花芽形成抑制遺伝子のアンチセンス遺伝子を導入し，早期開花を実現させるなど，遺伝子レベルでの生理研究が進展してきた．果樹のゲノム解析は，カンキツで国際的コンソーシアムが結成されるとともに，ゲノム解析ではニホンナシとモモが選択され，モモでは果実品質や収穫期を決めるDNAマーカーが開発されて，新品種の早期マーカー選抜が行われて新品種が育成された．また，ブドウでは着色系枝変わりについて，色素形成遺伝子の塩基配列における変化の様子が明らかにされたことは特筆される．遺伝子組み換えもブドウ，キウイフルーツ，リンゴなどで報告されている．これらの技術は品種の同定や分類に応用されている．

細胞・組織培養技術では，種々の果樹で組織・細胞培養や植物体再分化が成功した．細胞融合でオレンジとカラタチから種間融合雑種のオレタチが作成されるなど，培養技術が普遍化し，ウイルスの無毒化や無毒な苗木の大量増殖が実用化した．

病害虫抵抗性品種の育成が重点的に実施され，ニホンナシでは，巾着の持つ黒星病抵抗性遺伝子の解明と利用が進められている．クリでは，クリタマバチ抵抗性の筑波，石鎚などが育成され，一方，クリタマバチにも突然変異が生じ，より抵抗性な品種が求められたが，クリタマバチの天敵であるチュウゴクオナガコバチが中国大陸から導入され，問題が解決された．

（7）産学官共同研究の進展

健康志向の高まりから，各種果物の持つ機能性成分の研究が進展した．温州ミカンの色素，ベー

タークリプトキサンチンについて，果樹研究者，農協，医学・疫学分野の研究者が参加したプロジェクト研究が実施され，高額な研究資金が投入された結果，ある種の癌や高血圧の抑制効果が示されるとともに，温州ミカンを多く食べる人は骨密度低下予防効果や糖尿病発症予防に関係するインスリン抵抗性リスクが低いことが報告されている．この調査には地方自治体の健康診断結果も利用された．

（8）人口減少と高齢化社会への突入

人口が減少し始め，高齢者人口の割合も増加して，果物の消費が「安価で大量に」から「高品質であり，品質に見合った価格」に変化した．このため，生産技術の研究も低コストで安く生産する方向から，量から質に移行した．温州ミカン栽培では，株元をシートで覆い，最適な時期に点滴で灌水する栽培技術が開発された．一方，生産者も高齢化しており，受粉や摘果労力を軽減するような技術開発として，ニホンナシでは，おさ二十世紀が示す自家和合性を持つ品種が育成中である．また，リンゴでは，カラムナータイプの優良品種育成が実施されている．

（9）地球温暖化の分析と対応研究

地球温暖化で開花期の前進，収穫期の前進，果実品質の悪化などが発生している．産地の移動が想定されている．また，落葉果樹では，休眠生理が研究され，温暖化や都市化に伴う休眠への影響が研究されている．また，病害虫の北上も観測され，カンキツグリーニング病とその媒介昆虫のミカンキジラミが鹿児島県まで北上している事が明らかにされ，暖地での適応品種の探索や栽培技術の検討が開始されている．

(梶浦一郎)

2．野菜園芸

（1）園芸学会の発足（1923年）から1980年までの研究

発育生理と栽培に関する研究では，1930年代はじめに光周性や春化現象に関する生理・生態研究が開始された．これは，GarnerとAllardが植物の光周性について論文を発表後，かなり早い時期にわが国でその研究成果に基づく研究が行われたことになる．これらの研究の流れは，その後，野菜の生態育種と作型分化への研究に発展した．

また，果実，結球，根の肥大発育，抽だい，開花に関する研究が主として環境条件，組織学的な観点から幅広く展開された．

F_1育種と採種に関する研究では，ナスのF_1の種子が1914年に生産者に配布され，その後，スイカ，キュウリ，トマトなどでF_1品種が育成された．

F_1の省力採種に向けた研究も進み，アブラナ科野菜の自家不和合性の利用によるF_1採種についての基礎的研究も始まっていた．

戦後の諸産業の復興とともに，農業における労働生産性の向上と生産出荷の安定化が大きな問題となった．この時期のおもな研究を概観するとつぎのようになる．

野菜産地土壌の生産力低下と対策に関する研究について，近郊園芸産地やキャベツ，ハクサイ，タ

マネギなどの生産地での土壌病害と土壌理化学性に関する問題点が取りあげられた．その結果，根本的には施肥量の適正化と有機質堆肥の増施が求められ，その基本として土壌検定法や作物栄養診断法が確立され大きな成果が得られた．

自家不和合性や雄性不稔などを利用した品種のF_1化はますます進んだ．また，作型の分化に対応した品種がキュウリ，キャベツなどで数多く育成され，さらに，耐病性育種が進みアブラナ科の根こぶ病抵抗性品種，トマトの複合病害抵抗性品種なども育成された．

1950年代には被覆やマルチングを含めた農業へのビニルやポリフィルムの利用・実用化が進み，施設園芸生産が急に増加し，野菜の周年供給がこれまで以上に可能となった．施設園芸生産をさらに規模拡大するため，栽培施設の自動化が研究課題として取り上げられた．養液栽培の実用化，温風暖房機や換気扇のサーモスタットによる自動化などが1960年はじめに生産の場に取り入れられた．1965年頃には水田裏作でも大規模に利用できるパイプハウスが工夫され，急速に普及した．

野菜生産を支えた環境の複合要因に関する研究，特に光環境に関する研究については，各種野菜の光合成特性，CO_2施与などに関する成果が得られた．さらに，花芽分化や休眠導入と日長，光質との関係などが明らかになり，イチゴをはじめとした野菜での電照栽培の技術がほぼ確立したのもこの時期である．

また温度環境に関する研究では，各種野菜の生育に及ぼす温度反応が生理・生態学的な観点を中心に検討され，昼夜変温管理などの技術が確立された．1973年の石油危機時には，太陽熱や地温の地中交換など省エネルギー研究も盛んに行われた．施設生産が増加するなか，連作障害などによる収量の減少が顕在化し，イチゴ，ニンニクなどの茎頂培養によるウイルスフリー苗の育成・溶液栽培に関する研究と実用化が本格化した．

化学物質による野菜の生育制御いわゆるケミカルコントロールに関する研究も盛んに行われ，オーキシン系物質によるトマトの単為結果の誘導，イチゴの休眠回避におけるジベレリンの利用など研究成果の一部が生産の場に利用された．

（2）1980年以降現在に至るまでの研究―生産・消費流通環境の変化ならびに食の安全・環境保全からの革新技術の展開に向けて

1980年には農業経営基盤強化法が制定され，園芸生産にも経営上の役割がより期待された．

1）育種とその周辺

新作型開発のための品種，高品質な特性をもつ品種，病害抵抗性品種，栽培省力化のための品種など，従前からも目的とした有用形質をもつ品種の育成は引き続き多くの野菜で盛んに行われた．

バイオテクノロジーを利用した育種も大きく進展した．胚培養を利用した，ハクサイとキャベツの種間雑種ハクランの実用化，キャベツとコマツナの種間雑種'千宝菜1号'などが育成された．葯培養を利用した育種では，ハクサイを中心に葯培養の系がほぼ確立し，黄芯系ハクサイなどの品種が育成された．ジャガイモとトマトの細胞融合による新しい植物，ポマトの育成を契機としてわが国でも野菜の細胞融合育種が盛んに行われたが，今のところ実用化した品種は誕生していない．

遺伝子組換え法を利用した育種について，わが国での野菜を用いた実用性のある遺伝子を導入した形質転換作物の第1号はTMV-CP（タバコモザイクウイルス・コートタンパク質）遺伝子を導入

したトマト種間雑種である．その後，キュウリモザイクウイルス・コートタンパク質（CMV-CP）遺伝子導入メロン，CMV-CP遺伝子導入のトマト，エチレン生成抑制遺伝子を導入した成熟抑制トマトの作出など，かなりの遺伝子導入野菜が育成されているが，わが国ではまだ実用化に至っていない．

DNAマーカー利用による育種：DNAマーカー法は有用な特定形質をもつ個体選抜や品種の選別などに利用されている．わが国ではDNAマーカーの利用として，根こぶ病抵抗性，トマト，ピーマンの青枯病抵抗性，PMMOV抵抗性を有する個体選抜や，メロン，イチゴなどの品種識別に利用されている．また，SSRマーカーがジャガイモ，イチゴなどの品種識別や種子の遺伝的純度の検討に利用されている．最近，トマトのゲノム研究が国際的な共同のもとで進行し，その成果が期待されている．

2）分子生物学とバイオテクノロジーを中心とした生理学的解明

シロイヌナズナでの研究成果を基本としつつ，野菜では主としてトマトを材料として遺伝子発現と果実成熟，果実における糖代謝などの研究が進められている．また，アブラナ科植物の自家不和合性の研究，キュウリやアスパラガスの雌雄性の鑑別などの研究が行われ，成果が得られている．

3）施設園芸生産・様式の多様化

これまで連作障害の回避や安定した計画生産と栽培の機械化が容易とされていた従来の養液栽培の技術を基本として，オランダを中心に利用されていたロックウール耕が導入され，その面積は拡大した．最近では培養液を系外に排出しない養液栽培法も研究され成果をあげている．また，露地栽培での病害の軽減や品質向上を目的として開発されたポリフィルムなどを利用した雨よけ施設が急増した．

4）苗生産様式の多様化―セル成型苗生産

1980年代の中頃には，苗生産の労力を回避するために，生産者が直接育苗することなしに苗を購入することが多くなった．このようなことから，果菜類，葉菜類を中心に苗の小型・軽量化が求められた．その結果，アメリカで開発されたセル成型苗が導入され，わが国でも広く利用されるようになった．規格化された苗の生産は，移植機の開発にもつながることから，栽培の省力化に向けて重要な研究課題である．また，イチゴ，ナガイモ，ニンニクなどで組織培養を利用したウイルスフリー苗の育成・育苗化がさらに拡大した．

5）野菜の食品としての安全性・機能性

これは重要な問題であるが，本学会では本格的には取り上げられておらず，O-157汚染問題，野菜におけるエンドスルファン，マラテオンなどの農薬残留についての研究が一部で展開されている．ただし，一般農薬に代わる病虫害防除法については数多く検討されている．ひとつは害虫天敵，性フェロモン，拮抗微生物の利用などに成果がみられ，もうひとつは，黄色弱光などの光を利用した防虫法はイチゴ栽培などに導入され成果をあげている．

今日的には地球的規模での環境保全問題が提起されており，土壌消毒でのメチルブロマイドの全廃，施用肥料の減量などの問題に対応しつつあるが不十分である．今後は，野菜生産の技術開発に環境保全の視点を入れての検討が必要となっている．

野菜のヒトに対する機能性としては，抗酸化機能，動脈硬化の予防，がん予防機能，血圧上昇抑

制作用，肥満予防，糖尿病予防機能などについての研究が園芸学分野以外の研究者との協力のもとに行われている．

6）その他の研究

輸送，貯蔵，加工など極めて多彩な研究が広く行われ，野菜園芸産業の発展に多大な寄与をしているが，ここでは割愛する．

（矢澤　進）

3．花卉園芸

（1）第2次世界大戦前と直後の研究

戦前に生産温室がつくられ，ある程度の花卉生産がみられたので，低温処理による球根の促成，洋ラン種子の無菌発芽，日長処理によるキクの開花調節などに関する研究が行われていた．また，ユリやチューリップ球根の輸出に続き一代雑種によるペチュニアのオール・ダブル系統が作出され，草花種子の輸出も始まっていた．このようにさまざまな分野で，花卉生産関係の研究がされていたが，研究者も少なく，研究業績も限られたものであった．

敗戦により花卉生産は壊滅状態になったが，敗戦後数年を経て，花卉の需要もいくらか増加し，花卉園芸の研究も再開された．しかし，食糧も十分でない時代では，花卉は無用のものという考えが強く，研究といっても日本経済の再興に寄与できるものが求められた．戦後ただちに再開された球根の輸出はドルを稼ぐものであったため，球根生産の基礎として，自生状態と変異の調査，繁殖，養分生理などの研究が開始された．後に，チューリップでは病害，ホウ素欠乏症などの研究，放射線育種も含め新品種の育成が進められた．

（2）1980（昭和55）年までの研究の進展

昭和30（1955）年代になると花卉の栽培施設にビニルハウスが普及・増加するようになり，切り花の生産が増大した．この頃から研究者の数も増え，わが国の花卉園芸学が園芸学の一分野として分化し発展したといえる．キクの品種生態，宿根草，花木などの花芽形成過程を調べた研究から，球根類を中心に低温処理による促成栽培の研究が進み，切り花の出荷時期の拡大が図られた．一方，鉢花の需要は1970（昭和45）年頃から増大し，機械化を進めるため鉢植え用土の均一化と灌水，施肥法の改良，プラスティック鉢の利用増加に伴う鉢の物理性の研究などが進められた．

園芸の中でも最も集約的な花卉生産の場では，植物生理学などで発見された理論や方法が速やかに実際栽培に利用される傾向が強い．この時期の例が植物生長調節物質と組織培養の利用であった．植物生長調節物質の利用ではジベレリンの利用研究が広範囲に行われ，後にベンジルアミノプリンとの併用処理は，シクラメン，チューリップの花芽の発達阻害を防止する効果が顕著で実際栽培に広く使われた．一方，わい化剤は伸長生長の抑制による鉢物の草姿改善に有効であり，ツツジ類などでは着花数増加にも効果があり普及した．組織培養ではウイルスフリー株の作出を目標として試験研究が進み，まずカーネーションで茎頂培養により無病苗が育成され，配布事業が開始された．洋ランでは，種子の無菌播種，茎頂培養によるプロトコーム状球体の形成と個体再生の研究が進み実用化された．

(3) 1980（昭和55）年以降の研究の進展

　花卉の生産は拡大の一途をたどり，1990（平成2）年に開催された「花と緑の国際博覧会」の前後の伸びはとくに顕著であり，低迷する農業の中で唯一の成長産業であった．ただ21世紀を迎え，生産は停滞から漸減傾向に転じている．生産の急激な成長を支えた研究を分野別に示すと以下のようである．なお近年，園芸は生産だけでなく，人の暮らしと身近な環境に関わっており，花や緑がもつ心理的・生理的効果にまで研究対象は広がっている．

1）育種―実用的な新品種の育成

　遺伝資源の探索とそれらの解析・評価に始まり，種間交雑を含め花色や花型などの基本的な形質に関する変異の拡大や病害抵抗性育種が進められ，雑種強勢育種の広がりとともに，わが国の生産，流通に適した実用品種の育成が進んだ．交雑範囲の拡大には胚培養などの組織培養技術の進展が貢献し，ユリでは花柱切断授粉法により遠縁間でも交雑胚が得られ，それを培養することにより多数の種間雑種が獲得された．また，花色を発現する色素の研究については，高度な分析機器の導入により分子レベルでの花色素構造解析が可能となり，質・量的に飛躍的な発展をとげ，近年では，遺伝子工学や細胞工学的な手法で，花色を改変する試みが始まり，青いカーネーションやバラの作出にもつながった．

2）繁殖―種苗生産と成品生産の分業化

　種苗生産と種苗を購入して切り花や鉢物を生産する成品生産とが分業化する動きが急速に進み，それに伴う研究の進展がみられた．そのきっかけは，先述した組織培養を利用した無病苗の大量増殖技術の開発であり，その後も，多数の研究成果が発表され，実際の種苗生産の場で活用されている．さらに，組織培養苗の生産コストを下げようという視点から，無糖培地に小植物体を置床しCO_2施用下で培養する光独立栄養培養法が苗生産の効率化・省力化に有効であることが実証され，順化の段階で広く使われるようになった．一方，種子繁殖については，セル成型苗を使った花壇苗や種子繁殖性の苗生産技術の進歩は著しいが，関連する研究報告は少ない．

3）環境制御による開花調節―新作型の開発

　数多くの種類について生育習性が明らかにされ，次いで休眠・ロゼット打破，花芽の形成・発達に関与する温度や日長などの環境要因が詳しく調べられた．その結果に基づいて日長や低温・高温処理による開花調節技術が実用化され，周年生産あるいは出荷時期の拡大が可能になり，生産・消費の増加をもたらした．キク，シャコバサボテンなどでは日長反応性が詳しく解明され，周年出荷技術が確立された．スターチス，トルコギキョウなどの一年草でも，球根類と同様，低温を主とする温度処理により開花時期を調節できることが明らかにされた．一方ではユリ類のように，開花を抑制する技術の研究・開発も進んだ．花木では，花芽形成過程が季節の経過と関連させて解明され，花芽の休眠打破に必要な低温要求が満たされた段階で枝を切り，温室で促成することが可能になった．洋ラン類では花芽の分化・発達に及ぼす環境要因の解析が行われた結果，夏期の山上げ栽培によるシンビジウムの年末開花，冷房によるファレノプシスの周年開花技術が実用化されている．

4）ケミカルコントロール

　研究の成果として実用化された技術には，エセフォン処理によるアナナス類の花芽分化誘導や夏ギクのロゼット化誘導がある．また，球根に煙をあてるという農家の技術から導かれたエチレンに

よるフリージアの休眠打破，ダッチアイリスの花芽形成促進処理が実際栽培で使われている．さらに，ストックではGAの生合成と花芽分化の関係が詳細に調べられた結果として，シクロヘキサジオン系の阻害剤が開花促進剤として開発されている．

5）栄養と養水分管理

施設栽培化が進んだため，培地の高濃度障害・連作障害対策，さらに肥料養分の栽培地外への流出といった環境汚染防止にまで研究は及んだ．バラでの養液栽培の普及，あるいは多くの作物での養液土耕へと発展がみられた．

6）鮮度保持と貯蔵

遠隔地からの輸送が増加し，流通に長時間を要することから，花きの収穫後生理に関する研究が著しく増加し，エチレン，糖，水分の関与が詳しく調べられ，エチレン作用阻害剤であるチオ硫酸銀錯塩（STS）を使った品質保持剤の普及が進んだ．

（今西英雄）

第2章　作物学

1．日本作物学会の創立から50年間のあゆみ
（「日本作物学会50年の歩み」および「日本農学50年史」から要約）

（1）組織・運営

日本作物学会は1927（昭和2）年4月8日の京都帝国大学農学部における設立総会を経て誕生した．当時は農学会との関係もあって，目的を達成する事業として，① 作物学に関する研究発表および協議，② 講演会その他会合の開催，③ 会務報告（日本作物学会紀事）の刊行，として「研究論文を掲載する機関誌の刊行」という表現を避けており，講演会で発表した内容は直ちに印刷に廻していたようである．1929年からは講演会が年4回となり紀事刊行も年4回となって，これが現在にも引き継がれている．また，1930年には紀事に初めて第2巻1～4号と付された．その後本会は順調に発展してきたが，第2次世界大戦の影響を受け，1944～1947年まで紀事の刊行不能など困難をきわめた．やがて，新制大学の発足や試験研究機関における業績数重視の風潮敷衍により，講演論文が著しく増加した．さらに，1961年には講演会を春と秋の2回開催とし，講演発表とは別に投稿論文の審査制度（編集委員会と2人以上による審査）を確立した．この間，日本育種学会，日本草地学会，日本熱帯農業学会，日本雑草学会等の創設により，本会紀事に掲載される研究対象の範囲が狭まって行った．1951年に全国8地区に地域談話会ができ，これらの多くはやがて支部会へと発展した．また，1954年に日本作物学会賞が創設された．さらに，1960年に初めてシンポジウムが開催されて，1964年からは秋の地方講演会の際に継続して行われるようになった．本会は創設以来，東京大学作物学研究室に事務所を置き，教授以下研究室の全員が多大な犠牲の下に一切の事務を処理してきたが，他所の者にはそれが私物化ともとられたので改革を行い，1957年に会員全員の投票により評議員が選出され，その評議員の投票により会長・副会長も選出されるようになり，現在に引き継がれている．また，1965年から，庶務・会計，紀事編集，学会賞選考，シンポジウム等の委員会を設置して，学

会の事業を行ってきた．

1977年4月1日には，川田信一郎教授（東京大学）を実行委員長として創立50周年記念式典が東京大手町の農協ホールにて盛大に行われた．式典の他には，「日本作物学会50年のあゆみ」（松島省三編集委員長，共立印刷）と「作物学用語集」（村田吉男用語委員長，養賢堂）の刊行が大きな事業であった．また，この機会をとらえて日本作物学会紀事の英語表記が1977年3月刊行の第46巻1号からProceedings of the Crop Science Society of Japanを改め，Japanese Journal of Crop Scienceへと変更された．日本語表記も，学術論文集なのに「紀事」（Proceedings）は誤解を生むということで，園芸学会や日本育種学会で採用している「－－－雑誌」に変更しようという提案があったが，2/3の賛成を得られずに否決され，英語表記のみが変更されたのである．

(2) 研究の展開

1) 作物学会の創立から第2次大戦の終了まで(1927～1945年)

第1の特徴として，イネを中心とした風水害，冷害，旱害等の災害研究があげられる．とくに冷害研究では，わが国初のファイトトロンの建設，花粉形成に関する細胞学的研究，冷害対策としての保温折衷苗代の開発などがあげられる．旱害に対する抵抗性に関しては塩素酸カリ抗毒性との相関が発見され，また，節水栽培法が開発された．第2の特徴としては，台湾・朝鮮から輸入した米の貯蔵性や品質に関する研究がある．第3の特徴として，幼穂・米粒の形態や発育に関する研究，葉と分げつの規則性に関する同伸性理論，根群の分布や根の機能など，発育過程の形態的観察に関する研究が比較的多かった．その他，ムギ類の育種，生理生態，栽培，加工・利用が重要な分野であり，サツマイモ，ジャガイモ，ナタネなどの研究も重要畑作物としてとりあげられている．

2) 食糧増産意欲に支えられた作物研究の興隆(1946～1960年)

第2次大戦中から敗戦後にかけての厳しい食糧不足を解決すべく，多くの優秀な人材が農学分野へ参入し，とりわけ主食であるイネの増産に結びつく研究が展開された．第1の特徴は，これまでにも行われてきた個体，器官，組織レベルの研究に加えて個体群レベルの研究が開始され，第2の特徴として生育，収量の解析に窒素代謝のみならず光合成と炭水化物代謝からのアプローチが図られ，さらに形態的要素も組み合わされたことである．また，「米作日本一」(1949～1968年，朝日新聞社，農林省，全国農業協同組合中央会による)の事業では，1960年に10 aあたり1,052 kgの史上最高収量を得ると共に，付随した調査結果からは稲作に関する多くの有用な知見が得られた．他方，ムギ類，雑穀，マメ類，イモ類の研究も本格化して食糧供給に貢献した．雑草に関しては，1930年代に入り種類，伝播，生理生態，薬剤防除などの研究が始まったが，本格的な除草剤の研究は，1947年に紹介された2, 4-Dの利用が始まって以降のことになる．

3) 新しい時代を迎えて－農業基本法の制定以降(1961年～)

高度経済成長のあおりを受けて若年層を中心に急速に農村人口が減るとともに，食糧，飼料，原料農産物の輸入量が増大して，国内生産を圧迫するようになった結果，1961年に作目の「選択的拡大」を謳った農業基本法が施行されたが，ムギ類，雑穀，マメ類，イモ類などの畑作物や水田裏作物の生産は激減し，恢復しなかった．作物研究の場面では，植物ホルモンや組織培養が登場し，品種生態，形態形成，発育生理などの研究が進められる一方，光合成・物質生産に関して，個体群構造

第2章　作物学

と個体群成長速度の関係解明や C_3, C_4 植物の特性解明などが盛んに行われた．また，大気汚染物質である亜硫酸ガスや光化学オキシダントと作物被害に関する研究がこの時代の特徴でもあった．

2．創立50年から75年までの25年間（1977～2002年）

(1) 組織・運営

　本会の運営体制も，創立50周年前後から逐次軌道修正が行われてきた．事務局は，1972年から東京大学以外の大学や研究機関でも2年ないし4年間隔で担当するようになった．とりわけ，1990年からは支部単位で事務局を受け継ぎながら担当する方式が定着した．編集委員会も，関東地区に固定されていた弊害を除くために，すでに1970年から全国を廻す方策がとられていたが，1998年には新たな英文誌 Plant Production Science が創刊され，こちらにも独自の編集委員会が設置されて，全国の支部を巡りながら運営がなされている．

　2002年4月8日をもって，本会は創立75周年を迎えた．記念事業として，記念講演を主体とする式典と祝賀会を明治大学リバティタワーにて挙行し，また，記念出版物として「作物学事典」（石井龍一編集委員長，朝倉書店）を刊行し，連綿と築きあげてきた本会の成果を広く世に問うことができた．さらに，創立75周年記念事業準備委員会（窪田文武委員長）で審議を続けた結果，過去25年間の投稿論文を中心にしたレビューを行うこととなり，「温故知新，作物学会75周年記念総説集」（巽二郎編集委員長）として，日本作物学会紀事および Plant Production Science に掲載された論文の研究分野毎のレビューが刊行された（2003年12月）．

　この25年間を振り返ると，本会は時代の流れに無意に身を任せず，しかし，時代の要請には少し遅れ勝ちながらも対応をしつつ今日まできた，といえよう．残念ながら，学会隆盛の指標となる会員の数は，創立50周年を頂点として今日まで漸減してきたのが実情である．この間，幾人かの会長はパンフレットを作成するなどして会員増を図る努力をしたが，不首尾に終わった．農産物輸入増大に伴う日本農業の脆弱化が大きな背景としてある訳であるが，研究・教育機関での人員削減や，研究者の守備範囲も多様化が進み，他分野へ転進した者も少なからずあったことによるのであろう．

(2) 用語集と新学会誌の刊行

　作物研究におけるシソーラスとしての「作物学用語集」は，1977年の刊行後10年を経て，「改訂作物学用語集」（山崎耕宇用語委員長，養賢堂）として新用語の採用と加除訂正がなされ，さらにその13年後の2000年には，「新版作物学用語集」（今井勝用語委員長，養賢堂）として面目を新たにした．また，時代の要求もあって，1998年3月に英文誌の「Plant Production Science」が創刊された．この学会誌は編集委員の多数を外国から迎え，徐々に論文総数と外国からの投稿も増しており，世界的な評価が高まってきた．一方，「日本作物学会紀事」はそれまでの和・英両論文掲載をやめて和文論文のみとし，英文は要旨のみに変更した．したがって，日本国内での状況は今までと何ら異ならないが，これまでに連綿と蓄積してきた過去の膨大な研究成果の海外への紹介が途切れてしまうことが懸念される．

（3）表彰事業

表彰事業に関しては，優れた研究業績をあげた会員を表彰するために，1954年から「日本作物学会賞」が授与されているが，1993年から若手研究者（38歳未満）を対象とした「日本作物学会研究奨励賞」が設けられた．さらに，技術畑での優れた業績をも発掘して表彰しようと，「日本作物学会技術賞」が設けられ，創立75周年の2002年に第1回の表彰が行われた．また，2003年の総会では，「日本作物学会論文賞」ならびに「日本作物学会貢献賞」の創設が認められた．これらの事業により本会会員の士気高揚を図ることが叶えば，作物研究の展開にとって好ましいものとなろう．

（4）対外的な事業

外国との関係としては，アジア地域全体を含む作物学会議の立ち上げがある．1984年10月，九州大学で第178回講演会（武田友四郎大会委員長・松本重男運営委員長）が開催された際に，アジア9カ国の参加者300名（うち外国30名）からなる国際シンポジウム「東アジア諸地域における水稲収量の限定要因と向上の可能性」が開催され，講演・討論の後，九州農試・佐賀農試へのエクスカーションを経て嬉野温泉で自由討論の時間が設けられた．それが布石となり，長い時間がかかったものの，1992年9月に韓国ソウル市で「第1回アジア作物学会議」が開催された．直前の7月には，米国のアイオワ州立大を舞台に「第1回国際作物学会議」も開催されている．これらを起点に，前者は3年毎，後者は4年毎に開催され，今日に至っている．第2回アジア作物学会議は，「急増する人口と悪化する地球環境の下での食糧生産確保を目指して」を課題に，1995年8月にコシヒカリ誕生地の福井県で開催された．あいにく，星川清親会長は病床にあったが，津野幸人前会長（アジア作物学会会長）の下で，石井龍一副会長が組織委員会委員長として采配を振るわれたことが記憶に新しい．また，1998年10月には，第206回講演会の際に，堀江武運営委員長の下で国際シンポジウム「世界の食糧安全保障と作物生産技術」が盛大にとり行われた．国際的研究交流の継続には人的・金銭的資源の面から難しい面があるが，作物研究に関して海外の学会（中国作物学会や韓国作物学会）と日本作物学会とで実質交流をしようという機運が盛り上がりつつあり，会長の往き来などで一部実現している．

（5）情報の伝達・交換

学会内外の情報を会員に素早くかつ正確に知らせる役目が情報ネットワーク化委員会に課せられている．これらは主として日本作物学会のホームページを通じて行われるが，年毎に充実してきた感がある．やがて，文献検索機能や支部情報も十分に整備されよう．

（6）研究の展開

本会創立50周年から75周年までの25年間の投稿論文の内容の詳細については，「温故知新，日本作物学会75周年記念総説集」に掲載されているので，重複を避けるが，創立75周年に至る数年間の日本作物学会紀事（JC）および Plant Production Science（PPS）に掲載された論文（原著，総説，研究・技術ノート）の筆頭著者の所属は，大学61％，国の研究機関17％，県の研究機関10％，民間会社・団体4％，外国からの投稿8％で，JCとPPSを比べると，相対的に前者は国と県の研究機関から，後者は大学と外国からの投稿が多く，両誌の研究分野をJCの見出し区分で分類すると，栽培，

品質・加工，品種・遺伝資源，形態，作物生理・細胞工学，収量予測・情報処理・環境が各々21，6，13，37，10，13％であり，栽培と作物生理に関係するものが相対的に多いことがわかった．とりわけJCは栽培，PPSは作物生理が最多であった．最近の流行となっている遺伝子組み換えや分子生物学に関する論文は非常に少なく，これに対峙するかのように，有機栽培・持続的生産に関わる論文が増えているようにみえる．とり上げられた作物は40種ほどで，穀類73％，マメ類10％，イモ類5％，その他の作物9％，作物を扱わないもの3％であった．作物種別ではとりわけイネが多く（全作物の57％），次いでコムギ（9％），ダイズ（7％），トウモロコシ（4％），ソバ（3％），サツマイモ（2％）などで，イネの重要性が再認識される．

3．創立75周年以降（2002年〜）

（1）組織・運営

本会は創立75年に達したところから現在まで一応安定した状態を保っているが，さらなる発展を願って，将来構想ワーキンググループや若手育成方策ワーキンググループを設置して継続的な検討を行っている．日本作物学会紀事とPlant Production Scienceの2誌は順調に刊行され，それらの成果は，（独）科学技術振興機構のJ-STAGE（電子ジャーナル発行支援システム）を通じて直ちに全世界へ向けて発信されている．2006年4月からオンライン投稿審査システムを導入したPlant Production Scienceは世界的な学術文献データベースのWeb of Scienceに掲載され，impact factorも上昇しつつある．また，本会の用語集は採用用語の幅が広く，かつ使いやすいとの定評があるが，用語の意味・内容を知りたいという要望には応えられずにいた．そこで，2002年刊行の「作物学事典」では，巻末に290項目を採録した「作物学用語解説」を設けて将来への足がかりとした．現在，用語委員会（松田智明委員長）の下で本格的な用語解説集の出版が準備されている．

（2）対外的な事業

本会が深く関与するアジア作物学会議は，台湾の台中（1998年），フィリピンのマニラ（2001），オーストラリアのブリスベン（2004年；国際作物科学会議と同時開催），タイのバンコク（2007年）と受け継がれている．とくにブリスベンの第5回会議での17論文を，Plant Production Science第8巻3号（特別号，2005年7月）として刊行した．2008年には韓国の済州島で第5回世界作物科学会議が行われ，本会も日本育種学会と共同でシンポジウムを開催した．また，アジア諸国との交流の一環として，第221，223回講演会（2006，2007年）の際に国際交流セミナーを開催した．さらに，2008年11月には中国作物学会と学術交流協定を結んだ．

国内的には，2002年8月に網走市での第214回講演会（桃木芳枝運営委員長）の直後に，帯広市で日本育種学会との合同シンポジウム「生命科学と環境保全をつなぐ21世紀の作物創出と生産技術を考える」が開催され，初めて学会間での交流の機会を得た．これは，当時の本会の秋田重誠会長と日本育種学会の武田和義会長の話し合いで実現したものである．2009年3月には，第227回講演会，シンポジウムおよび懇親会を日本育種学会と合同で開催した．対外的な事業については，会長間での積極的な働きかけや合意もさることながら，海外交流推進委員会やシンポジウム委員会の果たす役

割が次第に大きくなっている．また，日本学術会議に会員を送り，農学分野の一翼を担った．

（3）社会的活動

対外的な場面でもあるが，2004年10月に琉球大学で開催された第218回講演会の際に，前韓国作物学会長の李浩鎮氏を含む公開シンポジウム「東アジアにおけるバイオマス生産による地球環境保全」を行い，好評を得た．また，2003年度から財団法人農学会主催の農学技術者教育推進委員会に参加して，日本技術者教育認定機構（JABEE）での「農学一般関連分野」の技術者教育プログラム作成に関与すると共に，審査員の養成も行っている．

（4）研究の展開

2003～2007年に掲載された日本作物学会紀事（JC）および Plant Production Science（PPS）の論文の内容は，75周年頃のものと概略同様で，筆頭著者は，大学64％，国の研究機関23％，県の研究機関16％，民間会社・団体2％，外国からの投稿10％で，JCとPPSを比べると，相対的に前者は大学がやや多いものの国と県の研究機関もかなりあり，後者は圧倒的に大学が多く，次いで外国からの投稿が多い．両誌の研究分野を見出し区分で分類すると，栽培，品質・加工，品種・遺伝資源，形態，作物生理・細胞工学，収量予測・情報処理・環境が各々31，8，9，44，7，2％であり，栽培と作物生理に関係するものが圧倒的に多い．とりわけJCは栽培，PPSは作物生理が最多であったが，論文にとりあげられる個別の内容は多岐にわたり，研究の主流がどこにあるのか断定は困難である．温暖化に関連した学会発表が増加しているようであるが，まだ論文数にまで反映されていない．ただ，現象の記載中心のものからメカニズムの解析に進んだものが増加している傾向は確かである．とり上げられた作物はJCが29種類，PPSが51種類と大きく異なっていた．また，穀類64％，マメ類16％，その他の作物11％，作物を扱わないもの8％で，イモ類はわずかに1％であった．作物種別では，本会の創設以来イネが圧倒的に多く（全作物の43％，穀類の67％），次いでダイズ（11％），コムギ（10％），トウモロコシ（4％），ソバ（2％）の順であった．

4．おわりに

最近の日本の食糧自給率は低迷し，カロリーベースで40％となってしまった．大量の農産物を外国から輸入し，100万ヘクタールも減反している現状では，作物研究も希望に満ちてという訳には行かない．しかし，急速に変貌を遂げている地球環境の下で，いつ輸出国の不作が続くかも知れず，現在は極めて不安定な生産環境にある．また，急激な世界人口の伸びと比べて食糧供給力の伸びは緩慢で，やがて世界各地で食糧不足が大きな問題となろう．そのような場面に対応する研究はもとより，国内でも耕地を健全な状態に維持し，作物を合理的に生産・管理する基礎・応用研究を着実に進めることが将来への備えになろう．

5. 文　献

1. 日本作物学会編 1977. 日本作物学会50年の歩み. 養賢堂, 東京.
2. 日本作物学会編 2003. 温故知新－日本作物学会創立75周年記念総説集. 日本作物学会, 東京.

（今井　勝）

第3章　育種学

1. はじめに

　第1次日本育種学会は，1915年に発足した．発足当初のわが国の育種学は，農業生産にかかわる生物種の遺伝研究が中心であったが，やがて農業とは関係のない生物種の遺伝研究も報告されるようになり，1920年，日本育種学会は日本遺伝学会と名称を変えて，発展的に解消されることになった．育種に関する研究・技術は，日本遺伝学会のなかで著しい進展をみせたが，第2次世界大戦中・後の食料事情の悪化は，農業生産を基盤とする育種学の重要性を認識させることになり，1951年，日本育種学会は農学系の研究者によって再建されることになった．農業生産性の向上と安定化に対する育種学の重要性については，多くの農学系の研究者が認めるところであり，再建当初から会員数は1,000名を超えるほどであった．再建後，日本育種学会は順調な歩みを続けており，現在では，作物生産の中核研究を担う学協会として，約2,400名の会員を抱えるに至っている．

2. 育種学の創成から成長の時代（1900～1940年代）

　メンデルの遺伝法則の再発見（1900年）を契機として，種々の作物に関する育種学的研究が行われるようになり，育種学は農学の根幹をなすひとつの研究領域として確固たる基盤を築くことになった．当時の研究は対立形質の優劣性や分離比に関するものが中心であったが，分析が難しい量的形質（イネの稈長など）に関してもすでに正確な遺伝子分析が行われていた．また，1粒系，2粒系および普通系のコムギがそれぞれAA, AABB, AABBDDのゲノムをもつことなど，世界に誇るゲノム分析が行われた．一方，国の育種事業の組織化と整備が進み，分離育種法とその後導入された交雑育種法によって多くの優れた近代品種が育成され，それまでの在来種に代わって栽培されるようになった．

　育種事業が順調な歩みを続けるなか，1930年代に入ると，品種の地域適応性と密接に関係する出穂・開花期の生理・遺伝研究が進められるようになった．イネやオオムギを中心に，基本栄養成長性，日長反応性および低温要求性に関する品種間差異，およびこれら特性と栽培適地との関係に関する研究が進み，いくつかの関与遺伝子が明らかにされた．また，主要作物の形態変異，交雑不親和性，雑種不稔性などについての詳細な研究が進められ，イネの耐冷性強化に関する研究も始まった．さらに，コルヒチンを利用した倍数性育種に関する研究が行われた．

3. 育種学の発展と画期的育種の時代（1950～1970年代）

　戦後間もなく再建された日本育種学会では多収性に関する研究が主要課題となった．多数の遺伝子によって支配され，かつ環境の影響を受けやすい収量などの量的形質の解析には統計遺伝学的手法が用いられるようになり，また，多収性を意図した雑種強勢育種に関する研究が本格化し，トウモロコシやテンサイ，牧草類，野菜類で一代雑種品種が育成された．この時代の後半になると，半矮性育種が行われ，熱帯アジアのイネ，コムギの生産量が一挙に倍増した（「緑の革命」）．わが国においては，1930年代から半矮性育種が行われており，諸外国ほどの画期的な収量増はみられなかったが，イネ，コムギの半矮性に関する遺伝研究は急速に進展した．さらに，人為突然変異の効率的誘発に関する多くの基礎的研究が行われるとともに，突然変異育種法が定着してイネの'レイメイ'，ダイズの'ライデン'など多くの品種が育成された．人為突然変異体は，植物の生理・遺伝現象の解明に恰好の材料であり，現在，育種学のほか植物科学の多くの分野で用いられている．この人為突然変異体を誘発するための技術はいずれもこの時代に基礎が築かれたものである．

4. 育種学の興隆から新たな発展の時代
　―生物工学的手法の導入（1980～1990年代）

　1970年代の生物工学的新技術の開発と分子生物学の発展は，育種と育種学に新たな可能性を提示し，これによって育種と育種学は興隆期と新たな発展の時代を迎えることになった．1979年に252題であった学会講演題数（講演会は年2回）は，1992年には698題にまでになり，また，会員数も2,000名を越し，日本育種学会は質的にも量的にも大躍進した．

（1）培養技術の利用と発展

　1970年代に始まった組織培養に関する育種学的研究は，1980年代の後半になると学会講演題数の40％近くを占めるほどになった．これは，多くの研究者が，培養過程で生じる体細胞突然変異の利用，プロトプラストを用いた細胞融合による体細胞雑種の作出，プロトプラストを用いた細胞選抜，遺伝子導入による形質転換体植物の獲得などに，新育種技術としての無限の可能性を感じたことによるものであろう．多くの研究の結果，種々の作物における効率的な培養技術が確立され，これらは現在の育種研究に大いに役立っているが，細胞融合に関しては，異種あるいは異属間雑種がいくつか作出されたものの，それらの育種上の価値がそれほど高くないこと，あるいは細胞選抜の結果獲得された有用形質が植物体において必ずしも発現しないことなどが問題点として指摘された．

（2）分子生物学的技術の利用と発展

　分子生物学的新技術は育種研究者の間にまたたく間に浸透していった．初期の研究はオルガネラ（葉緑体やミトコンドリア）ゲノムの構造変異の解析，特定領域のクローニング，制限酵素地図の作成などであったが，1990年代に入るとcDNAクローンの単離，DNAライブラリーの作成，YACクローンやBACクローンの作成が行われ，染色体歩行による核遺伝子の単離が行われるようになっ

た．さらに，cDNAなどのデータベース化が進行し，遺伝子の単離が効率よく行われるようになり，遺伝子の発現解析も行われるようになった．また，RAPDマーカーを皮切りにして，RFLPマーカーやSSRマーカーなどの分子マーカーの開発が進み，多くの作物種において遺伝地図が作成され，有用遺伝子に関する分子マーカーが作出された．分子マーカーと遺伝地図の整備は，重要形質を支配する核遺伝子の単離とクローニングを容易にし，さらに分子マーカーを指標とする間接選抜（MAS：marker-assisted selection）の利用を促すことになった．また，遺伝子の発現解析，タンパク質の解析なども進み，遺伝子組換え技術も実施されるようになった．

（3）QTL解析の利用と発展

効率的育種を実践するためには，何よりも有用形質の遺伝性を知ることが肝要である．このため，多くの作物種において収量性，品質，適応性，各種ストレス耐性に関する遺伝解析が継続的に進められた．この時代の中盤までは，旧来の分離分析と連鎖分析に頼る遺伝解析が多かったが，後半になると，分子マーカーを利用した遺伝解析が始まるようになった．ただし，当初は，分子マーカーの作出がもっとも進んでいたイネにおいても連鎖分析に利用可能な分子マーカーはRFLPに限られており，また，このRFLPの検出には多額の経費が必要であったことから，その利用は座乗位置がある程度絞り込まれた遺伝子に限られていた．分子マーカーの整備はQTL解析という遺伝解析の特効薬的解析法を生み出した．イネの出穂開花期に関して先駆的に行われたQTL解析は，旧来の遺伝子分析では検出不可能な多くの関与遺伝子（QTL）を検出することに成功した．本会会員によるこの成果は，他の会員に想像以上のインパクトを与え，やがて本会はQTL解析の全盛期に突入した．

（4）アブラナ科植物の自家不和合性研究の発展

この時代における育種学の画期的成果のひとつとして，本会会員によるアブラナ科植物の自家不和合性機構の解明をあげなければならない．自家不和合性は，一代雑種品種の採種上都合のよい特性である（現在では自家不和合性に代わり雄性不稔性が利用されることが多い）．アブラナ科植物の自家不和合性は胞子体的に機能するS複対立遺伝子系によって制御されており，雌しべ側のS因子が柱頭特異的遺伝子*SRK*であり，もうひとつの柱頭特異的遺伝子*SLG*が柱頭での認識反応を安定させること，一方，花粉側S因子については，*SLG*，*SRK*の近傍に位置する葯特異的遺伝子の*SP11*であることなどが明らかにされている．

5．育種学新時代—ゲノム情報を利用する新しい育種学の発展の時代（2000年以降）

21世紀に入ると，種々の生物種においてゲノム解読がさらに進み，育種学はさらなる深化をみせている．ゲノム情報の集積は，それまで困難をきわめていた遺伝子の単離や機能解析を容易にし，育種の場に新たな可能性を提供している．

（1）分子マーカー選抜の利用とQTL解析の定着

　収量や品質など農業上重要な形質の多くは，複数の遺伝子によって支配されており，しかも栽培環境の影響を強く受けることから，これら形質に関する優良個体の選抜は多くの経験を持った育種家にとっても容易なことではない．近年，有用形質（遺伝子）と密接に連鎖する分子マーカーを選抜指標とするMASの有用性がクローズアップされてきている．このため，種々の有用遺伝子に関する分子マーカーの作出は，育種学におけるきわめて重要な課題として認識され，これに関する研究が飛躍的に増加している．分子マーカーとは，ゲノム中の特定の領域を占めることがわかっており，品種間に多型（変異）が存在する塩基配列のことをいう．分子マーカーには，既述のRFLPマーカーおよびSSRマーカーのほか，CAPSマーカー，SNPマーカーなどがあるが，育種の場では，取り扱いが簡単でコストが低いSSRマーカーやSNPマーカーが便利である．分子マーカーは，量的形質のほか病害抵抗性，虫害抵抗性，耐冷性，耐塩性のような各種ストレスに対する抵抗性・耐性や種子貯蔵成分の改変など，選抜の際に経費，労力，年次等のコストがかさむ育種において有効である．わが国においても，イネ縞葉枯病抵抗性やイネ穂いもち抵抗性に関する成果が得られているが，その数はまだ多くない．その理由として，わが国の育種では，DNA多型の少ない近縁品種間の交雑が繁用されていることがあげられる．究極の分子マーカーは遺伝子そのものである．したがって，効率的MASの実践には，何よりも遺伝子の単離が重要である．

　分子マーカーは，量的形質遺伝子座の検出と同定にも有効である．収量などの多くの遺伝子が関与している形質に関しては，通常の遺伝子分析は困難をきわめる．分子マーカーを用いてQTL解析を行うと，関与遺伝子の存在とその染色体（連鎖群）上の位置を比較的容易に知ることができる．また，関与遺伝子の分子マーカーの作出にも有効である．

（2）遺伝子（DNA）組換え技術の発展

　除草剤抵抗性遺伝子を導入した遺伝子組換えダイズが米国で栽培されるようになったのは，1996年のことである．それまで，ダイズの単位面積当たり収量は，イネやコムギに比べて顕著に伸び悩んでいたが，非選択性除草剤に対する抵抗性を付与することによって，雑草害が大幅に軽減され，画期的な収量増が実現した．遺伝子組換え技術の利点は，遺伝的に固定した植物体を早期に獲得することができるため，育種年限が大幅に短縮されること，また，遠縁品種，異種，異属，さらに微生物などの有用遺伝子の利用が可能であるため，画期的な育種が実現することなどである．わが国においても日本育種学会に所属する研究者が中心になって，遺伝子組換えに資する各種植物の有用遺伝子の単離，プロモーターの開発，遺伝子導入法の開発などに関して研究が進められている．中でも，最近発見されたイネの閉花受粉突然変異（花粉を飛散しない）は，遺伝子組換えイネの作出上できわめて有用な特性として注目を浴びている．わが国では，これらの基礎研究に加え，優れた遺伝子組換え作物の開発が進んでいる．アブラナ科野菜由来のディフェンシン遺伝子およびその改変遺伝子を導入した複合病害抵抗性イネ，スギ花粉の抗原決定基（エピトープ）のひとつを導入したスギ花粉症緩和米を生産するイネ，ダイズタンパク質のグリシニンを蓄積するイネなどである．しかし，わが国においては，遺伝子組換え作物に対する国民の理解がまだ不十分であり，圃場での試験栽培すら容易ではない．また，隔離温室や隔離圃場等の設備も満足できるものではなく，研究上のハン

ディキャップは大きい．しかし，食料供給において不測の事態が生じないように，育種学にかかわる研究者は遺伝子組換えに関する研究を継続・発展させている．

(3) ゲノム解析の発展

2002年12月に国際コンソーシアムによって進められていた「イネ重要部分高精度塩基配列解読」の終了宣言が小泉首相（当時）より出され，2004年には品種‘日本晴’の全塩基配列の解読が完了した．これによって，遺伝子の単離とその機能解析を中心にしたイネのゲノム解析が新たな発展の段階に入った．イネの遺伝子単離には，多くの時間と労力，さらに運が必要であったが，現在では，分子マーカーによって目的遺伝子の領域をある程度まで絞り込めば，‘日本晴’の塩基配列情報の利用によって，単離が比較的容易に行えるようになっている．また，イネに先んじてゲノムが解読され，生理・遺伝現象の解明が著しく進んでいるシロイヌナズナの各種情報は，多くの作物の生理・遺伝現象の解明に積極的に利用されるようになっている．ダイズの生理・遺伝現象の解明は，イネに比べて大幅に遅れているが，2006年より米国，2007年よりわが国においてゲノム解析のための大規模研究が開始されたこともあり，近い将来に急速に進展することが予想される．また，イネにおいては，転移因子のひとつであるレトロトランスポゾン*Tos17*の利用による遺伝子の効率的単離法がわが国の研究者によって開発され，現在，これを利用した遺伝子の単離・機能解析が着実に進行している．

1990年代に入り，種々の生物種のゲノム解読が進行すると，すべての生物種のゲノム中にコード領域をもたない小さなトランスポゾン様配列が莫大な数散在することが明らかにされた（Bureau and Wessler, 1992）．この小さなトランスポゾン様配列はMITEとよばれ，すでに転移をとめた化石遺伝子であると考えられていた．しかし，2003年本会会員の2つの研究グループと米国の1グループが*mPing*と呼称されるMITEが今なおイネのゲノム中を頻繁に転移することを明らかにした．MITEの可動が証明されたのは，動植物を通じて初めてのことである．その後の研究により，MITEは遺伝子内部およびその近接領域に挿入されやすいことが明らかにされ，進化を進める重要因子であると認識されるようになった．

ゲノム情報の集積は，バイオインフォマティクス（生命情報学）と呼ばれる新しい研究領域を生み出した．育種学においても，この分野の研究が21世紀になってひとつの潮流を作るようになり，研究者の数も増加しつつある．圃場や実験室内実験では獲得できない，あるいは集約しきれない作物の生命現象の発見・整理などに繋がることが期待されている．

(4) 重要形質の遺伝解析の発展

育種学におけるもっとも重要な課題は，育種に有用な遺伝情報を提供することである．QTL解析やゲノム情報の利用による重要形質の遺伝解析はさらに進展し，多数の新知見が得られている．多収性は，いつの時代にあっても，もっとも重要な育種目標であり，種々の角度からの遺伝研究が行われてきている．分子生物学的手法の発展は，表現型と遺伝子との関係究明を容易にし，将来の多収性育種につながる可能性のある遺伝子を見出している．海外では，イネの*MOC1*遺伝子が茎数を大幅に増やすことが示され（Li *et al.*, 2003），また，わが国においては，サイトカイニン・オキシダー

ゼ／デヒドロゲナーゼをコードする *OsCKX2* 遺伝子がサイトカイニン（細胞分裂を促進する植物ホルモン）を分解することによってイネの種子数を減少させるが，その劣性アレルはサイトカイニンを蓄積させて細胞分裂を促し，種子数を約2倍にすることが明らかにされている（Ashikari *et al.*, 2006）．これらの遺伝子の育種上の利用については，なお検証する必要があるが，多収性育種の道を開く可能性のある遺伝子として注目されている．C_4植物はC_3植物に比べて光合成速度が速いことから，C_3植物であるイネにC_4回路を導入して多収化を図ろうとする研究も行われている．C_4植物の光合成は維管束鞘細胞で行われる．このため，葉肉細胞で光合成を行うイネのC_3回路をC_4回路に置き換えることはきわめて難しい．このため，C_4回路にかかわる鍵遺伝子をひとつずつイネに導入し，それらの効果が調べられている．

わが国では国内産コムギの製パン性および製麺性の向上のための遺伝研究（グルテニンサブユニット，穂発芽性）が行われており，近年，優れた品種が開発されるに至っている．また，ダイズに関しては，安定生産を阻害する要因（湿害，病気，害虫など）に対する抵抗性の研究が進められており，多くの成果が得られつつある．

6．育種学将来の発展

近代文明の発展とともに，世界人口は急速な勢いで増えつづけ，現在，67億人を超すまでになっている．さらに，地球環境の劣化（温暖化と農地の劣化）の進行は，世界における作物生産のポテンシャルを大幅に減少させつつあり，近い将来，食料の絶対量が不足することが危惧される．したがって，世界が今なすべきことは，地球環境の劣化を止めること，および劣化が進んだ環境下においても安定・高収量を示す作物品種を開発することであろう．

一方，わが国の食料自給率（2007年度）はカロリーベースで39％と先進国の中でもとりわけ低く，また，食料自給率に大きな影響を与える穀物の自給率は28％とさらに低い．このような状況のなか，エネルギーをバイオマスに依存しようとする世界的風潮は，輸出用作物の栽培に代わってエネルギー生産用作物の栽培を増大させつつある．さらに，中国の著しい経済発展は，中国を作物輸入国に転じさせ，世界における作物市場に大きな変化を与えつつある．地球における作物の生産量には限界があり（超多収品種の育成と栽培地域の拡大が実現しない場合），穀物の大半を海外に依存するわが国は深刻な影響を受けると危惧されている．したがって，わが国が今行うべきことは，可能な限り自給できる体制を整えることであるが，仮に今，政策的に作物栽培を奨励して自給率の向上を図っても，現在の品種を使う限り，その実現はきわめて難しい．耕地面積が限られるわが国においては，何よりも，高い生産力あるいは優れた品質特性をもった品種の育成が急務である．育種と育種学にかかわる研究者は，世界そしてわが国の食料確保のための研究をさらに発展さなければならないと考えている．

（谷坂隆俊）

第4章 草地学

1. 日本草地学会発足以前の草地研究

　封建時代の"牧"は軍用馬の育成を主としたものであり，したがってわが国の近代的草地畜産は明治初期に時の政府が西欧式農法の摂取をはかって以来のことで，すでに130年の歴史をもっている．とくに開拓に力を注いだ北海道などでは畜産の重要性から多くの飼料作物の試作が行われ，栽培を普及させようとしたが，第2次世界大戦前までは一部種馬所，種畜場，軍馬補充部，御料牧場での栽培に留まり，広く普及するには至らなかった．

　戦時色が次第に強まり始めた1935年頃から戦後の数年間は極度の食料難で，食料増産がすべてに優先したため畜産は衰微し，本格的な草地研究は中断された．しかし一部で，米などの主要作物の生産に影響しないで，どのようにして良質粗飼料を確保するかの観点からの研究が行なわれた．サツマイモの収量と飼料となる茎葉の両方の収量をあげるための栽培法とか，実取りのトウモロコシやコムギの畦間に青刈ダイズや青刈ソラマメを間作する方法などで，食料，飼料の兼用利用とか兼用栽培の研究がそれであった．こうした中でも徐々に飼料作物自体も研究対象となり，収穫適期は出穂，開花期に当ること，窒素追肥がイネ科牧草の飼料価値を高めるのに有効とする報告も注目された．この頃は当然のことながら収量確保が精一杯で，貯蔵まで研究を進める状況ではなかった．

　一方，牧野については軍馬の生産基地であった関係上，軍の支援もあってかなり研究が進展した．とくに，有用野草の飼料適性の科学的検討や，飼料価値の高いマメ科種の導入も試みられた．また，放牧時期や強度の試験や，放牧家畜の採食行動の調査が行われた．さらに牧野を積極的に改良しようとする技術的研究も試みられた．障害植物の除去，冬季灌漑，施肥などに関する試験がそれであり，人工草地造成への橋渡しの一助となったことは興味深い．混牧林についてもこの時期すでに調査結果が報告されている．

2. 草地学会の創設と草地学の発展

(1) 草地学会創設の背景

　米軍物資の放出による畜産食品に対する嗜好の高まりと戦後経済の回復が畜産物の需要を高め，戦争中壊滅状態にあった畜産は戦後大きく発展した．飼養頭数の増加に加え，経営的には多頭飼育が有利であることから粗飼料の需要が増した．1950年には，馬中心の旧牧野法が牛を中心とする法律に改正され，牧草地の造成事業が開始された．日本の農林統計に青刈飼料作物の数字が表れたのは1938（昭和13）年で約7万haであったのが，1960年には約32万haとなり，その後も全国的に草地造成が進められ，面積が最大となった1987年（約105万ha）にかけて年平均2.7万haずつ増加した．

　このような急激な変化に対応して，農林省は試験研究機関に飼料作物や草地を専門とする組織を設けた．1947年の畜産試験場における栽培研究室（飼料作物部の前身）や1950年地域農業試験場設立に際しての飼料作物あるいは牧野研究室の誕生，さらに1953年関東東山農業試験場における草地

部の新設などがそれである．この頃，かなりの大学で飼料作物や草地に関する講義や研究が開始された．

以上のような情勢の下で，1954年11月8日に日本草地研究会が結成された．会員は100名足らずであったが，斎藤道雄博士（名古屋大学教授）を会長に選出し，年1回の総会（第1回は発会日）と研究発表会（第1回は1957年4月），ならびに年2～3回の会誌発行（日本草地研究会誌；第1巻は1955年12月）が始まった．さらに1961年には，研究会は日本草地学会へ，会誌は日本草地学会誌へと名称変更された．

（2）草地学の発展

草地研究会の設立とその後の学会への進化により，草地に関する研究は学問（草地学）として発展・成熟していった．会員数は，発会1年後には400名弱に，1967年には1,000名に達し（1988年以降漸減），研究発表会の開催頻度は1965年から年2回となった（1975年まで）．会誌に掲載された論文（研究報文と短報；総説，実用記事，資料を除く）の数は，当初10年間（1955～1964年）の年15編前後から，1980年代前半の年60編へと急激に増加した後に，ほぼ安定期を迎え，50年間で2,181編に達した（図1）．会員当りの論文数は，1950年代後半の0.02編/人/年から2000年代前半の0.08編/人/年まで，論文数がほぼ安定した1980年代前半（0.06編/人/年）以降も継続的に増加し，会員による"論文公表までの完結的研究活動"が持続的に活性化してきたことを示している．

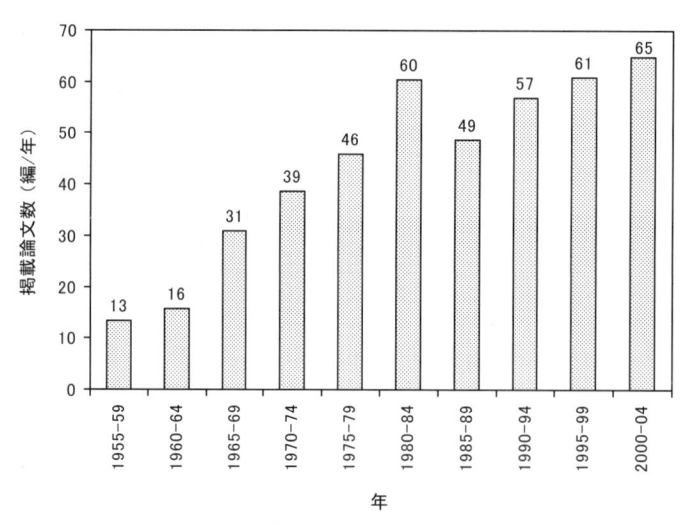

図1　会誌掲載論文数の推移

専門分野別には，当初10年間には約半数を占めた"草地・芝地造成，管理，栽培"の分野が1970年以降には概ね20％以下へと大きく減少し，当初5年間には4％であった"飼料調製，加工，貯蔵，利用，飼料成分・価値，動物栄養"の分野が1970年以降には21～32％へと大きく増加した（図2）．また，"草本類の育種・遺伝"ならびに"緑地環境，景観，草地生態，システム分析"の分野も増加傾向を示した．このような専門分野割合の変遷は，①大規模な草地開発が全国的に減少したこと，②粗飼料生産について，その量的側面だけでなく質的側面にもより多くの関心が払われるようになったこと，③冬季の粗飼料生産が制限されることが多いわが国での貯蔵利用（サイレージ，乾草）の重

要性に対する認識が増大したこと，④未利用バイオマス（食品製造副産物など）の飼料化技術に対する社会的要求が高まったこと，⑤飼料作物の遺伝・育種における手法（遺伝資源の探索・評価，バイオテクノロジー）が大きく発達したこと，⑥草地の多面的機能［従来の粗飼料生産に加え，環境（土壌，水，大気），生物相ならびに景観の保全など］が注目されるようになったことなどを反映している．結果的に，会誌掲載論文は1970年以降には一部の専門分野に大きく偏ることはなくなり（専門分野の均等度が増加；図3），草地学は多様な領域（遺伝子から生態系まで，農学から環境科学まで）を包含する総合科学として発展・成熟してきた．1955～2004年の50年間における各専門分野の主要な研究の内容を表すキーワードは以下のようになろう．

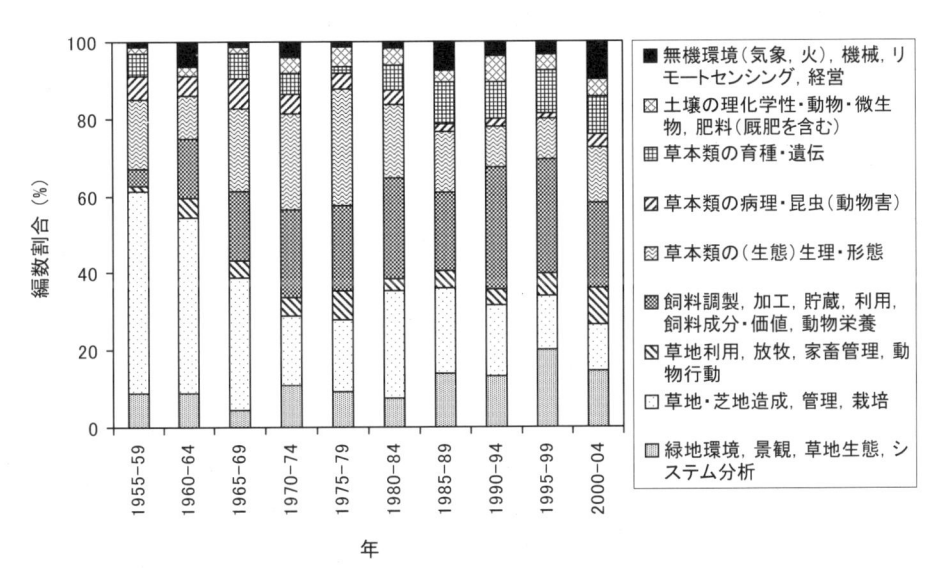

図2　会誌掲載論文数の専門分野別割合の推移

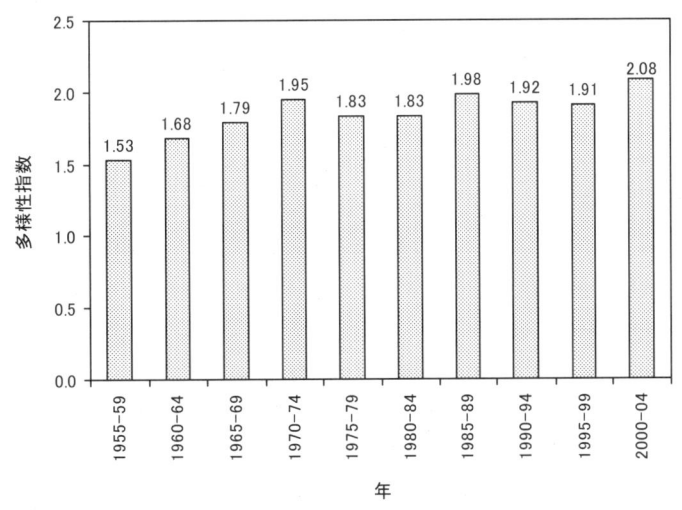

図3　会誌掲載論文専門分野の多様性の推移

第4章　草地学

1）緑地環境，景観，草地生態，システム分析
立地，草地植生，遷移，埋土種子，種間・種内競争，密度維持，生活史，エネルギー効率，リター（落葉）分解，種子散布，空間構造，一次（物質）生産，砂漠化，外来雑草，種多様性，地球温暖化，モデリング，シミュレーション，景観評価．

2）草地・芝地造成，管理，栽培
自然草地（野草地）改良，牧草導入，前植生処理（除草剤），土壌改良資材，土壌浸食，不耕起造成・栽培，蹄耕法，コート種子，種子ペレット，栽植時期・密度，施肥，刈取時期・高さ，灌漑，混播，追播，水田（耐湿性），輪作体系，適草種・品種選定，乾物生産，夏枯れ（越夏性），倒伏，収量曲線，季節生産性，採種，野草，飼料木，暖地型マメ科草，雑草防除，自然下種．

3）草地利用，放牧，家畜管理，動物行動
放牧（採食，休息）行動，嗜好性，牧養力，採食量，栄養摂取，増体，乳量，放牧強度，社会的行動，学習，群の空間構造，排糞過繁地，傾斜草地，放牧開始時期，集約放牧，遊休農林地，放牧適性．

4）飼料調製，加工，貯蔵，利用，飼料成分・価値，動物栄養
材料草の品質，水分，細切，サイレージ添加剤，踏圧，空気混入，発酵品質，乾燥法，硝酸，青酸，TDN，嗜好性，エストロゲン，乳酸菌，微生物相，消化管動態，緑葉タンパク質，粕類，アルカン，アンモニア処理，ホールクロップサイレージ，牧草付着乳酸菌培養液，調製ロス，TMR，飼料イネ．

5）草本類の（生態）生理・形態
発芽，硬実，再生，開花，貯蔵養分（炭水化物），生育特性，出穂特性，再生，分げつ，出葉，耐凍性，越冬性，耐塩性，根系，根腐れ，温度反応，日長反応，水分反応，遮光，生存維持機構，光合成，呼吸，吸光係数（生産構造），生長解析，クロロフィル指数，種子生存，CO_2濃度．

6）草本類の病理・昆虫（動物害）
煤紋病，雪腐病，すじ枯病，斑点病，冠さび病，条斑病，汚斑病，炭そ病，麦角病，黒さび病，がまの穂病，イネヨトウ，ダニ，コフサキバガ，ハマキガ，ウリハムシモドキ，ハキリバチ，アワヨトウ，アルファルファタコゾウムシ，鳥害，薬剤散布，エンドファイト，食糞性コガネムシ．

7）草本類の育種・遺伝
飼料根菜，品種・系統比較（群別），生育型，多収性，耐雪性，永続性，茎割病，黒さび病，紋枯病，早期検定，簡易検定，倍数性，高マグネシウム品種，培養，分子マーカー，ダイアレル分析，遺伝子導入，DNA，バイオテクノロジー．

8）土壌の理化学性・動物・微生物，肥料（厩肥を含む）
根粒菌，窒素固定，土壌節足動物，ミミズ，アーバスキュラー菌根菌，厩肥，揮発，脱窒，浄化．

9）無機環境（気象，火），機械，リモートセンシング，経営
播種器，飼料構造，土地利用，火入れ，リモートセンシング，牧柵，ハーベスタ，細断型ロールベーラ，ベールラッパ，ベールハンドラ，踏圧．

3. 草地研究の現状と展望

　以上のように，草地学はその時々の社会経済的条件と深く係って発展してきた．とくに1991年の牛肉輸入自由化は環境問題，飼料の安全性，新たな問題を多く引き起こし，草地研究にも大きな影響を及ぼした．畜産農家は多頭化経営を指向し，輸入乾草に依存する割合が高まったことから，輸入粗飼料の安全性が注目されている．輸入稲わら中への害虫混入や，口蹄疫発生地域からの稲わらの輸入禁止，代替粗飼料としてアメリカから輸入が増加しているストロー類のエンドファイト中毒，遺伝子組換えトウモロコシの飼料混入問題などがそれである．家畜排泄物は，畜産経営規模拡大に伴って有効利用されないばかりか，環境汚染の元凶となっている．一方で，輸入牛肉と肉質の点で競合する東北地方の短角牛や九州の赤牛など地域に根ざした畜種の飼養頭数が激減し，これに伴って公共牧場の利用率が下がり荒廃草地の増加に結びついた．従来，公共牧場は草地のもつ土壌保全機能，水保全機能，大気保全機能，アメニティ機能等，環境保全機能も果たしてきた．自然草地には多くの希少生物種が生息している．生物多様性を保全することが健全な生態系を持続させ，持続的な生産を保障する．

　草地研究は稲作との関連も深い．水田転作政策では飼料作物栽培が奨励され，飼料イネの栽培，稲ホールクロップサイレージの研究が推進されている．かつて水田や桑畑であった中山間地の耕作放棄地は，畜産的利用により家畜の福祉を目指した放牧が進められている．

　草地農業の持続的発展を目指すには，国内あるいは地域内物質循環を促進し，飼料の自給率を上げる必要がある．そのために，低利用バイオマスの飼料化など豊富にある潜在的な資源を有効利用し，わが国の風土に根ざした持続的な家畜生産システムの再構築が求められている．草地学は広汎な専門を含む総合的科学であり，また植物と動物とを結びつける学際的性格も強い．それだけに他の研究分野との協力関係が欠かせない．

（雑賀　優・平田昌彦）

第5章　熱帯農学

1. 熱帯農業研究会の創立

　熱帯地域における農業の調査研究は，戦前わが国の研究者や技術者によって相当活発に行われており，熱帯農業に関する学問が発生し，その地域の農業発展に大きく貢献してきた．東京大学，北海道大学，京都大学の各大学の農学部において，1918〜1919（大正7，8）年および1926（昭和元）年から熱帯作物学，熱帯農業学の講義が行われている．また，その他の研究機関でも現地の大学や各種研究所においても，調査研究が進められ学会も結成されていた．しかし，終戦と同時にこの方々の分野の研究や講座はすべて停止され，これまでに得られた多くの貴重な資料も散逸し，学問としての体制がなくなってしまった．

　しかし，中南米への移住が再開されたり，東南アジアの開発に対して技術援助の要請も徐々に増加することとなり，熱帯農業に関する正確な知識や資料が強く要望されるにもかかわらず，整備を欠きこの分野の教育機関の不備により，戦前に海外に活躍した研究者や技術者が少なくなっている

現状になってしまった.

これらの問題を解決するために，熱帯および亜熱帯農業の研究者や教育者ならびにこの分野に関心のある個人，団体を会員として組織したのが熱帯農業研究会である．

1957（昭和32）年1月26日に，熱帯農業研究会は創立された．熱帯および亜熱帯農業の基礎的な調査研究をなし，これに関係のある学術発展を図るとともに，その成果を国内および国際間に公開し，これが応用により熱帯および亜熱帯農業の進展に資することを目的としている．研究会の事務局は当分の間は東京大学農学部内に置き，熱帯および亜熱帯農業に関する調査研究，資料の収集整備，講演会その他の会合の開催，研究成果の刊行，熱帯および亜熱帯農業に関する内外の研究者，技術者，従事者相互の連絡，内外の学会，研究機関その他諸団体との連絡ならびに協力，その他目的を達成するための必要な事業を行っている．

1957（昭和32）年6月に熱帯農業研究会は「熱帯農業」英名「Japanese Journal of Tropical Agriculture」1巻1号を発行した．研究会の英名は「Tropical Agriculture Research Assocication Japan」である．本会の役員は会長が佐々木 喬，副会長が清水政治，渋谷常紀，戸苅義次，山本喜誉司，顧問は岩田喜雄，榎本中衛，岡本幸生，佐藤寛次，三原新三である．

西川五郎，内田重雄の両幹事は，創刊号を持って関係官庁（外務省，農林省など）に挨拶回りを行い，1958年度委託調査費の申請を外務省に提出している．

創刊号には，論説として「熱帯農業の相貌」，調査研究および解説として，セイロン島の農業，南ブラジルの作物栽培，油ヤシ，タイ国の籾乾燥と貯蔵，現地事情として，ドミニカの農業事情，東南アジア諸国の農業現況，資料として，ブラジルの有用植物，熱帯農業関係の海外文献，国内に現存する熱帯農業文献などがあり，海外の農業事情報告がその後10年近く続き，海外渡航が少ない時代に「熱帯農業」は会員に熱帯地域の農業現状を知らせる発信雑誌の役目もあった．

2．熱帯農業研究会より日本熱帯農業学会へ

1965（昭和40）年1月12日の熱帯農業研究会の定例幹事会（赤門学士会館）にて，本会の活動が認められ，日本学術会議において学会と認定され，オリジナルの論文発表者は日本学術会議会員選挙の資格が得られることになった．3月31日までに日本学術会議事務局に手続きを終了し，4月1日の総会にて会則を一部改正して，熱帯農業学会と名称が変更された．1965年6月に第8巻4号より，熱帯農業学会は「熱帯農業」を発刊している．

1957年の創立より9年目で研究会より学会に認定されるまでには，その他の学会活動と同様な会誌の発刊，研究発表会（講演会），研究集会と種々の学術活動を行ってきた．当時の学会役員や評議員，幹事，委員会の方々の大変な努力である．会員も少なく，運営上の多くの問題を解決しながらの活動であったと思われる．また，学問全体が国際化に向う方向性もあり，時代の追風もあったかも知れない．

1967（昭和42）年4月の総会において，会則の第1条を一部改正し，本学会は日本熱帯農業学会と改名し，「熱帯農業」第11巻より日本熱帯農業学会として学会雑誌を発刊した．とくに，特記すべきは初代会長の佐々木喬は1957年より1969年までの12年間，会長の要職にあり，学会の運営に努力

され，557名の会員増加に至っている．2代会長は西川五郎で1970年より1985年までの16年間，3代会長は小田桂三郎で1986年より1991年までの6年間，4代会長は都留信也で1992年より1995年，5代会長は上田堯夫で1996年より1999年，6代会長は高村奉樹で2000年より2003年，7代会長は藤巻宏で2004年より現在（2009）と代々の会長はその時代に熱帯農業分野で大活躍された方々であり，学会発展のために大いに貢献された．

3．学会活動

　学会の研究発表会（講演会と呼ぶ）は年に2回行い，春季学会は関東地区の農学系大学にて，秋季は地方の農学系大学（九州，四国，沖縄，近畿，東海）において実施し，研究発表要旨集は学会当番校が作成している．

　本学会では，創立当時より学会開催時にシンポジウムを開催することとし，1988年より研究課題委員会が設置され，熱帯に関連する環境保全，土壌，食糧生産，流通，農法，資源作物，農業振興，熱帯農作物の需要と展望，水資源，砂漠化，遺伝資源，森林資源，持続的農業などの発表課題を継続的に実施している．

　創立より実施されている活動で，最も長く継続されているのは研究集会である．研究集会委員会は1957年より設置され，年に2～4回開催されている．会場はおもに学士会館であり，当時より海外農業の事情や現状報告が主体となり，自由に海外調査ができなかった時代に，この研究集会で発表される課題は，会員にとって新鮮な話題提供になったと思われる．とくに，その分野の専門家が報告する内容に研究者や技術者にとって，新しい研究課題や教育的資料に大いに役立ったと思われる．

　その時代の発表課題をみると，ジュート生産，パラゴム，デンプン利用，キューバの農業，カンボジア，南米の農業，砂糖生産，パインアップル生産，海外移住，マメ科作物，バナナ栽培，有用植物の利用などがあり，農産物の栽培方法や現状報告が主体となっている．

　時代は移っても，研究集会は年に1～2回開催され，2007年には第180回となり，50年間の学会活動において，これほど研究集会が長く続けられている学会は少ないと考える．

　現在では海外調査活動は自由にでき，各大学の研究者は，熱帯農業の分野でなくても活動できる時代となった．以前のような発表課題は少なくなり，現在，現地で問題化しているトピックス的な発表（たとえば鳥インフルエンザ予防対策）が多くなっている，

　学会創立の記念事業として，講演や書籍を出版している．創立2年目の1958年に，熱帯農業研究会として，「熱帯農業」のテキストを学会員20名で執筆して発刊している．熱帯農業を勉強する学生用に書かれた本書は，4版を重ねる程多く利用されている．

　1972年に，創立15周年記念事業として，記念講演会ならびに祝賀会が学士会分館にて開催され，東大名誉教授那須皓先生が「今後の文明における熱帯農業の意義」という課題で記念を講演された．

　1982年には創立25周年記念出版として「熱帯農業の現状と課題」を会員29名で執筆し，総論，各論に分け，国際協力の提言までがまとめられている．

　2003年には，創立40周年記念事業の一環として，「熱帯農業事典」を養賢堂より出版した．この

事典は熱帯農業に関する研究者，技術者の海外での携帯書として利用されるように構成された事典である．

2007（平成19）年3月に，創立50周年記念式典と講演が東京農業大学世田谷キャンパスで開催され，「熱帯農業」の全巻の学術論文と講演会の要旨集をDVDに収め記念品とした．

学会の創立より発刊してきた「熱帯農業」も2008年より，英文誌として「Tropical Agriculture and Development」を和文誌として「熱帯農業研究」の発刊の運びとなった．「熱帯農業」は第51巻をもって最終巻となり，英文誌第52巻として継続されることとなった．

4．熱帯農業と国際協力

研究会から学会になり，学会活動も熱帯および亜熱帯地域での農業現状報告から，熱帯・亜熱帯作物の生理・生態的特性の調査研究や熱帯地域の土壌環境の保全，作物（稲作，果樹，野菜，工芸など）の作型研究などの論文が多くなった．また，作物学，育種学，園芸学，土壌学，畜産学，植物病理学，森林学，農業経営学などの各分野の研究者が総合的に連係して，プロジェクト研究を実施して熱帯地域における問題点の解決を目指し，現地の大学や研究機関と共同研究を行い，その国の農業開発や技術移転に努力している．

その成果は国際協力という名のもとに，ゆっくりと根着き始め，現地の農業の体系を破壊せずに実施すべきと考えている．

日本熱帯農業学会が創立されて，50周年が過ぎ，世界はわが国の農業技術をどのようにして，国際協力に結びつけて行くか関心を持って見ている．

各大学や研究機関では，熱帯・亜熱帯地域の国々よりの研究者や技術者に対して，農業技術の研修を行ったり，大学生，修士，博士課程の留学生に，博士論文に結びつく研究指導を行い，国際化に向かった研究，教育を実践している．

今後，本学会が唯一，熱帯・亜熱帯地域の農業の発展に寄与できる学問分野を包括していると信じ，学会活動の国際化や国際協力に貢献できる学会になるように期待したい．

（井上　弘明）

第6章　植物病理学

1．はしがき

日本植物病理学発達史摘録（1940年）によれば，明治時代は揺藍・準備期，大正時代は拡充期とされ，日本植物病理学会の設立（1916年；大正5年）は日本の植物病理学の拡充期に当っている．昭和時代は活動期とされたが，日本農学50年史の刊行（1980年）以降今日までの約30年間は飛躍期といえよう．便宜上，昭和以降今日までを4期に分け，主要な成果の概略をまとめる．

2. 昭和前期（1926〜1945年）

　戦前の植物病害に関する研究は多種多様であるが，イネいもち病などイネの病害が多く取上げられた．病原体に関する研究は発育生理から発生生態へ展開した．防除は栽培法による発病軽減，伝染源の撲滅，薬剤散布による予防が重視された．後半には，肥料不足に伴う病害の発生が目立った．

（1）病　原

1）同定・分類

　明治末・大正期に引続き数多くの病原が同定された．地域フロラの調査も進み，日本菌類誌が刊行された．特定の菌類のモノグラフやフロラも記載された．イネの出穂期に葉先が白化する心枯病は線虫によることが示され，線虫の生活環が明らかにされた．

2）発育生理

　イネいもち病菌などの胞子発芽・菌糸生育・胞子形成における温度・湿度等の影響が検討され，流行に至る条件が漸次明らかになった．また，1926年にイネばか苗病菌に感染したイネの異常徒長症状が菌の代謝産物によることが明らかにされ，生育促進作用を持つジベレリン単離の端緒となった．

3）伝染源・分散・伝搬

　イネいもち病，ムギ赤かび病，ナシ黒斑病などで伝染源が解明され，病原体の分散・伝搬に関してイネいもち病菌やムギ赤かび病菌で成果が挙がった．イネ萎縮ウイルスがヨコバイにより経卵伝搬されることが証明され，植物ウイルスでは世界で初めての例となった．

4）寄生性の分化（系統）

　抵抗性であった品種を侵すイネいもち病菌の系統の存在が1921年に報告された．寄生性に基づく分類がウリ類べと病菌やアブラナ科植物の白さび病菌，うどんこ病菌などの純寄生菌で試みられた．

（2）感染と発病

1）発生環境

　気温や土壌水分，養分条件等の発生環境について種々の病害で研究された．特にイネいもち病の生育期による発病程度または抵抗力の差，葉いもちや首いもち，穂首いもちの品種との相関について調べられた．

2）宿主体侵入

　宿主体への侵入過程について各種の病原菌で研究された．

3）発病の経過（病態解剖）

　イネいもち病菌，スイカつる割病菌で，菌の進展と病徴の進行が明らかにされた．ツバキもち病，アブラナ科植物白さび病，モモ縮葉病，サクラてんぐ巣病などで病態解剖や生長ホルモンの検出が行われた．

　品種の抵抗性について，発病率・病斑数の多少を観察し，侵入の難易・機械的構造との関連を取上げる研究が多い中，イネいもち病，イネごま葉枯病，サツマイモ黒斑病などで，抵抗力の強い品種では病原菌の侵入した細胞が直ちに反応を起して壊死し，菌の伸長が止まることが報告されたこ

とは注目される．

(3) 防除技術

1) 種苗消毒

第1次伝染源の撲滅のため，ムギ類黒穂病やサツマイモ黒斑病に対する温湯浸法など種苗消毒の方法が推奨された．イネ種もみやコムギその他の種子消毒にホルマリン浸漬や有機水銀剤浸漬が普及した．

2) 薬剤散布

従来のボルドー液・石灰硫黄合剤に置き換わる散布用殺菌剤は現れなかったが，いもち病に対しては，種もみ消毒・被害わら処分・薬剤散布とともに，品種・土地改良・施肥などの衛生管理を総合した防除により空前の成功が収められた．

3．昭和中期（1946～1960年）

終戦後の窮乏から復興に向うなか，病害防除に関連して農薬取締法・植物防疫法の制定など行政の新しい骨組みができ，試験研究体制も強化が進んだ．イネ早期栽培，野菜施設栽培の普及などにより病害の発生様相が変化し，他方，新農薬の輸入開発，効率的散布機器の導入など防除技術面でも変革した．概して生態学的研究が多いなか，生化学的研究の台頭が注目される．

(1) 病　原

1) 同定・分類

ジャガイモをはじめ，多数の作物について病原ウイルスの同定が急速に進み，その性質が明らかにされた．同定は専ら接種試験に基づいて行われたが，1950年代にタバコモザイクウイルス（TMV），ジャガイモXウイルス（PVX）の純化粒子の電子顕微鏡観察が行われ，その後は粒子の形態が同定に取入れられるようになった．また，類縁関係の判定に血清反応も多用されるようになった．ジャガイモでは潜在するPVXの検出に血清スライド法が取入れられ，新育成品種の無毒原種確保に貢献した．

病原細菌・菌類についても同定あるいは生活史の解明が進み，新たに発生が認められた病害にジャガイモ輪腐病，トマトかいよう病，ダイズ黒とう病などがある．また，遅れていた牧草病害の病原調査が進んだ．

2) 栄養・代謝

合成培地上における栄養生理・代謝生理学的研究により，イネいもち病菌などの生長因子や代謝産物が解明された．また毒素の分離やその作用研究も行われた．特異な例として，黒穂病菌の培養が試みられ，培地上での胞子形成に成功した．

3) 生存・分散・伝搬

アブラナ科野菜軟腐病菌，イネ白葉枯病菌，イネ黄化萎縮病菌，コムギ赤さび病菌などの生活環が明らかにされた．また，イネやダイコン，タバコなどのウイルス病について，媒介昆虫の種類，

媒介条件，親和性，保毒虫の病変，感染時期，および耕種的防除法などについて研究された．

4) 発生予察

1941年に初めて発生予察が事業として発足し，主要病害の発生の時期・程度の予察精度向上と効率的防除のための薬剤の探索が進められた．

5) 系統・レース

宿主範囲や病徴などによりキュウリモザイクウイルス（CMV）やジャガイモXウイルスがいくつかの系統に分類された．ナス科植物青枯病菌やウリ類つる割病菌の病原性や生理学的性質に基づく系統類別が試みられた．ムギ類さび病菌やジャガイモ疫病菌について国際基準判別品種などによるレース検定が行われた．オオムギうどんこ病菌については判別品種によるレース検定やレース間の交配による遺伝学的研究により，抵抗性遺伝子が同定され，gene for gene 仮説が裏付けられた．

(2) 感染と発病

1) 発生環境

イネいもち病，イネ紋枯病，イネ黄化萎縮病，イネ小粒菌核病，ムギ雪腐大粒菌核病，コムギ立枯病の発病と気温，植物体の窒素含量との関係等について研究された．

2) 感染経過

イネ白葉枯病菌がイネ葉の傷口，水孔，苗の茎基部から侵入し，導管内部に進み増殖移行すること，イネいもち病菌やイネごま葉枯病菌の胞子の発芽はイネ葉から滲出する揮発性物質で促進されること，モモ炭疽病菌が幼果の毛茸細胞から侵入し，結果枝内に進展して集積したシュウ酸が葉巻きの原因となることなどを明らかにした．ウイルスについては，イネ萎縮ウイルスが封入体（X体）内に存在することが明らかにされた．また，モザイク病感染に伴う各種酵素活性や呼吸の変動などが研究された．サツマイモ黒斑病・紫紋羽病，イネいもち病・ごま葉枯病などの感染による植物側の呼吸変動や防御物質の生成に関する研究が行われた．

3) 抵抗反応

イネいもち病の病斑が植物の抵抗力を反映するものとして，褐点型，止り型（慢性型），浸潤型（急性型），白斑型などの病斑（感染）型に分けられ，菌の産生する毒素との関係について研究された．イネいもち病菌，ジャガイモ疫病菌を材料に抵抗性と過敏感反応の関係について研究され，後に品種と菌のレースのレベルで検討されるに至った．

(3) 薬剤による防除

殺菌剤の種類，使用量は戦後急速に増大した．拮抗微生物と抗生物質の利用にも強い関心がもたれ，一部が実用化された．イネいもち病菌に有効な抗生物質ブラストサイジンSが見出され，1961年から実用化された．抗生物質剤の開発普及に伴い，その作用機構などの研究も行われた．

4．昭和後期（1961～1980年）

農業の近代化，合理化に伴い，病害発生相が変化した．農薬の開発が進む一方，残留・耐性など

の問題が生起した．研究面では，生化学的研究や電子顕微鏡観察が著しく進展し，宿主－寄生者の相互作用に関する理解が進んだ．

(1) 病　原

1) 同定・分類・形態

植物ウイルスでは同定と粒子の形態観察が進んだ．問題となったウイルスにはキュウリ・スイカの緑斑モザイクウイルス（CGMMV）やイネわい化ウイルス（RTSV）などがある．同定や検出に寒天ゲル内沈降反応，感作赤血球凝集反応などの技術が確立され，温州萎縮ウイルス（SDV）ではゴマ接種法による迅速検定法が確立された．分類については，1970年にスタートした国際ウイルス分類委員会による"Virus Taxonomy"や Association of Applied Biologists による"Descriptions of Plant Viruses"の刊行などを受けて，研究は隆盛を極めた．また，ウイルスの純化技術の向上により，イネ萎縮ウイルスやイネ黒すじ萎縮ウイルスの粒子構造やRNAの2重らせん性のほか，イネ縞葉枯ウイルスの特異な糸状粒子が明らかにされた．ウイロイドによる病害がカンキツやホップで発見された．一方，従来ウイルス病と考えられてきたクワ萎縮病，キリ・サツマイモ・マメ類のてんぐ巣病，イネ黄萎病などの病原が篩管部に局在するファイトプラズマ（マイコプラズマ様微生物）であることが世界に先駆けて発見された．細菌ではウリ類，特にハウス栽培キュウリの斑点細菌病が問題となった．菌類では，本邦産の *Diaporthe* 科，*Fusarium* 属，*Cercospora* 属などの種や生態種がまとめられた．また，走査電子顕微鏡観察により，病原菌の胞子・菌体などの表面構造が明らかにされた．

2) 胞子形成・完全時代

近紫外光による菌類の胞子形成の促進が明らかにされ，近紫外光カットフィルムによる病害防除法が確立された．イネいもち病菌の培地上での子のう殻形成に成功し，完全世代が初めて確認された．イネごま葉枯病菌でも完全世代が確認された．

3) 生態・疫学・発生予察

土壌病原菌の検出定量法が種々考案され，*Rhizoctonia* 菌の土壌中における季節的消長，菌の系統，競合菌などに関する研究が進展した．また，非病原性葉面微生物の生態研究も行われ，植物病原菌類や細菌の病原性を抑制するものが見出された．その他多くの病原菌の生態学的研究が進んだ．イネいもち病やイネ紋枯病の発生モデルの計数学的研究により，発生・被害量の予察，薬剤防除要否判定などの技術が向上し，経済的被害を防ぐため必要最小限の薬剤使用を目指すようになった．なお，発生予察事業には果樹・野菜の病害が順次加えられ，調査項目に菌系・薬剤耐性菌も追加された．

4) 伝　搬

昆虫伝搬性ウイルスで循環・非増殖型伝搬をするウイルスや，非循環・非永続型（口針型）伝搬をするウイルスの伝搬様式に関する種々の知見が明らかにされた．また，有翅アブラムシが白色反射光を忌避することを利用し，銀色フイルムの被覆によりアブラムシ伝搬性ウイルスの感染防止に高い効果が得られた．新たにキスジノミムシ，ワタコナジラミにより媒介されるウイルスも報告され，また土壌伝染性ウイルス病のタバコわい化病などが *Olpidium* 菌に，ムギ類縞萎縮病などは *Polymyxa* 菌に，クワ輪紋モザイク病などは特定の線虫により媒介されることが証明された．種子伝染性

のウイルスについて，組織内局在と伝染性との関係に関する研究が進められた．

5）系統・レース・育種

TMVは病徴や宿主域に基づいて，また，各種の植物病原細菌はファージ感受性により，それぞれ系統が分類された．*Rhizoctonia solani*は培養的性質と病原性から7系統に分類され，生態的特性や菌糸融合性と対応している事が明らかにされた．イネ白葉枯病菌のレース研究が進み，判別品種が確立し，5群のレースが類別された．イネいもち病菌についても，イネの抵抗性遺伝子解析に基づき，主要な真性抵抗性遺伝子をひとつずつ持つ9品種が判別品種に選ばれ，罹病性品種の遺伝子コード番号の総和によってレース番号を表現する類別方式が提案された．トマトの疫病菌・葉かび病菌・萎凋病菌でもレース検定が行われ，抵抗性品種が育成されるとともに，萎凋病抵抗性の台木が選抜・実用化された．イネ縞葉枯病の簡易検定法が確立され，抵抗性品種の育成に成功した．

（2）感　染

1）感染経過

ムギ裸黒穂病菌では従来の柱頭侵入説を覆し，子房頭部の果皮から菌糸が胚へ進入することが明らかにされた．また，電子顕微鏡により各種植物病原菌類の感染過程における菌体構造の変化や宿主細胞の反応の微細構造観察が行われた．また，カンキツ炭疽病菌・黒点病菌などの宿主組織における潜在感染に関する研究が行われた．

2）ウイルスの増殖

ウイルスの同調感染実験系としてタバコ葉肉細胞のプロトプラストを初め各種植物プロトプラストによるウイルス感染実験系が開発され，これを用いてTMVなど種々のウイルスの感染・増殖過程が明らかにされた．植物プロトプラスト技術は，やがてウイルス学はもとより，植物の分子生物学・遺伝子工学・細胞工学など，世界中の関連分野に応用されるに至った．一方，ウイルス感染植物の生長点付近ではウイルス濃度が低いことを利用し，栄養繁殖作物でも茎頂培養によりウイルスフリー株の作出が可能となり，ジャガイモ・ユリ・イチゴ・カーネーション・キクなどで事業化された．

3）宿主－病原体の相互作用

ナシ黒斑病菌とリンゴ斑点落葉病菌から宿主特異的毒素が見出され，葉の細胞膜透過性の異常増大を起し壊死斑を形成することが明らかにされた．また，ファイトアレキシン（PA）は宿主が菌類の感染部位に生産する抗菌物質で，PAに対する菌の感受性の有無が宿主決定要因であることが明らかにされた．エンドウはピサチンをPAとして生成する．寄生菌はピサチンを分解して無毒化するが，非寄生菌では分解が弱いかまたは遅い．ジャガイモ疫病菌の非親和性レースが侵入したジャガイモ細胞では直ちに過敏感反応が起る．疫病菌遊走子は過敏感反応誘導物質をもつが，親和性菌は過敏感反応阻害物質としてグルカンを持つ．病原体の重複感染に対する宿主応答に関する研究も行われた．非親和性レースを接種すると抵抗性が誘導され，同じ部位に親和性レースを2次接種しても感染性は低下する．このような局部抵抗性の誘導は種々の病原菌で認められた．ウイルスでも同様な現象「干渉作用」が観察されており，ウイルスの弱毒系に感染した個体は強毒系による感染に対して抵抗性となることから，これらは弱毒ウイルスとして防除に実用化された．

(3) 新農薬の開発

抗生物質や有機合成殺菌剤の開発研究が進み，多数の新薬が現れた．これらは，*in vitro* の胞子発芽阻止力は弱いが，*in vivo* の付着器形成・侵入・侵入菌糸伸長を強く阻止するものが多い．阻害の作用点としてはタンパク質合成，細胞壁のキチン合成，リピド合成，呼吸などである．一方，これら薬剤に対する耐性菌が出現して問題となり，他薬剤との交差耐性などについて研究された．対策としては，代替薬剤の利用や輪番施用，混用が奨められた．

5．昭和から平成へ（1981年以降）

分子生物学的技術の急速な進歩により，分子レベルでの「宿主−病原体相互作用」の理解が急速に進んだ．遺伝子組換え技術の利用により，全く発想の異なる耐病性育種法が開発された．また，生物のゲノム解析が急速に進み，これらの後押しとなった．分子植物病理学の時代の到来である．

1918年（大正7年）創刊の学会誌も，国際化に対応して2000年（平成12年）以降，日本植物病理学会報（和文誌）と Journal of General Plant Pathology（英文誌）に分冊して発行されるようになった．1988年（昭和63年）8月には，国立京都国際会館で第5回国際植物病理学会議（5th ICPP）を主催し，世界各国から2,000名以上の研究者が出席した．1995年（平成7年）には，学会創立80周年を記念して，記念式典・講演会・祝賀会が催されるとともに，植物病理学事典（養賢堂）が刊行された．

(1) ウイルス

遺伝子組換え技術をはじめとする分子生物学的手法が植物病理学の分野にも導入された時代であり，特に植物ウイルス学研究ではいち早く取り組みがなされた．新しい手法を取り入れる一方で，新たな独自手法が開発され，続々と新発見がなされた．

1）ウイルスの分子生物学的解析

1980年代にはいち早く分子生物学的手法が植物ウイルス学に導入され，いくつかの植物ウイルスでゲノムの全塩基配列の決定がなされた．ほどなく試験管内転写に基づいたRNAウイルスの遺伝子操作系が確立し，植物ウイルスに部位特異的な人工変異を導入することが可能となった．この逆遺伝学的方法を用いて，植物ウイルスの複製，移行，病徴発現機構や植物のウイルス抵抗性を打破する機構などが活発に調べられた．

2）遺伝子組換えによるウイルス抵抗性植物の作出

1980年代半ばに，ウイルスのコートタンパク質遺伝子を導入した植物がウイルス抵抗性となることが見出され，それ以来，ウイルスに由来する遺伝子を導入することでウイルス抵抗性植物を作出する試みがなされた．このウイルス遺伝子を利用した抵抗性の機構は，今では主として植物のRNAサイレンシングによるものと考えられている．同時に，サテライトRNAや弱毒ウイルス配列の導入，2本鎖RNA特異的分解酵素遺伝子や抗ウイルスモノクローナル抗体遺伝子の導入などによってウイルス抵抗性植物を作出する試みなどが行われ，遺伝子組換えを利用した有用植物作出のひとつの可能性を示した．

3）ウイルス抵抗性遺伝子の単離

タバコの持つタバコモザイクウイルス抵抗性遺伝子Nが単離され，その遺伝子構造が解明されたことを皮切りに，いくつかのウイルス抵抗性遺伝子が単離され，植物が多様なウイルス抵抗性機構を持つことが明らかになった．

4）RNAサイレンシングの発見

1990年代に遺伝子組換え植物の導入形質の不安定性の研究から示唆されたRNAサイレンシング機構は，植物ウイルスと植物とのせめぎあいに関わっていることが明らかにされるに至り，その後，爆発的な研究の進展を見せた．すなわち，植物の側はウイルスの増殖を抑制するためにウイルスRNAを分解するべくRNAサイレンシング機構を起動し，それに対してウイルスの側はサイレンシングサプレッサーと呼ばれるタンパク質の働きでその機構を回避しようとするのである．このせめぎあいの像は植物病理学のみならず，植物学，動物学，進化学などの分野においても研究を大きく進展させるもととなった．

5）植物ウイルスの複製・翻訳・移行などに関わる宿主因子の解明

植物ウイルスの複製に関わる宿主因子の探索が行われ，翻訳開始因子，翻訳伸長因子，アクチン，微小管タンパク質などが明らかにされ，宿主因子とウイルス側の因子との相互作用の解析が活発に展開されるようになった．

6）植物ウイルスベクターの利用

植物ウイルスの遺伝子操作が可能となると同時に，植物ウイルスをベクターとして，植物への有用形質の導入や植物を利用したタンパク質の大量生産の試みが行われるようになった．また，植物ウイルスベクターは植物の内在性遺伝子のいわゆる「ノックダウン」を誘導するサイレンシングベクターとして，病徴の発現や病害抵抗性に関わる植物側の因子の解明に役立っている．

7）ウイルス診断技術の進展

抗原抗体反応を用いた簡易診断法として，DIBA法やRIPA法などのウイルスの簡易検出法が開発され，現場でのウイルス病の診断・同定に広く利用されるようになった．また，1980年代末にPCR法が発明された以降は，植物ウイルスの検出と同定に分子生物学的手法が大きな威力を発揮している．

（2）細　菌

1）病原細菌

① 諸外国から移入された病原細菌：輸入相手国に対し栽培地検査が必要な特定重要病害に指定されているウリ類果実汚斑病の発生が，山形県のスイカ圃場で初めて確認された．その後，瞬く間に全土に広がり，定着しつつある．本菌は種子伝染や接ぎ木伝染をするため，汚染拡大の原因となっている．

カンキツグリーニング病は，アフリカ，東南アジアで発生し，果実および樹体に甚大な損失をもたらす．1988年に沖縄県西表島で本病の発生が初めて認められて以来，同県内に広く発生している．ミカンキジラミにより虫媒伝染し接ぎ木伝染もする．1997年には，沖縄県からの果実・種子を除く柑橘類およびミカンキジラミの国内移動規制措置がとられた．病原はプロテオバクテリアのαサブ

ディビジョンの新しいメンバーである．人工培養が難しいため，16S rDNA遺伝子により検出される．

② 諸外国からの移入が懸念される細菌病菌：リンゴ・ナシ火傷病菌は，多くの果樹（特に，リンゴ，ナシ）に大被害をもたらす恐ろしい病原細菌である．本邦での発生はないと考えられ，アメリカからのリンゴ輸入拒否の根拠となっていた．本邦のナシ枝枯細菌病菌と火傷病菌との異同が争点となった．

2）感染の分子生物学的研究

① 病原性関連遺伝子：様々な病原性関連遺伝子が分離され，直接発病に必要な遺伝子の他，植物との相互作用に必要な遺伝子が多数分かってきた．例えば，植物に様々な影響を及ぼすエフェクター分子の生産や，これらを植物細胞内に注入するためのタイプIII分泌機構（T3SS）の構成分子の生産のための hrp 遺伝子群（過敏感反応誘導と病原性の双方に必要な遺伝子）が単離・解析された．T3SSは動物病原細菌も持っており，両病原細菌の細胞レベルでの相互作用の共通性がわかる．この他，二分子間制御機構として機能するシステム等がとらえられ，その変異株を用いて多くの病原性関連遺伝子が見出されている．

② 発病因子：植物体に接種すると病原菌と同じ病徴を示す発病因子について，その制御領域の解析の結果，病原細菌が植物体内に侵入後，増殖し，絶妙のタイミングで発病因子の生産を転写レベルで制御する機構が明らかにされた．

③ 抵抗性誘導因子：植物は病原細菌に対して元来抵抗性反応を誘導し，病原細菌を封じ込める．この反応を引きおこす分子として，ハーピンや鞭毛構成分子フラジェリンなどの病原体に共通して保存された分子パターンが見出されている．一方，品種特異的抵抗性反応は，病原体の非病原力遺伝子と，これと対応する植物の抵抗性遺伝子の組み合わせにより誘導される（遺伝子対遺伝子説）が，多くの非病原力遺伝子が，一般に抵抗性を誘導するエリシター活性を持つことが発見された．

④ ゲノム解析：ファイトプラズマの全ゲノム解読に世界に先駆けて成功した．世界の趨勢を先取りするもので，絶対寄生の分子的根拠，感染に必要な遺伝子の最少セット等に関して重要な知見を発信した．また，イネ白葉枯れ病菌の全ゲノム解読も日本から発信された．これらゲノム情報を基に，アレイ解析による発現パターン等からの網羅的な新規病原性関連遺伝子の解析等が進んでいる．

3）新しい防除戦略

① 生物防除：対象とする植物病原細菌と生息場所（niche）を同じくし，抗菌活性を有する非病原細菌や植物随伴菌等の抵抗性誘導能力を利用した生物防除用資材の防除効果が報告されている．この作用は，恐らくPAMPs（pathogen-associated molecular patterns）等によると考えられる．

② 遺伝子組換えによる耐病性植物の作出：タバコ野火病菌は，タブトキシンというグルタミン合成酵素を阻害する毒素を生産し発病に導く．本菌からこの毒素の解毒酵素生産遺伝子を単離し，これを発現するタバコが作出された．これが世界で最初の細菌病抵抗性組換え植物である．

（3）糸状菌

1980年代に入って，感染の特異性に関する生理・生化学的研究が盛んとなり，特異的病原性因子（宿主特異的毒素，サプレッサーなど）あるいは病原力因子（植物毒素など）の検索や構造解析が進ん

だ．また，過敏感細胞死反応を含む局部的誘導抵抗性の発現機構に関心が向けられ，各種の植物種が生産する抗菌性機能物質（ファイトアレキシン等）の分離・同定，生成・代謝および蓄積動向や抗菌性物質の分解酵素の研究が進められた．抗菌性物質の生合成関連酵素の解析は防御応答の分子マーカーとしての基盤を作った．菌由来の抵抗性誘導因子（エリシター），宿主特異的毒素，サプレッサーなど病原性関連因子の探索も進み，作用機構の解明へと道を拓いた．過敏感細胞死反応の誘導と密接に関連し，オキシダティブバースト現象（急速かつ一過的に活性酸素を生成する反応）が発見され，抵抗性誘導におけるシグナル伝達と増幅過程の分子的解明への新境地を開いた．

1990年代に入り，生物科学におけるDNA解析技術の発展とともに作物の病害抵抗性関連遺伝子や菌の病原性関連遺伝子の解析が，イネおよびイネいもち病菌を中心に進行した．防御応答のマーカーとなる防御関連遺伝子の単離や発現動態の解析が進み，これがエリシター分子と受容体との反応とその機能解析を容易にし，宿主－寄生菌相互作用の認識と応答までの流れの具体化を促進した．病原性因子の宿主特異的毒素や特異的サプレッサー作用の生理・生化学的解明が進み，分子間相互作用の場や寄生戦術の実態を理解する道が開かれた．

2000年代に入ってからは，モデル植物やモデル微生物のゲノム解読の影響下で，宿主－寄生菌の相互認識，情報伝達，遺伝子発現，機能因子の生産，という感染応答の動的な流れに関わる各因子とその機能解析が遺伝子を基盤として進められた．REMI法やアグロバイナリベクターを利用した遺伝子ターゲティングや形質転換，変異体の利用やジーンサイレンシング法による標的遺伝子の発現制御による機能解析が進み，多種・多様な植物－寄生菌相互作用の系で，PAMPs分子と受容体分子の相互反応，細胞壁レベルでの認識とNTPアーゼの機能，原形質膜レベルでの認識とカルシウムチャネルを介したカルシウム代謝，細胞内情報伝達系としてのMAPキナーゼカスケード，情報伝達の増幅・制御反応としてのオキシダティブバーストなど，それぞれに関わる遺伝子とその産物分子の解析を通して機能解明が進んだ．また，防御関連遺伝子のプロモーター領域やシス・トランス因子の解析による転写レベルでの防御遺伝子の発現機構が明らかにされてきたが，遺伝子産物のプロテオミクス研究により翻訳レベルでの制御に関する研究も展開している．

全身獲得抵抗性の誘導機構解明が，サリチル酸，ジャスモン酸およびエチレンなどのストレスホルモンとの関連で進展し，全身的応答の実態や相互のクロストークの様相が明らかにされ，全身的抵抗性誘導活性をもつ植物活性化剤の作用機構にも目が向けられた．

菌のゲノム解析が進むにつれ，感染過程の形態形成，宿主特異的毒素の生成，菌の系統や類縁関係，病害の発生生態や動態，病原菌の進化など，それぞれに関連する遺伝子のクローニングや機能解析が進み，病原菌の感染現場から生態系での動態が具体的に捉えられるようになってきた．

上記のように解明されてきた宿主・寄生菌相互作用の分子基盤の知識は，環境に配慮した安全な新しい病害防除技術の開発に向けて活用され，特に，糸状菌病抵抗性組み換え作物の作出や耐病性強化剤などの開発にむけた試験研究がなされ，期待される成果も生まれている．

一方，糸状菌が示す薬剤耐性の機構についても，チューブリン遺伝子の変異，薬剤標的遺伝子の高発現，ABCトランスポーターの関与など，分子レベルの解明がなされている．

（4）生物防除ならびにバイオテクノロジーによる防除

　1970年代以降，工業化による地球環境の破壊が進み，都市における人間の活動に由来する大気や水の汚染などが顕在化してきた．また，農業分野においても化学肥料や化学薬剤の大量施用により，農地の劣化や周辺環境の汚染が問題になってきた．さらに，薬剤耐性菌が顕在化し，それまで有効であった防除効果の減退がみられるようになった．また，「指定産地制度」の下に主産地の形成が推進され，作物の単純化，専作化が進み，連作が一般化した．その結果，土壌病原菌の発生密度が高まり，連作障害が顕在化した．このような薬剤耐性菌の問題や土壌病害等の難防除病害の対策として生物的防除法（微生物農薬）の開発が活発化した．

　2002年の無登録農薬使用の発覚後，「食品の安全・安心」に対する消費者のニーズが増大した．化学農薬の環境に対する悪影響や毒性問題，あるいは消費者の食の安全・安心志向などを背景として，現代は"環境保全型農業"（農業の持つ物質循環機能を生かし，生産性との調和などに留意しつつ，土作りなどを通じて，化学肥料，農薬の使用などによる環境負荷の軽減に配慮した持続的な農業）を推進し，安全な農産物を消費者に提供するとともに，持続的に農業生産活動ができる方向を目指している．環境にやさしく合理的な総合的病害虫管理（integrated pest management；IPM）の研究や微生物を利用した病気の生物防除研究はその典型である．IPMでは耕種的，物理的，化学的，生物的手法などの複数の防除法の合理的統合，経済的被害許容水準，および病害虫個体群管理システムに基づいて防除が行われている．

　生物防除技術としては，ウイルス間の干渉作用に基づく弱毒ウイルスの利用や非病原性フザリウムを用いた病原性フザリウムへの交叉防除の研究が進んだ．また，根圏に高い定着能をもつ植物生育促進性微生物（PGPR, PGPF）や内生微生物を用いた拮抗作用の研究や植物への抵抗性誘導の研究が活発化した．拮抗微生物による発病抑止作用の機作も精力的に研究が進み，病原菌への直接的な寄生あるいは溶菌による死滅，栄養源や感染の場の競合，抗菌物質による直接的な抗生作用，病原性低下因子（dsRNA），エチレンのような揮発性物質による直接的・間接的作用，のいずれかあるいはそれらの複合作用によることが明らかにされた．

　遺伝子組換え等のバイオテクノロジーの進歩により，弱病原性株の作出，病害耐性植物の作出，生物防除エージェントの作用機作の解明，生物防除エージェントの開発と改良に関する研究が活発化した．とくに，ウイルス遺伝子の一部を導入したときのジーンサイレンシング機構は，RNAウイルスに対する植物の防御機構と考えられており，その成果は生物学全般に大きく貢献した．しかしながら，遺伝子組換え作物（GMO）による品種の育成・利用については，観賞用植物など一部の分野を除き，わが国では消費者の理解が得られず，研究推進が制約されている．

　分子生物学的手法により病害防除機構の解明がなされ，それにより抵抗性誘導農薬（プラントアクチベーター）等の環境にやさしい農薬開発が盛んになった．また，コンピューター関連技術の発達は，リモートセンシングによる精度の高い病害虫個体群管理システムを確立し，発生予察への応用を著しく促進した．

6. おわりに

近年，人々の食の安全や安心を求める動きが高まり，有機農業推進に関する法律や残留農薬についてのポジティブリスト制度が施行された．社会におけるこうした動きに呼応して，総合的病害虫管理などによる持続的な病害防除対策を樹立するため，植物病理学は益々重要な責務を負うことになってきた．

ウイルスでは，各種ウイルスの宿主決定・感染・病原性発現などの分子機構が明らかになりつつあり，とくにウイルス増殖に特有の機構を特異的に阻害する手法が確立されれば，宿主，ヒト，生態系に無害な抗ウイルス剤あるいは耐性組換え植物を開発することが可能となろう．

細菌や菌類についても，個々の病害に関して特異的な諸反応をさらに詳細に究明することによって，病原性あるいは宿主特異性を成立させる諸要因が明らかになれば，最も的確で安全な新たな防除手法が開発されるであろう．

発生予察は疫学的手法からコンピューターや衛星を用いた手法までワイドレンジに拡がり，時期的・空間的に精度が高まった結果，それに付随する薬剤防除の経済性と安全性が向上したが，さらにその精度を格段に上げる努力がなされなければならない．

なお，植物病理学の発展は関連諸科学の進歩に負うところが大きいが，同時に，植物病理学の成果が関連諸科学の進歩に大きく貢献してきたことは，これまでの歴史が示すとおりである．今後も他分野との密接な連携・協力が必須であることは論を待たない．

参考文献

伊藤誠哉 (1940)：日本植物病理學發達史摘録，植物及動物，8, 153-157.
日本農学会編 (1980)：日本農学50年史，養賢堂.
日本植物病理学会編 (1980)：日本植物病理学史，日本植物病理学会.
日本植物病理学会編 (1995) 植物病理学事典，養賢堂.

（難波成任・露無慎二・道家紀志・百町満朗）

第7章　応用動物昆虫学

1. 戦前までの応用動物・昆虫学の軌跡

明治・大正時代に各帝大や農業専門学校などに昆虫学の講座や研究室が設けられた．農林省では明治30年（1987）のウンカの大発生を契機に東京西ヶ原の農事試験場に昆虫部が創設され，以後，農林省におけるこの分野の研究の中心となった．初期の研究は分類学が中心で，昭和になってイネ害虫の生理生態や防除の研究が本格化した．この流れは戦後にも引き継がれ日本の応用昆虫学の中軸をなした．他方輸出で当時の日本経済を支えていた養蚕業は，昆虫生理学の基礎を作った．

卵寄生蜂によるニカメイガの生物的防除は失敗したが，その理由が生態学的に明らかにされた．ニカメイガにおける走光性の研究は誘蛾灯による防除や発生予察への利用につながった．また休眠

深度が異なる2つの生態型の発見は，本種の発生予察に大きく貢献した．1940，41年のセジロウンカおよびトビイロウンカの大発生を契機に，病害虫発生予察と早期発見が国家事業として開始され，都道府県の病害虫研究レベルの向上に貢献するとともに，戦後の研究費の不足を補った．ウンカ研究の最大の課題は，異常飛来の発生源とそれを引き起こす要因の解明であったが解決には至らなかった．

2. 戦後から1970年代までの応用動物・昆虫学の動向と社会的背景

BHC, DDT, パラチオンなどの有機合成農薬の登場により，戦前までの受身の作物保護から積極的な害虫防除に代わった．農薬，肥料などの化学的生産資材の利用，機械化，燃料革命などによって作物の栽培や土地利用の様式が大きく変わった．拡大人工造林と草地の消失，水稲の早期栽培，減反と休耕田の増加，機械化，野菜・花卉の施設栽培，果樹園の開発が進展した一方では，ニカメイガの潜在害虫化とサンカメイガの絶滅，ツマグロヨコバイ，ヨトウ類，ハダニなどの害虫化（誘導異常発生），吸ガの果樹被害，1974年のオンシツコナジラミ，1976年のイネミズゾウムシの侵入と全国への分布拡大，カメムシの重要害虫化と，害虫相も著しく変わった．また，トンボ，ホタル，タガメ，ゲンゴロウなどの「ただの虫」も激減し絶滅の危険にさらされた．

過度の農薬依存は，害虫の誘導異常発生，薬剤抵抗性の発達，食品への残留，生物多様性への悪影響をもたらした．これを解決するため，農林省は別枠研究「害虫の総合的防除法(1971〜75)」を推進し，総合防除の素材研究が活発になされた．性フェロモン利用，被害解析に伴う要防除密度の設定，害虫個体群管理のためのシステムモデルの作成などが行なわれた．生態学分野では多彩な個体数調査・生命表解析技術を駆使してニカメイガ，トビイロウンカ，ツマグロヨコバイ，ミナミアオカメムシ，ヤノネカイガラムシ，アメリカシロヒトリなどの個体群動態研究が進められ，国際的評価を得るとともに，折しも"環境に優しい農業"に沿った総合的害虫管理(IPM)の基幹として大きな役割を果たした．たとえば，トドマツオオアブラの捕食寄生性天敵による生物的防除をトドマツの造林地で成功させたこと，天敵が使えなくても，被害危険地帯の区分と植栽方法の改善により1回の薬剤散布で有効に発生を抑圧できる完成度の高い総合防除体系を作った．この防除体系は現在でも有効に実施されている．生活史の季節適応の研究は，ニカメイガの発生予察法を確立するために始まったが，1970年代に入ると，越冬幼虫の休眠生理の解析から光周反応の解明に移り，休眠誘起の臨界日長は，緯度に比例して規則的に増加する勾配変異を形成していることが明らかにされた．

他方では，農薬による殺虫機構の解明，抵抗性発達の機構，作物の耐虫性などの生理学的研究が大きく前進した．栄養生理に基づく害虫の人工飼育技術の開発は，ミバエの不妊虫放飼への道を開いた．性フェロモンの研究も，1972年にハマキ類の性フェロモン成分が複合化合物からなることが世界ではじめて証明されるとともに，発生予察や交信撹乱による防除への応用が試みられた．生理学関連分野では，70年代から分析機器の性能向上によってホルモンやフェロモンなどの生理活性物質が次々と構造決定されて，生理現象を「もの」で説明できるようになった．

1967年7月南方定点洋上における大群のイネウンカ類の発見は，海外飛来説を実証する画期的発見であった．その直後から陸・海上におけるイネウンカ類の移動実態調査と，地上天気図を用いた気象解析が行われ，飛来源として中国大陸南部の水稲二期作地帯が推定された．また同時期に，トビイロウンカの飛翔行動における研究から長距離移動の可能性が行動生理学的にも裏付けられた．

　1970年代以降，特に1980年代に入ってからは，施設園芸の増大と貿易の拡大に伴い，害虫が非作為的に持ち込まれるケースが急増し，施設栽培は南方産の害虫の定着を可能にした．1974年以降，数年おきに，アザミウマ類，サビダニ類，ゾウムシ類，ハモグリバエ類，コナジラミ類などの侵入定着が確認された．これらの外来害虫は非休眠性で増殖力が高く，世代期間も短いため，薬剤抵抗性も急速に発達し，それが農薬散布回数の増加につながって化学的防除が困難となった．

　森林害虫の研究では，マツの異常枯損の原因であるマツノザイセンチュウをマツノマダラカミキリが伝搬することが判明した．またそのセンチュウがアメリカ起源であることも明らかになった．1972年に南米原産のジャガイモシストセンチュウが北海道の馬鈴薯栽培地帯で確認され，発生源はペルーから輸入した鳥糞（グアノ）であると確認された．そのため栽培地帯の土壌，馬鈴薯の移動が禁止された．ハダニ類の研究では，生活史の研究や分類学が中心であった状態から，1970年代には個体群動態解析，ハダニと天敵の相互作用に関するシステム解析などの個体群レベルの研究が急速に進展した．同時に休眠性，食性，行動などの種内変異の研究やそれらの生態学的な意義の研究も進んだ．

　沖縄が本土復帰した1972年当時，南西諸島にはミカンコミバエとウリミバエが，小笠原諸島にはミカンコミバエが侵入・定着していた．植物防疫法によって，本土地域への農産物の自由な出荷ができず，亜熱帯地域の農業振興にとって著しい阻害要因となっていた．ミカンコミバエ雄成虫をメチルオイゲノールが特異的に誘引することを利用し，根絶を目指す「雄除去法」が1968年，鹿児島県の喜界島で開始された．ガンマー線照射で不妊化したウリミバエ雄成虫を大量に放飼し，野生成虫同士の交尾機会を減少させ根絶する「不妊虫放飼法」が，沖縄県の久米島で1975年から試験的に開始され，1978年に達成された．

3．応動昆大会からみた過去30年のあゆみ

　日本応用動物昆虫学会（以下応動昆学会）は，応用動物学会（1929〜56）と日本応用昆虫学会（1938〜56）が合併して，1957年（昭和32年）に設立された．発足時の1957年と2005年を比較すると，正会員数は約2.5倍の1,850名に，和・英文混載誌が分離し，頁数も3.5倍の年間1,000ページ，大会講演数も約4.5倍に増加している．また1980年には応動昆と日本昆虫学会が中心となって第16回国際昆虫学会が京都で開催された．1991〜1996年までの6年間，将来の両学会の合併を視野に入れて合同大会が開かれたが，合併は実現しなかった．

　学会発表は過去30年間（1973〜2003）にほぼ倍増し，2003年には500件を数えた．発表の80％以上は共同研究である．研究分野別では防除と基礎生態学が全体の60％から80％に増加している．過去10年間では，毎年，害虫管理関係で50題以上，発生予察，被害解析で30題の講演がなされた．基礎生態学の分野では，行動や休眠を含む生活史の研究に最近の関心が高い．こうした研究動向を

反映して，応動昆大会においては季節適応にかかわる発表が1970年頃から次第に増加し，1990年以降にはしばしば40題を超えるようになった．

基礎生理学では，分子生物学を扱う分野の研究が過去10年間に激増しているが，それに対し殺虫剤関係の研究は下火になっている．基礎生理学とダニ・センチュウを扱う分野の比率は減少しているが，これはそれぞれの分野独自の学会（たとえば日本線虫学会1993設立）や研究会が設立されたりして，学問の細分化が進んでいるためである．

4．学会賞・研究プロジェクトから見た応動昆の発展

1972～2006年の34年間に応動昆会員が受賞した19件の日本農学賞のうち，生理学関連のテーマで受賞したのは，1980，90年代に12件であった．残りの7件は生態学関連で70年および2000年代に限られている．80年代後半からの特徴として特筆すべきは分子生物学的技術の発展・普及である．生理学は形態や生態現象のメカニズムを追求する分野だけに，この技術は生理学に関係する全ての分野に革命的な進歩をもたらした．受容体や酵素などのタンパク質の探索がゲノムレベルで行えるようになった．1970～2008年の学会賞77件のうち生理関連の受賞は半数近い38件を数え，とくに2000～2008年をみると18件中12件という高率である．本学会が応用的研究のみならず，間接的あるいは将来的に応用に結びつくことが期待される基礎研究も重視していることが読み取れる．受賞内容は化学生態学分野では社会性昆虫，3者系，植物と昆虫にかかわる物質など複雑な生態的関係を制御する物質の研究，物質の生合成や受容に関する分子レベルの研究，また，脱皮，変態，休眠に関わるホルモンの生合成や作用機構の分子レベルでの解明，発育阻害ペプチド，体色制御ホルモンの発見など先駆的な研究が行われている．そのほか殺虫剤の作用機構・抵抗性機構の分子レベルの研究，タンパク質やその代謝に関する基礎的研究，摂食，配偶，寄生など行動，生体防御機構などが受賞対象になっている．

農林水産省一般別枠研究「長距離移動性害虫の移動予知技術の開発（1983～1987）」では，イネウンカ類の他にコブノメイガ，アワヨトウ，コナガ，ハスモンヨトウなどの生理生態的特性，地理的変異などが調べられるとともに，移動追跡，移動予知技術開発が行われた．イネウンカ類では運搬メディアとして下層ジェットの重要性が明らかにされ，その発達状態の解析により移動時期予測モデルが開発された．トビイロウンカの翅型発現に関する内分泌制御機構の研究は，翅型発現の遺伝的機構を明らかにすることに貢献した．この研究は日中共同研究「東アジアモンスーン地域におけるウンカの移動実態の解明（1992～96）」に引き継がれた．日本に飛来するトビイロウンカ個体群の発生源はベトナム北部であり，いったん中国南部に侵入し増殖した後に梅雨期に飛来するという2段階の飛来機構が示唆された．ウンカの移動を高精度にシミュレーションするモデルが開発され，精度の高い飛来源推定が行えるようになった．1990年代後半から激減していたトビイロウンカは2005年以降東アジア全域で大発生を引き起こしており，現地調査と共に薬剤感受性・品種抵抗性などの特性解明と併せて，この要因解明に気象解析による移動実態の把握も進められている．

1999年からは「環境負荷軽減のための病害虫群高度管理技術の開発（1999～2003）」が実施された．この成果は2004年に「IPMマニュアル」として公表された．最近ではIPMを発展させた概念と

第7章　応用動物昆虫学

して，農業生態系を構成する生物群集全体のシステム管理を目指す「生物多様性管理」（integrated biodiversity management, IBM）が提案されている．他方，社会的には，新分野，保全生態学の研究活動にも急速に世の注目が集まってきた．

5．土地利用の変化や気候変動，生物多様性，外来生物問題と応動昆

地球規模の気象変化が昆虫相に及ぼす影響について，発育零点に注目して解析した日本最初の論文が1988年に発表された．影響予測の研究は，休眠の有無，高・低温度感受性，発育零点や発育有効積算温度を目安に世代数や分布域の変化をモデルを使って検討した研究や，温帯圏での温暖化による世代数増加推定式が提案された．また過去50年間の誘殺灯の資料の分析から50年後の2050年には，ニカメイガは1.6倍，ツマグロヨコバイは3倍に発生量が増えると予測されている．2060年代には，東北や北陸地方でイネ縞葉枯病の発生が増加する可能性も示唆されている．

現時点での影響については，1998年の異常高温年の影響を14年間の8種（種群）の発生消長との比較から，発育零点の低い害虫で出現の早期化を見た．またナガサキアゲハの北上が耐寒性の変化を伴わずに起こっていることや，九州におけるミナミアオカメムシの北上が，最寒月の平均気温が5℃以上の地域とほぼ一致し地球温暖化がその原因と示唆された．同時に，近縁のアオクサカメムシと種間交尾を行ない，増殖力の高いミナミアオカメムシに完全に置き換わる例も示された．タマバエと寄主植物のフェノロジーの同時性が温暖化によって失われる可能性が示された．カシノナガキクイムシによるミズナラ集団枯損が起きている原因として，温暖化や大気汚染，外来説などとともに，薪炭としての利用が無くなったことによる老齢化もあげられている．

応動昆大会でのカメムシに関する発表は，1970年代は毎年2～3題であったが，その後急速に増えて2005年度には50題を超えた．斑点米カメムシの多発生は，1970年からの減反政策による休耕地の増加が原因である．1960年代の拡大人工造林により植林されたスギ・ヒノキが20年以上経過して結実年齢をむかえ，球果で生育する果樹カメムシ類の増加をもたらした．地球温暖化が，カメムシ類の冬期死亡率の減少，年間世代数の増加，繁殖の活性化を通じて，斑点米と果樹カメムシの同時多発をもたらしている．個々の圃場を単位とした戦術的IPMから，地域の害虫個体群密度の制御を視野に入れた戦略的IPMの確立が望まれる．1980年頃からは，拡大造林により増加したスギ・ヒノキの人工林において，スギカミキリをはじめ各種の材質劣化害虫の問題が発生し問題化している．

ヨーロッパ原産のセイヨウオオマルハナバチは花粉媒介昆虫としてハウスでのトマト栽培に多用されたため，逃亡個体が北海道で野生化して在来種の生態に対する影響が問題となった．2005年に施行された外来生物法によって本種は「特定外来生物」に指定され，無許可での輸入および飼養が禁止され，使用には逃亡防止のためのネット展張が義務づけられた．1999年に植物防疫法による規制が緩和されて以来，外国産甲虫類の輸入種数は700を超え，年間100万匹以上の生体が世界各地から輸入されている．外来昆虫のペット化による原産地での乱獲が国際的にも問題になっている．2000年代以降，経済のグローバリゼーションの潮流に乗って，セアカゴケグモ，サソリ等，人に直接被害を与える熱帯産の節足動物が物資にまぎれて侵入し，さらに地球温暖化やヒートアイランド

現象などの気候変動に伴い，分布域の拡大を続けている．加えて，2000年，それまで検疫対象であったナミハダニ，コナガなどの重要農業害虫が次々と検疫解除され，100種近い農業害虫が「輸入自由」の時代となっている．

6. 分子生物学，交信物質，生理学分野と応動昆

　1990年代には，「昆虫テクノロジー」，「変態・休眠」，「昆虫機能利用研究」などのプロジェクトが次々と進められた．遺伝子組換えカイコを用いた有用物質生産系の開発，カイコゲノムの解読，有用遺伝子の機能解析，絹タンパクの医療分野への素材開発などが実施された．またゲノム情報に基づいた新規薬剤のスクリーニング法も開発された．

　2000年に入って，カイコで遺伝子組換え技術が開発されたことは昆虫機能の利用という点で大きな成果である．遺伝子組換えカイコは，カイコーバキュロウイルス系とは別な，有用物質生産系として大きな可能性を秘めている．また，2004年にはカイコゲノムのドラフト解読が達成された．カイコゲノム情報は，農業害虫を多く含むチョウ目の農薬開発に非常に有用なツールになるものとして今後が期待されている．

　カイコの休眠ホルモンの構造とその作用機構，内分泌系による休眠の調節，光周反応にかかわる体内時計（光周時計）の所在と測時機構の探求，さらに分子レベル・遺伝子レベルの現象の解析にまでおよんだ．他方，分子遺伝学的研究がダニ類のさまざまな研究分野にも急速に取り入れられるようになり，DNAバーコードによる種の識別だけでなく，個体群間の遺伝子交流の解析のツールとしてハダニ類の個体群構造の研究が進んできた．

　信号（化学）物質には，同種間の交信に使われるフェロモンと異種生物間で作用するアレロケミクス（他感物質）がある．1972年にハマキ類の性フェロモン成分が解明されたのを端緒に，1980年代にはチョウ目の主要害虫の性フェロモン成分がほぼ解明された．性フェロモンの工業的合成法と徐放性製剤の開発により，交信撹乱法による防除が実用化された．ガスクロマトグラフと触角電位（EAG）検出器の利用により，少数の個体で性フェロモン成分の同定が可能になった．コウチュウ目やカメムシ目の性誘引フェロモンが1980年から90年代にかけて，相次いで同定され，2000年代には南大東島でカンシャクシコメツキ類の大規模交信撹乱実験が実施されるに至った．カメムシ類では，雌雄両方が誘引される集合フェロモンを発生調査や天敵誘導に利用する試みもなされた．微量化学物質を介した植物－植食性昆虫－捕食（寄生）者3者間相互作用の実態解明も新しい分野として進展している．

7. IPMと根絶事業の展望

　施設害虫対策として，1980年代には防虫ネット，紫外線除去フィルム，有色粘着テープ，蒸しこみなどの物理的防除手法が導入された．天敵類では，1995年にチリカブリダニとオンシツツヤコバチが農薬登録され，続いてハモグリバエ，アブラムシ，アザミウマの各種天敵類が，施設に限定して農薬登録され，2007年現在17種の節足動物天敵が利用できる．これにより天敵と選択性殺虫剤を

組み合わせた総合防除体系化も可能となり，施設栽培における天敵の放飼面積は徐々に増加しつつある．1990年代には施設野菜類に寄生するネコブセンチュウ防除に天敵微生物パスツリア属細菌が実用化された．1980年代にはまた，害虫防除に日本固有種のクシダネマ（コガネムシ幼虫駆除）の商品化，スタイナーネマの実用化によって，現在3種類の昆虫病原性線虫が使われている．日本の伝統的生物的防除については，1972年の日中国交回復とともに，中国原産のカンキツ類害虫ヤノネカイガラムシには1981年に2種の寄生蜂が，クリタマバチにはチュウゴクオナガコバチが1982に中国から導入され成功を収めた．土着天敵の保護利用技術については，露地ナスのミナミキイロアザミウマに対してはナミヒメハナカメムシと選択性殺虫剤との併用で総合防除体系を確立した．また，ヒメハナカメムシ類を利用した露地ナスの害虫群を対象とする総合防除が試みられ，大幅な薬剤散布回数の削減に成功した．これらの研究は，1年生作物害虫に対する土着天敵の保護利用の実用化の可能性を示した．

ミカンコミバエは1986年に最南端の八重山群島での雄除去法による根絶達成を最後に，南西諸島から一掃された．小笠原諸島では，誘引剤に反応しない個体群の存在が疑われたため，最終的には，ウリミバエ根絶と同様の不妊虫放飼法が適用され，1985年に根絶が達成された．ウリミバエは1993年10月に八重山群島での根絶達成によって，南西諸島全域からウリミバエが根絶された．この事業で放飼された不妊虫総数は624億匹以上，事業従事者数は延べ63万人，人件費を除く直接防除費254億円が投入され，約3,500 km^{2}に及ぶ広大な地域から2種のミバエが根絶された．これは20世紀応用昆虫学の最大の成果と言える．26年の歳月を要して両種ミバエが国内から根絶された後，サツマイモの大害虫であるアリモドキゾウムシとイモゾウムシの根絶防除事業が沖縄県と鹿児島県で現在実施されている．

（桐谷圭治）

第8章　雑草学

【日本農学50年史の要約】（1980年まで）「1910年の半澤　洵著「雑草学」を始点とするわが国の雑草学は，1940年代後半の化学合成除草剤2,4-Dの導入・実用化段階から広範かつ組織的に展開されるようになった．1962年に日本雑草防除研究会が組織され，おもに防除に関する研究成果の普及を進め，1975年に日本雑草学会に移行した．1980年までに，雑草の適応と変異，環境中での除草剤の挙動および新防除法の開発を重点とした研究が展開された．」

1980年から約30年分に相当する雑草学の進展を概観すると，農林水産業での雑草害の評価，雑草の個体群生態の解明や化学物質に対する植物の生理・生化学的反応の解明を通じた選択性と作用点に関する研究が除草剤の新規開発と実用化に寄与し，化学的雑草防除技術が定着した．また，「持続農業法」や「外来生物法」などの社会的要請に関連して，他感作用など総合防除に関わる雑草防除技術や帰化雑草に関する研究が進展した．

1. 雑草生物学と生化学に関する基礎的研究

雑草の生物学的特性の解明は雑草学の柱であり，ヒエ属雑草の生理的適応に関する研究－種子発

芽と冠水耐性について－，チガヤの種生態学的研究，日本産チガヤの生態とその利用に関する総合的研究，カヤツリグサ科雑草二次代謝成分の化学生態学的研究やコナギ幼植物湛水土壌面への定着における胚軸毛の機能に関する研究などの成果が報告された．

　化学物質に対する雑草の生化学的反応は1980年代以降にも精力的に研究された．除草剤の選択性に関しては，除草剤の選択殺草作用機構に関する生理生化学的研究，トリアジン系除草剤の選択作用機構に関する研究，水稲用除草剤アジムスルフロンおよびその混合剤の選択作用機構，プレチラクロールの選択性および薬害軽減作用におけるグルタチオントランスフェラーゼの役割，多年生水田雑草の塊茎形成に対するオーキシン型除草剤の阻害作用機構，ミズガヤツリの塊茎形成に対するナプロアニリドの作用に関する研究，ホルモン型除草剤クロメプロップの殺草作用発現機構の研究などで基礎的な研究成果が得られた．除草剤の作用点では，アミノ酸代謝阻害型除草剤抵抗性ニンジン細胞の選抜とその抵抗性機構，植物における数種除草剤の解毒代謝酵素を中心とした生理生化学的研究，植物における光酸化傷害誘導型生理活性物質の作用機構に関する研究などで成果が得られた．

2．1980年代以降の農業生態系における雑草の生態と防除

（1）水田作の雑草生態と防除

　1970年代以降に広範に普及した機械移植水稲栽培には選択性除草剤による除草体系が不可欠であった．暖地の水田作における雑草の生態ならびに防除に関する研究やタイヌビエその他主要水田一年生雑草の生態と防除に関する研究などの雑草の生理・生態研究と，水田除草剤の作用特性ならびに利用法開発に関する研究，オキサジアゾン乳剤による新しい水田除草法の確立に関する研究，水田土壌中における除草剤の動態に関する研究などの除草剤の有効・安全使用に関する研究が普及に貢献した．

　一年生雑草の防除が容易となる一方で，1980年代に多年生雑草が優占化した．このため，水田多年生雑草の繁殖特性の解明と防除に関する研究，ミズガヤツリの生活過程の解析と防除に関する研究，ミズガヤツリの種内変異と防除上の特性に関する研究，ホタルイ類水田雑草の防除に関する生理生態学的研究，水田雑草オモダカの生態と防除に関する研究など多年生雑草に関する研究が精力的に取り組まれた．また，千葉県の早期水稲栽培におけるオモダカおよびコウキヤガラの生態と防除に関する研究や八郎潟における水田雑草コウキヤガラの生態と防除に関する研究など，特定地域での成果も得られた．塊茎など栄養繁殖器官を有して防除が特段に困難な種に対して，除草剤連用下におけるクログワイの動態解明と塊茎制御基準の策定などの研究が行われ，また，ベンタゾンなど水田多年生雑草防除剤の作用性に関する研究などを通して，「中・後期剤」利用の防除法が示された．

　1982年に，一年生・多年生雑草，イネ科・広葉雑草を同時に防除して30日間以上の残効期間を有する混合剤「一発処理剤」が実用化され，従来の体系処理対比で散布回数が大幅に低下した．一発処理除草剤をベースに，暖地水稲早期栽培における雑草の生態と防除に関する研究や砂壌土水田における土壌処理型除草剤の水稲におよぼす形態的影響解明と適正使用に関する研究など，土壌や作型

の異なる地域条件に対応した除草体系が策定された．

　アセト乳酸合成酵素（ALS）阻害を作用点とし，ha当たり30～90gで広葉雑草種に十分な除草効果を示すスルホニルウレア系の除草剤成分が開発され，ベンスルフロンメチルの水稲作への適用と作用性に関する研究などを通して一発処理剤の主要成分として1988年に実用化された．除草剤の植物生育抑制作用に対するジメピペレートの軽減機構に関する研究などの基礎的な研究も実用化に貢献した．また，ノビエに有効な成分でも，水稲用除草剤カフェンストロールの開発と利用技術の確立などの研究を通して，低成分化を中心に新規成分の開発・実用化が図られた．とくに，水稲用除草剤シハロホップブチルの開発と製剤化技術の確立や除草剤・抑草剤ビスピリバックナトリウム塩の開発により，水稲直播栽培でのノビエの防除が容易になるとともに，一発処理除草剤の処理時期の幅が拡大された．ビスピリバックナトリウム塩は，畦畔雑草の伸長を抑制する刈取り軽減剤としても実用化された．除草剤の有効利用のため，雑草ヒエの生育進度を推定する加重型有効積算温度手法などのイネ科水田雑草の分類・識別法と発生生態の解明が取り組まれた．

　農業の担い手の高齢化に伴い，10a当たり3kgの粒剤を主体とした水稲用除草剤では，水中拡散性や土壌吸着性の向上に基づく軽量化が求められた．10a当たり1kgとした1キロ粒剤，微粉化した原体を水などに懸濁させ10a当たり500ml程度としたフロアブル，500ml程度の水に溶解する顆粒水和剤，水溶性フィルム包装や大型の錠剤として直接投入するジャンボ剤，10a当たり250～500gとした錠剤などの少量拡散型粒剤などが開発・実用化された．新施用法を想定したナプロアニリドの水中拡散と除草効果などの拡散性に関する研究，フロアブル液剤の直接散布による水田雑草防除に関する研究，水稲用除草剤カフェンストロール・ピラゾスルフロンエチル顆粒水和剤の開発およびその施用技術の確立，投げ込み型水稲用除草剤の製剤化，水稲除草剤の投げ込み方式（ジャンボ剤）による省力的施用技術の開発などが稲作現場に貢献した．

　水田10a当たりの除草労働時間は1949年の50.6時間から1980年には5.9時間と約30年間で12％に，さらに2006年には1.5時間とわずか3％に低下した．水稲作では一発処理除草剤を中心とした除草技術が確立した段階にあるが，直播栽培など栽培様式の変化に対応した除草体系，安全性の高い化学除草剤の開発と実用化，除草技術の高度化に伴う雑草の種や生物型の変動，水田生態系における生物多様性の保全などの課題が残されている．

（2）畑作の雑草生態と防除

　水田より雑草の種類が多く，作物の種類も多様な畑作では，北海道における一年生畑雑草の発生生態に関する研究，寒冷地を対象にした熟畑化過程における雑草植生の変遷に関する研究，暖地畑夏作雑草の発生相と雑草害に関する研究，琉球列島におけるサトウキビ畑の雑草植生の実態と強害草の生態・生理学的研究など，地域性を重視した雑草の生態と防除に関する研究が実施された．水田裏麦作の雑草防除技術に関する研究，ハルタデの種子繁殖特性の解明や沖縄諸島の農地と芝地でのハイキビの生理生態と防除など，強害畑雑草の個生態に関する研究が進められた．播種から畦間の相対照度が10％程度に低下するまでの期間から雑草がその時の作物の草丈に達するまでの期間を控除して除草必要期間とする，畑作物と雑草の光競合に関する生態学的研究，ダイズに対するメヒシバの雑草害早期診断プログラムの開発，ダイズ畑における一年生イネ科雑草メヒシバの動態とそ

の耕種的防除への対応に関する研究など，畑作雑草の防除技術の基礎的知見が得られた．畑作雑草防除の主要手段である化学除草剤では，砕土や散布精度の良否による除草効果の変動が問題となるため，畑地除草剤の粒剤改良と散布方法に関する研究が取り組まれた．転換・輪換される水田を含めて，多様な作物と作付体系のもとでの畑作雑草の動態と防除技術の研究をさらに展開する必要がある．

（3）草地・樹園地の雑草生態と防除

雑草の種類，制御の目標水準や投入可能な防除手段が水田や畑地と大きく異なる草地・樹園地では，北海道の牧草地における雑草の生態的防除に関する研究や，寒冷地での牧草地における雑草の動態に関する研究，草地と焼畑雑草の生態的防除に関する基礎的研究などを通して日本の草地雑草の特徴が明らかにされた．また，新播草地におけるエゾノギシギシの生態と防除に関する基礎的研究や寒地の多年生雑草シバムギの草地における繁殖特性に関する研究など，草地での強害帰化雑草の防除に関する成果が得られた．草地における侵入雑草の生育型戦術の解明と雑草害診断に関する研究では，牧草が栽培される草地での裸地（ギャップ）への雑草の侵入・定着が生態学的に解析された．果樹園では，雑草を含む草生栽培が基本的な技術であるため，「防除」よりは「管理」の視点を重要した，果樹園の雑草管理に関する基礎的研究が実施された．

3．1980年代から顕在化した除草剤抵抗性生物型の発現と対応技術

1980年代に非選択性のパラコート剤，1990年代に選択性のスルホニルウレア系剤に対する雑草の抵抗性生物型が見いだされ，その発現実態や遺伝様式が，除草剤抵抗性雑草の発生動向に関する先駆的研究として実施された．パラコート抵抗性雑草生物型を対象に，関東地域の桑園における雑草植生の変遷と防除に関する研究が行われた．1996年に北海道でスルホニルウレア系水稲用除草剤抵抗性生物型が報告されたミズアオイについては，アジア産ミズアオイ属雑草の分類と種生物学的研究で詳細に検討された．スルホニルウレア系除草剤抵抗性水田雑草のALS活性を用いた迅速検定法の確立や，成分溶液中での雑草の発根を利用した水田雑草のスルホニルウレア系除草剤抵抗性簡易検定キットの開発などの研究成果に基づく抵抗性検定法が現場でも活用されるに至った．

抵抗性生物型の防除には，北海道におけるスルホニルウレア系除草剤抵抗性イヌホタルイの生態と防除に関する実証的研究などの成果が大きく貢献した．さらに，複合抵抗性の生物型発現，抵抗性関連遺伝子の変異発現機構などの研究が進展している．

アグロバクテリウム由来の遺伝子の導入で，芳香族アミノ酸合成酵素：EPSPSを阻害する非選択性除草剤グリホサートの影響を受けないダイズが1996年にアメリカで実用栽培に移された．ダイズの他，除草剤耐性遺伝子を組込んだトウモロコシ，ワタなどがアメリカを中心に広範囲に普及しているが，2007年現在日本では実用栽培は行われていない．

4. 1990年代に顕在化した帰化雑草に関する研究

　世界の農産物市場の急速な自由化に伴って，1990年代には輸入家畜飼料に混入した雑草種子からの帰化雑草の繁茂が畜産農家の飼料畑を中心に問題となった．帰化雑草では同定に関する情報が少ないため，雑草図鑑の編纂・刊行および雑草識別法の啓蒙と普及や，帰化雑草の種子情報を含んだ，雑草種遺伝資源の体系的収集と情報公開などに関する研究成果が広範に活用された．筑後川下流域におけるチクゴスズメノヒエの生態と防除に関する研究や岡山県におけるホテイアオイの生態と防除に関する研究など，多様な環境条件下での帰化雑草の生態と防除に関する研究が進み，暖地飼料畑における主要帰化雑草の総合的防除技術の確立の研究では，登録除草剤が少ない飼料畑での耕種的防除手法が提示された．また，分子生物学的手法によるイチビの種内変異および日本への侵入経路の解明では，かつて栽培された繊維用イチビとは別の雑草系統の侵入が確認された．2005年6月に施行された「特定外来生物による生態系等に係る被害の防止に関する法律（外来生物法）」に関連して，植物のリスク評価手法などが精力的に取り組まれている．

5. 1990年代に取り組まれた雑草の総合防除技術（IWM）

　化学農薬の低減を「持続性の高い農業生産方式」と位置づけた1999年11月施行の「持続性の高い農業生産方式の導入の促進に関する法律（持続農業法）」をはじめ，化学除草剤の使用量を軽減する傾向が強まった．水田雑草の埋土種子にもとづく発生診断に関する研究により，機械除草など耕種的防除手段の効果の安定化のための提言が行われた．

　芝生雑草スズメノカタビラに特異的に感染・増殖して枯死させる細菌（*Xanthomonas campestris* pv. *poae*）を材料とした，植物病原細菌によるスズメノカタビラの生物防除に関する研究により，わが国最初の生物農薬（除草剤）が1997年に実用化された．

　他感作用（アレロパシー）に関しては，プラントボックス法やサンドイッチ法などの簡易な検定手法の開発，膨大な数の植物種の活性の検索，候補物質の同定が実施され，バラ科シモツケ属植物の他感物質に関する研究など多くの成果をあげてきた．

6. 農林水産分野から多様な人間活動分野への 2000年代の雑草学の展開

　雑草の持つ生物的特性を不良環境下での緑化や修復などに利用する研究では，ホテイアオイの防除と利用に関する基礎研究など多くの成果がある．農林水産業以外の環境でも，筑後川下流域水田地帯のクリークにおける水生雑草の生態に関する研究や，東日本における路面間隙に生育する雑草の植生学的研究，雑草を素材とした自然観察教育の研究と普及などが行われた．都市や自然公園などで人間活動と関わる植物としての雑草を対象とした研究が新たに展開され，農林水産業から人間活動全般における雑草の問題に研究対象が拡大したことが近年の特徴である．

7. 新時代に向けた国際活動と英文誌の刊行

　日本雑草学会は，アジア太平洋雑草学会（Asian-Pacific Weed Science Society : APWSS）をおもな国際活動の場とし，1995年には第15回会議が茨城県つくば市で開催された．APWSSでは多様な言語を含むこの地域の研究成果を英語で共有できるが，査読を経た論文とするには限界がある．そこで，つくば会議を契機に，上記地域での研究成果の日本雑草学会会誌「雑草研究」への掲載を可能とした．さらに，日本の研究成果の海外への発信の必要性とAPWSSの要請から「雑草研究」の和英分離が図られ，2001年にアジア太平洋地域をカバーする英文誌「Weed Biology and Management」が刊行された．

（森田弘彦）

第9章　農薬学

1．第二次世界大戦前の農薬とその研究

　わが国で農作物の病害虫防除のために農薬が使用され始めたのは1890年頃からで，当初は石油乳剤，ボルドー液，青酸ガス，除虫菊などであった．次いで1900年から1930年にかけて，石灰硫黄合剤，マシン油乳剤，硫酸ニコチン，デリス，砒酸鉛などが用いられたが，いずれも無機化合物や植物由来の殺虫成分に限られ，有機化合物は1930年代に導入された有機水銀剤が種子消毒に使用されるに過ぎなかった．この時代の病害虫防除は抵抗性の作物品種の栽培や植え付け時期を変えるなど耕種的防除が主体であったため，生産性も低く気象条件の影響も受けやすかった．当時の農薬研究は先進国から導入された農薬をわが国の農業にいかに応用するかという実用化技術の開発が主であったが，このような時代にあっても，除虫菊の有効成分であるピレトリン類，デリス根のロテノンなどの化学構造の研究も進められ，京都大学の武居三吉教授によりロテノンの化学構造が決定されたのは快挙であった．大戦中は，農薬は軍需産業として優遇されたが，国内には原料がなく，海外にこれを求めて奔走した．

2．戦争終結後の農薬研究・開発の動向

(1) 有機合成農薬の発展期（1940年後半から1950年代）

　欧米先進国では石油化学が台頭し有機化合物の合成が盛んになり，これまでの無機化合物，植物由来の殺虫剤に代わって，DDTやBHCなどの有機塩素剤，パラチオンのような有機リン剤が続々と発見され，わが国にも導入された．戦中，戦後を通じてわが国にとって至上課題であった食糧の確保のためには，稲作の3大病害虫であるウンカ，ニカメイチュウ，いもち病による減収を防止することが最大の施策と考えられていた．これらの病害虫に対して，当時導入されたこれらの化合物の利用が検討され，ウンカにはBHC，ニカメイチュウにはパラチオン，いもち病には有機水銀剤が卓効を示すことが明らかになり，1950年代にはこれらの病害虫防除は一応確立された．除草作業は過酷な労働であったが，除草剤2,4-Dが導入され，雑草の化学的防除が本格的に始まったのもこの時

代である．その後次々と新しい特性を持った除草剤が外国から導入され，栽培の省力化が実現し，農村人口の減少にもかかわらず高水準の生産を維持することができた．

（2）農薬研究の転換期（1960年代）

1960年代はわが国の農薬研究の転換期であった．農薬研究の緊急性に関する政府勧告が日本学術会議によってなされ，大学の農薬講座や研究施設の新設，理化学研究所の農薬研究部門の新設などが次々と実施されるとともに日米科学協力に基づく海外との研究協力や研究者の交流も活発化した．また，化学工業界では石油化学の1部門として農薬の研究・開発がとりあげられ，多くの大手化学工業企業が農薬の創製，生産に参画した．その結果，これまで研究者の質においても設備においても，外国と大きく水をあけられていた農薬研究は急速に進展した．また，研究内容においても，これまでの導入農薬の「適用研究」から新農薬の「創製研究」へと変わり，スミチオン，ブラストサイジンS，カスガマイシンなどが国産農薬として始めて登場した．

（3）農薬批判（1970年代）

1960年代まで順調に伸びてきた農薬は，1962年のレイチェル・カーソンによる「サイレント・スプリング」の出版を機に，ヒトの健康に対する危惧や生態系への負荷などが社会問題化するに至り，厳しい規制を受けることとなった．当時の日本はまさに急速な経済成長の真っ只中にあり，化学物質汚染のみならず大気汚染，水質汚濁，騒音などあらゆる分野で公害が社会問題となっていた．この対策として，1970年の第64臨時国会（通称公害国会）において公害関係法規が改正・施行されるに伴って，環境汚染は著しく改善された．これが「日本は公害対策と省エネに関する世界の優等生」といわれる所以である．翌1971年には農薬取締法が大幅に改正され，農薬の残留基準や安全使用基準が定められるとともに残留性や毒性の高い農薬は使用が禁止された．パラチオンは高い急性毒性のため，DDT，BHC，有機水銀剤は農産物への残留性により，除草剤PCPは水質汚濁による魚毒性が原因で市場から姿を消していった．

しかし，これまでに蓄積した農薬に関する知識と技術，研究体制の強化とともに農薬企業の努力により，新しい活性物質が次々と発見され，低毒性農薬として開発された．これらは適切な行政の対応により実用化されていったので，かかる事態に遭遇しても，病害虫・雑草防除はいささかの影響も受けなかったのである．

（4）環境に優しい農薬の創製（1980年以降）

1972年の国連人間環境会議を皮切りに，地球規模での環境問題が世界中の関心事となった．そのような背景から，農薬の毒性，食品への残留，環境汚染などを危惧する世論はますます激しさを増していったが，農薬研究・開発の動向を「殺生物」から「生物制御」へと変換させ，より安全で環境に優しい農薬へと「農薬の質的変化」を図ることによって対応した．大学の農薬化学研究室の多くが，農薬の文字をとり生物制御化学などの名称を採用したのは，「イメージ・チェンジ」の現れである．またこの時代は，選択性が高く低薬量で効果を発現する農薬の開発がなされるとともに，従来とは全く作用機構を異にする農薬が出現した．これまでの殺虫剤の多くは神経系をターゲットにするため，

あらゆる動物に対して毒作用を示すが，昆虫のみに存在し哺乳類には存在しない生理作用をターゲットとするために毒性が著しく低減された薬剤が出現した．すなわち，昆虫の表皮形成を阻害するベンゾイルウレア系化合物，脱皮ホルモンのアゴニストで脱皮を阻害するジベンゾイルヒドラジン系化合物，変態を阻害する幼若ホルモンのアゴニストなどである．また，昆虫の交信を撹乱し，交尾・産卵を抑制する昆虫フェロモン剤も果樹や茶の栽培の一部に採用された．農作業の省力化に除草剤が大きく貢献したことは言うまでもない．水田除草剤が導入されてから，除草に要する労働時間は大幅に低下し，この時代には，除草剤導入前の時代の5％にまで低下している．さらに，スルホニルウレア系除草剤の開発により，除草剤投下量が1/4から1/6に低下し，投与回数も減少している．

(5) 生物農薬，遺伝子組み換え作物の利用（1990年以降）

1990年代以降，天敵農薬や微生物農薬など生物農薬の研究も進められ，そのガイドラインも一部発表されている．これらの農薬は防除の対象となる病害虫の範囲が狭く，効果も不安定なために，化学的防除も含む他の防除法と組み合わせた総合防除の1要素として組み込まれている．しかしまだごく一部の地域あるいは試験的に実施されているに過ぎない．

遺伝子組み換え作物の本格的な商業栽培は，1996年に北米とアルゼンチンで始まり，除草剤耐性と害虫抵抗性作物が栽培されている．米国のダイズは75％，カナダのナタネは65％が組み換え体である．わが国では，欧米で開発されたBtトウモロコシ，除草剤耐性ダイズ，国内で開発されたイネ，野菜，花卉など74系統（14作物）の組み換え作物の野外栽培が許可されているが，一般国民の理解が得られず，一部の花卉を除いては栽培の実績はない．

3．農薬のリスク評価とリスク管理

(1) 人の健康への影響評価

1948年，農薬の品質の適正化と安全かつ適切な使用を図るために農薬取締法が制定されたが，当時は農薬の残留毒性や野生生物に対する悪影響などについてはそれほど大きな考慮は払われていなかった．1962年レイチェル・カーソンが「サイレント・スプリング」をつうじて，農薬の過度の使用に警鐘を鳴らしたのを機に，残留農薬への関心が高まり，1971年農薬取締法が大幅に改正された．この改正で，哺乳動物による2年間の慢性毒性，繁殖試験，環境中への残留など追加11項目の試験が農薬登録に際して義務付けられた．これらの試験結果に基づいて，1日摂取許容量（ADI），農薬の残留基準，安全使用基準が定められ，農薬は厳しい規制を受けることとなった．しかし，2002年，輸入食品中に残留基準を超えて農薬が検出され，また国内で登録を受けていない農薬や失効した農薬が使用された事件が発生した．これを受けて，2003年食品衛生法が改正され，食品中に残留する農薬，動物用医薬品および食品添加物が「ヒトの健康を損なうおそれのない量」を超えて残留する食品の流通を原則禁止する「ポジティブ・リスト制度」が導入された．すなわち，残留基準が未設定の場合，暫定的に残留基準を一律0.01 ppmと定めるもので，この制度の導入により，農薬の使用，食品の輸入などさらに厳しい規制を受けることとなった．

1996年シーア・コルボーンらによる「奪われし未来」が出版され，内分泌撹乱物質（いわゆる環境

ホルモン）問題が起こった．これは，野生生物における生殖器異常や繁殖の異変が化学物質によって引き起こされている可能性があるというものである．1998年に環境省が公表した内分泌撹乱作用が疑われる物質67化合物中に43の農薬（既に失効したものも含む）が含まれていた．しかし，リストアップされた科学的な根拠が必ずしも明確でないこと，現時点では哺乳動物に対して内分泌撹乱作用が確認されていないことから，リストは撤回されている．なお，農薬は登録に際して，2世代の繁殖試験や生体機能への影響試験などが義務付けられており，これをクリアーしなければ登録されないので，内分泌撹乱作用について重大な見落としはないものと考えられている．

（2）生態系・環境への影響評価

1992年地球環境サミットで，生物多様性条約が締結され，これを受けてわが国では，2000年に新環境基本計画が策定された．生態系の保全は，人類が持続可能な社会を構築していくために不可欠であるという考えの下に策定されたもので，生態系保全のため，農薬を含む化学物質の生態リスク評価を義務付けた．具体的には，化学物質の登録にあたっては，化学物質の有害性評価と有害物質にどの程度暴露されるかという曝露評価を行い，後者の濃度が前者の濃度を超える場合には，リスクが生じるおそれがあると見なし，暴露量の低減などリスク管理措置をとるというものである．農薬の生態リスク評価・管理は農薬取締法に基づいて行われるもので，水域生態リスクと陸生生態リスクに分かれる．水域生態リスク評価・管理では，水生動植物に著しい被害を及ぼすおそれがあるときは登録が保留され，この判断基準として登録保留基準が定められる．従来の登録保留基準は水田に使用される農薬のコイに対する毒性を基に定められていたが，2003年の改正で，すべての農薬に対して，魚類（コイ，ヒメダカ），水生無脊椎動物（ミジンコ），藻類（緑藻）に対する半数影響濃度から求めることになった．一方，環境中予測濃度（曝露評価）は，一定の環境モデルと散布シナリオを設定し，水田や畑地などに散布された農薬が，地表流出やドリフトにより農業排水路→小河川→大河川に流出し，大河川中の環境基準点に到達した時の濃度として算出する．この環境中予測濃度が登録保留基準値を超えた場合は登録が保留され，使用方法などの変更などにより，環境中予測濃度を低減させるための措置が必要となる．陸生生態リスクについての基準は規定されていないが，登録申請には，必要に応じてミツバチ，カイコ，天敵昆虫，鳥類などへの影響に関する試験成績の提出が義務付けられており，これを基に使用上の注意事項を付すことで管理される．

4．日本農薬学会設立の経緯とその後の活動

農薬の研究は，化学，生物学，製剤学，環境科学等と多岐にわたるが，研究成果は研究者の所属する諸学会で発表され，総合的に討論される場に欠けていた．そこで，1937年に財団法人防虫科学研究所が設立され，関連する研究や技術論文を掲載，議論する場として「防虫科学」が創刊された．また，1959年には農薬生産技術刊行会が発足し，「農薬生産技術」誌に農薬に関する報文，総説，解説，資料などを掲載した．1968年には日本農芸化学会が中心となり，関連学会および日本学術会議の共催により，「農薬科学シンポジウム」が開催され，農薬関係の研究者が一堂に会して学術交流が図られる場となった．一方，国際的な農薬研究の発表の場として，IUPAC (International Union of

Pure and Applied Chemistry）の主催する国際農薬化学会議（ICPC, International Congress of Pesticide Chemistry）が4年に1回開催されており，IUPACから日本での開催が要請された．そこで，大学，官公庁，農薬企業の研究機関からの代表者が集まり検討した結果，1982年の第5回会議の受け入れを決定した．これが日本農薬学会設立の直接のきっかけであり，1975年10月に日本農薬学会が設立され，1982年の第5回ICPC国際会議を主催した．

日本農薬学会は，「国内外の関連学会との連携を密にしつつ，農薬学の総合的な進歩発展および安全かつ効果的な農薬の開発を図るとともに広く生命科学および環境科学の発展に寄与する」ことを目的として設立された．具体的な活動として，生物活性物質の構造活性相関，作用機構，新農薬のデザインと合成，分析，製剤，生体内や環境中での代謝・分解，残留・毒性などの研究を促進し，情報交換の場を提供してきた．また，研究者や技術者の育成も積極的に進めてきた．さらに時代を経るに従い，農薬を取り巻く社会情勢の変化に応じて，分子生物学，環境科学，レギュラトリーサイエンスなどの分野も取り入れ，広い分野の研究者あるいは行政とも緊密な連携を保ちながら研究活動を続けるとともに，一般市民に対して，農薬の正しい理解を深めるための教育，啓蒙活動にも力を注いでいる．2006年には第11回ICPC国際会議を神戸で開催するなど，農薬科学の一層の発展を目指している．

（満井　喬）

第10章　蚕糸学

1．蚕糸学の近代化：
蚕糸学会創立（1929年）～第2次世界大戦終結（1945年）まで

（1）蚕糸業の動向

社団法人日本蚕糸学会は1929年（昭和4年）11月に設立された．1930年は40万トンという史上最高の繭生産を記録し，生糸生産70万俵のうち輸出は約50万俵で，世界市場における日本生糸の供給シェアーは7割に達した．その輸出額は日本輸出総額の4割弱に当り，蚕糸業は国家経済において重要な地位を占めていた．しかし，1937年に始まった日華事変によりわが国経済は戦時体制に追いこまれ，蚕糸業へと大きく転換させられた．

（2）カイコ品種の改良

カイコ品種育成の最大目標は生糸歩合であり，カイコ品種改良が糸量の増加に大きく貢献した．特に，1939年に農林省蚕糸試験場が育成した日112号×支110号は，飼育期間や強健性における従来品種の欠点を改良した画期的なものであった．

人為的単為生殖の開発，E複対立遺伝子や腎臓形卵などの発生遺伝学的研究のほか，倍数体に関する研究からのY染色体の性決定への関与，X線照射による幼虫斑紋のW染色体転座系統の確立が進められた．遺伝生化学の研究として，消化液と体液アミラーゼ活性遺伝子支配，トリプトファン代謝，油蚕性と尿酸との関連などが明らかにされた．

生理学的研究としては，グリコーゲンの研究や胚子発育中のカタラーゼ作用の消長，異常形卵の

形態，白ハゼ卵，卵黄形成などの調査研究，精子の生理や選択受精の研究が行われた．育種に関しては1936年に選抜，淘汰に関する試験研究が始められた．

（3）夏秋蚕不作対策

蚕業試験場は，1927年から夏秋蚕不作救済に関した広範な研究を進めることになった．その内容は細菌学的研究，温湿度調節装置を用いた飼育環境試験，栄養と発病，クワの栽培法，収穫法と葉質，蚕卵の取扱いと発病など，広範な分野にわたっていた．その結果，夏秋蚕期の作柄は稚蚕期における飼料の適否と飼育環境によって左右されることが明らかになり，1930年政府は補助金を計上し，稚蚕の共同飼育を奨励した．

（4）製糸の技術体系

製糸研究は，原料繭性状の影響や生産工程に作用する多くの外来因子の影響を的確に管理するための生産管理技術体系の確立を目標に，繭解舒や生糸繊度に関する研究，絹に関するアミノ酸組成など化学的研究が進められた．

2．蚕糸学の進展：蚕糸業の復興期（1946～1958年）

（1）蚕糸学研究をめぐる情勢

第2次世界大戦の終結後，1946年（昭和21年）には「蚕糸業復興5ケ年計画」が閣議決定され，繭生産量は1947年の約5万トンが，1957年には戦後最高の約12万トンまで増大した．蚕糸学の研究目標は繭質と作柄向上で，桑の葉質が中心課題であった．一方，外国との交流や基礎科学分野における戦後のめざましい進歩を反映して，蚕糸学分野でも基礎研究が広く行われるようになった．

（2）栽桑研究の進歩

蚕作安定をねらう技術対策の重点事項として，稚蚕共同飼育の普及徹底がとりあげられ，それに付随して稚蚕用桑の育成の推進，壮蚕用桑では，生産力向上と増収を目指した桑管理法が検討された．研究面では，育種，施肥と葉質とカイコとの関係，桑の栄養生理，桑園土壌に関するものなどが進められた．

（3）蚕作安定技術をめざして

稚蚕共同飼育に関しては，飼育装置，施設，飼育環境など実際の稚蚕共同飼育と結びつけて研究がなされた．また，生理学の分野では，カイコの変態，脱皮，休眠に関わるホルモン分泌器官が次々に明らかにされ，内分泌研究がカイコの生理学の重要分野となった．このほか，カイコの呼吸や絹糸蛋白質の形成に関する生化学的研究が行われた．

（4）繰糸工程の自動化

戦後，製糸は多条機による生産が再開されたが，最も大きな技術的課題は繰糸工程の自動化であ

った．自動化のネックとなっていた生糸繊度の管理と接緒は，落繭感知による定粒式と繊度感知による定繊式の繊度管理ならびに接緒機構の開発により克服された．また，乾繭および煮繭工程について，熱風乾燥法の開発や煮繭工程の無人化が達成された．

3. 蚕糸業の転換期における蚕糸学（1959～1974年）

(1) 蚕糸業の変貌

1959年（昭和34年）頃から鉱工業生産の急速な拡大に伴って，家計補充的な養蚕は脱落した．養蚕農家数は，1959年の67万6,000戸から1974年の22万5,000戸と大巾に減少した．その反面，1戸当りの桑園規模，掃立卵量，収繭量は年々増大を続けた．1965年には生糸輸入が始まり，翌年には輸出量を輸入量が上回った．以後，わが国は生糸輸入国になり，一時は世界の生糸総生産量の4分の3近くを消費するようになった．養蚕においては，古い体質からの脱皮を迫られ，年間条桑育に代表される労働節約的方向へ転換した．

(2) 桑園の生産力向上と肥培管理の省力化

桑園施肥改善合理化事業として，全国桑園の80％に及ぶ養蚕地帯について土壌調査と施肥標準試験，農家施肥実態調査が行われ，1966年に取りまとめられた．また，桑園土壌に関しては桑園土壌の特性，微生物相，水分特性など，桑の栄養生理では水耕栽培による桑樹の養分吸収特性，養分欠乏症の確認などの研究が進められた．

1959年省力化技術として年間条桑育の奨励普及事業が発足し，桑園管理作業の省力化，桑園管理および条桑収穫用の各種の機械の開発や体系化試験が実施された．クワ品種としては条桑収穫用または機械化向きのクワ，各地域に適合する品種も要請された．

この時期にはクワの基礎研究も進展した．なかでも同化生産物経済の立場からクワの物質生産に関する研究が一層推進され，物質収支の状態が明らかになった．また，植物ホルモン，化学調整物質が繁殖，育苗，組織培養に利用され，脱葉剤や桑葉の長期貯蔵の研究も進展した．クワ萎縮病に関しては1967年にマイコプラズマ様微生物が病原であることが明らかとなり，その後ファイトプラズマの分類区分が設けられた．

(3) 養蚕の近代化

1960年（昭和35年）前後には，年間条桑育，稚蚕共同飼育の奨励・普及が一層推進された．1960年には人工飼料が開発され，1969年から実用化を目ざした本格的な研究が進められた．養蚕の機械化についても，1961年頃から，稚蚕共同飼育用自動給桑機が実用化され，壮蚕飼育用機械装置も大型経営体に一部導入された．その結果，稚蚕共同飼育，年間条桑育，屋外飼育，自然上蔟法の技術が再構築され，蚕病防除，クワ収穫法の体系化，飼育環境とカイコの生理等の基礎研究を土台に稚蚕共同飼育，年間条桑育技術体系を核とした近代的養蚕技術が確立された．

カイコ品種は，強健性，繭質と糸量の増加，解舒率の高い品種，多元交雑種および限性品種の育成が進められた．人工飼料の開発によりカイコの食性や栄養要求の研究が進み，カイコ無菌飼育法

が確立され，蚕病研究に貴重な研究手法を提供した．内分泌生理では，脱皮ホルモンの構造と作用機構，脳ホルモンと成虫分化，休眠ホルモン（DH）の探索，幼若ホルモン（JH）による発育調節などの研究が行われ，JH類縁体は糸量の増産を目的に実用化された．蚕作安定に寄与したのはウイルス性軟化病防除法の確立で，消毒の意義が新たに認識され，ホルマリンを中心とした薬剤防除技術が確立された．カイコウイルス病に関して，カイコを対象とした感染病理学，病態生理学，病理組織学，疫学，物理化学的性状の究明が推進された．

（4）製糸，絹加工分野の進歩

自動繰糸機の普及にともない，その改良が進められた．1960年頃から生糸の形成過程と糸の質的特性の相関についての研究が活発になり，物理的性質とくに強度，伸度，吸・放湿性などが逐次明らかにされ，自動繰糸機改良のための重要な基礎情報となった．

生糸の国内需要の増加につれ，織物工場における工程の簡易化，原糸や加工製品に関する研究が活発化した．特にラウジネス発生原因の究明と防止法の研究は精力的に進められた．絹に関する化学的研究としてはフィブロインのアミノ酸組成の分析が進んだ．

従来からのX線回折に加え，赤外吸収，旋光分散など高次構造を解析する研究手法が発達し，液状絹の溶液構造，絹糸の固体構造の研究が進み，液状絹の繊維化機構の高次構造モデルが描かれた．レオロジーが学問体系として確立され，エレクトロニクスの進歩により精密な粘弾性的，光学的，電気的測定技術が発達した．これらを用いて絹の物性測定が行われ，物性と高次構造との関係の解明を目指して研究が進められた．

4．成熟・衰退期の蚕糸業と蚕糸学（1974～1988年）

（1）蚕糸業の動向

繭生産高は，1974年（昭和49年）以降継続的に減少し，1988年（昭和63年）には3万トンになった．また，生糸生産量も，1974年の31.6万俵が，1988年には11.4万俵に減少している．その一方で，大きな内外価格差による生糸の流入が続き，1974年には生糸の一元輸入措置が実施された．しかしながら，国内在庫生糸は増加しつづけ，1970年後半から過剰在庫が大きな問題となった．

蚕糸業の衰退という社会的背景のもと，蚕糸業の中核を担ってきた蚕糸試験場は1988年には組織再編され，蚕糸・昆虫農業技術研究所となった．

（2）栽桑技術研究

1970年代前半には密植促成機械化桑園技術の開発が目標とされ，機械収穫に適した横幹仕立て法や，桑苗横伏法など促成桑園に適した造成法の開発や，多植桑園用の条桑刈り取り機や桑コンバインなど桑収穫機に関した研究が進められた．密植桑園の普及にともない，機械収穫に向けの品種や，萎縮病抵抗性品種が育種の目標とされた．

基礎研究では，クワ害虫キボシカミキリ，クワ病害特に桑萎縮病に関する研究などが進められ，1985年には天敵糸状菌ボーベリアを利用したキボシカミキリの新防除法が開発された．1985年頃

から，クワカルスを用いた組織培養法，遺伝子導入などバイオテクノロジー手法を桑の育種に利用する研究が進められた．

（3）養蚕技術研究

1970年代後半，農林水産省は人工飼料による稚蚕飼育の実用化のための実証事業，人工飼料適合性蚕品種の育成のための調査研究を進めた．1977年には稚蚕人工飼料育が普及に移されたが，国，公立，民間企業など多くの研究所では，稚蚕人工飼料の開発・改良に関する研究を精力的に進めた．その後も多くの民間企業が稚蚕用人工飼料の開発を進めた．また，生理活性物質の養蚕への応用として，1976年にはJH活性物質を用いた繭増収剤が実用化され，1984年には抗JH物質を用いた3眠蚕細繊度繭糸も開発された．

蚕育種面では，人工飼料に適した品種「あさぎり」，ハイブリッドシルク用細繊度品種「あけぼの」，洋服地に用いる太繊度品種「さきがけ」など絹の多様な用途に合わせた品種が育成された．

基礎研究においては，1972年にカイコを用い，mRNAが真核生物体から初めて抽出された．連鎖解析から28染色体のうち26本の連鎖地図が完成した．フィブロイン遺伝子やホメオティック遺伝子などの遺伝子解析，JH，抗JH，脱皮ホルモン，DHなどの作用機構について物質代謝，関連酵素活性の変動などから研究が進められた．また，人工飼料と蚕栄養生理・アミノ酸代謝，低コスト人工飼料の開発と飼育体系，飼育環境要因とカイコ発育リズムなどに関する研究が行われた．病理関係では，昆虫病原細菌バチルス・チューリンジエンシス（BT）についてその作用機構，株変異に関する研究，主要蚕病病原ウイルスである核多角体病ウイルス，細胞質多角体病ウイルスについてそれらの性状や増殖，変異型など血清学的，生化学的観点からの研究がなされた．

（4）製糸・加工技術研究

蚕糸業の危機感を反映し，高品質生糸の効率的生産と絹の新たな利用開発を目指して研究が進められた．

生糸の効率的生産では，繰糸工程の情報処理システム化，新形質生糸の開発とその効率的かつ安定的生産法などの研究が推進され，技術者の判断による最適化煮繭システム，X線を利用した不良繭自動選別機などが開発された．また，絹加工分野においては，蛋白質としてのフィブロインとセリシン，野蚕糸や人工飼料育繭絹糸の特性と利用，染色法の開発，絹のグラフト加工など新分野の研究が着手された．

洋装など他用途新分野への絹の進出を目標とし，新規絹織物の開発，新機能性を付与する加工法の開発などが研究され，バルキーシルク，洋装用複合絹糸（ハイブリッドシルク，1985），ストレッチシルク，風合に優れたスーツ地・ジャケット地を作る短繊維素材「スパンロウシルク」（1988）などが開発された．

5. 減衰期の蚕糸業と蚕糸学：
蚕糸学から昆虫機能利用学へ（1989～現在）

（1）蚕糸業の動向

1988年（昭和63年）に3万トンを割り込んだ繭生産は，その後も急激に減少し，2000年には僅か1,240トンとなった．また，生糸生産量についても，1989年の10.1万俵が2000年には10分の1以下に減少し，100社あった機械製糸業者も2004年には2業者となった．

蚕糸・昆虫農業技術研究所は1988年の発足以来，蚕糸および昆虫機能に関する試験研究を進めてきたが，2001年には，旧農業生物資源研究所などと再編・統合し，独立行政法人農業生物資源研究所となった．また，公立の蚕糸関係研究所の再編と農業関係研究所への統合があいつぎ，大学における学部，学科，研究室も"蚕糸"の段階的縮小が進んだ．

（2）蚕糸技術研究

1990年代前半においては，広食性蚕品種による低コスト人工飼料育を中心とした，革新的養蚕技術の普及が掲げられた．カイコ食性の遺伝解析に基づく広食性蚕品種の育成，広食性蚕用低コスト人工飼料の開発とそれによる飼育法の構築，蚕病対策など多面的な研究が進められた．

また，農林水産省は1996年から，多回育養蚕経営を機とする先進国型養蚕業の普及を推進した．そのため，年10回程度の多回育を可能とする桑収穫法，繭繊度に特徴がある蚕品種の育成，低コスト人工飼料の開発，一週間養蚕，多回育に対応する防疫管理技術の確立などの技術研究が進められた．

（3）昆虫機能利用研究

蚕糸科学・技術の蓄積を活かし，蚕糸学に代わる昆虫新産業を創出するための基盤的研究"昆虫機能利用研究"が進められた．その中核となったのが蚕糸・昆虫農業技術研究所で，1996年（平成8年）には，科学振興調整費COE研究プロジェクトに『昆虫機能利用研究』が採択された．カイコを用いた新産業分野のトピックとしては1985年に構築されたバキュロウイルスベクター系を用いたカイコでの有用物質生産システムの改良が進められ，1992年には東レ（株）がインターキャットの実用化に成功した．

1990年代後半より，遺伝子，分子レベルの研究が大きく進展した．生理分野では，カイコや天蚕の卵休眠に関して関連酵素遺伝子の発現，DHや休眠誘導関連物質の作用機構などが遺伝子，分子レベルで機能解明が進んだ．脱皮ホルモン，JH等による発育制御機構については，体内ホルモン量の動向，受容体の探索から研究が進んだ．ビタミン代謝の研究，カイコが生産する抗菌蛋白質の探索，単離と機能解明などが進められた．病理分野では，BT毒素とカイコ中腸機能との関連，毒素の遺伝子分析，NPV，CPV，DNVなどウイルスの増殖機構，遺伝子分析，感染機構，培養細胞を用いた増殖機構の解明などが進められた．1990年代半ばから着手されたカイコの遺伝子組換え技術は2001年に成功し，その後，有用物質生産，機能性シルクの作出等の利用開発が進められている．1990年代後半からは，カイコゲノム解読研究が着手され，2004年にWGS法によるドラフト解読が達成され

た．その結果，豊富なミュータントを利用して作成された連鎖地図とゲノム情報を利用することによって遺伝学，遺伝子機能解析が急速に進展した．さらに，カイコゲノムは2008年に日本，中国の解読データを統合することにより，完全解読を達成した．

（4）絹新素材開発研究

シルクトウ紡績糸等洋装用新素材，シルクウェーブなど新規衣料分野への用途拡大への研究が進められた．

絹をタンパク質材料として，化学修飾，物理的改変，粉末化，フィルム化などで新たな機能を付与し，医療分野，工業分野など非衣料分野の多様な拡大を図る研究が推進された．絹タンパクの硫酸化による抗血液凝固物資，シルク微粉末を利用した塗布材シルクレザー，シルク超微粉末を用いた100％シルク化粧品，シルクフィルムを用いたパック材が開発された．シルクスポンジの簡単な創製技術が開発され，軟骨再生基材として検討が続けられている．2000年にはセリシンのみを生産する蚕品種"セリシンホープ"が育成され特許を取得した．セリシンホープは天然セリシンを供給できる素材として高い利用価値が期待されている．

【参考文献】

福原敏彦（1980），蚕糸学『日本農学50年史』（日本農学会編，1980年）
農学会記念誌（蚕糸学会80年史：12. 26). jtd 07/12/2600/00/00

（竹田　敏）

第11章　造園学

本稿は『日本農学会50年史』（養賢堂，1980）記載の「造園学」に基づき，昭和戦前期まで（担当：渡辺達三・田畑貞寿）を改稿しまとめたが，この時期までの詳細については「造園雑誌」45巻2号（1981年10月）「造園研究の50年」を参照されたい．その後については50年史の内容に「造園雑誌」48巻4号（1985年3月）「IFLA特集：日本の造園1965－1984」，また「ランドスケープ研究（造園雑誌改題）」58巻3号（1995年2月）の「特集・ランドスケープ研究の現在」，同72巻1号（2008年4月）「特集・ランドスケープ研究の動向」などを参考に追補してとりまとめた．

1．造園研究の萌芽（1920年以前）

人類による自然支配の強化として現れる近代化の過程にあって，欧米先進諸国において，自然と人間との調和融合を図るべく，主として緑の保全，整備，造成を通じて人間の生活環境の改善をめざす総合的技術学としての造園学（Landscape Architecture）が形成され始めるのは19世紀中葉頃からのことである．日本において，わが国社会の近代化と世界史的な連関のもとに，伝統的な作庭技術を母胎として，公園緑地事業，あるいは風景地の保護利用，さらには国土の広範な修景問題をも包括するところの造園学が芽生えるのは20世紀に入ってからのことである．

造園学のひとつの主要な対象である公園の法的裏付けは明治維新政府の積極的な近代化・欧化政策の一環として，早くも1873年の太政官布達第16号でなされ，わが国民を対象とする公式な公園

が誕生することになるが，これは，従来，事実上，市民的レクリエーション利用に供されていた社寺境内地，旧蹟，名勝などの歴史的遺産を法的に確定する性格を有するものであった．近代都市における衛生，レクリエーション，防災などにかかわる必須な都市施設としての認識のもとに公園設置が本格的に検討されるようになるのは東京市区改正（1888）によるものからであり，日比谷公園（1903年開園）は首都を飾るその代表的な成果であった．1919年に都市計画法が制定され，公園は都市施設として明確に位置づけられ，その計画的配置が考慮された．また地域制としての風致地区制度も設けられた．自然地域においては伝統的，日本的風景の近代的変容，ダム立地などによる自然破壊への危惧と郷土保護観念との結合による自然保護思想が芽生え，国立公園制定への気運が醸成された．また特異な記念物の保存にかかわる史蹟名勝天然記念物保存法の制定（1919）もみられた．

　以上のような動向を背景に，より直接的には明治神宮の造園計画（1921）などを契機として，近代造園学の基礎が形成されることになる．伝統的な庭園に関する総括的・通史的な研究はすでに1889年の「園芸考」において一応の体系的整理をみているが，庭園技術と空間的，技術系譜的な延長線上にあるとの認識のもとに，現実的課題の要請に応えるものとしての造園学の体系化が試みられるようになるのである．1909年の庭園学（千葉県立園芸専門学校），1915年頃からの造園学・景園学（東京帝国大学農科大学林学，同農学）の講義の開講，1918年の「造園概論」の出版など，造園研究の活発な動きがみえはじめる．とくに明治神宮内苑の造成にあたっては，天然更新すべき自然林の造成が植生遷移を意識した生態学的手法をもってなされたのは注目に値するものといえる．

　以上，本期は伝統的な庭園技術をひとつの系譜的基盤としつつ，現実の課題の要請に応えるものとしての近代造園学が胎動する時期であるといえる．本期における造園活動の実践は住区，地区，都市の空間オーダー，それも主として公園を対象とするものであったが，造園学は原理的には地域，国土の空間オーダーをも包括するものであり，地方計画および国土計画の進展に応じて，自然と人間生活のバランスを主題とする，国土の広域的な緑地問題にまで進展する可能性を予想させるものであった．

2．造園研究の興隆（1921～1935年）

　都市の近代化は人々の休養レクリエーションなどの場としての，また，たまたま勃発した関東大震災（1923）は防災・非難空地としての公園緑地の必要性の認識を深化させた．震災復興公園，土地区割整理審査標準による，当該地区における3％以上の公園地の確保などが契機となり，公園はしだいにその地位を確たるものにしていった．風致地区の指定もみられるようになる．市民の生活空間の近郊地域への拡大，休養レクリエーション需要の増大，他方では都市の外延的拡大による近郊レクリエーション地の減少に直面し，都市周辺地域には景園地，緑地の名のもとに地域制緑地が考慮され，若干の施設整備もなされるようになる．一方，自然地域では観光レクリエーション利用と自然保護を目的とする国立公園法（1931）が制定された．

　以上の動向のもとに，公園を核としつつ，地域制としての性格を濃厚に有するところの緑地を補完部分としながら，都市およびその周辺の公園緑地の体系・拡大化が意図され，その概念，分類，意

義，機能，必要面積などに関する論議が活発化し，公園系統，田園都市への論及もなされ，これらの研究がこの期の発展的方向を示した．

　本期は造園領域の拡大とその基礎理論の研究に精力が注がれることになるが，他方で造園の本質，社会的背景において反省的に考察する論考もみられつつあり，造園学は一応の体系化をみるに至った．しかし，この体系化は，その空間的な実践対象領域を羅列したものとしての性格が強く，その原論的・方法論的裏付けが薄弱であった．造園史関係では文献渉猟による紹介などにかかわるものが大半を占めたが，文化財保存の観点での庭園遺跡などの調査，外国造園史の研究も開始された．植物材料関係では園芸的視点と林業的視点の立場から取り扱うという状況が止揚されないものの，従来の経験的技能からの脱却をめざしつつ，造園独自の研究課題の発見に努めるという姿勢もみられた．方法としては実態調査・観察が中心であったが，実験的方法への模索もなされた．計画関係では実証的な調査研究をふまえた震災復興後の小公園の計画的研究は造園計画方法論上，意義の高いものであった．造園研究，実践活動の活発化とともに，専門教育機関として東京高等造園学校（1924）が創設され，1925年には研究者，教育者，実務家が集まって日本造園学会が設立された．本期は近代造園学の一定度の体系のもとにその領域的拡大が図られ，一部にその深化の契機がみられた時期であると総括することができる．

3．造園研究の低迷（1936～1945年）

　生活空間の地域，国土オーダーへの拡大と生活環境としての都市における諸矛盾の激化は，前期までの諸成果を前提とする造園の研究・実践の可能性と必要性を増大させる環境条件となるかにみえた．1939年にはわが国で最初の本格的な緑地計画である東京緑地計画が立案され，緑地計画への大きな足跡を印すことになる．1940年には都市計画法が改正されて，緑地の法定化，都市計画施設化もなされた．自然地域においては国立公園が設置され，広大な面積にわたる風景計画技術の必要性を促すことになる．しかし，やがて，戦時体制をむかえ，造園も防空緑地，住宅菜園・市民農園計画など，防空，戦時自給，国民体位向上策などの戦時色を色濃く反映するものとなり，その本来的な発展が阻害されることになる．

　本期は前期の諸成果を前提としつつ，造園学の大きな飛躍が期待されたが不幸にして大戦をむかえ，その発展が抑制されることになった．東京緑地計画においては都市の外延的膨脹規制などにかかわる環状緑地の思想が強く打ち出されているが，緑地の地方・国土レベルでの広域的視点の獲得は，緑地に対する利用と保全の観念の分化を促した．また緑地の保全・保育の観念は郷土景観の愛護思想を浮上させ，戦時下にあっては日本精神作興の動きともなる．学術研究面においては時代精神を反映して造園史，とくに，日本庭園に関するものが圧倒的に多く主流をなし，その一部には時流への迎合のみられるものもあったが，研究方法において，造園書の研究とともに，単なる年代考証的な域を脱し，その精神的，内容的意義をみようとする新しい動きもみられた．また公園の前史という観点からの歴史的研究もみられた．

4. 低迷・混乱からの発展（1946〜1964年）

　元来人間の生活環境美化を志向する造園学は戦争の激化につれ，不要不急の学問として苦難の時代を迎えた．戦争の終結（1945）までに，造園学が再び脚光を浴び活動を再開するには，社会経済全体が大きな痛手を負い混乱していた．

　こうした社会的混乱のさなかに，早くも1946年には，戦災都市の復興計画が特別都市計画法として施行された．しかし公共事業費が国家予算の10％前後にとどまり，開拓地の新設，災害復旧，住宅建設と並行して進める都市計画には防災，保健，美化といった都市が本来持つべき機能への配慮を心ならずも欠き，都市建設の根幹である街路，広場，公園緑地はその確保もままならず，焦眉の急として，当面の住宅不足の解消のみに追われた．住宅地計画が生活環境計画と一体化してようやく計画され，一応の水準を求めるには，住宅公団の発足（1955）までまたねばならなかった．やがて住宅団地の造成を契機に都市造園の大規模，大量化への道を開くこととなった．

　国立公園の分野では，戦時中に行政簡素化が行われ，公園内の森林，鉱物，水力資源の多量需要に追われ，戦争終結時には森林の荒廃だけが残された．戦後は一変して，国立公園行政が平和文化国家建設の象徴的行政として，にわかにもてはやされ，戦後の混乱のさなかに早くも新しい国立公園の指定が開始された．やがてこの動きは都市公園法の制定（1956）と相まって自然公園法の成立（1957）となり，わが国の公園行政の体系的整備を見るに至った．しかしわが国の自然公園行政は，その内容充実に見合う十分な予算の裏付けを欠いたまま，常に公園の指定行政が先行し，加えて，全国的規模で台頭した観光事業が，次第に自然破壊の様相をみせはじめ，日本の自然公園行政に多くの課題を残すこととなった．

　このような状況を研究分野からみると，各研究機関のたて直しと，新たに造園学の専門教育研究機関が発足し，研究活動の再開へと結びついた．

　造園計画の分野では，長い歴史と伝統を有する庭園関係を中心とする史的研究に加えて庭園に新しい機能を求める研究が台頭し，また，空間計画の方法論的もしくは技法的な整理・提案が，現実のプロジェクトをふまえて種々論議されるなど，造園計画方法論的な研究の芽生えが認められるようになってきた．公園関係では，公園の実態調査分析（利用立地の数量的把握など）をふまえて，次第に公園計画の標準化が模索され，公園計画への理論化が進行し始め発展への兆しをみせた．また風景計画の分野では，公園指定の行政と対応しながら，戦時中の空白期を埋める諸外国，殊に米国の公園事情の紹介研究を媒体としながら，わが国独自の自然公園の保護と利用施設に関する基礎的研究が芽生え，とくに観光地計画へ，徐々に科学的根拠を備えた計画論研究への展開が見られた時期である．

　また造園材料・施工・管理分野では，芝生や公園樹木の実験によって研究が再開され，造園材料の用途別分類，機能分析が進み，旧来からの経験技術に科学的裏付けを求めながら，次第に造園空間構成の一材料としての地位から，空間構成の素材としての位置づけへと発展の方向を辿りだした．しかしこの時代の社会状勢から，当該分野の研究件数は少数であった．

5．造園界と造園研究の発展（1965～1984年）

　1964年，東京・京都において国際造園家会議（IFLA）が開催された．1950年代の戦後復興から高度経済成長期における社会的背景と，それを基盤としたわが国の造園界，造園家の活躍・発展を示す象徴的出来事であった．国際交流の拡大と職能分野における社会的要請の需要増大は，わが国の造園界に刺激と自信を与え，さらなる発展拡充の基礎を形成した．日本の造園が世界の造園界に明確に位置付けられ正当な評価を与えられる契機となった．

　この時期前後の高度経済成長にともなう生活空間の拡大と変化は，社会的要請として庭園的空間の技術条件を，都市的・地域的・国土的スケールのオープンスペース，ランドスケープに対応する技術手段にまで発展させることを促進させた．また，同時に社会問題化した開発と保護の問題は社会的要請の先取りとして，緑地保全，公害対策など行政的な法制度の整備の中に認められた．樹木保存法（1962）を皮切りとして，1966年には首都圏近郊緑地保存法と古都保存法が，1967年には公害対策基本法が公布され，環境整備への視点の大変換の裏付けとなった．環境庁（1971）の設置，自然環境保全法（1972）の制定，国土庁（1974）の発足などがこの時代を象徴している．環境の保護と開発に関しては造園の本質に係る問題であるが，それが現実の社会問題として提起され問題解決への学問的なアプローチが具体的に展開した時期であった．

　しかし，環境問題は生活環境，都市環境，地域環境，自然環境と拡大多様化し，個別化，地域化も進む一方で，森林破壊，砂漠化の進行に代表されるように国際化していることの社会認識も芽生えていった．このような社会状況の多様化は，技術開発や問題解決の研究活動の要請先をより広い分野に求めようとしていった．緑や環境整備に係る課題は造園学のみが扱う対象ではなくなり始め，関連諸分野の研究成果や方法論の積極的導入が図られるようになった．また近接専門分野との学際的研究が芽生えるとともに，周辺領域における新たな研究組織の結成や研究発表機会の増加があった．しかし，このことは造園独自の方法論の確立と，総合化・体系化を目指した造園学の再構築が求められることにも通じていった．造園界のこうした意識・動向と，社会的需要によって，日本造園学会創立50周年記念事業として『造園ハンドブック』（日本造園学会編，1978）がまとめられ，また造園界が総力をあげて『造園修景大事典（全9巻）』（1980）が編纂された．

　この頃の学会の論文にみる研究の流れは，造園史，造園材料，造園計画に関する研究がほぼ同等数で全体の約8割を占め，1934～1984年の50年間の全体的傾向と同じであった．造園史研究の主流は日本庭園であり，それも文献研究であるものの，庭園を対象とした計量的研究や，庭園遺構の発掘にかかわる研究成果が出始めた．また，この間の都市緑地計画の行政体系の見直しと強化を反映して，日本，欧米における公園緑地制度の発達を調べたものも増加した．造園材料研究では植物材料の特性研究から，植栽施工や植栽管理との関係からの実証的，実験的研究へと傾向の変化があった．造園管理では植物関連の維持管理研究が主流を占めるものの，緑地の利用・収容力と運営管理，都市林の植生管理などへの研究志向が見られた．

　造園計画・都市計画分野においては，庭園空間から公園，さらに都市緑地・自然緑地へと研究の関心が広がっていった．計画・設計の前提となる分析・評価手法の検討，設計の原単位に関する実験的研究，緑地整備の計画的整備や，利用・管理に係る設計基準に係る実証的研究の増加がこの時

期の傾向であった．また，農村を含めた広域の土地利用計画に対する造園計画的方法論の提示を目指した研究の蓄積も始められた．

なお，この時期に増加傾向の研究テーマとして景観に関連したものがあり，研究のキーワードとして，住民参加，合意形成，などが使われ始めたのもこの時期であった．1983年より造園雑誌「研究発表論文集」の発行が始まり，研究発表の機会が格段に増えたこともあり，以後これまで日本造園学会で採用してきた研究分野分類では対応できなくなるような状況までに，研究テーマ・研究対象の細分化，多様化が進み始めた．

6．造園研究の多様化と総合化への志向（1985～1994年）

1980年代後半のバブル景気の続く中，過度の開発や都市集中からの問題解決（都市緑化・都市景観・都市デザインなど），ゆとりある生活環境への改善（アメニティ・自然との共生など），余暇社会の実現（リゾート・市民農園など）に対応した造園の役割が期待され，また，国際花と緑の博覧会（1990）開催に伴う花と緑への社会的関心の高まりなどから，その基礎を担う造園学あるいは造園の領域について，具体的な技術的・科学的指針をもって明確にしようという研究動向や，造園学の総合化をにらんだ学術用語の再定義，造園関連用語・技術の概念規定や造園分野への応用化などが目を引いた時期であった．

学会の出版物にもその傾向がみられ，「環境を創造する－造園学からの提言」(1985)，「学術用語集－農学編」(1986)，「造園学雑誌（復刻版）」(1989)，「世界のランドスケープデザイン」(1990)，などが刊行され，また機関誌「造園雑誌」が「ランドスケープ研究」(1994)に改題された．

その背景には，これまでの造園領域の発展過程にみる拡大傾向がさらに進み，研究の目的，対象，方法が多様化していることがあげられる．従来，造園研究は原論・歴史，材料・施工・管理，造園計画，都市および地方計画などの分野に分けられて体系化されてきた．しかし，こうした枠組みを超えた研究，分野横断的研究が進み，新たな視点から研究を体系化・総合化することが志向されたのである．結果，造園学研究の趨勢を見るための視点として，ランドスケープ解析・情報処理，ランドスケープエコロジーの2つが加わるようになった．前者は，リモートセンシング，地理情報システム（GIS），景観シミュレーション・景観評価，人間の環境反応，CGモデル構築などを用いた研究展開であり，後者はこの時期に造園学の中に概念，視点，理論が整理体系化された分野で，研究テーマ類型としては生物群集の分布・動態・保全，環境復元，植生管理，環境管理とランドスケープの基本単位，都市気候に係る研究などとして以後展開を見せた．

研究の視点，方法論的観点でみるとランドスケープ研究の主たる動向を支えるものとして，視知覚分析，行動科学的調査，情報処理，緑地機能解析，微気象調査，生活史，遺跡・考古学，社会資本整備論，といった内容による研究展開がみられた．

なお，この間の学会体制の充実として関西支部発足（1966）以来の地域支部として，関東支部が1983年に発足し支部大会，支部例会，分科部会活動と活発に活動を開始し，以後に続く地域支部創設と地域社会と深く関連をもつ研究展開の萌芽となり，1993年には九州支部の発足もみた．また，研究会の開催，研究情報などの増大に対応するため「学会広報」を1989年より発行開始し，1992年

には，応用科学的性格をもつ造園学の実質的空間情報の公表，記録，研究進展のために「造園作品選集」を造園雑誌増刊号として創刊（隔年刊）した．

加えて，国際的な学会交流体制としては，1990年より韓国造景学会との間で日韓定期学術交流を毎年開催し始め，1999年以降中国風景園林学会を含め3カ国による学術交流（学術研究発表会，専門家会議，シンポジウムなど）に進展させている．

7．世紀末から21世紀にかけての動向（1995以降）

バブル経済の崩壊による景気の長期的な低迷は，それまでに比べ公園緑地など造園空間整備の停滞を招いた．低成長時代への移行や少子高齢化の急速な進行，将来的に予測される人口減少過程への移行など，大きな社会の転換期を迎え，これまでの「成長」を前提とする社会・経済のしくみを「持続」型のしくみへと根本的に見直していくことが求められ始めた．1997年に京都で開催された，気候変動枠組条約第3回締約国会議（COP3）の京都議定書の採択を契機に，これまで以上に地球環境に関する国民の関心は高まり，地球温暖化への対策，循環型社会への転換，生物多様性の保全，社会資本整備の推進，景観の保全継承など実効性のある環境政策が望まれるようになった．

市民レベルにおいても，Think Globally Act Locallyといった標語による個人，地域の意識と行動規範が求められるようになったが，身近な環境に目を向けると1990年代前半におこったガーデニングブームや，身近な公園緑地，里山，河川など自然地に対する市民意識の高まりと，市民参加型の空間の管理運営が一般化し始め，造園が対象とする空間整備・環境管理に市民参加の流れが定着していった．これを反映して，研究内容にも市民参加，市民との協働，コラボレーション，ワークショップなどが時代のキーワードとなった．

造園に深く係る政策的動きとしては，1994年に緑の政策大綱などが策定され（自然との共生，豊かさを実感できる環境創出，余暇空間づくりの推進，市民参加によるまちづくりなど），同年，市町村による「緑の基本計画」の制度が創設されたことを受け，これらを推進するための政策，技術研究や，結果を評価，実証する研究が増え始めた．

造園ならびに造園関連分野における地球規模に及ぶ環境改善と，地域に根差した持続可能社会の実現に向けた社会要請は，国の施策などに反映を見せ，自動車NOx・PM法（2001），地球温暖化対策推進大綱（2002），新生物多様性国家戦略（2002），美しい国づくり政策大綱（2003），社会資本重点整備計画（2003），観光立国行動計画（2003），ヒートアイランド対策大綱（2004），景観緑三法（2004），歴史まちづくり法などの実現をみた．

当然，こうした社会背景から従来同様の研究分野，研究テーマを進展させ発展させる研究の他に，新たに自然地や都市緑地・緑化植物のもつ地球温暖化抑制機能，ヒートアイランド対策に貢献する機能に関する研究，景観まちづくりに資する研究，生物多様性保持のための基礎的・応用的研究などの展開が見られた．またこの時期に増加充実した造園関連の大学院における教育研究が造園研究発展のけん引力ともなり，こうした研究対象の拡大・多様化に対応した研究者需要を支えることとなった．

この時期には前期から続く造園学の体系的再構築・総合化へ向けての学会所産として，日本造園

学会編『ランドスケープ大系（全5巻）』（1996〜1999）が刊行された．この大系に見られる各巻のタイトル，すなわち第1〜5巻「ランドスケープの展開」，「ランドスケープの計画」，「ランドスケープデザイン」，「ランドスケープと緑化」，「ランドスケープエコロジー」は広く社会一般に，また市民との協働にも応用可能にする意図をもって造園学の領域・目的・視点・方法などの一般理解を促進するものであった．同様な学会出版物としてこの時期には，「緑のユニバーサル・デザイン」（1998），そして広く一般に造園家の職能，活動領域をやさしく紹介した「ランドスケープのしごと」（2003）が刊行された．

専門分化，専門特化した研究展開と同時に展開する一般市民との協働にも資する応用研究の流れは，造園学会の定期刊行物，体制変化となっても現れた．2001年ランドスケープ研究増刊号「造園技術報告集」（隔年刊）の創刊，2002年東北支部，2003年中部支部の発足がそれである．以後，造園学の研究活動とその成果の地域実践・地域還元活動は「ランドスケープ研究」およびその増刊号である「造園作品選集」「造園技術報告集」そして，全国6支部の研究大会などとして展開されることとなった．

また，造園研究，学会活動の地域還元，実務者への還元の一環として2004年より造園系学協会（24団体）を取りまとめた造園継続教育協議会の構成を主導し，2006年には建設系CPDとして造園継続教育プログラム（造園CPD制度）の本格的運用を開始した．

ここまで造園学研究80年の歩みを概観してきたが，いずれの時代においても造園学の発展は，その当時の社会的背景を深く反映し，造園学は社会の要請に対応して進展していた．このことは造園学が生物学を中心とした自然科学を基礎にしながらも応用的，実践的側面が強い学問領域に属していたことを示している．しかし応用学ないしは実学としての造園学は，常に大きな課題をかかえてきた．造園が対象とする人間と自然との調和ある空間の創造を通して，その空間の芸術性を高めるとともに，空間存在の科学的根拠を追求しつつ，造園学の体系化をはかっていくためには，時代時代に拡大・多様化する研究対象・視点・目的・方法を包括して再構築する努力が必要であったからである．この時代に即した，「実態科学」としての造園学の構築は，これまで何度も指摘されてきたことであり，歴史が教えてくれるようにこれからも時代を担う造園学研究者の努力により，その体系的姿の改定が実施され，次の学問的発展とさらなる総合化への止揚が，不断なく繰り返されることを期待したい．

なお，最後に日本農学会50年史「造園学」末尾に掲載された，当時の指摘事項「造園研究の課題と展望」（以下の引用文）のその後として，展望され要望された研究課題と内容が，後の30年間の展開のなかで実体化されたことを指摘して本稿を閉じたい．

「この50年間社会の要請にこたえてきた公共の造園空間の技術，施工，植栽技術の基礎的研究は，これからもっと住民生活に根ざした環境技術として要請されよう．そして造園が対象とする空間の地域生態系の技術の開発研究とともに，その管理運営技術の開発がとりも直さず大きな課題といえるであろう．とくに施工部門の研究，植栽地の管理と植生の管理といった研究はきわめて少なかったことから，今後の研究にまつところが大きい．すなわち，植物材料，施工，管理の研究は今後対象の明確化と方法の確立という方向に向けて重点的に行われることが期待される．つまり対象レベルに応じた研究の方法および技術の質的な違いというものが明らかにされねばならない．

以上のように，造園学の学問としての論理的構築に関わる研究，造園空間の計画における科学性，芸術性，社会性などの究明ならびに実態的研究，造園空間の国際性，地域性，個別性による空間計画技術に対する研究，造園空間の法制度などの空間の maintenance から management にかかわる基礎的，実態的研究などをこの50年の延長線上の課題としてあげることができよう．

したがって今後の展望は，より学際的な研究分野の開発もさることながら造園研究者独自のより活発な総合的研究が期待されよう．（田畑貞寿）」

(鈴木　誠)

第12章　芝草学

1. 芝草学の研究分野

芝草学は独立した学問領域ではなく，芝生や芝草を繋ぎ手とした学際領域である．造園学，作物学，草地学などから派生した芝草研究の蓄積が癒合して境界領域が形成され，土壌，肥料，植物病理，昆虫，雑草などの分野から芝草を対象とした研究が集積されてきた．近年では社会学や教育学的観点からも芝生が研究対象となってきた．日本芝草学会はこのような多種多様な分野の研究交流の場となっている．

2. 芝生の利用と研究の歴史

芝生はさまざまな場所で利用される．庭園では和風より洋風のイメージが強いが，平安時代頃に書かれた「作庭記」にも「芝をも伏せ，砂子をも散らすべきなり」との記述がある．桂離宮，二条城，岡山の後楽園など江戸時代の名庭園にも広い芝生が作られている．1868年に横浜にできた外国人クラブでは芝生のクリケット場が造られた．1870年に外国人用に開園した山手公園にも芝生があった．1901年には日本で初めてのゴルフコースが神戸の六甲山上に作られた．1903年に開園した日比谷公園は一般の日本人が利用できる洋風公園としては初めてのもので，広い芝生が注目された．1914年に日本人用としては初めてのゴルフ場が駒沢に作られた．1919年頃，駒沢ゴルフコースの各所に各種の寒地型芝草の種子が播かれた．1928年に相馬孟胤氏はこれらの採取に取り掛かり，種類を調べ，栽培管理方法について学術的な研究を進めた．

日本造園学会発行の造園雑誌では1934年発行の創刊号から芝草関係の論文が掲載されており，寒地型芝草の栽培方法などが注目されていた．戦時中にも日本芝の繁殖などの研究が細々と続けられた．戦後，各地の大学で作物や造園の研究者が芝草の分布，形態，生理などの基礎的な研究を手がけるようになった．1964年の東京オリンピックに向けて，会場となる競技場の芝生整備のため，踏圧に強い草種の選択や土壌改良などの研究が進められた．1960年に関西ゴルフ連盟グリーン研究所，翌1962年に西日本グリーン研究所が設立され，ゴルフ連盟などの民間資金による研究も本格的に始められた．日本グリーンキーパーズ協会，理化学研究所，芝生産業関連企業各社なども芝生に関する研究を開始した．

1969年に英国において第1回国際芝草研究会議が開催された．この会議に出席した有志を中心に

大学や民間企業の芝生研究者が集まり，日本芝草研究会が1972年に発足した．ゴルフ場の芝生の管理技術などに関する研究が多くなされた．1974年から国営の公園ができるようになると大規模公園の芝生造成管理技術の研究が始まった．住宅団地の芝生を対象とした研究も進められた．1982年に甲子園球場では暖地型芝草の上に寒地型芝草の種子を播くという二毛作（冬季オーバーシーディング）を始めた．

1984年に日本芝草研究会は日本芝草学会と改称し，日本農学会に加盟し，日本学術会議登録団体となった．1989年には第6回国際芝草研究会議を日本で開催した．

1989年に国立競技場でペレニアルライグラスが播種された．日本の競技場では初めての冬季オーバーシーディングである．1990年に国立競技場の床土が，日本の競技場では初めて砂主体の構造に改修された．1990年に千葉県はゴルフ場無農薬宣言をし，ゴルフ場の新設には無農薬管理を条件とすると共に，農業試験場では研究員10名あまりからなるプロジェクトチームを結成し，無農薬管理技術の総合的な研究開発に着手し，造成管理技術や品種改良に成果をあげてきた．1993年に発足したサッカーのJリーグに加入するチームは常緑芝のホームスタジアムを持つことが条件とされたため，各地に常緑の芝生を持つ競技場が造られることとなり，造成管理技術の研究が多く行われた．芝生を常緑に保つには暖地型芝草と寒地型芝草を併用する冬季オーバーシーディング方式と寒地型だけで通年維持する方法とがあるが，いずれにしても寒地型を使用するには透水性と通気性の確保が重要なため，在来土に代わって砂主体の基盤構造が普及した．基盤の層構造および各層の土壌の粒径組成については建設会社などによっても研究が進められ，多種の工法が開発された．2002年のFIFAワールドカップ開催を迎えるにあたっては客席を覆う屋根が要求され，日照不足が芝生維持の障害となった．このため踏圧や日陰に強い品種の育成，送風などの効果について研究が進められた．またボールの弾みや転がり，競技者の蹴り込みに対する地面の抵抗性など，競技場としての品質と芝生状態の関係に関する調査研究も行われた．2000年前後から校庭の芝生化が注目を浴びるようになった．校庭芝生には多数の利用者と少ない予算という厳しい条件に対応する技術が求められ，低予算で効果的に維持できる造成管理手法が研究されている．芝生の効用を検証する研究も発展した．児童・生徒，教職員，保護者，地域住民が積極的に芝生管理に参加するようになり，教育的効果やコミュニケーション形成の効果などについて教育学，心理学，社会学的な方法による研究も行われるようになり，芝生や芝草の研究分野は総合的な研究領域へと発展を続けている．

3．個別分野の研究動向

（1）植栽技術

従前は発芽率の低い野芝は張芝で，ほふく茎が発達しない寒地型芝草は播種で植栽するのが普通であった．発芽処理技術の発達で発芽率が向上し，野芝の播種も増えた．栽培技術の進歩で芝生を大判に巻き取って移植する工法，土を落とした茎葉をネットに挟むことにより，長期貯蔵，運搬，施工を容易にする工法など，各種の工法が開発された．

（2）芝草の病害とその防除

　1940年代頃までは芝草の利用が少なく，病気もあまり知られていなかった．1960年代頃からゴルフ人口が増え，芝草病の研究も活発になってきたが，海外の文献に頼り主として顕微鏡観察で診断していた．1970年代頃から芝用農薬の登録のためなどもあり芝草病に関する研究が活発化し，病徴や症状に基づく多くの芝草病害の分類や同定が開始された．日本芝草学会が設立されると芝草病害に関心を持つ研究者も次第に増加し，病原体の分類・同定・生態ならびに防除に関する研究が展開された．芝草病害の病名は主として症状に基づいて命名されていたため，病原菌との関係が不明確なものや国際的に不適切な病名などがあった．そこで日本芝草学会と日本植物病理学会が共同で1991年に芝草病名，病原菌名を整理・統一し，1992年に日本植物病名目録における芝草類の病名を全面的に改定した．これらの新病名に基づき，芝草登録農薬の適用病害が明確に規定されるようになった．芝草病害に関する研究は益々活発になり，芝草における新しい菌類病，細菌病などが同定され，これらの病害に対する防除対策が確立されていった．

　病害診断の分野では，顕微鏡による簡易診断法に加えて分子生物学的技術を用いた病原菌の分類，芝草病害の同定・診断などの研究が進展している．分子診断技術により病害診断が瞬時にできるようになり，必要最小限の農薬を適期に使用することにより，適切な病害防除が可能となる．このことは管理費の節減と同時に，環境汚染の抑制にもなる．

　また，化学農薬の他に拮抗微生物による生物的防除，遺伝子組換え技術を用いた病害抵抗性芝草品種の育成などの研究が推進されている．

（3）芝草の害虫とその防除

　日本で芝草害虫の研究が始まったのは日本芝草研究会発足の頃である．1964年に侵入したシバツトガをはじめ，シバオサゾウムシ，チガヤシロオカイガラムシなどの外来害虫が各地のゴルフ場で大害を引き起こしていた．これらの生態ならびに防除法に関する研究が始められた．さらにコガネムシ類，ガ類，カメムシ類およびケラなどの生態の研究が進められ，防除法が解明されてきた．芝草害虫に対してもフェロモン剤が作られた．1997年にはコガネムシ類幼虫に高い殺虫性を示す昆虫病原性線虫が，国産の線虫を用いた製剤として芝草を対象に初めて農薬登録された．

（4）芝生の雑草とその防除

　農耕地と異なり耕耘や湛水のできない芝生では雑草の耕種的防除が難しい．芝生における雑草研究は除草剤の応用研究を中心に進められてきた．芝生への除草剤の導入は1950年代の2，4DおよびPCPに始まり，トリアジン系のシマジンやジニトロアニリン系のペンディメタリンなどが続いた．研究の方向は芝草に対する安全性や人畜毒性から，殺草スペクトラムや残効性に移行し，1980年代前半までに高麗芝（和名：コウシュンシバ）や野芝（和名：シバ）を対象に数多くの優れた土壌処理剤が開発され，発生前のスズメノカタビラやメヒシバに対する防除技術はほぼ完成された．多年生雑草は依然として防除困難であったが，1980年代後半から登場した分枝アミノ酸の生合成を阻害するALS阻害型除草剤によってヒメクグなども容易に防除できるようになった．ALS阻害型除草剤は優れた除草効果に加えて，人畜に対する安全性が高く，使用量が微量ですむことから急速に普及した．

有効成分の低薬量化は除草剤の製剤や散布技術にも変革をもたらし，それまでの水和剤や乳剤に替わり顆粒水和剤が，スズラン噴口に替わって各種の散布ノズルが使われるようになった．2000年代に入ると砂主体基盤の普及によるスズメノカタビラの増加が一因となり，除草剤の使用が困難だったベントグラスの芝生も対象となった．しかしスズメノヒエ類やチガヤなどの従来からの雑草に加えて，メリケンカルカヤやハルガヤなど近年急増しつつある外来雑草に対する防除法が確立はされておらず，多くの課題が残されている．

除草剤の挙動に関する研究も進められ，芝生に散布された除草剤は地下に浸透しないこと，芝の休眠期に処理された除草剤は芝草の茎葉に吸着されることなどが明らかになった．

バクテリアを利用した微生物除草剤の研究はそれまで不可能とされていたベントグラスとスズメノカタビラ間の選択防除を実現させただけでなく，研究の過程でスズメノカタビラにはツルスズメノカタビラという変種があることが明らかとなり，雑草分類研究の重要性が喚起された．また，従来の雑草管理は完全防除をめざしていたが，生育抑制剤によるスズメノカタビラの出穂開花抑制は寒地型芝草の新たな維持管理技術といえる．

4．おわりに

日本農学50年史が刊行された時には日本芝草学会は研究会の名称で農学会にも加盟していなかった．その後30年の間に組織として大きく発展し，幅広い分野の研究者や技術者を多数擁するにいたった．スポーツ，休息，美観，都市環境の改善，アメニティの向上など，芝生の持つさまざまな効用への認識が深まり，大規模公園，集合住宅，道路法面，スポーツ施設，屋上，校庭などにおいて芝生の面積が増加を続けている．日本芝草学会は，さらなる研究の進歩，多彩な分野の研究交流，技術の普及，芝生文化の醸成への貢献を図っている．

（藤崎健一郎）

第13章　樹木医学

1．学会の設立から現在までの変遷

20世紀後半以降，都市化の進行や地球環境問題の顕在化に伴い，森林や都市樹木の衰退・枯死が，多くの市民の関心を集めるようになってきた．同時に，人間の数倍あるいは数十倍もの寿命をもち，長い年月を生きてきた巨樹・古木に対する関心も高まりはじめた．このような状況の中で，1991年度に林野庁の「ふるさとの樹保全対策事業」の一環として，巨樹・古木林などの樹勢回復・保全に関する専門技術者の養成を目的として，「樹木医」制度が発足した．そして，全国各地で活躍する樹木医による衰退した巨樹・古木の治療の様子は，テレビ，新聞を初めとするマスコミにも頻繁に取り上げられるようになり，樹木医に対する一般の関心は急激に高まった．しかしながら，樹木の生育管理や衰退木治療のための理論は，樹木学，樹木生理学，樹病学，微生物学，昆虫学，造園学，園芸学，土壌学などの諸問題にまたがるため，当時は体系化された学問分野が存在しなかった．

わが国では，1882年に「樹木ノ病ヲ医スル法ヲ問フ」という記事が大日本山林会報に掲載されたのが，樹木の病気を扱った最初とされている．その後，病害虫や気象害からの樹木の保護に関する学

問は，樹病学や森林昆虫学，森林気象学などとして林学の中に位置付けられてきた（森林保護学と総称される）．また，庭園樹や街路樹などの緑化樹木に関しては，おもに造園学の分野において研究されてきた．森林保護学や樹病学では，木材生産のための植林地や森林生態系の一部である樹木集団を対象にしているために，衰弱木や病虫害の被害木は伐採・除去して森林全体を健全に保つという考え方が基本にある．また，造園学や園芸学では，樹木は庭園デザインや緑化の素材として単木か少数個体の集団として扱われることが多く，枯損が出ても補植で済ませ，診断・治療は発想の埒外にあった．従来，樹木の診断や治療は，「庭師」や「植木職人」とよばれている人々が行っていた．また，1980年代頃より，各地で「樹医」などと称して樹木の診断・治療を行う個人や集団が現れ，その活動が注目を集めるようになっていた．しかし，これらの診断・治療の技術やその背景となる理論は十分整理されておらず，見様見真似と徒弟的に伝承されてきた技術に依存することが多かった．しかも，それらは必ずしも植物学的知識に基づいた体系的なものではなく，往々にしてその効果に疑問符の付せられる例もあった．そのため，新たに認定された樹木医の診断・治療に対しては，樹木医のみならず，関連分野の多くの研究者や技術者により「樹木医学」とよぶべき新しい学問体系を構築して，その基礎となる研究を推進すると同時に，診断・治療技術を科学的に検証・確立していくことが求められるようになった．また，街路樹や庭園樹の保全管理ばかりでなく，天然記念物など特定の樹木個体の保全が主要な研究対象となるため，従来とは異なった臨床医学的，治療的なアプローチも必要とされた．

そこで，樹木医認定委員会委員長の松田藤四郎氏（東京農業大学）を中心に，日本樹木医会，大学，国公立研究機関などから39名の発起人が集まり，学会の設立が準備された．そして，1995年9月に，「樹木の保護，管理等に関する研究を推進し，広く樹木医学の向上と発展を図り，もって自然環境の保全，生活環境の改善等に寄与すること」を目的として，「樹木医学研究会」（初代会長：松井光瑤氏）が発足した．1998年には名称を「樹木医学会」に変更し，1999年には日本学術会議の学術研究団体に登録された．また，2000年には，日本農学会への加盟が承認されて，今日に至っている．発足時の会員数は343名であったが，年々会員数が増加し，2007年9月30日現在の会員数は731名である．そのうちの約400名が樹木医であるほか，樹木学，造園学，土壌学，樹病学，昆虫学，樹木生理学などのさまざまな分野の研究者，技術者，学生などが，樹木医学の研究や実践活動に取り組んでいる．

2．学会の活動

樹木医学会では，樹木医学研究の発展を目指すとともに，樹木医の研鑽の場や会員の意見発表の場を提供するために，学会誌の発行，研究発表会・公開シンポジウムの開催，現地検討会の開催をおもな活動として行ってきた．

学会誌「樹木医学研究」（Tree and Forest Health）は，1997（平成9）年9月に第1巻が刊行され，2006年までは年2冊を発行してきた．これまでに，樹木の病虫害などに関する原著論文のほか，診断機器に関する報告，総説，解説記事，トピックなど，多彩な原稿を掲載してきた．また，樹木医学では，全く同じ条件の治療事例を取り扱うことはなく，個体ごとに異なる生育履歴をもった樹木

を対象としているため，人間の医学と同様に，診断，治療の事例の蓄積が貴重であり不可欠である．そこで，2005年からは，樹木の診断・治療現場での事例を本誌に数多く掲載するため，「臨症事例」（樹木は病床につかないため「臨床」ではなく「臨症」の語を使用）の原稿種別を新たに設けて，会員間で最新の情報を交換・共有できるように取り組んでいる．さらに2007年からは，「樹木医学の臨症事例にかかわる科学情報誌としての機能を向上させる」という新たな編集方針のもと，「樹木医学研究」が季刊化された．季刊化に伴い，将来の樹木医を目指す者が樹木医に必要な基礎知識を学べるとともに，樹木医が専門分野の再確認をすることができる特集記事（「樹木医学の基礎講座」）を，新たに連載している．

研究発表会は，毎年秋に開催，口頭発表とポスター発表を通じて，樹木の病虫害などの診断・治療や管理方法などに関する活発な議論が行われている．また，毎年1回，公開シンポジウムを企画し，学会員のみならず一般市民に対しても，樹木医学の啓蒙に努めている．

現地検討会は，年2回開催しており，最新の診断・治療技術の実演や治療後の経過を見学しながら意見交換を行うなど，技術的な問題に関する検討を行っている．

3. 今後の樹木医学会

樹木医学会に類似した学会として，国際的には，園芸学的色彩を持つ International Society of Arboriculture（ISA：本部は米国）と，林学的色彩を持つ Arboricultural Association（AA：本部は英国）がある．また，IUFRO（International Union of Forestry Research Organizations）は，1996年に6つあった部会を再編し，従来 Forest Plants and Forest Protection（その後 Physiology, Genetics and Protection）であった第2部会から Protection 部門が独立し，第7部会として Forest Health 部会となった．このように，環境の劣化が進む中で，世界的にも，森林・樹木の健康についての関心が高まっている．さらに，近年，森林・樹木の多面的機能についての新しい価値観が，地球環境や人間生活に欠くことができない存在として取り上げられるようになった．文明の指標として，また，人類の財産としても重要な森林・樹木を将来にわたって守り続けていくためにも，当学会は，樹木医学の基盤を確立することを目指し，一層の努力をしていかなければならない．

（阿部恭久）

第14章　土壌肥料学

1. 黎明期の土壌肥料学

日本の近代的な土壌肥料学の基礎は，明治政府によって招かれたケルネルやフェスカなどによって築かれた．ケルネルは，1881年に来日して，当時日本で用いられていた各種肥料の肥効を3要素に分けて評価する近代的三要素試験を実施した．他方，フェスカは1882年地質調査所に招かれて来日し，地質学的土壌観に基づいた縮尺10万分の1の土性図と解説書を作成した．ケルネルの帰国後ロイブが来日し，今日の植物栄養分野の先駆けとなる研究を行った．

当時の土壌肥料関係の顕著な研究として，足尾銅山鉱毒の研究，水田におけるチリ硝石の低肥効

の実証，マンガンの生理作用に関する研究，北海道稲作における過リン酸石灰の著効の発見，無肥料栽培に伴う土壌腐植の減少，火山灰土壌に関する一連の研究が挙げられる．とくに，大工原の酸性土壌の研究（1914年）が刺激となって初めて鉱質酸性土壌が世界に広く分布することが明らかとなった．

2．日本土壌肥料学会創立の頃

　初期の土壌肥料学に関する研究は主として「農学会報」に発表された．その後，1912年に肥料懇談会が設立され，1914年土壌肥料学会へと発展的に改組されたが，当時はまだ東京在住者を中心とした同士的結合体に過ぎなかった．1927年会誌発行を伴う会則を制定し，土壌肥料学会誌第1巻第1号が同年10月に発行された（1938年日本土壌肥料学雑誌と改称）．現在の日本土壌肥料学会は，この年を以って創立されたものとされている（1934年土壌肥料学会を日本土壌肥料学会と改称）．会員は1441名であった．その後，1937年関東支部が設立され，続いて関西，西日本，朝鮮，満州各支部が設立され，終戦時まで存続した．

　1919年，東大内に遊離窒素利用研究室が設立されわが国の土壌微生物学の先達となった．当時，近代的土壌観が紹介され，農耕地土壌調査（1936年以降）における青森県津軽平野の土壌調査は，その後の土壌生成に立脚した調査法発展の礎石となった．植物栄養分野においても，水耕法による栄養生理の研究が1930年頃から活発に行われるようになった．

3．土壌・肥料・植物栄養学の展開（1927～1940年）

　化学肥料が導入されはじめた明治末年からの反収増加は顕著であったが，1920～1930年代には，水稲の反収増は停滞した．このような時代背景の下，化学肥料の合理的施用法（報酬漸減法則の克服）を強い目標として，日本の風土と農業を基盤とした土壌・肥料・植物栄養学が開花・発展した．

　施肥標準調査事業の成果から，水田では3要素中窒素の天然供給量が最も少ないことが判明し，合理的施肥法の研究は窒素肥料に集中して展開した．当時，硫安などの施肥窒素の利用率は20～30％に過ぎなかった．施肥窒素の詳細な動態調査から，田面に施用されたアンモニア態窒素の酸化層での硝酸態窒素への酸化，硝酸態窒素の還元層に移行後の窒素ガスへの還元（脱窒反応）が明らかとなり，この窒素の形態変化に関する理論的究明は，新しい合理的施肥法（全層施肥法）の開発へと結実した．また，水田土層の分化の観点からリン酸の有効化，鉄・マンガン・イオウなどの形態変化が統一的に解明され，水田土壌学が確立した．

　この時代，作物の生育期に応じた栄養特性に関する研究から，分施・追肥技術が発展し，肥料学は次第に作物栄養学の色彩を強めるに至った．施肥標準調査は，水稲と畑作物，畑作物相互間の施肥反応の違いを明らかにし，水耕法はその解析に重要な手段を提供した．水稲とオオムギとの栄養生理的特性の比較研究，水稲およびコムギにおける各種養分の必要時期に関する研究，水稲の完全水耕培養法の確立，水稲に対する窒素の部分生産能率に関する研究など，この時期における作物栄養に関する研究は，作物の栄養という生物学的観点を導入することによって作物栄養学を土壌肥料

学の主要分野として確立する契機となった.

4. 戦時体制下の土壌肥料学（1941～1945年）

　この時代，わが国の農業事情は一変し土壌肥料学にも壊滅的打撃を与えた．しかし研究が全く停止した時期は，敗戦の前後1～2年にすぎない．日華事変後，わが国の多肥農業は一転して肥料不足を余儀なくされ，土壌肥料学に与えられた命題は肥料の効率的施用であった．穂肥が普及奨励され，硫安団子・固形肥料などの工夫も戦時下の少肥対策として登場した．また，堆厩肥の活用，藻類による遊離窒素固定，灌漑水の天然養分供給量の調査など水田の肥沃化機構が研究された．乾土効果，地温上昇効果などの地力窒素の有効化条件の解析が進み，畑土壌の焼土効果の機構も研究された．これらの研究から，秋落現象による水稲低収の原因が水田土壌の老朽化にあることが見出され，その改良対策が速やかに樹立された.

5. 戦後の食糧増産期の土壌肥料学（1946～1960年）

　敗戦前後の1945～48年，会誌は休刊のやむなきに至ったが，戦後の自由な雰囲気の中で土壌肥料学の再建が進められるとともに，中堅から若手の研究者を中心にペドロジスト懇談会（1958年），粘土研究会（1958年），土壌微生物談話会（1954年），土壌物理研究会（1958年），日本植物生理学会（1959年）などの各種研究組織が誕生し，土壌・肥料・植物栄養学の底辺の拡大と基盤の強化がなされた．

　研究面では，老朽化水田における無硫酸根肥料の有効性が硫安以外の新窒素質肥料開発の契機となり，尿素が大量生産され，塩安もわが国独特の窒素肥料として普及した．熔性リン肥が，開拓地のような強酸性で塩基に乏しくリン酸吸収係数の高い土壌できわめて有効な肥料となり，鉱滓（スラッグ）がケイ酸質肥料として登場し，配合式の粒状化成肥料も開発された．

　土壌分野では，土壌有機物，腐植-粘土複合体の解析が進められ，腐植酸の類別，熟畑化過程や土壌型と腐植形態の関係が研究された．粘土鉱物に関する研究も進展し，アンモニアの固定，畑土壌におけるリン酸の動態が研究され，火山灰土壌におけるアロフェンがとくに注目された．また，土壌構造に関する物理学が進展し，畑土壌の生産力解明に大きく寄与した．土壌水分に関する諸問題も，農業土木分野におけるこの方面の研究と連携して発展した．土壌微生物分野では，一般土壌微生物を対象に，畑と水田，未耕地と熟畑，作付体系，植物根圏などにおける微生物フローラの特徴解明がなされた．また，水田作土の還元過程が微生物の生育との関係で論じられた．土壌の生成・分類の分野では，土壌生成論に立脚した縮尺80万分の1の全国土壌図が作成された．また，施肥改善事業，土壌保全調査事業に伴う土壌調査の結果，全国の農耕地を対象に5万分の1の土壌図が出版された．

　老朽化水田における硫化水素による養分吸収阻害に関する研究は，その後の養分吸収機構，根の生理に関する研究進展の契機となった．作物の器官別，葉位別の解析が進み，施肥と作物収量との関係が体内代謝から理解されるようになり，微量要素，特殊成分に関する研究も，各種土壌におけ

る欠乏症の確認と対策を通して進展した．秋落水稲の研究はまた，ケイ酸の栄養生理的役割の再認識に寄与した．肥料の分追肥，水管理などの生育調節手段を駆使する多収穫技術の基本は，この時期に確立されたといえる．

6. 高度経済成長，環境問題（1961～1990年）

（1）経済の高度成長に伴う地力問題，環境問題

1955年以降，水稲の需給が緩む中で高度経済成長は，農家と非農家の所得格差を拡大させ，農業の発展と農業従事者の地位向上を目的に1961年農業基本法が制定され，農業構造改善事業がスタートした．この時代の無秩序な工業の発展は，さまざまの環境汚染・公害をもたらした．本学会に関連する1960～1980年代の国内外の環境問題として，重金属汚染，水質汚濁，酸性雨などの大気汚染，有機性廃棄物，オゾン層破壊，熱帯林破壊が挙げられる．

（2）高度成長期以降の土壌肥料学の展開と新たな課題

1960年以降の多収穫技術は分追肥を中心とした水稲の生育調節技術を特徴とする．土壌肥料的技術の貢献も大きく，栄養生理的研究が理論的根拠を与え，増施窒素の利用率が著しく向上した．農業構造改善事業に基づく選択拡大の農業政策は，畑作物や果樹，牧草の土壌肥料研究を活発化させた一方で，化学肥料の偏用に伴って発生した諸問題と，2度の石油危機（1973，1979年）は，生物性廃棄物の利活用や有機質肥料の再評価，土つくり運動，地力問題の議論を活発化させる契機となり，1984年には「地力増進法」が制定された．また，地力保全基本調査終了後（1979年），土壌環境基礎調査が全国の農地を対象に1980～2004年まで実施された．大気・水質汚染に加えて，肥料，農薬，重金属などの化学物質の農地を含む生態系への悪影響が顕在化し，その対策が1970，1980年代の土壌肥料分野における重点課題となった．他方，1970年代以降の重窒素トレーサー法などの機器の普及は，植物生理学，比較植物栄養学研究を大きく発展させ，バイオテクノロジー研究が端緒についた．世界で初めて鉄溶解物質・ムギネ酸が発見され，以降鉄栄養に関する研究は常に世界をリードすることになった．植物根分泌物の研究は，植物の酸性（Al）耐性，低リン酸耐性の研究など多方面に発展した．その結果，1987年の第58巻から，会誌の副題として「－土壌・肥料・植物栄養学－」を付記することとなった．

高度経済成長は研究環境の整備・充実を，関連科学分野の進歩と食糧需給状況の緩和は食糧生産を目的とした研究から世界の土壌肥料学を視野に入れた基礎的研究の著しい発展を可能にした一方，各種環境問題は新たな研究課題を現出させた．以下に研究進展の概要を記し，詳細は会誌「部門別進歩総説特集号（1968年以後，3～6年ごとに計10回2005年までに刊行）」に譲る．

1）土壌物理

農業の機械化と基盤整備に伴う土壌物理性の劣化対策が研究されるとともに，土壌構造の形成と微細形態，土壌水と溶質の動態，土壌-植物系における水移動，灌漑および排水が詳細に研究された．また，全国水食現況図や予察図が作成され，浸食量の予測式が提案・検討された．

2) 土壌化学・土壌鉱物

土壌鉱物に関する研究成果は画期的なものであった．アロフェンやイモゴライトを含む各種土壌鉱物の組成と微細構造，粘土鉱物による陽イオンの交換と固定，リン酸イオンの吸着と固定，土壌酸性，土壌の緩衝能，水田土壌におけるクロライトの生成機構が解明され，粘土の膨潤と凝集，分散現象も詳しく研究された．また，腐植化学的研究手法が確立され，腐植物質の組成と構造，その生成機構，腐植粘土複合体の腐植組成と鉱物組成が研究された．また，施肥窒素の有機化と再無機化，易分解性窒素の給源として微生物細胞の重要性が明らかにされた．

3) 土壌生物

各種の研究がいっせいに開花し，土壌団粒と微生物，根圏微生物，農薬分解菌，農薬・重金属汚染の影響，病原微生物の生態，土壌酵素，土壌動物が，1980年代には，微生物バイオマス，菌根菌，水田における窒素固定能の定量的評価，ダイズなどの根粒による共生的窒素固定が研究され，低栄養微生物の解析が開始された．

4) 植物栄養

無機態窒素の吸収同化，成長に伴う窒素再転流機構が解明された．また，微量要素や重金属の生理作用，イネトビイロウンカによる篩管液を採取し，植物の代謝生理の研究が進展した．土壌植物系における各種安定同位体の自然存在比の研究が始まり，根粒固定窒素の寄与割合が明らかにされた．

窒素代謝における GS-GOGAT 系や硝酸還元，アミノ酸代謝酵素，光合成におけるルビスコなど酵素学的研究が進展した．また，光化学系-II や C_4 植物を含む光合成作用，同化産物移行における source-sink 関係，Al 耐性や低 P，低 Fe 耐性に関する根分泌作用，農産物の品質研究などが新たに展開された．

5) 土壌肥沃度

米の生産過剰に伴い，多収研究から食味，水田高度利用，土壌汚染，東南アジア研究などへ移行した．また重窒素追跡法や無機化モデルによる窒素動態，葉色診断，地球温暖化ガス，畜産廃棄物の活用，省力，低コスト施肥体系などの研究が展開された．水稲生産調整が進行し，畑土壌の肥沃度研究が重視された．また重窒素や速度論的方法による窒素動態や合理的施肥法，地力維持法が検討された．さらに下層土の重要性，連作障害，高品質栽培，コンポスト利用，リモートセンシングなどが研究された．

6) 肥料および施肥法

肥料の環境負荷が問題となり合理的施肥法，有機質肥料の再評価，生物性廃棄物や工業的副産物の利活用が行われ，また画期的肥効調節型肥料が開発された．

7) 土壌環境

大気・水中の汚染物質のモニタリング，作物被害の状況と発生機構，農用地土壌と農産物の重金属類の概況調査，土壌の重金属天然賦存量調査，土壌-植物系における挙動解明，農耕地からの栄養塩類の流出，農耕地の水質浄化機能，農薬や PCB の土壌残留が研究された．この時期，本学会は酸性雨の土壌への影響予察図を作成した．

（3）学会の近代化，国際化

　1948年，北日本（翌年，北海道と東北に分化），関東，関西，西日本の4支部をもって日本土壌肥料学会は再出発し，1957年中部支部が設けられて現行の6支部制となった．1955年には，土壌肥料学会賞が設定・授与されるとともに，欧文誌「Soil and Plant Food」（1961年「Soil Science and Plant Nutrition（SSPN）」に改称）の刊行が開始された．また，1964年土壌肥料学会功労賞が新設された．加えてこの頃，大会の発表数の増加に対応するため部門長制が発足（1966年）して10部門が設けられ（1971年には11部門），1968年には部門長制による最初の部門別進歩総説特集号が刊行された．加えて，学会創立50周年を機会に1977年新事務所（東大前）を取得，西ヶ原の農業技術研究所から移転するとともに，1978年には社団法人日本土壌肥料学会に脱皮した．また，1982年土壌肥料学会奨励賞が新設された．

　この時期，学会員の国際的活動は国際土壌科学会（ISSS）の認めるところとなり，ISSSの第4部会のセミナーとして「集約農業下における土壌環境と肥沃度管理に関する国際セミナー（SEFMIA）」を1977年10月に主催（東京）し盛況裡に終了した．1982年，国際土壌科学会議の招致を決議し，1986年に，「第14回国際土壌科学会議（1990年）」の日本開催が決定するとともに，1987年黒ボク土と水田土壌を対象に「第9回国際土壌分類ワークショップ」がUSDAとの共催で開催された．「第14回国際土壌科学会議」は，アジアでは2回目，東アジアでは最初の開催であり，1990年8月12〜17日に京都で盛大に開催され，75カ国計1621人の参加をみた．また，会議前後にはシベリア1，中国4コースのエクスカーションも実施され，本学会が総力を挙げて取り組んだ一大事業であった．加えて，1986年の「第13回国際土壌科学会議」で新設が承認されたWorking Group：Paddy Soil Fertilityの第1回シンポジウムが1988年タイ国チェンマイで成功裏に開催され，その成果は1990年の「第14回国際土壌科学会議」（京都）期間中に，水稲作を主幹農業とする東・東南アジア諸国の土壌肥料学会の連合体，東・東南アジア土壌科学連合（ESAFS）の創設として結実した．

7．バイオと地球環境時代の土壌・肥料・植物栄養学（1991年〜現在）

（1）バイオと地球環境時代の研究

　1991年以降の研究動向として，国民の食の安全・環境への関心の高まりに対応した農作物の品質重視，リスクを軽減する栽培法，肥効調節型肥料や生物性廃棄物の有効利用などの研究が挙げられる．また，地球温暖化対策としての土壌への炭素蓄積や土壌からのメタン・亜酸化窒素の発生制御，分子生物学的手法を用いた土壌微生物研究，わが国土壌の統一的分類体系の確立なども行われた．植物栄養学分野では，全生物を視野に入れたDNAレベルの研究に大きく展開し，各種トランスポータの発見，各種ストレス耐性遺伝子組換え作物の作出などの研究が精力的に行われた．加えて，学会員が世界各地の土壌を対象に活発に研究を行ったのもこの時代の特徴と言える．

1）土壌物理

　孔隙の空間分布と通気・透水係数などへの寄与が研究され，水および物質移動におけるバイパス流，物質の再分配過程での粒団内への拡散と吸着・イオン交換過程が詳細に解析されるとともに，現

地土壌における透水係数が精力的に研究された．

2) 土壌化学・土壌鉱物

受食性・透水性と土壌鉱物の界面物性，土壌鉱物成分の植物栄養学的重要性，オキソ酸や有機酸，重金属や有機汚染物質の吸着現象が研究された．また，非アロフェン質黒ボク土とアロフェン質黒ボク土が交換酸度y1から区別され，広域風成塵起源の鉱物がわが国各地に広く分布していることが明らかとなった．加えて，腐植物質の骨格炭素，官能基が詳細に研究され，腐植酸の平均的化学構造が提案された．また，黒ボク土腐植酸の起源として炭化物が注目され，各種非腐植物質の組成と存在量，起源に関する研究が進展した．

3) 土壌微生物

生化学・分子生物学的手法を用いた各種微生物の群集構造，各種微生物の土壌中での挙動，根粒菌の生態と感染生理，メタン生成菌数の季節変動，分離・同定，群集解析が詳細に研究された．その他，微生物生体観察法の開発，バイオレメディエーション，遺伝子組換え微生物の安全性評価，土壌病害の発生環境と耕種的防除が研究された．

4) 植物栄養

養分吸収に関係する各種トランスポータの世界的発見とともに，Fe, Si, Al, S, Bなど無機養分の吸収機構やストレス耐性機構が明らかとなった．さらに，非マメ科植物のエンドファイトによる窒素固定の発見，肥料窒素の環境負荷量，有機農産物の識別などが行われた．また，地球温暖化を考慮した高炭酸ガス下（FACE）での各種作物の光合成反応が検討され，C_3作物ではルビスコ量を減少させることにより光合成が向上することが明らかとなった．ムギネ酸の全生合成経路が解明され，オオムギ遺伝子組換え鉄欠乏耐性イネの作出とアルカリ土壌での圃場試験が行われた．

また植物の耐酸性研究のターゲットが塩基性重合AlからAl^{3+}に絞られ，有機酸分泌による過剰害軽減機構の解明やAl耐性オオムギ形質転換体の作出に成功した．この他，ルビスコアンティセンス組換体イネ，C_4-PPDK形質転換イネなども作出された．イネGS-GOGAT系のQTL解析，リン酸欠乏イネcDNA-マイクロアレイ研究，Cd汚染土壌のファイトリメディエーションなど先端的研究が展開された．

5) 土壌肥沃度

米の食味を左右する蛋白含量を制御するための栄養診断および土壌管理法が策定された．また省力・低コスト化のための直播栽培，不耕栽培技術が検討され，水田の持つ多面的機能が評価された．また大区画化に伴う地力ムラに対処する局所管理，精密農業の重要性が指摘された．さらに，世界初のイネFACE圃場試験が行われ，増収する反面，病害の発生増が危惧された．水田，畑地の双方で土壌環境基礎調査がまとめられ，わが国耕地の養分実態，窒素の施用実態，窒素フロー，硝酸汚染リスクが明らかにされた．

畑地における土壌バイオマス形成と窒素フローが解明され，また土壌肥沃度に関係する土壌微生物評価手法が検討された．さらに土壌窒素の反応速度論的解析や，重窒素追跡法による土壌肥沃度の診断手法も開発された．またリモートセンシング技術が進歩し，土壌の土地生産力評価や土壌図の作成などが行われた．

6) 肥料・土壌改良資材

肥効調節型肥料の水稲,畑作物への施用技術が多方面から検討され,水稲では,本田施肥省略,窒素利用効率の高い育苗箱全量基肥栽培技術が開発された.また,目的成分を供給し作物の質的改善が期待される「接触施肥法」が提案された.茶園などの過剰施肥が浮き彫りになり,その改善法が検討された.これに対して,有機農業や循環型農業に高い関心が集まり,生物性廃棄物のコンポスト化とその活用法が精力的に検討された.新規ケイ酸資材や石膏の有効性が明らかにされた.

7) 環境保全

傾斜地における土壌侵食,土壌特性と防止対策が研究され,1 kmメッシュの全国土壌侵食防止機能図が作成された.また,各種農耕地における肥料成分の収支と系外への流出量が流域レベルを含めて調査されるとともに,地球温暖化との関連で土壌呼吸量,メタンや亜酸化窒素発生量が研究された.また,土壌による炭素貯留の重要性が認識され,わが国土壌における炭素循環のモデル化が検討された.

(2) 学会活動の充実,国際化

1990年以降,学会活動の充実を目的に,時代に対応したさまざまの変革がなされた.1995年に日本土壌肥料学会技術賞が,2002年には日本土壌肥料学雑誌論文賞およびSSPN Awardが新設されるとともに,2003年以降,若手会員の海外学会への参加旅費の補助事業が開始された.また,1995年にはインターネット・ホームページが開設され,2002年の会誌第73巻,欧文誌SSPN Vol.48から紙面をB5版からA4版に変更,2006年発行のSSPN Vol.52からBlackwell社により出版されるとともに,オンライン化された.加えて,2007年には「日本土壌肥料学会倫理綱領」が制定された.1994年,これまでの11部門の見直しが行われ,土壌物理,土壌化学・土壌鉱物,土壌生物,植物栄養,土壌生成・分類・調査,土壌肥沃度,肥料・土壌改良資材,環境の8部門に整理・統合されるとともに各部門内に部会が新設された.加えて,2006年には第9部門として社会・文化土壌学が新設された.

1990年以降,国際シンポジウムやワークショップの主催・共催が活発に行われ,ESAFS第1回ワークショップ(1991年),第2回国際ケイ酸と農業会議(2002年),第6回低pH領域における植物と土壌の相互作用(2004年),第8回ESAFS国際会議(2007年)を主催するとともに,第13回国際植物栄養科学会議(1997年),第5回国際水学会国際シンポジウム(2001年),第16回国際環境生物地球化学シンポジウム(2003年),第6回国際植物硫黄代謝ワークショップ(2005年)を共催した.

また,学会創立70周年記念事業として,「土と食糧―健康な未来のために―」(1998年)を出版するとともに,シンポジウム「統一テーマ:地域に根ざした持続的農業における土壌肥料研究の展望」を含む記念行事を盛大に挙行した(1999年).2007年,本学会は充実した80周年を迎えた.

(注:1970年以前の歴史は,前著「50年史」(村山 登)を参考にとりまとめた)

(木村眞人・三枝正彦)

第15章　土壌微生物学

1. はじめに

　日本土壌微生物学会は1954年12月に開催された「第1回土壌微生物談話会」をもって設立とし，1960年4月「土壌微生物研究会」と改称し同年1月には会誌「土と微生物」第1号が発行され，これまでに62巻（2008年現在）を数えるに至っている．また，1998年には学会員の強い要望を基に「研究会」から「学会（日本土壌微生物学会）」へと組織・体制を改め，名実ともにわが国における土壌微生物研究を主導する学会へと発展してきた．

2. 「土壌微生物懇話会」から「土壌微生物研究会」，そして「日本土壌微生物学会」へ

　第1回土壌微生物懇話会は，1954年12月東京，西ケ原の農林省農業技術研究所にて開催された．北海道や関西からの参加者も含め68名であった．日本土壌肥料学会会長藤原彰夫氏の発会への祝辞，石沢修一氏の挨拶の後，4名の講師による講演が行われた．その記録集「講演ならびに討論記録集第1集」のあとがきには「土壌微生物学はまだ初期の段階だからといってただ自己の枠内だけの研究を続けている時期はすでに過ぎ去ろうとしている．多くの部門の人々と話し合い（中略）土壌微生物を対象として確立している各々の立場々々の人が話し合っていっそう深く研究していかなければならない」と述べられており，その共通認識が「土壌微生物懇話会」発会の動機であり，1960年「土壌微生物研究会」へと発展させた原動力と推察される．またこの共通認識は，その後の本学会の基本理念・精神として脈々と流れ，今日に至っている．その後「土壌微生物研究会」は会誌「土と微生物」の充実，各種出版物の出版に努め，1998年には「日本土壌微生物学会」へと組織体制を改め今日に至っている．また後述の「土壌微生物通信」が本学会へ及ぼす貢献も無視できない．

　当初68名の参加のもとに設立された「土壌微生物懇話会」は「土壌微生物研究会」発足には会員数177名になり，1978年には600名を超え，その後，約20年間600〜700名の範囲を推移し，2008年現在，約600名を維持している．

　以下は，歴代の学会長とその在任期間である．各先生方が，以下に紹介するような本学会の発展，基本理念・精神の機承と学会の発展に多大な貢献をされたことに，改めて敬意を表する．

　奥田　東（1960〜62），石沢修一（1962〜64），古坂澄石（1964〜70），鈴木達彦（1970〜74），山口益郎（1974〜78），飯田　格（1978〜82），吉田冨男（1982〜84），沢田泰男（1984〜86），荒木隆男（1986〜88），和田秀徳（1988〜90），鈴井孝仁（1990〜92），服部　勉（1992〜94），生越　明（1994〜98），丸本卓也（1998〜2001），百町満朗（2001〜03），木村眞人（2003〜05），雨宮良幹（2005〜07）．

3. 学会活動

　本学会は，土壌微生物学者と植物病理学者が，研究の対象とする土壌の微生物に関する試験，研究の展開と農業技術への寄与を目的とする学際的な学会である．初期の「土壌微生物研究会」の活動は，シンポジウムの開催，「土と微生物」の発行，「土壌微生物通信」，「土壌微生物に関する文献集」の発行の発行に加えて，土壌微生物に関する単行本の編集・出版であった．なお近年は「荒廃土壌修復における微生物機能の利用」（2002年11月東京），「第16回国際環境生物地球化学シンポジウム（ISEB 16）」（2003年9月十和田湖町）など各国際研究集会を後援し，学会活動も国際的・学際的広がりを見せている．また，日本微生物生態学会が中心となって創刊したMicrobes and Environments誌の日本土壌微生物学会との協同編集も2003年より始まっている．2006年には日本農学会に加入した．

4. シンポジウム

　シンポジウムはほぼ1年に1回開催され，そのテーマは土壌微生物に関係する学会内外の研究者の研究史や，その時々の社会や関連研究分野と土壌微生物研究の接点を反映したものであり，わが国の土壌微生物研究の歴史の記録でもある．創立25周年記念講演を行った飯田　格会長（当時）は本会誌（1980）でそれまでの内容を整理し，シンポジウムでどのような土壌微生物に関する話題が取り上げられてきたかを詳細に紹介している．その後1983年までは，若手研究者を含めた広範な分野の演者によって微生物と土壌の関係が講演されたが，84年以降はその時々の興味あるテーマの下にシンポジウムが開催された．その主なものは「有機物と土壌微生物（農業生産ならびに環境浄化の視点から）」，「土壌微生物とバイオテクノロジー」，「免疫学の最近の進歩と土壌微生物学への適用」，「組換え微生物の農業利用」，「土壌病害と土壌微生物」，「微生物の環境適応機構」，「野菜・花きの土壌病害をめぐって」，「土壌微生物としての*Pseudomonas*属細菌」，「共生土壌菌類と植物の生育」，「微生物の環境導入とその技術的問題」，「共生・寄生微生物の進化と環境適応」，「環境と土壌微生物」，「農業における微生物利用と土壌微生物研究」，「土壌微生物研究のパラダイム」，「アジア地域との微生物研究のネットワーク」，「環境保全型農業のための微生物利用」，「土壌伝染病原菌の防除対策」など，農業現場における土壌微生物，各種微生物の土壌中での生態，土壌微生物の研究手法などが，社会や研究の進歩を反映して取り上げられてきた．

5. 会誌など

(1)「土と微生物」

　第1回土壌微生物談話会の議演の記録は「講演ならびに討論記録集第1集」として残され，引き続き，第6, 7集まで出版された後，1960年1月に土壌微生物研究会誌「土と微生物」に改称し，本学会誌として今日に至っている．初期の掲載論文はシンポジウムにおける講演内容を基とした論文であり，今日まで継続してシンポジウム関連の論文が掲載されてきた．初期の2, 3の論文には，「ネマ

トーダの話（国井喜章）」，「農薬施用と微生物（石沢修一）」，「沖縄における土壌病害概観（荒木隆男）」があり，1978年，渡辺　巌氏により初めて英語の論文「Azolla and its use in lowland rice culture」が掲載された．その後，本誌が年2号発行されるようになった1987年前後に，原著論文も掲載されるようになり，1994年以降，ほぼ各号英文報文が掲載され，今日に至っている．また創立50周年を記念した講演会で木村眞人会長（当時）は本学会の歴史を総括し，本会誌（2004）に掲載された．本稿もこの総括文を基本とし，その後の発展を加筆した．

（2）「土壌微生物通信」

　本通信は，東北大学農学研究所古坂澄石氏の献身的努力で1962年6月に創刊された．その趣旨は，「土壌微生物学者が当面している一番大きな問題は，分散的なお互いの研究をいかにして集中し，論争点や解決すべき課題を明らかにするかということ」（服部　勉，創刊号より抜粋）で，「若い研究者が，全国的な意見の交流の中で一層広い視野を持つ新しい型の研究者として育つことは大変大切」との本学会員の共通認識から，自由に意見交換する広場・通信が目的であり，その気風・精神は今日まで連綿として引き継がれている．初期の頃の「通信」には，思いも及ばない他分野の諸先生の土壌微生物に対する考え・意見や本学会の諸先輩の自由な発言を見出す．また1963年から「通信」の特集に「本邦における土壌微生物文献一覧」が組まれ，その後「土壌微生物に関する文献集」として刊行され，土壌微生物学の文献情報源として重宝された．

　しかし1986年，第67号をもって「通信」は四半世紀の幕を閉じた．ちょうど本学会の草創・発展期から充実-新たな飛躍への節目の時期に当たり，本通信を介して本学会が目指す方向，方途，精神についての会員間の共通認識が確立されたものと推察する．「通信」終刊号で服部　勉氏は『四半世紀前に，「新しい時代」に向けて発刊した「通信」の役割を終らせ，今日の新しい世代の方々の新しい創造的試みを期待したい』との一文を寄せ，25年にわたる肩の荷を降ろした．今日の本学会の発展，会員各位の研究の進展，深化を目の当たりにする時，その期待に十分答え得たといえるであろう．なお「土壌微生物通信」は，1996年にそのすべてが復刻版として出版され，2005年には「土と微生物」1-59巻と合わせ検索機能つきCD-R版として刊行されている．

6．出　版

（1）土壌微生物研究会編「土と微生物」（岩波書店，1966年）

　本書は，土壌微生物談話会の10周年を記念して出版されたものである．古坂澄石氏は本書の冒頭，「土壌微生物学は最近10年に至るまで日本の国に住みつきえなかった」と振り返り，「この間の成果をもとに現時点における日本の土壌微生物学の位置付けと将来の方向を見出すための作業の一環」として，その出版趣旨を明らかにしている．本書の願いは，「わが国の土壌微生物学者達が何をどのように考え研究しようとしているか」，「わが国の土壌微生物学者達がこの国の土壌の特殊性を十分生かすと共に，わが国の微生物学や土壌学のよき伝統をできるだけ正しく受け継ごうとしているか」を紹介することであり，さらに「わが国の土壌微生物学がより広い視野でより全面的に発展する」ためであった．当時，土壌微生物学をわが国に根付かせようとした諸先輩の努力と熱い思いが伝わる．

(2) 土壌微生物研究会編「土壌微生物実験法」（養賢堂，1975年）

　土壌微生物談話会が発足して20年間にわが国の土壌微生物研究は着実な発展を遂げつつあった．会員も600名近くと発足時の約10倍に達し，社会の土壌微生物への関心も増加していた．その結果，「土壌微生物の研究においてもっとも欠けていることは日本語の土壌微生物の実験法がないことであり，このことが測定法の不統一などを招くとともに土壌微生物に興味をもっている研究者が土壌微生物学に入りにくい状況を作り出している」（鈴木達彦）ことが強く懸念されるようになった．本書の企画はこのような状況を背景としたものであり，「本書によって，土壌微生物の知識のない人でも正確に実験が出来，得られた実験結果の解釈を可能にすること」を目指した，当時の土壌微生物に関する実験手法を網羅するきわめてユニークな実験書となった．

(3) 土壌微生物研究会編「土の微生物」（博友社，1981年）

　本書は学会創立25周年を記念して刊行されたものであり，先の「土と微生物」からの第2の里程塚として，その後の土壌微生物学の発展をわが国の研究を中心に諸外国の成果を加えて編集された．「土と微生物」当時に比べて，わが国の土壌微生物学の著しい進歩が詳しく紹介されている．当時のエネルギー問題を背景とした土壌微生物による効率的物質循環，環境汚染問題，農業現場における微生物に起因する諸障害などに関連して，社会が土壌微生物に大いなる期待を寄せるようになったことも刊行の動機になったと思われる．書名が前回の「土と」から今回「土の」に変更された背景には，「前回は微生物と土壌との関係が十分には解明されていない段階であったが，今回は土壌とのつながりをさらに一歩深めると言う意図」（古坂澄石）が込められていた．この間の土壌微生物学の進歩に対する諸先輩の自負を強く感じる．

(4) 土壌微生物研究会編「新編土壌微生物実験法」（紀伊国屋書店，1992年）

　先の「土壌微生物実験法」は，出版後多くの土壌微生物を取り扱う研究者に利用され好評であったが絶版となった．この間，「バイオテクノロジーの発展にともなう遺伝子組み換え微生物の環境中での動態，微生物の多様性，有害物質・廃棄物の微生物処理，有用物質産生遺伝子の探索，導入微生物による植物生育促進・病害虫防除」（鈴井孝仁）など，新たな土壌微生物への関心も高まった．本書は，前書を補うとともに，新たな時代の要請に対応した実験書であり，現在も土壌微生物研究のためのマニュアルとして広く利用されている．

(5) 土壌微生物研究会／日本土壌微生物学会編「新・土の微生物（全10冊）」 （博友社，1996～2003年）

　本書は，「土と微生物」，「土の微生物」を改訂し，最新の土壌微生物像を紹介したものである．その出版は，本学会が「日本土壌微生物学会」へと改称・発展した時期に前後し，前書からの課題を引き続き取り上げるとともに，社会の土壌微生物に対する高い関心と分子生物学や微生物工学の最近の進歩に触発された土壌微生物学の現状が10分冊に詳しく紹介されている．「本シリーズのような10冊にも及ぶ土壌微生物のモノグラフシリーズは，世界に例をみない」（服部　勉）企画であった．

〈犬伏和之〉

第16章 砂丘学

1．「日本砂丘研究会」（日本砂丘学会の前身）の生い立ち

　わが国の砂丘地における農業的利用は16世紀後半から始まり，昭和28年「海岸砂地地帯農業振興臨時措置法」の施行によって本格化したとされる．これに先立ち，鳥取農林専門学校では，鳥取砂丘をはじめ県内に海岸砂丘が点在する立地環境から，昭和初期より砂丘造林の研究が実績を挙げていた．昭和24年新制大学が全国に発足したなか，鳥取農林専門学校も鳥取大学となり，軍の砂丘演習地を譲り受けた砂丘試験地で研究に拍車がかかった．やがて砂丘造林関係者の提唱により，砂丘地の農業的利用に関する研究グループが立ち上がった．このグループを母体とする全国からの発起人72名をもって，昭和29年8月21日「日本砂丘研究会」が発足した．

　記念すべき第1回大会は鳥取大学農学部で開催された．大会は17題の研究報告と3題の現地報告，そしてシンポジウムは保水性のよくない砂丘地農業の灌漑方式をテーマに活発に議論された．

　昭和29年11月15日には174名の会員数を得て，12月に会誌「砂丘研究」第1巻第1号を発刊した．会則の目的条項第2項には「本会は砂丘に関する研究の進歩発達，およびその実際への普及を図るを目的とする．」と記しており，日本の海岸砂丘地（で）の高度な農業的利用を主な研究対象とした，実学を伴う実践的研究会の色彩が強かった．年1回の全国大会は，海岸砂丘地を有する県の持ち回りで開催された．とくにシンポジウムは，その地域の解決すべき課題が多く取り上げられ，地元農家をはじめ県市町村関係者が参加するという，まさしく今日の産官学連携シンポジウムといえるものであった．とくに開催時に配付する冊子には，その地域の砂丘地農業の歴史や現況が統計資料とあわせて掲載され，関係者への貴重な資料となった．

　第2回大会は石川で開催され，その後，山形，静岡，新潟，島根，秋田，福岡，茨城と続き第10回を再び鳥取で開催した．そして宮崎，千葉，鹿児島，青森，京都，福井，徳島，佐賀，愛媛と続いた．

　やがて砂丘にかかわる研究者らは，次第にその研究対象として海外の乾燥地域に関心を向けるようになり，種々の貴重な現地情報が大会や会誌に掲載されるようになった．そこで昭和50年会則第2条の目的の項に乾燥地を加え「本会は砂丘および乾燥地に関する研究の進歩発達ならびにその実際への普及を図るを目的とする．」とした．

2．「日本砂丘研究会」から「日本砂丘学会」への移行

　「日本砂丘研究会」は設立の趣旨からして砂丘地を対象として学際的，横断的な分野の研究者，実務者から構成する現場重視の研究会としての活動にその特徴を持っていた．したがって，ほとんどの本会員は，別途主たる専門分野の学会に所属している．このことは，本会に対して2次的活動への参画となり，ややもすると砂丘研究会全体の弱体化につながることとなった．現に会員は200名近くにまで減少の一途をたどった．また，研究会という名称は，掲載論文にレフェリー制度を導入していても，研究業績主義が問われる際に，会誌の評価が低く位置づけられる傾向は否めなかった．さ

らに乾燥地や沙漠化への関心が高まる中,「日本沙漠学会」など対象が類似している学会が誕生したことにより名称を含めて学会への移行問題が幹事会を中心に浮上し論議を重ねてきた．その結果，第38回静岡大会の評議員会と総会において名称を「日本砂丘学会」，会誌も第39巻第1号から「日本砂丘学会誌」として新たな飛躍を目指すこととなった．これにあわせて会員増強を図り，300名以上の会員を有するに至った．

3．日本砂丘学会の主な活動

（1）学術賞の創設

学会移行に伴い学会賞の創設の機運が高まり，平成7年学術賞と奨励賞を，さらに平成10年には技術賞および11年に地域賞を創設した．平成19年度までの累計でそれぞれ学術賞1件，奨励賞4件，技術賞1件，および地域賞6件を表彰した．

（2）日本学術会議第6部地域農学研連との合同シンポジウム

日本学術会議の第6部地域農学研究連絡委員会の第17, 18期のメンバーとして参加，第17期の期間中に3回にわたる合同シンポジウムを開催した．第1回は「砂地農業の現状と将来展望」をテーマに平成10年7月，徳島県鳴門市（第45回大会）において，また第2回を日本学術会議創立50周年記念公開講演会として平成11年11月，東京農業大学でパート2とし，「不毛地を沃野にかえる－砂地農業への挑戦・世界の沙漠写真展－」，そして第3回を平成12年6月鳥取県においてパート3として「－砂地農業から世界の乾燥地農業へ－」と題して開催し，いずれも好評を得た．

（3）創立40周年記念誌の発刊

日本砂丘研究会から数えて創立40周年を迎えたことを記念して，これまでの研究業績を集大成した記念誌を企画し，「世紀を拓く砂丘研究－砂丘から世界の沙漠へ－」と題して農林統計協会より平成12年に発刊した．

（4）市民公開講座と沙漠写真展

学会の広報活動として，また成果報告の一環として文部科学省の科学研究費補助金を得て，市民公開講座「砂丘研究の明日をめざして」と題して平成9年から15年まで毎年開催した．あわせて，会員から寄贈された写真を学会所属とし，それらを「沙漠の写真展」と称して種々のイベント時に展示しており，現在これの単行本の発行を企画している．

（5）年3回の学会誌発行とホームページの開設

会誌の充実に向けて第48巻より学会誌発行をこれまでの年2回から3回に充実させた．バックナンバーをデジタル化して，成果の活用を図るとともにホームページを開設し学会活動の広報に注力している．

(6) 遠山正瑛元会長のラモン・マグサイサイ賞受賞

　日本砂丘学会の生みの親の一人である名誉会員の故遠山正瑛元会長は中国乾燥地の緑化事業に大きな貢献を成し，その功績を讃えて平成15年ラモン・マグサイサイ賞を受賞された．研究会から学会に移行しても，元会長をはじめとする研究会の伝統である現場主義が受け継がれている．

4．日本砂丘学会の課題と将来展望

(1) 学会事務局について

　本会の実質的運営は，日本砂丘研究会創設当時から事務局を鳥取大学農学部附属砂丘利用研究施設において，農学部教員からなる幹事会で行ってきた．

　学会への移行に伴い事務局を農学部に移転した後も，農学部教員を中心とする幹事会が企画運営など事業を継承している．そしてこれらの事務処理を含め，ほとんどが幹事のボランティアに支えられ今日に至っている．

　今後，委託を含めて持ち回りをはじめとする事務局のあり方の検討が必要である．

(2) 日本の海岸砂丘地から世界の乾燥地へ

　研究会発足当時から砂丘地の農業的利用に関しては，各地で付加価値の高い砂丘特産物を生み出した．一方で，農業的利用よりも工業団地や住宅地として変貌する砂丘地も多く，抱える課題も環境問題をはじめ多様化してきた．そして研究対象も砂丘地から世界の乾燥地，沙漠地に向かっており，これまでの農学中心の学会としては対処できない状況にある．これらのことから沙漠学会をはじめとする他の学会との共催や統合・連合を視野に入れた検討の必要がある．

(3) 学会誌について

　本学会誌が博士課程の登竜門としての役割を担い，とくに留学生の英語による原著論文の掲載が多くなってきた．しかし，このことが本会の特色である実践的研究の掲載を期待して入会しているこれまでの会員にとっては読みづらいものとなっていることは否めない．英文を別冊にするなど会員に読まれる学会誌に導く必要がある．

(4) 全国大会の開催地について

　年1回の全国大会は，これまで砂丘地を有する県において開催していたが，乾燥地，沙漠地あるいは地球環境問題などグローバルな問題を扱う課題が多いことから人口密集地を開催地の候補とするなど本会の飛躍に向けて対策を講じる必要がある．

引用文献

長　智男，石原　昂：「日本砂丘研究会」から「日本砂丘学会」へ，日本砂丘学会監修「世紀を拓く砂丘研究－砂丘から世界の沙漠へ－」，農林統計協会（2000）

　　　　　　　　　　　　　　　　　　　　　　　（岩崎正美，藤山英保，山口武視，山本定博）

第17章　農芸化学

1. はじめに

　百有余年の歴史を通じて動物・植物・微生物の生命と生物生産を主要な研究対象とし，化学と生物学を基盤の方法論とし，"基礎から応用まで"の研究理念を掲げて発展してきた日本の農芸化学は，国際的にもユニークな学問として広く認知され，世界に冠たる幾多の成果を挙げて今日に至った．しかもこの過程で，グローバルに展開され始めた先端科学に十分対応し得る力量と柔軟性を培い，そしてユニバーサルな学問へと変貌を遂げた．一方，日本農芸化学会は，伝統あるこの名を堅持しつつ，変わりゆく"農芸化学"をあらゆる面にわたってしっかりと支えてきた．

　本稿は，日本の農学を構成する諸学派のパートナーとして学術面・産業面で，また一般社会面で，大きな貢献を為すべく意気軒昂の発展を続ける農芸化学の抄史を回顧し，現状を俯瞰し，未来を展望して「日本農学80年史」の一資料として役立てるための記録である．

2. 草創期

　日本に"農芸化学"の文字が初めて公式に登場したのは1877年（明治10年）で，駒場野農学校（東京大学農学部のルーツ）の専門科の一名称としてであった．当時は"技術の"ことを"技芸"と呼んでいたので，農業に関する化学と技術を指向する学問として"農芸化学"の語がコインされたのであろう（その英訳は Agricultural Chemistry and Technology となるのかもしれない－筆者私見）．いまにして思えば，基礎研究・応用研究兼備の現在の農芸化学の姿を予見するかのごとき先達たちの慧眼に，感銘を覚えるのである．

　大学等の学科名として「農芸化学」が定着したのは1890年（明治23年）に設置された帝国大学農科大学（後の東京帝国大学農学部）においてであった．ここでは，ドイツ人教師 O. Kellner らを擁してこの学問の発展の基礎が築かれた．その後，同名の学科は1907年（明治40年）には北海道帝国大学，1922年（大正11年）には九州帝国大学に開設され，その翌年，京都帝国大学に（ただし当時の名称は「農林化学科」として）設立され，全国に広まった．

　日本の農芸化学の学術基盤の構築に最も大きく寄与されたのは東京帝国大学農学部教授の鈴木梅太郎博士であろう．博士は，当時，日本の国民病と揶揄されていた脚気の拡大を憂慮し，その予防・治癒因子を米糠から発見してオリザニンと命名し，東京化学会誌（1911）に発表した．が，本物質を単に脚気の特効薬とは倣さず，さらに研究を重ね，これがヒトにとって必要不可欠の新しい栄養素（つまり食品成分）であることを実証した（Biochem. Z. 1912）．これにより1914年，ドイツ学派からノーベル医学生理学賞候補に推薦された．後年，オリザニンはビタミン B_1（チアミン）と改名され，ビタミン栄養学の体系

図1　鈴木梅太郎博士記念切手より

基盤となった．しかし博士は生涯にわたって自らを"農芸化学者"と号していた（図1）．

学術面ばかりではない．産業面でも画期的出来事があった．ちょうど100年前，旨味成分グルタミン酸ナトリウムが発見され，工業化された．これは農芸化学分野の広さを象徴する初例ともいえよう．

草創期の農芸化学者たちは主に東京化学会（現在の日本化学会）を活動の場としていたが，1924年（大正13年）に鈴木梅太郎博士らが日本農芸化学会を設立すると，活動拠点をこれに移し，日本農藝化學會誌 第1巻を発刊した．現行の会誌「化学と生物」に至るまで脈々と続けられてきた出版活動の原点は，ここにある．当初から，その内容に生物化学，天然物有機化学，微生物科学，そして動物・植物・微生物生産（主に発酵・醸造）に関する産業技術の研究結果が掲載されていた．日本化学会，日本薬学会とともに日本の三大化学会の一翼を担う日本農芸化学会が，他の二者と協力しつつも一線を画し，しかも日本農学会の一員として発展していく兆しを，早くも草創の頃から垣間見ることができる．

3．成長期

昭和の時代に入って農芸化学は大きな成長を見せ始めた．その主軸はビタミンを中心とする栄養因子の化学的・生化学的研究，動物・植物・微生物の成長因子・代謝産物に関する生化学的・有機化学的・生産科学的研究，そして発酵技術の開発および工業化に向けた研究であった．

具体的には，副栄養素としてのビタミンの研究，植物成分トロポロン，ロテノン，ジベレリン，ブラスティシジン，ヒノキチオール，シノメニン，アミノ酸配糖体，フグ毒テトロドトキシン，本邦発酵菌類とくに麹菌とその酵素，カナマイシン，火落酸（メバロン酸），乳酸菌とそのアミラーゼ，酸化発酵の研究などが挙げられる．これらの研究は，後のいくつかの世界的研究とともに高く評価され，従事した研究者のうちの何名かに文化勲章が叙勲された（表1）．

表1 文化勲章を受けた日本農芸化学会会員

年号	氏名*	叙勲対象
1943	鈴木梅太郎	農芸化学の研究
1958	野副鉄男	トロポニンの研究
1962	梅澤濱夫	カナマイシンの発見
1963	藪田貞治郎	ジベレリンの発見
1965	赤堀四郎	アミノ酸の有機化学
1967	坂口謹一郎	本邦発酵微生物の研究
1982	津田恭介	テトロドトキシンの研究
1994	満田久輝	ビタミン強化米の開発
1999	田村三郎	生理活性物質の研究

* 敬称略

農芸化学は，他の分野の学問と同様，不遇な時期を経験した．第二次大戦前・戦中・戦後の一時期がそれであった．しかしこの間も潜在力を培い続けてきた．1960年代に入るとその力は一挙に顕在化し，さまざまな成果が奔流のごとく湧き出た．それを可能にした第一の要因は機器分析技術，とりわけ赤外線吸収スペクトル，核磁気共鳴，質量分析，ガスクロマトグラフィー，高性能液体クロマトグラフィーの進歩であった．

一方，1953年にWatsonとCrickによって提出されたDNAの分子構造モデルと，その直後に提唱されたタンパク質生合成のセントラル・ドグマのインパクトは世界を席巻し，日本の学界にも強い影響を及ぼした．しかし，長年バイオサイエンス・バイオテクノロジーを実質的に研究してきた農

芸化学には，この変化に即応する素地ができ上がっていた．

　こうした機器分析の進歩と新しい生命科学・工学の発展は高度経済成長期と符号していた．必然的に産業界は技術革新に乗り出した．これを象徴する成果に，アミノ酸発酵とりわけ栄養強化のためのリジン，おいしさ倍増のためのグルタミン酸の発酵生産があった．旨味成分 5'-イノシン酸ナトリウムと 5'-グアニル酸ナトリウムの発見もあった．

　農芸化学に食品科学が大々的に参画したのもこの時期であった（後述）．日本全土にわたる産業発展の負の遺産として環境問題も浮上し始めた．日本農芸化学会が標榜する"生命・食糧・環境"の三大研究パラダイムのルーツはこの頃に見いだすことができる．

　学会をみると，1957 年（昭和 32 年）に日本農芸化学会は社団法人となり，法的人権を得た．1971 年には東京大学農学部に間借りしていた小さな事務局を引き払い，現在の学会センタービル（文京区弥生 2-4-16）2 階の大広間に移って，名実ともに日本三大化学会（前述）のひとつに相応しい近代的体制を築いた．学会創設時に 940 名であった会員数も急増し，平成の時代に入って最大時 15,000 名を超えた．1973 年には財団法人農芸化学研究奨励会が設立され，若手研究者の助成を開始した．

4．成熟期

　日本に農芸化学という学問が産声をあげてから 100 年を経た 1974 年は奇しくも当学会創立 50 周年に当たる．これを契機に実施された新事業のひとつに授賞制度の改訂があった．1939 年に当学会の最高賞として創設された鈴木梅太郎博士縁りの「鈴木賞」およびその後に併設された「日本農芸化学賞」は，この改訂により「日本農芸化学会賞」および「日本農芸化学会功績賞」となり，従来の「農芸化学技術賞」，「農芸化学奨励賞」，そして本会推薦による「日本農学賞」へのノミネーションとともに，1986 年からこれを施行した．また，農芸化学の研究成果を海外へ発信することで大きな役割を演じてきた欧文誌 "Agricultural and Biological Chemistry" を，その内容が実質的にバイオサイエンス・バイオテクノロジーへと変貌したことを反映しつつも "化学" の重要性を考慮に入れ，"Bioscience, Biotechnology, and Biochemistry" に変更した．

　以下に成熟期の農芸化学の主要な研究成果を，授賞対象研究・欧文誌掲載研究などから抜粋し，分野ごとに記述する．

（1）生命科学

　従来，生物化学・天然物有機化学・微生物科学の三大類型（前述）の中で行われてきた研究は，この時期から次第に学際化し始め，"生命科学" と呼ぶに相応しい類型が出来上がった．それは，生物の種を超えて分子・細胞のレベルにまで研究を掘り下げる見方が浸透してきたからに他ならない．とくに，細胞機能の要因である DNA, RNA, タンパク質，糖質，脂質，その他の生理活性物質の研究，そしてタンパク質工学，構造生物学の研究が先端ライフサイエンスの一環として行われるようになった．

　注目されるのは酵素の研究で，分子クローニングなどを駆使し，世界をリードした．たとえば凝乳酵素キモシンをはじめ，ズブチリシン，アクアライシン，セラチオペプチダーゼ，カルボキシペ

プチダーゼY，リシルエンドペプチダーゼ等は，微生物起源でありながらも微生物科学の枠を超え，その研究の幅を一般生命科学・工学へと拡大した．異彩を放ったのはタンパク質のアスパラギン残基への糖鎖結合（N-glycosylation）に関与する酵素を阻害するツニカマイシンの発見であった．特記すべきは2007年度の日本国際賞の対象となったコレステロール合成阻害物質コンパクチンの発見（J. Med. Chem., 1985）であろう．他に興味深いものとしてシトクロムP450モノオキシゲナーゼなどの酵素添加酵素の研究，海洋生物毒の研究を挙げることができる．一方，動物を対象としたものに反芻胃内C-P化合物，クロマチン染色体，レニン・アンギオテンシン系，赤血球造血因子エリスロポエチン，免疫系・骨代謝系細胞分化の研究が注目された．一塩基多型（SNPs）の研究も開始された．

農芸化学分野の生命科学の特徴として植物生化学・分子生物学の発展を挙げることができる．たとえば植物培養細胞系，アブラナ科植物の自家不和合性，生体膜リン脂質の多機能性，植物オルガネラの動態，ゼニゴケ葉緑体・ミトコンドリアのゲノム構造，光応答遺伝子，His-Aspリン酸リレー情報伝達，C_4植物における光合成機能統御，葉緑体での活性酸素の挙動，植物シスタチン（システインプロテアーゼ阻害タンパク質）第1号であるオリザシスタチン，リシンの構造と毒性発現の相関解析などの研究がある．X線結晶解析によるタンパク質の高次構造の研究が農芸化学分野に登場したのも，またイネのゲノム解析への貢献が始まったのもこの頃であった．

（2）有機化学

農芸化学分野における有機化学は，従来，天然物を対象とする物質科学であり，しかも低分子化合物の解析と合成が中心であった．とりわけ抗生物質に関するそうした研究は華々しかった．これに加わったのは植物ホルモン，動物フェロモン，誘因・忌避物質などであり，しかも，探索・精製・構造決定・立体化学を考慮した合成のみならず，分子レベルでの生物制御化学へと進展していった．天然物有機化学よりも広い視点に立つ「生物有機化学」の名称はこうして定着した．

具体的には，日本の農芸化学を世界に認知させるに十分のジベレリンの研究をはじめ，エチレン，サイトカイニン，オーキシン，アブシジン酸，ジャスモン酸，そしてブラシノライドなどの，植物ホルモンの研究が展開された．なかでも，宿願だったジベレリン受容体の発見（Nature, 2005）は植物化学の新しい方向を示す快挙であった．ユニークなものとして，フィトアレキシン，植物香気などの研究を挙げることができる．一方，昆虫ホルモンの生物有機化学の研究が展開され，全胸腺刺激，脱皮，幼若化，休眠，羽化との関連で詳細な研究が行われた．

薬学との学際領域の研究として，植物に含まれる病原菌の毒素，殺虫性物質，昆虫摂食阻害物質，昆虫の神経刺激物質，植物が産生する抗生物質・抗腫瘍物質の化学が挙げられる．これらの研究は機器分析の進歩とともに発展したが，次第にコンビナトリアル合成，ハイスループット・スクリーニング，コンピューター化学，ケミカル・ゲノミクスといった新領域へと守備範囲を拡張した．また，化学合成の中に不斉合成や糖鎖合成をも取り入れ，対象に生体高分子（バイオポリマー）をも含め，研究はユニバーサルなものへと止揚していった．

（3）微生物科学

　農芸化学分野の微生物科学は発酵学・醸造学を基軸とし，微生物の機能を利用した有用物質生産プロセスの開発を目的とする応用微生物学へと発展していった．とりわけアミノ酸・核酸発酵・ステロイド発酵そして抗生物質生産は世界の頂点を極めた．タンパク質高生産菌も発見された．近年，食糧・エネルギー・環境問題が地球規模でクローズアップされると，微生物を利用してこれに対処しようとする研究がますます重要度を増し，農芸化学のバイオサイエンス・バイオテクノロジーに新たな研究領域を与えた．併行して，微生物遺伝学・生理学，遺伝子組換えを基盤とした培養工学などのように，理工学分野との学際的色彩の濃い研究領域も出現した．

　地道な研究で知られる微生物の系統分類学では，微生物の多様性・多機能性がどのように獲得され，変異したかが研究された．分子進化という言葉が頻用されるようになった当時，農芸化学分野でこれを研究対象としたのは微生物科学の領域であったとしてよいであろう．

　環境との関連では氷核細菌や高アルカリ性下の極限条件で生きる微生物に関する独創的研究が行われた．微生物と植物・動物との共生にも関心が集まり，大豆と根瘤菌のみならず昆虫とヒト感染菌の共生，ヒトを含めた哺乳動物の腸内菌叢の動態の研究も開始された．これは，機能性食品（後述）としてのプロバイオティクス・シンビオントの研究へのきっかけのひとつとなった．

　酵素関係では，枯草菌における有用菌体外酵素の生産制御と分泌経路，アミノ酸代謝関連酵素の研究，代謝関連では古細菌のエーテル型リン脂質，枯草菌代謝ネットワークの研究が興味深い．情報伝達関係では酵母の性分化シグナル，酵母のカルシウム・シグナリング，好気応答などの研究が注目された．また，遺伝子発現調節による酵母の分子育種，分子遺伝学的手法に基づく物質生産，胞子発芽と形態形成の関係の解析，複合ゲノム系における遺伝システムの解明などの研究も盛んになったが，これらは農芸化学と分子生物学の融合によるものといえよう．

　構造生物学のはしりともいい得る研究も開始された．その好例として，細菌の細胞表層構造，細菌におけるタンパク質の局在化機構，超チャネル，微生物関連タンパク質のX線結晶構造解析とシミュレーション・モデリング，酵母の精鎖工学・グリコミクスを挙げることができる．

　微生物は"地球における天然物の保存庫"といわれる．その研究は化学と生物学を基盤とする農芸化学の十八番であった．しかも，研究手法として遺伝子組換えを用い得る格好の対象が微生物であることから，基礎から応用（工業化）までの広くて厚い研究が活発に行われ，世界をリードした．その中で，たとえば麹菌のゲノム解析（Nature, 2005）に農芸化学分野の研究者たちが参画したことは，この伝統ある学問の先端的ライフサイエンスへの普遍化の証左といえよう．

（4）食品科学

　大学の農芸化学科の中に"食"を冠する講座が誕生したのは1954年（昭和29年）であった．ここでは主に化学の視点から食品が研究された．食品は一般に多成分複合型であり，糖とアミノ酸の相互作用（メイラード反応），脂質の自動酸化，多彩な香味（フレーバー）成分とその変化，大豆タンパク質などの食品タンパク質の研究が主流であった．食品を物性学的に制御する科学として食品工学が登場し，プロセス工学へと発展していったのは1960年代からであった．食品科学領域に酵素化学も導入され始めた．また，成分間反応に加水分解酵素が利用されるようになった．ユニークな例と

してタンパク質分解酵素逆反応（プラステイン反応）の基礎・応用研究が挙げられる．アミラーゼやリパーゼの逆反応・転移反応も研究され，機能性食品素材などを産み出した．

　一方，栄養学は生物化学の一環として発展してきたが，この頃から，むしろ食品科学の一翼を担うようになった．その研究の主軸はアミノ酸栄養で，とりわけ必須アミノ酸インバランスの研究で大きな成果が挙げられた．タンパク質栄養状態を評価するためのインスリン様成長因子に関する分子論も展開された．次第にこれらの研究はペプチド栄養をも包含し始めた．これと一線を画したのが生理機能性ペプチドの研究で，オピオイド活性をもつオリゴペプチドから開始されたその研究は血圧調節に寄与するアンギオテンシン変換酵素阻害ペプチド，食欲調節・記憶増進ペプチド，フェニルケントン尿症患者用ペプチドの研究に至った．

　1984年に農芸化学分野の食品科学者たちが中心となって文部省特定研究（後の重点領域研究）を実現させ，その中で"機能性食品"の名称と概念と実例（低アレルゲン米など）を世界に発信し，各国に強いインパクトを与えた（Nature, 1993）．厚生省（当時）は機能性食品の一部を"特定保健用食品"の名で認可する制度を発足させた．その数は現時点（2008年1月）までに700を超すに至っている．

　こうした背景から産業界も機能性食品の開発に向け，国際競争が激化する中で，力強く前進し始めた．その基礎となる研究・教育を推進すべく，多くの大学に「食品機能学」またはそれに準じた名の研究室が誕生した．併行して，たとえば「畜産物利用学」は「食品生化学」などに名を変え，ヒトを対象とした免疫・アレルギーの研究をも行うようになった．新しい研究として，機能性食品の解析と設計，食品タンパク質の分子育種，フラクタル構造の研究，タンパク質代謝の分子栄養学，ペプチドの腸管吸収・腸管免疫・プロバイオティクスの研究，酸化ストレス制御とバイオマーカーの開発，味覚受容・応答の分子生物学，味覚修飾タンパク質ネオクリンの発見・X線結晶構造解析・シミュレーション，そしてバイオインフォマティクス・食品システムバイオロジーの一基盤としてのニュートリゲノミクス・栄養SNPsの研究などがある．

（5）環境科学

　農芸化学分野の環境科学は，かつての足尾銅山の公害の研究以来かなり長い年月を経た今日，時代を如実に反映する新しい研究が開花した．その目途は環境保全のための難分解性廃棄物の微生物による生分解の達成で，ゼノバイオティクス（生体異物）としてのPCB，ダイオキシン，プラスティックなどの生分解，廃セルロースの有用バイオマスへの変換などがその具体例であった．環境保全型農業への農芸化学の貢献度も大きく，超微量 ^{15}N 発光分析法の開発がこれに寄与した．新しい意味でのAgricultural Chemistry and Technology（前述）への回帰ともいえよう．

（6）産業科学・技術

　工業規模でのバイオテクノロジーの代表例として，清酒造りの自動化，ビール屋外発酵・貯蔵タンクの開発，イミドメチル菊酸エステルの創製，黒麹菌の耐酸性プロテアーゼの工業化，洗剤配合用アルカリプロテアーゼの工業生産，活性スラッジ法による産業排水処理，甜菜糖構造におけるメリビアーゼ応用技術の開発，ジベレリンを利用する無発芽麦芽の製造，発酵排液を活用した有機入

り化成肥料の製造，微生物加水分解酵素の応用開発，ポリビニルアルコールの微生物分解と排水処理，醸造酢の新生産技術，酵素法によるL-リジンの製造，サリノマイシンの発酵生産，新ステロイド発酵の開発，セラチオペプチダーゼの工業生産と医用，3-フェノキシベンジル系合成ピレスロイドの開発，有用キラーワイン酵母によるワイン純粋醸造，穀類原料の無蒸煮アルコール発酵技術，微生物リパーゼの工業生産，植物細胞培養によるシコニン系化合物の生産，機能性食品素材としてのフラクトオリゴ糖の工業生産，畜産用抗生物質チオペプチン・ピコザマイシンの開発，酵素法による7-アミノセファロスポラン酸の製造，アミノ配糖体抗生物質アストロミシンの開発，シアル酸関連臨床検査薬の開発，圧力を用いる果実加工食品の開発，工業生産用ファージベクターの開発と診断用酵素の生産，性フェロモンによる防虫，実用的ATP再生系の構築とヌクレオチド類の生産，家庭用防疫ピレスロイドの開発，フェロモンを利用したトラッピング，鶏卵抗体の大量生産，免疫抑制剤FK506の開発，トランスグルタミナーゼの実用化，タンパク質誘導新薬の開発，遺伝子組換え法によるB型肝炎ワクチンの製造，耐熱性酵素の工業生産，トレハロースの新製造法の開発，バクテリオ・セルロースの生産，機能性食品素材プロアントシアニジンの開発，*Bacillus brevis*による上皮細胞増殖因子の工業生産，抗酸化ビールの製造，D-アミノ酸生産バイオリアクターの開発，クレアチニン測定検査薬の高性能化，花色デザイン技術の開発，新規機能性加工米の開発，昆虫成長制御剤ピリプロキシフェンの開発，*Helicobacter pylori*抑制プロバイオティク・ヨーグルトの開発，ホタルルシフェラーゼの用途開発，抗真菌剤Micafunginの開発，バイオ不斉還元システムの開発，機能性食品としてのγ-アミノ酪酸含有乳酸菌飲料の開発，健康性・嗜好性兼備の黒酢の開発，核酸系

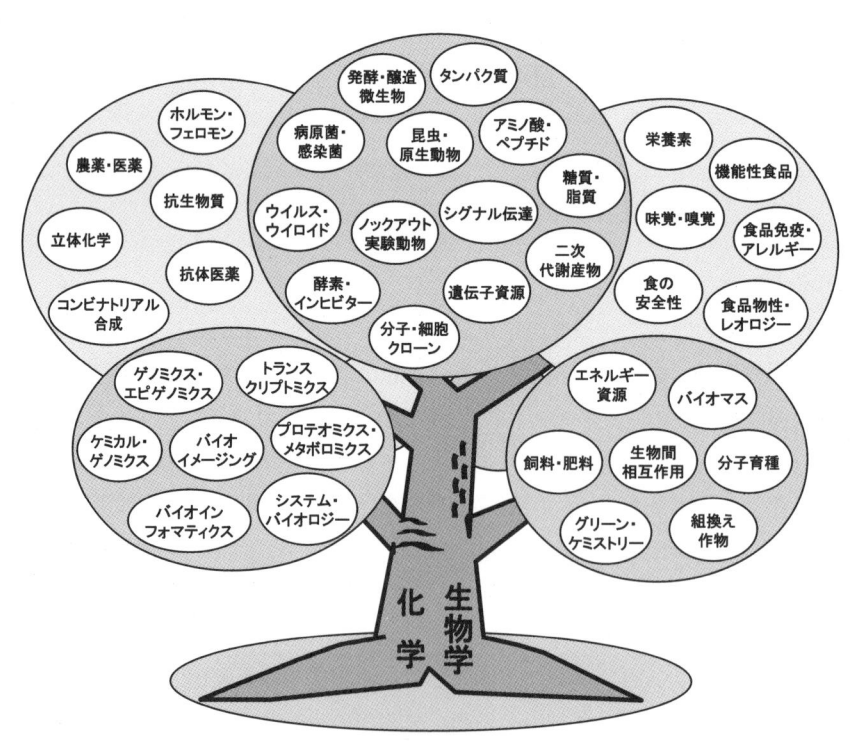

図2 農芸化学の大樹
(2007年度農化大会講演一覧を参考にして)

うま味調味料の新開発などを挙げることができる．

成熟期を迎えた農芸化学が基礎から応用に至るまでその広さと厚さを増し，繁茂していく様は大樹の姿を彷彿させるに十分である（図2）．

5．おわりに

　ミレニアムという言葉が人口に膾炙した1990年代は，国際的にみても，学術面で激動の兆しが色濃く現れ始めた時期であった．その好例は国立大学の大学院重点化（大学院大学への格上げ）の施行であった．各大学は組織改革の一環として学部名，学科名を変更した．たとえば東京大学農学部農芸化学科は東京大学大学院農学生命科学研究科応用生命化学専攻と応用生命工学専攻などに改組された．京都大学は農芸化学研究の主流を担っていた農芸化学科・食品工学科・食糧科学研究所を再編し，大学院農学研究科農学専攻・応用生命科学専攻・食品生物科学専攻そして生命科学研究科統合生命科学専攻を誕生させた．同様の変革は日本のほとんど全ての大学で行われ，「農芸化学」の名称は次々に消滅した．

　こうした動きは日本の農芸化学が長年にわたって維持してきた固有の学問の系譜を乱し，その独創性を薄めるデメリットを残した半面，ゲノミクス，インフォマティクス，ナノテクノロジーといった先端科学・技術の導入，それによるライフサイエンスの普遍的ロジックの考究，そして新たな学際領域への進出・国際化の進展というメリットを付加した．が，背反する二律の是非への問いかけも最近は収束したかにみえる．

　もともと農芸化学の研究は各論から総論を導き出す帰納法的アプローチを基盤としていた．抗脚気因子としてのオリザニンの研究からビタミン栄養学へ，イネ徒長因子としてのジベレリンの研究から植物ホルモン科学への展開などはその好例である．が，時代の流れは，逆に，総論から各論を推し量る演繹的アプローチをこれに加味させる効果をもたらした．その実例として，コンビナトリアル化学，システム生物学，ゲノミクスを主軸とする多様なオミクス（omics）といった網羅的方法論の導入を挙げることができる．これらはいずれも，ひとつの事象の解明に際し，ピンポイントにそれを攻究する代わりに，周辺の諸事象をまず一網打尽に捕捉し，そこから目的とする一事象を抽出するという，典型的な演繹的アプローチである．これが新しいトレンドなのかもしれない．

　近年の農芸化学のこうした総論的でユニバーサルな学問への変貌は，当該領域内の各亜領域の間に，そして周辺の学問領域との間に，いっそうの学際化を産んだ．最近の日本農芸化学会大会の2,000件を超す演題をみると，生命科学・有機化学・微生物科学・食品科学・環境科学といった領域の間にまたがって互いにオーバーラップしたものがきわめて多いのに気づく．農芸化学分野に籍を置く研究者が医・薬・理・工の分野が主催する学会で発表することも増えてきた．その結果，たとえば，農芸化学分野に誕生した機能性食品科学（食品機能学）は"医農連携"の学問とさえ呼ばれるようになった．

　国内の学会の究極的発展のひとつは国際化さらにはグローバル化であろう．その根底には当該学問の普遍性がなければならない．日本の農芸化学はその成長の過程で実質的にはバイオサイエンス・バイオテクノロジーへと変貌し，成熟の過程でこれに先端的ライフサイエンスを加えたインテグラ

ルな学問（いわば Agricultural Chemistry and Life Sciences − 筆者私見）へと普遍化した．これがグローバル化につながった．それは現在の日本農芸化学会会員の国籍の多様性（121 カ国）に反映されている．

　世界的にもユニークな，夢のある学問として幾多の会員を魅了しつつ百有余年を経た農芸化学は，いま，激動の時代に突入し，改革を余儀なくされている．変わりゆくこの学問が再びその旗幟を鮮明にし，より大きな学術・産業・社会貢献を果たすよう，さらなる耕論を期待している．新生"農芸化学"の洋々たる未来に千載の想いを馳せながら・・・．

　擱筆に当たり本執筆の機会を与えて下さった日本農芸化学会会長・磯貝彰先生，資料・情報を提供された庶務理事・八村敏志先生および広報理事・阿部啓子先生，そして学会事務局・小梅枝正和氏および野田新五氏に心から御礼申し上げる．

参考文献

鈴木梅太郎博士顕彰会ほか編：「鈴木梅太郎先生伝」，朝倉書店（1967）．

日本化学会編：井本稔著「日本の化学 − 100 年のあゆみ」，化学同人（1978）．

日本農学会編：「日本農学 50 年史」，養賢堂（1980）．

日本農芸化学会編：化学と生物 − 200 号記念特集号，学会出版センター（1980）．

日本農芸化学会編：「農芸化学の 100 年」，学会誌刊行センター（1987）．

岡本拓司：科学技術史，4，19-20（2000）．

鈴木昭憲・荒井綜一編：「農芸化学の事典」，朝倉書店（2003）．

　　　　　　　　　　　　　　　　　　　　　　　　　　　　　　　　　　　　　（荒井綜一）

第 18 章　植物化学調節学

　1960 年代初頭，黒沢英一氏によって発見されたジベレリンが植物ホルモンとして認められ，それまでの殺菌剤や除草剤だけでなく，植物ホルモンなどを利用して作物の生長を積極的に調節しようとする気運が高まった．

　このような時代背景のもと，「植物の生長調整に関する科学や技術を発展させるためには，この領域の諸問題に関心をもつあらゆる分野の人々が，たがいに密接に協力しうる体制をつくること」（植物化学調節研究会への入会のよびかけより）が必要となり，本学会の前身「植物化学調節研究会」が，田村三郎東大教授（当時，第 3 代会長），竹松哲夫宇都宮大学教授（当時，第 4 代会長）を中心として，化学者，生物学者，農学者等，広範囲の研究者や実務者 932 名が結集して 1965 年（昭和 40 年）9 月 25 日に発足した．住木諭介東京大学名誉教授が，初代会長を務められ，秋の研究会開催と研究会誌「植物の化学調節」が年 2 回刊行されるようになり，現在まで継続している．「植物の化学調節」には，総説，トピックス，技術ノートなどが掲載され多くの研究者，技術者の間で好評を博した．また 1973 年の第 8 回 IPGSA（国際植物生長物質会議）日本開催では，本研究会が受け皿となり会員諸氏の協力もあって大きな成功を収めた．「植物化学調節研究会」は，植物の生長調節の基礎から応用まで，幅広い分野の研究者・技術者の情報交換と交流の場を提供し，学会活動は社会的にも十分認知されるに至り，研究会設立 20 年を機に学会に移行することになった．

　1984 年（昭和 59 年）10 月，植物化学調節研究会のさらなる発展を期して，本研究会は名称を「植

物化学調節学会」に改称した．さらに，竹松哲夫会長の下に学会賞受賞制度が設立され，20周年記念出版物「植物化学調節実験法」の刊行や，アメリカ植物化学調節学会（PGRSA）とのジョイントミーティングの定期的開催の立ち上げなどの記念事業が遂行された．また日本農学会に加入し，日本学術会議から学術研究団体としての認定を1988年に受けた．その後，高橋信孝会長（第5代）により，会則等の大幅な改正・見直しが行われて，幹事長や編集委員長制度の導入など学会に相応しい運営体制が布かれ，さらに学会会計年度も実情にあわせて1991年に10月から翌年の9月に変更された．本学会のシンボルマーク（ブドウの房とジベレリンの化学構造の組み合わせ）は，研究会の創立20周年と学会への移行を記念して，1985年，村尾宵二氏（全農教）によってデザインされたものである．このマークは，種無しブドウの生産にジベレリンが利用されていることにヒントを得たものであり，植物の生長調節を通して農業生産に役立とうとする本学会の目的を象徴的にあらわしている．

1995年には創立30周年記念事業が企画され，記念出版物「植物化学調節実験マニュアル」を刊行した．また募金活動も行い大学院生等の国際会議出席補助金として活用された．1998年には第16回IPGSAを本学会が受け皿となり日本に招致し，高橋信孝大会委員長の下で，幕張メッセで多くの参加者を集めて盛大に開催された．2005年の40周年には，記念事業として40年間の会誌と大会発表記録を収録したDVDを全会員に配布するとともに，学会ホームページを刷新した．

事務局は当初，東京大学農学部内に，その後1983年に台東区の植調会館内に設置された．2001年10月より（財）日本学会事務センター内に移転したが，2004年8月17日同センターの破産に伴い，同年11月より笹氣出版印刷（株）内に事務局を移転して現在に至っている．一方，幹事会や編集委員会等の諸会議は，主に東京大学農学部で開催されてきた．会務は，東京大学や理化学研究所所属の中堅研究者が，中心になり多くの会員の好意と協力により研究会創立当時から現在に至るまでささえられている．現在の体制は，会長，副会長（2名），評議員（30名），会計監事（2名），幹事（10名），編集委員（12名），学会賞選考委員（8名）で構成されている．なお，歴代会長を表1に示した．

学会誌の編集と編集業務は，研究会時代は編集委員と上遠主事によりなされたが，20周年以降編集体制の見直しと委員長制度の発足により，1983年から村上浩編集委員長が，その後は現在まで勝見允行編集委員長が担当されている．2001年からは学会誌の名称が「植物の化学調節」から「植物の生長調節」へと変更され，これに伴い誌面もB5版からA4版に変更された．総説を中心にした編集方針は創刊当時から踏襲されており，好評を博して今日に至っている．2003年からは，大会講演要旨集をサプリメントとして刊行し，全会員に配布している．また現在では，国立情報学研究所の検索サイト（http://www.nii.ac.jp/）から1年以上前の記事については全て閲覧できるようになっている．

研究会創立以来，毎年秋に大会を開催している．開催地は，創立当初は限られた場所での開催が多かったが，近年は多様な場所で開かれるようになっている．しかしながら，九州や四国での開催は今まで一度もなく，学会活動を広げていくためには，今後検討していく必要がある．現在行われている大会については，開催会場などの都合により主催者に開催方式は任されているが，おおむね以下のようになっている．一般講演発表は，ポスターで行いその説明を発表者が数分間行う．一般講演は，他の学会で発表されたものでも発表可能となっていて，60～80題の発表があり，特に若手

による発表が多くを占めている．多くの場合若手発表者を対象にポスター賞が贈呈される．総会，授賞式，受賞講演，特別講演なども行われる．参加者は通常200数十名であるが，参加者の半数以上が1日目の夕刻に行われる懇親会に出席し，本会独特のアットホームな雰囲気を味わっている．ポスター会場での討論も非常に活発であり，大学院生など若手が気軽に参加できる学会となっている．しかしながら近年，企業や公的研究機関からの参加者が減少してきているのは寂しい限りである．今後も，日本各地で大会を開催して，本学会の活動を広げていくことが期待される．表2にこれまでの開催地一覧を掲げた．

国際学会との関係については，すでに述べてあるが1973年に東京青山の日本学術会議で開催した第8回国際植物生長物質会議（IPGSA）が，まず挙げられる．これを契機に多くの本会会員がIPGSAに参加するようになり，近年では常に国別の参加者数で1，2位を占めるようになってきていて，日本の参加者の多くが本会会員である．これは，日本の植物科学が，高い水準にあり特に植物ホルモンに関する研究では世界をリードしていることを反映している．1998年には幕張で16回IPGSAを開催した．IPGSAの会長職や最高賞であるシルバーメダルも日本人が多くを占めている．また，1973年に設立されたPGRSA（Plant Growth Regulation Society of America）と1987年から3～5年に一度合同大会を開催している（1987年ハワイ，1992年サンフランシスコ，1996年カルガリー，2000年ハワイ，2003年バンクーバー，2007年プエルトバジャルタ（メキシコ））．開催様式としては，PGRSAの大会に本学会会員が参加するという形で行っており，PGRSAが企業を中心にした応用的な発表が多いのに対して，日本側は基礎的な発表が多いのが特徴である．将来は，中国の研究者の参加も検討している．なお，IPGSA，PGRSAとの合同大会に参加する本学会所属の大学院生などに対し，本学会から毎回約10名に出席補助金を支給してきている．

本学会は，「植物の化学調節に関する科学ならびに技術の発展に貢献することを主な目的としています．このために，基礎から応用までの研究者ならびに技術者の緊密な連係を確立することに努力しています．」を目的としている．近年，会員が減少してきており，特に企業や公的研究機関の会員が減少し，応用的な研究発表が少なくなってきている．これは設立当時と現在の学問領域や研究内容が変わってきているためでもあるが，もう一度設立当時の趣旨に添って，植物科学の広い範囲の研究者，技術者を糾合するために努力していかねばならない．設立当時の主要なメンバーは，現役

表1　歴代会長

氏名 　（所属は当時）	任期
住木　諭介　（東京大学農学部）	1965年9月～1974年9月（4期）
塚本　洋太郎（京都大学農学部）	1974年10月～1976年9月（2期）
田村　三郎　（東京大学農学部）	1976年10月～1984年9月（4期）
竹松　哲夫　（宇都宮大学農学部）	1984年10月～1990年9月（3期）
高橋　信孝　（東京大学農学部）	1990年10月～1994年9月（2期）
室伏　旭　　（東京大学農学部）	1994年10月～1998年9月（2期）
岩村　俶　　（京都大学農学研究科）	1998年10月～2000年9月（1期）
吉田　茂男　（理化学研究所）	2000年10月～2004年9月（2期）
佐々　武史　（山形大学農学部）	2004年10月～2006年9月（1期）
坂神　洋次　（名古屋大学生命農学研究科）	2006年10月～

表2 年次大会開催地

回	年月日	開催地	会場
1	1966年4月9, 10日	東京都	東京大学農学部
2	1967年10月21, 22日	東京都	東京大学農学部
3	1968年11月9, 10日	東京都	農業技術研究所
4	1969年11月24, 25日	栃木県	ホテル寿苑
5	1970年11月12, 13日	京都府	京都会館
6	1971年11月18, 19日	東京都	野口英世記念会館
7	1972年11月16, 17日	岐阜県	内藤記念館
8	1973年11月29, 30日	東京都	野口英世記念会館
9	1974年10月4, 5日	岩手県	東北大農学部
10	1975年9月29, 30日	栃木県	宇都宮大農学部（10周年記念大会）
11	1976年10月14, 15日	東京都	東京大学農学部
12	1977年10月11, 12日	京都府	京都商工会議所
13	1978年10月9, 10日	東京都	東京大学農学部
14	1979年10月12, 13日	東京都	東京大学農学部
15	1980年10月3, 4日	栃木県	宇都宮大農学部（15周年記念大会）
16	1981年10月19, 20日	東京都	東京大学農学部
17	1982年11月26, 27日	東京都	国際基督教大学
18	1983年10月22, 23日	愛知県	名古屋大学農学部
19	1984年10月18, 19日	東京都	東京大学農学部
20	1985年10月3, 4日	栃木県	宇都宮大農学部（20周年記念大会）
21	1986年10月17, 18日	大阪府	大阪科学技術センター
22	1987年10月23, 24日	東京都	東京農工大学農学部
23	1988年10月6, 7日	岩手県	仙台市戦災復興記念館
24	1989年10月12, 13日	埼玉県	和光市民ホール
25	1990年10月8, 9日	茨城県	農林水産技術会議事務所（25周年記念大会）
26	1991年10月14, 15日	東京都	東京大学農学部
27	1992年10月22, 23日	岡山県	岡山市衛生会館
28	1993年10月15, 16日	東京都	東京農業大学
29	1994年10月13, 14日	埼玉県	理化学研究所
30	1995年10月3, 4日	栃木県	宇都宮大学（30周年記念大会）
31	1996年10月4, 5日	京都府	京大会館
32	1997年11月28, 29日	東京都	国際基督教大学
33	1998年10月14, 15日	茨城県	筑波大学大学会館
34	1999年10月14, 15日	鳥取県	鳥取県立県民文化会館
35	2000年11月2, 3日	埼玉県	理化学研究所生物科学棟（35周年記念大会）
36	2001年10月9, 10日	富山県	富山国際会議場
37	2002年10月29, 30日	北海道	北海道大学学術交流会館
38	2003年10月29, 30日	愛知県	名古屋大学豊田講堂
39	2004年10月27, 28日	秋田県	秋田県立大学秋田キャンパス
40	2005年10月31日〜11月2日	東京都	東京大学弥生講堂（40周年記念大会）
41	2006年10月30, 31日	大阪府	大阪府立大学学術交流会館
42	2007年10月29, 30日	静岡県	男女共同参画センターあざれあ

を退き鬼籍に入った方も多い，いわゆる第2世代のメンバーも現役を退きつつある現在，第3世代のメンバーの充実と発展に期待したい．

(坂神洋次)

第19章　応用糖質科学

1. はしがき

　応用糖質科学は，第二次世界大戦後の日本農業の復興と振興を願って，デンプン製造技術の合理化・高度化を目指したデンプンの研究と利用に端を発する．その後時代とともに，デンプンからのオリゴ糖開発研究，加水分解や糖転移に関係する酵素開発研究，さらには食や農に関係する糖からより広い領域をカバーする総合的な糖の応用研究に範囲が広がって行った．

　関連する学会としては，1952（昭和27）年10月31日に「澱粉工業学会」が創設され，1972（昭和47）年には「日本澱粉学会」，1993（平成5）年には「日本応用糖質科学会」と学会名称を改めて現在に至っている．それにつれて学会誌名も，「澱粉工業学会誌」，「澱粉科学」，「応用糖質科学」，「Journal of Applied Glycoscience」(1999〜)と改称されてきた．

2. デンプンの研究と利用

(1) 酵素糖化によるぶどう糖の生産

　戦後の深刻な食料不足の時代に，甘藷や馬鈴薯は日本人のお腹を満たしたが，その後，時代も落ち着いてくるとこれらは余剰生産となって，その有効利用が政府や農林省の懸案事項となった．その技術対策としてこれらの農作物からデンプンを製造し，さらにはデンプンから砂糖代替甘味料としてのブドウ糖を生産することが重要課題となった．甘藷を原料に焼酎の製造も盛んになった．デンプンからブドウ糖製造のためのアミラーゼは，主として *Aspergillus* や *Rhizopus* が酵素給源となった．デンプンの製造は輸入トウモロコシからも行われるようになり，1962年に日本コーンスターチ協会が設立され，1967年にはそれに参加しなかった13社が集まって全国コーンスターチ工業協会が結成された．

(2) デンプンの製造・加工技術の高度化

　馬鈴薯デンプンの製造は北海道の個人企業でなされ，徐々に近代化されてきた．昭和40年代は，機械による近代化とともに従来の個人企業は少なくなり，各地域の農協単位が工場を設立するようになった．一方，輸入トウモロコシによるコーンスターチの製造・加工技術が高度化した．設立当初の学会名に「工業」が入っているのは，デンプンのこれらの技術確立の重要性が認識されていたからである．

　デンプンを製造する工程は原料によっても異なるが，一般的には原料を細かく砕く工程（磨砕）－篩別する工程（分離・精製）－乾燥工程－包装工程に分けられる．現在，代表的なコーンスターチの製造工程にはドライミリングとウエットミリング工程があるが，工業的なコーンスターチの生産には後者が用いられている．すなわち，原料であるコーンは篩別されて夾雑物が除かれ，次いで薄い亜硫酸溶液に漬けられる．通常の浸漬条件は，SO_2濃度0.1〜0.3％，pH 3〜4，温度48〜52℃，浸漬時間40〜48時間である．粗粉砕後胚芽を分離，さらに磨砕し，スクリーンで外皮を取り除く．残り

のタンパク質とデンプンを遠心分離機で分ける．デンプンは洗浄，濾過，乾燥して商品となる．

(3) 異性化糖の商業生産開始

　1957年，アメリカのMarshallとKooiによって，*Pseudomonas*起源の異性化酵素（キシロースイソメラーゼまたはグルコースイソメラーゼ）が発見されて以来，日米で実用可能な本酵素の検索，生産菌の培養，菌の改良などが進められた．デンプンからグルコースよりも高い甘味度物質の生産が可能となった．1960年代後半には，放線菌由来の酵素が津村，佐藤や高崎らによって見出され，本格的な異性化糖の工業的生産が確立された．その後，固定化酵素（バイオリアクター）を用いてさらに飛躍的に大量生産されるようになった．世界の生産量は固形分で約800万トン/年，日本の市場はその約1割である．清涼飲料，調味料，パン類，冷菓，酒類，菓子類，漬物，缶詰類などを中心に使用されている．

3．デンプンからオリゴ糖へ

(1) デンプンの微細構造の解明

　デンプンあるいはデンプン粒の構造研究は古くからなされており，その成分は，1940年にMeyerによってアミロースとアミロペクチンの2成分に分類された．アミロースは，α-D-グルコースが主として1,4-結合で鎖状に多数連結したものである．数平均重合度は700～5,000，重量平均重合度は2,400～12,000である．一方，アミロペクチンは，短鎖のアミロース（主として重合度6～100）がα-1,6-結合で相互に結合した分岐分子である．ウルチ米デンプンはアミロースが約20％，アミロペクチンが約80％からなり，モチ米デンプンはアミロペクチン100％からなる．アミロペクチンの構造は，Meyerらが提唱した樹状構造（1940）が長らく正しいものとされていたが，現在は二國（1969）やFrenchと貝沼（1972）の房状モデルが妥当とされている．檜作（1985）は，ゲル濾過法による解析により房状モデルの分子構造を詳細に示した．さらに，アミロース様の長い鎖をもつアミロペクチンやアミロースにもわずかであるが短い分岐鎖をもつ分岐アミロースのあることが明らかになっている（竹田ら）．デンプン粒の構造研究は，1970年代以降，走査型電子顕微鏡の応用により急速に進んだ．各種の分解酵素による特徴ある澱粉粒の消化過程が視覚的に理解されるようになった．最近では，走査型プローブ顕微鏡や蛍光X線分析/走査型分析電子顕微鏡の利用により，粒表層の構造が解析されている．

(2) オリゴ糖の商業生産開始

　オリゴ糖は単糖が2個からおよそ10個結合したもので，種々の物性や生理機能をもつ．一般には，低甘味で保湿性があり，難う蝕性，低カロリー，整腸作用（難消化性で腸内ビフィズス菌の増殖因子）などがある．

　日本には古くから麦芽水あめがある．発芽オオムギのα-およびβ-アミラーゼを利用して，種子の胚乳デンプンを自己消化させて得られる．主成分は2糖類のマルトースである．最近は，デンプンにアミラーゼ類の他，枝切り酵素も使用して酵素糖化水あめを生産し，発泡酒用の原料として使用

されている．

　加水分解酵素以外にも転移酵素のサイクロデキストリン（CD）合成酵素の研究も活発に行われ，1980年代に入りCD（グルコース分子6〜8個からなる環状オリゴ糖）の工業的生産がなされた．さらに，枝切り酵素の縮合反応を利用してマルトシル-CDなどの分岐CDも生産され，各種食品分野や医薬・化粧品分野等で広く使用されている．

　このようなデンプン系オリゴ糖とは異なり1970年代に入るとフルクトースやガラクトース，キシロースなどから成るオリゴ糖研究が盛んとなり，1980年代に入り，フラクトオリゴ糖，ガラクトオリゴ糖，乳果オリゴ糖，キシロオリゴ糖などが工業的に生産開発されるようになった．世界に先駆けて1983年に上市されたフラクトオリゴ糖は，明治製菓が砂糖を原料に転移酵素の作用によってつくったものである．「メイオリゴG」，「メイオリゴP」などの名前で販売されている．整腸作用の他，カルシウムやマグネシウムなどのミネラル吸収促進作用が評価されている．

　乳糖を原料に加水分解酵素の転移作用の強いものを利用して作られたのがガラクトオリゴ糖で，ヤクルトを中心に開発された．酸や熱に強いという特徴がある．もともと母乳に含まれていることから，粉ミルクに添加されるようになった．

　乳果オリゴ糖（ラクトスクロース）は，乳糖と砂糖を原料に，砂糖のフルクトース部位を乳糖の還元性グルコースに転移して作られた3糖類である．塩水港製糖が製造し，卓上甘味料「オリゴのおかげ」として販売されている．

　さらには，大豆ホエーから分離・精製して得られる天然原料由来のオリゴ糖である大豆オリゴ糖，トウモロコシの芯などに含まれるヘミセルロースを加水分解して得られたキシロオリゴ糖，ビートから砂糖を精製する際の夾雑物として得られるラフィノース，乳糖からアルカリ異性化で得られるラクチュロース，コーンスターチを原料に酵素の分解と転移反応を利用して日本食品化工が開発生産に成功したニゲロオリゴ糖，さらに同社がグルコースをβ-グルコシダーゼの逆反応で得たβ-1,6グルコシド結合を有するゲンチオオリゴ糖などが商品化されている．

（3）各種アミラーゼの研究

　アミラーゼ研究の歴史は，酵素研究の歴史とも言える．麦芽や唾液による糖化は18世紀後半から始められた．1970年代に，デンプンから各種オリゴ糖を優先的に生成する種々のアミラーゼが発見されるまで，アミラーゼ系の酵素は次のような観点から研究された．(1)加水分解する結合の種類がα-1,4かα-1,6結合か，(2)デンプン鎖の非還元性末端から作用するexo型か，デンプン鎖の内部をほぼランダムに切断するendo型か，(3)反応生成物の変旋光がα-型かβ-型か，(4)デンプンからの生成物がグルコースかマルトースか，あるいは比較的長鎖のアミロースか．これらにより，α-アミラーゼとβ-アミラーゼが区別され，またグルコアミラーゼやイソアミラーゼが知られるようになった．

　1970年以降，デンプンに作用してマルトース（2糖），マルトトリオース（3糖），マルトテトラオース（4糖），マルトペンタオース（5糖），マルトヘキサオース（6糖）を特異的あるいは顕著に生成するアミラーゼが，主としてわが国の研究者（日高，若生，高崎ら）によって相次いで発見された．いずれもα-型の生成物でありα-アミラーゼの一種である．これにより，マルトオリゴ糖を使った酵

素の基質特異性の研究が飛躍的に進歩し，広海らのサブサイト理論が多くの酵素研究に応用された．

4．応用糖質科学への発展

（1）デンプンの生合成

1940年代初めに Cori 夫妻は，ホスホリラーゼがグルコース-1-リン酸のグルコースをプライマーに転移し直鎖のグルカンを作ることを見出した．これにより多糖類合成の関心が高まった．1961年には，Leloir らによって糖ヌクレオチド，ADP-グルコースからの直鎖アミロースの合成酵素も報告され，植物ではこれが主にデンプン合成に関わっているものと推測された．その後，デンプン生合成に関する酵素の植物生体内量が比較的少ないために，大きな発展は見られなかったが，1990年代に入って，遺伝子工学的手法を用いた研究が進展し，飛躍的に生合成系酵素の知見が蓄積されるようになった．現在まで知られているデンプン生合成の概略を述べると，ADP-グルコースピロホスホリラーゼの作用によってグルコースとATPからADP-グルコースが作られ，これがスターチシンターゼの基質となってプライマー（適度なα-グルカン）にグルコースが転移されて鎖長が伸長される．主として粒結合型のこの酵素が作用するとアミロースとなる．一方比較的遊離性の酵素が作用した場合には，さらに枝作り酵素（ブランチングエンザイム）の作用を受け，アミロペクチン型の分岐鎖をもったものとなる．このような合成において，つくられたα-1,6結合を切断する酵素の重要性も指摘されている．各酵素にはそれぞれ数種類のアイソザイムが知られており，植物の生育時期や部位による発現様式も異なり，非常に複雑な調節を受けていることが理解されるようになった．これらの発現調節によって，新たな植物品種の開発や，これまでにないような新しい機能をもったデンプンの開発も可能となると期待されている．

（2）デンプン利用の多様化

20世紀の工業の発達は目覚ましく，私たちの生活に物質的豊かさと利便性をもたらした．しかし，21世紀に入って地球規模の環境問題や人口増加による食料問題がクローズアップされている．化石燃料に依存したエネルギーの利用は，CO_2 の増加に繋がることから，生物資源（バイオマス）の利用が叫ばれるようになった．そのひとつにバイオアルコールがある．アメリカではそれまでのダイズ栽培を減らしてアルコール用のトウモロコシ栽培が盛んになり，食料との競合が新たな問題となっている．ブラジルなどではサトウキビからのアルコール発酵が数10年前からなされている．これら作物のデンプンや砂糖原料からのアルコール生産は，ますます盛んになると同時に，セルロース系木質からのアルコール発酵が一層検討されると思われる．環境問題から，デンプンを原料とした生分解性プラスチックの合成も近年行なわれるようになった．土壌微生物による分解が大きな特性である．

このようにデンプンの新たな用途・利用が進み，デンプンの質的量的研究が今後も求められることは間違いがないと思われる．

（3） 新規素材の開発と利用

近年になり分析技術の進歩，あるいは新規酵素の発見に伴い各種新規素材が開発されている．アミロースからの不均化酵素を用いた大環状アミロース（重合度 26）および枝作り酵素によるクラスターデキストリン（重合度 400,000）の合成，新規な二種類の酵素によるデンプンからのトレハロースの合成，さらには環状四糖（α-1, 3, α-1, 6結合からなる）の合成などである．トレハロースはその有用性については広く認識されていたが，高価であるため利用されていなかったが酵素法により数百円/kgと安価に製造されることになり各種用途で利用されている．

今後も糖質新素材の開発が期待される．

（松井博和・中久喜輝夫・北畑寿美雄）

第20章　森林学

1．農学会50年史「林学」の要約

（1） ヨーロッパ知識の導入（～1926年）

明治林政の最大の課題は全国的林野管理機構の編成であった．1973年（明治6年）ドイツ留学を終え帰国した松野 礀は樹木試験場（林業試験場の前身），山林学校（東大林学科の前身）の設立などに尽力し，林学教育，林業試験の基礎を築いた．

明治前半の特筆すべき成果は，田中 穣ほかによる森林植物帯調査報告である．研究面では間伐方式，砂防工法，森林気象，架線集材などが着手された．明治末から大正にかけ東京大学などに林学科が設けられ，高等農林学校の設立もあり林学教育が緒につき，1905年林業試験場が発足した．

（2） 林学研究の開花（1926～1945年）

昭和時代（1926～1989年）の前半は在来の林業技術と新しい学問が結合し，林学研究が一斉に開花した．これは明治末から大正時代にわたって作られた林学の研究・教育組織が充実し，林業技術者の層が厚くなってきたためである．

人工造林への批判として，ドイツのメラーが提唱した「恒続林思想」を媒介とする択伐天然更新への転換が学会に大きな論議を巻き起こし，各地で関連の実験が国有林技術者を中心に行われた．また人工林中心に間伐試験地や収穫試験地が各地に設定され，主要樹種の収穫表が作成され森林施業に活用され，造林技術では，砂防造林や海岸砂地造林の試験が進み，伐採木の集運材では，森林鉄道，索道，集材機の技術が普及した．

大正・昭和にわたる農山村疲弊への対策としてクリ，キリ，ウルシなど特用樹栽培や混牧林の研究が着手され，シイタケの人工接種法が成功した．

（3） 森林生産研究の発展（1945～1965年）

従来からの懸案事項であった林政統一が1947年（昭和20年）に実現し，農林省，宮内省，内務省所管の国有林が農林省林野庁の下に統合され，これにより3官庁所管の林業試験場が一本化されて定

員800名以上に拡充され，都道府県にも林業林産試験研究機関が新設された．また既設の大学農学部の林学科に加え新制大学の林学科が増え，1939年時点で林学科は国立21，公立2，私立2計25校となった．

大戦後は，戦時に大量伐採された跡地への復旧造林に加え，増大する木材需要に応えるため，広葉樹林とくに薪炭林から針葉樹林への転換（拡大造林）に力が注がれた．このような造林事業を進めるに当たって育苗技術の確立と適地適木の指針となる土壌調査のほか，将来の生産増大を図るための林木育種が急がれた．

まず1948年より林野土壌調査事業，適地適木調査事業の名で，林業試験場の技術指導により全国的な土壌調査事業が開始され，ほぼ日本全体の森林土壌分布図が作成された．林木育種事業は1954年に精鋭樹選抜による育種計画が立てられ，1956年より林木育種場を中心に全国的事業が開始され，この事業推進の課程において，挿木，接木，病虫害抵抗性などの研究が着手された．

頻発する土砂流出，山地崩壊，洪水など自然災害に対する復旧治山，予防治山の技術開発が急がれた．そのため全国的調査が行われ，崩壊危険地の判定や地帯区分による経済的治山工法の研究，早期斜面緑化工法が進展し，戦前から続く水文観測は更に充実し，森林の利水機能に関する資料が蓄積された．

労働生産性向上の見地から，伐木運材の機械化が注目され，チェンソー，集材機，トラクタの研究が行われた．戦前から広く行われてきた定性間伐に代わり，密度管理図が樹種別に作られ，ここに定量間伐への道が開けた．一方，造林拡大に伴って各種の森林被害が現出した．気象害については，寒風害と気象の関係が明らかにされ，凍害の作用機作，耐凍性などの研究が進み，これによって被害区分地図が作製された．病虫獣害については，クリタマバチは抵抗性品種への転換が進み被害は終息し，食葉性害虫の微生物防除の研究が進んだ．松くい虫は伐倒剥皮焼却の徹底という人海戦術により一応沈静化したが，発生原因の究明には課題を残した．病害ではカラマツ先枯病，カラマツ落葉病は広範な分野の共同研究が進んだ．野鼠は試験場・大学・国有林の幅広い研究と実務によって，発生予察に基づく総合的な防除法が確立した．

1964年（昭和39年）に成立した「林業基本法」は，これまでの資源政策から経済政策への転換を指向するもので，戦後進められた資源造成から林業生産構造の改善に力点をおくものであった．そのため林業経営の研究は，経済学・社会学の助けを借りて，中小林家の経営構造の分析に重点がおかれた．

（4）森林の環境保全機能研究への指向（1965〜1975年頃）

1961年より外材輸入の促進策がとられたため木材価格が低迷に向かい，一方，発展する日本経済の影響下で山村人口の流出が続き，1970年代から林業は長期低迷期に入る．この状況に加え，公害など劣化する生活環境のため，森林には木材生産の機能より環境保全機能が期待され，環境機能に重点をおいた森林研究を指向するようになる．

大気汚染に対する樹木の反応や衰退度判定などの研究が行われ，都市林，都市近郊林，自然休養林の諸機能の解析が行われた．育林部門では，森林の現存量に関する基礎研究が国際生物学研究（IBP）により一段と進み，その資料は世界的に高く評価された．また航空写真や電算機の活用によ

り，森林の活力判定や，森林諸機能を評価して地帯区分する研究が進んだ．

森林病害虫分野では，農林省特別研究によって1971年マツノザイセンチュウが発見され，媒介者マツノマダラカミキリの殺虫剤などによる防除研究が着手された．また森林害虫の総合防除の研究が行われ，その考え方はその後の森林病害虫の考え方に影響を与えた．

2. ここ30年の動向

第二次大戦後長い間，木材生産増大を指向してきた林業は一時期好況を謳歌したが，山村の人口流出や，1961年からの外材輸入促進策などの影響で1970年代から長期低迷期に入った．一方，高度経済成長は，大気汚染に代表されるように生活環境に深刻な問題を生み始めた．森林・林業には，持続的な木材生産の機能とともに，環境保全機能がより期待され，環境機能に重点をおいた森林研究が盛んに行われるようになった．

(1) 林学会および関連学協会の動き

1) 戦前の林学会

森林・林業関係の学会として「林学会」が発足したのは1914年（大正3年），その5年後に「林学会雑誌」の発行が始まった．当時の会員の職場は大学，試験場のほか，国有林，林野局が多く，会誌の内容も論文のほか，意見，紀行文，集会報告など多彩で，現在の学会誌とはかなり異なる．1934年「日本林学会」となり会誌も「日本林学会誌」となった．日本林学会が名実ともに最も活発だったのはこの時期及びその後で，1944年には官庁の林業技術者を含め会員は5,700名に達した．

2) 戦後の停滞期

第二次大戦後は急増する木材需要に応えるべく，拡大造林が行われた．一方，日本林学会は1948年（昭和23年），学会活動を純学術なものと定めた．このため現場技術者会員の退会が増え，会員数は一挙に3,300人に減り，その後の減少傾向は止まらなかった．さらに1955年の日本木材学会の分離独立によって会員の減少が進んだ．これより先，1951年に理工学系と林学系の研究者の学会である砂防学会が設立され，さらに木材学会の独立と前後して，日本林学会を母体としていた学協会が設立され，いずれも次第に学術会議参加機関となった．森林利用学会（1951年設立），林木育種協会（1953年），林業経済学会（1955年），森林立地学会（1959年），森林計画学会（1993）などである．

3) 時代変化への対応

国民的関心が林業生産から森林の環境保全に向かう時代変化のなかで，学会が科学の殻に閉じこもらず時代の要請に応えるべきであるという意見が起こり，林学の在り方についての議論が1970年頃から始まった．その議論のなかから，林学教育の内容，初中等教育での森林・林業の扱われ方への問題が提起され，これを受けて「林業教育問題検討委員会」が1980年から1985年にかけて積極的な活動を行った．その成果は5回にわたる報告書になっている．

この頃から林学会は市民向けの活動に着手した．その第一歩は1983年の公開シンポジウム「21世紀にむけての森林・林業」で，次いで1989年の林学会100回大会を機に，公開講演会とパネルディスカッション「都市と森林」を開催した．これ以降，林学会再生への動きは学会内部でもまた日本学

術会議でも取り上げられた．その主要な論点としては，林業現場や市民と林学との乖離と，研究者が互いに他分野の進展に無関心になったことが指摘された．

これに応えるべく，1991年から学会報ともいうべき「森林科学」の発行に踏み切った．「森林科学」の発行は苦しい会計のなかで必ずしも学会員多数の賛成を得られたものではなかったが，編集者の熱意が実って次第に学会外部の読者を獲得するようになり，減少を続けてきた学会員数もやや増加に転じた．

4）林学活性化運動

林学会内部での林学活性化活動は，1990年の101回大会特別企画シンポジウム「林学研究のあり方を考える－現場からの問題提起に答えて」を皮切りに始まり，「林学の在り方」検討委員会の報告書を中心にして1994年のシンポジウムで活発に討議され，「林学の中期戦略」として纏められた．

林学会刷新の動きは具体的な形で次第に実現化に向かう．先ず1996年英文誌「Journal of Forest Research」の新発刊に踏み切り，これに伴って「日本林学会誌」と「森林科学」が刷新された．戦後から続いてきた「大会講演集」を廃し，これを学術論文としてレベルアップするため，1999年「大会学術講演集」を創刊した．このころから学会支部の活動も活発化し，各支部の大会論文集も充実に向かった．また日本・中国林学会の学術交流会が2回にわたって行われた．

5）日本森林学会への改称

林学会刷新の動きを総括的，象徴的に示すのが2005年「日本林学会」から「日本森林学会」への改称である．この改称は，従来の生産中心の林学から，研究対象を森林の環境的機能を重視する「森林学」への転換を林学者が意識したためと思われる．その後，森林の環境保全機能が重視される時代とともに，大学の林学科が森林科学科，森林環境学科などへ改組され，林業試験場は森林総合研究所となった．以上の十余年にわたる学会の刷新は，学会員，「森林科学」読者の増加，学生の学会活動への参加，外国人論文の増加などの形で具体化している．

（2）環境問題への研究対応と森林研究の国際化（1975～1991）

1960年代から，工業地帯から排出する硫黄酸化物などによる大気汚染を主に，日本各地で環境汚染が深刻な問題になった．一方，林業は長い不況から脱却出来ず森林管理が粗放になりがちであったが，環境汚染の時代とともに森林の環境保全機能への期待が次第に高まってきた．市民が様々な形で森林に親しみ得る環境の整備を図る，森林の総合利用が重要な施策となり，森林景観，グリーン・ツーリズム，体験学習などの研究が盛んになった．

環境への関心は国際的にも高まり，環境に関する最初の政府間会合である「国連人間環境会議」が1972年ストックホルムで開かれた．これと前後して「世界遺産条約」が採択され，「国連環境計画」（UNEP）が設立されるなど，国際社会の関心は環境問題にシフトし始めた．折しも1980年に翻訳された「西暦2000年の地球」は，天然資源の枯渇とくに熱帯林減少を重要視しており，これは我が国の途上国への森林協力を推進する力となった．

1）森林の公益的機能の評価

国内外の環境への関心は，日本では特に森林の役割に期待する動きにつながり，森林の公益的機能を計量化する種々の試みが行われた．いずれも「代替法」によるもので実際上の価値との関係は不

明であるが，森林に対する一般への関心を高める効果があった．

農林業全体にわたり環境保全的技術に関心が高まり，森林の環境保全機能の科学的解明が進み，林地における土地利用と管理方式の研究が本格的に着手される機運が生まれた．

2）新たな森林施業

環境保全重視の要請を背景に，非皆伐を中心とする施業や広葉樹施業の研究が広く行われ，その成果は行政施策に採用されるようになった．拡大造林による大面積造林地については，顕在化してきたスギ・ヒノキの穿孔性害虫などの被害回避を含め，優良材生産のための間伐や枝打ちの技術とともに，環境保全機能を損なわない非皆伐施業が重要な研究目標になり，また複層林施業，小面積伐採に適する伐出技術の研究が行われた．

広葉樹は環境保全面からと同時に国産材需要拡大の面からも関心が高まり，1980年代に入ると天然性広葉樹林の育成研究とともに，同時期に始まる「バイオマス変換計画」での利用技術の進展と相まって広葉樹研究が注目された．

3）生活環境保全への指向

環境保全研究の流れは多方面の研究分野におよんだ．都市林や都市近郊林の研究では，樹林地の重要性が確認されるとともに，維持管理手法の検討が行われた．森林も景観ないしアメニティとして取り扱うため，数量化など種々の解析法が試みられた．「森林浴」「フィトンチッド」という用語が一般用語になるほど森林が健康面から注目され，これらが人体に与える影響の研究が始まった．このほか，近年の環境変化に対応し，海岸林の維持管理法のほか，山地の地震・降雨などによる斜面崩壊の実態調査や大規模実験が行われた．松枯れ防除については，広範な分野の研究の深化により，薬剤のみに頼らない戦略的思考と総合防除の考え方が次第に浸透した．一方，シイ・カシ類にカシノナガキクイムシが媒介する糸状菌による枯損が次第に広がり，また野生動物とくにシカの被害が増え，次代に続く重要な研究課題となった．

かつて大気汚染に代表された環境汚染は，1990年代から酸性雨に焦点が移り，その森林被害が研究課題となった．酸性雨の森林被害は5年間の全国モニタリングによる実態調査の解析，樹木被害のメカニズムなどの研究によって，欧米諸国で起こった深刻な酸性雨被害とやや異なることがわかった．

4）途上地域への技術協力

1950年代からコロンボプランや国際協力機構による途上国援助協力へ研究者が参加することはあったが，国外で日本人研究者による森林研究が組織的に行われたのは，IBP（国際生物学計画）によって1970年から4年間行われたマレーシア熱帯多雨林での物質生産研究が最初である．熱帯林研究は1975年，熱帯農研とマレーシア林試との共同研究として続いた．

JICAによる技術協力プロジェクトが，1976年からのフィリピンでの「パンタバンガン林業開発」を皮切りに世界各地を対象に続々と始まり，これらに専門家として参加する研究者によって得られた経験と資料は，その後の世界各地での森林研究進展に役立つことになった．最近にいたるまでの研究関係プロジェクトは主要なものだけでも15件に達する．

5）国際研究への始動

1981年日本で初めて開催された第17回ユフロ世界大会は，とくに若い研究者が森林研究の国際的

な動きに関心をもち，国際研究集会に積極的に参加する契機となった．これ以降，熱帯のみならず砂漠や寒帯林や先進諸国の森林にも研究範囲が次第に広がった．1990年代に入り，熱帯林の減少劣化や砂漠化が広く知られるようになると，各省庁委託費による研究プロジェクトが世界各地の研究機関と共同で始まり，この流れは次代に引き継がれた．

(3) 地球環境問題への貢献と林業の自立を目指して(1992年～)

1992年の国連環境開発会議(UNCED)は，これ以降の環境問題取り組みの転換点となるものであった．ここで「生物の多様性に関する条約」，「気候変動に関する国際連合枠組み条約」が採択され，森林問題については，森林の持続可能な開発に関する行動計画をまとめた「アジェンダ21」が採択され，これをもとに国際的なフォーラムやパネルが動き出し，地球環境とくに温暖化が森林研究の分野で重要視されるようになった．

一方，戦後営々として続けられた造林の推進により，人工林の面積は約1,000万haに及んだ．これに適切な管理がされれば国産材の供給能力は飛躍的に向上し，長い間待望されてきた国産材時代の到来が身近に感じられるようになってきた．2001年には，森林の公益的機能の発揮と 林業の持続的発展を両立させる「森林・林業基本法」が施行され，この状況に応える研究の展開が望まれている．

1) 持続的森林管理の基準・指標

UNCED以降，持続可能な森林経営を実現するための「基準・指標」の検討が開始され，日本は共通の基準・指標をもつ「モントリオールプロセス」に合意した．研究面では，「指標」の測定法などモントリオールプロセスを日本に適用するための具体的手法の検討が行われた．また基準・指標を適用する「森林認証制度」の作業にも多くの研究者が関心を寄せた．

2) 生物多様性

日本では「生物多様性国家戦略」を基本に，森林の生物多様性や外来種に関する研究が組織的に始まり，充実した成果が生まれている．生物多様性研究は，遺伝子・種レベルでは，とくに遺伝子解析の手法の開発によって急速に進展した．その成果は絶滅危惧種や貴重種の遺伝子保存や育種研究の進展に寄与している．生態系レベルの多様性は，豊かな環境の保持や多様な景観をもつ森林の配置計画において重視されるようになった．また森林とくに山地渓畔林の多様性が沿岸漁業に及ぼす影響の解析が行われ，森林の生態的多様性の確保が漁業にとっても重要であることが解明された．

多くの希少固有種が生息・生育する小笠原諸島で近年，移入種であるモクマオウ，アカギなどの分布域が拡大し，また外来動物グリーンアノールなどによる希少固有種への影響が懸念されるようになってきて，その調査研究や国有林での移入植物駆除活動が行われ，多くの報告書が発表された．

3) バイオテクノロジー

1970年代以降発展してきたバイテク技術の動きのなかで，森林分野では林木組織培養研究によって林木育種面で広範な成果をあげた．遺伝子操作ではやや出遅れていたが，1997年から始まったスギゲノム解析研究によって，遺伝子操作に一歩を踏み出した．ゲノム解析はヒノキなど種々の森林生物にも応用され，遺伝的多様性の解析に役立った．社会問題化したスギの花粉症については，花芽抑制の選抜育種が行われ，一部は実用化された．花粉のアレルゲン生産を抑制する遺伝子解析や

組換試験にもバイオテクノロジーの手法が活用されている．

4）途上国森林再生

FAO の 1990 年森林資源調査により，途上国地域での急激な森林減少が止まらないことが報告され，熱帯林再生に取り組む研究が広範に行われた．技術的研究としては，早生樹による産業造林，荒廃地復旧のための環境造林，在来原生樹種の天然更新，アグロフォレストリーによる森林再生，マングローブ林再生などと，これを進めるための植生，土地利用の変化をモニターするための地理情報の研究が行われた．また熱帯林減少のもととなる焼き畑の調査や地域住民の社会構造解析とともに，住民参加型の森林回復など制度面にも研究が及んだ．1994 年に「砂漠化対処条約」が採択され，中国などの砂漠化防止にも研究の関心が集まった．

5）気候変動・温暖化と森林

1997 年 12 月京都で開催された「気候変動枠組み条約締結国会議」の第 3 回会議（COP3）で，先進諸国の温暖化ガス削減目標と，この目標の達成を助けるための「共同実施」「CDM」「排出量取引」を含む京都議定書が採択された．日本の温暖化ガス排出量は 2008 年から始まる 5 年間に 1990 年の 6％削減と決まり，このうち日本では森林が主要な吸収源とされ，3.8％を上限とする CO_2 吸収を確保するための森林整備などの吸収源対策が重要施策となった．

CO_2 の増加についての関心はかねてから林学研究者の間に強くあり，1988 年「気候変動に関する政府間パネル（IPCC）」が地球温暖化に関する科学的・技術的な検討・分析に着手し，我が国からも研究者が報告書の作成検討に参加し，この頃から温暖化研究の基礎となる森林生態系における温暖化ガスのフラックスや炭素を中心とした物質循環の研究が盛んになった．

わが国が温暖化対策として重視する森林吸収量は国際的検証を要することもあり，CO_2 吸収を透明かつ検証可能な方法で算定報告するため，炭素収支のモデル化，統計的精度とデータ管理システムの構築に研究者が従事するようになった．また伐採され利用される木材は物質循環や炭素貯留に関係深いため，林学会と木材学会とが合同シンポジウムを開催するなど，共同の研究プロジェクトが行われるようになった．また地球温暖化が現実となった場合の森林分布や病虫害発生の予測が行われ，ブナ林の分布の減少予測などが報告された．

6）林業の持続的発展を目指して

2001 年施行された「森林・林業基本法」は，構造改善による林業の発展を目指す「林業基本法」から，林業の発展とともに森林の公益的機能の発揮への転換を目指すものである．森林の公益的機能を発揮する政策として，森林を機能分類し，これらの評価をもとに森林計画が立てられることになった．このための森林計画にリモートセンシングや GIS の技術や合意形成の手法が開発され，その導入が試みられた．基本法に云う林業の健全な発展については，国産材の安定的供給が可能となる林業の成立条件の解明，軽労働・省力的集運材技術の開発が集中的に行われている．

今後，環境資源としての森林の利用と，産業素材やエネルギー源としての木質バイオマス資源の利用など種々の可能性に賭けて研究に取り組み，森林を様々に活用する方法と効果を科学的に示すことが望まれる．

（小林富士雄）

第21章　砂防学

1．草創期と関連学会

　砂防学会の設立は1947年に新砂防刊行会が組織され翌1948年3月に「新砂防」の創刊号が発刊されたことが契機となっている．本会の目的は「砂防工学の進歩と砂防事業の発展をはかる」もので，その活動として調査・研究・砂防普及活動，「新砂防」の発行等を挙げている．「新砂防」はこの当時は砂防関係の唯一の専門誌であった．その年の6月に「砂防学術会」と会名を変更した．会員数は1950年に800名を超え，1951年11月には京都大学で開催された第1回総会において「砂防学会」に改組され学会事務局を京都大学農学部砂防工学研究室に置かれた．1953年には会員数も1,000名に近づき第2回総会が開催され，学会誌「新砂防」も年4回発行されるようになった．研究発表会は毎年開催され，1957年以降は毎年総会と研究発表会が開催され，現在に至っている．会員の構成は大学関係者約10％，建設省関係者約10％，都道府県関係者70％，その他10％程度であった．1968年から，特定の課題についてシンポジウムが開催されるようになった．

　この時期での砂防学会の主要な研究内容の分野を挙げると，① 基礎的研究（水文学，水理学，応用力学，地形，地質など），② 砂防の対象となる自然現象の解明（流送土砂，山崩れ，地すべり，土石流など），③ 砂防工作物と自然現象の変化，④ 砂防ダム・山腹工・地すべり防止工の設計・施工，⑤ 砂防計画・調査，災害関連，⑥ その他（随想，論説など）に大きく分類される．

　地すべりに関しては研究成果の多くは「新砂防」などに多く公表されていたが，1963年に「地すべり学会」が設立され1964年3月には学会誌「地すべり」が発行され，1965年以降「新砂防」誌上では地すべりに関する研究成果の報告が著しく減少した．一方，農林省関連の砂防分野に近い治山関係技術の発展・普及を図る活動が活発になり，1956年には林野庁治山課内に「治山研究会」が発足した．この会は学問・研究よりも実際的な技術の開発・普及と事業実施に必要な情報伝達を主目的としている．

　その他，関連領域の学会として，土木学会，日本林学会（現日本森林学会），土質工学会（現地盤工学会），日本地理学会などにおいて砂防学研究の発展の基礎となる業績が多々ある．

2．1970年以降の砂防学会

　1970年にそれまで京都大学農学部におかれていた学会本部が砂防会館内（東京都千代田区）に移転され，1971年には会則を全面的に改正し，会員の総意を反映できる組織にあらためられた．1970年と1979年の会員の総数は1,571名から2,327名に増加しており，その構成比率をみると，大学関係者は8.5％から6.0％，国家公務員は17.1％から13.5％，地方公務員は67.1％から69.4％，その他7.4％から11.2％となっている．大学関係者の人数は微増であるが「その他」は117名から261名とその増加は顕著である．これは，建設コンサルタント関係者の関心の高まりを示すものである．その原因としてこれまで役所の職員で行っていた調査・計画・設計業務がアウトソーシングされてきたことが挙げられる．このような事柄から砂防学会は研究者集団と言うよりも技術者集団といっ

た性格がある．当時の砂防学会総会や研究発表会の参加者は300名を超え，研究発表件数も数十件を超えるに至っている．

　この間，砂防学会が行った事業で特筆されるものとして，「砂防関係研究機関要覧」および「砂防用語集」の編集，シンポジウムの充実，「砂防学術総覧」(「新砂防」，Vol. 32，特集号)の発行，および海外との研究・技術交流の促進が挙げられる．「砂防用語集」編纂は1950年以前の砂防工学の体系の中で一応統一された用語が用いられていたが，その後の学問領域の急速な拡大に伴い新しい概念・用語が用いられるようになり，使用される用語の統一が求められた結果である．シンポジウムは研究発表会での個別的な成果の発表ではなく，その時々の重要なテーマを選定して集中的に議論がなされている．この時期のシンポジウムでの話題は研究の緒についたばかりの「土石流」や行政上の重要な課題である「砂防計画」が多くなっている．

　海外との研究・技術の交流は，個人的，あるいは他の機関・学会などを媒介として1960年代から始まっていたが，砂防学会として具体的に実現されたのは，1974年全国治水砂防協会の後援によってオーストリアのウィーン農科大学のH. Aulizky教授を招聘し，1カ月間にわたる全国各地の砂防・治山工事の視察後，東京で「日本の砂防とオーストリア砂防の比較的考察」という演題で講演と座談会を開催したことである．これ以降ヨーロッパにおける現状の研究・技術に対する関心が急速に高まり，また情報の交流も盛んになった．

　一方，砂防行政の技術協力の面でも密接な交流があったインドネシアに関しても「日本・インドネシア火山泥流に関するシンポジウム」が1980年3月にジャカルタ市において開催され，砂防学会として会長をはじめ35名が参加し，両国の研究者・技術者の情報交換がおこなわれた．その後適宜両国でのシンポジウムが開催された．

　さらに，1980年8月にオーストリアのバドイシルで開催された「第5回アルプス地方国際防災会議(Interpraevent 1980)」に34名の学会員が参加した．オーストリアはわが国の砂防工学の先達であり，自然条件の異なった地域における砂防工法等の情報交換はわが国の砂防学および砂防事業に影響を与えた．その後，アルプス地方で4年ごとに開催されるInterpraeventに発表・参加することになった．

　長野県焼岳の上々堀沢や鹿児島県桜島では1970年代から土石流の観測が行われ，土石流の画像が取得され，さらに1978年には北海道有珠山が噴火し，土石流災害が注目されるようになり，土石流の流動機構に関する研究が旺盛になった．

　1979年に「砂防学術総覧」が発行され，その時期の砂防学の課題が整理された．その内容として以下のものがとりまとめられた．① 砂防研究の動向と課題(流域特性，斜面崩壊，地すべり，土石流，流送土砂と河床変動，材料・構造，海岸砂防，砂防計画)，② 海外との学術交流(わが国研究者の在外研究，海外の研究機関・研究の動向，国際研究集会への参加，学会による外国人研究者の招聘)，③ 海外との技術交流(アジア地域，アメリカ・ラテンアメリカ地域，ヨーロッパ地域)，④ 砂防関係出版物，⑤ 新砂防(砂防学会誌)総目次．

　1981年に新潟県で発生した二件の雪崩で集落が被害を受け，これを契機として，国土庁は学識経験者，建設省，林野庁，科学技術庁で構成される雪崩対策委員会を設置し，その対策に乗り出した．1986年に新潟県能生柵口で大規模な集落雪崩が発生し，学会誌にも雪崩の運動機構の研究や雪崩防

止技術に関する投稿が多くなった.

　この時期の新しいテーマとして，これまで見落とされてきた流木災害に着目しての流木の流動機構，土石流の氾濫シミュレーションとしてランダムウォークモデルの適用，渓流環境面からスリット砂防ダムの土砂捕捉効果等が挙げられる.

　土砂災害による人的被害は毎年のように発生していたが，砂防ダム等のハードの防災対策の進捗は予算の面から遅れが指摘され，ハード対策の補完としてのソフト対策が検討され，1984年に建設省が「土砂災害に関する警戒・避難指示のための降雨量設定指針（案）」が発表された.

　この頃の海外との研究交流として，1983年11月に台湾大学において砂防学会と台湾中華水土保持学会との共催で，「台風襲来地帯における洪水・土砂災害に関するシンポジウム」が開催され，日本側から52名，台湾側から106名の参加をみた．さらに，1985年9月に砂防学会の主催として初めての国際シンポジウム「International Symposium on Erosion Debris Flow and Disaster Prevention」が筑波で開催された．このシンポジウムには海外から17ヵ国，参加者は226名をみた.

　1988年3月にこれまで任意団体であった砂防学会が「社団法人 砂防学会」として内閣総理大臣から認可された．その約款に記述された社団の目的は，「砂防に関する研究及び調査を推進することにより，広く土砂災害に関する防災科学技術の振興を図り，もって国土の保全，国民生活の安全等に寄与する」とある.

　学会の関わる内容が広くなり，それぞれの分野が専門化，高度化したため，そのさらなる発展を模索するため1988年に過去10年間の研究発表状況，学会誌での投稿状況を調査し，また，会員の意見を聞くためアンケートを行った．研究テーマとして，侵食，緑化・森林に関する研究が大きく，環境に関する志向が大きい．また，土石流，崩壊，河床変動にも関心が高く，砂防計画への関心は低いものとなった．これを受けて同年，研究の活性化，新たな技術の開発促進を目的として小規模なワークショップの募集を行った．このときに提案されたテーマは，① 荒廃渓流における地形変化と堆積土砂の制御，② 多雪寒冷地における土砂生産・流出特性—事例報告と研究の方法の検討—，③ 砂防におけるリモートセンシング技術の活用，④ 活火山の土砂移動と砂防計画，⑤ 物理機構に基づく斜面崩壊のシミュレーション—その現状と課題—，⑥ 砂防計画のための調査法，があげられた.

　1990年頃になると全国的にも環境に関する関心が高くなり，河川や砂防の分野においてもヨーロッパ，特にスイスから近自然工法や多自然工法の技術や施工事例が紹介され，砂防の分野においても環境問題がクローズアップされ，関連論文が多くなってきた．また，発表講演会においても環境関連のセッションが設けられた.

　1977年北海道有珠山の噴火で大量の火山灰が周辺に堆積し，その後の火山泥流で人的被害が発生，全国の活火山が注目された．また，1990年に雲仙普賢岳の火山活動が活発化し溶岩ドーム崩壊に伴う火砕流が発生した．これらの火山噴火による土砂移動は学会の研究テーマとなり，海外の火山災害を含めて学会誌上でもシリーズ掲載された．さらに，これまでの火山の土砂災害に対処するため，蓄積された火山の水文と砂防・治山に関する知識を総合化し，その他の課題も含めて新しく研究・開発を進めていく必要から，学会が主催する「'95砂防国際シンポジウム」が1995年，東京で開催された．海外から15ヵ国の参加をみた.

　砂防に関連する分野の協力のもとに砂防学は大きな発展を見せ，砂防技術者や研究者は広い分野

についての知識を持つことが要求され，その背景を踏まえて砂防学を体系的にまとめた「砂防学講座」の第1巻が1991年に発刊され，1993年まで随時第10巻，別巻が刊行された．

1994年に砂防学会賞として砂防に関する学術の発展と顕著な貢献をしたものに与えられる「論文賞」と独創性と将来性があって砂防学の発展に寄与したもの（発表時に35歳以下）に与えられる「論文奨励賞」が設けられた．

1995年に再び砂防研究分野の動向に関して，研究内容毎に既往の研究・現在・将来のテーマについてアンケートを行った．特徴的なものとして，土石流に関する研究比率は既往（8.1％），現在（6.6％），将来（4.3％）となり，土石流に関しての研究テーマは少なくなっている．森林水文・水資源関連では各機関5％代で大きく変化はしていない．その中で，防災対策は既往（6.5％），現在（5.2％），将来（14.4％）と将来重要なテーマとなると考えられた．これは砂防学がもともと目指す基本的なテーマであり，全国的に土砂災害の増加にともない，国民の「安全」，「安心」の要求に応えるものとして理解できる．

1995年1月に兵庫県南部地震（阪神・淡路大震災）が発生し，淡路島・神戸市で震度7が記録され，その周辺地域も含めて未曾有の災害となった．この地震直後学会は「砂防学会兵庫県南部地震調査委員会」を設置し，地震で影響を受け，小雨でも崩壊が発生すると予測される山腹崩壊に関する調査団を派遣した．また，同年5月に二次災害防止のため砂防ダム等砂防設備の安全性の検討，現設計基準の妥当性を検証するため「砂防設備の耐震設計に関する検討委員会」を設置した．

砂防学を取り巻く環境の課題・研究はさらに大きくなり1997年10月1日にオーストリア共和国，アメリカ合衆国，ドイツ連邦共和国から招待した行政官を含めて話題提供とパネルディスカッションを行う記念シンポジウム「自然環境と砂防」を開催した．さらに国際会議として，これまでヨーロッパアルプス周辺国で4年に一度開催されていた「国際防災学会インタープリベント」を2002年10月に長野県松本市で開催した．この国際防災学会はヨーロッパ地域以外で開催されたのは初めてである．参加は14カ国，400名であった．また，この国際会議は2006年9月にも新潟市で開催され19カ国の参加をみた．

社会要求の多様化に伴い，砂防事業を推進する上での砂防行政の課題は多様化していることに対応し，新しい砂防技術に対する多様な要請に迅速に応えていくために，大学研究者と砂防行政担当者が砂防行政の課題解決に向けた共同研究を行うため「砂防技術研究会」が2004年度に設置された．

砂防学において学際化・高度化が進み1976年に出版された「砂防用語集」の大幅な改訂の必要が指摘され，砂防分野の技術者，学生，他の分野の研究者に対してわかりやすく解説するため2004年10月に「改訂砂防用語集」が出版された．

（松村和樹）

第22章　林木育種学

1．草創期から終戦までの動向

わが国では，室町時代にはじか挿しによるスギのさし木造林が近畿，九州地方などで行われていた．九州の神社・仏閣の御神木等として少なくとも500年以上前に成立したさし木品種や篤林家達

によって育成された多様な在来品種，京都では北山スギのさし木品種等が有名である．また，良質の木材を得るためには種や品種を選ぶことが重要であることを篤林家らは子孫に伝えてきた．これらは，古くから苗木の素質の重要性を直感していたことを示唆する．しかし，明治時代になって近代の林学研究が始まると，ドイツ式の林学を模範とする研究に主眼がおかれるようになり，さし木在来品種や採種母樹の選択への関心は次第に薄れていった．

一方，全国的に高まった吉野スギの名声に呼応して各地に種子が送られた結果，多雪地帯等で不成績造林地が発生し，吉野スギの良否が論争になった．また，1899年に国有林の大面積一斉造林が各地で始まるとともに，1900年にはIUFROの勧告によってスギ，ヒノキ，アカマツの産地試験が始まった．このような動きは産地問題の関心を高め，白澤保美（1907）は造林用の種子には地元産，もしくは気候条件などが似通った地域の種子を用いると成績が良いとした．この他，スギの変種や在来品種の特徴の記述が散見され，寺崎 渡（1913）はスギには裏スギ，表スギの別があることを示し，それぞれの地域で用いるべきであることを提唱した．

1910年代には，スギ赤枯れ病が蔓延する一方で，さし木がこの病気に強いことがわかり，さし木の復権が起こった．温井誠一（1917）は造林成績の向上には品種改良が必要であり，それにはさし木が最良の選択であるとし，同様に岡本徳三郎（1926）は品種を重視する場合はさし木が良いとした．また，床挿しによる効率的なさし木苗生産が提唱され，これとともにスギさし木技術や採穂園の造成法の検討が行われた．一方，採種源の問題について長谷川孝三（1928）は吉野スギ問題の反省等から母樹の選択と自家採種を提唱した．

30年代になると国有林で一斉造林の成績が盛んに報告されるようになった．そうした結果を踏まえて大阪営林局では大中道克也（1933）が林木の品種改良の推進を指示するなど現場においても品種改良への関心を持つ者があり，人工交雑技術やさし木技術の研究が行われた．また，外山三郎（1939）は「森林樹木の品種改良問題」で品種改良の意義を説き，その技術根拠として，(1) 選抜および淘汰，(2) 交雑，(3) 突然変異と倍数体であるとした．その道筋として，まず選抜・淘汰を行い，さらに交雑によってより良い物を創り出すとしており，突然変異，倍数体育種も大いに研究すべき事項としている．

40年代は戦火が拡大し，研究環境は悪化していったが，外山三郎（1940）による「津川山スギ品種改良試験地」の造成，ホルモン処理によるさし木発根率の向上，コルヒチン処理やX線照射等による突然変異や倍数体の誘発等が行われた．

2．林木育種協会の設立

戦後，復興に必要な木材を狭い国土から得るためには育種技術の応用が重要であると考える者は少なくなかった．林木育種のバイブルであった「実地林木育種」の著者，スエーデンのBertil Lingquistが1952年に来日し，各地で講演するとともに林野庁幹部へ林木育種の必要性を説いて林木育種推進の機運を高めたが，関係者同士で情報や意見を交換する場が未だないことが悩みの種であった．これを憂いた小林準一郎（当時林総協理事）は全国の主要な林木育種研究者等に呼びかけて「林木育種研究懇談会」を開催し，林木育種の推進について意見を交換した．この懇談会が実を結び，小林を

委員長として「林木育種協会創立準備委員会」が結成され，1953年に開催された創立総会で林木育種協会の創立が決まった．このとき，会長に小林準一郎，理事長に中村賢太郎が就任し，理事に岩川盈夫，佐藤敬二，神内 巌，外山三郎，原 忠平，平 吉功，石川健康，原 耕太の林木育種分野のそうそうたるメンバーがそろった．創立時の会員数は正会員，賛助会員を合わせてわずか50名であったが，現在は賛助会員，団体会員，研究会員，普通会員合わせて557名を数える．また，1978年には社団法人として認可され，1984年には日本学術会議に学術研究団体として登録するとともに，2005年には日本学術会議協力学術研究団体となった．

3. 国家事業としての林木育種の始まり

　戦後'50年代までは，交雑や種間交雑による一代雑種の利用等の研究が行われ，耐鼠性で脚光を浴びているグイマツとカラマツの雑種等の成果が得られた．一方，木材増産における林木育種への期待は林木育種協会の設立によってより強まった．このような背景から，国立林業試験場等がまとめた「林木の品種改良計画」をひな形として林野庁は1954年に「精英樹選抜による育種計画」を樹立，1955年から精英樹選抜に着手し，国家事業としての林木育種が始まった．1956年には林野庁造林保護課に育種班を設けるとともに，1957年から58年にかけて育種事業の企画・推進を行う全国5箇所の国立林木育種場を設置し，体制を整えた．一方民間においても，1956年に王子製紙が北海道栗山町に林木育種研究所を設立し，東北パルプ（現日本製紙）が岩手県北上町に北上事業部を設立し，林木育種事業・研究が始まった．

　精英樹選抜育種事業では，営林局，都道府県，民間企業が一丸となって全国の造林地等から成長や樹幹の形状の表現型に優れた個体を選抜し，それらをさし木やつぎ木によってクローン化して保存した．その数は9,000クローンを越え，採種（穂）園を造成して直ちに造林に実用するとともに，並行して次代検定林等で特性を評価した．なお，樹種はスギ，ヒノキ，アカマツ，クロマツ，カラマツ，エゾマツ，トドマツを主体に，地域の必要性によって適宜対象とすることができることになっており，これまでに針葉樹29種，広葉樹18種で精英樹が選抜されている．精英樹は育種素材として重用され，材質優良，花粉症対策等の数多くの品種開発に寄与している．現在は，後代からより優れた第二世代の精英樹を選抜する事業が進められている．また，次代検定データを解析するために他分野の進んだ統計解析手法の導入が進むとともに，同位酵素分析，DNA分析技術の導入が進んだ．

　一方，戦後復興資材の確保を目的とした拡大造林の進展に伴って冬季の低温や乾燥，雪による被害が拡大し，これに対応した気象害抵抗性育種事業が1970年に始まった．これは冬季の寒さの害と雪の害への抵抗性品種を開発するため，被害林分や不良環境にある林分から表現型によって抵抗性の候補個体を選抜し，検定によって抵抗性を確定するものである．本事業では，樹種，被害の種類を込みにして全国で7,396の候補個体が選抜され，現地での植栽試験や人工凍結実験，冬季乾燥実験などによって，スギ，ヒノキ等の寒風害抵抗性，凍害抵抗性等計258クローン，雪害抵抗性27クローンを開発した．

　一方，病虫害抵抗性ではマツノザイセンチュウ抵抗性育種事業が最も規模が大きく，大きな成果が得られた．マツ林の集団的枯損害は1960年代より急激に増大して社会問題となった．このマツの

集団的枯損害の原因がマツノザイセンチュウであることを徳重陽山・清原友也（1970）が明らかにし，大場喜八郎（1976）は人工接種によって抵抗性に差異があることを確認して抵抗性育種を提唱した．その結果，「マツノザイセンチュウ抵抗性育種事業」が1978年に始まり，日本海側を除く西日本地域でアカマツ11,446本，クロマツ14,620本の候補木を選抜し，一次，二次の検定によってアカマツ92クローン，クロマツ16クローンの抵抗性品種を開発した．その後も被害の拡大に合わせて抵抗性品種の開発を継続しており，2007年3月現在，アカマツ142クローン，クロマツ64クローンの抵抗性品種が開発されている．現在では，より抵抗性の高い第二世代抵抗性品種の開発が進められているほか，抵抗性種苗の効率的な増殖手法としてさし木増殖技術の開発が進んでいる．この他，樹幹穿孔虫であるスギカミキリ抵抗性育種事業，内樹皮・形成層を犯すスギザイノタマバエ抵抗性育種事業があり，それぞれの抵抗性品種を開発している．

　Schreiner E. J.が提唱した育種による木材の材質向上は，IUFROおよびTAPPIを中心とした50年代の一連の研究によって改良効果の高いことが確認された．わが国では，国立林業試験場の材質育種研究班が1972年に報告したアカマツが材質育種研究の最初の例である．その後，1980年にカラマツ製材のねじれを少なくすることを目的とするカラマツ材質育種事業が始まり，249クローンのねじれの少ない優良品種を開発した．また，1992年から4年間にわたって材質育種事業化プロジェクトが行われ，スギの水分特性や強度特性は育種による改良効果の高いことがわかった．その成果に基づき，現在は材質に優れたスギ精英樹クローンの選抜が進められている．

　当初，生産力の向上を主目的として始まった国営の林木育種事業であるが，その後は社会ニーズとこれを受けた国の施策の変化に対応した品種の開発に努めてきた．国民病ともなったスギ花粉症への対応もその一つであり，精英樹を素材として花粉の少ないスギ，ヒノキ品種137クローンを開発し，さらには雄性不稔スギ品種の開発に至った．また，地球温暖化へ対応するための品種の開発も進んでおり，炭素シンクとしての樹木樹幹に着目し，炭素固定量の大きな品種の開発が進んでいる．

　一方，近年は分子育種分野の研究が盛んになっており，スギ，ヒノキ，マツなどでDNA遺伝マーカー等による連鎖地図を構築するとともに，スギの材質関連遺伝子やマツノザイセンチュウ抵抗性のQTLマッピング，スギアレルゲンに関与する遺伝子のマッピングが行われている．また，マツノザイセンチュウ抵抗性に関するMASおよびGAS技術の開発，さらには，遺伝子組み換えの実用化研究も進んでおり，ギンドロにコウジカビ由来のキシログルカナーゼ遺伝子を組み換えた2クローンの隔離圃場栽培試験が2007年に始まった．また，RNase遺伝子をスギに組換え，雄花特異的に発現させて雄性不稔化する技術の開発も進んでいる．今後はこの分野の研究の重要性がより増していくものと考えられている．

（藤澤義武）

第23章　林業経済学

1．林業経済研究会の発足（1955～1977年）

　林業経済研究会が創立（1955年）される9年前の1947年，財団法人林業経済研究所が設立されている．官庁・大学・林業・林産業の各界の指導者層が発起人となり，日本林業再建に資するための調査研究機関として設立したもので，林業経済研究者を中心とするいわゆる研究会とは性格が異なるものである．

　1955年5月，林業経済研究会創立総会が森林資源総合対策協議会（林総協）会議室で開催され，研究会は「林業経済に関する理論および応用の研究ならびにこれら研究者の連絡協同を目的とする」（林業経済研究会規約第2条）とし，役員に倉沢　博，大島信夫，筒井迪夫，野村　勇を選出した．（財）林業経済研究所の運営に参画した大学・試験場の林業経済研究者は，教授や管理職等の地位にあるトップにある人達で，林業経済研究会に参加した林業経済研究者は，中堅もしくは若手層である．林業経済研究会の創立に参加したのは大学・試験場の研究者だけでなく，林野庁や県の林務行政担当者や林総協，農林漁業金融公庫，全国森林組合連合会などの林業団体関係者もいる．

　1955年創立時の林業経済研究会の会員は28名であったが，1960年には101名，1964年には359名へと急激に増加する．全国の林業経済研究者をほぼ組織し，林野庁本庁だけでなく各営林局や県にも会員が拡大する．研究会の運営は，在京の会員が幹事団＝幹事会を構成して，大学・試験場・研究所の上層部が代表幹事となっている．幹事会は研究会の企画，会誌「林業経済研究会会報」の編集・発送，会費徴収・会計管理などすべてを行う実働組織でもあるので，若手・助手や大学院生等も幹事会に入っている．

2．林業経済研究会の学会移行（1978～1997年）

　研究会設立後20年を経過すると会員は300名を割る．国立林業試験場や東京教育大学の筑波学園都市への移転，林業経営研究所の林政総合調査研究所（林政総研）への改組，そして国有林野事業（林野庁）の大幅な「合理化」・人員削減は，在京の会員が担ってきた研究会運営を大きく改変させることになる．

　1978年4月，林業経済研究会を林業経済学会へ移行させることを林業経済研究会総会および林業経済学会総会で決定した．それは，①新規設立の形をとらず，会の名称変更という形で処理する．②事務所の定置が必要であり，（財）林業経済研究所に依頼する．③評議員会を設置し，評議員は各地域から選出することとした．

　林業経済学会が誕生し，それまで代表幹事の下に置いてきた事務局を林業経済研究所に固定し，林業経済学会と林業経済研究所との提携が定着する．学会会員数も360名余へ回復する．

　学会移行後も，会の運営は関東在住（東京に加えて筑波，宇都宮も圏内にする）の会員で構成する幹事会方式を踏襲した．幹事会には，大学・試験研究機関（国立・森林総合研究所，林政総研），全国森林組合連合会そして林野庁の会員が，それぞれの組織・機関を交替しながら代表して参画した．

3. 学会運営の抜本的改革(1998年～)

(1) 組織運営特別委員会(1983年)

　学会移行(1978年)後も，会の運営が従来からの幹事会方式で行われてきたこともあって，学会運営の抜本的改革が必要となっていた．1983年には組織運営を検討する特別委員会が設置され，改革方向が検討された．そこでは，問題の背景が，

　1) 戦後の激動期に産声を挙げた林業経済研究会(以下，研究会という)は，旧来の林業経済研究を批判し，その中から真に科学としての林業経済研究(経済論，政策論，経営論等)の構築を志した数十名の若きエネルギーを結集し，1955年に誕生した．爾来，本研究会は，量的にも質的にも飛躍的に発展し，林業経済研究者をほぼ結集することによって，わが国林業経済研究の推進母体として機能してきた．

　2) 1978年4月，この研究会を改組することによって林業経済学会(以下，学会という)が生まれた．研究会の発展に伴うエネルギーの蓄積によって，底流として次第に強くなってきた学会への志向がしからしめたものである．数十名をもって発足した研究会が，350余名を数える学会へと改組されたことは，それまで研究会を担ってきた研究者にとっては今昔の感のあるところであろうが，全研究者にとっても一大画期をなすものであった．

　3) しかし，問題がまったくないわけではない．年2～3回の学会誌の発行，研究会の開催という学会の在り方は，研究会時代に比べて発展してきているとはいえ，内容的には変わっていない点も少なくない．特に学会にとって重要な機能を果し，その存在を内外にわたって意義づける学会誌についてみると，量的にも質的にも多分に問題があるところであり，学会の組織・運営についてみると，これもいくつかの点で重大な問題を持っていることを指摘しなくてはならない．

　4) 一方，林業経済学会をめぐる外的条件に目を転じると，これまで陰に陽に戦後の林業経済研究に大きく寄与しただけでなく，研究会及び学会の発展を支えてきた林業経済研究所をめぐって生じている困難な問題があることを知らなくてはならない．同研究所は，『林業経済』誌の発行を通じて林業経済研究者を育成し，研究会および学会を支える上で重要な役割を果たしてきた．しかし，林業経済研究所は，近年来，その在り方を含めていくつかの問題を持つに至り，それはまた全林業経済研究者及び学会の在り方に重大な問題を提起するに至っている．

　5) このような学会をめぐる諸問題は，基本的には数十名で発足した研究会の組織運営が350余名を数える現在の学会にそのままの形で持ち込まれているところにあるとともに，学会をめぐる困難な諸問題，特に外的条件を内部化しないまま推移してきているところにあると考える．

　6) このような状況は，近い将来に限定した場合でも，学会に対して早晩重大な問題を提起することが予想され，学会の新たな対応が必要となっていることを示しているのである．
と整理された．

　そこで，林業経済学会幹事会は，林業経済学会の発展方向を，以下のように提起した．

　① 学会移行(1978.4)から5年余を経過し，学会として徐々なる発展，定着を評価しつつも，次の発展をはかるためには，① 学会誌の充実，② 学会運営の改善，③ 学会組織の整備など，問題点を率直に洗い出し学会のあり方を総点検する時期にきている．

②学会の社会的責任は，『林業経済』誌をめぐる発行体制が長期的には必ずしも安定的ではない状況との関連もあり，会員の研究発表の場の確保など，学会誌の充実についてより大なるものが要請されている．

③学術会議（1979.4登録）の制度改正の動きや，国際化，学際化の動向の中で，当学会の社会的位置付けを客観的に認識する必要がある．

（2）学会運営体制再検討要望書（1993，94年）

1993年10月，西日本林業経済研究会有志18名から学会誌『林業経済研究』の充実を求める「要望書」が，さらに同年11月には全国の17名から学会の運営体制の再検討を求める「要望書」が幹事会に提出された．1994年4月，林業経済学会に学会運営の改善に関わる特別委員会が設置された．幹事会と別に編集委員会を設置すること（1995年4月），学会誌発行年3回化（1997年4月）の改善が推進された．

（3）学会運営の抜本的改革（1998年）

1998年4月，学会運営の抜本的改革が実現する．①幹事会に替わり，評議員会の中に理事会を設置して運営組織とし，学会運営業務の全国化を図る，②会長は評議員の互選による．任期は2年とする．③理事は会長が評議員の中から指名し，各担当理事は主事を指名する，を決定．なお，1998年1年は試行期間とする，というものである．

すなわち，これまでの幹事会に替わり，評議員会の中に理事会を設置して運営組織とし，学会運営業務の全国化を図ることとし，九州大学，北海道大学，岩手大学，愛媛大学等首都圏以外の会員も評議員・理事・主事として参加する体制が実現した．学会誌（『林業経済研究』）の編集委員会（先行して1995年に設置），林業経済学会賞および林業経済学会奨励賞の創設（2002年4月）など新たな取組みが行われている．

（4）不正引用問題

2002年林業経済学会春期大会シンポジウム論文（『林業経済研究』第149号）について不正引用問題があり，調査の結果，「研究者としてモラルに反する行為」があったと認定し，当該シンポジウム論文を抹消とすることが2003年3月30日の総会に報告された．また，林業経済学会会長は同年3月29日に「掲載論文の抹消に関する声明」を発表し，「今後とも，林業経済研究を発展させる為には，先行研究に対し敬意を持って評価し，参考・引用を適切に行い，自己の研究を厳格に位置づけることが必要であります」としている．なお，2004年4月の総会で，当該会員に対し退会を勧告する決定をしたことが報告された．

4. 林業経済学会50周年記念事業

　2001年4月の林業経済学会評議員会・理事会で50周年記念事業特別委員会が設置されて以来，6年をかけて，16回ほどの特別委員会，林学会・林業経済学会時の5回に及ぶ特別セッションと，多くの会員の参加・協力を得て，2006年11月に『林業経済研究の論点－50年の歩みから－』（日本林業調査会，全687頁）を刊行した（第1部年代別研究動向，第2部分野別研究動向，関連文献および選著解題，第3部CD-ROM版原著論文）．50周年記念誌出版に際し，124名の会員から244.5万円の寄附金を受け，出版会計は若干の余剰を出すことが出来た．

　それと共に，同年11月3日に50周年記念祝賀会を開催した．記念祝賀会は，一般会員76名とともに林野庁長官，東北森林管理局局長，日本森林学会会長，日本木材学会会長，森林計画学会会長代理，林業経済研究所理事長，全国木材組合連合会常務理事，大日本山林会副会長，日刊木材新聞社，日本林業調査会等の来賓の出席があった．

（笠原義人）

第24章　森林立地学

1. 50年史の補遺

　日本農学50年史では森林立地学分野は林学の中の一分野として論述されている．50年史が編まれた1980年当時森林立地学会の前身である森林立地懇話会は，日本学術会議へ学術研究団体として登録されておらず，森林立地学分野は林学の中の一分科としてその関連する学術の発展が記述された．ここで，1980年以降今日まで30年間の森林立地学分野の研究の展開について論述する前に，50年史に記述された森林立地学関連分野の動向について若干補足しておかねばならない．

　50年史に記述された地位指数と土壌の理化学性との関係に関する研究成果は，その後スギ品種の環境調査に引き継がれ，各地のスギ品種の成長と土壌の対応関係の違いが明らかにされた．この調査で蓄積されたデータは多変量解析のひとつである数量化による地位指数の推定と要因解析に役立てられ，1960年代に目覚ましい展開をみせ，数量化による地位指数推定法が地位指数調査の具体的手法として確立された．一方で農水省農林水産技術会議傘下の各研究機関で各地目別の土壌生産力に関する特別研究が実施され，林地部門では地域的な土壌の分布，性質の違いと，これに関連した潜在生産力格差の解明に重点が置かれた．1970年代に入るとそれまでの森林の無秩序な林地転用，自然破壊につながる乱開発，国有林の大面積皆伐などが批判を浴びた．また森林の価値観も従来の木材生産一辺倒から環境保全，自然保護へと見直される機運が生じた．こうした流れの中で森林の持つ各種公益機能の計量化が試みられ，林地の重要度の分級評価の手法が策定され，森林の造成維持費用分担の決定に理論的根拠が与えられたが，これにはそれまでの森林立地学部門の研究蓄積が大きな力となった．一方で林野土壌調査事業に中心的役割を果たした林業試験場土壌部は長年の調査結果に基づいて分類体系を整備し，「林野土壌の分類（1975）」を刊行した．

　農林水産業の環境保全的機能についての研究が展開されたのもこの時期で，森林立地学関連分野でも森林・林業のもつ環境保全機能が明らかにされた．またこの時代に国際的に進められたIBPの

研究プロジェクトに森林立地学関連の研究者も加わり，森林と立地環境の関係解明，森林生態系メカニズムの解明に成果をあげた．

こうした流れのなかで，森林立地学部門の研究者の会団として森林立地学会の前身である森林立地懇話会が1959年に設立され，機関雑誌「森林立地」が創刊された．同会は発足以来1980年までの20年の間に，森林土壌学，森林気象学，森林生態学，森林植生・植物学など関連の諸分野の研究者の研究討論の場として大きな役割を果たし，森林立地学の研究の進展に寄与した．また1970年代には都市化などに関連した環境保全の諸課題についての研究，さらに東南アジアなど海外での森林資源の維持造成に関する調査研究の諸課題にも取り組んだ．この会の発足10周年を記念して刊行された「森林立地図」は，縮尺200万分の1の土壌図，植生図，降水量・積雪深図，温量指数図で構成されており，森林立地のそれまでの調査研究の成果の集大成として高く評価されている．森林の土壌や気象その他もろもろの環境因子の反応を有機的，総合的にみるという森林立地学分野の研究を深化させる上で，森林立地懇話会がこの時代に果たした役割は大きい．

2. 1980年以降の森林立地学分野の研究の展開

森林土壌の生成・分類と分布に関しては，戦後間もなく始められた国有林，民有林土壌調査事業が1970年代後半に相次いで終息を迎えたのを機に，この間に得られた調査・研究の成果が各機関の担当者によって1983年に「日本の森林土壌」としてとりまとめられた．また，併行して各研究機関の研究者によって進められた森林土壌の理化学性に関する多くの研究の成果が1989年にとりまとめられた．

森林土壌の特性と機能については，1980年以降も生産基盤としてのみならず環境保全，公益的機能にも関連する各地域の土壌の諸性質が明らかにされていった．森林伐採の繰り返しや土地利用転換，温暖化，乾燥化，酸性雨などのインパクトによる土壌の劣化，各種機能の低下の実態が明らかにされ，立地保全の必要性が提示された．

表層地質関連では，山地の保水機能，崩壊，地すべり，山地開発に関連して地形・地質の役割の直接評価が重要視されるようになった．これまで研究の進んでいなかった山地の深土層から表層風化帯を含む表層地質の構造と機能に関する研究が進められ，簡易貫入試験によって貫入抵抗値から表層地質構造を知り，表層風化帯の保水容量の概略を評価する手法が開発された．また非破壊状態の土壌や風化岩石資料から鉱物学的・化学的分析ができる薄片資料の作成が可能になり，土壌孔隙の形成過程，岩石風化物の特性を知ることが可能になった．微化石分析では，土壌中の植物ケイ酸体や花粉等の微化石分析技術が確立されたことによって，局所的な林地における過去1万年間の長期にわたる植生の変遷を復元することが可能になった．近畿地方と中国地方東部の花粉分析資料を比較することによって，最終氷期以降の森林変遷を総合的に解明し，標高差や日本海側，太平洋側の地域間の植生変遷の相違を明らかにする業績も生まれた．

森林の物質循環，養分収支，土壌中の物質変換については，森林立地学と密接に関連し重複する部分もある森林生態学分野で，70年代後半から80年代以降は化学分析機器，野外計測機器，分析手法の進歩・開発によって研究が大きく進展した．森林の有機物生産量や集積量，分解速度が気候要

因（水・熱）に左右されることが明らかにされ，各気候帯あるいは同一気候帯内の地形や土壌の異なる場所での炭素，窒素，ミネラルの土壌中の集積量のオーダーや地形による窒素の存在形態の違いなども明らかにされている．また気候帯，森林形ごとに環境に適応した多様な養分循環様式がみられることも示された．森林生態系の養分収支についても系内外の流入，流出，固定，吸収などの量のオーダーが明らかにされている．

物質循環に関与する土壌微生物については，有機物の分解過程での分解微生物の酵素系のはたらきが明らかにされ，アンモニア態窒素の生成，硝化反応，揮散，脱窒の過程が明らかにされている．また植物の根圏は空中窒素固定，メタンの生成，脱窒素反応にかかわる土壌微生物活性に影響を与えていることも明らかにされた．空中窒素固定に関しては，土壌窒素固定菌による単生窒素固定，マメ科植物と根粒菌，非マメ科植物と放線菌の共生窒素固定についての研究が進められている．樹木菌根（外生菌根，アーバスキュラー菌根）が隠れた森の主役として注目され，研究者が近年増加し，日本森林学会年次大会の研究発表でも3年次にわたってテーマ別セッションでとりあげられ，アカマツ，クロマツなどと共生する外生菌根の形成，菌根菌とバクテリアとの関係についての研究成果などが検討されている．

土壌動物に関しては，一連の土壌動物と微生物の連携作用が明らかにされている．さらに土壌の攪拌の効果，土壌動物の種ごとの生息個体数の実態も明らかにされている．道路建設に伴う土壌動物相の変化やマツ枯れ対策としての薬剤散布が，土壌動物に与える影響などについても調査が進められ実態が明らかにされた．

地球温暖化の問題に関連して，森林生態系の炭素固定機能，炭素の収支が注目され，成熟した森林では固定量と放出量がほぼ同じで，炭素のシンクにもソースにもなっていないが，成長旺盛な若い発達途中の森林では高いオーダーでシンクとなっていることが明らかにされた．また森林土壌中の有機物が炭素のシンクとして注目され，各種森林での炭素蓄積量の調査，評価が行われている．

森林の二酸化炭素吸収源としての機能の研究に加えて，森林のメタンと亜酸化窒素のフラックスについての調査研究も2000年代に入ってから実施されている．農林水産省の先端技術を活用した農林水産研究高度化事業において，「森林・林業・林産業分野における温暖化防止機能の計測・評価手法の開発」プロジェクトが実施され，森林土壌のメタンや亜酸化窒素の吸収・放出量が全国各地の各種森林，各種土壌型の地点で観測され，吸収放出フラックスの集計の結果立地環境との関係が明らかにされつつある．

酸性雨と森林衰退との関係も森林立地学分野の大きな研究課題となった．1985年に関東平野のスギの衰退が酸性雨の影響ではないかとの問題提起がなされて以降，全国各地の樹木の衰退と酸性雨の関連が各研究機関で調査・研究され，原因究明がなされた．各地のスギの衰退の特徴，樹幹流や土壌のpHとの関係などが明らかにされ，人工酸性雨による影響調査も行われ，各種土壌の違いによる緩衝能の特性も明らかにされているが，森林衰退のメカニズムは完全に解明されるには至っていない．

森林の水質保全機能についても森林立地部門の研究者によって調査研究が進められた．森林の皆伐前後の土壌水と渓流水の硝酸態窒素濃度の変動が調べられ，各地河川の水質のモニタリングも行われている．また面積率の減少や林地の改変，自然災害による地表攪乱が粘土等の土壌構成粒子の

河川への流出量を増加させ，水質が悪化することも明らかにされた．

　海外の森林の維持・造成・管理に関連した調査研究も，1980年代以降アジア，アフリカの熱帯降雨林地域，半乾燥地域をはじめロシア，中国など各地で幅広く行われている．東南アジア各地での研究成果を例に挙げれば，混交フタバガキ科林の伐採搬出に伴う土壌劣化が明らかにされ，更新方法としてギャッププランティングの有用性が立証された．熱帯降雨林地帯に普遍的に分布し，アジア湿潤熱帯林を支える土壌 Ultisol の物理・化学的特徴とこれを支配する要因，森林劣化に伴う土壌養分環境の変化が明らかにされ，高く評価された．熱帯林の再生に関しては日本林学会（日本森林学会）の年次大会研究発表のテーマ別セッションで4年次にわたってとりあげられ，森林立地学分野の研究者も大きな役割を果たした．これとは別にインドシナ半島メコン川流域の森林環境と管理に関するプロジェクトの研究展開もテーマ別セッションで取り上げられている．一方で，ロシア北東ユーラシア地域永久凍土上に成立する森林の実態が明らかにされている．

　こうした森林立地学分野の研究展開の経過の中で，森林立地懇話会は1984年に日本学術会議の学術研究団体として正式に登録され，1993年には森林立地学会に名称変更され，日本森林学会の傘下で農学部門の構成メンバーとして活動を続けており，機関誌「森林立地」は森林立地懇話会の時代から通算して2008年に50巻を数えるに至っている．この間に発足30周年を記念して「土壌動物による土壌の熟成」を翻訳，刊行，40周年を記念して「森林立地調査法－森の環境を測る－」を刊行している．

（有光一登）

第25章　森林計画学

　光合成機能を持つ森林は生態系を発展させ，バイオマスを蓄積し地球環境を維持している．このような役割が認識されたのはごく最近であるが，森林は人類の出現以来，今日まで人間の生存の基盤であった．しかし，その消滅と劣化が顕在化したとき，森林を保全する「林学」と「森林科学」が生まれた．とくに，現実社会の利害関係のなかで森林の資源と環境を保護するための計画体系を対象とするのが「森林計画学」である．この研究分野が日本で学会として発展した経過を要約する．

1. 林業統計研究会の発足（1965）

　この学会の前身は1965年8月27日に発足した．目的は統計的手法を林学分野へ適用することで，文部省統計数理研究所と林学系大学の研究者や行政官38名が集まった．発足式の記念講演は「林学における統計的手法」であった．研究会の名前は「林業統計研究会：Japan Association for Forestry Statistics」となり統数研の林知己夫が会長に選ばれた．事務局も同所におかれた．当時，日本の林業発展と木材需要に応えて信頼できる全国森林資源調査や地位調査などが必要となり，サンプリング理論，ビッターリッヒ法や数量化理論が求められた．この統計学と林学との共同研究が実現したのは新潟大学の高田和彦の統数研への留学が契機であった．

2. 林業統計研究の黎明期（1966〜1975）

はじめの頃の研究活動は勉強会，現場での技術講習会，受託研究などを含めて小人数で形式にとらわれずに行われたが，やがて春季と夏季に全国の林学系大学で定期的に開かれるようになり，参加者の数は増え研究テーマもひろがった．それらは「ビッターリッヒ法」，「森林資源調査」，「航空写真の自動判読」，「野兎調査」，「動く母集団の決定」，「一致高和」，「定角測定法」，「林地生産力」，「天然林の施業」，「コンピュータ利用」，「確率過程としての林分遷移」，「数量化分類法」，「生長モデル」，「ロジスティック理論と密度効果」，「林分密度管理図」，「スギ雪害」，「ブナ天然林」，「北海道カラマツ林施業」，「森林の公益的機能」，「リモートセンシング」などである．奥地天然林の伐採や拡大造林政策に応える技術課題への要求と森林自体を数理的に解析する理論的興味が高まった時代である．研究会は日本林学会の年次大会に合わせて定期的に開かれ，研究会の組織はしだいに整っていった．

3. 林業統計学の発展期（1976〜1983）

研究会の事務局は統数研から新潟大学・東京大学に移り，林学研究者が主体的に運営に当たり，学会としての体制が整いはじめた．「林業統計研究会誌」が1776年に創刊され，年1回の定期発行がはじまった．この期間の研究テーマはモデル分析としての「林分成長モデル」，「人工林間伐モデル」，「密度効果による生長予測」，「ミズナラの生産」，「森林立地モデル」，「類型化と多次元尺度解析」，「トドマツ人工林や天然林の生長」，「天然林の直径分布」，「保続計算」，「生長理論」，「ワイブル分布」，「森林経営計画」，「森林調査体系」，「データベース」，「森林の多面的機能の評価」，「海外の森林計画」，「世界の森林資源」など多岐にわたり，成果の多くは林業現場に応用された．林業統計学は大きく発展した．1978年から会費2,000円（学生1,000円）となり会員数は100名を超えた．森林経理研究会との合同研究集会，ユフロ国際研究集会への参加，カナダでの森林調査など外部機関との交流が盛んになった．特に，1981年には京都でユフロ世界大会が開かれ林学研究は大きく飛躍した．学会の運営体制は会長，運営委員長，編集，会計，事務局により分担された．学会誌の体裁と内容も学術誌として整ってきた．

4. 林業統計研究会の対外的発展期（1984〜1989）

1984年にユフロ国際研究集会を主催した．東京大学で20カ国の135名から「森林経営計画に関する研究」が発表され大会論文集が発行された．学会誌に審査制度が導入され（1986），会員数は200名に達した（1987）．そして日本学術会議の「広報協力学術団体」に登録された（1987）．森林経理研究会との合同研究集会やニュージーランド国際シンポジウムを開催するなど対外的な活動が活発に行われた．学会として実力が蓄積された時期である．そこで取り上げられたテーマは「幹形の形成」，「収量-密度図」，「北海道の広葉樹施業」，「ウダイカンバの生長予測」，「直径分散と拡散モデル」，「北方天然林の林相改良」，「生長方程式」，「リチャード関数」，「ミッチャーリッヒ式」，「広葉樹資源量」，「沖縄の天然林」，「南九州の広葉樹林」，「広葉樹林の資源調査と空中写真」，「ランドサットに

よる伐採照査」,「リモートセンシングとデータベース」,「森林地理情報システム」,「年輪解析」,「ゴンペルツ関数」,「数理計画法」,「多目的計画法」,「ファジー概念」などである.

5．森林計画学会への改称－学術団体としての自立期（1990〜1995）

　林業統計研究会から森林計画学会（Japan Society of Forest Planning）へ名前を変える（1990）と同時に学術会議の学術団体に登録され（1990），また日本農学会に加盟した（1993）．学会誌は「森林計画学会誌」と改め，和文誌は年2回の発行となった（1991）．英文誌（Journal of Forest Planning）が創刊され年2回発行された（1995）．学会表彰規定により「森林計画学賞」と「黒岩研究奨励賞」が設けられた（1991）．また，学協会著作権協議会に加盟（1994），森林計画学会出版局ができた（1993）．会員数は200名を超え，学会の年間予算は350万円になった（1995）．このように学会としての組織体制と活動内容が充実し自立した時期である．1995年10月にユフロ国際研究集会と合わせて学会創立30周年記念集会が開かれた．この時期の研究テーマは「システム収穫表」,「エキスパートシステム」,「地球環境資源」,「公共財としての森林」,「森と海と地球環境」,「海外の森林・林業」,「地域計画」,「森林計画の社会化」,「合意形成」,「都市近郊林」,「フォレスター像」,「風害と施業」,「資源と環境のモニタリング」など研究の傾向がこれまでの計測や数理モデルだけでなくグローバルな，あるいは社会的な問題にまで広がった．

6．学会の安定的な発展期（1996〜2000）

　多くの会員が学会役職を広く分担し，自由で闊達な議論ができる学会の組織と運営体制が整った．学会誌は和文誌と英文誌ごとに編集委員会がつくられ投稿，審査，編集，発行が安定した．会員数は増え，とくに学生会員が拡大し全体で312名（1996）となった．研究活動も活発になり予算は400万円になった．出版局による本の出版も多くなり1992〜2000年までに会員著作の本が20冊出版された．中国ハルピン国際シンポジウム，森林環境・資源計量国際シンポジウム，ユフロSilvaVoc英語版の作成などを含む国内外の学術機関への参加・貢献により学会としての役割を果たし，安定して発展した時期である．研究の実績は和・英文学会誌と年2回のシンポジウムで報告されているが，シンポジウムのおもなテーマは「地域資源の活用型社会」,「持続的な森林経営」,「森林経営とモニタリング」,「ヘルシンキ・プロセス」,「モントリオール・プロセス」,「国際条約」,「国有林の施業の多様化」,「日本型モデルフォレスト」,「森林環境認証」,「GISによる施業支援」などである．和・英文学会誌に発表された論文テーマは百花繚乱で会員の興味は多方面に拡散している．

7．現在の森林計画学会の課題（2001〜現在）

　学会の形態と運営が安定している現在，そこでの課題は会員それぞれにより異なる．ここでは筆者のきわめて個人的な考えを箇条書きする．

1) 会員一人一人が自分の研究成果を振り返って評価し，公表することにより自己啓発できる仕組みを学会が持っているかどうか．
2) 一人一人が他の人の研究成果を相互に評価し批判することにより切磋琢磨できる仕組みを学会が持っているかどうか．
3) 学会は会員の研究成果を技術として森林現場と地域社会にわかりやすく伝達して，役立てる意識と手段を持っているかどうか．
4) 学会は実社会で起こり，今，解決が求められている課題を認識して，それに応える意識と手段を持っているかどうか．
5) 学会は他の研究領域を刺激するエネルギーを蓄え，未加入の新しい人々を惹きつける魅力を見せる手段を持っているかどうか
6) 学会と会員が国際的な仕事に取り組み，リーダーシップを取れるように支援する仕組みを学会が持っているかどうか．

(木平勇吉)

第26章　木材学

1．林産学教育研究組織の変遷

(1) 拡充期における林産学科の新設と試験研究機関の充実

　木材学は木材を中心とした森林生産物を対象とした学問分野であり，木材加工学分野と林産化学分野に大別される．いずれの分野も林学の一分野である森林利用学に含まれる形で発足したものであるが，後者については1930年頃までに，また前者についても第2次大戦の前後に，それぞれ独立した学問分野を形成していった．

　両分野は，大戦後一層充実し，各地の大学農学部（東京大学，九州大学，北海道大学，名古屋大学，東京農工大学，静岡大学）で林学科から林産学科，林産工学科，木材工学科として独立した．また，その他の大学においても林産関係の講座が増設された例は少なくない．京都大学には木材研究所が設置された．東京目黒にあった国立林業試験場では，1947年に木材部，林産化学部からなる林産部門が設置されている．北海道立林産試験場が旭川に開設されたのもこの時期である．このような関連分野の教育研究組織の充実は，大戦後に見られた木材加工産業，紙パルプ産業の急速な発展と密接に関連している．わが国における合板生産量が急増し，一時は世界第一位の合板輸出国となったのもこの時期であり，原料木材の多くを東南アジア諸国に依存し，過度な伐採が各地で生態系へ深刻な影響を引き起こしたことは周知の通りである．我々の生活に不可欠の木材資源を，将来にわたって持続的に利用していくためには，木材資源の有効利用と低質資源利用のための技術開発が不可欠であり，林産学分野の研究者に課せられた責務は極めて大きいといえる．

(2) 日本木材学会の設立と活動

　木材学分野の学会活動は，旧来，日本林学会によってなされてきたが，1955年に日本木材学会が設立された．関連分野の活発な研究活動とともに学会規模も拡大し，創立20年後の1975年の会員

数は1,247人，30年後の1985年には1,578人，40年後の1995年には2,333人となった．多くの学会が会員数の減少に頭を痛めている最近においても，会員数が微減に留まっていることは，学会が依然として大きな活力を維持していることを示している．学会創立50周年に当たる2005年には，記念式典，記念顕彰，記念年次大会，記念国際シンポジウム，記念出版等の多彩な事業が開催された．

　日本木材学会は創立に合わせて創刊された「木材学会誌」，毎年1回開催（当初は年2回開催されたこともある）の木材学会大会等によって，林産学分野の研究者に最も重要な研究発表の場を提供するとともに，関連分野の研究者の意思を決定・表出する機関としての役割を果たしてきている．日本木材学会には，北海道支部，九州支部，中国・四国支部，中部支部の4支部があり，それぞれの地域に特色ある活動を進めている．また，課題別に15の研究会が組織されており，独自の活動を続けている．1998年に欧文誌「J. Wood Science」（Springer社刊）が発刊され，和文誌，欧文誌の2誌体制が確立されたことも，日本木材学会の活動にとって特筆すべきことであった．J. Wood Science誌は国際的にも関係分野の中心的な学術雑誌としての評価を得ているが，海外からのものも含めて，寄せられる投稿数が多いために，掲載までの期間が長過ぎることが問題となった．この点については，編集担当者の努力と，2006年1月のオンライン・ジャーナルの開始によって，徐々に緩和されつつあるといえる．

　日本木材学会では，各種学会賞の授与，講演会・シンポジウムの開催などの幅広い活動を進めており，学会会員の研究成果を広く社会に還元し，併せて社会のニーズを把握することを目的として始められた研究分科会活動は1986年以来10期に達している．また，その成果は学会から「木材の科学と利用技術」として刊行されている．他学協会との連携についても積極的に進められており，木材学，林学，森林工学分野の学協会の連携を目的として設立された森林・木材・環境アカデミーの活動に積極的に参画している．

　日本木材学会は学会活動の国際化に対しても積極的な努力を続けており，環太平洋諸国の木材科学に関する学協会の連合体である国際木材学会については，その発足以来，最も中心的な学協会として活動している．

2．木材物理学分野の展開

　木材組織の解剖学的研究の蓄積によって，1930年頃までに国産木材識別の体系化がなされたのち，南方材を中心とする外国産材についての同様の研究が，第二次大戦後に特に活発に進められた．これはこれらの研究が南方材を中心とした外国産材の利用技術の開発に不可欠であったことによる．木材組織学分野の研究の進展に極めて大きな役割を果たしてきたものに，透過型電子顕微鏡，走査型電子顕微鏡，原子間力顕微鏡などを用いた細胞壁微細構造の観察があり，細胞壁壁層構造の確定，針葉樹仮道管有縁膜孔の構造解明など，多様な研究が進められた．これらの研究は材形成の機構的理解を進めるうえでも重要な知見を与えたといえる．また，透過型電子顕微鏡観察によって，セルロースミクロフィブリル結晶構造の直接観察が行われたことは特筆される．さらに，各種顕微鏡によるセルロースミクロフィブリルについての知見の集積とあいまって，植物細胞壁中におけるセル

ロースの存在状態についての理解が格段に進展したといえる．X線回折法を用いた研究によって，植物細胞壁中におけるセルロース結晶構造と，各種処理によるその変化に関する理解が飛躍的に進展した．

クリープ現象，応力緩和現象などの粘弾性的性質，誘電特性，圧電特性，吸・脱湿，水分移動，異方性収縮，熱伝導，湿潤熱，乾燥応力，膨潤圧などに関する基礎的研究が進められた．樹木の生長応力に関する基礎的研究，振動法・音速測定法などによる木材の弾性定数測定法の確立，破壊力学・塑性力学を適用した木材の強度解析，細胞レベルの変形を考慮した木材の力学解析，画像相関法などによる二次元的ひずみ分布測定法の確立，加熱・塑性変形による圧密化木材の開発，さらには木質構造体における木材接合部位の強度ならびに変形性状計算法の確立などの多様な研究は，木材物理学分野の進展とともに，次節で述べる木材利用学分野の大きな展開につながったといえよう．

3．木材加工学および木質改良学分野の展開

我々人類の生活が，古来，木材資源に多くを依拠してきたことはいうまでもないが，その間に積み上げられた多くの伝統技術と，最新の加工技術の融合によって，新たな利用技術を開発することが，この分野に強く求められている．すなわち，この分野の研究開発は，木材資源を材料として有効利用するための技術的進展を志向するものであり，その意味で工学的色彩の強い分野である．多様な木材加工技術の進展の中で，木材切削分野でのレーザ切断，高圧液体噴射切削などの特殊切削技術の開発は注目に値する．熱風減圧処理，過熱水蒸気処理，高温加圧処理，燻煙熱処理等の多様な木材人工乾燥技術の開発は，構造材料としての木材の信頼性を高める上で極めて重要である．

大断面集成材を構造部材として使用した体育館，ホール，木橋など大型構造物が各所で建造されている．集成材においては天然物特有の不均質性に起因する問題点が除去される結果，建築材料として高い信頼性が得られるためであり，今後の一層広範な利用の可能性を示している．木質構造には，構造用集成材以外にも構造用合板，単板積層材（LVL），配向性ボード（OSB）等の，いわゆるエンジニアド・ウッドと称される木質材料が使用されるが，これらの製造には十分な強度と耐久性を有する接着剤が不可欠であり，そのための接着剤自身並びに施用方法の開発が進められた．特に，1984年に水性高分子イソシアネート接着剤が開発され，構造用集成材への使用が始められたことは重要である．木質材料から放散されるホルムアルデヒドが，住宅における室内環境にとって有害であることが指摘され，ホルムアルデヒド系接着剤の低ホルムアルデヒド化およびホルムアルデヒド捕捉剤の開発が進められた．また，木質材料の再使用を目的とした，使用済み木質材料からの接着剤除去技術の開発，低環境負荷の天然物系接着剤の開発などの研究が進められている．

4．林産化学および生化学分野の展開

生物多様性および二酸化炭素吸収源の確保に加えて，バイオマス資源としての樹木の重要性に対する認識から，多様な育種研究が活発に進められている．材として優れた形質を有する樹木，パルプ用材等の生産に適した早生樹木の開発がこれにあたる．リグニンの生合成に関連する特定の酵素

の産生を抑制するか，あるいは異なる酵素の産生を担う遺伝子を導入することによって，リグニンの量および質の異なる樹木が創出されていることは，この一例であるといえる．セルロースの生合成が，UDP-グルコースからのグルコース転移反応によって進行することが明らかにされるとともに，この反応を触媒するセルロース合成酵素遺伝子の存在が確認されている．また，高分子リグニンの生成については，出発物質となるモノリグノール類の生合成過程とそれぞれの過程に関与する酵素類が明らかにされている．細胞の成熟に伴う壁形成と壁構成成分の沈着との関係が，リグニンのみならず，ペクチン，キシログルカン，あるいは低分子フェノール類等についても検討された．特に放射性同位元素標識リグニン前駆体の使用によって，細胞の成熟段階によって異なる構造のリグニンが壁中に沈着することが明らかになった．今後は，リグニン化学構造の部位特異性に関する検討が一層進展するものと考えられる．

リグニン化学構造に関する研究も一段と進展し，各種の結合様式について定量的評価が試みられており，従来から使用されてきたアルカリ性ニトロベンゼン酸化分解，メチル化過マンガン酸化分解に加えて，チオアシドリシス，オゾン酸化分解などの新たな分解反応が，リグニン化学構造研究に適用可能であることが示された．リグニン-多糖成分間の結合に関しては，その存在を支持する知見が多数得られているが，結合様式および結合頻度などについて，さらに検討を要する段階であるといえる．抽出成分は木材に3〜5％程度含まれる，いわゆる少量成分であり，その構造は極めて多様である．それらの中には特異な機能を有するものも多く，古くから注目され，利用されてきた．しかし，大量生産に不向きなこともあり，利用に関しては，一時期，合成品にその役割を取って代わられていた．しかし，最近になって改めて抽出成分由来の天然物に多くの注目が寄せられている．これは分析技術，分離技術の進展によって，新たな機能を有する成分が多数見出されてきていることによる．

木材利用上の欠点のひとつにその生物劣化があり，それには菌による腐朽に代表される菌害とシロアリによる食害に代表される虫害が含まれるが，腐朽菌の木材生分解機構およびシロアリの情報伝達，行動生態および木材分解機構等に関する検討が進められた．生物劣化の防除を目的として多様な薬剤が使用されてきたが，環境汚染並びに人畜に対する毒性からCCA，有機塩素系薬剤，有機スズ系薬剤等に代わる低毒性木材保存剤の開発，インサイジング技術など木材中への薬剤注入技術の開発が進められるとともに，木材表面の化学修飾による耐久性向上技術，超音波などを用いた劣化状態の非破壊検査技術などについても実用化されている．

木材生分解に関しては，進展著しい近年のバイオテクノロジー分野の中で，とりわけ活発に検討が行われてきたが，それは有用食用キノコ類の探求，木材生分解性に優れた菌類の検索と，それらが産生する酵素系の解明，更に酵素の発現がコードされた遺伝子の解明等の広範な分野に及んでいる．食用キノコに関しては，新たな品種の開発，おがくず等の代替材料を使用した栽培法の確立，菌株の安定保存技術の開発などが進められた．木材生分解性菌類に関連した研究の成果は，バイオパルピングやバイオマスエタノールに関する開発研究につながっている．木質系資源の糖化とアルコール発酵によるバイオマスエタノールの製造では，リグニンが共存する木質系資源の酵素糖化には解決すべき問題が多く，現状では酸糖化を使用したシステムの開発が先行しているが，いずれにしても，石油に代わる液体燃料としてのバイオマスエタノールに対する期待は大きく，熱分解によ

る気体燃料あるいは有用低分子物への変換とともに，今後一層活発な検討が進められることが予想される．

木材の化学工業的利用で最大のものである製紙用パルプ製造の分野では，製造工程の省エネルギー化と用水原単位の改善，パルプ漂白工程の非塩素化などに関連した研究開発が進められてきた．非塩素化は主要な漂白薬剤を従来の分子状塩素から二酸化塩素へ転換すること（ECF化）によって行われているが，その理論的裏付けにつながる研究が進められ，新たな漂白法として確立された．これによって漂白排液中の塩素化ダイオキシン類の存在量は規制値をはるかに下回るレベルにまで低減し，塩素化フェノール類全般による環境汚染の問題は，ほぼ解決したものといえる．また，省エネルギー化と蒸解黒液の燃焼によるエネルギー回収効率の向上によって，必要エネルギーの約70％を自前で生み出すことが可能となっている．世界的な原料木材の不足から，回収古紙の製紙原料としての重要性が増大している．わが国における製紙原料全体に対する古紙パルプの割合は60.6％に達しているが，古紙パルプの利用技術の向上によって，紙分野での利用率を一層高めることが重要となる．製紙分野としては，紙の物性についての理論構築，評価方法論，あるいは紙の画像解析等に関する研究が進められるとともに，紙・塗工紙の構造解析，ウエットエンド添加剤による紙層発現機構の解析，抄紙工程でのパルプの構造変化の解析などの広範研究が進められた．さらに，紙の保存中における劣化が注目され，劣化機構の解明と劣化防止技術に関する検討が行われたことも挙げられる．

非木材資源を含むバイオマス資源の有効利用のためには，各々の成分をそれぞれに分離したのち，それぞれの成分を対象として適切な利用を図ることが重要である．爆砕法，オルガノソルブ蒸解法等の種々の技術を組み込んだ主成分分離法が提案されており，先に述べたバイオマスエタノールの製造においても，その考え方が取り込まれている．

（飯塚堯介）

第27章　水産学

1．日本水産学会の歴史

日本水産学会 Japanese Society of Scientific Fisheries（1993年に Japanese Society of Fisheries Science と改称）は1932年（昭和7年）に設立されたが，他の農林関係の学会よりも設立が遅れ，また日本農学会の構成員となったのも設立後かなり経た1949年のことであった．しかし社団法人化には早期に取組み，設立が認可されたのは1970年であった．

学会設立や日本農学会への参加が遅れたこと，また当初の学会英語名にScientificという語を使ったことにはそれなりの理由もあったので，設立以前の水産学界の状況を述べた後に，設立以降の歴史，活動，水産学の発展について概説することにしたい．なお詳細は日本水産学会70年史（日本水産学会誌第69巻特別号2003年）をご覧いただきたい．

（1）日本水産学会創立までの水産高等教育と研究体制

農学関係の高等教育機関は1876年（明治9年）に札幌農学校が設立されて以後，駒場農学校，東京

山林学校（2校は後に合体して東京農林学校となる）が相次いで設立されたが，水産の課程はおかれなかった．しかし漁業の盛んな北海道では，水産問題にも関心があったようで，第2回札幌農学校卒業生であった内村鑑三は1880年「漁業も亦学術の一なり」という卒業演説を行ったという．水産専門の課程が最初におかれたのは1887年（明治20年）東京農林学校に開設された水産科で，1890年に第1回の卒業生を世に送った．しかし卒業生の就職は思わしくなく，またその後の学生募集に対して応募者がいなかったことなどがあって，1回生のみで消滅してしまった．一方，大日本水産会は1889年に技術指導者養成を目指して，水産伝習所を創立した．水産伝習所は学生数も増え，教科目も整備充実され，1897年に農商務省に移されて水産講習所と改められ，教育および調査研究の両面を受け持つこととなった．1893年に学生の専攻が漁撈・養殖・製造に分けられ水産学の基礎3分野が確立された．

国勢が隆盛になり，水産業が発展するにつれて，人材の要求が高まり，1907年（明治40年）に東北帝国大学農科大学に水産学科が新設された．これは後に北海道帝国大学水産専門部となった．また東京農林学校は東京帝国大学農科大学となり，1910年に水産学科が開設された．

水産講習所の同窓会有志が中心になって東京水産学会がつくられ，1900年から機関誌「水産」が刊行され，1907年には養殖科同窓会が中心になって「水産研究誌」が刊行された．北海道帝国大学水産専門部では北水同窓会をつくり「親潮」後に「水産学雑誌」を刊行した．東京帝国大学水産学科の同窓生は1913年に水産学会をつくり，「水産学会報」を刊行した．これら3つの同窓会的学術団体は，その後長く機関紙の刊行を続け，1932年の日本水産学会創立後も，その活動は続けられた．

1929年（昭和4年）に日本農学会が結成され，農林水産関係の学術団体がこれに加盟したが，水産関係では東京大学系の水産学会がこれに加入した．この状態は全国組織である日本水産学会が1932年に創立された以後も続いた．水産学会に代って日本水産学会が日本農学会に加入したのは戦後の1949年である．

（2）日本水産学会の創立と社団法人化までの活動

日本水産学会創立総会は1932年2月27日水産講習所会議室において開催され，会誌の欧文名はBulletin of the Japanese Society of Scientific Fisheriesと定められた．1932年度末には会員数は573名に達し，会誌は全6冊322ページが刊行された．1934年10月には函館においてはじめて秋の大会が開催され，その後毎年秋の大会が地方で開かれた．

太平洋戦争が終り，食料増産の強い要請から，水産業は脚光を浴びることとなった．敗戦翌年から学会活動も再開した．年間会誌発行頻度は，創刊以来の6冊のまま再出発したが，戦後の研究者の急増と研究活動の活発化に伴い，投稿論文数は著しく増加し，1949年度からは年12冊発行となった．また戦後の学制改革に伴い，水産関係の学部，学科の新設が相次ぎ，農林省水産試験場は拡充され，さらに1949年に8海区水産研究所として再発足し，研究者の層は飛躍的に拡大された．さらに日本水産学会と水産業界の連携をより密にするため，1963年には水産利用業界懇話会が開催され，1966年には漁業懇話会委員会が，また1970年には水産増殖懇話会委員会が設置されて，研究・開発などの促進に貢献してきた．

1954年3月，ビキニ水爆実験で第五福竜丸が死の灰をあび放射能汚染マグロが大きな社会問題と

なったことから，1955年2月日本水産学会は会長名で学術会議会長宛，漁業のうけた大きな被害および海洋汚染の危険性を指摘して，原水爆の製造実験の禁止を世界に訴えるため然るべき措置をとるよう要望した．また工場排水による水域汚染の問題を解決するため総合的研究調査機関が必要であるとして，研究所設立を学術会議会長に要望した．さらに日本水産学会と日本海洋学会は1958年1月海洋総合研究所の設立を学術会議に建議した．同会議は同年4月政府への勧告を決議し，1961年6月東京大学附置の共同利用研究所の設置が決まった．

(3) 社団法人化以後の学会活動

日本水産学会の規模が大きくなるにつれて，学会を法人化すべきであるという意見が強くなった．これを受けて学会は具体的作業を進め，1970年4月1日付で文部省より社団法人の設立が承認された．法人化により，学会の組織と運営の基盤が整えられた．

1) 会員数

会員数は学会設立時の573名から次第に増加し，1995年に正会員数は3,659名とピークになった．団体会員，賛助会員，外国会員や学生会員の数もほぼ同時期にピークに達した．しかし，それ以降会員数は漸減傾向にあったが，最近は下げ止まってきた．

2) 大　会

大会時にはシンポジウムも同時開催され，1992年からはミニシンポジウムも新設された．大会の年2回開催は，ほぼ設立当初から実施されてきており，参加者数は1995年に2,797名とピークに達し，研究発表数は1997年に1,281件とそれまでのピークとなった．その後，大会を年2回開催する必要はないとの意見が高まり，その結果2002年から5年間，年1回開催が試行された．しかし学会活動の低下が懸念されたことから2007年から年2回開催に戻った．その結果，春秋の大会合わせて参加者数は2,577名，研究発表数は1,650件，シンポジウムなどの演題数は130題と急増した．

3) 学会誌

学会設立以降，日本水産学会誌（英文名 Bulletin of the Japanese Society of Scientific Fisheries）が学会誌として継続して発行されてきたが，53巻（1987年）より学会誌の英文名は Nippon Suisan Gakkaishi と変更された．掲載論文数は次第に増加し，1989年には年間350編に達した．同時に学会誌に占める英文論文の比率が高くなってきたことから，1994年発行の第60巻から学会誌を和文誌と英文誌に分割することになった．和文誌名は従来と同様「日本水産学会誌」，英文誌名は「Fisheries Science（略称 Fisheries Sci. その後 Fish. Sci.）」となった．その後，外国出版社に英文誌の英文校閲・編集・組版・オンラインジャーナル業務などを委託することになった．

4) 出　版

シンポジウムの内容を記録として残すことを目的に始まった水産学シリーズの刊行は，1973年3月以降毎年継続して発行され，2007年4月には152号が発行された．また，2000年から一般向けの啓蒙書シリーズ（ベルソーブックス）も刊行されており，2007年末までに31冊が出版された．

創立50周年記念事業として1982年に水産学文献検索資料が刊行された後，1986年に増補版 I（1981～1985）が，1991年に増補版 II（1986～1990）が刊行された．また水産学用語辞典が1989年に刊行され，さらに創立70周年記念事業の一環として，新水産用語辞典（和英・英和 水産学用語辞

5）学会創立50周年および70周年記念事業

　1982年2月に日本水産学会は創立50年を迎えることになり，記念事業として学会誌1巻から46巻までの水産学文献検索資料作成，50年史の編纂（日本水産学会誌第48巻2号掲載，1982），記念式典，講演会，祝賀会が行われた．

　2002年には日本水産学会は創立70周年を迎え，記念事業として2001年10月に国際シンポジウム，記念式典とレセプション，記念出版〔新水産学用語辞典，ベルソーブックス，日本水産学会70年史（日本水産学会誌第69巻特別号）〕および記念祝賀会を行った．

6）日本学術会議との関係

　日本水産学会は，日本学術会議第6部農学のもとに置かれた水産学研究連絡委員会（水研連）を構成する12学会（日本水産学会，日本水産工学会，日本水産増殖学会，日本海洋学会，漁業経済学会，日本魚病学会，日本魚類学会，水産海洋学会，日仏海洋学会，日本プランクトン学会，地域漁業学会，日本付着生物学会）のなかの中心的存在であった．水研連では日本学術会議会員，科研費審査委員候補者の推薦などを行っていたが日本学術会議の改組とともに，水研連は消滅し，上記の役割を終えた．この間，水研連主催のシンポジウム・講演会として，「21世紀に向けての沿岸水産資源の開発の問題点」，「水産研究における新しい動向とその意義」，「地球環境と水産業－地球にやさしい海の利用－」，「海の生態系と生物資源－環境との調和をめざして－」，「21世紀における水産教育・研究のパラダイム（2回）」，「世界の中の日本の水産」「国連海洋法と日本の水産」などが開催されている．また水研連は，世界水産学会の設立を目指した世界水産学会議の窓口となってきたが，水研連の消滅とともに，日本水産学会が実質的にその任にあたっており，2008年10月には，第5回世界水産学会議（WFC2008）を主催した．

7）環境問題などへの対応

　1960年代の後半になると，日本経済の高度成長にともなう公害がその度合を高める一方で，環境を護ろうという動きが内外においてもりあがった．1970年に至り海の汚染問題が各地で表面化し，水質汚濁防止法と海洋汚染防止法が公布され，徐々に対策が立てられるようになった．理事会は，漁業環境保全問題特別委員会を設置して，この問題についての学会の基本的態度，活動方針の検討，環境問題に関するシンポジウムの企画と実施，学会活動の企画などを担当させることを決めた．

　環境問題に関する具体的活動のはじめとして，1972年5月総会の際に，「水質汚濁と漁業問題，その社会科学的側面」と題する講演会を開催した．第1回の環境シンポジウムは，1972年10月秋季大会時に「水圏の富栄養化と水産増養殖」という題で開かれ，多数の参加者を得て大きな成果をあげることができた．さらに「公害問題と水産研究」と題するシンポジウムが1973年4月に東京で開かれた．公害と科学者，水産における公害の実例，水産研究と公害問題などについて話題が提供され，活発な討論が行われた．

　学会としては恒常的に環境問題に取り組む組織が必要であると判断し，1990年2月に当該委員会を水産環境保全委員会に改組し，常置委員会とすることを決定した．同委員会は毎年シンポジウム，研究会や講演会を企画し，環境保全に取り組んできた．また，他学協会とのジョイントシンポジウムを2000年度より開催している．大きな社会的問題となった有明海のノリ不作に対応して，2001年

5月に開催された「有明海の環境・漁業を考える」,2002年3月に開催された「ノリ養殖と沿岸環境」もその一環である.

 8) 国際化への対応

創立50周年以降は本学会の国際化が進展した時期でもあった.英文誌の創設,その後の外国出版社による出版とオンラインジャーナル化は学会にとって大きな変革であり,国際化への対応であった.外国人会員数もこの間ほぼ倍増した.また,2001年には,前述したように創立70周年を記念して,本学会として始めて大規模な国際シンポジウムを開催した.さらに,2008年10月には第5回世界水産学会議(WFC2008)を日本学術会議と共に主催した.また2007年FAO水産局と学会は国際交流の推進を目指してMOUに調印した.

 9) 日本技術者教育認定機構への参加

2000年5月に開催された国立大学農学系学部長会議での日本技術者教育認定機構(JABEE)による技術者教育制度の農学系高等教育機関への導入推進の決定をうけて,2000年9月に日本水産学会はJABEEに加盟した.さらに2000年12月に日本水産学会はJABEE対応委員会(その後,水産学教育推進委員会)を設置した.同委員会は,水産系高等教育機関におけるJABEEプログラムのガイドラインや審査方法を検討するとともに,大学から申請された教育プログラムの審査を支援している.

 10) 今後の課題

2007年9月の理事会で,水産政策特別委員会の新設が承認された.学会としてこれまでほとんど未対応であった水産経済や政策などの社会科学分野への貢献を目指すことになった.また国際誌としての英文誌のレベルアップ,情報誌としての和文誌の充実,大会の充実と地域貢献を視野にいれた支部活動のさらなる活性化に取り組む.さらに水研連の再構築,学会機能の強化とともに,水産教育の推進や水産業の発展支援などの社会的使命を果たすことにより,人類の福祉の向上に寄与することが今後の学会活動の目標である.

2. 水産学研究の足跡

日本農学会50年史に記載された「水産学研究の足跡」は,I.漁業・資源・海洋,II.増殖・養殖,III.利用・加工・化学の3章構成となっていたが,創立70周年記念出版として2003年に刊行された日本水産学会70年史(日本水産学会誌第69巻特別号)では,漁具・漁法の研究,生態の研究,資源管理の研究,増養殖・魚病の研究,生理学の研究,遺伝育種の研究,化学・生化学の研究,利用・加工の研究,水圏環境の研究の9章構成になった.このことは,この間に水産学の大きな発展があったことを示している.ここでは与えられたページ数に限りがあるため,70年史を基にそれぞれの研究分野の発展の概略を同誌からの引用により述べることに止める.詳細については上記特別号をぜひ参照願いたい.

(1) 漁具・漁法の研究

70年史ではまず50年史の「漁具・漁法の研究」を,日本の漁業,魚網材料の研究,漁具の力学的研究および漁法の研究に分けて要約した後,その後の研究の発展について,1)漁具材料,2)漁具設

計と漁具力学，3) 魚群行動と漁法，4) 水産音響，5) 混獲防止と選択性，とに分けて記載している．1) 漁具材料については，漁具材料学，新素材繊維について，2) 漁具設計と漁具力学については，漁具の流体力特性の研究，水槽を利用した漁具の模型実験，曳網漁具の位置制御に関する研究について，3) 魚群行動と漁法については，漁具に対する対象生物の行動と漁獲過程の解明，沿岸漁業に関する研究，行動観察技術の展開と資源研究への応用，感覚生理学と行動研究の広範な分野への展開，行動研究のもうひとつの世界，漁業の実態と将来展望を考える，漁業の国際化に向けた動きについて，4) 水産音響については，漁労用音響機器の発展，調査用音響技術の発展，学会活動，今後の課題について，5) 混獲防止と選択性については，1980年代における国際的な混獲問題に対応した研究，1980年代における国内の資源管理型漁業とそれに対応した研究，1990年代における国際的な混獲対策の動向，1990年代における本学会の対応，曳網における混獲防止と選択性の研究，その他の漁具における混獲防止と選択性の研究について記載している．

(2) 生態の研究

生態の研究の目的は生物の生活の仕組みの解明であり，生態学は広範囲かつ多岐にわたる科学分野を包含する総合科学である．生物の生活は，生物を取りまく環境やそれに対する生物体内の反応としての生理とも不可分に結びついて展開される．さらに生態研究は漁具漁法研究，増養殖研究，資源管理研究，環境保全研究など多くの応用的な水産研究の基礎となるものである．そのため50年史では，漁具漁法，水産資源・海洋，水産増・養殖などの研究項目において主題と関連されて論じられたが，70年史において別章として設定された．これはこの分野の研究の急速な発展を示すものである．

70年史では，「まえがき」として50年史を要約した後，その後の生態の研究における発展を，1) 魚類，2) 哺乳類およびウミガメ類，3) 無脊椎動物，4) 藻類とに分けて記載し，最後に全体をまとめている．1) 魚類においては，さらに初期生活史と生活史研究，増殖技術開発と生態研究，成熟と繁殖生態の研究，回遊と行動の生態，資源研究と生態研究，環境と生態，新しい生態研究法の発達に分けて研究の発展状況を記載している．さらに，2) 哺乳類およびウミガメ類では両類についての研究成果をまとめている．3) 無脊椎動物の項では，甲殻類，腹足類，二枚貝類，頭足類，ウニ類，ワムシ類，その他に分けて，4) 藻類の項では，大型海藻類，微細藻類，細菌類とに分けて研究成果を記載している．

(3) 資源管理の研究

70年史においては，まず50年史に記載された内容を，1930年ころまでの状況，戦前の資源研究，戦後の資源研究について要約した後，その後の研究成果を，1) 資源評価，2) 資源管理，3) その他，とに分けて記載し，最後に全体をまとめている．「まとめ」を抜粋すると以下のようになる．水産資源学では1950年代に第2の発展期を迎え，成長・生残モデル，プロダクションモデルおよび再生産モデルが提唱された．その後，大型計算機の導入などが試みられ，1970年代後半には広く普及していった．それ以前では生態学的な基本調査が主体であったが，それ以降ではデータ解析的な報告の比重が増加してきている．これは1980年代に小型計算機が大きく発展・普及したため，個人で手軽

にシミュレーションが行えるようになったことが大きく寄与している．さらに1990年代以降は統計ソフトや表計算ソフトの普及によってデータ解析作業の負担が軽減され，研究効率が向上した．1990年代後半以降では生態系の保全に関する関心の高まりにつれて，資源管理の研究が促進されてきている．

また近年，漁業管理に ABC-TAC 制が取り入れられるようなり，さらに枯渇した資源の回復や海洋生態系の保全を目的とする順応的管理として，海洋保護区や自主管理型漁業の有用性も議論され始めており，真に実効ある資源管理法の確立が研究対象となっている．

（4）増養殖・魚病の研究

水産生物の種苗生産・養成と繁殖に人が直接的に関与する行為はすべて「養殖」と呼称されていたが，1950年代後半に「増殖」という術語が定着し，両者が区別されるようになるとともに，増養殖という術語も生まれた．このような増養殖の発展の結果，「魚病（fish disease）」への対応が大きな課題として浮上してきた．それが70年史において，増養殖・魚病の研究として1章が立てられた理由である．70年史では，増殖，養殖，魚病とに分けて50年史が要約された後，その後の研究の進展を，1) 増殖の研究，2) 養殖の研究，3) 魚病の研究，として記述されている．

1) 増殖の研究では，環境改善，魚類種苗生産，甲殻類・その他の種苗生産，健苗性・種苗性の研究，初期餌料の研究について研究成果が取りまとめられているが，初期餌料の研究については，さらに基礎生物学上の研究成果と応用，微生物生態学上の研究成果，培養システム研究の成果，ワムシ培養用餌料の研究とに分け研究成果が取りまとめられている．2) 養殖の研究では，海面魚類養殖の項でハマチ，マダイ，ギンザケ，ヒラメ，シマアジ，トラフグ，クロマグロの養殖，その他の海面養殖魚類，魚類を除く海面養殖について述べられ，内水面魚類養殖の項でコイ，アユ，ティラピアの養殖が述べられた後，新しい養殖技術として自発摂餌，交雑魚の作出，閉鎖循環濾過式養殖，海洋深層水を利用した養殖が紹介されている．また, 3) 魚病の研究においては，淡水魚の項でコイ，ウナギ，アユの魚病研究の成果が述べられた後，サケ科魚類について，さらに海水魚の項でブリ類，マダイ，ヒラメ，甲殻類，貝類の疾病研究の成果がまとめられている．また治療と投薬の項では，消毒と殺菌，免疫と予防接種，ワクチンについて，病原体の伝搬と防疫の項では海外からの病原体の侵入と防疫対策，耐病性と育種など新しい課題とその対応策についてまとめられている．

（5）生理学の研究

魚類生理学は水産の増養殖と漁労を支える基礎科学として誕生した．1970年代から魚類生理学研究が飛躍的に発展したが，1982年に書かれた50年史には生理学の章はなく生理学に関わる事項は I. 漁具・漁法と II. 水産増・養殖の章にわずかだけ紹介されているに過ぎなかった．これは生理学が既存の研究領域から独立したものと認知されるほどには，水産業に貢献していなかったことを示している．その後の20世紀最後の20年さらに21世紀の今日に至る間の魚類生理学の発展はめざましく，水産学にとどまらず，比較生理学に対する国際的な貢献度も急速に増加した．実際，最近の日本水産学会大会において，生理学関連の演題は10％前後を占めるに至っている．

70年史においては魚類生理学分野の研究成果が，1) 神経と感覚，2) 呼吸と循環，3) 運動生理，5)

内分泌, 6) 生殖, 7) 水産動物の生体防御, 8) 生体リズムの項に分かれて記載されている．研究成果の詳細は70年史に委ねるが，魚類生理学は著しい発展を果たし，その研究成果は理学系や医学系の生理学に肩を並べるほど高度なものになっている．

（6）遺伝育種の研究

本章も70年史において別章として設けられたもので，その「まえがき」では下記のように研究成果が概説されている．水産遺伝・育種の研究は，当初，種苗生産法がすでに確立していた淡水魚を中心に進展がみられた．海産魚の育種研究は，およそ30年ほど前から海面養殖生産が拡大の一途をたどるなかで多くの魚種において種苗生産法が確立するに至り，これを契機にそれまでの中心的課題であった遺伝標識による系統群解析研究に代わって，選択育種や交雑育種など品種改良に関する研究が次第に活発化した．また栽培漁業の取り組みが進むにつれ，放流用人工種苗集団における遺伝的多様性の減退の問題や野生集団の保全の問題に関連する研究が展開された．また最近20年間はバイオテクノロジーの一部と見なされる染色体操作や遺伝子操作に関する研究が展開され，従来型の水産育種体系に大きな影響を及ぼした．それに続いて「まえがき」では，国内の研究，欧米諸国の研究について概説された後，1) メンデル形質と遺伝マーカー開発，2) 量的形質解析と選択育種系の開発，3) 交雑育種と雑種強勢育種，4) バイオテクノロジーの育種的利用，5) 導入育種と生態的攪乱，6) 野生集団の遺伝的保全の課題について研究成果が取りまとめられている．

1) メンデル形質と遺伝マーカー開発では，さらに量的形質，DNAマーカーの開発について，2) 量的形質解析と選択育種系の開発では，さらに量的形質と遺伝率，選択育種系の開発と利用について，4) バイオテクノロジーの育種的利用では，さらにゲノム操作育種，クローン魚生産，細胞融合と核移植，遺伝子導入育種（トランスジェニック）について，5) 導入育種と生態的攪乱では，さらに導入育種法，リスク評価と管理について，6) 野生集団の遺伝的保全の課題では，さらに生物多様性条約，種苗放流事業と遺伝的管理について分けたうえで研究成果が取りまとめられている．

（7）化学・生化学の研究

1982年までの化学・生化学の研究をみると，初期の研究は水産物の製造・加工に直接関与したもので，材料はほとんどが漁獲後しばらく経た鮮度の低下したものであった．流通技術が発達していなかったことも大きな要因と考えられる．その後，徐々に鮮度のよいもの，さらには生きた状態の試料についての研究が行われるようになったが，分析技術の限界もあり，現在からみると物質の動的な側面は捉えきれていないことは否めない．そのなかでも多くの成果が得られ，1983年以降の研究の進展の礎となった．このような背景の下に，1983年頃からは生きた材料を主体とし，生体成分を対象とした分子レベルのダイナミックな研究が行われるようになった．その大きな原動力となったものは生きた試料や高鮮度の試料の入手が簡単になったこととともに，分析機器の発達があげられる．たとえば，海洋生物から新たな生理活性物質を求める研究が大きく進展したが，その基礎には核磁気共鳴装置，質量分析計（MS）などの発達と高速液体クロマトグラフの普及があった．またエキス成分の研究においては高速アミノ酸分析計，さらにタンパク質の分野においては示差走査熱量計，円二色性測定装置，プロテインシーケンサの改良と開発などがあげられる．また脂質の分析

においてはガスクロマトグラフ (GC), MS に連結された GC/MS 装置などがあげられる. 一方, 1990年代になると遺伝子工学的技術が導入されるようになった. cDNA クローニングにより一次構造が容易に決定できるようになり, 機能の予測が簡単, 迅速になった. 以上のような科学技術の発展に伴い, 水産の化学と生化学の研究は大きく生命科学の方向へ進んだ. 70年史ではさらに, 1) タンパク質, 2) 脂質, 3) 含窒素低分子成分, 4) 酵素, 5) 色素, 6) 生理活性物質, 7) 海藻, 8) 細胞生化学と項目を分け, 研究成果をとりまとめている. なお 1) タンパク質については, 筋原繊維タンパク質や結合組織タンパク質などに分けて, 5) 色素については, カロテノイドの構造と代謝, ヘム色素の自動酸化, その他の色素に関する研究とに分けて研究成果が紹介されている.

(8) 利用・加工の研究

利用・加工の研究は, 魚肉の鮮度と品質に関する研究と水産食品加工に関する研究に大別される. 当初は魚肉の鮮度判定のための指標の検索, やがて鮮度保持法や鮮度そのものの研究へと進み, K 値が鮮度判定指標として提案された. 家庭用電気冷蔵庫や冷凍庫の普及とともに鮮度に対する考え方も変わり, 昭和50年代になるとコールドチェーンが完成して冷凍マグロ市場が急成長し, パーシャルフリージング・氷温冷蔵の技術も開発された. また発砲スチロール箱の登場は魚の低温貯蔵・流通を可能にし, 鮮度保持期間は飛躍的に延びた.

水産食品加工分野ではとくにかまぼこを中心に練り製品が大量生産されるようになるとともに, その製造各工程の理論的解明が進んだ. 1960年にはスケトウダラの冷凍すり身の生産が始まったが, その後の原料供給不安から, 原料魚の多様化が進み, とくに赤身魚と南極オキアミの利用技術が開発された. このような状況は, 魚肉タンパク質の基礎研究や食品資材などの応用研究を発展させた.

その後の70年史においては, 1) 鮮度と品質関連では, 鮮度判定, 凍結魚と未凍結魚の判別, 魚の品質, 高鮮度保持技術, 脂質の変化, 活魚, 無脊椎動物の鮮度と品質について, 2) 水産食品加工では, 南極オキアミの利用, 回帰シロサケの利用, 魚介肉水溶性タンパク質 (水溶性タンパク質の利用, エキス成分・呈味および臭い), 魚肉タンパク質の変性, 魚粉・飼料・食品素材などの製造, 乾製品, すり身および冷凍変性, ねり製品, かまぼこの副材料, 魚肉プロテアーゼと戻り, 魚肉ソーセージと缶詰, 魚油・脂質および乳化, 醗酵食品, 安全性と微生物, 海藻, 製造装置などについて, 項目別に研究の進展状況がまとめられている.

(9) 水圏環境の研究

50年史においては水圏環境に関する章は設けられず, I・II・III の章の一部としてばらばらに扱われていたに過ぎないが, 70年史においては1章として取り上げられていることからも, 当該分野の研究の発展が目覚ましいことは明らかである. 70年史においては, 1) 富栄養化, 2) 環境微生物, 3) 有害・有毒プランクトン, 4) 水域および生体汚染, 5) 化学物質の生体影響と内分泌撹乱物質, 6) その他, との項目に分け研究の発展を記載している. さらに 1) 富栄養化については, 環境モニタリング, 環境諸因子が生物に与える影響, 環境改善のための具体的方策の提言について, 3) 有害・有毒プランクトンについては, 有害プランクトン, 有毒プランクトン, 淡水赤潮プランクトンについて,

4) 水域および生体汚染については，汚染実態の把握，水生生物に対する作用機構および生物濃縮，生態系影響評価および有害性のモニタリング，放射性核種による汚染，今後の研究課題について，5) 化学物質の生体影響と内分泌攪乱物質については，重金属汚染，生体影響，海洋生物への影響評価，船底防汚剤，内分泌攪乱，反省と今後の展望について，それぞれ研究成果が取りまとめられている．

　身近にある沿岸，内湾，河川，湖沼などの水域は，我々の生活にかけがえのない自然であって，その環境を保全し，また有効に持続的に利用していくことは最も重要な事柄のひとつである．水圏環境に関する研究は，単に水産に関した分野のみならず，地球規模での環境にかかわるとの認識を持って研究を進める必要がある．海洋，沿岸環境の保全と陸域，たとえば森林の保全，田畑や河川環境の保全などは一体のものであり，大きな意味での循環型社会の形成という視点からの研究を展開することが重要である．

（会田勝美）

第28章　漁業経済学

　本稿の課題は，1970年代までの水産経済学の動向を概観した『日本農学50年史』(1980年) 所収のサーベイ論文 (平沢　豊執筆) を引き継いで，1970年代末から今日までの約30年間の漁業経済学研究の動向について，その主要な論点を概観することである．紙幅の制約と要請されている記述方式を考慮して，個々の論者・著作タイトルに言及することはせずに，主要な議論の概要を簡略に跡付けることとする．

　なお，漁業経済学の分野における学会としては，漁業経済学会以外にも北日本漁業経済学会 (主として北海道，東北地方等の研究者を中心とする)，地域漁業学会 (主として西日本在住の研究者を中心とする) が，相互に会員・問題関心の相当部分を共有しつつ，それぞれ独自に研究活動を展開している．この小論においては漁業経済学会における研究動向を中心にしつつ，必要に応じて他の学会の議論にもふれることになる．

　さて，『日本農学50年史』所収のサーベイ論文においては，戦後における漁業制度改革とともに漁業経済研究がスタートした事情や漁業経済学会の創設 (1953年) 時の問題意識等にもふれながら，漁業制度改革の評価，戦後漁業の発展過程とその政策課題の推移，資源管理の方式等についての検討がなされているが，総じて学会全体の研究動向について視点と方法が整理されていないという批判的理解が強く示されていた．それに対してこの小稿が扱う1970年代末以降の30年間においては，200海里体制，オイルショック以降のコストアップ，輸入増加等によって日本漁業が縮小再編過程を歩んだ時期であり，そうした経営事情とそれに対する漁業政策の対応についての検討が研究の中心を占める傾向が強くなり，政策論議や時論との境界が曖昧になって来るという傾向も見られる．

　以下，この時期における主要な論点ごとに，議論の特徴を簡潔に整理してみよう．

1. 日本経済の国際的位置の変化と日本漁業

　1970年代後半から80年代における日本経済の好況と国際的位置の上昇，1990年代以降の長期不況と国際的位置の低下は，日本漁業のあり方にも大きな影響を与えた．バブル経済期を中心にした

好況期には，漁業経営の基礎的悪化要因は明確に意識されていたとはいえ，業務用需要増大による高値の出現等もあって高コストの活魚流通等の高級物志向への積極的対応，沿海リゾート開発，各種の「都市との交流」事業の実態報告や評価がなされた．同時に，より大きな議論として，円高下の輸入急増とも関わって高所得の日本が国際競争力を保って漁業を維持することが可能かという原理的な問いかけもなされた．

1990年代に一転して長期不況が続くと，市場制約・価格低迷状況が重視されるとともに，国際市場において競争的に買い付けるだけの購買力を日本が喪失した事態が「買い負け」現象として注目された．漁業経営の生き残りのための外国人労働力問題が分析されるとともに，1998年から2003年にかけて労働市場の悪化＝失業率の上昇の下で，自営漁業就業者数が若年コーホートにおいて初めて増加したことが指摘される等，一般経済との関係が種々の側面から検討されている．

2．国連海洋法体制とその影響

1977年における200海里体制への突然の突入以降，外国200海里内漁場さらには公海の相当部分における漁場喪失によって遠洋漁業が縮小を余儀なくされるとともに，日本も韓国・中国との関係を含めて200海里体制の法的・制度的条件を整えた（1996年）．この問題をめぐっては，日米関係，日ソ関係の変動を含む遠洋漁業の動向と政策的対応のあり方をめぐって議論がなされた．また遠洋漁業から撤退した企業の行方に関わって，独占的水産大企業の輸入商社化の問題も論じられた．200海里体制および海洋法の影響は時間の経過とともにその様相を本格化させてきたため，議論の論調も時期的に相当大きく変化してきた．海洋法にもとづくTAC（総漁獲可能量）の設定は，主権国家にとっては産業促進のための資源確保の目的が強いが，政治学的要因を視野の外においた漁業経済研究にあっては，これが純粋に資源経済の問題として議論される傾向が強く，資源管理についての大きな期待をTACに託する論調も多かった．

3．沿岸漁業，家族漁家経営

戦後漁業就業者の中心的担い手であった昭和一ケタ生まれ世代（1925～34年生まれ）が1990年代に60歳代を経過し，2000年前後には70歳代に到達した．この結果，後継者の得られない家族経営就業者の高齢化が極点を迎えたことを反映して，後継者問題，就業者高齢化問題の構造と動態が議論された．この問題に対処するために新規参入促進施策が1990年代から採用されると，その経済的条件と新規参入者の定着可能性，漁業構造への影響等について論点が提示された．

漁家階層に関しては，高度成長期には沿岸漁業の担い手となることが期待される「中核的漁民」層の性格規定をめぐる議論が盛んであったが，1980年代に入ると階層上向的な経営体が存在しなくなってきた実状が注目された．また，労働市場が拡大し，直系世帯継承規範が薄れてきた中で，後継者が参入する論理はどう変わっているのかという検討も含めて，沿岸漁家の性格をめぐる議論は，この時期全体に継続的に見られた．

4. 沖合漁業，中小資本漁業

コストアップ・魚価低迷・資源変動等によって1980年代以降，中小資本漁業の経営が悪化すると，その経営実態をめぐる議論の中で，外国人労働力増加，代船建造難，資金調達難等の実態と，それに対する政策的対応の実態・効果が分析された．漁場を喪失した遠洋漁業とは異なって200海里漁場を広く囲い込んだ沖合漁業がなぜ好調に転じることができないのかをめぐって，中小資本の中での階層分解の様相とそれを規定する市場条件等について，地域別に異なる多様な実態が分析されている．

5. 養殖業

1970年代までの養殖業研究は，新しい技術にもとづいた発展的分野として養殖業の将来に期待を持ちつつ，その経済的問題点を考察する傾向が強かったのに対して，1980年代においては，過密養殖，漁場汚染，斃死，過剰生産と価格低迷といった現実の弊害の累積に直面して，そうした事態をもたらすメカニズムの検討が，生産者間の階層格差，漁場管理，市場問題等を含めて重視された．この点は特に給餌養殖業について顕著であった．非給餌型の養殖業においても，ホタテガイの順調な成長が1970年代後半に大量斃死をもたらし始めるようになり，制御された生産・経営を重視する立場からの批判的分析が多くなされるようになった．

6. 市場・流通・魚価問題

水産物の市場・流通問題については，量販店が水産物の小売段階の最大部分を握ることによって定価・定量・定時の販売が要請されるようになった事態が指摘され，それが生産者および産地市場に与える影響についても分析された．産地市場の力量低下に抗する方策として行政・系統によって採用された市場統合＝大型市場化策の効果についても実態調査が継続された．そうした全体状況の下で，漁協販売事業の戦略的展開や地域ブランド化の試みが検討されるとともに，漁業者集団・漁協女性部等が実施している各種の直接販売等の試みが市場全体の中でどのような意義を有しているのかについても議論された．

他方，「家計調査」等による世代別の水産物消費の推移の分析が，その背後条件の検討を含めて進められた．ここでは日本人に伝統的とされ，高齢化とともに消費量が増加すると想定されていた水産物が，年代を問わずその消費量を減退させつつある様相が指摘され，水産業の今後の進路に関わる問題として注目されている．

7. 漁業制度，資源管理

IQ, ITQ制度を含む外国の漁業管理制度の紹介がなされたが，各国における制度の立案過程や反対論等への内在的な目配りは無く，制度の経営的効果や経済的意義の検討を含めて組織的な相互比較

研究は今後の課題として残されている．制度の一通りの説明については，各国の漁業行政機関のホームページで誰でも簡単に閲覧できるようになった今日では，明確な視点を持った実態調査が求められている．

他方，沿岸漁業を中心とした日本の漁業管理・資源管理の実態については，1980年代には「資源管理型漁業」と総称された漁業者の自律的な資源管理の実践を評価する方向が顕著であり，詳細な実態調査が盛んになされて，国際的にも注目される成果を上げた．とはいえ資源管理の位置付については，資源管理が漁業再建のカギであるとしてそれを重視する主張から，それは漁業存続のための必要条件にとどまるという抑制的な評価まで基本的な理解の差が残っている．

8．漁協問題

漁協の組織再編の動きは1980年代以降，本格化した．経費節減をめざす漁協合併，金融自由化に対応した信用事業統合が進行するとともに，市場重視の政策運営によって漁協倒産も相継ぐようになった．こうした事態の下で，漁協経営難の原因，打開策，漁協リストラ策の漁業経営体への影響等をめぐって実態調査においても，政策論においても活発な意見交換がなされた．

行政・系統団体に近い論者は，漁業の経営難一般が漁協経営難をもたらしているといった理解に立って，不可避的な帰結として漁協合併＝規模拡大の必要性を強調する傾向が強かった．それに対して，固定負債を抱える漁協は経済事業に消極的であった小規模漁協ではなく，企業的漁業の積極的展開を支えた大規模漁協であったこと等の事実が対置され，政策のあり方をめぐる論争にもつながっていった．

漁協の合併が1990年代末から本格化し，2005年頃以降には県単一漁協への統合といったドラスティックな再編も進展したが，その過程で漁協の事業や財務状況がどのように変化し，それが組合員の漁業経営にどのような影響を与えているのかといった重要な論点については，必要な資料・統計類が得にくいこともあって，一貫したイメージが形成されていない実情にある．

なお，かつてであれば組織再編に際しては旧漁協の歩みを回顧する漁協史等が編纂されたはずであるが，近年においてはそうした事例は少なかったように見える．このことは，漁協の組織再編がそれだけ追い込まれての結果であったことを物語っているように思われる．

9．水産政策

漁業経営難が強く意識され，政策的対応が要望されるにともなって，現実の水産政策がそれに応えていない実態を直視する研究が現われ，水産財政の3分の2が漁港投資に充てられていることの意義を批判的に検討する論考も見られた．また，金融行政の変化が漁協系統の信用事業をも規定して，漁業金融が円滑に運ばなくなった様相が，漁業経営体の資金借入能力の減退の事実とともに議論された．

水産基本法の制定と水産基本計画の策定は直ちには大きな変化をもたらさなかったが，予算的には少額で，農業政策の後追い的なアイデアに留まるとはいえ，2005年前後から従来は見られなかっ

た新しい水産政策が現われてきたことについての期待も小さくはない．具体的には，離島再生交付金，経営所得安定対策，資源回復計画，燃油高騰対策等の新規措置について，その立案プロセスと実施上の問題点を批判的に吟味する研究論文が相当数だされており，今後その運用実態と漁業構造に対する意義の検討が本格的になされることが期待されている．

他方，いわゆる財政の地方分権化によって水産政策が相当程度変容していることが指摘されているが，その実際の影響については未だ明確な議論はなされていない．

10. その他

漁業史の研究は中心的テーマがなく散発的であるが，戦前の露漁漁業，南洋漁業等についての研究が進展したこと，近世から明治期にかけての漁場秩序の検討が引き続き行われたこと，地域における漁業関連企業の経営史的検討が開始されたこと等の動きがあった．

外国漁業研究については，韓国・中国・東南アジア等のアジア関係の実態調査が多く出されるとともに，資源管理制度を中心にした欧米の漁業実態の分析も始められつつある．

農林水産行政機構の再編の中で統計業務は人的にも機構的にも最も圧縮されたが，その結果として水産統計も簡略化の方向が進んだ．これに対しては，統計の連続性と精度が十分に確保されているのかについて疑念が表明されているが，統計の変化は漁業実態把握の視点の変容に直結する可能性があるだけに，直接の分析対象を異にする研究者のそれぞれが，統計のあり方について発言することが求められているように思われる．

(加瀬和俊)

第29章　魚病学

日本魚病学会 (Japanese Society of Fish Pathology) は，病原体の分類や生態，病理，治療，予防など魚介類の疾病に関する広範囲な分野における研究の進歩と知識の普及を図ることを目的に，江草周三 (東京大学農学部) を代表幹事とし，魚病談話会として1966年に設立された．同時に，魚病の専門誌である魚病研究 (Fish Pathology) が創刊されたが，これは世界で最も早くに創刊された魚病専門誌である．その後，魚病談話会は1980年に江草周三を会長に日本魚病学会となり，木村喬久 (北海道大学水産学部)，若林久嗣 (東京大学農学部)，室賀清邦 (広島大学生物生産学部)，青木　宙 (東京水産大学) へと引き継がれ，現在は吉水　守 (北海道大学大学院水産科学研究院) が会長を務めている．この間，毎年2回の魚病学会大会が，また数多くの魚病シンポジウムが開催され，1978年および1997年には魚病の国際会議が開催された．増養殖魚介類で発生する疾病に関する価値ある多くの研究成果が口頭発表ならびに論文として公表され，日本魚病学会はわが国のみならず世界の魚病問題に貢献してきた．ここに，日本魚病学会の足跡を紹介する．

魚病学の主たる対象動物は，主として硬骨魚類であるが，軟体動物 (イカ，タコ，貝類)，節足動物の甲殻類 (エビ，カニ) あるいは棘皮動物 (ウニ) などの水生無脊椎動物も対象に含んでいる．魚病に関する記載は，すでに紀元前からエジプトや中国において存在しているが，魚病の研究は微生物学の勃興期にあたる19世紀末にヨーロッパにおいて始まったと言える．研究対象としては，マス

類のせっそう病あるいはウナギのビブリオ病といった細菌病がまず取り上げられ,19世紀末から20世紀初頭にかけてそれぞれの原因菌が確定した．一方，ウイルス病では，リンホシスチス病の研究が1950年代に始められていたが，1957年に米国で infectious pancreatic necrosis virus（IPNV，ウイルス性膵臓壊死症ウイルス）が，魚のウイルスとして最初に分離されたときから本格的に始まったと言える．また，治療・予防を目的とした研究も古くから行われ，とくに関心がもたれた免疫については，1940年代に *Vibrio anguillarum* 死菌を注射したウナギが抗体を産生することや，マス類に *Aeromonas salmonicida* 死菌を経口投与することにより防御力を高め得ることが報告されている．その後，せっそう病などに対する化学療法に関する研究が盛んになり，免疫に関する研究は一時中断した感があったが，1960年代に入り予防免疫に関する研究が開始され，1960年代の末から1970年代にかけサケ・マス類のビブリオ病に対する経口免疫および浸漬免疫の有効性が米国で報告された．ワクチンも市販されるようになり，魚の感染症に対する予防免疫が注目され始めた．その後，欧米ではせっそう病やレッドマウス病に対するワクチンも市販されるようになっているものの，ビブリオ病ワクチンのような顕著な効果を示すワクチンは他の細菌病についてはまだ開発されていない．原虫病と寄生虫病については古くから多くの記載と研究があるが,特に注目された研究として，マス類の旋回病の原因粘液胞子虫（*Myxobolus cerebralis*）の生活史の解明があげられる．本原虫は貧毛類のイトミミズを中間宿主とし，そこで放線胞子虫に変わることが発見された．この発見は，単に本病の駆除法に対する基礎的知見を与えたに留まらず，それまで別々の生物集団であると考えられていた粘液胞子虫と放線胞子虫が同一生物の異なる生活段階に過ぎないという生物分類学上重要なものであった．

　魚病研究は淡水魚およびサケ・マス類を主たる対象に進められてきたが，1960年代から日本でブリの養殖が盛んになり，それに伴い海産魚の病気に関する研究が盛んになってきた．さらに，1980年代になるとヨーロッパなどでも海産魚の病気の問題が出始め，日本では種苗生産期の海産魚介類の病気についての研究も開始され，魚病問題はますます多岐にわたるようになった．日本をはじめいくつかの国々では輸入魚介類に対し，特定の病気〔たとえば，サケ・マス類のウイルス性出血性敗血症（viral hemorrhagic septicemi, VHS）や旋回病〕についての無病証明の添付を義務付けており，国際的な検疫制度も検討され始めている．しかし，サケ・マス類の病気を別にすれば，本格的な規制を設けるにはまだ研究が不足している．

　わが国においても，1910年代から1930年代にかけ，石井重美，藤田経信あるいは山口左仲などの魚類寄生虫学者が優れた業績を残した．藤田経信の「魚病学」（1935年）は，世界でも指折りの教科書となった．1950年代から1960年代にかけ,有機リン系農薬によるウナギのイカリムシ防除法あるいは淡水浴によるブリのはだむし駆除法が考案され，実際に大きな効果をもたらした．1950年代に入り，保科利一によりマス類のビブリオ病やウナギの鰭赤病などの細菌病の研究が開始され，1960年代には楠田理一，木村喬久，江草周三，窪田三朗およびそれらの共同研究者や門下生により細菌病や病理に関する研究が，また江草周三およびその共同研究者による寄生虫病に関する研究が組織的に行われるようになった．1970年代になり，佐野徳夫および木村喬久を中心にウイルス病についての研究が開始された．1970年代末までは，ニジマスを主体とするサケ・マス類，アユ，コイ，ウナギを主体とする淡水魚，およびブリを主体とする海産魚の病気について研究されてきた．サケ科

魚類の感染症研究の大きな成果として，病原体の防除対策を基軸とした防疫対策の基礎が確立された．すなわち，病原体フリー親魚の選別，ヨード剤による卵消毒，飼育用水の殺菌，飼育器材の消毒，隔離施設での仔魚の飼育により，サケ科魚類における感染症の発生状況が大きく改善された．しかしながら，1980年代に入り，栽培漁業の一環として海産魚介類の種苗生産が活発化するに伴い，さまざまな種類の海産魚介類の仔稚魚における病気が新たな問題となった．1990年代にはいると，分子生物学的手法が導入され，魚病診断も大きく様変わりした．PCRを用いた魚類病原体の検出ならびに迅速同定，さらには魚類病原体を対象としたDNAチップの開発も進んでいる．

日本魚病学会も，これら新技術の開発と普及には積極的に取り組み，多くのシンポジウムならびに技術講習会を開催した．1990年代は，クルマエビやアコヤガイなど無脊椎動物の病気も話題となった．クルマエビのホワイトスポット病（white spot syndrome）の原因体については，日本魚病学会のメンバーが世界のイニシアチブをとって研究を推し進め，penaeid rod shaped virus（PRDV，現WSSV）がその原因体であることを明らかとした．その後，WSSV感染耐過エビが同ウイルスの再感染に抵抗性を示す，いわゆる免疫様現象が無脊椎動物でも存在することが日本魚病学会で発表され，世界のエビ類の防疫対策に大きな影響を与えている．また，1980年代後半から2000年代にかけて，魚類免疫学に関する研究も大きく進展し，さまざまな魚類のワクチンが開発され認可された．米国におけるサケ科魚類のビブリオ病での成功に追随するようにアユのビブリオ病に対する各種免疫法の有効性が明らかにされ，1988年にはアユおよびニジマスのビブリオ病不活化ワクチン（浸漬用）の製造が，1998年にはマダイイリドウイルスの不活化ワクチン（注射用）の製造が認可された．さらに，伝染性造血器壊死症ウイルス（infectious hematopoietic necrosis virus, IHNV）やVHSVのDNAワクチンの有効性と安全性についても検討されている．

近年，魚介類の養殖においても，飼育環境への配慮ならびに食品としての安全性を確保する必要が責務となり，治療薬や消毒薬についても大幅な使用制限が法的に整備されつつある．このような状況下で，魚介類の感染症を制御するためには，病原体の防除対策に加え積極的なワクチン開発が不可欠である．また，1997年に水産資源保護法の一部が改正され，1999年には持続的養殖生産確保法が成立し，海外で問題となっている病原体の持ち込みならびに蔓延を阻止するための法整備がすでに成された．しかし，その直後にコイヘルペスウイルス病が発生し，魚病に携わる現場の研究者が養殖業者とともに協力しながら実施することが不可欠の課題となった．さらに，産業的被害が大きいことから，感染症を中心とする外因性の病気とその直接原因体について主に研究されてきたが，内因性の病気に関する研究が十分であったとは云い難い．環境性，栄養性あるいは遺伝的因子も感染症の誘因となる重要な研究課題である．今後，日本魚病学会は，魚病問題の学術的発展を目指すとともに，安全で安心な魚介類の持続的生産と安全提供を目的に日本の養殖産業へ貢献が重要な課題であると考える．

（吉水　守）

第30章 水産工学

1. 設立の経緯

　日本水産工学会は1989年に設立され，1990年に日本学術会議の学術研究団体として水産学分野に所属して，同時に日本農学会に入会した．

　本学会は，1964年に農業土木学会内に設置された水産土木研究会を前身とする．水産土木研究会は水産生物の生理生態，水産海洋学，海岸工学などの研究者らが集い，水産有用種の魚礁，漁場や増殖場・養殖場の造成を目指して学際的な研究活動を行う研究会であった．この水産土木研究会を発展的に解消し，水産学分野の漁具・漁法研究者，船舶工学，舶用機器工学分野の漁船関係研究者の参加と協力を得て，日本水産工学会として新たに発足した．

　当時，国の高度経済成長施策による沿岸開発によって汚染負荷は増大する一方で，埋立や干拓によって自然の浄化力は減少し，沿岸の環境破壊が起きていた．沿岸は，稚魚保育場のみならず水産資源の増殖や再生産の場として重要であると同時に，養殖の場でもあり，その環境の改善が必要となっていた．一方，国際的には200海里時代に入り，遠洋漁業の縮小から沿岸漁業の振興がますます重要となった．また漁船，漁具の高性能化によって，世界的に漁獲圧力が増大し，水産資源の保護から漁具・漁法には魚種，サイズの選択漁獲や省力，省エネルギーが求められるとともに，資源の減少に伴い計画漁獲の必要性から漁場探査にも衛星情報を含め周辺科学技術の導入が求められるようになった．漁船は競争採補のための高速，高性能性の追求から，省エネルギー，省コストで安全性，操業性，快適性を追求するように方向転換が求められた．漁業拠点としての漁村や漁港では，漁港機能の改良，保全のみならず，防災や流通システムの近代化など多面的な機能が求められている．そして，水産基本法において，国民の食糧を安全に供給する魅力ある水産業とその関連産業の育成が求められるようになった．

　このように，当時の水産を取り巻く状況は国内外に多くの問題を抱えて，その解決には，海洋生物学，水産海洋学から海岸工学に跨る学際的な科学領域の研究が必要となり，著しい周辺科学技術の進展と相まって，広い分野の研究者の研究交流を図る組織として日本水産工学会が結成された．因みに，1979年には水産工学研究分野に取り組む国の組織として水産工学研究所が設置されている．

2. 水産土木

　水産土木に関する国の施策は，漁港法に基づく公共事業としての漁港整備に主力が置かれた．これは水産業が漁業中心であったために，国の施策の主力が漁業調整におかれ，積極的な漁業振興策とは，漁港と漁村の振興であった．国内外の水産を取り巻く情勢の中で，漁場環境の積極的な保全と改良，開発による水産増殖や養殖の必要性が高まり，1974年に沿岸漁場整備開発法を定め，長期計画に基づく公共事業としての漁場造成が1976年から事業化された．その後，この2つの法律は2002年に漁港漁場整備法に統合され，水産物供給の安定，沿岸域の環境保全・創造，漁村振興を図ることを目的として策定された漁港漁場整備長期計画を基に事業が行われている．

(1) 漁場環境工学

沿岸域の環境保全・創造を図り，もって水産増養殖の振興を図る国の施策を科学技術的に支えることがこの研究領域の役割であった．対象となる海洋は水深200mに及ぶ大陸棚も含み，工学的経験の少ない場であったことから，計画，設計に必要な現象の解明と基準化が必要であった．このような工学的に未経験な場の環境の改良に加えて，この環境の中で望ましい生態系を作ることは海洋生物学と海洋工学の共同研究の対象であった．これまでの主な研究について以下に簡潔に記す．

1) 人工魚礁に関する研究

工学的研究としては，人工魚礁の安全設計に関する研究が行われ，人工魚礁の海底設置時の衝撃力，設置後の安定性，洗掘埋没など，設計条件に関する諸課題が取り組まれた．一方，生物学的研究では，魚礁構造と魚介の走性の解明，対象魚の走性発現のための環境機能の解明，魚礁の配置と漁場形成などの研究が行われている．

2) 増殖場，養殖場における環境の保全・創造に関する研究

内湾内海の環境汚染に対応する研究としては，海洋自然エネルギーを利用して内湾と接続する外海との海水交換を促進するために，湾口形状の改変あるいは地形性構造物の開発研究が行なわれた．魚介の保育場造成により資源増殖を促すために，沿岸では藻場，干潟，磯の造成が行なわれ，沖合では保護礁や湧昇流構造物の設置による魚礁漁場，増殖場の開発研究が行なわれた．養殖場の開発研究では，消波堤の設置による静穏海域場の造成を目指して，浮消波堤の開発が行われるとともに，養殖施設の防災や管理作業日数の確保や水質の改良保全に留意が払われた．

(2) 漁港工学

ここでは，漁港機能と防災保全，漁村環境向上の研究に大別され，さらに漁場整備も含めた計画法研究も行われている．

1) 漁港機能に関する研究

漁港機能の近代化が求められたことを受けて，荷捌き場や氷温冷蔵，活魚流通，輸送手段，情報網など物流システムの充実，整備に関する研究が行われている．港内の蓄養施設の配置，水質環境の保全改良も一部これに含まれる．遊漁船との漁港利用調整施設など総合計画研究も行なわれた．

2) 防災保全に関する研究

港としては港湾工学に共通する研究も多いが，漁港独自の問題として荒天時に港内に安全避難できる航路，泊地の静穏度保持に必要な防波堤などの外郭施設の配置や，小規模漁港における漂砂埋没対策が研究された．

3) 漁村環境に関する研究

漁村における環境の近代化が求められ，道路交通網や上下水道整備，緑地・親水施設などについて，防災とリクリエーションを配慮した漁村整備の研究が行われた．

3. 漁具・漁法

　漁具・漁法研究は水産学の中心的な研究領域として長い伝統を持ち，水産工学とも密接な関係を有する．大別して，漁具物理，魚介の走性と漁法の研究がある．

(1) 漁具物理に関する研究

　高度経済成長期を経て，漁具と漁船は大型化，高性能化した．漁具材料は合成繊維の利用が一般的となり，新素材繊維の物性や耐久性が研究された．漁具の流体特性に関連して，水理模型や数理模型によるシミュレーションの手法により，網なりや拡網板性能，中層トロールの位置制御，漁具操作の自動化など効率化，省人化の研究が行われた．

(2) 魚介の走性と漁法に関する研究

　漁具は本来，魚介の本能や走性を巧みに利用して採捕する漁具である．その高度化として，走光性を利用した集魚灯やその光源の研究，音や他の刺激に対する走性を利用した漁法の開発が行われた．漁具の誘集性や定置網漁法における地形・流況とその配置の解析に，漁具に対する魚群行動解明のためのバイオテレメトリーや水中テレビによる観察など，これらを用いた現場での魚群行動のみならず，水槽実験やコンピュータシミュレーションにも取り組んでいる．このほか資源管理のための網目の大きさなどによる選択漁法の研究が行われた．

4. 漁船工学

　この分野では，船体と漁労機器に関する研究がそれぞれ行われている．

(1) 漁船に関する研究

　漁船は安全性，操業性，快適性が一層求められた．安全性としては，漁具の大型化に対応した漁船の性能解析，とくに操業中の操船が航行中とは異なる点から調べられている．このほか航行中の横波や斜め追い波による転覆回避とともに，日本漁船にとって特徴的な問題とも言える波浪に同調しない動揺特性と安全性の関係なども研究された．乗組員の快適性の向上を目指して人間工学的見地からの研究にも取り組んできている．また，FRP漁船の廃船処理利用技術として，FRP炭化材の魚礁化などの研究も行われている．

(2) 漁労機器に関する研究

　魚群探知に関する研究について大きな進歩がなされている．人工衛星による広範囲の水塊分布のモニターから，サンマなどの回遊性魚類の漁場の予測が可能となり，漁場内では計量魚群探知機など水産音響機器の発展がみられ，魚群の単体の大きさのみならず魚種やその量までも判別する機器開発が行われている．漁労機器では，自動化省力化や省エネルギーだけでなく，水産物特有の鮮度保持の視点から，電子機器の導入などによる技術開発に取り組んできている．

5. 産業界への貢献と国際貢献

　水産工学は水産業に密接に関係して，その貢献は大きい．漁場造成の分野では，1995年にECO-SET95（海洋・河川における生態環境技術に関する国際会議）を主体となって開催するなど，魚礁研究や海域の人工生息場研究に関する国際会議のリーダーとなっている．さらに，漁船や漁具漁法の分野でも，漁業先進国としての貢献を国際的に果たしている．

（中村　充）

第31章　畜産学

1．（社）日本畜産学会の歴史

　日本畜産学会は1924年（大正13年）6月に設立された．当時わが国の畜産業は，まだ初歩の段階であり，研究体制も整備されておらず，研究機関は1916年（大正5年）に基礎研究を行う目的で農商務省に設置された畜産試験場のみであり，大学・専門学校では東京帝国大学，北海道帝国大学，盛岡高等農林学校，宮崎高等農林学校で畜産学の教育研究が行われていた．第1回大会が1926年4月に東京青山会館において開かれ，同年9月には機関誌の日本畜産学会報の第1巻1号が発行された．

　第2次世界大戦により学会活動は一次休止に追い込まれたが，大会は1948年7月に再開され，2009年3月に日本大学で開催された大会で110回を数える．1950年には支部が発足し，1957年には会員数が1,000名を超え，学会活動は戦前にも増して活況を呈していった．1965年には世界畜産学会連合（WAAP）に加盟し，1967年7月には社団法人資格を取得して，社団法人日本畜産学会として名実ともにわが国における畜産学研究の中心団体としての役割を担うようになった．1980年頃から国際交流に対する取り組みに力を入れ，1980年に組織されたアジア大洋州畜産学会（AAAP）の中心メンバーとして重要な役割を担い，アジア・大洋州地域での畜産学の活性化のために尽力している．国際交流の一環として1983年8月には第5回世界畜産学会議（WCAP）を京王プラザホテル（東京）で開催し，1994年には第8回アジア大洋州畜産学会議（AAAP）を幕張メッセで開催した．また，機関誌の国際化にも積極的に取り組んでおり，英文の論文が増加したこともあり1991年に日本畜産学会報を Animal Science and Technology に，その後1998年に Animal Science Journal に改名した．さらに2002年には海外からの論文投稿を促す目的で，機関誌を日本畜産学会報（和文誌），Animal Science Journal（欧文誌）に分冊した．2006年には Animal Science Journal が ISI 社（Thomson Scientific 社）のデータベースに掲載されることが決定され，2008年には Science Citation Index Expanded（Impact Factor（IF））値が0.567となり，国際誌として益々発展していくことが期待される．

　現在，畜産学は研究対象領域の広がりに伴い，その概念が変わろうとしている．畜産学は，本来，畜産業への対応を重視した学問であったが，近年では，遺伝分野の著しい発展，家畜による環境汚染の深刻化を受け，動物と人間の関係についての研究も対象領域となっており，さらに野生動物の生態や保全，もしくは伴侶（愛玩）動物との共存についても含めた動物生命科学全般への貢献も進んでいる．日本畜産学会は，従来の畜産学に固執することなく，広く動物生命科学全般を研究対象領

域とした研究者集団の組織として，さらなる発展の道をたどっている． （吉澤史昭・佐藤英明）

2．畜産学研究の進歩

(1) 家畜生体機構学

　畜産学においては，単に生体の構造解明に止まらず，生体の機能と関連した研究が行われてきた．1978年以降10年間の機関誌掲載論文を調べると，その研究対象は，皮膚から骨・筋，臓器に亘り多岐であるが，繁殖に関わる生殖器や生殖細胞が最も多く取り上げられてきた．筋組織はほ乳動物，鳥類を通じてよく研究され，筋線維の構成，その発達や機能は，畜産にとって重要な組織のひとつであることを示している．鳥類では，骨髄骨に関する一連の研究が特筆される．対象動物はウシとニワトリが多数を占め，次いでブタである．ラットやマウスの実験動物を用いた論文も約2割発表されている．電子顕微鏡利用による微細形態は初期の頃より見受けられたが，手法としては，光学顕微鏡レベルでの組織化学的研究が最多であり，初期は酵素反応を利用したものであった．その後，ポリクローナル抗体やモノクローナル抗体を使用した免疫組織化学も発表されてきた．さらに，画像解析に基づく計量形態学もいくつか発表されている．この期間の論文は，少数の大学から精力的に公表されてきたものである．最近数年間，この分野の投稿論文が著しく減少している．（甲斐　藏）

(2) 家畜生理学

　家畜生理学に関する分野は多岐に亘り，各種器官系に関する一般生理，畜産物の生産に直接関係する成長・肥育，泌乳，産卵などに関する生理，さらに環境適応や内分泌学，免疫学をも包含する．

　気象環境が，心肺機能，神経支配，各種生体成分の代謝など，さまざまな生理反応に及ぼす影響を総合的に捉えられるようになり，多様な気候帯を擁するわが国はもとより，地球温暖化に対応した持続的な家畜生産に寄与している．また，放牧に対する生理的応答に関する知見は，中山間地の有効利用などを通じてわが国の畜産振興に貢献している．

　各種栄養素・生理活性物質の機能と相互作用が解明され，栄養素の利用効率や家畜の生産性の向上と，高品質な畜産物の生産，ならびに家畜および環境への負荷低減との両立が計られている．消化管の機能と消化管内微生物との相互作用に関する知見が，ルーメン機能の向上と共にバイパス物質を活用した下部消化管の機能改善に役立てられている．各種生体成分の代謝制御に関する知見が集積する一方，畜産物の生産に直接関与する脂肪・筋肉細胞などの分化・増殖に関わる遺伝子，生理活性物質，幹細胞が同定され，これらの知見がニワトリの脂肪肝の制御，肉牛の肉質改善などの飼養管理技術として実用化されている．

　内分泌：ホルモンの分泌調整，標的細胞，作用機序，免疫：免疫関連抗原・細胞の機能，脳神経系・感覚系の詳細が解析され，家畜の生産性向上に関わる生理的指標が明確になった．また，家畜の生理機能の種・品種・集団における多様性を遺伝子レベルで把握することが可能になり，優良対立遺伝子の選別という形で家畜改良への活用がなされつつある．

　近年の生命科学的知見の蓄積と解析技術の革新，比較生物学的観点から，家畜生理学と，理学，生体機構，生殖，遺伝，栄養など基礎畜産学，医・薬・獣医学との繋がりはより密接になり，家畜生

理学的視点の重要性は増している．　　　　　　　　　　　　　　　　　　　　（半澤　惠）

（3）家畜遺伝・育種学

　家畜育種学は動物の遺伝的能力を人類にとって有益な方向に改良するとともに，多くの有用な遺伝子を持った家畜を後世に残すことを目的としている．また，畜産研究の出口として，他の分野との幅広い連携のもとに研究が進められてきた．

　乳牛では人工授精技術の確立に伴い，60年頃から後代検定システムの研究が開始された．当初のステーション検定方式から，89年には全国ベースでのフィールド検定方式となった．牛群検定が浸透するにつれ，多くの能力記録が収集されるようになり，305日間乳量の推定，泌乳や体型形質における遺伝的パラメーターが推定され，遺伝的趨勢などに関する研究がなされた．また，最近では体細胞スコア，搾乳性，長命性，泌乳持続性など，新たな形質に対する育種研究が行われている．

　和牛では68年に種雄牛産肉能力検定が全国規模で実施されるようになり，80年代からは現場後代検定とBLUP法によるフィールド方式での育種価推定が開始された．これに伴い，産肉能力における種雄牛評価の研究が盛んに行われた．また，受精卵移植やクローン技術の誕生により，これらを用いた種雄牛評価システムの研究がなされた．さらに，黒毛和種の集団構造や血統分析などによる遺伝的多様性解析がなされた．また，REML法など分析手法の高度化に伴い，母性効果の改良に関する研究が行われている．

　豚では66年に系統造成法が提唱された．また，75年には改良目標を達成するための選抜指数法が開発され，豚の評価法として広く利用されてきた．97年にはBLUP法を用いた最初の系統豚が作出され，現在までに78系統が造成されている．育種対象形質も当初は1日平均増体重や背脂肪厚などであったが，遺伝率の低い産子数などの繁殖形質，肉質，肢蹄などの評価法や育種法に関する研究成果が生まれ，育種現場でも実行されるようになった．また，現在では全国規模による豚能力評価法の実用化に向けた研究が進められている．

　鶏でも70年代後半から改良目標に基づく閉鎖群育種が行われてきた．80年代からは抗病性やMHCをターゲットにした育種研究がなされてきた．また，光周性，卵殻強度，卵黄卵白比など産卵鶏における特定形質の選抜実験が行われ，改良成果が得られている．さらに90年代以降，在来鶏など遺伝資源の交雑利用に関する研究がなされ，数多くの地鶏や銘柄鶏が作出されている．

　これらの統計遺伝学を駆使した研究に加え，90年頃からは分子生物学的手法による育種研究が行われるようになった．91年にはPSE肉を発症する豚ストレス症候群の原因遺伝子が解明された．90年代後半からは肉牛と豚でゲノム研究が本格化し，牛クローディン16欠損症などの遺伝病や豚の椎骨数の遺伝子が解明されている．また，ゲノム情報を統計遺伝学的解析に取り入れた際の改良効率に関するシミュレーション研究が行われた．さらに，DNAマーカーによる黒毛和種，バークシャー種，比内地鶏などの品種識別技術が確立している．　　　　　　　　（佐藤正寛・鈴木啓一）

（4）家畜繁殖学

　本学会大会における繁殖分野の表記は，2000年から繁殖・生殖工学となった．この30年の家畜繁殖学は，性腺刺激ホルモン放出ホルモンおよびインヒビンと生殖機構，サイトカインおよび成長因

子と妊娠成立機構の解明など，その基礎的研究が進展したのみならず，生殖系列細胞を操作する生殖工学が目覚ましく発展した．生殖工学の根幹技術は，依然として人工授精と胚移植である．

家畜における精子凍結保存技術の開発後，さまざまな動物種の精子凍結保存成功例が報告され，ウシではその育種改良に大きく貢献した．また，セルソーターによるXおよびY精子分離法が開発され，人工授精による雌雄生み分け技術が確立された．さらに，内分泌研究の発展により，排卵，性周期などのメカニズムの解明が進み，過剰排卵，排卵同期化なども進展し，ウシでは定時人工授精も行われている．

一方，胚移植の基礎をなす胚の体外培養（IVC）法は，70年頃までにおもにマウスで確立され，その後，さまざまな動物種でも開発された．体外受精（IVF）研究も発展し，卵成熟や精子受精能獲得などの受精メカニズムの解明に貢献している．またウシでは，未成熟卵からの体外成熟（IVM）/IVF/IVCによる，体外での胚生産（IVP）系が確立し，和牛IVP胚を乳用種へ移植する技術が応用されている．78年にはヒト体外受精児が誕生して臨床応用されるようになり，家畜繁殖分野の研究および人材的なサポートが不妊治療分野に貢献している．胚の超低温保存は，植氷による潜熱制御により72年に凍結胚からマウスが誕生し，家畜でも成功例が報告され，胚移植の適用が広がった．また，86年に胚のガラス化保存法が開発され，現在ではさらに改良が加えられ，さまざまな分野で実用化に至った．

また，PCRなどの分子生物学的手法が大きく進展し，あらゆる家畜繁殖学分野で汎用されるようになった．80年代初頭には成長ホルモン遺伝子を受精卵前核へ顕微注入して体重が約2倍になる「スーパーマウス」が誕生し，この遺伝子改変動物作製法が畜産分野に大きな影響を与えた．数年後には家畜へ応用され，成長に関連した形質転換の研究が盛んになった．また，ヒト治療用タンパク質の効率的で安全な産生に，ヒト臓器移植の臓器代替ドナーとしてのブタの開発に，この技術が応用されてきた．さらにこの研究の展開において97年にヒツジ乳腺細胞を核移植して，ほ乳類で初の体細胞クローン個体作製が報告され，家畜における特定遺伝子のノックアウト系が開発された．日本のクローン研究は，ウシ，ブタ，マウスで優れた研究がなされ，最近では生殖系列細胞遺伝子の後天的修飾に関する特筆すべき成果が日本の畜産学研究者から報告されている．また，家禽においても胚の卵殻外培養が開発され，発生工学的研究が進展した．　　　　（柏崎　直巳・友金　弘）

（5）栄養学・飼料学

栄養・飼料研究は応用研究としての色彩が強く，70〜80年代にかけては生産効率の向上をめざす研究が多かったものの，その後は，畜産物消費の停滞，環境問題の顕在化，穀物価格高騰などの影響を受けて，研究方向も多様となっている．また，実用家畜による研究が多い点もこの分野の特徴である．

乳牛の生産性を高めるためには乾物摂取量の改善を図ることが第一であり，そのため，乾物摂取量の制御メカニズムに関する生理学的研究とともに，飼料片の粒度とその通過速度にもとづく消化機構のモデリングがウシおよびヒツジにおいて取り組まれている．反芻家畜のタンパク質要求量に関する研究も，この30年間，精力的になされている．タンパク質評価システムは旧来の可消化粗タンパク質から粗タンパク質へ，さらにルーメン内の分解性を考慮する代謝タンパク質システムへと

発展し，この間，タンパク質飼料のルーメン内での分解特性の評価，ルーメン微生物合成能を最大化するための諸条件に関する検討，さらに，タンパク質要求量が大きい子牛や泌乳牛を用いた実証試験が行われている．

肉用牛の肥育技術については，80〜90年代半ばにかけてサリノマイシンやモネンシンなどの抗菌性飼料添加物の有効性がルーメン発酵やルーメン微生物相の動態とともに詳細に検討された．また，脂肪交雑を高めるためにビタミンA制御技術が開発され，その理論的根拠を明らかにするため，細胞レベルでの検証や内分泌制御との関連などが検討された．反芻家畜のミネラル要求量に関する研究も多数行われている．

通年サイレージ利用は70〜80年代に普及した大家畜経営の基本的な粗飼料利用方式であり，この頃，良質サイレージの調製・給与技術，好気的変敗（2次発酵）の防止技術が確立されている．最近，有効なサイレージ用添加剤の開発と応用が活発に試みられており，飼料イネ，牧草，飼料作物などの貯蔵性改善や，粕類，食品残さ，生ワラ類のサイレージ化などへの活用が進められている．

ルーメン微生物については，ルーメン微生物生態の解明，その栄養素の利用の解明，プロトゾア存否の影響評価などが行われている．また，最近では，遺伝子解析技術を用いた難培養性微生物の分類・検索，有用な酵素遺伝子の探索，遺伝子改変微生物の利用に関する研究も行われている．

肥育豚，妊娠豚のエネルギー要求量が呼吸試験法や比較と殺法によって明らかにされている．アミノ酸要求量については，リジン，メチオニン，トレオニンなどについて有効率を加味したものとして明らかにされている．それらの数値は，05年に改定された日本飼養標準　豚にとりまとめられている．近年では，脂肪含量と脂肪酸組成を制御し，肉質を高める研究が進められており，食品残さの飼料利用も試みられている．また，抗菌性飼料添加物に代わる成長促進剤として，有機酸やセロオリゴ糖，乳酸菌製剤などの効果が検討されている．

家禽に関する研究では，飼料代謝エネルギーの測定法が80年代に確立されている．ブロイラーと産卵鶏，地鶏のアミノ酸要求量について，多くの研究が報告されている．それらの成果を活用して，04年に改定された日本飼養標準　家禽では，各種のアミノ要求量が提示されている．また，窒素利用に関して，80年代にはアンモニア代謝に関する研究が，最近では，培養細胞を用いたアミノ酸の遺伝子発現制御に関する研究が実施されている．70〜80年代にかけて家禽の脂質代謝に関する研究が，90〜2000年代にかけては免疫応答の栄養的制御に関する研究が取り組まれている．畜産物の高品質化，安全な畜産物の生産技術の開発研究は，今後も期待される分野であろう．

リンの利用性を高めるため，フィターゼの利用が豚および鶏で検討されている．これらについては，銅，亜鉛，窒素の低減技術，反芻家畜におけるメタン発生の低減技術とともに，別項で記述する．

（寺田文典・唐澤　豊）

（6）家畜管理学・家畜行動学

家畜管理学および家畜行動学の分野は「50年史」において「急速に発展が期待される分野」として紹介されているが，まさにその後の30年間における畜産の多頭化・集約化を支えて目覚しく発展した分野のひとつである．

家畜管理学はその主体である「家畜自体の管理技術」はもちろんのこと，それを取り巻く「生産環

境」，飼育管理者の「作業労働性」や農家の「経済効果」までをも包括する幅広い学問分野であり，生産現場での実際的課題を取り扱う実学的な分野である．南北に長いわが国では地域によって生産環境としての温熱環境が大きく変動することから，70～80年代には「温熱環境要因が家畜の生理・生産に及ぼす影響」に関する研究が大きく進展し，生産性を維持するための防暑・防寒技術の開発やそのための畜舎構造の構築に役立てられた．これら温熱環境要因に関する基礎研究部分は「環境生理学」として現在も高度化・専門化して継続されている．また，管理作業や畜舎・施設など，学際的な分野の研究も行われ，持続可能な畜産に貢献する家畜管理学の構築が望まれている．

　一方で，「家畜管理の技術」を開発・評価するためには家畜の感覚世界や行動原理に関する理解が不可欠なことから，家畜の行動に関する研究が古くから行われてきた．おりしも畜産の多頭化は牛においては「繋ぎ飼い」から「放し飼い」への転換を，豚や鶏においてはペンやケージによる高密度飼育を促進しており，家畜の群仲間に対する「社会行動に関する研究」が80年代を中心に精力的に行われた．個体の行動については60年代から継続されてきたが，90年代における「ストレス指標としての異常行動」に関する研究が「家畜福祉」に対する学問的理論構築の大きな枠組みを提供し，わが国の家畜福祉基準策定に貢献しつつある．加えて最近10年間に，「害獣としての野生鳥獣の行動・管理」や「展示動物の福祉的観点からの行動・管理」などの研究も開始されるようになり，これらは家畜行動学分野の大きな柱のひとつとして発展していくものと思われる．

（安江健・鎌田壽彦）

（7）畜産環境学

　畜産環境問題は60年頃から顕在化し，汚水の研究が先行している．水処理剤や固液分離機による前処理，活性汚泥法，曝気式ラグーン法，円板法による本処理と消毒剤の影響，微生物叢の変化，さらに，高度処理として窒素やリンの除去，トリハロメタン生成能の除去，黒ボク土による脱色，通電透析法によるイオン物質の除去，色彩解析による処理水質の連続的モニター，リン酸マグネシウムアンモニウム反応によるリンの除去と資源化など幅広い研究が行われ，汚水処理研究に貢献した．

　土壌有機物分析法やデタージェント法などの化学的手法が堆肥に適用され，有機成分の分解と腐熟，粗灰分を指標とした分解率などが調べられた．また，堆肥に消石灰，硝酸カリウム，尿素，廃食用油を添加した時の変化が検討されている．

　悪臭について，牛尿中のトリメチルアミン，堆肥による低級脂肪酸除去，インドール化合物の分解と微生物，アンモニア揮散条件など基本的な研究が多い．また亜酸化窒素やメタンなど温室効果ガスの発生と制御など地球環境に貢献する研究がある．

　73年のオイルショックを契機に，メタンガス（バイオガス）のエネルギー利用が注目され，食品廃棄物や牛ふん尿に関する研究が行われ，また嫌気条件でのビタミンB_{12}の研究がある．90年頃には栄養学・飼料学的側面からも畜産環境への取組みが進められた．ニワトリ，ブタ（単胃動物）において，低タンパク質飼料へのアミノ酸添加，低リン飼料へのフィターゼ添加による窒素・リン排泄量の低減化研究は技術確立まで進み，リン資源としての鶏ふん焼却灰の飼料化の可能性が検討されている．さらに，2000年代には反芻家畜でも総排泄量および窒素・リン排泄量軽減化，反芻胃内微生物制御によるメタン産生抑制の研究がある．

（羽賀清典・矢野史子）

（8）畜産物利用学

　乳科学分野のここ30年間の初期は，乳質向上との関連で検査法に関する研究とともに乳成分研究が一層深遠なものとなり，糖質，脂肪球皮膜，ホエイ中の微量成分の特性について進展があった．80年代には初乳，β-LGの免疫化学的特性，カゼインの抗原決定部位の検索に進歩が見られ，90年代以降は，カゼイン消化物など乳成分の生体調節機能に関する研究へと発展した．乳製品については，チーズ，発酵乳に関する研究が中心であり，チーズについては凝乳と熟成に関わる研究が70～80年代をピークとし継続されている．発酵乳では80年代にはケフィア粒の莢膜多糖や乳酸菌の生理活性が注目され，その後，抗変異原性，免疫賦活性などへと多岐に研究が進み，その成果として現在の乳酸菌を使用した多くの特定保健用食品へと発展した．

　卵科学分野の70～80年代は，卵白タンパク質の熱安定性，脂質複合体の構造，アレルギー原因成分の研究，その後，微量の卵成分の分画や卵黄抗体が調製された．近年では卵成分の免疫化学などに関する研究に進歩が見られる．

　食肉科学分野では枝肉構成，栄養成分，理化学的形質の測定が行われ，品種や筋肉部位などの関連が調べられた．牛枝肉断面の画像解析から脂肪交雑の程度を推定する方法が90年代から精力的に研究され，高い相関のあることが示された．また，超音波画像解析装置を用い，生体から枝肉形質を推定する方法も研究された．品質研究として90年代に牛肉の香気や呈味成分の解析が行われ，和牛特異的な香気成分の存在が明らかにされた．重要な品質関連成分である脂肪では，詳細な脂肪分子種の解析が行われた．と畜後の熟成が必要な牛肉では，熟成期間中の物理的・化学的変化が調べられ，熟度の指標となる成分が提案された．食肉加工では80年代にハム・ソーセージ類の製造，副産物利用製品，塩漬液，製品中の赤色色素の研究が行われた．食肉および食肉加工品の畜種鑑別では，ゲル電気泳動法による鑑別法から近年ではDNA配列の違いを利用したPCRによる鑑別法へと変化してきた．

（阿久澤良造・千国幸一）

（9）畜産経営学

　畜産経営とは「経営者が経営のなかで畜産を中核として組織し，経営目標を設定し，その目標がより良く達成されるように経営を運営して，その結果である損益を負担する組織」と規定され，同時にその領域を単なる経済の問題に限定するのではなく，「経済と技術の相互交渉の場」として展開するものである．したがってその学問的体系を現す畜産経営学の範疇も農業経済学，農業経営学はもとより，農産物市場学，フードシステム学，農政学，農業金融学などの多岐な領域に亘っている．このようななかで，自然科学的・技術的側面での実験系の研究報告を主流とする本学会において，畜産経営学分野が存在する意義も「相互交渉の場」を重要視する畜産学会の特徴を具現化しているからに他ならない．

　さて近年における本学会の畜産経営学研究は，まず生産段階における 1)経営体の意志決定者としての論理解析（宮田剛志らによる養豚経営上層農の分析，長命洋介らによる肥育農家の意志決定と枝肉成績との関連性分析），2)稲ホールクロップサイレージの展開を事例とした耕畜連携システムの分析（稲垣純一ら），3)肉牛肥育経営と水稲作におけるリン循環を事例とした環境問題の解明（田端祐介ら），4)酪農経営構造の国際比較（小澤壮行ら），5)国内山羊飼養農家の概況分析（小澤壮行ら）が

あげられる．次いで流通段階では，賀来康一らによる豚肉を事例とした部分肉取引および先物取引の検討がある．さらに消費段階では，1) 佐々木啓介らの牛乳および牛肉購入を事例とした消費行動の分析，2) 畜産経営を取り巻く急速な国際化の進展を背景として，鄧　健らによる中国学校給食制度の現状と課題分析，小泉聖一らによるアジアおよび環太平洋諸国における食肉消費構造分析があげられる．

このように畜産経営学は生産から流通・消費に至る一連の過程を分析対象としており，食の安心・安全が求められるなかでその果たすべき役割は重要度を増していると言えよう．

〈小澤壯行・小泉聖一〉

第32章　繁殖生物学

1. 日本繁殖生物学会の歴史と現状

本学会は1948年4月に発足した家畜繁殖研究会を起源とする．当時は敗戦後の混乱から立ち直るべく，家畜の増殖は急務であった．行政上の責任者であった農林省畜産局衛生課長斎藤弘義は，1948年1月15日，大学および試験場の家畜繁殖の研究者合計20名に農林省畜産試験場に参集を求め，当面の課題の「人工排卵に関する研究」と「家畜精液の保存と輸送に関する研究」について，現状と将来の方向の検討を依頼した．また重要研究項目として，人工排卵，人工授精，卵巣嚢腫，子宮内膜炎の4課題が挙げられ，研究担当者を決めた．戦後はウシに関する課題が中心となったが，その基盤には昭和前期からのウマの繁殖生理に関する研究成果があった．そして，家畜繁殖研究会の名称でこの打合せ会を永続させることを決めた．これに続いて同年4月18日には前回決定の4課題に関し，日本畜産学会と日本獣医学会で発表された関連する研究成果6題について講演と検討を加えた．併せて，家畜繁殖研究会の設立を議決し，初代理事長には斎藤弘義を決定した（会員数33名）．

その後1953年までは，前年に選定した要望課題の宿題報告とその年の学会発表課題を中心に再講演し，時間をかけて十分に検討した．1954年には会員数も100名を越え，会則等も制定し，春は宿題報告とシンポジウム，秋は会員の研究発表を主とする年2回の大会開催となって，この様式は1995年まで継続された．1980年代までには研究・技術の範囲が著しく拡大し，畜産・獣医の領域を大きく越え，会員数も1,000名を上回り，さらに医学，薬学，生物学等の研究者の中には本会に参加を望む声も聞かれるようになった．これらが主要因となって1986年に家畜繁殖学会に移行した．その際，「家畜」の名称を外す要望も強かったが，主要対象とする「家畜」を軽視する印象を与えるとの反対もあって，従来名を踏襲することとした．

この間，1955年に家畜繁殖研究会誌が創刊され，繁殖学領域では本邦唯一の専門誌であるばかりでなく，英国や米国の専門誌より先に刊行され，世界で最も古い専門学術雑誌のひとつとして海外でも高く評価されるに至った．1977年から家畜繁殖学雑誌として和英両論文を掲載し，1992年からはJournal of Reproduction and Development（英文論文雑誌，略称JRD）として引き継がれ，年間英文誌4冊，和文誌2冊として海外からの投稿を受けやすくした（1999年からは年間英文誌6冊とした）．このような基盤の広がりも伴って，1996年には現在の日本繁殖生物学会に円滑に移行した．この機会に学会の開催を年1回秋期とし，シンポジウム，一般講演の他に公開講座を開くなど市民への

情報提供も工夫されるようになった．また，2000年からは若手企画シンポジウムが開催されて毎年活発な議論が展開されるとともに，現在では若手奨励策検討委員会，男女共同参画推進委員会も組織され，若手会員，女性会員の積極的な育成が図られている．

JRDには2004年からImpact Factorが付くようになり，現在では安定して1を越える値を獲得している．また，2006年には韓国のKorean Society of Animal Reproductionと学術交流協定を締結し，毎年，日韓合同シンポジウムを開催している．2007年10月には第100回日本繁殖生物学会記念大会を第12回日本生殖内分泌学会学術集会，第3回日韓合同シンポジウムと併せて盛大に開催した．さらに，2008年5月には米国Society for the Study of Reproduction, 英国Society for Reproduction and Fertility, 豪州Society for Reproductive Biologyと日本繁殖生物学会（Society for Reproduction and Development）との4学会が協力し，1st World Congress on Reproductive Biologyがハワイで開催された．2008年には創立60周年を迎えたが，日本繁殖生物学会は伝統と革新，基礎と応用がバランスよく共存し，さらなる発展を目指している．

2．繁殖生物学における学術研究の発展

現在，日本繁殖生物学会における研究分野は極めて多様化してきているが，紙面の関係上，生殖細胞，生殖工学および生殖内分泌学的な分野を中心に研究の流れを紹介したい．

本学会における生殖細胞に関する研究の流れを俯瞰してみると，体外受精，初期胚培養，核移植といった生殖工学に伴って進展したと捉えることができる．生殖工学は，家畜や実験動物の繁殖の効率化や人為的制御を目的とする技術体系であり，主たる研究対象である精子や卵（胚）あるいは動物個体の扱いに工学的発想や手法を積極的に取り入れることを特徴とする．生殖工学の歴史は比較的浅いが，体外受精，初期胚の体外培養と移植，胚の凍結保存などの研究が活発化した1970年代以後，徐々に独立した研究領域を形成し，それに伴い生殖細胞の生理機構に対する理解も深まり，今日に至っている．

体外受精技術は，今日では実験動物，家畜，野生動物，そしてヒトの生殖システムとして重要な役割を担っている．本学会において体外受精研究は，卵管・子宮液の成分解析や精子の受精能獲得機構の解明を基盤として発展した．特に，精子の受精能獲得については，当初はウサギなどの摘出子宮や卵管内で培養する手法がとられていたが，1980年に入るとこれを体外で誘導するための研究が精力的に行なわれ，それに伴いこの時に起こる精子の膜成分，イオン透過性，尾部運動性の変化に関する報告が数多くなされ，精子の生理機構の理解が著しく発展した．また，家畜卵については，屠場由来の卵巣から未成熟卵を得，これに体外で減数分裂を起こさせた成熟卵を用いる必要があった．これに伴い減数分裂の進行過程におこる卵細胞の核および細胞質の変化に関する多くの知見が得られた．特にブタの体外成熟卵は細胞質成熟や多精子拒否機構が不十分で，正常な受精が極めて困難なため，これらの原因が追究され1980年代半ばにはブタ体外成熟卵の発生も可能となった．また，ウシ胚の発生はウサギ卵管内で行われていたが，1980年代末には体外で胚盤胞まで発生させられるようになった．これらの研究を通しウシ，ブタなどの家畜卵の理解が著しく進展し，家畜における実用的な体外受精・体外培養系の確立に結びついた．

第32章 繁殖生物学

　種々の生殖工学技術が，動物の繁殖システムに組み込まれ，広く用いられるようになっても，実際に産仔を得るには効率的な胚移植技術が不可欠である．現代の世界標準技術とも言うべき，ウシの非外科的胚移植技術の開発も，本学会員の手によるものであることは特筆に値しよう．胚移植に関する基礎的，応用的研究は，家畜や伴侶動物の繁殖技術の向上にも大きく貢献している．また，胚移植技術の普及に伴い，初期胚の凍結保存技術の開発も，本学会において精力的に行われ，新規の凍害保護剤の探索が多くの動物種を対象として進められた．その間，主要家畜の中でブタ胚の凍結保存だけは例外的に困難とされたが，ここでも本学会員によるブレイクスルーが，凍結胚からの産仔作出成功の鍵となった．

　1990年代には細胞周期制御因子がXenopus卵などで解明されたことを受け，哺乳類卵の減数分裂，初期発生を制御する細胞内因子の動態などの追究が行われるようになった．この中心的因子である成熟促進因子（MPF）やMAPキナーゼの動態が，本学会員によりマウスやブタの卵を用いて世界に先駆け詳細に検討されている．また，卵子の成長過程にも関心が向けられ，小卵胞から採取した減数分裂能を持たない直径の小さな卵を体外で成長させる手法も検討された．1994年には体外成長マウス卵に透明帯形成を起こさせることにも成功し，卵の成長に伴う細胞内因子の変化も解明された．また，卵胞の選択的発育やアポトーシスに関する分子生物学的研究も，卵や遺伝子資源の有効利用のために重要であり，先駆的研究が行われている．

　1970年代末に登場した，胚のマイクロマニピュレーション技術は，後のクローニング技術の基盤となった．初期胚の顕微手術による一卵性多胎作出の試みが世界に先駆けて報告されたことは，日本製マイクロマニピュレーターが世界の生殖工学に普及する契機ともなった．生殖細胞や卵の顕微操作技術は，その後飛躍的な進歩を見せ，1990年代の後半に体細胞クローンの成功がヒツジで報じられ，哺乳類の体細胞核が生殖細胞同様の全能性を獲得できることが示されると，マウス，ウシ，ブタでの体細胞クローンの成功が相次いで本学会員により報告された．2000年代にはこの技術を駆使した生殖細胞の研究がおこなわれるようになった．すなわちゲノムの初期化，インプリントの変化が研究の中心となり，全能性獲得に伴うDNAメチル化やヒストンのメチル化，アセチル化，リン酸化などの修飾変化，生殖細胞における雄型，雌型へのインプリント導入，およびそれに伴う遺伝子発現の変化などに焦点があてられ，生殖工学の粋を結集した先端的研究に大きく貢献している．

　一方，人工授精をはじめとする本学会設立当時の先端的技術の発展には生殖内分泌学の発展は不可欠であり，基礎的な家畜繁殖のメカニズムの解明が急がれた．この分野における本学会の初期の研究は，ウマにおける生殖内分泌学的研究成果の蓄積を乳牛へ応用することから始まった．また，このころ泌乳生理の研究も進展して誘起泌乳などの応用技術の開発へとつながるとともに，発情期における頸管粘液の特徴的な結晶形成が発見され，精液の受容性などが精力的に研究された．一方で，1960年代以降にはラットやウズラなどの実験動物を用いた生殖内分泌学の研究も進展し，とくに家畜繁殖研究会誌に発表されたラット卵巣静脈血中のステロイドホルモンに関する研究は世界でも最初の報告として注目を集めた．さらに，ウズラの季節繁殖における脳内光受容系の発見，プロラクチンの分泌調節機構や吸乳刺激の役割，交尾排卵メカニズムの解明などの神経内分泌学的研究も当時の世界の先端を走った研究として特筆に値する．

　1970年ころにはラジオイムノアッセイによるホルモンの測定法が一般化し，農林省畜産試験場を

はじめとする研究機関を中心に，ウシ，ブタ，ヤギ等の家畜を用いた生殖内分泌学的実験系が発展し，性腺刺激ホルモンや性ステロイドホルモンの種々の繁殖条件下における分泌動態が解明されるとともに，プロスタグランジン$F_{2\alpha}$を用いた発情の同期化技術の開発など，家畜の生産性向上にも大きく貢献した．1980年代にはインヒビンの生理学的役割に関する研究が大きく進展し，その化学構造も決定された．インヒビンに関する研究は現在に至るまで様々な動物を実験モデルに精力的に継続されており，インヒビン研究の世界的中心のひとつとなっている．

性腺刺激ホルモンのパルス状分泌の発生機構に関する研究についても，とくに1990年代以降には神経内分泌学あるいは電気生理学的アプローチによる先進的な研究が，ラットやシバヤギを用いて行われた．現在では性腺刺激ホルモン分泌制御や性ステロイドホルモンの中枢作用の分子機構に関する研究も大きく進展し，メタスチン，グラニュリン，アネキシンなどの分子の役割が追究されるとともに，反芻家畜における雄効果フェロモンの同定も進められている．家畜の黄体機能やその制御に密接に関わる卵巣内の血流動態のプロスタグランジン$F_{2\alpha}$やサイトカインによるオートクライン／パラクライン制御に関する国際的研究も，学術，応用の両面で大きな成果を挙げている．

（笹本修司，西原眞杉，前多敬一郎，内藤邦彦，長嶋比呂志）

第33章　家禽学

1．日本家禽学会の歴史

日本家禽学会は，世界家禽学会の日本支部として1954年に設立されて以来53年を経て，産官学の連携の下，養鶏産業の発展と家禽科学の進展に貢献してきた．設立の目的を達成するために春秋の大会とともに，1971年以来，毎年家禽産業と科学に関する公開のシンポジウムを開催し，会員だけでなく広く社会に対して，研究の成果を公開してきた（2000年アジア家禽シンポジウム，2001年特殊卵について，2002年ニワトリと食と健康，2003年人と暮らす鳥たち，など）．また，1988年には第18回世界家禽会議，1998年には第6回アジア太平洋家禽会議を名古屋で開催し，国際的な家禽科学情報の発信と交流に貢献した．1999年と2001年に技術賞と優秀発表賞を新設し，産業的な貢献の顕彰と若手研究者研究を奨励している．2001年からは日本家禽学会誌を和文誌と英文誌（The Journal of Poultry Science）に分け，international journalの地位を獲得する努力をし，BIOSIS REVIEWなどの国際的データベースに収録されるに至った．2004年には50周年記念シンポジウム「家禽学と家禽産業の原点から将来を展望する」を開催し，家禽産業と家禽学の進展を概観し，今後の食料生産や健康科学等の進展に対する家禽産業と家禽学の貢献を展望した．この30年間に日本農学賞を受賞した会員は7名であった．

このように学会の事業は精力的に行われてきたが，過去20年にわたる会員数の減少と収入の減少は今後の運営に大きな障害となる．50周年を迎え新たな発展を目指すためには，財政の強化だけではなく，出版事業や事務局体制を含めた運営のあり方などを検討する時期である．

（菅原邦生）

2. 家禽学研究の進歩

(1) 遺伝・育種

1) 量的形質の遺伝育種学

1970年代には，コンピューターの登場と相まって，複数の形質を同時に改良することが可能である「選抜指数を用いる育種法」が普及し，選抜の精度が高まった．1980年代からはBLUP法が用いられ始め，多岐に渡る育種価計算が可能になった．特に，1990年代からは，「アニマルモデル」が使われ始めたことにより，より正確な選抜が可能となっている．さらに，1990年代には，マイクロサテライトDNAマーカーの開発がなされ，QTL解析が可能になった．これを受けて，マーカーアシスティッド選抜による，より正確で迅速な育種（分子育種）が模索されるようになった．ニワトリ初のQTL解析報告がなされたのは1998年のことであるが，2007年現在，約1,000種のマイクロサテライトDNAマーカーが開発されると共に，約70の論文により，約700のQTLが報告されている．一方，ウズラにおいては，1990年代末以降，約100の同マーカーが開発され，このマーカーあるいはAFLPマーカーを用いたQTL解析の報告が2，3なされている．

初生雛の性判別においては，日本人が開発し世界を席巻してきた特殊技術である「肛門鑑別法」が，1990年代以降，伴性遺伝を利用した羽毛鑑別法に取って代わられ始めた．2007年現在では，一部の例外を除き，ほぼ全ての場において羽毛鑑別法が採用されている．

2) 質的形質の遺伝学

形態学的突然変異を始めとする各種突然変異の報告は，ニワトリにおいては1980年代で，ウズラにおいても1990年代でほぼ終息をみた．また血液型やアイソザイムなどの生化学的形質の解析も1980年代をもってほぼ終息した．これらに代わり，1990年代半ばからは，マイクロサテライトDNAマーカーを用いた質的形質遺伝子座のマッピングや，突然変異の原因遺伝子そのものの分子遺伝学的同定が行われるようになった．また，集団遺伝学の分野においても，1990年代の中頃より，マイクロサテライトDNA多型やミトコンドリアDNAの塩基配列多型を指標とした解析が行われるようになった．これらの研究は2000年代に入り益々加速している．

(都築政起)

(2) 繁殖生理

東京帝国大学の増井　清等によるニワトリ生殖器の解剖学的研究は，世界に先駆けて初生雛の雌雄鑑別技術に応用されるようになった．このような歴史を背景としたわが国の家禽生殖生理学は，実用研究と基礎研究が互いに密接に関連しながら発展してきた．

この30年間にわが国の養鶏産業の現場は大きく変化した．自動ケージシステムを備えた大規模鶏舎の導入によって徹底的な省力化がはかられ，ニワトリが産んだ卵はローラーコンベアとエレベータで自動的にGPセンター（洗卵選別包装施設）に運ばれてパック詰めや箱詰めされる．完全に自動化されたインライン方式の農場で大きな障害となっているのが，卵殻の異常である．脆弱な卵殻はコンベア上で割れ易く，日本の養鶏産業における軟卵・破卵による経済的損失は年間300億円以上と推定されている．卵殻強度の向上に関する研究は，産業界から学界に課せられた大きな研究テー

マのひとつとなった.

　肝細胞による卵黄形成, 小卵胞から始まる卵黄蓄積, 卵成熟, 排卵, 卵白形成, 卵殻膜形成という一連の現象の最終段階が卵殻形成であり, 産卵前の20時間がこれに費やされる. 卵殻の主成分である炭酸カルシウムは食餌性カルシウムが供給源であり, 十二指腸からのカルシウム吸収と血中カルシウム濃度の調節は, 副甲状腺ホルモン, カルシトニン, 活性型ビタミンDによっているだけではなく, カルシウム結合タンパク質が重要な役割を果たしていることが明らかとなった. この結果を応用し, 1日のうちでカルシウムを給与する時間帯を制限することによって卵殻質を改善できることが示された. また産卵期にのみ出現する骨髄骨はカルシウムの一時的蓄積と動員に重要であり, この過程に女性ホルモンが強く関与していることが明らかにされてきたが, この研究成果は卵殻質の改善だけではなく, ヒトの骨粗鬆症の治療法開発にも大きく貢献している.

　20時間の卵殻形成は, 完成された卵が体外に放出されるタイミングと連動している. プロスタグランジンや下垂体後葉ホルモンのひとつであるバゾトシンが子宮の筋収縮開始のかなめとなっていることが明らかにされ, 光線管理等の技術的改良に目が向けられるようになった.

（森　誠）

（3）発生工学

　鳥類胚操作は, ニワトリとウズラを中心に研究されてきた. 鳥類における生殖系列の成立は生殖質により決定されることが明らかになり, 始原生殖細胞が胚盤葉明域中心部に起源を持つことや, 生殖巣への移動経路が明らかにされた. 初期胚操作のために体外培養法が開発され, 1細胞期から孵化までのあらゆるステージでの胚操作が可能になった. 初期胚より採取した胚盤葉細胞や始原生殖細胞さらには生殖細胞の移植による生殖系列キメラの作出が可能になった. また, ミトコンドリアや核DNAの変異を利用した品種識別が可能になり, これを応用して処理胚や個体の組織, 器官におけるキメラ性の判定が可能になった. 生殖系列キメラの作出技術が開発されたことにより生殖系列細胞のインビトロでの操作が可能になり, 鳥類の遺伝資源の保存や遺伝子導入等への応用が試みられた. 生殖系列細胞の凍結保存法が開発され, 凍結精液技術との組合せにより, 雌雄両ゲノムの細胞レベルでの保存が可能になった. 生殖系列キメラ作出技術や雌から雄への性転換により, 自然界に存在しないW染色体を持つ精子の作出が可能となり, 授精能を持つことが確認された. 鳥類個体への外来遺伝子導入については, 個体の遺伝的改変や有用物質の生産を目指して, 1細胞期受精卵へのマイクロインジェクション, 胚盤葉細胞や始原生殖細胞あるいは生殖細胞を利用して, 外来遺伝子導入が試みられた. いずれも, 遺伝子の導入と発現は可能になったが, 染色体への組み込みは困難となっている. インビボでの初期胚のトランスフェクションにより, 一過性ではあるものの, 局所的に外来遺伝子を発現させることが可能になった. レトロウィルスベクターを利用することにより, 染色体への外来遺伝子の導入が可能で, 卵白中へ物質生産される形質転換ニワトリが作出された. 最近は, レシピエント胚へ移植した場合, 生殖系列に導入される生殖幹細胞の樹立が試みられている.

（内藤　充）

（4）飼養・栄養

1970年代後半以降，養鶏産業は飼料の大部分を輸入穀物に依存しながら，ウィンドウレス鶏舎の導入や飼養管理や光線管理の自動化などで，大規模化し，廉価で鶏卵肉を供給してきた．このような加工型養鶏では飼料の利用効率の改善が求められ，それに対応する研究が行われた．ひとつは三大栄養素組成あるいはアミノ酸バランスとエネルギー利用効率との関係の解明で，もうひとつはタンパク質とエネルギーの供給に対する体タンパク質代謝回転の反応特性の解明であった．産卵鶏の卵管におけるタンパク質合成はアミノ酸不足や卵形成による影響を他の器官に比して受けやすいことが明らかになった．また浅胸筋タンパク質の合成速度が栄養条件によって修飾され，飼養条件による骨格筋タンパク質生産の制御の可能性を示した．ブロイラーでは，過肥，脚弱，突然死，暑熱ストレスが主な課題であり，これらのうち過肥や熱死に対する栄養的制御の可能性が示され，脂質の肝臓からの輸送および脂肪組織への取り込み段階で，また活性酸素種の骨格筋での生産段階でそれぞれ明らかにされ配合飼料調製に貢献していると同時に，分子栄養学あるいはニュートリジェノミクスという新しい学問分野が構築されつつある．

一方，畜産公害と言われる窒素やリンの環境への大量流出への対応も研究された．ブロイラーからの窒素排泄量は，飼料の粗タンパク質含量を下げて，不足する必須アミノ酸を補足することによって最大20％低減できること，さらにリンの排泄量は飼料中のフィチン態リンを分解する微生物由来のフィターゼを飼料に500～1000単位/kg添加することによって約30％低減できることが示され，2004年版日本飼養標準家禽では，ブロイラー前期用飼料の粗タンパク質要求量は21から20％に，産卵鶏と種鶏の非フィチンリン要求量は0.35から0.30％に改定された．

また，鶏卵肉の品質にも関心が高まり，鶏卵肉中の機能性成分や食味に関する研究が行われた．鶏卵中のヨードや多価不飽和脂肪酸，共役リノール酸等の含量を高める飼料資材の開発が行われ，鶏卵の付加価値向上に貢献している．鶏肉の食味成分が同定され，その含量が飼料タンパク質含量や飼養条件によって変動することが明らかにされ，食味改善に貢献することが期待されている．

約30年前から魚粉による筋胃潰瘍が大きな課題であったが，原因物質（ジゼロシン）の特定，構造決定，合成をへて，魚粉製造時にリジンを添加するとジゼロシンの生成を大幅に抑制できることが示され，養鶏産業に大きく貢献した．

生産物の安全性に関しては，過去数年間の一連の事件などを契機にして大きな社会的関心を集めており，今後の養鶏産業では避けられない課題である．ポジティブリスト制度などで残留薬物に対する規制が強化され，既製の抗菌性物質の代替物が求められている．生体防御機能に対する飼料中の糖アルコールやアミノ酸，さらに免疫応答物質の前駆体であるn-3，n-6系脂肪酸の効果が明らかにされている．

（菅原邦生）

（5）管理・福祉

採卵養鶏にバタリーケージが導入されて以来，飼養システムは集約化の一途をたどってきた．鶏舎は自然換気を利用した開放型から閉鎖型（ウィンドウレス）が主流になり，単位容積当りの飼育密度はより高く，また給餌や集卵，除糞，光線，空調等の管理は全て機械化され，衛生的かつ効率的

に卵生産が行われてきた.

　一方で，近年はEUを中心に欧米各国では家畜・家禽の福祉が大きな話題となっており，EUでは，2012年以降，従来型のケージは使用禁止になり，巣箱や砂浴び場，止まり木等を備えた福祉ケージ，または平飼い等の代替システムへの移行が求められている．EU加盟国の中には，従来型ケージを既に前倒しで廃止している国もある．さらには，有機畜産を指向する流れもあって，近代的な集約ケージシステムは批判的に見られることが多くなってきている．

　OIEやWTOにおいても家畜福祉は世界的な課題として取り上げられており，たとえばOIEは，2010年までに，畜舎と飼育管理の世界基準を制定するとしている．日本もその規制を受けることになるが，それらの外圧を一方的に受け入れるのではなく，わが国の実情にあった飼育管理基準を設けようという動きが，最近になってようやく見え始めてきた．

　そのような背景のもとに，動物福祉に配慮した管理法に関する行動学的研究が増加してきており，従来型のケージと改良型ケージや代替法とを，鶏の健康状態や生理状態，行動，そして生産性から多面的に比較し，ケージの長短所を改めて洗い出す試みがなされている．これらの成果によって，養鶏産業に大きな負荷をかけることなく，福祉的にも許容されうる管理法の開発が期待される．また，絶食や絶水を伴う強制換羽も福祉的に問題があるとして，低栄養飼料等を用いた誘導換羽の研究も進められている．

　ブロイラーは数週間という短期のサイクルで管理されるが，短期といえども飼育環境に配慮が求められる．EUでは，飼養密度のほか，敷きわらや換気等について細かな規制を設けており，それらの科学的根拠となる研究が進展してきている．

（田中智夫）

第34章　動物遺伝育種学

　動物遺伝育種学という学問が対象とする動物は家畜，家禽，家魚（ブリ，ハマチなどの養殖される魚類），家畜（禽，魚）化の途上にある動物，さらには家畜化される可能性のある野生動物などで，その出口はそれらの動物の生産性を遺伝的に改良するとともに，動物の再生産が持続できるように遺伝資源の保存を図るところにある．そのためのアプローチは，確率論に基づく統計遺伝学的手法と生化学的・分子生物学的手法とに大別され，従来前者を用いる統計遺伝学と後者を用いる生理・分子遺伝学と二つの学問からなるかのごとき様相を呈していた．しかし，近年ゲノム科学の進展により両者にDNAの解析とその利用という共通の基盤ができた．このような背景の基に，2000年に日本動物遺伝育種学会を創設した．

　したがって本学会の学会としての歴史は新しいが，その設立に当たって母体となった研究会の歴史は古く，50年にもなろうとしている．そこで，本学会の歴史を学会の設立まで，設立後の揺籃時代，研究動向と今後への期待の3部にわけて述べる（佐々木，2002；2005）．

1. 学会の設立まで（～1999年）

　最初に旗揚げしたのが家畜育種研究会で，1960年に統計遺伝学的育種理論に基づいて家畜の改良を図ろうとする研究者が集まって第1回懇談会を開催した．その翌年の1961年には家畜血液型研究協議会と在来家畜研究会が発足した．前者は家畜の血液型研究に端を発し，その後魚介類の血液型や獣医学分野の研究者も加わり，1979年に日本動物血液型研究会に改称，一方タンパク質多型に関する研究が盛んになったのに伴って1968年には分子遺伝懇談会ができた．これらが合併して1982年に動物血液型タンパク質多型研究会となり，さらにDNA多型など分子遺伝学的研究の進展に伴い，1992年動物遺伝研究会に改称した．もう一方の在来家畜研究会は大学の研究者が中心になって組織された研究班で広範囲な在来家畜の調査研究を実施した．

　1994年になって家畜の分野でもゲノム科学に関心が高まり動物ゲノム研究会が発足した．わが国においても家畜のゲノム解析研究が進められるようになり，個々の研究会を超えての協力体制の必要性が認識されるようになった．そこで，動物遺伝育種学分野が一体となってシンポジウムを開催することになり，1995年に三上　仁氏（当時農林水産省畜産試験場育種部長）を実行委員長に東京大学山上会館において第1回動物遺伝育種シンポジウムを開催したところ大好評であった．この流れを継続・発展させていく必要があるとの観点から，第2回目以降のシンポジウムを企画・運営していくための動物遺伝育種シンポジウム組織委員会が発足した．本シンポジウムは毎年開催され，研究会間の交流が促進された．さらに，第29回国際動物遺伝学会議を2004年に日本で開催することが決まった．

　これらを受けて，動物遺伝育種分野全体をカバーする学会を設立するための検討を動物遺伝育種シンポジウム組織委員会が中心となって開始し，2000年になってようやく学会の設立に漕ぎつけることができた．この新学会には家畜育種研究会，動物遺伝研究会，動物ゲノム研究会，在来家畜研究会の他に，水産育種研究会，獣医臨床遺伝研究会，日本実験動物学会などの会員の参加もあり，文字通り動物を対象とする遺伝育種の学会となった．

2. 設立後の揺籃時代（2000年～）

　2000年に広島大学において山本義雄実行委員長（当時広島大学生物生産学部長）の下に設立総会ならびに設立記念大会を開催し，日本動物遺伝育種学会が発足した．新学会の会員数は発足時普通会員264名，学生会員25名，賛助会員10団体となり，初期の目標であった普通会員200名を大きく上回った．機関誌は「動物遺伝育種研究」（英文名称Journal of Animal Genetics）とし，学会の母体となった研究会のひとつ動物遺伝研究会の機関誌「動物遺伝研究会誌」を引き継ぐ形で，同誌の28号を本学会の創刊号とした．

　学会の活動の中で，新しい取り組みのいくつかを紹介すると，①一般発表をポスター発表とし，可能な限り学会期間中ずっと展示する形を取っていることである．②会報の編集に，専門分野ごとのセクションエディター制を採用したことである．これまでに発行された8巻15号に掲載された論文は原著論文が21題，レビューが9題，ミニレビューが86題に上り，大変充実した会誌となっている．

③ 近年急速な進展をみているインターネットを有効に活用していることである．とくに，年2回の理事会の内の1回はホームページ理事会としている．

この間の特筆すべき事項には，第29回国際動物遺伝学会議の開催，「動物遺伝育種学事典」の出版，M. Nei名誉会員の国際生物学賞の受賞などがある．まず，国際動物遺伝学会議の開催に，辻　荘一事務局長（当時神戸大学教授）を中心に4年間にわたって一致団結して取り組んだ．2004年に明治大学の竣工なったばかりのアカデミーコモンを主会場に開催された第29回国際動物遺伝学会議には49カ国から649名の参加者（内国内からの参加者は248名）があった．メインテーマ「ゲノム研究の発展と家畜生産」のもとに，四つのプレナリーセッションではそれぞれ「家畜の遺伝的多様性と育種への応用」，「究極の染色体地図」，「QTL解析の光と陰」および「将来のゲノム解析へ向けたシーズ」のテーマが取りあげられ，11名の招待講演者が発表した．ポスターセッションには364題の発表があり，各ポスターの前では期間中研究者間の活発な討論の輪が繰り広げられた．また，いろいろな動物種のいろいろなサブジェクトについて，23のワークショップが開催された．大盛会，大成功の国際会議であった．

本学会設立のねらいがいろいろな分野の研究者・実務者・学生の大同団結にあったので，それらの分野に携わる人達にとって専門用語とその意味についての共通理解が必須であるとの観点から，専門用語を分かり易く説明した事典の出版に学会を挙げて取り組み，2001年に「動物遺伝育種学事典」（朝倉書店）を発行した．

また，2002年には本学会の名誉会員M. Nei（根井正利）先生が第18回国際生物学賞を受賞され，授与式ならびに祝賀会に本学会から天野　卓会員，村松　晋会員，川端習太郎会員および著者の4名が招待される栄誉を受けた．

3．研究動向と今後への期待

外貌審査を拠り所とする経験論的育種に代わる能力検定，遺伝的能力評価，計画的育種など統計遺伝学的育種法の確立を図り，家畜・家禽の生産能力を大幅に改良してきた．一方，血液型やタンパク質多型についての生理遺伝学的研究の成果は，個体識別や親子判定のためのツールとして，また在来家畜などの系統分化を解明する遺伝標識として活用されてきた．在来家畜研究班が行ったわが国およびアジア地域における在来家畜の特性調査の結果は，在来家畜研究会報告第1号（1964）から第18号（2000）までにまとめられている．

近年，ゲノム科学の進展により，遺伝性疾患の原因遺伝子が同定され，その淘汰が確実に行われるようになった．また，生産性を支配する量的形質遺伝子座（QTL）の検出が進み，さらにはそれらの責任遺伝子も同定されるようになり，一部の形質についてではあるがマーカーアシスト選抜（MAS）が実用の段階に入ろうとしている．このような量的形質である生産形質の責任遺伝子の同定，その遺伝子型情報を取り込んだ選抜などを進めて行くには，今後統計遺伝学的手法を持つ研究者と分子遺伝学的手法を持つ研究者の連携が欠かせないものとなっている．

新学会での新しい取り組みである最先端遺伝育種セミナーは，両分野の若手研究者が寝食を共にしながら互いの情報交換を図り，切磋琢磨するとともに，新しい分野を学び，ひいてはポストゲノ

ムシーケンス時代に活躍できる研究者に育ってくれることを期待して，2003年に京都で第1回セミナーを開催した．爾来回を重ねて昨年第5回目を開催している．このセミナーの特徴は，新進気鋭の若手研究者が中心になって企画・実行していること，動物遺伝育種学分野にこだわらず最先端の研究をしている若手の研究者を国内外から講師として招聘し，参加者と直に触れ合いの場が持てるようにしていることなどである．この中から，世界に羽ばたける有能な動物遺伝育種学研究者が育ってくれることを願って已まない．

参考文献

佐々木義之（2002）日本動物遺伝育種学会の設立に至るまでの過程，動物遺伝育種研究．29：27-36.
佐々木義之（2005）日本動物遺伝育種学会創設直後の2期4年を振り返って，動物遺伝育種研究．32：153-160.

（佐々木義之）

第35章　獣医学

日本獣医学会は獣医学に関する研究を推進し，その普及を図ることを目的に1885年に設立され，幾度かの変革を経て今日に至っている．まず，日本農学会50年史に記述されている概要を示し，次に，それ以降の30年の歩みについて紹介する．

1．日本農学会50周年以前の研究

1975年（昭和50年）頃までとし，便宜上，明治・大正期，昭和初期，戦時下，復興・発展期，国際化期に分けて概説する．

（1）明治・大正期の研究

1870年から1925年頃の研究で，外国人教師の指導の下，畜産振興の障害となる疾病対策に努めると同時に種々の調査研究が行われた．

1）牛の疾病に関する研究

牛疫の蔓延流行に対して漸く免疫血清に関する研究が行われ，引き続きワクチン開発の研究が開始された．

2）馬の疾病に関する研究

馬伝染性貧血については，総合的調査が行われ，新知見として野外での吸血昆虫（黒メクラアブ）の媒介が問題であることが明らかにされた．仮性皮疽については，分芽菌が病原体であることが証明され，純粋培養の成功も報告された．骨軟症に関する種々の調査も報告された．

（2）昭和初期の研究

1925年から1935年頃の顕著な研究を幾つか記載する．

1）牛の疾病に関する研究

牛疫に対して感染牛の脾臓を用いグリセリン浸漬加工臓器ワクチンが開発され，以後さらにトル

オール加臓器ワクチンが実用化され，蠣崎ワクチンとして世界的に評価されるに至った．

2）馬の疾病に関する研究

馬伝染性貧血の病毒には，臓器特異性はなく網状組織の内皮細胞や血管内皮細胞系を侵襲することが明らかにされ，本疾患では肝臓の変化を確認することが診断の条件となり，肝臓穿刺法が考案応用されるに至った．また，繁殖については，解剖，生理を基盤に内分泌学的研究が進められ，人胎盤性性腺刺激ホルモンを実用化し治療に応用可能になったことは特筆に価するものであった．さらに，骨軟症については実験的にも作出され，骨形成後の石灰脱落に起因すること，無機質，特にP/Ca比の問題が明らかにされた．

(3) 戦時下の研究

1935年から1945年頃の研究で，中国大陸や朝鮮半島での研究が盛んであった．

1）牛の疾患に関する研究

牛疫については，家兎化牛疫毒の生ワクチンが完成されたが，さらに牛疫家兎化鶏胎化固定毒が作出され，安全性の高い応用範囲の広いワクチンとして国際的に活用されるに至った．また人工授精に関する研究や気腫疽の研究が推進された．

2）馬の疾患に関する研究

馬伝染性貧血では血中担鉄細胞との関連が明らかにされ，生前診断法に用いられるようになった．鼻疽については，多数の自然感染馬を用いてマレイン反応と病理学的所見との関連が解明されたことや家兎を実験動物としての研究が高く評価されるものであった．また他の感染症との混合感染の重要性が明らかにされた．さらに，骨軟症，腺疫，馬流産菌症などの繁殖障害についての臨床的研究が行われた．

3）その他

鶏の雌雄鑑別や羊の腰麻痺，犬糸状虫をはじめ寄生虫病についても高く評価される研究がなされた．

(4) 戦後復興期の研究

1945年から1960年頃の研究で，感染症と栄養の問題が中心であり，一方では研究機関再興の時代であった．

1）感染症に関する研究

狂犬病（犬，人），流行性脳炎（馬，人），流行性感冒（牛），ニューカッスル病（鶏），豚コレラ（豚），に関する研究が集積され対策が講じられた．また，豚のトキソプラズマ症，伝染性肺炎，伝染性胃腸炎，鶏の伝染性気管炎，咽頭気管炎，脳脊髄炎，マイコプラズマ病，ロイコチトゾーン病などの研究が行われた．レプトスピラについては，その疫学的調査をはじめ分類学的研究や病理学的解明は特筆に価する業績であった．

2）栄養障害に関する研究

栄養不良は生育のみならず，繁殖生理や易感染性にも関連して，繁殖障害（内分泌学的追究），代謝病（ケトージスなど），中毒（ワラビ中毒など）について研究がなされ，また牛の反芻胃の機能が注

目されルミノロジー研究での業績が多数報告された．栄養障害と関連してまた放牧病として，ピロプラズマ病，肝蛭病，肺吸虫症などについての研究が行われた．

(5) 国際化推進時代の研究

1960年から1975年頃の研究で，獣医学会も各専門分野それぞれに転換期が到来し，独自に発展するようになり，分科会が発足した．したがって，ここでは分科会ごとに概観する．

1) 解剖学

内分泌腺やリンパ系の研究，脈管と筋神経系の解明に及び，また鶏および実験動物の形態学的解析が行われた．

2) 生理学・薬理学

内分泌や消化器機能が生殖や栄養との関連において検討され，心臓，筋肉については電気生理学的にも追究された．薬理学的には消化器や神経の機能への影響が，また駆虫薬，抗生物質の作用機作が追究された．さらに，有害作用の解析，毒理学分野への発展がなされた．

3) 病理学

微細構造の変化，組織化学的，免疫学的解析により各種疾患の病理発生が追究され，特に牛疫の病理については特筆に価するものであった．また，実験動物の病理や毒性病理学における業績も多数見られるようになった．

4) 寄生虫学

鶏ではコクシジウム，ロイコチトゾーン，豚ではトキソプラズマ，犬では犬糸状虫，ニキビダニ，牛ではピロプラズマ，アナプラズマの研究，さらにアブ，カ，ヌカカ，大型ダニの研究も行われた．また，非固有宿主における仔虫内臓移行に関する詳細な研究が行われた．一方駆虫薬，飼料添加物も検討され，耐性についての検討もなされた．

5) 微生物学

馬では鼻肺炎ウイルス，インフルエンザウイルス，牛では牛流行熱ウイルス，アデノウイルス，パラインフルエンザウイルス，下痢ウイルス，アカバネウイルス，豚では伝染性胃腸炎ウイルス，ボルデテーラ，鶏ではヘモフィルス，マレック病ウイルス，細胞内皮ウイルス，伝染性ファブリキウス嚢ウイルス，マウスでは肝炎ウイルスなど，さらに大腸菌，マイコプラズマについての研究がなされた．日和見感染についても注目され，平素無害菌に関する知見が集積された．魚病の各種病原体の追究も行われるようになった．

6) 家禽疾病学

ニューカッスル病やマレック病のワクチン開発，また細胞内皮症の解明やその生ワクチンの検討が行われ多くの成果が得られた．

7) 公衆衛生学

各種の動物性食品について微生物や汚染物質の検出ならびに添加物や食品の保存法などが検討された．サルモネラ，ボツリヌス，ウエルシュ菌，腸炎ビブリオ，アリゾナ菌などの分離同定と分類が，またアフラトキシン，ライスオイル，砒素，PCB，ホリドールなどが問題となることが特定された．

8）臨床繁殖学

　牛をはじめ豚，犬，鶏，さらに実験動物の繁殖障害について，基礎研究と併せて検討された．受精現象の解明，卵胚の凍結保存法の確立，ホルモンや栄養補給による繁殖障害の治療が行われた．妊娠馬血清性腺刺激ホルモン，黄体ホルモン，アンチホルモン，リラキシン，プロスタグランジンF2αの臨床応用が行われた．また豚の日本脳炎ウイルス，パルボウイルス，トキソプラズマの問題，牛のアカバネウイルスによる異常産が研究報告された．

9）臨床獣医学

　牛，馬，豚，羊，山羊のウイルス病，寄生虫病，中毒，代謝病などの臨床上の成果が多数発表され，血液の異常所見や牛乳房炎が追究された．内科学領域では，牛の汎骨髄癆，ワラビ中毒，尿石症，血尿症，肝膿瘍，下痢症，産後起立不能症などを対象とした研究がなされた．外科学領域では，各種動物での新しい麻酔法の開発および第一胃や第四胃切開手術による治療が報告された．また，犬・猫を主体とする伴侶動物についても，犬糸状虫症などの寄生虫病，皮膚糸状菌症をはじめ各種皮膚疾患，ウイルス感染症，血液疾患について研究され，心臓手術や骨関節の手術についての知見も加えられた．

2．日本農学会50周年以降の研究

　1975年頃からの約30年間の研究を概観し，学会賞などを受賞している業績を中心に紹介する．この時代の特質は，情報化と国際化であり，分子生物学の領域が大きく取り上げられたことである．また，獣医学への社会的要請が一段と大きくなり，その付託に応える責任が負わされるようになった時代でもある．人獣共通感染症，新興・再興感染症，環境保全，食の安全などの問題解決のため分子生物学的検討を駆使して研究が行われた．

（1）解剖学

　骨計測学的研究において主成分分析法を応用しての家畜の系統とその進化を明らかにするなどの業績が報告されたが，微細構造の追究と機能解析を主体とする研究が家畜のみならず，鳥類，実験動物，野生動物に及んで行われた．鳥類の内分泌系に関する研究，特に視床下部－下垂体系の構造と機能の研究は注目に値するものであり，またリンパ組織の形状解析の報告は免疫機能検討の実験における基礎を確立したものである．さらに，鳥類消化管内分泌細胞の免疫細胞化学的研究，妊娠子宮の種普遍性，特に顆粒リンパ球様細胞に関する機能形態学的研究，精巣組織に関する微細形態学的およびレクチン組織化学的研究，胎生期および新生期における内分泌腺の実験形態学的研究などが認められる．その他嗅覚器の微細形態学的研究が行われ，各種動物について比較形態学的解明がなされた．

（2）生理学・生化学・薬理学

　生理機能として生物としての内部環境をいかに調節しているかが重要であるが，脊椎動物の心臓に関する比較生物学的研究が電気生理学的観点から行われ心機能の一端が明らかにされた．また各

種動物の消化管運動とその神経支配に関する比較生理学的研究が行われ，神経の調節機能が刺激－分泌連関において研究解明され，器官・細胞生理学から比較・応用生理学へ研究が進められ，さらに卵胞刺激ホルモン分泌調節機構についても詳細な研究がなされた．これらは胎盤の機能とその調節機構に関する生化学的研究に見られるように，いずれも従来の生理学に留まらず，生化学的，免疫学的あるいは分子生物学的手法による成果であった．さらに，レニン産生細胞の発生機序とレニンの新機能に関する研究や栄養代謝の指標としてのレプチンとその作用解明の研究が行われた．

　生理機能はこれまで内分泌系，神経系，免疫系として個別に検討されていたが，これらが総合的に追究された．例えば，哺乳動物の視床下部機能に関する神経生物学的研究や内分泌系での免疫細胞の動態，アポトーシスの動向を焦点とする研究などの検討成績は高く評価されるものであった．また，繁殖機能との関係における重要性も追究された．

　一方，哺乳類および鳥類の生体リズムに関する研究が行われ，生体の日内変動，体内時計といった問題に画期的な知見が加えられた．その他には，DNAメチル化による個体発生プログラムに関する研究などが認められた．

　薬理学の分野では，カルシウムなどを中心に平滑筋運動を薬理学的に究明した成果が高く評価され，また海洋生物由来の生理活性物質についても薬理学的に追究された．その他，交感神経および副腎髄質からのカテコールアミン分泌のイオン機構に関する研究などが認められた．さらに，毒理学的研究および安全性に関する基礎的研究が進められ，臨床薬理学的追究も行われるようになった．

（3）病理学

　産業動物，伴侶動物，実験動物に限らず，野生動物など多種類に及ぶ自然発生例を対象に研究が行われた．また病理発生については，微細構造の変化を検討し，あるいは分子生物学的にその機序が追究された．特に感染症，中毒をはじめ代謝性疾患など多方面に亘り研究が行われた．その背景にある実験動物に関する基礎研究に裏付けられ，また病態モデル動物の開発利用，さらには遺伝子改変動物を使用しての研究などが注目に値するものであった．

　家畜の各種病原ウイルスの構造と感染に関する超微形態学的研究は牛疫に関する獣医学積年の成果をさらに一歩推進した研究で，ウイルス感染症研究の新たな局面を拓いた業績であった．また，マレック病に関する病理学的研究は病理学上の大きな問題である感染と腫瘍の狭間とされる課題に挑戦した研究であり，その後の発展の礎となり，多くの鶏病についての病理学的業績が報告され，一方では食鳥検査を円滑に行うための科学的基盤となった．例えば，鶏の骨疾病，特に骨の異常発育に関する病理学的研究，マレック病ウイルスおよび七面鳥ヘルペスウイルスの構造ならびにその起病性に関する超微形態学的研究，鶏大腸菌症の病理発生に関する研究などが注目されるものであった．

　産業動物については，伝染性鼻気管炎の病理発生に関する研究（牛），ヨーネ病の病理発生に関する研究（牛），腎糸球体疾患に関する病理学的研究（牛，豚），ウイルス感染による先天性の神経系における疾患に関する研究，乳房炎および流産に関する研究（牛）などの成果が認められた．特筆されるのは，食の安全性とも関連して，産業動物における遅発性感染症が追究され，その病態解明が推進され，多くの注目に値する業績が報告され，自然発生例の検討のみならず実験的解析も行われた．

小動物に関しては，臨床領域からの要望と相まって自然発生例の大規模な解析が行われ，多大な成果が得られ，これまでの解剖検査に加えて所謂生検検査が日常的に実施されるようになり，臨床診断に寄与すると同時に病理発生の解明にも著しい貢献が認められた．パルボウイルス，コロナウイルスをはじめ各ウイルス感染症の病理発生や腫瘍，自己免疫疾患に関する病理学的研究，例えば猫伝染性腹膜炎，腎糸球体疾患に関する病理学的研究があり，老化に関連した神経系疾患に関する比較病理学的研究なども認められた．

その他，毒性病理学の領域にも著しい成果が見られ，薬物の安全性の確保に貢献した．一例を挙げれば，化学物質による病変形成と遺伝子発現の関係から追究した成果などが認められた．また，自然発症の鶏に関する病理学的研究を通して疾患モデルを確立した成果やラットの腫瘍における細胞生物学的特性を明らかにして疾患モデルを確立した成果などが認められた．

（4）寄生虫学

環境の変化，国際化などにより，対象とする宿主域も広範となり，例えば野生動物から新たに内外寄生虫が確認され報告された．トキソプラズマ症に関しては原虫そのものに加えその病態生理学的研究が行われた．エキノコックスの生態については貴重な解析成績が纏められ，汚染環境の修復への検討が示された．また，マダニと宿主の相互作用に関する研究，タイレリア原虫精製法の確立と原虫蛋白質の解析，バベシア原虫の *in vitro* 培養の確立と治療・診断への応用に関する研究などが行われた．その他，牛の乳頭糞線虫による重度感染の問題，牛の第一胃内の原虫の分類同定，マラリア原虫，ネオスポラやクリプトスポリジウムなどについての研究も行われた．

（5）微生物

細菌，リケッチア・クラミジア，ウイルス，真菌，原虫（寄生虫参照）について，微細構造の解明，遺伝子の検討などを通して広範かつ詳細な追究がなされ，多大な情報が得られたばかりでなく，病理発生や病態の解明およびワクチン開発などの多くの成果が得られた．

生物にとって腸内菌叢は極めて重要であり，その機能を解明することは微生物の大きな課題であるが，その構成菌については分離法に難点があった．そこで実用的な嫌気培養法を考案し，マウスをはじめ各種動物の腸内細菌を分離培養し，新たな分類を加味して，その生態の解明と生物学的意義に関する研究が行われ画期的な成果が得られた．また，牛腎盂腎炎から分離されるコリネバクテリアに関して総合的な研究が行われ，その菌学的解明とその起因菌としての意義が究明された．グラム陽性で芽胞を形成する桿菌で培養不可能な細菌に起因するチザー病に関しても菌学のみならず病理発生，診断，疫学など広範な研究が行われた．仮性結核菌およびその他のエルシニア属菌についても一連の研究が行われた．

さらに，病原細菌プラスミドに関して多くの問題がとりあげられ，分子遺伝学的にも著しい成果が得られた．例えば，Salmonella Enteritidis（腸炎菌）由来36メガダルトンプラスミドの病原的意義とその遺伝子解析に関する研究，*Bordetella bronchiseptica* のRプラスミドに関する研究，大腸菌由来クエン酸利用プラスミドに関する研究，*Rhodococcus equi* の病原性プラスミドに関する研究や馬伝染性子宮炎の原因菌であるテイロレラに関する研究などが認められた．

そのほか，黄色ブドウ球菌の感染とその免疫機構に関する研究，家畜のブドウ球菌に関する生態学的研究，豚膿瘍由来のバクテロイデスに関する研究，酵素抗体法による牛ヨーネ病の原因菌に関する研究，エルシニア感染症の原因菌の菌学的ならびに生態に関する研究，豚丹毒菌の分類に関する研究，豚丹毒菌の病原因子の解明，猫ひっかき病の起因菌に関する研究などが行われた．一方，動物の感染に関与するモリキューテス，特にマイコプラズマに関する基礎的ならびに感染に関与する問題について広範な研究が行われ，鳥類マイコプラズマに関する生態学的研究も展開された．

リケッチア，クラミジアについても追究され，菌学的検討のみならず病理発生や疫学的解析され，オウム病クラミジアの免疫化学的および分子遺伝学的検討がなされた．

真菌感染については，各種動物においても日和見感染症として大きな問題であることが明らかにされ，その原因真菌についても検討され，各種糸状菌ならびに酵母様菌の分類同定に関する研究や病態解明が行われた．

ウイルス学領域においても多くの業績が認められた．モービリウイルスについての研究では，牛疫ウイルス，ジステンパーウイルス，麻疹ウイルスなどの性状解析とともに感染発病機構や予防に関する研究が展開された．また，インフルエンザウイルスについてのウイルス学的および疫学的・生態学的な研究成果は特筆に値するものであった．

牛感染症については，牛のアルボウイルスおよびその感染症に関する研究が詳細に行われた．その他にも，牛の問題として，流行性牛異常産のウイルス学的研究，赤血球凝集反応に注目したオルビウイルスに関する研究，牛流行性異常産のチュウザンウイルスやオルビウイルスに関する研究，牛ロタウイルスの血清型別に関する研究，口蹄疫ウイルスの研究などが認められた．さらに，ウシ白血病ウイルスに関しては，ウイルス学的性情解析に加えて，白血病発症の感受性を規定する問題などの検討も行われた．馬の感染症についての研究では，ゲタウイルスをはじめウマインフルエンザウイルスやウマ伝染性貧血ウイルスに関するウイルス学的研究が行われた．また豚についても各種伝染病のウイルス学的検査法の確立やワクチンの開発に関する研究が行われた．例えば，オーエスキー病のヘルペスウイルス，豚繁殖・呼吸障害症候群のアルテリウイルス，豚サーコウイルスに関する研究が認められた．さらに，日本脳炎ウイルスに関しては，越冬の問題についても追究された．

犬・猫での感染においては，パルボウイルス宿主域変異亜群の分子遺伝学的研究，動物の白血病，リンパ腫の発症に関与するレトロウイルスに関する研究，猫由来レトロウイルスの分子生物学的研究など詳細な解析が認められた．

鳥類に関しては，鳥インフルエンザウイルスの病原性に関する分子生物学的研究，強毒インフルエンザウイルス（家禽ペストウイルス）の病原性に関する研究，鳥インフルエンザウイルスの分子疫学及び病原学的研究などが特筆に価する研究として認められた．また，トリアデノウイルスやトリレオウイルスの性状および血清学的分類に関する研究，トリ白血病ウイルスの腫瘍原性に関する研究，マレック病ウイルスと七面鳥ヘルペスの共通抗原に関する研究が展開され著しい成果が得られた．さらに，細網内皮症ウイルスに関する研究，伝染性ファブリキウス嚢病ウイルスに関する研究，鳥類パラミクソウイルスの分類に関する研究，ニワトリ伝染性気管支炎のウイルスに関する研究などが認められた．

その他動物については，マウス肝炎ウイルスに関する研究や野生げっ歯類におけるハンタウイル

スに関する研究が認められた.

(6) 家禽疾病学

病理学的および微生物学的研究の他，腫瘍，代謝性疾患に関する研究も行われた．食鳥検査が一般に実施されるようになり各種の疾病例が明らかにされた．鶏の骨疾病に関する病理学的研究，マレック病などの起病性に関する研究，大腸菌感染の病理発生に関する研究などが注目に値するものであった．また，ウイルス性疾患に関しては，ウイルスの病原性や病理発生などについて種々の報告がなされた．例えば，トリアデノウイルス，トリレオウイルス，トリ白血病ウイルス，鳥インフルエンザウイルス，伝染性ファブリキウス嚢病ウイルス，鳥類パラミクソウイルス，ニワトリ伝染性気管支炎ウイルスなどによる問題について研究が行われ，ウイルス学的また疫学的観点から多くのことが解明された．とくに従来家禽ペストとされている，鶏の高病原性インフルエンザ感染症に関する詳細な研究が行われた．また，マイコプラズマによる鶏病やアスペルギルスなどの真菌感染の報告もなされた．

その他，糖尿病や神経疾患の疾患モデルが鶏で作出された．さらに，ペットとして飼育されている各種鳥類について，多くの症例報告などが行われ，人獣共通感染症であるオウム病をはじめ真菌症などが報告された．

(7) 公衆衛生学

動物由来感染症，食物，薬剤の安全性，環境の保全などについての研究が行われた．また疫学の本質的手法に関する検討も行われた．食中毒，食の安全に関する研究としては，ボツリヌス菌毒素に関する獣医公衆衛生学的研究およびO-157型大腸菌，ビブリオ，ノロウイルスなどに起因する食中毒につての研究が行われた．また，人畜共通感染症とそれらの原因微生物に関する疫学的・生態学的研究，動物に由来する食品媒介性感染症の防除法確立に関する研究なども認められた．さらに特筆されるのは動物のプリオン病に関する研究で，牛の病態のみならず，基礎的研究として種の障壁に関する問題が追究された．

薬剤はじめ人工化合物の安全性に関する研究では，獣医学領域における毒性学の確立に関する研究，新規・生物環境毒性評価モデルの確立とその応用に関する研究，化学物質の毒性発現機構に関する研究など個体のみならず世代を超えての変異原性や発癌性についての研究が行われた．また，環境保全に関する研究においては，除草剤パラコートや内分泌撹乱物質の毒性に関する研究などが行われた．

動物由来感染症に関する研究については，げっ歯類に由来する人畜共通感染症の診断，疫学及び予防に関する研究をはじめ各種の感染症についての研究が行われた．

(8) 臨床繁殖学

主として牛の繁殖に関する研究が行われたが，馬，犬をはじめ熊などの野生動物についても追究がなされた．臨床上の問題のみならず，解剖学・生理学的な基礎研究を加えての研究が認められた．牛での子宮・卵巣系の調節機構に関する実験的に検討があり，また超音波検査法，各種ホルモンな

どの測定が導入され，その結果を臨床例の治療ならびに発情の同期化や分娩誘起に応用し著しい成果が示された．さらに，牛の受精卵移植，体外受精，胚移植，体細胞クローン動物の作出を実施する際に直面する問題解決のための研究がなされ，その結果を応用して本法の普及が推進された．一方では，各種ウイルス（アカバネウイルス，チュウザンウイルスなど）や細菌（レプトスピラ，コリネバクテリアなど），真菌（アスペルギルスなど）による流産や異常産に関する報告が行われた．

犬・猫についても繁殖障害の診療技術の向上が図られ，人工授精，遺伝子解析が行われた．その他動物園動物，野生動物についても系統保存や環境保全の目的で追究された．

（9）臨床獣医学

産業動物の臨床では，特に早期発見ないし予防獣医学的分野に重点を置いた研究が認められ，また遺伝的背景の追究も多く行われた．電気泳動法による血清蛋白質分画についての詳細な研究が行われ，その結果を基盤に臨床応用がなされ，病態が解析された．また，牛の小型ピロプラズマに関して追究がなされ，その免疫機序についても検討が行われた．検査機器の開発発展に伴い，心電図などの電気生理学的検査やＸ線，超音波などの画像診断検査が症例に応用実施され，その臨床的意義が解明された．一方，ウシ好中球の活性酸素生成機構の解析と炎症制御への応用などをはじめ，各種病態ないし病状の発現機構について分子生物学的に多くの研究が行われた．乳房炎，異常産，蹄病，消化器疾患，尿路疾患などに加えて，代謝性疾病について詳細な研究が行われ，疾病の早期発見や健康管理に応用されるようになった．遺伝的障害については，ウシ白血球粘着不全症（BLAD）に関する研究をはじめ，バンド３欠損症，チェジアック—東症候群，フォンビンブランド病，第XIII因子欠損症，クローデン１６因子欠損症などが解明され，根本的な疾病対策を講じる手立てとなった．また，豚においては，α２アドレナリン受容体作動性鎮静薬を用いた鎮静／麻酔法に関する研究も行われ，気管洗浄液の解析などもあり，ウイルス，マイコプラズマなどによる呼吸器感染症に関する研究が認められた．一方，馬についてもインフルエンザやゲタウイルス感染症をはじめ馬伝染性貧血などのウイルス感染症に関する研究，またロドコッカス感染による病理発生や細菌性生殖器感染についての研究が行われた．

小動物である犬や猫では各診療分野において著しい発展がみられ，画像診断，内視鏡検査，検体検査が駆使され高度医療が行われるようになったが，それを支えて推進した背景にそれぞれの症例を１例１例集積した研究成果が認められた．真菌症，猫伝染性貧血，猫白血病ウイルス感染症，猫引っ掻き病，リケッチア・クラミジア症，犬糸状虫症，糖尿病などに関する研究，さらに血液疾患（溶血性貧血，凝固止血異常），心疾患，肝・膵・消化管疾患，泌尿器疾患，筋・神経疾患，皮膚疾患，眼疾患などの臓器病に関してその病理発生に関して生化学的，免疫学的，分子生物学的に詳細な究明が行われた．例えば，たまねぎ中毒の病態解明，アトピー性皮膚疾患に関する研究，猫免疫不全ウイルス感染症の発現機構などが認められた．特に猫白血病ウイルス感染における腫瘍化の機序に関しては，ウイルス自体についての問題と同時に，染色体への組み込み位置が関与していることが明らかにされ，またその腫瘍化に関与する新たなウイルスの組み込み位置が特定された．外科学領域では，腹部のみならず胸部外科，さらに整形外科や脳神経外科による治療法が行われるようになった．また，眼科手術や腫瘍外科の分野も開拓された．その他，野生動物に関しても人獣共通感染

症の問題として，また環境保全の問題として，さらに診療対象のペットとして種々の検討成績の報告が認められた．

（10）実験動物学

病態の解析，病理発生の解明には実験動物が必須であることから，その動物種もミニブタをはじめ多種に及び，その生物学的基礎が解明され実験動物としての背景が構築された．一方ではSPFやノトバイオートの問題から，病態や疾患のモデル動物，遺伝子改変動物に関する研究が行われた．例えば，実験動物としての，ノトバイオート・SPF豚の作出に関する研究，ラット腫瘍モデルをはじめ各種病態モデルの確立とその細胞・分子生物学的特性に関する研究，実験動物の品質管理のためチザー病をはじめ各種疾病の診断や予防に関する研究，哺乳類の発生工学に関する基礎的ならびに応用学的研究など貴重な業績が認められた．また，実験動物学および実験動物福祉論に見られるように，実験動物をいかに効率的活用するかについての研究も行われた．

（11）その他

人獣共通感染症に関しては，人類社会の発展に伴い，自然環境は次第に人工環境に変貌し，その結果新興・再興感染症の脅威に見舞われるようになり，その多くは動物に由来していることが明らかにされた．プリオン病である牛の海面状脳症，インフルエンザウイルス感染症，げっ歯類に由来するハンタウイルス感染症，エルシニア菌や各種薬剤耐性細菌感染症，オウム病などのリケチア・クラミジア感染症，クリプトスポリジウムなどの原虫疾患，エキノコッカス病などの寄生虫病，その他真菌症をはじめとする日和見菌などについても注目され追究された．

免疫学・ワクチン学の領域については，哺乳動物は勿論のこと鳥類や魚類の免疫機構に関して種々の研究が行われた．各種感染症における免疫応答の解析，例えば，伝染性ファブリキウス嚢病，ニワトリ伝染性気管支炎のウイルス，豚丹毒，豚伝染性胃腸炎，牛粘膜病などにおける免疫反応ついての研究が行われた．またこれら感染症に対するワクチンの開発に関連して多くの研究もなされた．基礎的には消化管の局所免疫，母子免疫機序，免疫遺伝学の問題などが追究された．

魚病学の領域では，真菌や細菌による感染症，寄生虫病の解明，免疫特性に関する研究やワクチン開発に関する研究が行われた．

動物行動学の領域に関する研究では，生物学的な科学的基礎，特に神経内分泌に基づいた追究の道が拓かれた．

（長谷川篤彦）

第36章　ペット栄養学

小動物の栄養についての研究の歴史は浅く，米国のNational Research Council（NRC）から犬の栄養要求第Ⅰ版が出版されたのは1962年のことである．

Cowgill（1928）により成犬の維持ためのエネルギー要求量が研究され，Abrams（1962）により成犬雄の維持エネルギー要求量が示された．

わが国で犬用フードが国産として製造されたのが1960年であり，小動物栄養学としての研究が行

われるようになったのは最近になってのことである．
　このような背景でペット栄養学の研究とその研究者の育成を目指して日本ペット栄養学会が設立されたのは1998年である．
　大島誠之助（1997）により犬における飼料エネルギー評価法とエネルギー要求量が研究され，続いて大島（2001）は成犬の維持のための代謝エネルギー要求量を外気温の関数として求める研究を行っている．
　母犬の泌乳および子犬の成長に要する代謝エネルギー量についてビーグル犬を用いた研究が阿倍又信・大島誠之助等（2002）によってなされた．
　タンパク質要求量の研究では，Payne（1965）により見かけの代謝タンパク質要求量が示されたが，石橋　晃・桜井富士朗（2002）は成雄ビーグル犬を用い，成犬におけるアミノ酸要求量を求める指標としての血漿アミノ酸について，その有効性を調査研究した．
　ビタミンに関する研究では，松井　徹（2003）が柴犬における血漿中ビタミンC濃度の正常値の研究を行った．
　犬への栄養が充足されるに伴い犬の肥満に関する研究も進み，中塘二三生（2000）は犬の体脂肪測定に際して重水希釈法での基礎試験により重水の半減期を見出している．
　肥満抑制策については，β-サイクロデキストリンとコレスチラミンによる犬の肥満改善が古瀬充宏・左向敏紀（1999）により報告された．また，肥満改善策としての共役リノール酸添加ドッグフードについて木村　透・奥山　齊（1999）が研究し，日野常男（2002）は共役リノール酸生成菌を犬・猫の糞便から単離している．
　浅沼成人・日野常男（2003）は犬の腸管内の酪酸生成菌を研究し高齢期の健康維持との関連を提言している．
　犬や猫も高齢化の傾向にあり，癌の発生の増加傾向から大腸癌の予防・抑制のためのスフィンゴミエリンの利用と腸内細菌による効果の増強について浅沼成人・日野常男（2005）が研究し，同研究者等はプロバイオテックスとして *Butyrivibrio fibrisolvents*（酪酸生成菌）を利用する目的で凍結乾燥保存法を確立し（2005年），その後同菌増殖に有効な多糖類の研究を行っている（2007）．
　米国のNRCから猫の栄養要求第1版が出版されたのは1978年になってからのことである．
　Kleiber（1961）により成猫の維持エネルギー要求量が示された．Scott（1968）およびSmith（1974）は，雌猫の哺乳時のエネルギー要求量を研究した．
　キャットフードの消化率の測定方法について全糞採取法と標識法の信頼性について波多野義一・舟場正幸・阿倍又信等の研究（2001～2006）によって，粗タンパク質ならびに炭水化物含量の影響やタンパク質源および炭水化物源の影響，脂肪含量が見かけの消化率および水分出納におよぼす影響が明らかにされた．
　猫では下部尿路疾患の発生頻度が高く，尿量が少ないと結石が尿路内に長時間留まって生長するため尿路栓塞を生じやすい．そこで，波多野義一・舟場正幸・阿倍又信等（2000～2003）により給餌方法や食餌の水分含量，タンパク質含量，炭水化物含量が尿量や尿pHに及ぼす影響について数多くの研究が行われた．
　猫の下部尿路疾患対策として，尿pHを酸性化することによりストルバイト（$MgNH_4PO_4 \cdot 6H_2O$）

の溶解と形成予防に関する研究は，波多野義一・舟場正幸・阿倍又信等（1999～2003）はメチオニン添加やL-シスチン添加効果，高タンパク食給与効果について研究した．

礒部禎夫・岡崎正幸等（2001）は，フマル酸の効果について研究を行っている．

ペットフードの分析方法については，前川吉明・中田裕二等（2005）によってICP発光分析法の有用性を報告した．

ペットフードへの畜産副生物の利用については小牧　弘・河野省一（2004）によって研究され，その利用方法について提言がなされた．

このように，これまで本学会では小動物の栄養学を主に基礎栄養学の側面から解析した論文が多数発表されてきた．臨床栄養学に関連して肥満（左向敏紀），ポリエン脂肪酸による栄養療法（磯部好美），腎不全（野中泰樹），糖尿病（左向敏紀），食物アレルギー（小方宗次），尿石症（舟場正幸），消化器疾患および膵外分泌疾患，循環器疾患（竹村直行），股関節形成不全（川瀬　清），泌尿器疾患（竹村直行）における栄養療法の必要性および実施法が現実に即して解説された．

加えて，武藤政美ら（2000）はパソコンソフトを用いてイヌの栄養指導表を考案した．

また，宮本賢治（2003）は末期腎臓病猫に胃瘻チューブを安全に設置・管理する方法を考案し，加えてこの胃瘻チューブから水分，各種栄養素，治療薬を安全かつ効率的に投与する方法を紹介した．

さらに，腫瘍細胞が主として炭水化物を積極的に利用するというアメリカでの報告を受け，金刺裕一郎（2004）は腫瘍罹患動物での輸液療法や食事療法における炭水化物摂取量を制限する重要性を強調した．

（竹村直行）

第37章　動物臨床医学

　動物臨床医学会は，獣医学に関する臨床的研究を研鑽する場として，また，獣医療技術の向上を図るための教育と知識の普及を行い，動物臨床医学の発展に寄与することを目的に設立された学会で，1996年に日本学術会議第17期登録団体（学会長：本好茂一日本獣医生命科学大学名誉教授）として加盟し，正式な学会として発足した．

　学会発足に至るまでに17年の歴史を持ち，現在に至るまで通算29年間に亘り活動を続けてきた．

　1980年に第1回動物病院臨床研究グループ年次大会を鳥取の地にて開催したのを始めとし，1982年の第3回目の研究会からは，名称を小動物臨床研究会年次大会と変更し1995年まで活動をした．学会登録の1996年からは，名称を動物臨床医学会年次大会に変更し現在に至るまで継続開催している．

　また，学会誌として「動物臨床医学」を学会発足以前は年2回発刊していたが，現在は年4回発刊し，雑誌編集委員会のもと充実した内容で約1,500名の会員を対象に配布しており，掲載論文は各方面において立派な業績として認知されている．

　年次大会においては，参加者は会員だけではなく，会員外の獣医師，大学関係者，動物看護士，学生（獣医系大学や動物看護専門学校），および一般市民を対象に開催してきた．内容の大きな柱は特別講演で，各方面で活躍されている先生を講師に招聘し，数々の興味深く貴重な講演をして頂いた．学会発足当時の第17回動物臨床医学会年次大会では，佐々木康綱先生（国立がんセンター東病院）に

より「抗がん剤使用における基本的な考え方と臨床研究」についての講演が行われた．翌年の第18回年次大会では，林　成之先生（日本大学医学部救命救急医学講座）により，「最近の脳保護療法と知能回復の補充療法，脳低体温療法について」を内容に最新の技術を踏まえた興味深い講演が行われた．第19回年次大会では，土田英俊先生（早稲田大学理工学部教授）により「人工血液とその獣医学への応用」についての講演が行われた．第20回記念年次大会では，岩國哲人先生（衆議院議員）により「ありがとうルーピー－動物と共生できる高齢化社会－」について自分の飼育ペットとのお話を交えながら講演が行われた．第21回年次大会では，原田正純先生（熊本学園大学）により「水俣にまなぶ」について，人間だけではなく動物への被害，また，獣医師の役割も踏まえた講演が行われた．第22回年次大会では山根一眞先生（ノンフィクション作家）によりオオカミ取材2年，ヤマネコ取材3年を通じて感じられた「ヒトと野生動物の危機」について講演が行われた．第23回年次大会では，須磨久善先生（葉山ハートセンター名誉院長）により「心不全への挑戦－左心室形成術の歩み－」をタイトルに，最新の心臓手術の現状について講演が行われた．第24回年次大会では田部井淳子氏（登山家）により「世界の山々をめざして－山から見た自然環境－」について，第25回年次大会では，大江健三郎先生（ノーベル文学賞受賞作家）により「小説のなかの子供と動物」について，第26回年次大会では北村直人先生（前衆議院議員，元農林水産副大臣・獣医師）により「人と動物の共生，食の安全性確保等について－国の施策をめぐる政治情勢－」をタイトルに，国民の関心が高まりつつある問題について現状を交えて講演が行われた．第27回年次大会では，落語ブームに則り三遊亭楽麻呂師匠により「落語におけるプラッシーボ効果（笑って　笑って　健康に！）」をテーマに楽しい講演が行われ，第28会年次大会では，養老孟司先生（東京大学名誉教授，特定非営利活動法人ひとと動物のかかわり研究会理事長）により「脳化社会における人と動物の健康について考える」をテーマに行われた．そして，2008年の第29回年次大会では，月尾嘉男先生（東京大学名誉教授）により「環境問題へ挑戦する技術と文化」をテーマに行われた．以上のとおり，時には獣医療とは直接関係のない内容の講演であっても，参加者の要望に合わせ，興味深い講演が行われてきた．これらの特別講演はいずれも一般市民には無料開放し，また，人と動物のありようについての正しい知識を国民に広めることを目的に，数々の市民向けシンポジウムも無料で開催してきた．中でも，文部科学省科学研究費補助金研究成果公開促進費補助事業として認められてきた内容を紹介すると，第20回年次大会では「動物とヒトにかかわる獣医療」を，第21回年次大会では「学校飼育動物について考える」を，第22回年次大会では「家庭と社会における動物の重要性」を，第23回年次大会では「ヒトと動物の共通感染症の正しい理解のために」を，第24回年次大会では「野生および水棲動物の棲息と環境」を，第27回年次大会では「ヒトと動物の共生－野生動物への対応と展示動物への理解」を，第29回年次大会では「食の安全・安心について生産から消費までとそのリスクを考えてみよう」をテーマに，毎回それぞれの識者により現状も交えた興味深い内容で開催してきた．また，長い年月にわたり，民間の個々の力と多くの関係者の努力を結集してきた．

　学会規模の拡大とともに学会会場も変更していき，2003年の第25回年次大会からは，大阪国際会議場に場所を変え，20会場同時進行で学会を開催している．今年の学会では，学会関係者も含めた学会参加総人数は4,500名を超えるまでになった．また，これまでは学会主導で計画を立案していた年次大会プログラムも，外部の意見も大幅に取り入れ，より充実を計るために，分科会に移行し，全

国より約100名の獣医師による実行委員会を立ち上げ，さらに社会的要請に応える体制作りを実施している．分科会は，神経，呼吸器，循環器，腎泌尿器，生殖器，運動器，消化器，歯科，感覚器（眼科），耳鼻咽喉科，皮膚，内分泌・外分泌，血液・免疫，腫瘍，エキゾチック，理学療法，野生鳥獣，産業動物，動物病院スタッフ，行動学を内容とする20分野に及んでいる．

活動を始めてから29年のうちに獣医療業界は目覚しい発展を遂げたが，動物臨床医学会は，これからも，皆様に支えられながら，日進月歩で進化する獣医療の現場のニーズにあった活動をしたいと考えている．

(高島一昭)

第38章 農業農村工学

1. はじめに

農学会が80周年を迎えるに当たり，傘下の学協会のひとつである，農業農村工学会（2007年7月に農業土木学会より名称変更）として農業土木学をとりまく情勢の変化ならびに学の発展の経緯を整理する．

農学会による50周年を記念した出版（1980年刊）において農業土木学は，学会成立前（近代農業土木学の形成），現代農業土木学の成立，現代農業土木学の成長，現代農業土木学の展開の章立てで，明治から1970年代前半までが取りまとめられている．

農業土木学の特色のひとつは，学の成果が土地改良に係わる事業に反映され，事業，施策の推進に貢献してきたことにある．1949（昭和24）年に土地改良法が施行されて以来，土地改良事業と総称される国の予算における事業の名称は1971（昭和36）年農業基本法が施行されるまでは食糧増産対策事業であり，1971年から1991（平成2）年までの間は農業基盤整備事業，1992（平成3）年から現在までは農業農村整備事業である．また関係法令や農業施策などについては1949（昭和24）年の土地改良法，1961（昭和36）年の農業基本法，1970（昭和45）年の米の生産調整を含む総合農政，1992（平成4）年の新政策，1999（平成11）年の食料・農業・農村基本法，2006（平成18）年の食料・農業・農村基本計画の見直しなど，大きな動きがあった．

したがって今回の80年誌のとりまとめに当たっては，戦後の食糧増産対策時代，農業基本法成立前後にも若干ふれつつ主として1970年代以降から現在（2007年）までについて農業農村工学会を中心とした学の動きを整理することとする．

2. 戦後緊急開拓・食糧増産期（1946～1960年）

戦後の日本がまずしなければならなかったことは，復興と改革であった．復興を進める唯一の方法は農業開拓をおいてほかになかった．農業土木は復興の第一線に立たされ，緊急開拓事業に挺身した．開拓はこれまでの開墾，干拓，灌漑排水などに加えて集落計画，公共施設計画も必要とした．この期の農業土木は，1970（昭和45）年以降に本格的に現れる農村計画，地域計画を早々と体験するのである．

折から農地改革が実施され，それとの関連において1949（昭和24）年土地改良法が制定された．土地改良事業の主体が地主から農業者に移されるとともに，土地改良事業への公共の援助が約束され，国営土地改良事業の実施も定められた．

このような動きは，農業土木技術者養成にも反映し，終戦直前の盛岡農林専門学校（農専）・県立松山農専の農業土木科新設に続いて，終戦直後から学制改革期1949（昭和24）年に向けて，北大農業物理学科（後の農業工学科）をはじめとして新たに4農専に農業土木科が誕生した．しかし，戦後改革は，学制そのものの変革を進め，1947（昭和22）年に教育基本法，学校教育法が新たに制定され，6：3：3：4の新教育制に変わった．これまで大学，専門学校の二本立てであった高等教育も一本化され，1949（昭和24）年の国立学校設置法により，新制大学が発足した．そして，農業土木は10の大学に専門学科をもつことになった．この影響は学会にも反映し，研究発表の数が急速に増加し，農業土木の研究教育はとみに活発化した．

一応の復興と改革がなされた1950（昭和25）年，国土総合開発法が制定され，特定地域総合開発計画が22地域に設定された．農業土木は土地・水資源開発の一翼を担い，食糧増産に大きく貢献した．今日みられる大規模農業用水には，この期に開発あるいは再開発を始めたものが多い．総合開発のなかに位置づけられた農業土木は，他分野との関連を密にして学問の体系の裾野を広げ，総合学としての性格を強めた．

この期の昭和27年，学制改革の新しい試みとして，旧高農を中心に12大学に総合農学科が設立された．このなかには，農業土木研究者も多数入り，今日の農村計画論に通ずる領域の研究教育にあたった．

3．農業基本法農政期（1961〜1970年）

1955（昭和30）年代に入ると，貿易は完全に復活し，日本は海外資源依存型の高度成長期を迎える．そして，食糧増産よりも重化学工業の拡大に重きが置かれるようになった．

このような状況の変化のなかで，国内後進地域が発展するための基礎条件として，農業開発プロジェクトが不可欠なことを確認し，地元の要望に応えて，愛知用水，豊川用水，八郎潟干拓，根釧原野開発などの大規模農業開発プロジェクトを実現していった．

公共投資を背景とするこれらの大規模プロジェクトの実施を通じて，農業土木自体も質的に変わった．水路工，畑地灌漑などの個別技術の進歩に目を見張るものがあるが，それにとどまるものではなかった．農業土木は，それまで，灌漑排水・開墾・干拓・区画整理など，農業における土木的諸技術の集合体であったが，面の総合開発という高い次元でそれらが統合され，農業を中心とする総合的面開発体系という性格を強くもつようになった．

1961（昭和36）年，農業基本法が制定され，戦後の食糧増産という命題は終わり，農業の選択的拡大，ホモジニアスな自作農体制の変革など，構造政策が日本農業の主要課題となった．1960（昭和35）年，土地改良事業の予算科目は食糧増産費から農業基盤整備費に変更となり，土地改良事業は農業の生産性向上と選択的拡大のための農業基盤整備という大命題のもとに，畑地，草地も含めて，新たな発展をすることとなった．ほ場整備事業や総合土地改良事業といった面的総合開発のための諸

事業が創設されたのはこの時期である．また，1964（昭和39）年の土地改良法改正では，土地改良長期計画が定められるまでになった．

一方，都市化・工業化による水需要の急増に伴い，水資源の開発が急務となり，1961（昭和36）年，水資源開発促進法・水資源開発公団法の制定をみた．農業土木もこのなかで一定の役割を分担することになった．また1964（昭和39）年には，河川法（新法）も制定され，次第に新規水利権・新規水利施設などの許可は厳しくなり，また慣行水利権の許可水利権への切換えも強く進められるようになった．

戦後の学制改革完了以後あまり拡大のなかった農業土木技術者養成機関の拡充も，総合農学科の再編も含めて1961（昭和36）年以降とみに活発化した．1961（昭和36）年以降1973（昭和48）年までに，18の大学および6の短期大学に農業工学科（または農業土木学科）が設けられた．まさに驚異的な拡充であった．新設学科はこれまでの農業土木を継承しつつも，総合農学科の一部も加えて，新しい時代にこたえる学問体系にすることを試み，特色ある学科をそれぞれ構成した．

4．食料生産調整期（1971～1989年）

昭和40年代（1965年からの約10年）には米の自給が達成され，従来の土地生産性の向上から労働生産性の向上へと農業生産の目標は変化を強めた．農業土木事業では，これに対応した農業の高度化に向けて，これまでの農業水利中心から圃場整備，農道整備，畑地整備などに中心を切替えた．1969（昭和44）年には，都市計画法の制定（1968（昭和43）年）に対して，農業振興地域の整備に関する法律（いわゆる農振法）が制定され，農業土木においても土地利用の調整に関連する諸事業が進められるようになった．

1970年代のはじめ（昭和40年代の後半）には，高度経済成長が続く一方で，公害問題や農村の疲弊が顕著となるとともに，戦後一貫して増産に努めてきた米生産は有史以来の生産過剰の時代を迎え，生産調整を余儀なくされた．また，その一方において，ムギ，大豆などの畑作物の自給率は低迷を続けてきた．このような状況において，食料の総合自給率の向上を目指した高生産性農業と新しい農村社会の建設をめざす総合農政が打出され，農業土木は水田汎用化（田畑転換）など減反に伴う新たな技術的対応に取組むとともに，農村の生活環境整備を一体的に実施するようになった．また，農業土木が長く培ってきた干拓技術は，浅海域の増養殖技術と結びついて水産土木という新しい分野を切り開き，全国各地の沿岸漁場造成にあたることとなった．こうして農業土木は，農業の領域において総合的な面開発技術としての性格をいよいよ強めることとなった．

昭和50年代（1975からの約10年），わが国の経済社会は高度経済成長から安定成長への移行のなかで，米国に次ぐ自由世界第2の経済大国となり，いわば成熟社会というべき時代への過渡期にさしかかろうとしていた．こうしたなかで，1980（昭和55）年農政審議会において「80年代の農政の基本方向」が打出され，農業土木においては農村整備の諸事業が大きく発展し，農業集落排水事業などが創設された．

1980年代には農業における価格支持政策を通じた経済問題と，大規模かつ集約的農業による土壌劣化，水質汚染，生態系の破壊といった，農業と環境とのかかわりの問題に長期的視野で対処する

必要性が世界的規模で論じられてきた．その後，1992年にブラジルで開催された地球サミット（UNCED：国連環境開発会議）において，農業政策と環境政策の一体化の方向性が明確化され，わが国の農業政策もこの影響を受けることとなった．

　昭和60年代（1985年からの約10年）に入ると，国際化のますますの進展，わが国社会の高齢化，大都市の過密と地方農山村の過疎化の進展，技術の高度化など，社会経済情勢の変化は一段と進んできた．さらには，国際協調経済構造への改革の要請が高まり，いよいよ本格的な国際化時代を迎えたなかで，農政審議会は1986（昭和61）年に「21世紀に向けての農政の基本方向」を打出した．農業土木もこれをふまえて，新たな情勢に対処した良質な国土の維持と有効適切な利用を基礎に，農業の規模拡大，農村生活環境の整備，都市市民にも開かれた農村空間の整備，海外技術協力など，総合的，多面的に展開していくこととなった．

5．食料自由貿易期（1989～1998年）

　平成期（1989年）に入り，農業基盤整備は農業農村整備に再編され，農村総合整備の諸事業は名実ともに確立された．さらに1990（平成2）年以降，農業の生産条件などが不利な地域の活性化を図る観点から，中山間地域対策のための諸事業が行われるようになり，農業土木は中山間地域の生活関連社会資本整備の面でも大きな役割を果たすに至った．

　農業土木も従来の土地と水に加えて農村集落をも対象とする地域工学とよぶべき領域へと発展した．さらに農村の総合整備が農村環境整備まで対象を広げることにより，農業土木は地域環境工学としての総合的な面開発技術を指向するようになった．

　このような農業土木事業の質的変化と時を同じくして，1986（昭和61）年から大学および大学院の改組が始まり，現在では従来農業土木関連の学科をもっていた大学から「農業工学科」あるいは「農業土木学科」という名称は姿を消し，すべての大学で，生物，環境などをキーワードとする名称に学科名が変更されている．このことは，従来の枠を越えた技術対象領域の拡大や質の変化，めざましい技術革新などによってもたらされる複雑化，多様化への対応に基づくものであるが，一方で現在のところ大学における学科名称の個性化により，その学術的内容や農業土木技術者集団としてのアイデンティティがみえ難くなっている面もある．しかし，学科の名称に見られる混沌は，農業土木学がより広い学際性を持つ学術・技術として，その姿を変えつつある一面としてとらえることができ，移りゆく姿に大きな期待がもたれる．

　平成以降，国際社会では，欧米諸国を中心として農業と環境のかかわりに対して，農業を一貫して加害者または汚染者とする厳しい見方に立ったうえで，持続可能な農業を模索するための議論が活発に行われてきた．この認識は，わが国の伝統的な水田農業がもつ持続性や，自然環境に対して果たす保全的役割と，かなり異なった認識として理解された面もあり，農産物貿易の自由化論議，とくに米の自由化問題において，国際社会との対立模様を示すこととなった．

　しかし，環境に配慮した持続可能な農業を指向する意識は，すでに世界の共通認識となっている．わが国でも，1992（平成4）年には，「新しい食料・農業・農村政策の方向」（いわゆる新政策）が打出され，食料自給率の低下に歯止めをかけるための自らの国土の有効利用，農業を魅力ある職業とす

るための効率的・安定的な経営体の育成，都市と農村の共生による多様な地域社会を発展させる均衡ある国土の発展，といったその内容が明らかにされた．この基本の精神は，世界の共通認識である環境保全型農業の実現を目指したわが国の取組みを明確化したものといえる．また，1993（平成5）年末のガット・ウルグアイランド農業合意においても，農業の環境政策については自由化の例外措置とする方向性が打出され，厳しい姿勢を崩さなかったわが国も農業合意の受入れを決定した．これを受け，農政審議会は「新たな国際環境に対応した農政の展開方向」を1994（平成6）年にとりまとめた．

このような時代の進展に伴う変化に即応して，農業土木の取扱う農業生産基盤，農村生活環境の整備，中山間地域も含む農村地域環境の整備の内容は深化し広範化しつつある．この内容を事業の実施面からみると，農業土木といういわばハード技術はもとより，担い手育成，景観形成といったソフト技術までもその範囲とするに至っている．これらが均衡して発展することは，地域環境問題に対応する持続可能な農業を実現する国際的な要望に沿ったものである．また，ハード，ソフト両面の技術を結集して，農村地域づくりを積極的に推進していく時期に至っている．

1997（平成9）年，農業土木学会は，「食料・田園・地球2050」（FORE 2050：Food・Rural・Earth・2050）をとりまとめた．これは，近未来の社会に対する農業土木技術のかかわりを示し，それよりさらに先の時代に向かうひとつの通過点を示す貴重な成果となっている．

6．食料・農業・農村基本法農政期（1999〜2007年）

21世紀を目前にして，農業土木をとりまく状況に大きな変化が生じた．

そのひとつは，従来の農業基本法に代わり，1999（平成11）年7月に「食料・農業・農村基本法」が公布・施行されたことである．本法では，"食料の安定供給の確保"と"農業・農村のもつ公益的・多面的な機能の発揮"を掲げている．これを実現するためには，従来の農業生産基盤の整備・拡充はもとより，これに加えて，国土の保全，水源の涵養，自然環境の保全，良好な景観の形成，地方文化の継承など，農業土木で取り組むべき課題の多様性がますます増大するに至った．

さらに，2001（平成13）年に改正された土地改良法では，農業農村整備事業の実施に際し，原則として環境との調和に配慮することが位置づけられ，可能な限り農村の二次的自然や景観などへの負荷や影響を回避・低減するとともに，良好な環境を形成・維持し，持続可能な社会の育成に資するように，自然と共生する環境創造型事業に転換を図ることになった．

この土地改良法の改正に合わせ，農業土木学会は自然と共生する田園環境の創造に必要な学術研究・技術の開発をより一層活性化させた．その結果として，2003（平成15）年にはこれまでの11の研究部会に加え，水土文化研究部会，農村生態工学研究部会の2部会が創設された．

学会の年次大会における発表数も大幅に増加し，400件を越えるとともに「多面的機能の評価」に関する研究への取組みが増えた．

2つ目は，わが国の技術のグローバル化と世界の技術基準に準拠した技術者教育の在り方についての認識の高まりである．このような観点から，1999（平成11）年11月に，日本技術者教育認定機構（略称JABEE）が発足した．農業土木学会もその幹事学協会のひとつとして，参画した．これによっ

て，農業土木技術のグローバル化も必須の課題となった．また，2000（平成12）年には，世界に通用する技術者育成をめざすJABEE活動に大きな影響を与える技術士法の改正が行われた．

3つ目は，農業土木学会の定款が2000（平成12）年6月に改定されたことである．従来の定款では，学会の目的が，"農業土木に関する学術の進歩普及を図り，もって社会の発展に寄与する"となっていたが，新定款では，"学術および技術の進歩普及を図り，もって社会の発展に寄与する"となった．つまり，新定款では，学術と技術が併記されており，これをもって社会の発展に寄与することが目的となっている．

一方，学・技術の集大成である農業土木ハンドブックの改訂五版を1989（平成元）年に発刊して以来，関係諸賢の弛みない努力と献身によって，農業土木に関する学術ならびに技術それ自体に大きな進歩がみられた．これらの進歩を集大成し，2000（平成12）年学会創立70周年記念事業のひとつとして，改訂六版農業土木ハンドブックが刊行の運びとなった．

農業土木の将来ビジョンは過去2回検討され，1971（昭和46）年に「地域工学をめざして」，1988（平成元）年に「豊かで美しい国土・農村空間の創出」と題して，それぞれ取りまとめられている．

農業土木学会では，後述する学会名称変更のさまざまな議論の前にこの学会ビジョンを見直すこととした．1999（平成11）年9月ビジョン作成準備委員会，2000（平成12）年11月にビジョン検討委員会を設け農業土木の来し方を顧み，将来の展開方向を明らかにしたいとの願いを込めて，ビジョンの策定に鋭意，取り組んだ．ビジョン策定に当たり，基本理念として農業土木が拠って立つところの"水土"を"循環の原理"を基軸として理解し，ここに"水土の知"として定礎し，これをもって新たな農業土木の展開を図ることとした．

2001（平成13）年に策定，公表したビジョン主文において，農業土木あるいは農業土木技術は，＜水＞・＜土＞・＜人＞の複合系である「水土」を巧く機能させるための「知」，「水土の知」として創出，蓄積されたものとした．ここにいう「機能」とは，開水面と開土面を通じた多種多様な循環の機能である．水土の持つ意味を「循環」でとらえ人類の生存基盤の持続性を支配する技術領域が農業土木であるとすることによって，農業土木技術の中核を高く掲げ，拡がった技術領域を統一した．「地域工学をめざして」，「豊かで美しい国土・農村空間の創出」と，時のビジョンを取りまとめてきた理念を包括しながらも，技術の対象領域を農業生産の場から地域に拡張する延長線上に位置づけるのではなく，生産・生活の場の小さな現象から地球規模の現象までを一貫する哲学へと質的に転換した．今日直面している生態系の破壊，資源濫用などに対して，自然物の生存権の認知，後世代の生存可能性を狭めない世代間倫理，地球の有限性の認識という環境倫理を踏まえて水や物質の循環系を構築していく農業土木の役割を明示した．

農業土木学会は，2000（平成12）年の技術士法の改定と技術士会によるCPD（Continuing Professional Development）実施方策などの動きに対応すべく，さまざまな準備を経て，2002（平成14）年2月「農業土木技術者継続教育機構」を関係機関の支援の下に発足させた．発足後順調な進展を見せ，現在約1万名を越える技術者が加入している．

2002（平成14）年農業土木学会，韓国農業工学会，台湾農業工程学会が協力し，「第1回水田農業地域における農業工学の技術者育成に関する国際会議」が開催された．この会議は，アジアモンスーンの水田農業を基礎とする農業土木学のアイデンティティを広く世界に発信するため，2000年から

3カ国で準備を進め，アジアモンスーン地域全体に広く呼びかけるため，第3回世界水フォーラム（WWF3）のプレシンポジウムと連携して開催され，今日まで毎年，日・韓・台の各地において開催されている．2007年は韓国ソウル市において第6回会議が開催された．会議では，各国の技術者教育認定制度，APECエンジニアなどの技術者資格，国際学会誌の運営などが検討され，成果をあげている．

この第1回会議の席上，地域から国際社会に対する学術情報発信の重要性が議論され，参加12カ国・地域の賛同を得て，アジアモンスーンの水田農業を基盤とする農業土木に共通のプラットフォームを築き，交流と連携を深めることが望ましいとの意見の一致を見た．ついては，そのプラットフォームとして国際学会誌を創刊し，かつ優れた業績を表彰することとなり，この学会誌は2003年3月のWWF3開催に合わせて創刊するという合意を得た．

6月下旬には韓国ソウル市で，日本，韓国，台湾の学会代表者による打合せを行うなど，準備を進め，韓国，台湾，日本の関係者の献身的な尽力により，国際水田・水環境工学会（International Society of Paddy and Water Environment Engineering（PAWEESと略称））を2003年に創立し，この学会の学会誌を国際的な出版社であるドイツのSpringer社からPaddy and Water Environment（PWEと略称）誌として刊行することとなった．

現在Volume5 Number4（2007年12月）が発刊されており，順調な刊行が行われている．

「食料・農業・農村基本法」（1999（平成11）年）において，農村振興などの基本方向が定められ，これに基づき，各般の施策が展開されてきた．しかしながら，最近の内外の情勢変化に加え，食の安全の問題，食料自給率の低迷，農業の構造改革の立遅れ，さらには農村地域の活力低下や地域資源の保全管理の支障などさまざまな未解決の問題をかかえている．こうした課題に対応して，新たな「食料・農業・農村基本計画」が2005（平成17）年3月に策定された．

とくに，2005（平成17）年10月には，「経営所得安定対策等大綱」が決定され，従来のすべての農業者を対象とする品目別の価格対策から担い手を対象とする「品目横断的経営安定対策」への転換が行われることとなった．このことは，戦後農政を大きく転換するものであり，さらに，この対策とともに地域振興政策としての「農地・水・環境保全向上対策（仮称）」の導入などが行われることとなった．これは，農業土木にさらなる研究開発ニーズを求め近年の学会活動に新たな活力を与えている．

7．社団法人農業農村工学会に改称（2007年〜）

農業土木学会は，1929年に創立された．創立当初は，任意団体であったが，1970年に文部省所管の社団法人となり，活発な活動を行ってきた．しかし，1970年代から農業土木学会の名称で良いのか，活動内容からみて変更すべきとの一部会員から意見が出され，長い時間をかけて検討が続けられてきた．

1971年に「農業土木将来計画検討委員会」において名称変更の問題が提起され，この動きは1988年の「農業土木将来ビジョン検討委員会」，1994年の「農業土木学会の名称に関するアンケート」や，「学会名称変更の検討」という形で継続された．

1999年からは，名称問題の前提となる「学会ビジョンの見直し」へと移行し，2001年に「新たな水土の知の定礎に向けて」が公表されて，ここに，「学会将来ビジョン」として集大成された．

この「水土の知の定礎」の公表を受けた形で，2004年新たに名称検討委員会が設置されて本格的な検討が再開され，2006年に「農業農村工学会」という名称が方向づけられた．

その後，(社)農業土木学会の理事会，通常総会での議決を経て，文部科学大臣へ申請を行い，2007（平成19）年6月29日に許可されて同日より「(社)農業農村工学会」(The Japanese Society of Irrigation, Drainage and Rural Engineering（英文略称標記：JSIDREは，変更なし）に名称が変更された．

新名称に変更する必要としては，次のように要約される．

近年の学会活動ならびに農業振興施策の動向は，これまでの農業土木のコアの科学技術体系として代表される潅漑排水，開拓，干拓，農地開発，圃場整備，農地防災といった範囲にとどまらず，農業農村の果たす多面的・総合的役割などに係わる視点を取り入れ，水環境，資源循環，農村環境，地域振興，地域資源管理，海外農業農村開発，自然再生といった幅広い分野に及んでいる．

このように，本学会や会員の活動範囲とその対象が，従来の農業土木を前提としつつも，「農業土木」が喚起するこれまでのイメージに収まらない領域まで拡大してきた．

一方，大学や農業高校における農業土木を冠した学科専修などの名称変更など，社会においてこれまで広く用いられてきた農業土木という名称の多様化が進み，農業土木に関与する者が自らアイデンティティを主張することが難しくなってきた．

このような状況を踏まえ，研究者，技術者が共通して保有することのできる包括的な科学技術の体系にふさわしい本学会の名称を適切に表現するため，「農業土木学会」から「農業農村工学会」に変更し，学会員が志を高くして，社会の発展に寄与できるよう変更した．また名称変更をした「農業農村工学会」は，ビジョン「新たな水土の知の定礎に向けて」を今後の活動の理念として掲げ積極的な活動を展開することとしており，農学会をはじめ関係学会の御支援と御指導を期待したい．

（岩崎和巳）

第39章　農業気象学

1．日本農業気象学会創立前後から30周年までの状況

日本農業気象学会は1942年（昭和17年）に創設され，2007年で65年に，学会誌は63号になる．学会創立前の社会的背景からは，1900年代に大冷害・霜害と1931，34年の強冷害を受けて農業気象研究が重視され，東京帝国大学の農林物理学気象学講座（1893年）や農林省農事試験場，中央気象台で農業気象研究が推進された．1940年代に農業気象学講座のあった九州帝国大学と台北帝国大学の農業気象誌発刊企画に農林省農事試験場，中央気象台，養賢堂などの協力で，1941年5月23日の会合で学会創立が決まった．実際は1942年10月31日に中央気象台で「農業気象談話会」の講演会が開催され，同日に「日本農業気象学会」が発足した．1943年6月15日に学会誌「農業気象」第1巻が創刊され，1943年7月3日に第1回日本農業気象学会が開催された．学会誌は1945年までに1巻1，2号，2巻が発刊され，微気象，農業気象，作物気象，収量予測などの論文が掲載された．

1947年には3巻が復刊され，1950年から年4号刊行になった．研究では物理的な技術情報が導入され，雨滴の土壌侵食，水田・耕地微気象研究が急激に発展し，農業気候図や収量予測などで食糧増産に応えた．1950年頃から農林省農業技術研究所・地域農業試験場が整備され，実験施設（人工気象室・風洞）や資材も整い農業気象研究が進んだ．風水害，冷害，霜害が頻発し，風害対策や晩霜害の加熱・煙霧法対策，作物生育と気象反応，ヤマセ・風食対策用防風林，保温折衷苗代用の温床紙，耕地気象では乱流理論導入による耕地風の構造解明，蒸発散測定，局地気候観測などの研究が進んだ．10周年記念では「農業気象新典」（1953年）が刊行された．

支部は1947年の九州支部・近畿支部から1964年の北陸支部まで9支部が次々と設立されたが，1971年に信州支部は関東支部と合併して，現在8支部となっている．

1960年代では気象制御・改良開発として農業資材の発達による施設園芸が急速に広まった．初期の段階の園芸・特産施設内気象の成立機構の解明・制御では農業気象の果たす役割は大きく，とくにビニールハウスでは，顕・潜熱や換気の熱的解析に貢献し，CO_2施肥へと発展した．ミカンの寒害防止・適地判定や融雪促進でも貢献した．1960年代後半から高度経済成長に支えられ，農業面でも機械・化学・装置化が進み，生産性は向上したが，大気・水環境汚染で公害防止，環境保全が必要となった．

20周年記念大会（1962年）では記念シンポジウム「耕地の微気象と作物生理に関するシンポジウム」と記念祝賀会が開催された．「学会記念特別号」の刊行と全国12カ所での農業気象普及講演会の開催は意義が大きかった．1972～1973年の世界的異常気象に端を発して食糧問題や自給率が課題となった．なお，農林省振興局研究部の農業技術年刊として「農業気象ハンドブック」（1961年，養賢堂）が刊行された．

2. 学会創立30周年以降の状況

創立30周年記念大会（1972）では記念式典，記念シンポジウム「農業気象研究の将来を語る」が開催された．また，地方講演会が開催され，「農業気象の実用技術」（1972年）が刊行された．学会関係の新編農業気象ハンドブック編集委員会が農業気象学の発展に力を注ぎ，集大成した「新編 農業気象ハンドブック」（1974年，養賢堂）が出版された．また，「Agricultural Meteorology of Japan」（1974年）は，日本の農業気象学の研究状況を世界に紹介した意義は大きかった．「農業気象」の名称を冠した学会は欧米にはない．Agric. Forest. Meteorology（農林気象）のジャーナルはあるが歴史は浅い．最近，国際農業気象学会（International Society for Agrometeorology）が電子媒体中心で活動しているが，世界的組織ではない．日本の農業気象学会は，特徴的な学会としてユニークな活動を長年続けてきたが，アジアでは30余年前に中国農業気象学会，10年前に韓国農林気象学会が発足し活発に活動している．これに本学会が影響を及ぼしたといえる．

30～40周年（1973～1982年）の研究論文は，接地気象・地象15％，蒸発散8，光合成10，気象生態反応12，農業気象災害と対策17，局地気象5，農業気候・気候変動7，気象測器・測定法4，施設気象22％である．

接地気象・微気象・地象では大気－植被－土壌系で研究が進み，水稲群落上の大気の運動量，摩擦

第39章　農業気象学　　　　　　　　　　　　　　　　　（265）

速度，拡散係数の減衰，また植物の個葉，個体，群落レベルでの蒸発散量の計測法が室内外で発展し，光合成の計測では農業気象・環境調節が進んだ．露地作物ではイネの登熟期の生態反応，C_3・C_4植物，パイナップル，ミカン，トウモロコシなどの気象反応がある．気象災害では冷害，風水害，霜害，雹害，雪害の多方面で研究され，冷害・風害用防風施設，防風垣で囲まれたミカン園での放射冷却型凍霜害，霜害発生限界温度，大気汚染害では汚染質・ガス濃度と気象要素・吸着速度の研究は特徴的である．局地気象関係では半島地形での風系や湖陸風，小気候，農業気候・気候変動では作物気象・気候的研究，気温年次変動の農業への影響，都市気候の研究などがある．施設園芸関係では施設園芸の経済性追求に，施設構造，形態光環境，空気調和設備・設計，省エネ技術による石油危機対応，消費ニーズ対応，施設園芸では自然環境によらない冷房，暖房，換気などの新技術が計算機の発展で進んだ．

農業気象観測・測定に関する手引き書3分冊（1977年，本学会関東支部）の他に，入門講座に気温，湿度，土壌水分，蒸発，風速・風向，放射収支，ガス濃度などがある．また，施設園芸研究集会（1973年）や「施設園芸環境制御基準資料」（1978年）の発行は有益であった．そして国際シンポジウム「気候変動と食糧問題」（1977年）は最近の地球温暖化・気候変化と食料生産問題の先駆けとして評価される．とくに，農業気象和英4,500語の「農業気象学用語集」（1979年，養賢堂）の刊行や農林水産技術会議事務局による「農林水産研究文献解題，作物冷害編」（1978年）が評価される．

3. 学会創立40周年以降の状況

40周年記念（1982年）では「農業気象」総索引集（1982年3月，編集委員長：谷 信輝）は，学会の回顧と展望（5件），事項別研究の歩み（作物気象反応，収量予測・適地判定，農業気象災害・災害防止，気象改良，施設環境調節，接地気象，物理気象Ⅰ・Ⅱ，測器・観測法，生物季節・気候，気候・気象統計），「農業気象」総目次，事項・作目別索引，著者別索引，歴代会長・支部長，学会活動，支部活動，学会賞関係，学会資料で，第1巻発行以来初めて出版された意義は大きかった．また，農業気象用語約5,300語が解説された「農業気象用語解説集」（1986年，技研プリント）の刊行は有効であった．

1983～1992年（38～47巻）の研究論文は，① 耕地の微気象では耕地上の風，蒸発散，土壌水分などの観測とモデル化があり，気象観測測器・パソコン解析装置の発達が大きい．気象災害・改良では，霜害，雹害，風害と防止対策など，気象生態では圃場実験による生育・生長モデル，作物の生態反応，局地気象・農業気候，冷気流・霜害，生物季節など，気候資源では純一次生産力，気象要素の地域区分，局地風の気象資源的評価，太陽放射資源量の分布図などの研究がある．② 環境・植物反応の計測・解析ではパソコン・センサの発達で，リモセンや画像計測・解析装置の開発・利用が進んだ．植物周辺環境の計測，葉面の熱・物質・運動量の輸送，微気象・局地気象，植物診断，都市環境や地球環境も増えた．新植物診断法の画像計測やリモセン技術が開発され，蒸散流や光合成などが，また植物反応への環境影響解析では気象変化による植物影響評価などが発展し，気温・日射・降水と植物生育・光合成や新たに地球環境問題の研究が始まった．③ 農業施設の環境調節では植物の環境に対する反応，被覆下の微気象と環境調節，オイルショック以降の省エネ技術研究が多

く，先端技術の活用でバイテク方面の研究が飛躍的に拡大し，温室ではコンピューター制御が発展した．また植物工場ではロックルール溶液栽培，組織培養での環境調節などの発展が大きい．べたがけ・マルチ栽培や畜産施設での環境調節も成果が評価される．

なお，本学会関東支部から「農業気象の測器と測定法」（1988年，農業技術協会）が，また本学会から「新訂 農業気象の測器と測定法」（1997年，同）が発刊された．

研究部会では1980年施設園芸，1982年農業気象災害，1989年耕地気象改善，1986年情報システム，1987年局地気象，1994年気候変化影響が設立され，最近では生態系プロセス，リモートセンシング・GIS，小スケール放射環境，フラックス観測・評価，園芸工学の研究部会が活発に活動している．その他1983年若手研究者の会がある．

4．学会創立50周年以降の状況

50周年記念大会（1992年）では50周年記念式典が開催された．また，国際シンポジウム「変動気候下での緑資源と食料生産」（Inter. Symp. on Disturbed Climate, Vegetation and Foods（DCVF））（1992年10月13～16日，科学技術庁研究交流センター，つくば市）（農業気象48巻特別号，1993，pp. 397）と国際シンポジウム「苗生産システム」（Inter. Symp. on Transplant Production Systems）（1992年7月21～26日，神奈川県民ホール，横浜市）の開催，「新しい農業気象・環境の科学」（1994年2月，養賢堂），「50年の歩み」刊行の4大事業が実施された．その「日本農業気象学会50年の歩み」（1993年6月，編集委員長：小元敬男）は，回顧と展望（8件），研究の歩み（日本農業の変化から見た農業気象研究の変遷，学会の活動と初期の活動，学会20周年・30周年・40周年記念まで，最近の主な研究成果，21世紀に向けての農業気象学），支部の歩み，各種部会の歩み，「農業気象」の歩み，学会資料，その他資料，Short History of Our Society for the 50 th Anniversaryである．学会の歴史・研究成果・展望が良く整理されている．

新編農業気象学用語解説集（同編集委員会，pp. 313，1997年6月，委員長：真木太一）では1979年の農業気象学用語集4,500語の和英用語を元に，1986年に和英5,300語に解説が加えられ，そして1997年に7,000語の和英用語に解説が14項目（天文・天気，気候，地球環境・環境汚染，微気象，土壌環境，作物気象・作物生態，気象災害，農業施設，環境調節法，気象観測，一般計測，リモートセンシング，統計・情報処理，予報・予測，和英索引，単位換算表・定数表）に分けて解説された．14名の編集委員と134名の執筆者が示すように，広範囲の項目が専門的に，また一般向けに解説され，学会員は元より，専門外の研究・行政者，学生，一般にも有効利用されている．

最近15年間（1992～2007，48～63巻，約300論文）の研究動向は，分野が非常に多岐にわたるため，論文題目を少し詳しいキーワード35項目で区分した．

植物の気象生態反応：7.1％，地温・地表面温度・土壌水分・地象：6.8，CO_2・メタンなど温室効果ガスフラックス：6.4，放射・日射利用・紫外線・分光反射・アルベド：6.4，蒸発散機構・蒸発散量：5.7，気象測器・装置開発・改良・測定法：5.4，画像データ・メッシュ気候値利用：4.3，水・熱（顕潜熱）収支：3.9，乱流変動法などフラックス測定：3.6，ハウスなど人工環境調節と気象反応：3.6，植物生育モデル：3.2，防風林網と気象改良：2.9，群落圃場の微気象：2.9，純一次生産力・植

生分布：2.5，局地気象（盆地・地形）：2.1，人工衛星データ利用，酸性雨・大気汚染，植物葉の気象反応，凍霜・凍害：1.8，冷気流・斜面温暖帯，風害・冷害などの気象災害，べたがけ，光合成・生態反応，都市・緑地気候，乾燥地の微気象，畝間・畝方位の微気象，風速・乱流フラックス：1.4，地球温暖化，カメラ使用画像・立体画像，ツンドラの微気象，局地風，植物の病気と気象：1.1，水田用水・潅漑水温，降水パターン，その他：2.2％である．

　植物の生育のモデル化，土壌水分・地面温度・地温，日射・放射関係，とくに乱流変動法による温室効果ガス計測と微気象評価が多く，精密測定が可能となった．圃場・森林・草地での蒸発散や熱・物質・運動量輸送の研究が発展した．乾燥地や寒冷地での防風施設での気象改良による砂漠化防止も期待される．衛星・リモセン利用はパソコン・メッシュ化の発展が大きい．冷気流や局地気象・局地風，都市緑地気象，気象観測や各種計測機器・装置化の発展も大きい．

5．学会創立60周年以降の状況

　60周年記念大会（2002年）では　記念式典が2002年8月7日に東京大学弥生講堂で開催された．真木会長挨拶と久保名誉会員「21世紀の道すじ」の祝辞があり，記念講演会では，地球流体力学と気象環境，土壌雨量指数などの講演があった．また，記念出版では「気象・生物・環境計測器ガイドブック」（2002年，pp.222）の計測機器の測定センサ，測器，装置，分析計，リモセン・ソフト，記録計，気象・植物・大気・水・土壌をはかる，原理・機器選択の解説などがあり，「局地気象学」（2004年，森北出版）刊行があった．

　さらには，60周年記念事業，①「地球環境劣化下の食料生産と環境保全に関する国際シンポジウム」（Food Production and Environmental Conservation in the Face of Global Environmental Deterioration（FPEC））（福岡国際会議場，2004年9月7～11日）が開催され，参加者246名，15カ国，海外51名であり，基礎農業気象学からの気象サービス・農業従事者への情報，農業・森林・植物の大気汚染，農村環境と農業生産上の農業工学，地球環境劣化下の対策，局地・地球環境問題のリモセン，森林への地球温暖化の影響，作物への気温・CO_2影響，農業災害と環境保全，気候インパクトと風送ダスト・黄砂などが発表された．②「大気汚染と地球環境変化に対する植物の反応に関する国際シンポジウム」（Plant Responses to Air Pollution & Global Changes（APGC））（つくば国際会議場・研究交流センター，2004年9月19～22日）が開催され，参加者287名，18カ国，海外58名であった．したがって，学会誌は60巻6号まで出版され，pp.1229で，前後年の4号の4～5倍の頁数となった．

6．最近およびその他の活動状況

　従来の学会誌「農業気象」を論文誌「農業気象」に特化し，新たに2001年3月より和文情報誌「生物と気象」創刊号が追加された．順調に発刊されていたが，社会情勢の変化，事務局・編集作業，電子化などの理由で，2007年の7巻「生物と気象」から学会HPに掲載する方式をとった．なお，論文誌「農業気象」は従来どおりである．

第19期日本学術会議農業環境工学研究連絡委員会「気候変動条件下の農業気象環境の保全と食料生産の向上」小委員会が2004年2月に発足し,「地球・大気環境汚染と作物生産および植物・植生影響」,「農業環境工学のエマージングエリア」シンポジウムが開催され,「気候変動条件下および人工環境条件下における食料生産の向上と安全性」が農業環境工学研究連絡委員会から対外報告(提言)として2005年6月23日に公表された.また,第20期日本学術会議は2005年10月より新生学術会議となり,農学関係の会員は30名から12名と減少した状況で,真木農学基礎委員長,矢野生産農学委員長の元,20余の分科会が設立された.農学基礎委員会農業と環境分科会から「魅力ある都市構築のための空間緑化-近未来のアーバン・グリーニング-」対外報告(提言)が2007年9月20日に,また同委員会農業生産環境工学分科会から「渇水対策・沙漠化防止に向けた人工降雨法の推進」体外報告(提言)が2008年1月24日に公表された.なお,2005年10月に本学会は日本学術会議協力研究団体に指定された.

最近の農業環境工学合同大会は農業環境工学系学会連盟委員会(フェデレーション)が調整を行い,2005~2007年は5~7学会が開催された.春季大会(2006年3月:千葉大,2007年3月:沖縄・石垣市民会館)が合同大会に加わり盛会になったが,2008年は合同大会は開催しない代わりに,春季大会が年次大会として2008年3月:山口県下関市・海峡メッセ下関で開催された.同時に農業気象国際シンポジウム(ISAM 2008)が開催された.また,年次大会・ISAM 2009が2009年3月:福島県郡山市で開催される.

2004年8月に学会事務センターが倒産し,学会は約400万円の被害を被った.その後,FPEC,DCVF,50年の歩みからの寄付,賛助寄付,基金取り崩し,節約によって,会計上はほぼ現状に復したが,その痛手は大きく2007年度から学会費の値上げとなった.

学会誌の総頁数は特別号を除くと1982年に最高約600頁に達したが,最近は約400頁であり,また会員数は1988年に一時1,350名を越えたが,現在は約1,000名である.

なお,日本農学会に学会創立7年目の1949年2月に加盟している.1984年6月に日本農業工学会(創立時7学協会,現在10学協会)に加盟し,農業工学・農業環境などの分野で活動している.また2006年に日本地球惑星科学連合に加盟した.なお,JABEE(日本技術者教育認定機構)では農業環境工学系の教育プログラムが認定され,2000年より学会単独でも加盟していたが2007年からは日本農業工学会の中での合同加盟となった.

近年,農業気象で心配されるのは,地球温暖化が進み,異常気象が多発している中で,とくに世界同時多発が懸念される.現在,日本の食糧自給率は39%である.世界的には,とくにオーストラリアの2年連続の干ばつなどの異常気象やバイオ燃料への転換などなどの原因で世界の穀物価格が高騰している.異常気象と自給率は今後一層憂慮される.

引用文献

「農業気象」総索引集(第1~37巻),1982:農業気象,37巻特別号,pp. 124.
「日本農業気象学会50年の歩み」,1993:農業気象,49巻特別号,pp. 220.

(真木　太一)

第40章　生物環境工学

1. 日本生物環境工学会の発足

平成19年（2007）1月，日本生物環境調節学会と日本植物工場学会の合併により発足．事務局は九州大学生物環境調節センター．日本農学会に加入，日本学術会議協力学術研究団体に認定．

2. 日本生物環境調節学会の創立から1970年代まで
（農学50年史からの要約）

（1）環境調節実験室委員会の発足と黎明期（1957～1963年）

1）ファイトトロンの出現

第2次世界大戦後の1949年6月，米国カリフォルニア工科大学に世界最初のファイトトロンが建設された．人工気象室を目途に温度，湿度などの環境条件を自由に造成する装置（施設）として植物科学に画期的な方法論を導入するものと世界中に強いインパクトを与えた．わが国では1953年に国立遺伝学研究所と専売公社（当時）たばこ試験場に調節温室が建設され，以後，大学や研究機関に試験対象によりファイトトロン，バイオトロンなど名称を具体化した施設が陸続と建設された．これらの施設は，大部分が文部省（現・文部科学省）科学研究費に基づき建設され，関係者間の情報交換，研究連絡のために1957年6月「環境調節実験室委員会」が結成され，事務局を東大に置いた．

2）研究会の発足

1963年5月に前記委員会を母体に日本生物環境調節研究会が設立された．「生物学領域における環境調節・制御などの研究と開発利用を促進し，その知識の向上を図る」目的を掲げ，学会誌「生物環境調節」は第I巻第1号が1963年10月に発行され，以後年2回刊行された．この種の学術誌は欧米諸国にも類が無く，世界から注目された．

（2）日本生物環境調節学会への移行

1）学会へ移行

同研究会は1969年10月に学会へ移行．同年度より文部省科学研究費補助金の専門分科区分の変更があり，細目「生物環境制御」が新設，本学会は日本農業気象学会と共同で1つの分科として承認され，また，日本学術会議参加学会として認められた．

2）学会活動

以下に列挙する

① 学会誌は当該分野の論文誌として1971年から年4回に増刊された．1973年に新しい学術分野を俯瞰的に解説した「生物環境調節ハンドブック」（東大出版会）を刊行した．

② つくば研究学園都市に建設の環境庁，農林水産省はじめ多くの国立試験研究機関が生物環境調節施設を計画した際，本学会は当該専門領域の学術に基づく助言の委嘱を受け，1975～1977年の間，研究者を建設計画の企画委員会へ派遣し，多大に貢献した．

③ 1972年に米国デューク大学で開催の環境調節に関する国際シンポジウムに代表者を派遣し，本学会の現状を報告し，そのユニークさは国際的にも高く評価された．

④ 1972年から日本農学会に加入，1974年から学会賞を創設した．

⑤ 学会の長期計画委員会で審議・作製した「高性能バイオトロン・センターの設立要望書」は学術会議に上程され，審議の結果，勧告として議決された．

(3) 学術基盤とした新たなコンセプト「農学とバイオトロニクス」

1) ファイトトロニクス

1964年，英国オクスフォードで関連シンポジウムが開催され，「ファイトトロニクス」の新用語が公的に用いられた．要素還元しない人工気象室に於ける植物応答が意味するところを追求するには，環境制御の工学と植物応答との関係（工学と植物学との相互関連）を論議する新しい方法論が必要との提起であった．すでに，1957年に東大農学部に「バイオトロン」が建設されており，本学会はその名をベースに「バイオトロニクス」の概念に拡大し，学会の基本概念とした．すなわち，生物学領域（とくに農学分野における作物学，園芸学，植物病理学，畜産学，蚕糸学などの基礎ならびに応用面）において，バイオトロンなどで制御技術に基づき提供される閉鎖環境下で生物と環境との相互関係を新たな視点から追究する学問分野と定義し，その確立を目指すこととした．

2) 文部省科学研究費特定研究

農学分野初の大型計画研究として，本学会は1971年から3年間「生物環境制御」を企画した．生物学，農学，工学の研究者からなる多くの研究班を構築し，従来の研究分野を融合し，画期的な研究を推進した．成果は1975年，「生物の発育と環境調節」（日本学術振興会）として刊行された．続いて1974年，科学研究費特定研究「生物生産プロセスのシステム化」が第2弾としてスタートした．園芸に於ける生産，集出荷，選別，貯蔵のシステム化を始め，植物組織培養による生産・システム化，さらに養蚕，畜産，水産などの新しい生産様式の開発などの課題であった．成果「生物生産のシステム化」は同様に日本学術振興会から刊行を予定されている（50年史出版後に刊行された）．

3. 日本生物環境調節学会のその後の30年

(1) 研究の拠点形成

日本学術会議の勧告に沿い，学会は全国ネットワークに基づく拠点形成の重要性に鑑み九州大学生物環境調節センターの拡充に力を注ぎ，同研究所は学会の推進力として機能した．

(2) 専門領域の特化

文部省特定研究の終了後，研究の流れは，植物，動物，昆虫，養蚕，水産などの広範な分野から，園芸・作物生産領域における環境調節・制御の研究，開発，普及に絞られることとなった．

(3) コンセプトの変貌と新たな学術の流れ

1) 第2世代のファイトトロニクス

その後，ファイトトロニクスは，人工気象室への大きな期待が行詰り，転換期を迎えた．気象は物理的にも解明が難しく，そこに不確定要素の多い植物が加わると，何が解明されたか五里霧中の学術となった．大胆に要素還元した環境条件下での植物応答を精密に計測し，本質の解明へ進むべきである，との概念が米国デユーク大学を中心に興った．第2世代のファイトトロニクスへの大きな変貌である．

2) その後の学術の変貌

デユーク大学との研究交流や日米セミナー「植物生体情報の計測」の開催により，世界的な学術の動向を踏まえ，学会の基本理念も大幅に修正された．

3) 新しい学術書の刊行

学会は1995年に「新版生物環境調節ハンドブック」（養賢堂），2004年に「新農業環境工学」（養賢堂）をそれぞれ刊行し，学術の変貌を示した．

(4) グリーンハウス栽培と植物工場との関連

北欧に展開したコンピュータにより環境調節されたグリーンハウス栽培（太陽光利用型植物工場）は，まさに要素還元された人工環境下での効率化された栽培である．他方，工業技術の先進国，わが国の工業界から提示の人工光利用の完全制御型植物工場は，栽培プロセスの最適環境条件に制御された施設であるが，基礎概念は上記の第2世代のファイトトロニクスに基づき解明される栽培プロセスの最適値に基づき環境制御される栽培システムと解釈される．これらは新たなバイオトロニクスの概念に基づく重要な応用分野であり，関連学会との連携が必須である．

4．日本植物工場学会の創設と合併までの18年

(1) 日本植物工場学会の創設へのプロローグ

1) 農学研究者と工学研究者の共同で工学系学会に調査研究会創設

1981年，（社）計測自動制御学会の中に「農業の先端技術に関する調査研究会」が組織された．農学部，工学部の若手研究者と企業研究所の中核研究員が中心になり，作物生産関連分野の環境制御システムに於ける計測・自動制御技術の現状を調査する委員会であった．

2) 工学系協会に研究部会創設

他方，1986年，（社）日本工業技術振興協会に「植物工場実用化システム研究部会」が設立された．1980年中葉から植物工場関連の研究・開発が増えてきたことから，日立製作所㈱中央研究所などの先発企業の研究者が中心に立ち上げ，主として企業の研究者・技術者が参加した．

(2) 日本植物工場学会の発足

1) 両研究会から学会の発足へ

両研究会とも大盛況で，この2つを基盤として，1989年4月に日本植物工場学会が発足した．工

学的発想に基づき人工環境下における作物の効率的生産の嚆矢となった「植物工場」を具体的な対象に，食料生産の新たなバイパスとして，従来関係の薄かった工学（製造）企業の食料生産への関与と食料危機の緩和への貢献を目途とした．

2）拠点と構成メンバー

やがて東海大学開発工学部に拠点を置き，多くの企業人と農学関係の大学・研究機関の研究者が結集し，社会へ開かれた新しい学会として歩み出した．

（3）学会の歩みと特徴

1）SHITAシンポジウム

第1回シンポジウムは1991年1月に，課題「種苗工場」で始まった．圧倒的多数の支持を得続けて今年で17回を数える．「SHITA（日本植物工場学会の英文略称）シンポジウム」として社会的に認知されている．基本的学術に加え，実用に益する現実的なテーマが多く，多数の企業人が参加する食の生産分野では珍しいシンポジウムである．

2）日本学術会議の認定

1993年，日本学術会議から協力学術研究団体として認定され，また日本農学会，日本工学会，そして日本農業工学会にも加盟した．設立以後，本学会の会員数は飛躍的に増え，1994年にはピークの1,231名に達した．

3）学会の長所と短所

長所としては，関連する短期的課題で効果的な成果を収め，マスコミや社会の注目度を高めた．反面，農学分野の他学会に較べ，成果の中長期での評価や次世代の若手研究者を基礎面から育成するスタンスにやや改善すべき問題点が指摘された．

（4）植物工場の研究課題と成果

1）完全制御型植物工場

葉菜類の完全制御型植物工場に関しては，人工光源にLEDやLD素子が加わり，より一層の改善がなされている．植物生理生態学と環境調節工学との更なる融合が進み，より効率的な栽培プロセス制御の実現が大きく進展している．

2）太陽光利用型植物工場

果菜類の大規模面積の太陽光利用型植物工場では，気象に起因する大きな負荷変動に適応する知能的環境制御に進展が見られる．大規模面積の施設では作業の問題が浮上するが，その自動化技術などの導入や開発で成果が得られ始めている．

3）種苗工場

組織培養による苗生産が進展し，移植ロボットを導入する種苗工場への関心が高まり，植物工場同様作業の自動化などロボット工学的な課題が広がり始めている．

4）食の安全・安心

近年，食品の安全・安心，高付加価値化が叫ばれ，残留農薬ポジティブリスト制や硝酸態窒素の問題がクローズアップされてきた．無農薬，新鮮，清潔，高付加価値の作物を安定供給することが

できる植物工場は，保蔵，流通などホストハーベスト・テクノロジーとの関連で，この面に於ける諸課題に対し大きな貢献が得られ始めている．

5）流通・販売など

植物工場で生産される付加価値の高い作物を高く売る流通・販売方法の探索，あるいは隠れた需要の探索，さらに消費者に受けるブランド化などの課題に関するマーケティング関連の解明が望まれ，本学会の課題としての認識が深まりつつある．

5．日本生物環境工学会の目的と展望

（1） 両学会の長所を伸ばし，短所を埋めるための重点課題

① 両学会の個性を保持し続けるため自律分散的な研究事業部会を採用．
② 画一化しない地方支部（都会型，地方型を支部が選択できる）の活動を保証．
③ 次世代後継者の育成，とくに地方在住の若手研究者の育成，前向きな男女共同参画．

（2） 研究事業部会として，以下の3部会がスタート

1）植物工場部会

工学利用の先端的食料生産システムに関わる部会．工学，農業工学，栽培学に関わる研究者・技術者に開かれた部会で，日本植物工場学会の伝統を継承．

2）生物環境調節部会

種苗，栽培，保蔵などに於ける生物と環境との関わりの基礎的研究を対象とする部会．園芸学，作物学，農業工学などなどの生物科学と工学に携わる研究者・技術者に開かれた部会．日本生物環境調節学会の伝統を継承．

3）生物生体計測部会

栽培プロセスにおける生理生態学的諸量の定性的・定量的計測の基礎から先端的な細胞計測まで，作物学，園芸学，基礎植物学，生物化学などの研究や計測工学に関わる技術開発に携わる者に開かれた部会．バイオトロニクスの伝統を継承．

（3） 学会誌としては，以下の2種を年4回刊行

英文論文誌（Environment Control in Biology：Vol. 45，2007）は若手の育成に重点．
和文誌（植物環境工学：第19巻，2007）は，社会へ向け，技術形成と貢献を発信．

（4） 現在の2つのWG（ロボティクス，情報化）を充実させ，近い将来，以下の部会へ

① 環境制御に続き，作業までを含む自動化（ロボット化）を網羅した全自動植物工場．
② ユビキタス情報社会における知能的環境制御，植物生理生態を解明する知能的計測．

（5） さらに以下の学術分野との融合的課題を発掘し，強力に推進

① 宇宙農業システム，② ポストハーベストシステム，③ 住空間のグリーンアメニティー，植物応

用セラピーのグリーン・システム，④エンジニアリングコンポーネントとしての植物供給システム，⑤化学肥料の過剰使用で生じる硝酸態窒素の問題などへの対策など，⑥画像認識と人工知能の活用，⑦精密農業，⑧バイオインフォマティクス．

（6）最後に

「生物」「環境」「情報」は21世紀のキーワードである．これらに基盤を置く「食における農・工融合と食料危機の回避」は，今世紀の社会における最も重要な課題となってきた．新学会は，2学会が合併し，活動を開始した．上記の目的達成のため，必要に応じて他学会と連携し，学術振興を図り，社会貢献を果たすことが求められる．

（橋本　康・高辻正基）

第41章　農村計画学

1．農村整備研究の展開と農村計画学会の設立

農村計画学会は1982年4月6日に発足している．日本農学50年史刊行から2年後のことであった．目的は「農村の計画・整備のみならず広く農業地域を中心とした広域的計画を対象とし，また国内はもとより，国外の関係諸機関との連携をはかりつつ学術団体として文化発展に寄与すること（設立趣意書）」であった．しかしこのような目的の研究は，それ以前にも多数あって，それらは農業土木学会をはじめ多くの関連学会で担われていた．

そこで農村計画学会の設立前史を，日本農学50年史の農業土木学「Ⅳ．現代農業土木の展開」の記述を要約することでたどっておこう．農業生産性向上に資す基盤技術学であった農業土木学は，農業近代化をめざす農業基本法（1961年）農政のもとで農業構造改善に資す技術開発研究も要請され，さらに1970年代に水稲生産過剰時代をむかえて，汎用農地化も視野に入れた圃場整備技術や，農家の生活を含む農村空間全体の整備，すなわち農村総合整備のための技術開発も行うようになった．とくに農村総合整備は，終戦直後開拓事業の急伸とともに芽生えながら開拓事業と運命を共にした新農村建設の理念がより広範な形で甦ったともいえるもので，都市工学，建築学，農村社会学などとの緊密な共同研究のもとに急速にその成果を蓄積しつつあった．一方，高度経済成長による乱開発，地価急騰といった状況に対して，新都市計画法（1968年），農振法（農業振興地域の整備に関する法律，1969年），国土利用計画法（1974年）が制定された．この新たな制度環境下で農村土地利用を計画的に制御するために，土地利用区分に関する総合的な研究が開始され，その後展開される農村計画学の中でも主要なテーマとなった．さらに農村計画学の形成に強い影響を与えたのが八郎潟干拓事業（1957～77年）に係わる計画研究である．そこでは生産基盤の整備だけではなく，集落の配置，農業経営との関連性を配慮し，農村を総合的に計画することの必要性が強く認識された．

このような中で農村地域における計画・整備に関する研究は，農村建築研究会（1947年～），日本建築学会農村計画委員会（1967年～），農業土木学会農村計画研究部会（1971年～）といったように関連する分野ごとに進められてきたが，都市計画に比べてやや立ち遅れているこの分野の飛躍的発展をめざして，関心のある研究者が相互に啓発し，学際的研究として総合化してゆくための恒常的

な場として農村計画学会が設立されたのである.

2. 農村計画学研究の展開

　学会設立当時は，結集したさまざまな分野の研究者によって都市計画学に対置される農村計画学の固有の方法論が熱く議論された．そこでは，より快適な生活空間を演繹的に描く都市計画に対して，地域の自然環境や資源と近代化社会との調和のあり方から新たな農村空間のかたちに迫る帰納的方法が，農村計画独自の方法として模索された．しかし一方で，学会設立以降，集落地域整備法（1987年），中山間地域等直接支払制度（2000年），自然再生推進法（2002年），景観法（2004年），農地・水・環境保全向上対策（2007年）など，次々と講じられる行政施策に対して，農村計画学はそれらを研究面で支える役割，すなわち施策のための計画技術研究を担うこととなった．それに連動して研究テーマも，「都市縁辺部の土地利用秩序化→中山間地域の活性化→都市農村交流，景観や生態系の保全，農業の多面的機能の評価→多様な主体による農村資源管理，持続可能な循環型社会の形成」といったように重点が移ってきた．しかもこれらのテーマが単線的に推移してきたのではなく，積み重なってきたため，農村計画学の研究テーマは，現在，きわめて多様になっている．

　また，農村計画学会は設立当初から計画制度の国際比較研究に取り組んできた．近代化の空間的現象である都市の拡大は，周辺農地の宅地化を通じて進行する．このため，農地利用計画においてあらかじめ都市拡大のための用地を設定しておけば無秩序な都市化は発生しないはずである．わが国では都市の拡大区域は都市計画法で，農地の保全区域は農振法でそれぞれ独立に定められるが，たとえばドイツでは国土利用法体系の中で計画高権が農地整備計画に付与されており，都市の拡大は農地の近代化整備と歩調を合わせて整然と進行している．しかし都市化を農村部がどう受容するかは先進国共通の課題でありながら法制度はそれぞれの国の歴史を背負ってさまざまである．このため，諸外国の農村計画制度の比較研究にわが国の学会が率先して取り組むことになったのである．中でも農業構造改革への対応を共通関心事項とした日独農村計画学会共同研究会（1983年）が発足した点，アジアモンスーン地帯の近代化を共通関心事項とし，学会設立10周年記念国際シンポジウム（1992年）を契機として，その後日韓農村計画学会共同研究会などが発足し，後者はアジア農村計画研究会にも展開して，いずれも現在に至っている点は特筆されよう．

　国際比較研究にも支えられた多様な研究成果は，土地利用計画に係わるものと農村社会のあり方に係わるものに大別される．まず土地利用計画に関しての成果として，集落空間整備に係わるものが挙げられよう．農家は集落地域に居住しているが，さまざまな生産・生活行動にはより広域的な圏域空間が対応している．このように農村空間は重層的なのであるが，農振計画の計画単位は市町村の範囲で，計画に沿って整備される施設や組織の機能範囲の重層性を計画表現しにくい実態が明らかにされた．ボトムアップ型計画の計画単位としての集落圏域の意義が，ハード的に圏域規定性の高い農業集落排水事業（1977年）の整備が進展したことの影響もあって生活環境整備や地域資源管理などさまざまな観点から実証され，成果は集落地域整備法（1987年）の制定や集落地域整備総合補助事業（1995年）の創設などに反映された．また，この集落整備を望ましい姿に実現するためにも，都市近郊農村で深刻化する混住化へ対処する観点からも，土地利用秩序の形成が重要課題だと

の認識が高まり，その計画手法が鋭意研究された．中でも従来は農業経済学分野で取り組まれていた経済的土地分級に都市的土地分級や自然立地論的土地分級を組み合わせた農村土地利用計画のための総合的な土地分級システムの開発は，折からのコンピュータの普及にも支えられ，学際的な農村計画学分野ならではの成果であった．またその成果を踏まえて農振計画や都市計画のゾーニングを圃場整備事業に際して権利調整で実現するさまざまな換地手法が開発された．

次に農村社会のあり方に関しては，中山間地域や都市近郊農村における地域振興の計画論的実践事例を綿密に調査することによって，過疎対策や耕作放棄地対策などの施策の効果が不十分な点を実証し，さまざまな行政施策の創設を導いた現状把握研究が多く展開された．そして前者では特産農産物の高度加工など，地域組織づくり手法や中心集落への集落再編手法，後者では混住化集落を都市（アーバン）と農村（ルーラル）の性格を併せもつ生産生活空間「ラーバン」に整備する集落計画手法などが開発された．そして高度経済成長が終焉を迎えた1990年代に入ると，都市と農村を発展的に総合して「新たな定住地域圏」に止揚する展望が芽生え，人口移動や生活行動調査によって広域的な圏域構造のあり方が考究されるとともに，圏域内活動として農的営みを強化する新たな農村整備が，地域興しや都市・農村共生の視点で多様に展開された．

すなわち，近代化の渦中で置き去りにされてきた地域資源や伝統文化の再興などによる地域おこしに地域活性化の可能性が探られ，そこでは住民参加がひとつの鍵であることが実験的に確かめられ，さまざまな住民参加型計画策定手法が開発された．なかでも集落計画におけるワークショップ手法の開発が特記される．いまひとつは，やはり近代化の渦中で乖離していた都市と農村の間に新たな共生関係を再構築することが，自然と隔離された都市，活気を殺がれた農村という，都市と農村それぞれの困難を解決する途でありうることが多くの調査研究によって予見され，ドイツのクラインガルテンなどに学んで農家所有の農地を都市住民の農的活動に提供する仕組み（これは1990年に市民農園整備促進法に結実した）をはじめ，有機農産物の産地直送，立木オーナー制度，山村留学，たんぼの学校など多くの仕組みが開発され実証されていった．

以上の展開は農村地域の生物環境や資源（農林地・水資源など）を再評価する気運を醸成し，それらの管理計画づくりの議論に客観的データを提供する農林業の多面的機能の評価研究も多く取り組まれた．中でもそれまで経済的評価が困難であった景観・環境評価に係るCVMなどの表明選好法の精緻化は大きな成果であった．

3. 持続可能な循環型社会形成への取り組み

20世紀末に顕在化して来た地球環境問題の閉塞感のもとで，新たな定住地域圏における農村地域のあり方の模索は自ずと持続可能な農村のあり方の模索に深まってゆき，"人間と自然の共生"や"都市と農村の共生"を理念として，1990年代中頃から遊休山林資源を活用した炭焼きの復活や家畜糞尿コンポスト利用有機栽培などによる村おこしの可能性を探るフィールド実験などの取り組みが盛んになった．また，それらに触発されるかたちで農村地域の土地・水・バイオマス資源や生態系・景観の賦存構造の把握調査とそれらの管理を住民主体で再確立しうる地域システムに係る調査やシステム研究が急増してきた．なかでも家畜糞尿・農産残滓・生ごみ・下水汚泥など地域の有機廃棄

物の飼料化・コンポスト化・燃料化を結節項として域内の消費生活と生物生産を結びつける地域バイオマス循環利用システムの可能性に関するフィールド実験的研究やシステム論的研究が特記される．環境基本法（1993年）や循環型社会形成促進基本法（2000年）や資源有効利用促進法（2001年）などが制定されてゆく社会の価値観の変化と軌を一にした，ポスト石油文明の形を地域バイオマス資源のハイテク利用の行方に見据えた展開である．

21世紀に入って，構造改革の名の下に市場の論理を前面に押し出す施策が進められてきた結果，歪みが地方に現れてきている．「限界集落」の問題など，地域社会そのものの存続が危ぶまれる状況も生じていて，2005年には国土総合開発法が国土形成計画法に抜本改正され，新たな国土形成計画の策定では「『新たな公』を基軸とした地域づくり」が議論されている．こうした状況の下で，それらの研究は，農村の地域資源や環境の持続的管理をめざすパートナーシップによる資源管理システムや，広域的地域自治組織の構築など，新たな地域社会システムを構想する形にも展開しつつある．

農村計画学は地域の改善像を描くのではなく，地域のあるべき姿を演繹し，そこから帰納して現在の取り組みに目標像を導く方法論だとの原論に返り，持続可能な循環型社会の形成をめざす諸学の結節学たることを自負して21世紀を歩み出している．

（冨田正彦・福与徳文）

第42章　システム農学

1．学会設立の主旨

システム農学会は1984年4月に設立され，今年で26年目に入る．その設立の趣意書には次のように記されている．

「今日，人類は人口増加による世界的な食糧不足や地球規模の環境破壊につながる重大な危機に直面している．そのいずれの局面にも，農学は最も深くかかわる分野でありながら，従来の個別専門分野の研究のみでは，その総合的，本質的な問題解決はもはや困難な事態に立ち至っている．20世紀の科学の驚異的な発展は，その専門化，細分化の方向において達成されてきた．しかしこれによって各分野の相互関連が失われ，問題の総合的な解決がいよいよ困難になった．農学もその例外ではない．そこで，専門化した農学関連諸科学の仮説，概念，原理，方法論などを既存の専門分野の壁を越えてシステム化し，研究課題の境界領域を拡大ないしは変更し，未領域科学としての農学の学際研究を推進することが必要不可欠となっている．」

以上の主旨の下に，「農学の学際領域におけるシステム研究のために，未領域科学としての新しいシステム農学の構築とその発展を目指して，専門分野を異にする研究者が多方面から多数集結されんことを強く要望して，ここにシステム農学会の設立を呼び掛ける」としている（抜粋）．

このような状況は25年を経た現在でも少しも変わっていないし，農学の学際研究を推進する必要性はさらに高まっているといえる．

2. 学会活動

システム農学会の活動としては次のことを行ってきた．(1)学会誌の発行，(2)シンポジウムの開催，(3)一般講演会の開催，(4)(2)および(3)の講演要旨集とニューズレター発行，(5)関連書籍の編集・刊行，(6)学会賞の選考などである．

(1) 学会誌の発行

学会活動の中心となる会誌の発行回数は，設立時(1984年)から1986年は年1回，1987年から2004年までは年2回，2005年からは3回と徐々に増やし，そして2007年からは年4回発行の季刊誌にこぎつけた．この間に，原著論文123編，総説7編，招待論文246編，技術報告6編，その他(短報，速報，資料など)48編を掲載した．最も多かった招待論文はシンポジウム講演を講演者によって論文としたもので，年平均10編内外でずっと経過してきた．設立以来の24年を8年ごと(前・中・後期)に区切ってみると，投稿論文数は前期23編，中期40編，後期60編と着実に増加し，同調して総説や短報も増加傾向にある．

学会設立の主旨にあるように，投稿論文の内容は広範で，学際的，システム論的なものが多いなか，最近は農業リモートセンシング情報に関するものが多い．学会誌に投稿される内容は，著者の申し出により以下の分野に区分している．

① 農業・食料生産システム分析，② 農業システム工学，③ 農業情報利用，④ GIS・リモートセンシング情報，⑤ 地球・農業環境問題と資源循環，⑥ 農学における生態系分析，⑦ 農村・地域システム分析，⑧ システム理論・応用(理論，モデル化，シミュレーション，最適化)，⑨ ソフトウェア開発，⑩ その他

当学会では，総力を挙げて論文査読の期間を縮める努力を行っている．とくに若い研究者については，投稿を宣言した者については学会発表時点から審査に入るため，大幅な期間短縮が図られた．

(2) シンポジウムの開催

システム農学会の特徴としては，毎年春と秋に行うシンポジウムがあげられる．これまでに50回，延べ約260人のスピーカをお願いしてきた．テーマはその時々のホットな話題や開催地の抱える課題などを取り上げている．学際研究を標榜しているだけにテーマは広範で，異分野の会員たちが本音で議論する熱い場となっている．

開催期	開催地	シンポジウム・テーマ
2000年春	京都市	GISが創り出す新しい農学研究
2000年秋	岐阜市	川と人が共生できる流域システム
2001年春	東京都	農業ビジネスモデルの変革
2001年秋	宮崎市	農業と環境の調和を模索する
2002年春	松本市	山岳・里山・里地から見た流域

2002年秋	京都市	バイオマス利用による資源循環型社会の構築
2003年春	つくば市	農業・環境のためのデジタルアジア構築
2003年秋	福山市	GISの農業生産現場での利用をめざして
2004年春	東京都	農業－生態系－環境のシステム思考
2004年秋	神戸市	疫病の危機管理から辿るシステム農学
2005年春	新潟市	地域農業情報ネットワークサービスの可能性
2005年秋	東京都	農畜産業等廃棄物リサイクルシステムの現状と課題
2006年春	つくば市	農業農村空間の「昨日」を測る，評価する
2006年秋	仙台市	リモートセンシング技術の農業・環境分野への応用
2007年春	京都市	システム農学の分析ツールを考える
2007年秋	岐阜市	衛星生態学による流域圏機能の解明
2008年春	西条市	地域から見つめる「食」と「農」のいま，未来
2008年秋	江別市	空間情報社会における循環型農業

開催地は，会員の多い東京，京都，つくばが多いが，これまでに宮崎，鳥取，福山，明石，神戸，奈良，岐阜，松本，新潟，仙台，盛岡などでも開催した．2008年には愛媛県西条市で実施した．2000年以降の開催地とシンポジウム・テーマを表にして掲げた．

毎回のシンポジウムの講演内容は，招待論文として半年後の学会誌に収録され，これら246題は当学会の財産ともなっている．

（3） 一般講演会の開催

春・秋に開催されるシンポジウム会期に続き，当学会では一般講演会を開催している．発足当初の一般発表数は2回合計で20課題程度であったのが，2000年以降は34，44，46，39題と増加し，57課題となった2004年以降は会場を2つにしないと納まらなくなった．さらに2005年以降も54，59，68題と増加の一途をたどっている．最近，発表論文数が大幅に増えた要因のひとつに，システム農学会優秀発表賞（北村賞）を設けたことがあげられる．これは2005年から始めたもので，34歳以下の若手研究者を対象に，内容，プレゼンテーションのやり方，質疑応答態度などを数名の理事が採点し，学会終了時に優秀者を表彰するシステムである．毎回10人近い競争になり，年々レベルが向上していることは喜ばしい．毎回の発表者の講演要旨は見開き2ページに編集され，別号1，2として記録に残される．

（4） 関連書籍の編集・発行

システム農学会ではこれまでに3種類の書籍を編集・発行してきた．いずれも学会シンポジウムで取り上げられた項目で，発表者を中心に寄稿していただいた．

最初は「人工知能と農業シリーズ」として農林統計協会から次の3冊が刊行された．
I． 人工知能と新しい農業技術（1989）

II. 人工知能と農業情報 (1989)
III. 人工知能と装置化農業 (1990)

1995年に刊行されたのが
「新たな時代の食料生産システム」－低投入・持続可能な農業に向けて－
で，17人の著者により農林統計協会から出された．
最近出版されたのが，
「農業リモートセンシング・ハンドブック」(2007) 佐藤印刷
である．システム農学会会員の6名が編集幹事になり，会員・非会員を含め，総勢100余名で執筆した大作 (512 pp) で，最新の農業リモートセンシング技術の全容が書き込まれている．

3. おわりに

1984年の第1回秋季大会で初代会長の岸根卓郎先生は会員に2つの言葉を贈っている．そのひとつが，We have chemistry で，「みんなで化学反応を起こそう」とでも訳すべきであろうか．1人ひとりの力はわずかであっても，各人が殻を破って相互に刺激し合えば，想像もできなかった新しいものを創造できるということである．もうひとつが，「鳩は真空の中では飛べない」であった．これは，鳩は速く飛べる鳥であるが，一見邪魔にもみえる空気抵抗がなければ飛べない，つまりかつて経験したことのないユニークで多様で高度な性格の学会であるため，今後いろいろな意味で運営上の困難が付きまとうが，この「困難さ」それゆえの「抵抗」があって初めて学際学会としての［自己の存在証明］ができるとしている．たしかに多くの困難があり，今なお続いている．

システム農学会は広い分野を横断しながら，会員数300人余の小さな学会である．しかも会員のほとんどはそれぞれの主学会に名を連ねた上で，システム農学の主旨に賛同して学会活動を行っているのが実情である．このため寄合所帯の感は否めない．しかし良い点もある．それは伝統ある大きな組織と違って，既成観念にとらわれず，会員の発案と理事会の判断で，短時間で新しいことを取り込める点である．学会は状況の変化や社会のニーズに応えてたえず進化していかなくてはならない．事実そうやって，先輩たちは幾多の困難を乗り越えてきたのであろう．

もうひとつ，システム農学会の活動で，他の学会と比較して誇れるとしたら，それは24年間1度も会費値上げをしたことがない点であろう．しかもその間，会誌発行は年1回から4回に増えている．これは学会予算の大部分を占める会誌発行を，カメラレディー原稿での投稿を義務づけ，大幅な経費節減を図った成果であるが，それでも編集委員の負担は膨大であることも事実である．

(秋山 侃)

第43章 農業情報学

1. 農業情報学会の発足

本学会は1989年8月8日発足した．発足当時の名称は農業情報利用研究会であったが2002年8月に農業情報学会に名称を変更した．事務局を（財）農林統計協会内に設置している．日本農学会，日

本農業工学会に加入，また日本学術会議協力団体に認定されている．

2．農業情報利用研究会の発足と黎明期

（1）農業情報パソコン通信大会と農業情報利用研究会の設立（1989年～）

1980年代はパソコンなどの情報機器の登場とその普及の黎明期である．一方，農業・農村は担い手不足など多くの問題をかかえる状況下での新たな問題解決策として情報化に期待が高まった時代でもある．農業に関する多くの要素を情報化，システム化することで効率的な農業経営の確立が求められた．同時に農村への情報利用技術の普及が強く求められ，農業の情報化に取り組む大学，農協，県などのいくつかの団体・個人が連携し，1989年1月29日に茨城県土浦市で「農業情報パソコン通信大会」を開催し，700名あまりの関係者が全国から集まり，ネットワークとしてのパソコン通信や農業情報利用について多くの問題点を提起すると同時に農業情報の利用・普及を早急に推進するための学術団体「農業情報利用研究会」の設立が大会で決議された．その準備会が同時に発足し半年後の1989年8月8日に農業・農村における情報の利用に関する技術の発展をはかる恒久的な組織として「農業情報利用研究会」が設立された．

（2）会誌および農業情報年鑑の発刊

本会は農林水産分野における情報科学・情報技術の進歩発展と学術の推進を図り，食品産業・農山漁村の情報利用の普及を推進することを目的としており，学術研究発表の公表媒体としての会誌と情報利用技術の普及のための媒体として農業情報年鑑を発刊し広く全国にこの分野の情報発信を行ってきた．

1）会誌「農業情報利用」「農業情報研究」の刊行

発足当時の会誌「農業情報利用」創刊号（1990年1月15日刊行）は年4回刊行し，内容は学術研究論文と情報利用に関する記事を併せて掲載したが，第5号（1991年12月）から，学術研究論文のみ掲載する「農業情報研究1巻1号」（1992年3月刊行）を新たに発刊し，それぞれ年2回刊行している．その後，会員構成や財政上の理由から農業情報利用は1998の第34号（2002年12月）を最後に廃刊，現在は「農業情報研究」のみを電子媒体（J-Stage）と冊子体で刊行している．さらに「漁業情報利用」1号（2003年5月）～3号も発刊し漁家，漁業関係向けに発刊している．

2）農業情報化年鑑の刊行

農業情報化年鑑は「農業情報1989」（1989年3月刊行）から刊行し，「農業情報パソコン通信大会」の全記録を内容とし，大会を紙面で全国に発信する目的で発刊した．その後年鑑としての内容充実を図り，農業情報に関するデータベース的存在として農業情報化の進展の歩みを記録した．内容構成は，特集編，動向編，データ編で構成され会員の情報網を利用し農業情報化に関する最新情報を網羅した．動向編，データ編は継続的に同じ項目を追跡記録しており，年鑑として大きな役割を果たしてきた．2001/2002合併号を最後に休刊となっている．

(3) 農業情報化の全国大会の開催と全国展開

　本会発足の契機ともなった農業情報化の全国大会であるが，学術研究発表はもとより農業情報化に取り組む産官学が一同に会して農業情報化の情報交換の場として大きな役割を果たしてきた．1989～2007年で19回の大会を実施した．第1回，2回を土浦市で開催し，以後は全国に会場を移し，熊本県八代市，北海道北見市，愛媛県内子町，宮城県亘理町，宮崎県都城市，神奈川県横須賀市，青森県十和田市，和歌山県和歌山市，埼玉県大宮市，茨城県つくば市，福岡県北九州市，福井県福井市，東京都3回，愛知県豊橋市，青森県青森市などで開催した．農業情報に関する唯一の全国大会として毎回2千人程度の参加者があり，その開催は普及期の農業・農村の情報化の推進に大きく貢献してきた．

3．農業情報学会へ名称変更と新体制（2002年～　）

　(1)「農業情報利用研究会」は2002年8月に学会に移行，名称を「農業情報学会」とした．会員の構成が研究者中心に推移したことや巾広い農業情報研究に対応するため組織体制を部会制に変更し，農業生産分野から経済社会分野まで本会の担う専門領域を明確化し，参加しやすい組織への改変と会誌の査読体制の整備を行った．技術部会として情報利用・普及部会，生産・経営情報部会，環境情報部会，情報工学部会，経済・社会情報部会，農業工学部会の6部会を設置し各部会独自の活動を推進している．

(2) 全国大会の新たな展開（2003～）

　本会の全国大会は農業・農村の情報化に大きく貢献してきたが，2000年以降の情報化の進展に伴い大会内容の高度化，専門特化が求められてきており開催内容を特定テーマに特化して開催している．最近の大会テーマは「2003，食の安全と生産・流通改革」，「2004，食の安全要求にこたえる情報通信技術」，「2005，食の安全確保と適正農業規範」，「2006，適正農業規範：GAP全国会議」，「2007，GAP全国会議 in 青森」などとし，実社会の要求と積極的な情報技術の応用を深める形で開催している．

(3) 会誌刊行の電子化

　査読期間の短縮と省力化を図る目的でWEB査読システムの開発を行い，2005年9月から査読の完全電子化を本格スタートさせた．年間30本程度の原著論文の査読と編集事務の省力化と投稿者と査読者の利便向上を図った．また会誌内容を広く公開する目的で16巻1号から発刊媒体の中心をJ-Stageに移行し，冊子体をサブ媒体とし当面刊行を継続している．

4．学術活動の国際化の取組み

(1) アジア農業情報技術連盟（AFITA）の創設

　1987年5月には韓国農業情報学会の立ち上げに本会が協力する形で日韓農業情報シンポジウムを

韓国で開催した．本会が提案し，アジア地域の農業情報化の推進と各国連携と連合組織（アジア農業情報技術連盟，AFITA）の設立を大会決議とした．AFITAの第1回大会を1998年1月に和歌山市で農業情報ネットワーク全国大会に併設し開催した．連盟の運営は本会が中心となり2年ごとに大会を各国で開催し，第2回大会を韓国水原市，3回大会は北京市，4回大会はバンコク市，5回大会をインドのバンガロール市で開催した．毎回規模は拡大し参加国数は16に拡大し，広くアジア地域各国の農業情報関連学術団体との交流を促進すると共に，アジアの農業・農村情報化に関する情報共有と人的交流の促進に本会は大きな貢献をしてきた．

（2） EFITA/WCCAとの連携

EFITA（ヨーロッパ農業情報技術連盟1986～），WCCA（世界農業コンピュータ会議2002～）と連携し，大会への相互協力や積極的な人的交流を行いアジアを代表する形で本会が農業情報研究の国際的潮流の一翼を担ってきている．

5．学術活動と今後の展望

ユビキタス社会の到来で，情報技術の応用は社会のあらゆる面に浸透し，その効果は計り知れない．今後さらに高度な農村空間情報の活用とシステム化に向けいくつかの研究方向を展望できる．

（1）先進国型のユビキタス農村・農家の創造を目指した情報化と精密農業生産に関し，農場の情報空間化構想，圃場空間の作業利便に関する研究など高度な情報利用環境に対応した情報化農業の構築とITによる高品質精密農業生産システムの確立研究，それらを総合した圃場情報学の体系化研究へのアプローチ．

（2）環境保全型・持続型農業に向けて農法や作業管理に知識ベース，記録ベースの手法，いわゆる情報ベース（Information Base）思考の作業環境の実現や環境保全や食の安全などを支援する現場システムの構築，ITの導入によるこれまでにない概念，新しい仕組みや解決手法などに関する学術研究の推進，社会システムとしての農村の情報基盤確立に向けた学術活動の推進など．

（3）ITやロボット技術の高度利用による持続可能な食料生産システムの確立は将来の安全な食料の安定供給する上で不可欠である．これらの実現にはハード面の研究に加えて社会経済的側面からの研究が不可欠であり，ITやロボット技術の導入とどのように農業・農村を変革するのか総合的な学術研究の取組みが必要であり，本会各部会の研究分野の融合・連携による農業農村の情報化の総合的研究の推進．

6．さいごに

情報技術の応用範囲は限りがない，しかし食料生産と情報技術の応用は本会に与えられた中心的領域であり，安定的な食料供給と持続的農業技術の確立に日本農学会所属の他学会と協調し積極的に社会貢献を果したい．

（町田武美）

第44章　農業機械学

1. はじめに

　戦後，日本の農業は機械の導入により重労働から開放され，農業生産は目覚しい発展を遂げてきた．農業生産における農業機械の役割は絶対的なものになり，それなくしては営農を考えられなくなっている．農業機械学会は農業機械技術の進歩とともに歩んできたと言っても過言ではない．"50年史"では，農業機械学会活動と稲作用機械を主体にした農業機械の開発・研究を紹介してきた．ちょうど，田植作業から収穫作業まで稲作農業の機械化一貫体系が確立した時期である．"80年史"では，この"50年史"をベースにして，その要約とそれ以後の学会の活動，研究動向などを紹介する．本章を纏めるに当たり，日本農学50年史（日本農学会編）以外に，農業機械研究開発50年史として発刊された農業機械関西支部会発行の「関西支部から見た農業機械技術の発達」を参考および引用した．

2. 農業機械学会の創立と斯学の進歩

（1）学会創立から終戦まで

　農業機械学会は，昭和12年4月10日東京大学において創立総会を催し，故広部達三氏を初代会長（当時は理事長と呼称）として第一歩を踏み出した．

　当初の機械化段階は，土地改良の一環としての農業揚水機の設置，米麦の商品価値を高めようとする調製加工過程の機械化などであった．その後，脱穀機の動力化や耕うん機の開発が行われたが，燃料事情の悪化や鉄鋼資材の逼迫から，戦争後期には，機械化は行き詰まりに直面した．

（2）戦後から1980年頃まで

　農業機械化の気運は，終戦とともに急激に進展した．耕うん機，防除機，自動脱穀機などを中心とする小型機械体系が進み，とくに，小型調製加工機が著しく発展した．また，「農地改革」による多くの自作農の誕生が，後の農業の機械化を促進する伏線となった．さらに，機械化を後押しした要素として，1950年の朝鮮戦争による特需ブームに伴う農村から都市への労働力の大量移動，1953年の「農業機械化促進法」，1956年の「新農山漁村建設綜合対策要綱」の発表と「農業改良資金助成法」の制定がある．さらに，1961年の農業基本法の制定に伴い，農村の近代化，農業構造改善などの諸事業の推進により大形トラクタ，スピード・スプレーヤなどの導入，次いでライスセンター，カントリーエレベータの設置が盛んとなり，この種の機械・施設に関する研究業績が蓄積された．また，畜産部門での飼料作物用機械および家畜飼養管理用機械・施設，園芸部門での果樹や野菜の収穫・貯蔵技術の開発も加わり，農業機械学の分野は広がりをもつようになった．かくして，農業機械学は，圃場機械学，農産機械学，農産物の物性論などに分化し，学会内部にもおよそ10の部会が構成され，とくに農業動力，作業機械，農産機械，畜産機械などの部会活動が活発に行われた．

　耕うん機は，1960年には使用農家数が210万戸（35％）に達した．逆に，牛馬の利用は急速に減

少し，やがては皆無となった．農作業が手作業から機械作業へと劇的に転換したことを象徴的に示す出来事であった．

　田植機および収穫機の開発研究は，1960年代後期には実用段階に入り，耕うん・田植え・管理・収穫・乾燥・調製の稲作機械化一貫体系が完成した．その結果，水稲作10a当り労働時間は，1945年から1975年の間に3分の1程度に減少した．この稲作機械一貫体系の完成は，わが国経済の高度成長の歩みと符合し，農村における労働力が第二次産業や都市の第三次産業に流出し，結果的には日本の高度経済成長を支える役割を果たした．しかし，農家の生活水準向上のためには，その主な収入源を他産業に求めざるを得ず，おびただしい数の兼業農家が出現することとなった．農業機械の高性能化がこれに拍車をかけた．

　しかし，1969年の米価の据え置き，1970年の「米生産調整対策実施要綱」の通達による減産政策への転換，1973年の石油ショックなどが追い討ちを掛け，わが国の高度経済成長のひずみが顕在化し，農業機械の需要は一時停滞したが，すぐに，その需要は顕著な伸びを示した．その理由として，生産者米価が1973年に約15％，翌年に約32％と大幅に引き上げられたこと，1974年から減反が緩和されたこと，物価の先高懸念から農家の購買意欲が高まったこと，農業従事者の高齢化・女性化と農業機械の多様化が進んだことなどが挙げられている．この頃から，農業機械は本格的な乗用化時代を迎え，トラクタ・コンバイン・田植機のいわゆる「三種の神器」がブームを引き起こした．

　乗用形農業機械は普及し，その技術の安定化と，質の向上が図られた．高性能化に加えて，操作性，居住性などの面も製品開発に考慮された．品質管理が進み，1976年には農林省が「農業機械安全鑑定基準」を発表し，農業機械の安全対策が進んだ．しかし，1978年政府が「水田利用再編対策」（第二次減反）を打ち出し，10年計画で67万余haもの水田を稲作から麦・大豆・飼料作物などへの転換を促すべく策定したため，農家が不安・動揺を来したことや，トラクタ・コンバイン・田植機などの大形高性能製品の普及も更新需要の時期に差し掛かっていたことなどで，農業機械需要は落ち込み，このあと長く厳しい低成長時代に入っていった．

　石油ショックなどを契機に，研究者・技術者の関心は，省資源，省エネルギーあるいは公害・環境汚染防止に向けられ，農場廃棄物とくに家畜糞尿の処理・利用，農業におけるエネルギー利用に関する研究などに多くの研究者が取り組んだ．

（3）1980年頃から現在まで

　日本農業の中心をなしてきた稲作の機械化一貫体系は，1980年頃までに確立された．それ以後の農業機械は質的転換期を迎え，その多様化の時代に入った．また，農業を取り巻く社会的情勢は大きな動きを見せた．この期間の初期の頃は，いわゆる「バブル経済」の中にあり，稲作用機械の一層の技術進展にともなって農業機械の普及は伸びを示したが，1988年になると，2年続きの生産者米価の引き下げ，さらには農産品8品目の輸入自由化などが重なって，市場環境はますます厳しくなり，農業の二極化（規模拡大専業と第二種兼業）が一段と顕著となっていった．

　1990年には，バブルが崩壊して日本経済は長期低迷・低成長時代に入ったまま21世紀に突入した．1992年農林水産省は「新しい食料・農業・農村政策の方向」を発表し，経営規模の拡大や生産性向上などのための施策を打ち出した．1993年には米が大凶作になり，緊急輸入の事態を迎え，年末のガ

ット・ウルグアイ・ラウンド農業合意によって米のミニマムアクセスの受入れが決まり，国内の米の生産・流通コストの大幅低減と稲作経営規模の飛躍的拡大が急がれる事態となった．これへの対処として農林水産省は官民合同の緊急開発プロジェクト「農業機械など緊急開発事業」いわゆる"緊プロ"を発足させ，高性能・高能率の農業機械と新技術の開発と実用化を促進した．さらに，1998年度からは21世紀型農業機械など緊急開発・実用化促進事業として実施中である．1999年には「食料・農業・農村基本法」（いわゆる"新農基法"）が制定され，食料供給の安全保証と農業・農村の多面的機能をも重視して，中山間地農業の維持と農地の有効利用の促進によって食料自給率の維持・向上を目指す基本方針が定められた．このような情勢下で，農業機械の技術開発の方向は大形化，高性能化だけではなく，作業の複合化や省力化，さらには小形・シンプル・低価格化のように多様化していった．

　また，IT技術の導入や高精度データ取得解析が可能になり，農業機械研究にも新たな展開がなされてきた．具体的には，圃場機械の自動化，ロボット化（これらは後述する），収益性と環境保全の同時実現を目指す日本型精密農業の研究，食の安心・安全に対応して，農場から食卓までの生産と物流の履歴を消費者が追跡できる仕組みのトレーサビリティーの実現などが挙げられる．

　学会の動きは，その研究が機械中心から，周辺関連分野の基礎から応用まで広い範囲を対象とするようになり，内容も多様化した．学会内部からも学術分野の見直しの必要性，関連学会との分担・協力のあり方と理念や学術の再構築の必要性，さらには大きな枠組みへの改編などが提唱されるようになった．このような動きの中で，2005年の9月に，農業工学関連7学会が各学会の年次大会に替えて，合同大会を開催し，2007年まで引き続き行われている．この動きは，学問の発展に大きな意義を持つもので，今後の動向が注目される．

3．耕うん作業の機械化研究

　人畜力に依存していたわが国の耕うん作業は，1918年頃外国製小形トラクタの輸入によって，機械化の第一歩を踏み出した．昭和初期から，各型式の耕うん機の開発が進められた．

　戦後の農業機械化は，耕うん作業の機械化から始まった．1976年には，耕うん機は全国で約318万台の普及実績を示した．一方，1950年頃から，わが国にも乗用トラクタが導入され，1976年の普及台数は約73万台に達している．これらの乗用トラクタの大部分のものにロータリ耕うん装置が装備された．スキ耕，プラウ耕と並んでロータリ耕がわが国で一般化したのは，耕うん機を含むトラクタの技術改良とともに，ロータリ耕による深耕，雑草の抑制，乾土効果の促進などの効果が検証されたことによる．その後，耕うん機の研究は高性能，高能率を目指し，さらに，より使い易く，より安全で経済的なものが望まれ，その方向にシフトした．トラクタは，エレクトロニクスを応用して種々の自動制御機構が組み込まれ，不慣れなオペレータでも容易に操作できるようになってきた．現在の普及台数はおよそ200万台である．

　トラクタにおける自動化では，多種多様な作業および作業機の条件に応じて，各部を適正に調整するよう自動化が進められてきた．電子化により応答速度の向上など作業性能の向上，操作の容易化・簡便化や保守管理性の向上が実現した．

4. 播種・移植の機械化研究

　播種機は，散播機，条播機，点播機に大別される．多くは，麦，豆などの畑用と大根，人参，ほうれん草などの野菜用に使用されるが，水稲作における直播機としての利用も最近増えている．直播栽培方式については直播に適する品種育成と圃場整備という直播のための基盤的条件整備が進められつつある．

　稲作を対象とした田植作業の機械化は，古くから研究努力が払われてきた．戦後，1965年頃に根洗苗用田植機が開発され市販された．これは慣行苗を対象として機械的な苗分離を行うので，その機能には自ずから限度があり，1950年の土付き稚苗用田植機の登場により消滅した．すなわち，保温育苗技術として開発された土付き稚苗を機械に供給して，水田に直接移植する方法で，旧来慣行の人力田植えに劣らぬ高収量が得られるなど，優れた栽培技術であることが明白になり，土付き稚苗移植方式の田植機が急速に発展した．その形態は，帯苗用田植機，紐苗用田植機を経て，マット苗用田植機に移っていった．また，歩行形から乗用形に，2条植えから多条（6条，8条など）植えへと変遷した．それ以外の発展方向として，作業の複合化に合わせて側条施肥田植機が開発された．研究としては，乗用化の進展とともに，作業性の向上と操作の簡便化を図るために，種々の自動化技術が研究・導入された．さらに注目すべきは，1986年頃に，回転式植付け機構が開発され，その導入により，作業速度を1.5倍に向上した．現在の田植機の植付け機構は，ほとんどこの機構である．

　1990年以降，田植機の開発・発展の方向は，大形化・高性能化のみならず，作業の複合化，さらには，小型化・シンプル化・低価格化のように，多様化せざるを得なくなった．その中で，「水稲の水耕育苗と移植技術の開発研究」から生まれたロングマット水耕苗の育苗とロングマット水耕苗用田植機が注目される．また，田植機の自動化技術の研究が進んでいる．

5. 病害虫防除用機械の研究

　噴霧機が水田に利用されたのは1939年以降のことである．戦後，各種の新農薬の開発に伴って，防除機の使用が著しく増加し，水田においても共同防除が一般化してきた．1959年頃から，水平ノズルが開発さるとともに，散布幅の増加による作業能率の向上，散布の均一化が図られ，水田での液剤散布に威力を発揮するようになった．1966年頃開発された畦畔ノズルは，広い圃場で高能率を発揮した．水田防除は液剤散布を主として発達してきたが，戦後になって，便利な粉剤が開発され，これに伴って，人力用あるいは動力用散粉機が改良，普及した．とくに，多孔ポリホースをつけたパイプダスターが開発されて急速な発達を遂げ，1964年頃から各地で使用されるようになり，噴霧機にとって代る勢いで普及した．

　一方，風力を利用して液剤の粒径を微細にし，かなりの面積に濃厚液を少量散布するミスト機が開発され，1965年頃になると，背負式微量散布機が水田用として活躍するようになった．

　果樹園では，ほとんどが液剤なので，動力噴霧機が多く用いられた．また，スピード・スプレーヤやスプリンクラが利用された．

6. 収穫の機械化研究

　近年，日本では見ることの少ない，手作業による稲の収穫作業は，腰を曲げるつらい作業で，明治以来，その機械化は長い間の懸案であった．本格的な刈取機の開発研究が進められたのは，戦後まもなくである．1952年，民間研究者により考案された稲麦用人力刈取結束機が，わが国刈取機の開発史上に大きな影響を与えた．本機は改良を重ねて，1960年代に，動力用小形バインダとして実用化された．この間にも，稲用の普通形コンバインの試作，輸入コンバインの農村構造改善事業地域への導入が行われたが，脱粒難の日本稲には十分な脱粒選別性能を発揮することができず，広く普及はしなかった．

　1960年代後半に，集束形刈取機と束送り式自動脱穀機とを結合して，歩行用の自脱コンバインの試作が進められた．これまでの稲の収穫体系である刈取と脱穀選別および藁処理を連続行程として一気に完了するため，収穫能率が格段と高まること，および稲の収穫慣行を大きく変更することなく導入できることが，自脱コンバインの実用化を決定づけることになり，1970年以降は普及台数を急速に伸ばした．このように，田植えと共に最も機械化の遅れた収穫作業が研究着手から20年にして，目的をほぼ達成することができ，ここに個別小農家用としてバインダ，中大形農家用，兼業農家用として自脱コンバインが実用機となり，1977年の普及台数はバインダ158万台，自脱コンバイン53万台，その後，多くは自脱コンバインに変わり，ピーク時には120万台，現在では110万台を数えるに至った．

　研究面では，刈取機の開発の過程で，刈取部として，往復動刈刃の材質形状，運動軌跡と切断効率，切断抵抗と牽引抵抗力および駆動機構，集稈装置のリール作用の特性解明など多くの研究成果がある．また，刈取対象の稲，麦，牧草などの物理的性状と茎稈の切断抵抗，ヤング率の測定実験が行われた．一方，1960年代には，回転刃を装着する歩行用の小形刈取機が，水田の裏作レンゲの刈取にすぐれた性能を発揮することが実証されて，裏作地域に多く普及した．

　その後，自脱コンバインの自動化研究が進み，複雑な操作を適切に組み合わせて，自動的に行えるよう各種自動化機構が開発されている．脱穀負荷に応じて最適速度が得られる自動車速制御や方向制御，車体の水平制御，刈り高さ制御，こぎ深さ制御さらには，収量マップの作成を可能にする収穫位置と収穫量の関係を自動的に検出・記録する装置などがある．

7. 農業施設などの研究

(1) 穀物乾燥の機械化と乾燥施設

　乾燥機の研究が本格的に進められたのは終戦直後からである．1950年代に常温通風の平型乾燥機が開発され普及の端緒となった．常温通風乾燥機が普及する一方で，乾燥能率の向上を目的とした熱源利用通風乾燥機の研究が進められた．構造上では，平型から立型へ，さらに1970年に入り循環型乾燥機が普及し，これをベースに，自動化，多様化へと移行していった．また，個人利用自脱コンバインの普及に伴い，立形循環式乾燥機の個別農家への導入が増加した．研究面では，送風空気の温度・湿度・風量と材料の含水率・堆積高さの関係，とくに玄米胴割れの関係などの研究が展開

された．

　1961年，第一次構造改善事業で，ライスセンターが設置され，従来の地干・架干・脱穀を経て，乾燥機を仕上げ乾燥に利用する慣行から生籾乾燥へと一変し，乾燥機はその重要性を倍増した．さらに，1964年から大規模乾燥調製貯蔵施設が建設されて，2000年にはライスセンターが3,800余か所，カントリーエレベータが770余か所を数えるようになった．構造は，連続流下乾燥方式に，荷受籾の集中入荷時に対応すべく貯留乾燥ビン方式が併用された．

　共同乾燥施設では，荷受から貯蔵，搬出までの一連の作業が自動化され，プラント化されている．個別農家対応や小規模共同利用施設でも以下のような自動化が導入されている．水分センサによる水分計測，温度センサによる熱風温度計測などを通じて，穀流の循環量などを制御し，仕上がり水分の設定により，自動運転を可能にしている．

（2）その他穀物の調製機および施設

　穀物調製には，乾燥以外に籾すり，選別，精米などがある．

　1）籾すり機は最も早くから機械化されたものである．籾殻のみを脱ぷする衝撃式籾すり機から，すり落とし型のロール式に移り，次いで脱ぷ部と万石部を昇降機で組み合わせる方式が考案された．万石部をはじめ，調節を必要とする各部に，それぞれセンサを設け，検出値の適否を判断し，総合的に制御することにより，籾すりシステムの自動化をもたらした．

　2）脱穀機，籾すり機の飛躍的な普及により，選別機の重要度が一段と高まった．主な選別要素は，粒大選別，気流選別，色彩選別などがあり，異物の検出には磁力選別機，静電選別機，石抜き機などが挙げられる．品質評価には粒長選別機や粒厚選別機が開発されている．1960年代には，全自動籾すり機は，小形簡易化の改良研究が進んで，個別農家用が多く普及するに至った．

　3）精米機が水車臼，足踏臼から近代式精米麦機へ移っていったのは1920年頃で，摩擦式自動循環型精米機，研削式精米麦機ならびに研米機が開発された．戦後の初期から農家精米の個人化が進み，自動循環型の小型精米機が急速に普及した．最近では，白度計などの計測センサとコンピュータを組み合わせた自動化が完成し，荷受・精白・出荷・除塵の各部に各種の機器とセンサを取り入れた総合的な自動化が行われている．

　4）青果物選果包装施設

　選果包装施設は，集荷・選別・包装して販売するための商品を作る施設で，選別・包装の工程は自動化されており，すべてコンピュータで管理されている．一般的な工程は，荷受・一時貯留・供給・前処理・等級選別・階級選別・包装・箱詰・計量印字・封函・搬送・出荷である．1975年頃は5000施設以上あったが，現在は統合されて，1500施設程度である．1992年以降は，近赤外分光法を利用した内部品質測定装置を整備した施設が急増した．対象青果物は，柑橘類，落葉果樹，メロン，スイカ，トマトなどである．

　5）青果物予冷施設

　収穫後の青果物の品質を保持するために，出荷あるいは貯蔵する前に，短時間に青果物を冷却する予冷施設が建設されている．方式には，①強制通風式，②差圧通風式，③真空式がある．

6) 育苗施設

共同で多量かつ省力的な作物の育苗を行う施設が建設されており，種子の前処理・播種・出芽・緑化・硬化などの作業工程からなっている．前処理では種子の選別，消毒，浸種，催芽が行われる．

8. 農業用ロボットの研究・開発

日本農業は，この50年の間に一斉作業可能な稲作体系においては機械化が進み，水稲10a当たりの平均労働時間は，1945年の約250時間から1997年には37時間にまで減少した．しかし，規模拡大や国際的価格競争力強化などのニーズに応えるためには，なお飛躍的な省力化と軽労化が求められている．一方，野菜・果樹などでは，収穫作業は選択的な作業を要することが多く，従来機械化できなかった作業が多い．メカトロニクス技術を駆使したロボット技術の導入により，ロボット化が可能になった．産業用ロボットと比較すると，① 対象物の不ぞろい，② ロボット自身の移動機構の必要性，③ 屋外など作業環境の劣悪さ，④ 個人経営による，使用者の未熟さなどが挙げられる．このような条件を考慮した上で，以下のようなロボットが開発されている．① ロボットトラクタ，② ミニトマト収穫ロボット，③ 野菜接木ロボット，④ 搾乳ロボットなどである．

また，完全自動化ではなく，作業者と協調作業をするロボットの開発が進められている．その一つに，最近発表された農作業軽減のためのロボットスーツがあり，その実用化も近い．作業を機械に置き換えるのではなく，協調して作業を行い，人間が不得意とするパワーなどを補助するロボットの開発のあり方は注目すべきものである．

引用文献

1. 日本農学会編：「日本農学50年史」，養賢堂，1980
2. 笈田 昭他：「農業機械開発50周年史：関西支部から見た農業機械技術の発達」，農業機械関西支部，2001

（笹尾 彰）

第45章 海水学

1. 「日本農学50年史」記載内容の要約

（1）日本塩学会から日本海水学会へ

四面を海に囲まれ陸上の資源に乏しいわが国において，海水の資源を利用することは長年の課題である．日本海水学会は，この課題についての科学技術の進歩に貢献することを使命とする．日本海水学会の前身である日本塩学会は1950年に，当時極度に窮迫していた塩を，岩塩などの地下資源も無く多湿の恵まれない気象条件の下で，海水から人体に必要な最低量だけでも国内で確保する目的に資するために設立された．

一方急増するわが国の水の需要は，河川水の利用を最大限に見積もってもなお供給不足が予測され，海水淡水化技術の向上の必要性が強調された．このような状況に対応して，1965年に日本塩学会は日本海水学会と名称を変更し，水を含む海水の資源の利用に関する科学技術の発展を促進する

ことになった．

(2) 研究・活動の概要（製塩と造水）

　製塩に関する研究・活動では，製塩原料としては濃度の希薄な海水を，多湿な気象条件下で効率的に濃縮する技術の開発・改善に努力が払われてきた．その結果日本古来の精妙な知恵の集積ではあるが苛酷な労働が必要な入浜式塩田から，ポンプ送液を駆使して労力と効率の両面で飛躍的な改善が計られた流下式塩田へ，さらに水分を蒸発させる代わりに塩分を電気的に移動濃縮させることに発想を転換したイオン交換膜（電気透析）法へと，海水濃縮過程が大きく変貌した．その結果1972年に，わが国の製塩は塩田法からイオン交換膜法へと全面的に転換した．また濃縮海水から食塩結晶を採取する晶析過程についても，石膏など海水中のスケール成分に起因するトラブルの対策や，塩類溶液に共通する金属の腐食対策などに大きな進歩が見られた．

　造水（海水淡水化）については，海水を加熱蒸発させる蒸発法の一つである多段フラッシュ蒸発法について，とくに大型プロジェクトの成果を中心に装置構造・材料，トラブル対策などについての技術開発が進み，国内外での水供給に貢献している．また海水を加圧して真水を膜の低圧側に移動させる逆浸透法では，膜や装置の開発・実用化が進んでいる．

2．日本海水学会の歩み

　この節では，この30年間に日本海水学会が取り組んできた研究領域や，学会組織に関する変遷を概説する．なお，2000年までの当学会50年間の歩みについては，会誌（50周年記念特集号）[日本海水学会誌，54，(6)(2000)]にまとめられている．

(1) 研究領域の拡大

　既述のように日本海水学会は前身の日本塩学会から，1965年に広く海水の資源利用の発展に貢献することを目指して改称した．そして塩田法からイオン交換膜法への全面転換による日本の塩業の変革，海水淡水化による国内や中東地域などでの水の供給，海水に溶存する微量有用資源回収研究などで成果を挙げてきた．一方海水に関わる課題として，地球温暖化に関連して関心が高い大気中の二酸化炭素濃度と海水との関係，海水の各種の汚染など環境問題がクローズアップし，さらに塩性土壌地帯における植物生理，塩と健康の問題など，塩や海水成分と生物との関わりに関する研究の必要性が増大してきたことに対応して，当学会が取り組む研究領域を拡大することにし，1990年代初頭から，後述する研究会活動などを中心に取り組んでいる．

　当面，当学会が取り組む研究領域としては，従来の製塩，造水，溶存資源回収などの「資源科学分野」に加えて，海水と地球環境との関わりを取り扱う「環境科学分野」，海水と生命活動との関わりを取り扱う「生命科学分野」，さらに塩と食品や健康問題などを取り扱う「食品・調理科学分野」を挙げている．

(2) 研究会活動と支部活動

　研究領域の拡大を目指して，当学会では，従来から活動を続けてきた資源科学分野に関する「電気透析・膜技術研究会」や「海水環境構造物腐食防食研究会」，「海水利用工学研究会」などのほかに，環境科学・生命科学分野に関する「環境・生態系・生物資源研究会」，食品・調理科学分野に関する「塩と食の研究会」，さらに全分野に関わる「分析科学研究会」などを順次立ち上げ，それぞれ公開講演会，情報・意見交換などの活動を行ってきた．

　当学会では年1回の年会（総会，研究技術発表会）を，ほぼ隔年ごとに首都圏と首都圏以外とで開催しているが，学会活動への参加，情報交換，意見交換の機会について，地域による濃淡が生ずる問題が提起されていた．それに対応して1994年に，従来熱心な会員が多くかつ地域性の高い課題が多い関西，中国，四国，九州（沖縄）を領域とする「西日本支部」を設置し，10年余を経て活発できめ細かな活動を続けている．活動の内容は，会誌編集や年会開催の分担，支部独自の研究発表会，シンポジウム，支部会員の意見交換会の開催などである．

3．日本海水学会の足跡

　この節では，日本海水学会の活動事績を，行事的活動と論文発表活動にわけて概説する．

(1) 行事的活動（シンポジウム・講演会，研究連絡委員会など）

　この30年間当学会では，製塩，海水淡水化，海水中の資源，海水と環境などに関するシンポジウムを活発に開催してきた．その内塩に関する国際シンポジウムについては，後にやや詳しく述べる．とくに近年では学会の領域拡大の方針に沿って，年会行事，支部活動，研究会活動として，海水と環境，海水と生物，塩と食品・健康に関するシンポジウム・講演会活動が活発に行われている．これらの活動の内容は，多くは会誌に特集されている．

　「国際塩シンポジウム」は，世界の塩関係の研究者，技術者が一堂に会する会合である．欧米での開催を経て，1992年に日本で初めて開催された．国立京都国際会館を会場に35カ国600余名が参加して，4月初頭に4日間の会期で講演・研究発表や交流行事が行われた．当学会は役員を挙げて準備・運営の中心的役割を担い，多くの会員も参加して，各国からの高い評価を受ける成功を収めることができた．なお，このシンポジウムは，2000年にはオランダのデン・ハーグで開催され，当学会では，学会創立50周年の記念事業の一つとして30余名を派遣し，研究発表や交流行事に参加したほか，独自の交流活動も行った．

　研究連絡委員会の活動としては，1984年11月に日本学術会議第6部に海水理工学研究連絡委員会（1989年に海水科学研究連絡委員会と改称）を設立した．当学会が中心となり，日本海洋学会，日本原子力学会，日本生物環境調節学会などの参画を得て討議を重ね，その成果を日本学術会議で開催した「地球環境保全のための海水総合利用システムの開発」(1996)，「陸海境界域の環境と生態系」(1999)などのシンポジウムで公表したほか，「沿岸海水環境の総合的研究構想」や「海水資源の環境保全型回収技術の開発と有効利用」などの報告書を公表した．

　製塩関係の技術者を対象としてきた「塩技術講習会」は，1968年に「海水技術研修会」と改称し，

2004年まで通算40年余年間，会員の要望に沿った広範囲なテーマでの活動を行った．

(2) 論文発表活動（会誌掲載研究論文）

日本海水学会は隔月に会誌を発行して研究論文，解説記事，広報記事などを掲載している．以下研究分野別に，この30年間の研究論文の内容を概説する．

1) 資源科学分野

資源科学分野については，「製塩」，「海水淡水化（造水）」，「微量溶存資源の採取（微量成分）」，「その他」にまとめて記述する．

「製塩」はさらに，「海水濃縮工程」，「結晶化（晶析）工程」，「品質・分析」に大別する．

「海水濃縮工程」の研究では，イオン交換膜への付着物防止対策として原料海水の前処理に関する研究，イオン交換膜の選択透過性を中心とした膜特性に関する研究，電気透析槽について流動特性と限界電流密度に関する研究など，イオン交換膜法のプロセスの安定化や高濃度濃縮を含む高効率化を目指した研究が報告された．この間実働工程では，消費電力の低減やトラブル対策に格段の進歩が見られた．

「晶析工程」の研究では，製品粒径制御についての研究が基礎実験規模から実用装置規模に亘って行われ，また工程の自動制御について各種計測法とシステムの開発が行われた．さらに装置材料の腐食対策，液組成の相律，反応晶析などの研究が報告されている．

「品質」に関する研究では，結晶内への不純物の取込み，食塩結晶の構造や物理的特性，輸入塩中の不純物などに関する研究が報告されている．また塩の「分析」についての研究では，原子吸光，蛍光X線，FIA，各種クロマトグラフィーなどによる研究が報告されている．

「造水」については，「蒸発法」，「逆浸透法」，「冷凍法」，「その他」に大別して記述する．

「蒸発法」の研究では，この時期フラッシュ蒸発法についての報告が多く，装置構造と運転特性，スケール防止，腐食対策などの研究が報告されている．また太陽熱利用の報告も見られる．

「逆浸透法」の研究では，膜の開発と膜特性の変化，モジュールの開発と特性などの研究が報告されている．この間とくに実用膜モジュールの回収率の進歩が著しく，国内外でプラントの設置が進んだ．「冷凍法」の研究は1982年頃まで，直接冷凍プロセス，固液分離と洗浄，溶存冷媒の除去などの研究が報告された．また「その他」の海水淡水化プロセスとしては，パーベーパレーション，電気透析，電気再生式脱塩などの研究が報告されている．

「微量成分」については，「ウラン」と「リチウム」に関する報告が多い．

「ウラン」の捕集・採取の研究では，この時期種々の素材と形状の吸着体の開発と特性の研究が数多く報告された．また吸着・脱着プロセスの設計・評価に関する研究が報告されている．

「リチウム」についても，ウラン同様吸着体の研究，吸着・脱着プロセスの研究が，1990年前後から数多く報告されている．また，海水中の微量溶存成分の原子吸光，蛍光X線，比色，FIA，などによる分析の研究が報告されている．

「その他」の海水に関連する資源科学的研究としては，濃度差や温度差など海洋エネルギーの利用に関する研究，深層海水の取水と利用に関する研究などが報告されている．

2) 環境科学分野

　この分野については従来から，製塩に関連して，原料海水の汚染や塩田周辺の塩害などに関する研究が行われてきた．この30年間においても，海水汚染の実態，原因，対策に関する研究が報告されている．その内容には「赤潮」，「有機物」，「内分泌撹乱物質」，「温度差排水」，「浄化」などがある．
　「赤潮」については，原因生物の増殖とその抑制に及ぼす環境因子の影響の研究が報告され，「有機物」と「内分泌撹乱物質」については，特定海域での分布や動態の研究が報告されている．「温度差排水」については，温度成層と噴流との関係などに関する研究が報告され，「浄化」については，物理・化学的手法，生物学的手法などが研究され報告・提案されている．
　この分野ではまた，海水の大気中二酸化炭素調節機能に着目した研究や，環境関連の分析方法などに関する研究が報告されている．

3) 生命科学分野

　この分野では従来から，塩田製塩に関連して耐塩性植物の研究が行われてきた．それらの研究がこの時期，塩性土壌地域の緑化を目指した研究に発展する一方，海水組成と貝類，魚類などの動物生理に関する研究報告も，当学会の領域拡大活動に伴って1990年以降増加している．
　植物に関する研究では，マングローブや海藻などと海水中の塩類や森林起源物質との関係など，動物に関する研究では，貝類の生理と飼育，魚類の耳石と環境塩分履歴との関係などの研究が報告されている．また海水中の微生物の生理と，それらの有用物質生産や有害物質の分解への利用などの研究も報告されている．

4) 調理・食品科学分野

　塩は必須栄養素でかつ基礎調味料の一つであり，製塩の製品品質の立場から，塩と調理・食品加工については従来から関心は持たれてきたが，会誌への報告は僅かであった．当学会の領域拡大の方針に沿って，塩の調味料・保存料としての機能や，塩と健康の問題をテーマとするシンポジウムなどの活動が行われた結果，2000年前後から報告が増加しつつある．この時期の報告には，食品中での食塩の浸透・拡散，共存塩類の食品の味・物性への影響などがある．

（武本長昭）

第46章　農作業学

1．設立の機運

　日本農作業学会は，1965年に研究会として発足した．設立趣意書によれば，① 本来，作物や家畜などの増収技術と農作業（人間）の研究が併行して進められることが望ましいのに，後者が著しく立ち遅れていた，② 多くの場面で農作業の研究が現場対応的な性格をもつことから，既存の学問範疇では扱い難いと認識されていた点が背景にあった．加えて，③ 国際農業工学会（CIGR）の一部門に農作業管理学部会（Management, Ergonomics and Systems Engineering）を新設して意気あがる欧米に対して，わが国に受け皿がないという問題もあった．そこで農作業の合理化という共通認識のもとで，関連研究を総合的に展開しうる学術団体の設立が強く求められた．
　一方，すでに作物・園芸・畜産・林業・養蚕などの分野において，機械利用と労働，作業方式と

耕種様式，生産様式と労働配分および経済性などに関する研究が，部分的ではあるが着実に進められていたのも事実である．これら一連の動きが醸成してきた機運を受けて，1965年2月に農林省農業技術研究所で賛同者202名の参加を得て，本会が正式に発足することになった．

設立総会では，会長に戸苅義次（敬称略，以下同様），副会長に岩片磯雄・鏑木豪夫が指名された．1966年度末の会員数は751名（正724・購読10・賛助17）であった．事務局は農林省農事試験場に置かれた．会誌名を「農作業研究」とすること，常任幹事会や編集委員会の設置，地区談話会や記念講演会などが矢継ぎばやに企画された．1966年度からは春秋の大会ならびに講演会が定期的に実施されるようになった．

これに先立って，日本国際農業工学会（後の日本農業工学会）が結成され，本会に対しても運営委員を送り出すよう要請があった．

2．創立10周年までの10年間

1969～1970年度は会長に鏑木豪夫，副会長に熊代幸雄・川廷謹造が就任した．庶務・会計は農事試験場畑作部，編集は東京大学に置かれた．1969年には用語委員会が設置された．1970年度末の会員数は1,010名であった．

1971～1972年度は会長に川廷謹造，副会長に児玉賀典・泉　清一が就任した．庶務は農事試験場作業技術部，会計は同畑作部，編集は東京大学に置かれた．

1973～1974年度は会長に川廷謹造，副会長に児玉賀典・田原虎次が就任した．その後，川廷会長が病気により辞任したため，後任の会長に田原虎次，副会長に市村一男が就任した．1973年度末の会員数は1,109名であった．創立10周年を迎えるのを契機に，従来の人事小委員会による役員推薦方式から役員選挙方式への移行を検討するための委員会が1974年度に設置された．答申を受けて，評議員による2段階選挙で会長や副会長などの役員を選出するという現行方式が1977年度から導入されることになった．

3．創立20周年までの10年間

1975～1976年度は会長に田原虎次，副会長に大橋一雄・市村一男が就任した．庶務・会計は茨城大学，編集は東京農工大学に置かれた．1975年10月には，創立10周年記念シンポジウムが東京で開催された．このとき，「農作業便覧」の初版が刊行された．その後，本書は創立20周年に当たる1985年に改訂された．1976年度春季大会で，役員任期を2年から現行の3年に変更することが決まった．1976年度末の会員数は1,151名であった．

1977～1979年度は会長に田原虎次，副会長に大橋一雄・市村一男が就任した．事務局には変更がなかった．

1980～1982年度は会長に松本正雄，副会長に辻　隆道・角田公正が就任した．庶務・会計は茨城大学に，編集は東京大学に置かれた．研究会から学会への移行を検討するための委員会が発足したが，"まだ移行への機運が十分に熟していない"との答申が出された．この時期，現在も活動が続く

「農作業データ集作成委員会」が発足した．1980年度には日本学術会議会員登録がなされ，ISSN（国際標準逐次刊行物番号）が本会誌に割り当てられた．

　1983～1985年度は会長に角田公正，副会長に本田太陽・米村純一が就任した．庶務・会計は農業研究センター，編集は東京農業大学に置かれた．1983年度末の会員数は930名であった．1984年度には新生「日本農業工学会」が発足し，同会副会長に角田本会会長が就任した．特許庁から学術団体指定を受けた．1985年度春季大会では，"次年度から学会へ移行すべき"という答申が出されるとともに，会誌に巻号制を取り入れることになった．その結果，1986年6月発行分の第57号が21巻2号と読み替えられることになった．1985年8月には，創立20周年記念シンポジウムが東京で開催された．

4．創立30周年までの10年間

　1986～1988年度は会長に角田公正，副会長に米村純一・池田　弘が就任した．庶務・会計は農業研究センター，編集は東京農工大学に置かれた．1986年度春季大会で学会への移行が正式に決まった．企画委員会が設置されるとともに，講演要旨集を会誌の別号とすることもこのときに決まった．1986年度末の会員数は814名であった．

　1987年1月開催の日本農学会評議員会で本会の日本農学会加入が認められ，続いて10月には日本学術会議から本会を学術団体と認める通達があった．1988年度春季大会では，念願の日本農作業学会賞が新設された．

　1989～1991年度は会長に米村純一，副会長に大崎和二・春原　亘が就任した．庶務・会計は茨城大学，編集は東京農工大学に置かれた．1990年度春季大会で，菅原清康・進藤　隆（焼畑農法における作付体系とその成立要因に関する研究）に第1回学会賞が授与された．1990年8月には，創立25周年記念シンポジウムが東京で開催された．1990年度末の会員数は761名であった．1991年度春季大会では，奨励賞が追加制定された．

　1992～1994年度は，会長に春原亘，副会長に大崎和二・下田博之が就任した，庶務・会計は茨城大学，編集は東京農工大学に置かれた．1992年度学会賞が遠藤織太郎（大規模酪農における電化機械化の効果に関する研究），奨励賞が坂上　修（野菜栽培における農作業合理化に関する研究）に授与された．1993年5月には，CIGR国際シンポジウムが東京で開催され，本会からは下田副会長が基調講演を行った．

　1993年度には，大崎副会長の逝去にともなう後任に遠藤織太郎が就任した．庶務・会計は筑波大学，編集は東京農工大学に置かれた．1994年度学会賞が坂井直樹（不耕起栽培の評価に関する研究）に授与された．1995年度からはCIGR理事を本会から送り出すことになった．1995年8月には，創立30周年記念シンポジウムが東京で開催された．1996年3月の31巻1号から，従来の年間3号発行から現行の年間4号発行体制に移行した．1994年度に制定された功績賞が，1995年度春季大会で稲野藤一郎，山口　泉に授与された．

5. 創立40周年までの10年間

　1995～1997年度は会長に遠藤織太郎，副会長に塩谷哲夫・佐々木邦男が就任した．庶務・会計は筑波大学に置かれた．1995年度末の会員数は765名であった．1997年度学会賞として，改称なった学術奨励賞が北倉芳忠（大区画埴土湿田における乾田直播作業体系）および小松崎将一（畑作における麦類の自生作物化と作付体系に関する研究）に授与された．1997年度功績賞が一戸貞光，高橋保夫，向井三雄に授与された．1997年8月には，国際農作業セミナーが米国で実施された．

　1998～2000年度は，会長に塩谷哲夫，副会長に飯本光雄・高井宗宏が就任した．庶務・会計は生研機構，編集は筑波大学に置かれた．1999年度学術賞が山下　淳（飛び石事故防止のための固定刃付き刈払機に関する研究）に授与された．1999年度末には，学会HPが開設された．1999年9月には，学術図書「農作業学」が刊行された．1998年度末の会員数は659名であった．2000年11月には，CIGR 2000年記念世界大会がつくばで開催された．また，学会シンボルマークが制定され，以後さまざまな場面で利用されるようになった．

　2001～2003年度は，会長に塩谷哲夫，副会長に坂井直樹・石川文武が就任した．庶務は生研機構，会計は中央農研，編集は茨城大学に置かれた．2001年度学術賞が宮崎昌宏（傾斜地カンキツ園の歩行形機械化体系の開発と評価に関する研究）に授与された．2003年度学術賞が冨樫辰志・下坪訓次（水稲代かき同時打ち込み点播機の開発）に授与された．2003年度末の会員数は590名であった．

6. 最　近

　2004～2006年度は会長に坂井直樹，副会長に堀尾尚志・森泉昭治が就任した．庶務は筑波大学，会計は中央農研，編集は東京農業大学に置かれた．2004年8月には，インドネシアで海外セミナーが開催された．2004年度春季大会では，終身会員制度が導入された．この結果，会員は正・終身・学生・購読・名誉・賛助の6種となった．2007年度学術奨励賞が前川寛之（作業姿勢改善に視点を置いた野菜，果樹等の仕立て方），長崎裕司・川嶋浩樹（地域特性に対応した野菜の農作業・施設に関する研究）に授与された．2006年度春季大会では，評議員定数の改訂および会長・副会長などの役員選出規定が変更された．農作業用語集（CD-ROM版）が出来上がり，新入会員を含むほぼ全会員に無料配布された．

　2007～2009年度は会長に坂井直樹，副会長に堀尾尚志・石川文武が就任した．庶務は筑波大学，会計は中央農業総合研究センター，編集は茨城大学に置かれた．2006年度末の会員数は559名（正442・終身14・学生17・購読72・賛助6・名誉8）であった．2007年度学術賞が小松崎将一（カバークロップを利用した農作業システムに関する研究），学術奨励賞が南川和則（水田からの温室効果ガス発生抑制のための圃場管理技術）および佐藤達雄（キュウリのかん水同時施肥栽培における葉数変化を生育指標とした施肥管理技術）に授与された．

7. 今後の方向

　創立以来，一貫して作業安全色といわれる黄色が本会のシンボルカラーになっている．かつては狭義の労働や作業に関する研究が本会のほとんどすべてであったといっても過言ではないが，最近ではそれらの重要さは変わらないものの，研究範囲や手法は確実に拡大深化している．例えば，食のグローバル化や安全性，環境保全や持続性，地球環境問題，農業景観，農業セラピー，農村活性化，農業教育や普及など，本会が担当することの可能な分野が確実に増えているように感じられる．ここで本会の特徴を改めて整理してみると，"人間の側に立って農作業合理化研究を進める"，あるいは"作業をする人間の視点を重視して農業活動の最適化やシステム化を希求する"と捉えることができよう．ここでいう最適化やシステム化は，本来が動的な概念であり，研究対象や手法を含めて社会の要請や価値観，研究進度などで変わりうる．本会には，"作業主体"である人間という複雑な対象をつねに視野に入れた総合システムとしての成果を世に問う姿勢，そのために間口や奥行きの広さ，あるいは方法論の斬新さや思考の柔軟さなどが必要とされているはずである．日本農学会を構成する学会の一つとして明確な個性に裏づけされた"旗印"を掲げる一方で，今後とも社会が期待する役割を存分に果たしていくには，日々の自覚と研鑽が改めて求められていることは間違いない．

（坂井直樹）

第47章　農業施設学

1. 農業施設学会の生い立ち，その活動理念および活動概要

　農業施設学会（www.sasj.org）は1970年7月に農業施設研究会として発足した．その設立の目的は『農業施設の研究と開発利用を推進し，その知識の向上と技術普及を計ること』である．その4年後の1974年3月に日本学術会議の登録団体として認定され，農業施設学会と称し，刊行学術誌として『農業施設』第4巻2号の発刊を果たしていた．また，1974年1月に日本農学会に加入している（杉山直儀，10周年記念特集1979）．

　農業施設研究会が発足する3年前の1967年の稲作の大豊作以来，わが国の米作は恒常的な生産過剰傾向が続くことが明らかになって，1970年以降は生産調整という行政措置がなされるようになるほどの，わが国農業の激動期に農業施設学会が発足した．このような社会的背景の中で，農業施設学会の目指した理念は本学会創設に意欲的に活動した故森野一高教授によれば，「農業施設は建物を伴う農業生産の場である．この場は単なる場所ではなく各種機械の設備を備えた生産機能を伴った空間を意味する．また，農業生産は農業機械の整備，肥料，農薬の保管貯蔵のように間接的な生産行為を含める．農業施設の所有や形態から言えば，個別農家の施設から共同利用の施設までも含まれる．また，生産の仕組みから見れば，化学工業などで言う装置，すなわちプラントに当たるものが農業施設と見てよい」としている（船田　周，20周年記念特別号1989）．これを平易に記述すれば，農業施設学は『空間の機能化に関する学術』といえる．

　農業施設学会の一貫した学術活動の理念は「大学や研究機関の学術研究のみにとどまらず，応用科学として実際の施設が農業の場で利用される開発技術につなげる産・学・官の連携を念頭に置いた

活動」であり，これを現在も実学的研究，応用科学の実践を貫いた活動として堅持していることが特徴である．この理念は，年1回の学術研究発表会に加え，学術シンポジウムとして，技術開発された農業施設について現場で検討する活動を常置化していることに現れている．このシンポジウムでは新しく技術開発された農業施設やシステムを見学し，これに基づいて開発利用に関するさまざまな問題の検討とその抽出を研究者，技術者および行政担当者が渾然一体となって議論する場を持っている．農業施設はその設置において，多額の投資を行なうことが多いので，新技術に対して学会として年に約2回，研究者や技術者が農業者と目線を同じにした研修会の開催を続けている．さらに食品製造や流通に重要なHACCPやGAPについての理解を深めてもらうために，各種のシンポジウム，セミナーやワークショップを通じた活動を行なっている．また，発足直後から海外の研究者とのシンポジウムを主催し，学術研究のグローバル化に対応していることも特徴である．

　なお，本学会は1984年6月に設立された日本農業工学会にメンバー会員として加盟している．この日本農業工学会は，農業工学の全分野を包括する唯一の国際学術団体である国際農業工学会の国会員として加盟が認められている．国際農業工学会（www.cigr.org）はアメリカ農業・生物工学会，ヨーロッパ農業工学会，アジア農業工学会，アフリカ農業工学会　やラテンアメリカ農業工学会などの地域会員や国会員を傘下に置き，FAOやUNIDOなどの国際機関が協賛会員に加わっている．また，CIGRに7つ置かれている専門部会からISOの会議に派遣している．

2．発足後10年間の学術活動

　わが国農業の激動期に本学会は発足したが，わが国の経済は高度成長期に突入していて，農業施設の整備にかかわる社会的要求は高く，特に農産施設ではポストハーベスト技術研究として乾燥調製施設，青果物流通施設，選果・出荷施設に関する技術開発がなされた．減反政策に対応して多くなってきた園芸施設ではエアーハウスや無支柱ハウスの開発，ジャガイモやサツマイモの園芸貯蔵施設の開発が見られ，これに関係する熱工学や流体力学的な解析が盛んになった．また，同じく畜産施設の台頭に伴い，畜舎における作業管理体制，畜舎設計のための基本的資料の収集，家畜糞尿処理施設の研究が開始された．このように，農業施設学会発足当初10年間の研究では関連する5学会，即ち，農業機械学会，園芸学会，畜産学会，農業気象学会，生物環境調節学会（現在，生物環境工学会）の研究者による積極的な協力と支援により目覚しく進展した．八郎潟に設置されたカントリーエレベータの開発は農業機械学会と農業施設学会の共同研究の成果が盛り込まれた米麦施設であり，これに携わった当時の若手研究者や大学院の学生が大学や研究機関で活躍していることが特筆される．他の学会との関連については，農業施設学会特集号（農業施設学会編集委員会，1979）に詳しく述べられている．

3．中期の学術活動

　1980年から1990年頃までの活動では，1973年に勃発した第一次石油ショック以降，省エネルギや代替エネルギ開発研究が含まれ，施設を対象とした開発研究に加え，熱工学，流体工学，計測工

学や生物工学などの多岐にわたる工学的手法の導入とその手法を駆使した研究が農業施設学に多く認められる．わが国経済の高度成長に支えられながらも乾燥調製施設の乾燥装置，園芸施設の温室や流通施設の予冷・冷房など化石エネルギの消費の多い施設の省エネルギや代替エネルギの開発に関する研究の要請がにわかに高まり，農業施設に関わる研究者や技術者のこの問題に対する取り組みが盛んになった．味覚の判定，果実表面の傷の検出と判定などセンシング技術の発展に伴って精米施設や選果施設のメカトロニクス化が普及し始めた．さらに，過去十年間の研究の発展に加え，農業施設に対する体系化が進展した．農業施設20巻特別号のレビュゥ（農業施設学会編集委員会，1989）を概観すると農業施設は米麦施設（水稲育苗施設，穀類共同乾燥調製（貯蔵）施設（RC，CE，DS），農業倉庫，精米施設），農産物流通施設（予冷施設，貯蔵施設，選果選別施設）のように対象とする農産物の調製や加工を主として整理を試みているが，手法で分けているのが畜産施設（施設環境，構造・材料，糞尿処理・利用，管理作業，計画・設計，機械・設備），園芸施設（構造・材料，環境調節，養液栽培），エネルギ関連施設（自然エネルギ，バイオマスエネルギ，廃棄物エネルギ，地域的エネルギ利用）で関連する畜産学，園芸学，生物環境調節学やエネルギ工学の影響を受けた整理がなされている．このように農業施設の体系化はこの20年間の研究進展を受けてなされ，農業施設の専門家98名の執筆による農業施設ハンドブックが創立20周年記念事業の一環として刊行された（農業施設学会，1990）．

　農業施設の設備の普及の観点から見ると1988年の統計では，米麦施設のうち，育苗施設は約4,000施設，ライスセンタ（RC）は3,100施設，カントリーエレベータ（CE）は354施設に達し，その背景には，収穫作業のコンバイン化が急速に進んだ結果とみられている．加えて販売に有利な銘柄米の作付けが増加し，米の生産が量から質の転換に対応する動きに連動していると考えられている．農産物流通施設では，1986年の統計では予冷施設は1,600施設に達し，目覚ましい発達を遂げている．また，低温貯蔵施設のうちCA貯蔵は，ガス環境を制御する新規な貯蔵システムである．これが青森県産りんご貯蔵に導入され，導入当初1,000 t程度の貯蔵能力であったが，1986年には，67,000 tに達している．一方，選果選別施設では，1986年には全国標準規格が16種類の果実と29種類の野菜について規格化された．これらの規格化では形や大きさの階級が数値化されたが，味覚，色彩，傷などの品質にかかわる等級の数値化は未発達であった．階級選別の開発では，オプトエレクトロニクスを応用した選果選別装置のコンピュータとの連動によるメカトロニクス化が進められた．

4．農業施設中期から現在までの学術活動

　この期間は日本経済の激動期であり，経済・金融の立て直しと政府財政の改善と引き締めや貿易の自由化など農業を取りかこむ環境の変化は著しく，経済のグローバル化を含めわが国は未曽有の社会変化を経験した．このような背景の中で，過去20年間の学会活動の蓄積に基づく社会のニーズに応えた研究成果の発信ならびにグローバル化に対応した研究活動が行われた．その結果，農業施設はコンピュータ，エレクトロニクス，バイオテクノロジーの発展に伴って，大規模化，省力化，高性能化を達成し，非破壊法による等級選別法の確立，農業ロボットの導入，野菜工場など農業生産の工業化に向かった動きを見せている半面，持続的農業を指向した農業施設の開発研究も生まれて

いる．また，地球温暖化防止に対応した二酸化炭素削減の要請に応えた研究もエネルギ関連施設の研究開発を引き継ぎ，かつ農業環境保全の研究に加え，層の厚い開発研究と多岐にわたる分野の研究がなされている．このために，農業施設に関する分野の用語の統一の必要性が高まり，農業施設用語事典が編纂（農業施設学会・農業施設用語編集委員会編集，1989）された．また，ポストハーベスト技術から食品工業への対応を図る研究やバイオマスエネルギ開発におけるバイオ燃料の開発研究の取り組みがなされている．以下に列挙するとおり農業施設学会開催のシンポジウムやセミナーにその活動が明確に表れている．寒冷地における畜産施設の低コスト化（1990年），農産物・食品の流通技術（1991），農産物流通におけるハイテクノロジー（1993），食糧生産性を高める新技術と農業施設の役割（1996），農業施設とマーケッティングのフロンティア（1996），環境保全型農業の新技術（1997），大型農業施設の現状と将来展望（1998），環境保全型農業技術の将来展望（1999），畜産廃棄物処理と環境問題（2000），食の安全と品質保証システムの新展開（2004），SQFと食の安全・品質管理の新展開—農場から食卓までの食の安心安全を守る—（2005），東アジアにおけるバイオマス利用の現状と方向（2005），食の安全・品質規格（ISO22000，SQF）と品質向上に向けた新展開（2006），環境分野での農工連携の可能性（2006），バイオエタノール製造技術セミナー（2007）がある．また，海外との研究交流も盛んになり，持続的農業および食料システム（1997，米国），中国の持続的農業および食料生産システム（1999，中国），農業施設と環境（2004，韓国），中国瀋陽世界園芸博覧会見学（2006，中国）がある．なお，2000年に国際農業工学会の世界大会（21世紀記念大会）がつくば市で開催され，農業施設学会に所属する研究者は第2専門部会（農業建築，設備・構造及び環境），第4専門部会（農村電化およびその他のエネルギ源），第6専門部会（ポストハーベスト技術およびプロセス工学）および第7部会（農業情報システム）において多くの研究発表を行い，わが国の農業施設研究の水準の高さを世界に知らしめた．

（前川孝昭）

第48章　農業経済学

　農業経済学においては多様な研究方法と研究対象を基礎として多くの研究領域が存在しており，その全貌を限られた紙幅の中で明らかにすることは決して容易ではない．そこで，以下においては研究方法に基づいて，近代経済学的方法の研究とそれ以外の方法の研究に大区分して叙述することにした．

（谷口信和）

1．近代経済学的方法の研究

（1）はじめに

　農業経済学会は，1924年（大正13年）にスタートし，すでに80年以上の歴史を有する．その発足以来の歴史を，近代経済学的分野に限ってとはいえ，限られた紙数の中で叙述することは至難といわざるをえない．

　ただ幸いなことに，農業経済学の学問的成果については，逸見謙三・梶井 功編『農業経済学の軌跡』（農林統計協会，1981年），荏開津典生・中安定子編『農業経済研究の動向と展望』（富民協会，

1996年）などのすぐれた総括がある．近代経済学的農業分析に限っても土屋圭造「日本農業の計量経済分析：展望」（『季刊理論経済学』1967年3月），泉田洋一編『近代経済学的農業・農村分析の50年』（農林統計協会，2005年），原 洋之介『「農」をどう捉えるか』（書籍工房早山，2006年）などの重要文献が出版されている．総括の詳細はそちらに譲り，本稿では学問の大きな流れと，近代経済学的農業分析の特徴についてのみ触れることとする．

（2）農業経済分析

日本における近代経済学的農業分析の嚆矢は何と言っても，東畑精一の『日本農業の展開過程』（1936年）であろう．この本は，シュンペーターの経済発展理論を日本農業に適用して日本農業の動きを規定する要因を探った画期的農業経済論であり，その「日本農業を動かすもの」という論理は現在も有効である．また戦前では大川一司の需要弾力性推計や神谷慶治の生産関数分析が特筆される．いずれも，戦後の計量経済学的分析の萌芽として位置づけられるものである．

戦後の近代経済学的農業・農村分析は，戦争の原因ともなった農村貧困問題の分析からスタートした．農村の貧困問題をもたらす基底的要因を探っていけば，農民の低所得，農業の低生産性という媒介項を経て，「農村過剰人口」にたどり着く．現在の発展途上国における農村の貧困問題がそうであるように，当時，農村労働力の過剰な存在が貧困の規定要因であると認識された．したがって，農業・農村分析に関連するいくつかの問題が「農村過剰人口」という観点を基本に据えて整理されたことは当然であろう．

「農村過剰人口」はしかし一筋縄ではいかない概念である．なぜなら，その現象は第1に経済構造全体の中に埋め込まれたものであり，また第2に経済発展のある段階に出現する歴史的な性格を有するものでもあったからである．したがって，この問題に肉薄するためには，第1の点からいえば，一国の経済構造の中に農業問題の本質を見ようとする態度が不可欠である．また第2の点は，農業問題の長期的・歴史的な分析を要請するものである．高度経済成長の初期（1965年頃）までの農業経済分析には，大川一司らによる一連の業績など，こういった視点からの分析が多い．生産性の水準の計測，その規定要因，農業と他産業の相互作用，そして主体均衡論としての農家労働供給の特異性が，農業と他産業の比較，あるいは長期的な動きを意識しながら議論されたのであった．

生産性分析は，より洗練された手法を使った農業生産関数分析へと発展していく．また，二部門モデルは，発展段階的な視点とも相俟って，長期の統計整備という成果を生んだし，その統計整備を踏まえた日本農業の長期的成長分析にもつながった．農家の労働供給行動は，偽装均衡論を経て，農家行動分析（主体均衡論）や企業・家計複合体論という成果を生み出した．

1970年代後半以降の近代経済学的農業・農村分析は，さらにいくつかのトピックスに細分化される形で議論されるようになる．農村の貧困という問題は高度経済成長の中で影を薄くし，国民経済の発展過程での農業という側面が前面に出てくる．食料需要分析が精緻化され，生産関数分析は農業の成長過程の分析という文脈のもとでなされるようになった．その全体的動向については，荏開津・中安編（前述）あるいは泉田編（前述）にゆずり，ここでは言及しない．

一点だけ追加して述べるならば，1986年に出版された速水佑次郎『農業経済論』は，近代経済学的農業分析のひとつの集大成であった．この本は，農業経済分析のそれまでの成果を踏まえ，農業問

題，食料問題を経済発展段階的に位置づけるとともに，国際比較の座標軸を取り入れた画期的日本農業論であった．

（3）農業・農村分析の多様化

日本経済が低成長期に入った頃から，農業経済学の分析対象は大きく変貌した．一般的な表現を使えば，農民の貧困問題を意識した研究からより多様・多彩な研究への変化である．戦後から高度経済成長の開始時点では，農民の貧困問題を意識しながら，この問題の本質的な解明とその解決策を目指して，農家行動，生産性の低位性，過剰就業などが議論された．他方で，流通やアグリビジネスはあまり取り上げられていない．しかし最近では，近代経済学的思考のもとでの研究は著しく多様化しており，消費，流通，加工，貿易，環境，資源などを含めてさまざまな研究課題が「農業経済学」の対象とされている．フードシステム論が登場し，農業経済研究のひとつの大きな流れになっていることも重要である．グローバル化の中で外国との関係をどう構築するかも大きなテーマである．1961年と1999年に成立したふたつの基本法の名称から，この50年間における研究分野は，「農業」分析から「食料・農業・農村」分析へと変わったと表現しても，過度の単純化とはなるまい．

研究対象の変更は，対象そのものの変化から規定されている．まず第1に，日本の農民の貧困は高度経済成長過程の中で解消された．農民1人当たりの家計費支出が勤労者世帯のそれを超えたのは1970年代初頭であった．第2に，消費者の支払う金額の中に占める農業素材産業の比率低下が挙げられる．速水佑次郎・神門善久『農業経済論（新版）』（2002年）によれば，食料消費支出に占める国内産食料素材の比率は1955年の55％から1995年の16％にまで落ち込んでいる（同上，p.132）．1955年における有業人口に占める農林水産業の割合はなお4割もの水準であった．したがって，戦後20年ほどは農業経済学の中心は生産者農民の問題と見なす思考が定着していたことはやむをえないことであったろう．当時は，流通や加工，マーケティングなど農業周辺部分に関わる研究にはまだ着手できなかったのである．第3に，環境，食の安全，あるいはグローバル化がもたらす新たな諸問題が登場していることをあげる必要があろう．この中には途上国における農業・農村問題も含まれるが，途上国分析は，日本の農業経済学が初期に問題とした構造分析の応用という性格も有している．

（4）近代経済学的農業・農村分析の特質

日本の近代経済学的農業・農村分析のポジティブな面での特徴は，おそらく以下のような4点としてまとめることができるであろう．

第1に，すでに述べたように，農業問題を国民経済の発展の中で起こるものと捉えたことがあげられる．すなわち，農業・農村の直面した貧困・低生産性といった問題が農業と非農業部門の相互関係の中で生じることが把握されていた．

第2に，農業問題を長期的ないし歴史的なスパンの中でとらえようとしていたことがあげられる．この点は大川一司，石川 滋（発展段階アプローチ），速水佑次郎らの農業・農村分析に貫徹している視点である．ただし，最近の研究は長期的視点から農業の問題を捉える姿勢が希薄化しているのかもしれない．

第3に，数字に基づいた分析．この点は，必ずしも計量的な分析を意味しない．むしろ数量化したものをベースにして議論する態度ないし方法と理解しておくべきであろう．

　第4に，以上の分析から得られる農業・農村経済の理論の妥当性を外国との比較ということを通じて検証していくことが要請された．ここには，農業問題に関する日本の特殊理論の妥当性検証という要素があったことは間違いない．また，日本の経験を判断材料とした低所得国農業・農村の発展戦略構築といったことも，農業経済学者の外国進出のインセンティブになっていたと思われる．

　こういった伝統は世界の農業経済学とも共通するあり方である．社会問題に対する先輩たちの果敢なチャレンジ精神を受け継ぎ，新しい農業・農村問題に肉薄していくことが日本の農業経済学者の使命であろう．

（泉田洋一）

2．非近代経済学的方法の研究

　農業経済学会は1924年11月の発起人総会をもってスタートした．第1次世界大戦を契機に世界経済の一環に組み込まれた当時の日本では，農業・農村問題が大きくクローズアップされた．その中心に小作問題があった．農業経済研究もこうした現実問題をふまえて展開され，地主的土地所有の性格規定，小作慣行の実態究明，海外土地制度の比較研究などの分野で注目すべき研究成果が生み出された．また戦時期には，生産力増強という時代の要請もあって農業技術の史的発展過程についての実証的な研究が相次いだ．

　小作問題は戦後実施された農地改革によって解消した．この過程で，農地改革の実施過程とその帰結，改革後自作農の性格規定などをめぐって多くの研究がなされた．

　農地改革が生み出した戦後自作農体制の特質とその変革可能性が，その後の重要な研究テーマとなった．1950年代中頃にスタートした高度経済成長は，農業セクターにも大きな影響を及ぼした．とりわけ都市工業部門の発展が農村過剰人口を吸収することが期待された．経済発展による農村から都市への労働力移動を零細農家の離農に結びつけ，農業の構造改革を図ろうとしたのが1961年制定の農業基本法であった．しかし農業基本法の政策目標は実現しなかった．農家人口は予想を超えた規模で流出したにもかかわらず，それがただちに離農をもたらさなかったからである．その結果，農家の大半が兼業農家となった．こうした現実の推移を背景に，農業基本法の政策意図や現実的効果などをめぐって農業経済学分野でも多くの研究と論争が展開された．

　「兼業農標準化」とでも称すべき事態が進行する中で，稲作部門では規模による生産性格差が拡大し，借地による規模拡大の可能性が注目されるようになった．1960年代後半の相対的高米価と単収上昇に支えられて上層農の剰余形成力は強化されたが，他方零細農は，生産資材の過剰投資によって収益性を低下させた．上層農の土地純収益で零細農の稲作所得をカバーできる現実的可能性が生み出されたのである．上向展開力をもつこの稲作上層農は，「新しい上層農」「小企業農」などと規定されたが，「新しい上層農」概念の妥当性，その経営展開力，普遍妥当性などをめぐって，ホットな議論が展開された．1970年以降，多くの業績がこの分野で生み出されていくことになる．「新しい上層農」論は，農業政策にも大きな影響を与えた点で注目される．農地法制は，これ以後，借地促進的方向に舵を切られていくのである．

しかしながら，「新しい上層農」論には，批判的見解も少なくなかった．不安定な借地関係と零細分散耕地制の上に成立した借地型上層農が安定的な経営的成熟をとげていく可能性について疑問が提示された．また，米過剰下で米価水準が抑制された結果，経営の上方展開力は大きく減殺され，1970年代以降はむしろ全面的落層を問題にすべきだという指摘もなされた．こうした批判の中から，兼業農家をも包摂する集団的営農によって地域農業の再編可能性を探ろうとする研究が生み出された．以後の研究は，農業構造改革の推進力を個別拡大型の企業的農家に求めるか，集落を基盤とした集団的対応に求めるかの違いを含みつつ，農業の担い手論として展開していくことになる．

農業の担い手論をめぐっては，1980年代中葉以降，多くの実証的研究が積み上げられていった．個と集団の補完関係に着目する農業生産組織論，家族経営に代わる多様な農企業形態への着目などが代表的な成果である．またこれとの関連で，直系制家族形態を基本としてきた農民家族の変容実態についても理論的・実証的研究が生み出された．

農業構造改革の最も難しいのが稲作部門であるが，この部門でも1990年代中頃に重要な政策転換がみられた．1994年の食糧管理法の廃止とこれに代わる「食糧法」の制定である．これにより米の流通規制はさらに緩和されたが，学会では，食糧管理法の機能，米の価格形成と流通構造，新たな市場対応と産地間競争などをめぐって議論が展開された．稲作部門は依然として過剰問題を解決できていない．1960年代中葉に始まる減反政策のもとで，多くの研究が積み重ねられてきた．米過剰の要因，効果的な過剰対策，転作定着のための制度設計などについて，理論・実証両面での成果が生み出された．こうした議論を背景に，米の生産調整政策は2004年から大幅に変更された．生産調整の責任は基本的に生産者団体が負うことになり，生産調整への参加も生産者の自主的判断に委ねられることになったのである．

土地利用型部門での構造改革がなかなか進展しない状況の下で，1999年には農業基本法に代わる食料・農業・農村基本法が制定され農政の新たな枠組みを設定した．同法では，① 消費者負担型から財政負担型農政への転換，② WTO次期交渉をにらんだ政策の「グリーン化」の2点を前提として理念・政策の整理がなされている．しかし価格政策の規模と手法を厳しく限定し，価格形成を基本的に市場原理に委ねるという「新基本法」のもとで，同法が追求しようとする農業・農村の「多面的機能の発揮」，「望ましい農業構造の確立」，「農業の自然循環機能の維持増進」などの政策課題がはたして実現しうるのかどうかをめぐって活発な論争が展開されている．「新基本法」をめぐる議論の過程で注目度を高めているのが農業の多面的機能である．食料生産という基本機能の他に，国土保全，景観形成，文化伝承，保健休養などの多面的機能を農業が有していると強調されるのである．農業が提供する公益的便益を正当に評価することによって，農業保護の新たな論拠にしたいという問題意識もそこにうかがえる．こうした観点から，農業の多面的機能の経済評価，多面的効果発現のための制度設計などについて議論が深められた．

1980年代の中頃から，農業保護政策の是非やその形態をめぐる議論が，さまざまな立場から展開された．日本の非関税障壁による農産物の輸入制限措置も論点のひとつであった．とりわけガット・ウルグアイ・ラウンド農産物貿易交渉における米輸入の関税化問題は，学会をあげての議論を巻き起こした．問題の性格上，議論の一致はみていないが，この論争を通して，農産物貿易がもたらす経済厚生上の得失や国際農産物市場の特性などについての議論が深まった．また，各国の農業保護

政策の実態とその問題点，農政改革の方向性についても実証的研究が数多く出された．

　1994年の世界貿易機関（WTO）発足と2000年からの農産物貿易交渉の開始は，農産物貿易と保護政策のあり方をめぐる議論を改めて活発化させた．今回の交渉には数多くの開発途上国が参加しており，そのことが農業保護や農産物貿易をめぐる利害関係を錯綜させ，新たなルール作りを一層難しくしている．さらに今回の交渉では，地球環境問題への配慮が強く要請されている．農業保護と農産物貿易の新たな国際秩序をどう構築していくかについての議論は今なお進行中であり，どう収斂していくか予断を許さないが，学会ではWTO交渉に向けた各国の農政対応と日本の戦略，食料自給率の向上と食料安全保障，自由貿易協定（FTA）の意義，東アジア共通農業政策の展望などをめぐって議論を深めてきた．

　以上，農業構造問題と農業保護をめぐる分野に絞って研究成果を整理した．以下では，こうした整理から抜け落ちたふたつの分野について簡単にふれておく．

　第1は食の安全をめぐる分野である．1990年代中頃に浮上したBSE問題以降，食の安全性をめぐる経済分析が学会の重要な研究テーマとなった．食の安全にかかわる評価・管理制度，情報提供のあり方，リスクマネジメントなどの点について，精力的に研究が進められた．食の安全問題は「食の外部化」と密接に関連している．農業経済学研究も，これに伴って研究対象を拡げてきた．食生活論や食品・外食産業分析などが代表的な成果である．

　第2はジェンダー視点が農業・農村研究でも積極的に採用されるようになったことである．農村女性は，農村生活・農業生産の両面において，一貫して重要な役割を果たしていたにもかかわらず，その貢献を十分に評価されずにきた．しかし農村の再編・活性化に女性の能力活用が不可欠だという認識が近年高まってきた．こうした観点から，農村女性の労働・生活実態，権利状況，地位向上に向けた制度設計等について研究が深められてきた．

（岩本純明）

第49章　農業経営学

1．はじめに

　農業経営研究は，その対象である現実の農業経営の変化に対応する形で展開をとげてきた．"50年史"で述べられている農業経営研究は，農業経済学会が創設される大正期から昭和40年代後半のいわゆる高度成長終焉期までを対象にしている．すなわち，農業経営に関する外国の理論書の翻訳と農家経済論が主流であった昭和戦前期，生産構造論的研究に代表される農地改革・自作農展開期，生産経済学と限界分析手法を取り入れた経営計画論（主体均衡論）的研究が展開され，生産構造論的研究では農法論が展開される高度成長期，そして，個別完結経営だけではなく生産組織や地域農業などの農業組織論も展開されてくる高度成長終焉期の農業経営学である．ここで取り上げるのはそれ以降から現在までの研究の展開についてである．

2. 高度成長期終焉以降の農業経営をめぐる状況

　日本の農業経営にとって高度成長期は，総じて，農村から都市への人口流出による農産物の需要拡大，とりわけ所得向上による選択的拡大作物の需要拡大が続き，高い農産物価格が実現されていた幸運な時代であった．ただし，食の洋風化が進展する中で，米が過剰基調となり転作政策を導入せざるをえなくなるなど，伝統的農産物を生産する農業経営は苦戦を強いられてくる．

　しかしその後，日本の農業経営を取り巻く状況は大きく変貌をとげることになる．作れば売れる高度成長期時代が終焉し，昭和50年代以降，選択的拡大作物もいわゆる成熟市場の状況に変わると，国内の競争が激しくなる．さらに，農産物の海外からの輸入自由化が進展する1985年のプラザ合意以降，残存輸入制限品目の解除が進行し始め，唯一その対象であった米も関税措置に移行した1999年から現在までは，すべての農産物がグローバルな競争にさらされ，さらに厳しい状況に置かれてくる．いわば市場競争の原理が色濃く農業・農村に浸透し，農業経営は国際的視野を必要とするようになった．

　またコンピュータ普及などによる情報革新がバイオテクノロジーなどの技術革新と絡み合って従来とは異なる農業経営技術やマーケティングを登場させた．さらに温暖化等環境問題が深刻になる中で，持続可能な環境保全型農業経営への農法転換が求められるようになってきた．化学農薬・化学肥料に依存した従来の農法が環境汚染をもたらした結果，農業を環境への加害者と見なし，その責任を問題にする風潮も年々強まっている．この問題を解決するには利害関係者（ステークホルダー）がキーになると考えられるようになっている．

　こうした経済環境や理念の変化に対応した経営戦略，それに基づく経営管理および組織化，経営の戦略・管理・組織化ができる経営者能力，さらにはそれに適合的な企業形態あるいはビジネスモデルに関する議論が新たに登場してきた．それぞれの領域で研究がなされてきたが，この30年間，その研究の具体的内容はきわめて広範なものになっている．言い換えると，従来の生産構造論的研究や主体均衡論的研究がぼやけ，理論的には一般経営学の影響が色濃い農業の経営戦略論，管理・組織論，経営者能力論，企業形態論が展開される．これは，そうした理論が適用できるような農業法人タイプの企業経営が，実態として，多く誕生してきていることを反映している．

3. 農業経営学理論

(1) 経営戦略論

　農産物の輸入自由化や規制緩和による「保護農政」からの転換の中で，グローバルな競争は熾烈であり，日本農業は壊滅的状況に追い込まれている．日本農業経営学会は，研究大会シンポジウムの統一課題を1999年には「新しい農業経営の出現とその評価」とし，こうした逆境を克服し，新たな農業経営を展開させている経営は，多角化し新規事業に活路を見出したり，新たな市場を開拓し独自のマーケティングを行うなど，新たな経営戦略をとっていることを確認した．2000年には「新時代に向けた農業経営理論の再構築―農業経営学の新たな地平―」とし，外部環境へのマネジメント，戦略的多角化の役割など，戦略と経営発展に関わる理論的検討を行った．

2001年から2003年までは「循環型経済社会の構築に向けた農業ビジョン」の統一テーマで，差別化戦略としての環境保全型農業への移行と社会的責任および主体間連携について学会として初めて検討を行った．

2004年から2006年までは，与件大変動期における水田農業の問題を統一課題として，稲作経営の戦略について検討した．与件すなわち経営の外部環境がドラスチックに変化する中で，基本的な経営戦略の見直しが必要であり，早急にそれを担う主体の確立と地域水田ビジョンの構築が必要であることが明らかにされた．

（2）経営組織論

基本的に家族労働力によって担われる家族経営においては，大企業のような経営内部組織問題は論じられず，経営組織論はもっぱら作目・地目を組み合わせる複合経営論として展開されてきた．しかし家族経営でも近年雇用労働力をかかえる「雇用型家族経営」が増加してきており，労働力の増加に対応した経営組織の変更に関する研究が行われるようになった．

農業経営学においては，一般経営学の組織論を地域に適用し，地域農業の組織化論として展開している．地域農業の組織革新として中間組織体の存在意義を強調した研究をはじめ，地域営農システム論，地域システム転換論，地域複合化論，近年では地域アグリビジネス論が展開されてきている．

（3）経営者能力論

農業経営学において経営者論あるいは経営者能力論が展開されるようになったのは比較的新しい．その大きな理由のひとつは，分析症候群とも言うべき弊害，数量的データ・客観的事実に基づく分析にあらずんば研究に値しないという風潮が支配的であったことにある．経営者能力は数値化しにくいからである．

しかし経営者の理念，企業家精神，管理能力等経営者の職能に関する能力は極めて重要であることから，近年，木村伸男等によって定性的分析も含め経営者能力が検証されてきている．

また経営者能力論とは少し異なるが，農業界においてもモラルが問われる事件が多発する中，経営倫理に関する検討がなされるようになってきた．

（4）農業の企業形態論

農業の企業形態論としては，家族経営を補完，克服ないし代替するタイプとして共同経営論や生産組織論あるいは農業公社論が展開されてきた．しかし，家族経営自体が構造変化をとげ，近年1戸1法人が増加し，また生産組織の一部に任意組織から法人化するケースが増加するにつれ，有限会社（会社法の変更で現在は株式会社）等の会社法人と農事組合法人の企業形態としての特質に関する研究が展開された．有限会社の増加と農事組合法人の減少は，設立の容易性や営利性を目的とする特徴が今日の経済環境に適合していることにあることが明らかにされた．

(5) 経営計画・管理論と分析手法

いわゆるPLAN（計画）-DO（実行）-SEE（管理）というマネジメントサイクルは，経営実態の情報に基づいて改善計画を立て，それを実行し目標通りに遂行されているかどうかを分析するという一連の過程であるが，それぞれのマネジメント機能を有効に把握するための手法の開発はこの30年間で急速に行われた．その代表格が数理計画法である．

コンピュータのハードウエアおよびソフトウエア両面における著しい性能の向上によって，複雑な農業経営の実態に即した現実味のある数理計画モデルを作成・利用することが技術的に容易になってきた．たとえば，ヘドニック法を適用し農産物の価格と属性の関係を明らかにして価格を予測する，あるいは選択型コンジョイント分析によって農業技術の多面的評価を実施する，リスク回避行動を予測する，CVMにより地域農業投資水準を判断する，ゲーミングシュミレーションを家族経営の経営管理の意思決定教育へ適用するといったように，経営計画や経営管理の局面に，次々と開発されてくる分析手法が今後現実に広く用いられる可能性がある．とくに，農業経営の計画をめぐる理論と応用の研究において数理計画法（線形計画法，目標計画法，確率的計画法，整数計画法）を中心とした発展がみられるが，この背景にはミクロ経済学，OR，マネジメントサイエンスの分野における方法論の発展がある．

数理計画モデルを用いた経営意思決定支援システムは行政からの要請もあり，主として旧国立の研究機関で開発されてきており，その成果は一部の農業経営者や農業改良普及員に採用されつつある．しかし，現段階ではOR的・規範的意思決定論のフレームワークを反映し，もっぱら手法の開発だけに終わり，計画・管理のマネジメントサイクルの過程における実証的研究まで至っていないことが多い．

4．その他

各論として水田農業（大規模化，水田利用方式，複合化，担い手など），畑作農業（土地利用再編，産地，市場対応，高齢化・後継者不足問題など），園芸（野菜産地，新技術の経営的評価，普及，マーケティングなど），畜産（経営学，財務分析，固定化負債問題，経営診断，経営規模，堆肥利用，耕畜連携など）に関する研究は数多くなされている．

なお，どの領域においても担い手不足・後継者問題が深刻であるが，近年，これを後ろ向きに捉えるのではなく，たとえばOJTの構築であるというように積極的に位置づけた「経営継承」の問題としての研究が行われている．

（津谷　好人）

第50章　国際地域開発学

1．学会の創立と社会経済的背景

日本国際地域開発学会の前身は，「日本拓植学会」である．この「日本拓植学会」は1966年に創立されたもので，その目的とするところは，「国の内外における自然的，経済的，社会的開発に関する

諸問題を研究し，拓植学の進歩とその発展を図る」こととされていた．会誌「拓植学研究」の創刊号に記されている初代会長による「創刊の辞」をみると，経済復興を遂げ国際経済に重きをなすに至った日本の，途上国に対する開発協力の必要性を指摘している．続けて「国際経済協力」は，資本協力，技術協力，企業進出，移住などの方式をもって経済開発に向けられているが，これこそ正に戦後の国際経済の要請に応えるもので，世界の進歩と平和，人類の福祉増進に寄与するところきわめて大きいとして，新拓植学が学問的に体系づけられることを期待する旨が記されている．

　創立当時のわが国の社会経済的背景をみると，大戦後の食料難の時代から，1955年以降の食料不足の緩和と経済復興期を経て経済成長期にあり，これに伴って国民の間に途上国への開発や協力援助に対する理解と必要性が定着しはじめた時期であった．わが国政府による途上国の開発協力に関する活動は，1954年に実施されたコロンボ計画への参加を以って嚆矢とするが，これ以後1962年には「技術協力事業団」が，1963年には「海外移住事業団」が，そして1965年には「日本青年海外協力隊」が創設されるなど，途上国開発協力に対する組織機構も整い始めた時期である．またこれに伴って，研究者や教育者の間にこれら活動に対応する専門的技術や知識および社会経済システムの研究ならびに人材養成に関する「空白」が生じていた時期であったとみることができよう．

2. 学会名の改称と学会の展開

　戦後新たな拓植学による世界の進歩と平和ならびに人類の福祉増進を目的として出発した「日本拓植学会」ではあったが，当時「拓植」という表現について，社会的にはかつての国家目的に沿うような極限化された見方があるなど，共通の理解と認識がなされ難い背景が存在していた．これらの理由により，学会の内部においても学会名称をより共通の理解が得られ，かつ社会的ニーズにふさわしい名称への変更の必要性が指摘されていた．

　その後1990年になって現在の名称「日本国際地域開発学会」に改称することとなった．これに伴って目的も「国の内外における自然，経済，社会の開発と保全に関する諸科学を研究し，国際地域開発の進展を図ること」におかれることとなった．したがって，本学会は，広く自然科学および社会科学にわたり，国際的な視野の下，国の内外における開発と環境保全に関する諸問題について学際的，総合的に研究するという方向性を確認した．そしてその方法論として，自然科学，社会科学両分野の諸領域からの接近をともに認め，それらを包括すること，またこの方法の多様性をむしろ是として，対象を同じくしながら専門を異にする研究者による学際的研究を進めることに特色をおくとした．

　次に学会の展開について記す．設立当初における学生紛争や，先述の拓植学に対する学術的認識などの問題から，充実に向けた道のりは必ずしも平坦なものではなかった．学会大会は創設以来学生紛争の数年を除いて1991年までは年1回春季に開催されていたが，1992年に年間2回の開催として，春季を大会，秋季を研究会とした．しかし，次年の1993年からは春秋両季とも大会と称し，以後年2回の開催となっている．

　このような中にあって会員数の増加や学術的実績を積むことによって，1983年には日本農学会への加盟ならびに日本学術会議への登録を果たし，さらに農業総合科学研究連絡委員会および地域農

学研究連絡委員会への参加が認められるところとなった．

3．学会活動の変遷

学会の主たる活動は，大会とシンポジウムの開催，研究報告，会誌およびその他出版物の刊行，研究に対する表彰などがあるが，ここでは紙幅の制約からシンポジウムならびに会誌について記す．

（1） シンポジウム・テーマの変遷

大会とともに開催されるシンポジウムのテーマの変遷について記すと次のとおりである．すなわち，初期においては，「国際開発の基本的視点（1978年）」や「地域開発における総合的諸課題（1980年）」などで，課題としては国際開発に関するベーシックな課題をとりあげていた．しかしこれらの期間を過ぎると「農業開発の現地的諸問題（1981年）」のように少しずつ的を絞ったテーマとなり，さらに1980年代の半ばになると「農林水産系における環境と生産の諸問題（1984・85年）」や，「農業総合科学への道－人間・技術・環境（1988年）」にみられるような生産における環境の問題が加わる．さらに，「持続可能な農業開発への道（1991年）」や，その後の「自然と人間の共生と農林業について（1994年）」など1980年代の後半から1990年代の前半にかけては，人間と環境や持続性などを組み込んだテーマ設定に変化してきている．そして1990年代の後半になると，人口と食料問題も加わって「アジアの経済成長と食料供給能力（1995年）」や，さらに「食料・環境・貧困の諸問題（1998年）」など，貧困問題も加わってきている．そして，2000年以降においては「環境保全に配慮した農村貧困軽減の方策と国際協力のあり方（2001年）」や，「戦後日本の農村生活改善の経験と途上国農村での実績（2003年）」など，これまでの課題に対するわが国の蓄積や経験の見直しと活用などの具体的課題にシフトしている．

（2） 会誌など

本学会創設の翌年の1967年12月に『日本拓植学会会報』1号を発刊した．しかし，次の年3月に『拓植学研究』No.1を発刊することとなり，以後現在（2007年12月）までに第18巻第1号（通巻73号）までを発行している．但し，この間とくに設立当初における学生紛争に伴う学会活動の停滞により，必ずしも各年順調に発行されたとは限らず，間を置いて3・4号の合併号などもみられる一方，1990年の学会名称変更に伴って会誌の名称変更をせざるを得なかったなどの曲折がみられる．このため，『拓植学研究』は1990年の3月までに33号を数え，それ以後同年10月発行の会誌から『開発学研究』と改称し，第1巻第1号（通巻No.34）として発刊されることとなった．また，会誌発行回数については，1980年まで年間1回の発行であったが，1981年以降は年2回となり，さらに2003年からは年3回の発行となっている．

なお，会誌以外の出版物としては，学会創設20周年を記念して1988年2月に『農業開発の課題 経済・技術・社会』を出版している．

4. むすび

　21世紀を迎えた今日，人類はいまだかつて遭遇したことのないさまざまな課題に直面している．それは，地球規模における環境破壊や温暖化の問題，人口急増と食料問題ならびに，燃料不足や民族紛争等々である．そして，これらに対応するための，科学技術や知識の開発ならびに社会経済的新システムの構築が喫緊の課題となりつつあることは周知のとおりである．このような時代的要請に対して，本学会の特色である，自然科学と社会科学両分野の多領域にわたる会員研究者の学際的相互協力による研究推進は21世紀を創造していく上でますます重要性を増しつつある．

≪参考文献≫
日本国際地域開発学会，(1996)，『学会30年の歩み（30周年記念大会記念講演要旨）』

（鈴木　俊）

第 3 編

日本農学会小史・資料

第1章　日本農学会小史

1．はじめに

　日本農学会が創立50周年を記念して編纂した「日本農学50年史」(養賢堂，1980年)には，史料のひとつとして「日本農学会50年小史」が掲載されており，日本農学会の発足の経緯に始まり，その後50年間に本会がたどった足取りが記されている．ここではその概略を要約・補筆するとともに，その後30年間の本会の歩みを，末尾に付した下記第2章の資料と関連づけながら記述することにする．
第2章　1．日本農学会名誉会員，歴代会長・副会長ならびに事務所所在地．
　　　　2．日本農学会加盟学協会の設立・加入等の動向．
　　　　3．農学賞および日本農学賞受賞総覧．
　　　　4．日本農学会シンポジウム記録一覧．
　　　　5．日本農学会規則．
　　　　6．加盟学協会の概要一覧．

2．前　　史

　日本農学会は創立以来80年を経過したが，その発足に先立って，明治初期以来50年に及ぶわが国の近代農学の発展の歴史があったことを忘れてはならない．いわば日本農学会の前史ともいうべきこの時期のことについて，まず触れておくことにする(第2章 2)．
　わが国の近代農学は1872年(明治5年)に内務省勧業寮に設けられた内藤新宿試験場(現在の新宿御苑)に始まるとみられる．ここでは新たに欧米から輸入された種苗や農業資材・機械などの栽培や実用化の試験が始められている．ここにはまもなく農学修業場が設置され(1874年)，これが発展して設立されたのが駒場農学校(1878年)である．一方，開拓使では北海道農業の開発を目指して東京に仮学校を発足させ(1872年)，これをもとに札幌農学校が設立されている(1876年)．これらの機関では，伝統的な在来農法と競いつつ，欧米諸国から招かれた外人教師の指導のもとに，近代的手法にもとづいて土壌分析，作物の肥培管理，機械利用などの試験が行われ，また育種事業が始められている．
　明治10年代も半ば(1880年代)になり，維新の混乱を脱して世の中が次第に落ち着いてくると，各種の社会・文化活動が活発になってくる．農業面では，伝統農法の担い手である老農らを中心に設立された各地の農業結社や林業，水産業などの産業結社と新政府の行政とが連携して，殖産興業を旗印とする大日本農会(1881年)，大日本水産会(1882年)，大日本山林会(1882年)の三会が相次いで結成される．ちなみにこの三会は，さまざまな変転を経ながらも，現在に至るまでわが国の農林水産業の発展に貢献し，サイドから近代農学の発展を支えてきている．
　1877年(明治10年)の東京大学(1886年からは帝国大学に改称)の開学(法学，理学，文学，医学の4学部)を皮切りに，欧米留学の帰朝者や外国人教師を中心として，近代的方法にもとづく学術活

動が次第に活発になり，各種の専門学会が相次いで設立されてくる．生物学領域についてみると東京大学生物学会（1878年）とこれが改称した東京動物学会（1885年）や，東京植物学会（1882年）および東京人類学会（1884年）がそれで，いずれも現在に至るそれぞれの専門学会の出発点となっている．このような気運の中で駒場農学校の在校生や若手の卒業生も，それぞれの研究の成果や論説の発表の場の結成に努めており，理学系の学生と横断的に連携して1882年に設立された理学協会には，駒場農学校の学生や卒業生も参加している．

同じころ，駒場農学校（農学，農芸化学，獣医学の3学科）では，農学科1，2回生（いずれも1880年卒）で，改めて農芸化学科の学生となっていた人たちが中心となって研農会が結成され（1881年），毎月2回の発表会に加えて機関誌「研農会誌」を発行している．これに札幌農学校の卒業生たちも加わって1887年（明治20年）に結成されたのが，日本農学会の母体ともなる農学会*である．同年発刊された機関誌農学会会報（のちに農学会報と名称変更）は，その後50余年にわたって刊行が続いている．農学校卒業後数年の若い学徒によって結成された農学会であるが，翌年の第1回総集会には当時の農商務大臣も参加するなど，大きな期待の寄せられていたことがうかがえる．

類似した動きは同じころ駒場農学校の獣医学科を中心に起り，共立獣医会が結成されている（1881年）．4年後の大日本獣医会の発足（1885年）とも深く関係していると考えられる．なお大日本獣医会はその後変転を重ねるが，1921年に設立された日本獣医学会の出発点とされている．

一方やや時代がくだるが，札幌農学校では駒場における農学会の発足にならって，札幌農林学会が結成されている（1898年）．1890年には駒場農学校と東京山林学校（前身は1877年設立の樹木試験場で1882年に改称）が合併して帝国大学農科大学となるが，当初から設置されていた林学科を中心に林学会（1919年）が，同様に1910年東京帝国大学（1897年，帝国大学から名称変更）農科大学に新設された水産学科の卒業生を中心に水産学会が結成されている（1913年）．いずれも後述するように，日本農学会創設の折の加盟学会の1員となっている．なお水産関係では，これに先立って北海道帝国大学水産学科卒業生による北水同窓会（1910年），水産講習所卒業生による東京水産学会（1900年）が組織されている．のちに3者が合併して日本水産学会が設立され（1932年），改めて日本農学会に加盟している．

話題を先の農学会にもどすと，発足当初の運営は役員の合議制によって行われ，活動範囲も単なる研究発表にとどまらず，足尾銅山鉱毒問題などの社会問題への取り組みにも及んでいたようである．1900年からは会長制となり，農学会発足時の中心メンバーでもあり，すでに東京帝国大学農科大学の教授になっていた横井時敬と古在由直が2年交代で会長をつとめることになった．さらに1923年には副会長がおかれ，東京帝大農科大学の各学科の長老が就任するようになった．

この時代になると，すでに京都帝国大学（1897年）をはじめ帝国大学が次々に設立されており，一方，これに先立って農商務省農事試験場（1893年），やや遅れて盛岡高等農林学校（1902年）など農業研究・教育の専門機関の設立が相次いでくる．また先に述べたように，古くから制度的に確立していた領域では，それぞれに専門の学会が設立され，会合の開催や機関誌の発行など，独自の活動を行うようになってきた．農学会では年次総会にあわせて，これら独自の活動を始めた学会と連合

---

* 現在では財団法人農学会となっているが，日本農学会と名称が紛らわしいので注意されたい．

大会を開いたり，総会第2日目には部会を開くなどして，専門諸学会の活動への対応を試みたが，参加しない学会も生ずるようになってきた．

3. 日本農学会の設立とその後の20年

　農学会に参集する専門学会の数は1920年代には10を越すようになり，前項で述べたように春の大会でそれらを網羅的に運営するには，いろいろの困難が生じてきた．こうした事態に対して，農学会では改善調査会を発足させて（1928年）対応を検討した．議論はだいぶ紛糾したようで，翌1929年（昭和4年）にはさらに拡大した改善調査委員会で検討した結果"日本農学会設立要綱案と同会規則案"が答申され，同年11月の農学会常議員会で議決されて，日本農学会が発足することになった．なお日本農学会の創立月日については，農学会報の記載によれば常議員会報告として11月13日となっているが，日本農学会規則の注によれば同規則が第1回評議員会で決定された12月13日，施行は翌1930年1月1日となっている．会長には古在由直，副会長には白沢保美が選出され，事務所は駒場の東京帝国大学（1947年より東京大学）農学部内におかれた（第2章 1）．

　日本農学会の創立にともない，それまで活動してきた農学会の存続についても議論されたが，結論的には解散することなく日本農学会の一構成学会としてとどまり，その発展に寄与することになった．ただし事業は縮小し，1）農学会報の刊行（1931年，367号をもって終刊），2）年々の講演会や農学討論会の記録集の刊行，3）論説あるいは委託調査報告書の刊行，の3点にしぼられるようになった．農学賞牌の授与は同会が1925年に開始した事業のひとつで，すでに5年にわたり5名の受賞者がでているが，この事業も最終的には農学奨励資金とともに日本農学会へ移譲されることになった（第2章 3）．その後，農学会は1933年に財団法人に認定され現在にいたるまで活動を続けているが，その現況については後述する．

　以上の経過を経て日本農学会は1930年から活動を開始するが，その目的とするところは，農学に関する専門学会の連合協力により，農学およびその技術の進歩発展に寄与することにある．創立の時点までに設立されていた専門学会は，農学会およびやや特異な性格の札幌農林学会を別にすれば，1）水産学会，2）日本蚕糸学会，3）林学会，4）農業経済学会，5）応用動物学会，6）日本獣医学会，7）農業土木学会，8）日本植物病理学会，9）日本農芸化学会，10）日本土壌肥料学会，11）日本畜産学会，12）日本作物学会，13）園芸学会，14）日本造園学会，の全国規模の14学会であった（第2章 2，現在と名称の異なる学会もある）．このうち農業土木学会，応用動物学会および日本蚕糸学会の3学会は，日本農学会加盟のための要件として全国組織にすることが要請され，急きょ要件を整えて設立されたものである．

　新たに設立された日本農学会は，1930年（昭和5年）4月12，13日の両日，第1回大会を開催した．第1日は東京神田の学士会館で開かれ，農学賞牌授与式，受賞講演，特別講演，討論会のほか，大正末以来，農学会参加が慣例となっていた中華民国農学会代表団からの特別講演が行われた．第2日には会場を東京帝大農学部（駒場）に移し，専門の研究発表会を行った．加盟各学会は上記した番号順に，たとえば水産学会であれば，日本農学会第1部水産学会といったように名称をつけて開催することが要請された．参会者は1,000名に達したという．

このような大会の開催形式はその後しばらく継承され，第1日の会場には赤坂の三会堂（前記した大日本農会，大日本水産会，大日本山林会の所在するビル），第2日には東京帝大農学部（1936年には駒場から弥生に移転）を利用するのが通例となった．なお第1日の特別講演は1943年まで，討論会は1936年まで続けられている（内容の詳細は既刊の「日本農学50年史」を参照されたい）．

1930年代の半ば以降，国際情勢は緊縛の度を深め，わが国は1937年に日中戦争，1940年には太平洋戦争に突入する．研究者は軍隊に召集されたり産業に徴用されたりする一方，研究資材は欠乏し研究環境は次第に悪化の一途をたどってくる．しかし主要食糧や軍需作物の増産は強く要請され，農学研究者への社会の期待は以前にもまして高くなった．発表される研究内容も，時局に沿ったものが多くなり，またアジアの占領地の農林水産業に関わる研究者も増加し，熱帯農業学会（1943年）も設立されたりした（ただし戦争の終結とともに自然消滅している）．

農学会の事業を受け継いだ農学賞牌の授与は，この間，一貫して続けられていた（第2章 3）．当初1-2件であった授与数は戦時中には5件に増加し，敗戦の1945年には8件に達している．富民協会賞など寄付者名を冠する賞や特別賞が多くなっているのが，時代の特徴である．ただし当初から行われていた賞牌と賞金の授与は，金製の賞牌作成が不可能となった1942年から賞状と賞金だけに代えられた．同時に農学賞の名称は日本農学賞に代えられている．

戦争により人的・物的に壊滅的な打撃を受けたわが国では，戦争末期から戦後にかけて学術研究をはじめ学会活動を続けることはいちじるしく困難となった．日本農学会は1944年には大会のみ開催され，翌年から3年間（1947年まで）は大会も統一的な部会も休会せざるを得ない状況であったが，この間も農学賞の授与は郵送によって続けられた．なお戦後の混乱期にあって，研究者の窮状を支援するためには，日本農学会，日本医学会，日本工学会，日本理学会から構成された自然科学連合が大いに活躍した．この団体は学会誌の発行や郵送に関する費用の補助や，戦時中刊行できなかった業績の発表に対する支援などを政府に要請する役割を果たし，その後発足する日本学術会議にその活動を引き継いだ．

4. 戦後の体制刷新からの30余年

戦後3年を経過すると社会も少しずつ安定を取り戻し，新憲法にもとづく民主的な国作りに向けてさまざまな動きが展開してくる．教育研究の面についてみると，1948年には新制高校が発足し，1949年には新制大学が発足している．この年には，わが国の科学者の代表機関として日本学術会議が創設されているが，当初その会員は全国の研究者の直接投票によって選出された．選挙にあたって有権者あるいは被選挙人となるためには，個々の研究者の資格認定や，所属専門学会の登録学術団体としての認定が必要とされた．

このような状況に対応するため，日本農学会も規約を改正し会自身の民主的刷新を図る必要に迫られ，1950年に強化対策委員会が設置された．同委員会の答申が承認され，下記のような新たな体制によって会が運営されることになったのは1952年からである．

（1）組織構成：加盟団体を全国的に活躍している純学術団体に限定した．このため歴史的に日本農学会と関係が深く，発足時からのメンバーであった財団法人農学会や札幌農林学会は，同窓会

的性格が強いことから退会することになった．日本農学会の設立当初の加盟16学会から2学会が減ったが，その後，農業機械学会（設立1938年），日本応用昆虫学会（同1938年），日本農業気象学会（同1949年），日本塩学会（同1950年），日本育種学会（同1951年）が新たに加わったため，総数は19学会となった（第2章 2）．

なお退会した財団法人農学会は，その後日本農学会とは異なった側面から農学の発展に寄与しており，この点については後に触れることにする．札幌農林学会も北海道大学農学部を中心に，現在に至るまで講演会やシンポジウム開催などの学術活動を続けている．

（2）財政：加盟各学会からの負担金を基本とする．各学会の負担額は年予算額の一定部分を平等割とし，残額を各学会の正会員数を基準に按分したものを加えて分担額とする．寄付は受け付けるが，戦時中に多かったひも付きのものは受け入れない．

（3）運営機構：加盟各学会から評議員1名（正会員1,000名以上の学会からは2名）と運営委員1名を選出してもらって，評議員会と運営委員会を構成する．さらに運営委員から庶務・会計・編集を担当する常任委員を学会回り持ちで選び，円滑な会務運営をはかる．

（4）事業：日本農学賞の授与，講演会・シンポジウムの開催，刊行物の出版などのほか，必要に応じて日本学術会議などの学術団体との連携によって問題に対処する．

日本農学会の運営はこのように定められたルールにしたがい，21世紀の現在にいたるまで基本的に変わることなく維持されているが，事業内容に関連したその後の状況も含めて，いくつかの点を補足しておくことにする．

1）日本農学賞：創立時の功労者である鈴木梅太郎と安藤広太郎を記念して設けられた鈴木賞と安藤賞は存続することとされたが，鈴木賞は1954年から基金を保管する日本農芸化学会へ移管され，安藤賞も1961年に廃止された．すでに述べたように戦時中の物資不足により1942年から金製の賞牌の授与は停止されていたが，1952年には従来どおりの賞牌が復活した．また敗戦前後から途絶えていた賞金の授与については，1964年から読売新聞社による読売農学賞として，日本農学賞の受賞者に同時に賞金が贈られるようになり，その選考は日本農学会に一任されている．

2）日本学術会議との関わり：発足後間もない日本学術会議第6部（農学）では，第1期（1949〜1951年）の活動のひとつとして戦中・戦後の農学領域の研究概要を取りまとめ，農学進歩総報I, IIを出版している．これが必ずしも関連学会の実状に合致していないという批判があり，第2期（1951〜1954年）からは農学関連学会を網羅している日本農学会が委託を受け，日本学術会議会員と密接な連携のもとに農学進歩年報を年1冊出版することになった．農学全分野の年々の進歩発展を概観する主旨のもとに発足した事業であったが，予算の不足や印刷費の高騰によって，やがて文献リストに限定されるようになり，1979年をもって打ち切られている．

このほかにも日本農学会は，日本学術会議に要請して同会議の組織である研究連絡委員会に代表を送り，研究者の国際学会派遣問題や，政府の農学軽視問題などに対し要望を提出するなど，各種の活動を続けてきた．

3）シンポジウム等の開催（第2章 4）：先に述べたように，日本農学会の発足当初の数年間は，毎年の大会で討論会が開催されていたが，その後この行事はひさしく途絶えていた．統一テーマのもとに各専門分野から話題を提供して討議することこそ，日本農学会の行事としてふさわしいものと

して，年1回の大会時にシンポジウムが開催されるようになったのは1960年からであった．なお大会は4月上旬の土曜日に開催することが慣例となっていたが，1961年からは特別の事情がない限り4月5日に固定され，現在に至っている．一方，加盟学協会の大会をその前後に開催するという慣例は，学会数が増加し会場の確保・調整が困難になったため次第にうすれていった．

さらに通常のシンポジウムとは別に，国際的な学術交流の進展に対応して，1967年からの6年間には「世界の米」シンポジウムが計8回開催され，その成果は"Rice in Asia"（東大出版会）として刊行されている．また戦前に行われたまま途絶えていた中国との学術交流を復活しようとする機運も高まり，1979年には日本農学会の会長と副会長が日中科学技術交流協会訪中団に加わって訪中し，中国農学会と学術交流について打ち合わせている．

1979年に日本農学会は創立50周年を迎えたが，この時点で同会への加盟学協会数は26に達し，発足時から10学会の増加をみている．創立50周年の記念式典は1979年（昭和54年）4月5日，神田の学士会館で第50回大会に併せて開催され，4題の特別講演が行われている．またこの記念行事の一環として下記出版物が刊行されている
1) 日本農学会編「日本農学50年史」（養賢堂，1980）
2) 日本農学会編「日本の農学研究—近代100年の歩みと主要文献集—」（農文協，1981）
（後者は前者の資料を得る目的で設けられた検討会での話題提供をまとめたものが中心となっている．）

5．創立80周年までの30年間

創立50周年以降，現在に至るまでの30年間には，農学をめぐる社会状況は大きく変化し，学術や文化も多様に展開してきた．以下，この間の日本農学会の動向をいくつかの主要な側面に焦点をあてながら記述していくことにする．

（1）加盟学協会数のいちじるしい増加

創立50周年の段階に26あった日本農学会加盟の学協会数は，その後の30年間に倍増して53の多きに達している（第2章 2）．この間，1件の合併（日本生物環境調節学会と日本植物工場学会の合併による日本生物環境工学会の設立）および1件の入退会（日本家政学会）があったほかは，加盟学協会数は純増の状況にある．

加盟学会数の増加は，この間の農学領域をめぐる学術や産業の大きな移り変わりに呼応したものといえよう．新たな学協会の設立の背景については，それぞれの学協会の記述にゆずることとして，ここではいずれも20世紀半ばに始まり，自然科学領域のみならず社会・文化にも大きな影響を及ぼしたと考えられる3つの要因を指摘しておきたい．その第1は分子生物学の目覚しい発展であり，その影響はおよそ生物に関連する農学のほとんどの領域に及んでいるといえよう．第2は情報科学の展開であり，手段としてのコンピューター利用のみならず，農学研究の展開や開発の方法論としても大きな役割を果たしてきている．第3は環境問題の出現で，農学領域にも局所的から地球規模に及

ぶ多面的な問題の解析と対応が求められている．

このような状況下にあって，農学のかかわる農林水産業の動向や関連産業の発展もきわめて多岐にわたり，これに対応すべく個々の農学領域は対象分野を拡大し，あるいは横断的な相互の連携を図りながら，ますます専門性を深めてきている．新たな学協会の設立は，このような状況を反映しているものといえよう．

（2）日本農学賞の選考

日本農学賞はわが国農学界最高の賞であり，その受賞は農学研究者の最大の栄誉とされている．したがって日本農学賞の授与は日本農学会のもっとも重要な事業であり，それ故に賞の選考については，つねに会員（個々の加盟学協会がそれぞれ1会員となっている）のきびしい目が注がれてきた．

日本農学賞の初期の授与件数については先に述べたが，戦後についてみると，多少の変動はあるが，年5～8件の授与で推移している（第2章 3）．その選考方式は各学協会から推薦されてくる候補業績について，年1回の定例評議員会で投票によって決めることを基本としている．評議員は会員である各学協会からの推挙によるが，前述したように，構成学会員数が1,000名以上の学協会からは2名，それ以下の学協会からは1名が評議員の定数とされてきた．ただし賞の選考に当たっての投票権は評議員数にかかわらず会員（各学協会）当たり1票が割り当てられてきた

前項で述べたように，加盟学協会数（会員数）がいちじるしく増加してきたにもかかわらず，財政上の理由から受賞件数を増やすことができないため，会員当たりの受賞のチャンスはきわめて限られる，という事態が次第にいちじるしくなってきた．会員からの不満の声が高まるとともに，選考に先立って会員の間である種の運動が行われるなどの風評も聞かれるようになった．賞の選考方式は，歴代の会長を悩ませてきた大きな問題で，執行部では折々に討議が繰り返されてきた．

すでに1981年には，研究領域別に3～5の加盟学協会を1グループとし，投票に当たっては各グループから推薦された候補業績に特別の考慮を払うようにしたらどうか，などという会長覚え書が提出されたが実現には至らなかった．また選考方式の細部については，そのつど決めるような規則上あいまいな点もあった．そこで1991年には内規を明確に定め，授賞は毎回7件を原則とすること，会員は1票を行使して7名連記制とすること，同点の場合は決選投票とし，得票が接近している時は会長の裁量にゆだね，受賞件数の増加をも考慮すること，および候補業績が7件以下の場合は信任投票により，得票数が3分の2以上であることを要件とすること，などの細目が明文化された．

また往々にして関連学会の業績発表時や投票時だけ出席するような評議員も見られたため，評議員には候補業績のすべてを聞いて投票することが義務付けられるようになった（2000年）．候補業績の推薦についても，推薦書の書式を定めて論文要旨，業績目録等を比較検討しやすいように改善された（2004年）．

さらに2008年には，投票権は会員ではなく個々の評議員に与えられるように規則が改正された．加盟学協会の所属学会員数には300名前後から1万名を越すものまでの開きがあり，日本農学賞の選考に当たって，これを同等の権利を持つ1会員として取り扱うことには無理があると判断されたためである．ただし投票に当たって各評議員は，日本農学会全体の立場から権利を行使することが要請されている．

（3）シンポジウムの開催

　シンポジウムは，日本農学賞の授与とならんで日本農学会のもうひとつの重要な事業として開催されてきた（第2章 4）．戦後の1960年に始められて以来，シンポジウムは春の大会時に開催されてきたが，1960年代後半から1970年代の前半にかけては，これに加えて特別企画の「世界の米のシンポジウム」が大会とは別に実施された．

　春の大会時には，午前に日本農学賞の授与式ならびに受賞講演が行われ，午後がシンポジウムに当てられ，さらに夕刻からは受賞祝賀会を行うのが通例となっていた．しかしこれでは1日に行う行事があまりにも多過ぎるということで，2004年からはシンポジウムを大会とは切り離し，秋に丸1日かけて実施するように変更された．またその内容は日本農学会編「シリーズ21世紀の農学」として養賢堂から毎年出版されるようになっている（第2章 4）．

　一方，このようにして春の大会は余裕ができたので，受賞講演に時間をかけて行うとともに，受賞後には受賞者を交えてパネルディスカッションを行う時間が設けられた．農学の課題と展望などについて，受賞者の経験や所論をもとに自由な討議が行われるようになっている．

（4）日本学術会議との関係

　先に述べたように，日本農学会は日本学術会議の研究連絡委員会に代表を送り，農学進歩年報の出版に協力するなど，密接な関係を保っていた．しかし1984年に日本学術会議の会員選出の方式が直接選挙から専門領域別の推薦制に代わってからは，個々の学協会がそれぞれの専門別の研究連絡委員会を介して日本学術会議との関わりを深めることになった．日本農学会は代表を研究連絡委員会に送ることもなくなり，一方，農学進歩年報が財政難から廃刊となるなどもあり，日本学術会議との直接的な関係は次第に希薄となった．

　さらに2005年からは会員の選定が指名制となり，組織構成が従来の7部制（文，法，経，理，工，農，医）が3部制（人文科学系，生命科学系，理学・工学系）に代えられるとともに，農学領域から指名される会員も激減するに及んで，科学政策に対する農学畑からの発言力の低下することが懸念されている．

　上記した問題とはやや性質を異にするが，2005年からは「学会問題に関する懇談会」が継続的に開かれ，日本農学会，日本工学会，日本医学会などの代表者と日本学術会議会長とが懇談する機会が設けられ，学協会の意向の伝達が図られている．当面，学会の公益法人化問題などが論議されてきている．

（5）関連他団体との連携

　農学に関連する下記の諸団体と連携しながら，広い意味での農学の発展に寄与することも近年の日本農学会の役割となっている．

1）財団法人農学会

　日本農学会の母体ともいえる財団法人農学会の沿革については前述したが，近年はその活動の一環として，日本工学会など技術系学協会とともに日本技術者教育認定機構（JABEE）の設立（1999年）に参画し，活動資金を提供するとともに，この機構に加盟する多くの農学系学協会の協力のもと

に，国際的に通用する農学関連の技術者教育プログラムの審査・認定に中心的役割を果たしている．

また財団法人農学会は優れた若手研究者を顕彰するため，2002年には日本農学進歩賞の表彰事業を開始している．日本農学賞の若手版ともいえるこの事業に協賛して，日本農学会も資金を提供するとともに，賞の選考に加わっている．

2) 日本学術著作権協会

学会誌などの学術刊行物の著作権は知的所有権のひとつとして，近年その重要性が注目されてきている．日本農学会は1989年に日本工学会，日本歯科医学会，日本薬学会と協力して，学術著作権協会を設立し，それぞれの分野の学術著作権の許諾・管理を受託代行するとともに，複写使用料の徴収・分配を代行している．2003年には有限責任中間法人日本学術著作権協会（学著協）となったこの団体には，日本農学会からも役員が派遣されて活躍している．学著協はまた一般著作物や新聞の著作権保護を目的として，出版社も加わって1991年に設立された日本複写権センターの会員団体となり，国際的・国内的な著作権の利用・擁護にも貢献している．

3) 日本農学アカデミー

日本農学アカデミーは1998年に当時の日本学術会議第6部会員を中心に，日本農学会役員，全国農学系大学学部長，農林水産関係の試験研究機関長およびそれらの経験者が参加して設立された団体で，日本学術会議と連携して農学にかかわる政策提言を行うなどを目的としている．随時シンポジウムを開催するなどして，日本学術会議と農学関連の学術組織・研究者との交流連携が図られている．

(6) 海外国際交流

1979年に中国農学会との交流が再開されたことは先に述べたが，その年には，日中科学技術交流協会の関連で来日した中国側代表団が日本農学会を訪れる機会があった．折から日本農学会では創立50周年の記念事業が実施されており，記念事業の特別会計の残額に，当時の越智会長の寄付をも加えて，中国との交流基金が設置された．この基金はその後，加盟学協会の申請をうけて，中国との研究者の交流を支援するために使われ，1987年まで続いている．

これとは別に2001年には，北京で開催された国際農業科学技術会議に，日本農学会から加盟4学会の代表が派遣されるなど，海外交流は本会の事業の一環として取り上げられてきているが，財政上の問題もあってその後，十分な進展を見せていない．

(7) 運営体制の移り変わり（第2章5）

日本農学会の運営体制は，先に述べた戦後の改革（1952年）以来，基本的には大きな変化はない．すなわち年1回の定例評議員会ならびに年3〜4回の運営委員会の議をへて，日本農学賞授与，大会およびシンポジウムの開催などの事業が運営されている．運営委員会は加盟学協会から各1名推薦された運営委員によって構成され，この中から順番制で選ばれた幹事役の運営委員によって常任委員会が構成され，庶務，会計，企画編集など細部にわたる運営が実行に移されてきた．会長，副会長をはじめ，これら運営委員の任期は2年とされ，重任を妨げないのが規約となってきた．

日本農学会の事務所は，本会の発足以来，東京帝国大学（後の東京大学）農学部に置くことを常態

としてきた（第2章 1）．ただし日本農学会のような外部の団体を学内に置くことに対して大学当局がきびしい姿勢をとった一時期，学外の東洋文庫に移されたことがあった．2002年には，1950年代後半から長期にわたって勤務してきたベテランの事務職員が退くことになった．このため事務所とともに本会の業務は日本学会事務センターに委託されることになった．従来この事務職員の経験に頼ることの多かった本会の運営方式は，これを機会に改めて細部にわたって検討され，運営細則がほぼ現行のものに改訂された．ついでながら2001年にはホームページ（http://www.ajass.jp/）が開設されている．

こうして業務委託が軌道に乗って間もなく，日本学会事務センターに不祥事が起こり，結局2004年8月に同センターは倒産するに至った．本会も業務委託をした他の多くの学協会とともに同月末で業務委託を解消し，預かり金などいくばくかの貸し倒れ損失を免れることができなかった．業務は再び東大農学部に戻り，新規の事務職員によって処理されることになった．

上記したように運営細則は明文化されたが，常任委員にかかる負担が解消されたわけではない．常任委員の多くは学術の中核を担う若手研究者であり，研究教育とは関係の薄い日本農学会の仕事は大きな負担となってきたことは否定できない．一方，2年の任期では，運営の詳細に習熟した段階には退任の時期を迎えることになり，運営の継続性に不備の生ずることも少なくなかった．

このような事態に対処するため，2003年には常任委員を従来の3名から4名に増加して編集と企画の分担を分け，また任期をずらして半数交代制にするなどして，常任委員の負担軽減と運営の継続性が図られた．また翌年からシンポジウムが独立して秋季に開催されることになった2004年には，これに対処すべく企画担当の常任委員を中心に，テーマに関連の深い加盟学協会の運営委員が加わってシンポジウム企画委員会が設けられ，シンポジウムの充実が図られた．

さらに2008年には学会員数2,000名を越す加盟学会からは運営委員を2名とし，また常任委員を庶務2名，会計2名，企画・編集2名の半数交代制として執行体制の強化が図られてきている．

以上，略述してきた歴史をたどって，2009（平成21）年，日本農学会は創立80周年を迎えた．これを記念して同年10月9日，10日の両日には記念式典，祝賀会および記念シンポジウムが開催される運びとなった．同時に，前史を含め80年のわが国農学界の発展の足どりを記録した本書も，発刊の日を迎えることになった．

（山﨑耕宇）

第2章　資　料

1. 日本農学会名誉会員，歴代会長・副会長ならびに事務所所在地

○ 名誉会員（1966年の制度発足以降）

推挙年度
1966年　　平塚　英吉　（1950～1961年副会長，1962～1965年会長）
　〃　　　浅見　与七　（1952～1965年副会長）
1970年　　住木　諭介　（1962～1965年副会長，1966～1969年会長）
　〃　　　近藤　康男　（1966～1969年副会長）
1980年　　越智　勇一　（1966～1969年副会長，1970～1979年会長）
1984年　　松尾　孝嶺　（1970～1979年副会長，1980～1983年会長）
1990年　　松井　正直　（1980～1983年副会長，1984～1989年会長）

○ 会長・副会長ならびに事務所所在地

年次	会長	副会長	事務所所在地	
1929（昭和4）年	古在　由直	白沢　保美	駒場	東京帝国大学農学部
1930（昭和5）年	〃	〃	駒場	東京帝国大学農学部
1931（昭和6）年	〃	〃	駒場	東京帝国大学農学部
1932（昭和7）年	〃	〃	駒場	東京帝国大学農学部
1933（昭和8）年	〃	〃	駒場	東京帝国大学農学部
1934（昭和9）年	〃	〃	駒場	東京帝国大学農学部
1935（昭和10）年	白沢　保美	欠	府中	東京高等農林学校
1936（昭和11）年	安藤広太郎	佐藤　寛次	弥生	東京帝国大学農学部
1937（昭和12）年	〃	〃	弥生	東京帝国大学農学部
1938（昭和13）年	〃	〃	弥生	東京帝国大学農学部
1939（昭和14）年	〃	〃	弥生	東京帝国大学農学部
1940（昭和15）年	〃	〃	弥生	東京帝国大学農学部
1941（昭和16）年	〃	〃	弥生	東京帝国大学農学部
1942（昭和17）年	〃	〃	弥生	東京帝国大学農学部
1943（昭和18）年	〃	〃	弥生	東京帝国大学農学部
1944（昭和19）年	〃	〃	弥生	東京帝国大学農学部
1945（昭和20）年	〃	〃	弥生	東京帝国大学農学部
1946（昭和21）年	〃	〃	弥生	東京帝国大学農学部
1947（昭和22）年	〃	〃	弥生	東京大学農学部

年				場所	
1948（昭和23）年	麻生　慶次郎	〃		弥生	東京大学農学部
1949（昭和24）年		〃		弥生	東京大学農学部
1950（昭和25）年	佐藤　寛次	平塚　英吉		弥生	東京大学農学部
1951（昭和26）年	〃	〃		弥生	東京大学農学部
1952（昭和27）年	〃	〃	浅見　与七	駒込	東洋文庫
1953（昭和28）年	〃	〃	〃	駒込	東洋文庫
1954（昭和29）年	〃	〃	〃	駒込	東洋文庫
1955（昭和30）年	〃	〃	〃	駒込	東洋文庫
1956（昭和31）年	〃	〃	〃	駒込	東洋文庫
1957（昭和32）年	〃	〃	〃	駒込	東洋文庫
1958（昭和33）年	〃	〃	〃	駒込	東洋文庫
1959（昭和34）年	〃	〃	〃	駒込	東洋文庫
1960（昭和35）年	〃	〃	〃	弥生	東京大学農学部
1961（昭和36）年	〃	〃	〃	弥生	東京大学農学部
1962（昭和37）年	平塚　英吉	浅見　与七	住木　諭介	弥生	東京大学農学部
1963（昭和38）年	〃	〃	〃	弥生	東京大学農学部
1964（昭和39）年	〃	〃	〃	弥生	東京大学農学部
1965（昭和40）年	〃	〃	〃	弥生	東京大学農学部
1966（昭和41）年	住木　諭介	近藤　康男	越智　勇一	弥生	東京大学農学部
1967（昭和42）年	〃	〃	〃	弥生	東京大学農学部
1968（昭和43）年	〃	〃	〃	弥生	東京大学農学部
1969（昭和44）年	〃	〃	〃	弥生	東京大学農学部
1970（昭和45）年	越智　勇一	山﨑不二夫	松尾　孝嶺	弥生	東京大学農学部
1971（昭和46）年	〃	〃	〃	駒込	東洋文庫
1972（昭和47）年	〃	〃	〃	駒込	東洋文庫
1973（昭和48）年	〃	〃	〃	駒込	東洋文庫
1974（昭和49）年	〃	松尾　孝嶺	杉　二郎	駒込	東洋文庫
1975（昭和50）年	〃	〃	〃	駒込	東洋文庫
1976（昭和51）年	〃	〃	〃	駒込	東洋文庫
1977（昭和52）年	〃	〃	〃	駒込	東洋文庫
1978（昭和53）年	〃	〃	〃	駒込	東洋文庫
1979（昭和54）年	〃	〃	〃	駒込	東洋文庫
1980（昭和55）年	松尾　孝嶺	篠原　泰三	松井　正直	駒込	東洋文庫
1981（昭和56）年	〃	〃	〃	駒込	東洋文庫
1982（昭和57）年	〃	〃	〃	弥生	東京大学農学部
1983（昭和58）年	〃	〃	〃	弥生	東京大学農学部

年					
1984（昭和59）年	松井　正直	〃	三村　耕	弥生	東京大学農学部
1985（昭和60）年	〃	〃	〃	弥生	東京大学農学部
1986（昭和61）年	〃	三村　耕	尾形　学	弥生	東京大学農学部
1987（昭和62）年	〃	〃	〃	弥生	東京大学農学部
1988（昭和63）年	〃	〃	〃	弥生	東京大学農学部
1989（昭和64）年	〃	〃	〃	弥生	東京大学農学部
1990（平成 2）年	尾形　学	高橋　信孝	志村　博康	弥生	東京大学農学部
1991（平成 3）年	〃	〃	〃	弥生	東京大学農学部
1992（平成 4）年	高橋　信孝	志村　博康	中島　哲夫	弥生	東京大学農学部
1993（平成 5）年	〃	〃	〃	弥生	東京大学農学部
1994（平成 6）年	〃	中島　哲夫	光岡　知足	弥生	東京大学農学部
1995（平成 7）年	〃	〃	〃	弥生	東京大学農学部
1996（平成 8）年	〃	〃	〃	弥生	東京大学農学部
1997（平成 9）年	〃	〃	〃	弥生	東京大学農学部
1998（平成10）年	光岡　知足	熊澤喜久雄	別府　輝彦	弥生	東京大学農学部
1999（平成11）年	〃	〃	〃	弥生	東京大学農学部
2000（平成12）年	〃	〃	〃	弥生	東京大学農学部
2001（平成13）年	〃	〃	〃	弥生	東京大学農学部
2002（平成14）年	熊澤　喜久雄	鈴木　昭憲	山﨑　耕宇	本駒込	日本学会事務センター
2003（平成15）年	〃	〃	〃	本駒込	日本学会事務センター
2004（平成16）年	〃	〃	〃	弥生	東京大学農学部
2005（平成17）年	〃	〃	〃	弥生	東京大学農学部
2006（平成18）年	鈴木　昭憲	山﨑　耕宇	日比　忠明	弥生	東京大学農学部
2007（平成19）年	〃	〃	〃	弥生	東京大学農学部
2008（平成20）年	〃	日比　忠明	大熊　幹章	弥生	東京大学農学部
2009（平成21）年	〃	〃	〃	弥生	東京大学農学部

2. 日本農学会加盟学協会の設立・加入等の動向

＊設立年次の M：明治，T：大正，S：昭和，H：平成
備考欄のカッコ内の数字は設立年次

「日本農学会設立以前の状況」

設立年次	学協会名	備考
1885（M18）年	大日本獣医会	1888年中央獣医会と改称．1925年社団法人．1939年日本獣医学会（1921）と合併し（社）大日本獣医学会となる．1948年（社）日本獣医学会と改称．
1887（M20）年	農学会	当初，駒場農学校，札幌農学校の同窓会的色彩濃厚だったが，次第に学会としての体制を整える．1929年，農学諸学会の連合体としての日本農学会を設立し，みずからは機能を改変し（財）農学会として現在に至る．1952年退会．
1898（M31）年	札幌農林学会	札幌農学校を基盤にした学会．1952年退会．
1913（T2）年	水産学会	東大に創設された水産系の学会．同様のOB系の学会に北水同窓会（北大，1910），東京水産学会（水産講習所，1900）がある．3学会は1932年に統合され，日本水産学会になるが，1929年創設の日本農学会に参加したのは東大系の水産学会．1952年退会．
1915（T4）年	日本育種学会	日本遺伝学会の設立（1920）に伴い発展的に解消．1951年同一名称で再発足．
1916（T5）年	日本植物病理学会	
1919（T8）年	林学会	1934年日本林学会に．2005年日本森林学会に名称変更．
1921（T10）年	日本獣医学会	1939年（社）中央獣医会（1885）と合併して（社）大日本獣医学会となる．1948年ふたたび（社）日本獣医学会に改称．
1922（T11）年	農業経済学会	1963年日本農業経済学会に名称変更．
1923（T12）年	園芸学会	
1924（T13）年	日本農芸化学会	1957年社団法人に．
〃	日本畜産学会	1968年社団法人に．
1925（T14）年	日本造園学会	社団法人として設立．
1927（S2）年	日本作物学会	
〃	日本土壌肥料学会	1978年社団法人に．

1929 (S4) 年	日本蚕糸学会	1930年社団法人に.
"	農業土木学会	1970年社団法人に.
"	応用動物学会	1957年日本応用昆虫学会 (1938) と合併し日本応用動物昆虫学会に.

「日本農学会の設立」

1929 (S4) 年　参加下記16学会

日本植物病理学会, 農業経済学会, 日本獣医学会, 林学会, 日本蚕糸学会, 日本農芸化学会, 日本畜産学会, 園芸学会, 日本土壌肥料学会, 応用動物学会, 農業土木学会, 日本作物学会, 日本造園学会, 札幌農林学会, 農学会, ※水産学会.
※水産学会：日本水産学会 (1932) に統合する前の非全国的な組織.

「日本農学会設立以後の状況」

1) 日本農学会への新規加盟や退会, 名称変更など

加盟などの年次	設立年次	学協会名	備考
1937 (S12) 年	1937	農業機械学会	
1942 (S17) 年	1938	日本応用昆虫学会	
1949 (S24) 年	1942	日本農業気象学会	
1950 (S25) 年	1950	日本塩学会	日本海水学会に名称変更 (1966).
1951 (S26) 年	1951	日本育種学会	同一名称の前身は1915年に設立.
1952 (S27) 年	1887	(財) 農学会	退会：日本農学会の体制整備による.
"	1898	札幌農林学会	退会：　同上.
"	1913	水産学会	退会：　同上.
"	1932	日本水産学会	
1955 (S30) 年	1953	漁業経済学会	
"	1955	日本木材学会	
1957 (S32) 年	1957	日本応用動物昆虫学会	応用動物学会 (1929) と日本応用昆虫学会 (1938) が合併して設立.
1962 (S37) 年	1954	日本草地学会	
1971 (S46) 年	1954	日本家禽学会	
1972 (S47) 年	1969	日本生物環境調節学会	2007年日本植物工場学会 (1989) と合併して日本生物環境工学会に.

1974 (S49) 年	1974	農業施設学会	農業施設研究会 (1970) が名称変更して加入.
1975 (S50) 年	1975	日本雑草学会	日本雑草防除研究会 (1962) が名称変更して加入.
1977 (S52) 年	1975	日本農薬学会	

1979 (S54) 年　　日本農学会創立50周年

1982 (S57) 年	1972	日本芝草学会	
1983 (S58) 年	1966	拓殖学会	1990年日本国際地域開発学会に名称変更.
1986 (S61) 年	1982	農村計画学会	
1986 (S61) 年	1984	システム農学会	
1986 (S61) 年	1957	日本熱帯農業学会	
1986 (S61) 年	1965	植物化学調節学会	
1987 (S62) 年	1961	日本農作業学会	
1989 (H1) 年	1989	日本植物工場学会	2007年日本生物環境調節学会 (1972) と合併, 日本生物環境工学会に.
1990 (H2) 年	1949	日本家政学会	2004年退会.
1990 (H2) 年	1990	日本水産工学会	1963年農業土木学会の部会として設立.
〃	1948	日本農業経営学会	
1993 (H5) 年	1993	森林計画学会	
1994 (H6) 年	1951	砂防学会	1988年社団法人に.
1994 (H6) 年	1952	日本応用糖質科学会	
1995 (H7) 年	1959	森林立地学会	
1998 (H10) 年	1989	農業情報学会	
1999 (H11) 年	1954	日本砂丘学会	1991年日本砂丘研究会から名称変更.
2000 (H12) 年	1995	樹木医学会	
2001 (H13) 年	1948	日本繁殖生物学会	
2003 (H15) 年	1998	日本ペット栄養学会	
2003 (H15) 年	1999	日本動物遺伝育種学会	
2003 (H15) 年	1966	日本魚病学会	
2004 (H16) 年	1949	日本家政学会	退会.
2005 (H17) 年	1953	林木育種協会	1978年社団法人に.
2005 (H17) 年	1954	日本土壌微生物学会	
2005 (H17) 年	1954	林業経済学会	日本林学会から分離・独立.
2006 (H18) 年	1996	動物臨床医学会	

2007 (H19) 年	2007	日本生物環境工学会	日本生物環境調節学会と日本植物工場学会の合併による.
2009 (H21) 年	2004	実践総合農学会	
〃	1958	日本ペドロジー学会	
〃	1981	木質構造研究会	

2) 加盟学協会の名称・組織の変更一覧

(カッコ内の数字はとくに断らない限り変更年次)

現学協会名	設立年次	学協会名の変更等
日本獣医学会	1885 (M18) 年	大日本獣医会→中央獣医会 (1888)→社団法人 (1925)→日本獣医学会 (設立1921) と合併して大日本獣医学会 (1939)→日本獣医学会 (1948).
日本森林学会	1919 (T8) 年	林学会→日本林学会 (1934)→日本森林学会 (2005).
日本水産学会	1932 (S7) 年	水産学会 (設立1913), 北水同窓会 (同1900), 東京水産学会 (同1910) の統合による. 社団法人 (1970).
日本応用動物昆虫学会	1963 (S38) 年	応用動物学会 (設立1929) と日本応用昆虫学会 (設立1939) の合併による.
熱帯農業学会	1943 (S18) 年	熱帯農業学会→自然消滅 (1945).
日本農業経済学会	1922 (T11) 年	農業経済学会→日本農業経済学会 (1963)
日本海水学会	1950 (S25) 年	日本塩学会→日本海水学会 (1966).
日本国際地域開発学会	1986 (S61) 年	拓殖学会→日本国際地域開発学会 (1991).
日本生物環境工学会	2007 (H19) 年	日本生物環境調節学会 (設立1969) と日本植物工場学会 (設立1989) との合併→日本生物環境工学会.
農業農村工学会	1929 (S4) 年	農業土木学会→農業農村工学会 (2007).

3. 農学賞および日本農学賞受賞総覧

農学賞（大正14年～昭和4年）受賞者
（農学会時代に授与されたもの）

賞状番号	年　度	業　績　論　文	氏　名
1	大正14年	家蚕の化成に関する研究	渡辺　勘次
2	大正15年	理化学上より見たる米蛋白質および澱粉の品種による特異性	田所哲太郎
3	昭和 2年	米穀貯蔵中における理学的性質の変化に関する研究	近藤万太郎
4	昭和 3年	牛疫予防接種に関する実験的研究	蠣崎　千春
5	昭和 4年	家蚕の卵巣移植および血液移注の実験特に化性変化について，その他3編	梅谷与七郎

農学賞（昭和5年～16年）および日本農学賞（昭和17年以降）受賞者
（日本農学会創立以後に授与されたもの）

賞状番号	年　度	業　績　論　文	氏　名
1	昭和 5年	粗オリザニンの分解物たるβ酸に関する研究	佐橋　佳一
2	昭和 6年	実験間伐法要綱	寺崎　　渡
3	昭和 6年	日本産禾本科植物の「ヘルミントスポリウム」病に関する研究	西門　義一
4	昭和 7年	台湾稲の育種学的研究	磯　　永吉
5	昭和 7年	作物品種の塩素酸加里に対する抗毒性の変異およびその原因について	山崎　守正
6	昭和 8年	家蚕の雌雄分体に関する研究	勝木　喜董
7	昭和 8年	米糠よりオリザニン結晶（抗神経炎性ビタミン）の分離について	大嶽　　了
8	昭和 9年	農業金融論	小平　権一
9	昭和 9年	温州蜜柑譜	田中長三郎
10	昭和10年	台湾における酵菌類の研究	中沢　亮治
11	昭和10年	水稲主要病害第一次発生とその総合防除法	伊藤　誠哉
12	昭和11年	南洋群島植物誌	金平　亮三
13	昭和11年	伏流水利用による荒蕪地開拓	鳥居　信平
14	昭和12年	馬の生殖に関する研究	佐藤　繁雄
15	昭和12年	土壌質および造岩鉱物の微量分析法について	塩人松三郎
16	昭和13年	菌類による有機酸類の生産並びにその工業的利用に関する研究	坂口謹一郎
17	昭和13年	小麦の条斑病に関する研究	鋳方　末彦
18	昭和14年	酵母工業に関する研究	橋谷　義孝
19	昭和14年（鈴）	海水の工業化学的新利用法	鈴木　　寛
20	昭和15年（富）	ヌルデ五倍子の人工増殖に関する研究	高木　五六
21	昭和15年	豆州内浦漁民資料	渋沢　敬三
22	昭和15年	フォトペリオジズムに関する一新研究	江口　庸雄
23	昭和15年（鈴）	アミノ酸カナバニンの研究	北川松之助
24	昭和15年（富）	本邦小麦の製麺麴試験並びに麺麴用小麦の簡易鑑定法について	池田　利良
25	昭和16年（鈴）	微生物によるフラビンの生成	山崎　何恵

26	昭和16年	米穀の品質に関する研究	岡村　保
27	昭和16年	稲萎縮病の研究	福士　貞吉
28	昭和16年	鶏における卵巣除去による人為的間性の研究	増井　清
29	昭和16年（富）	交配による葡萄品質の育成	川上善兵衛
30	昭和17年	桑の細胞学的研究と桑品質育成上におけるその応用	大沢　一衛
31	昭和17年	あまのりに関する研究	富士川　濯
32	昭和17年（富）	海岸砂丘造林法	河田　杰
33	昭和17年（鈴）	軍食糧食に関する研究	川島　四郎
34	昭和17年	南支那農業経済論	根岸　勉治
35	昭和18年（富）	農民離村の実証的研究	野尻　重雄
36	昭和18年	四国森林植生と土壌形態との関係について	宮崎　榊
37	昭和18年	慈照寺庭園の変遷を論ず	吉永　義信
38	昭和18年（鈴）	馬の骨軟症に関する研究	宮本三七郎
39	昭和18年	車蝦の繁殖発生および飼育	藤永　元作
40	昭和19年	蚕の染色体突然変異に関する遺伝学的研究	田島弥太郎
41	昭和19年	モザイク病の免疫学的研究	松本　巍
42	昭和19年（鈴）	畜産物に関する理化学的研究	斉藤　道雄
43	昭和19年（富）	材木種子の活力に関する実験的研究	長谷川孝三
(1)	昭和19年（特）	農民の精神教育および満州開拓民の練成	加藤　完治
44	昭和20年	特殊化成肥料製造に関する研究	林　義三
			藤原　彰夫
			中村　輝雄
			三橋　信郎
			長尾　正
45	昭和20年	混植に関する生理学的研究	白倉　徳明
46	昭和20年	蚕の軟化病に関する細菌学的研究	千賀崎義香
47	昭和20年	南洋産有毒魚類の研究	熊田頭四郎
			檜山　義夫
48	昭和20年（富）	小麦黒穂病防除法としての温湯消毒法	石山　哲爾
49	昭和20年	家兎化牛疫毒を応用せる牛疫免疫法に関する研究	中村　稕治
(2)	昭和20年（安）	本邦における園芸学並びに園芸の発達に対する功績	菊池　秋雄
(3)	昭和20年（鈴）	東亜発酵化学論考	山崎　百治
50	昭和21年	檜に関する材質の生態的研究	三好　東一
51	昭和21年	レプトスピラに関する研究	山本脩太郎
52	昭和21年	菊芋の作物学的研究	小笠　隆夫
(4)	昭和21年（鈴）	ビタミンLに関する研究	中原　和郎
53	昭和22年	静土圧に関する研究	荻原　貞夫
54	昭和22年	馬の伝染性貧血に関する研究	石井　進
55	昭和22年	蚕桑の糸状菌に関する研究	青木　清
56	昭和22年	病体植物の解剖学的研究	赤井　重恭
57	昭和22年	水管式ボイラー	安田与七郎
58	昭和22年	二化螟虫卵寄生峰ズイムシアカタマゴバチの利用に関する試験研究	弥富　喜三
(5)	昭和22年（鈴）	麦角菌に関する研究	阿部　又三
59	昭和23年	桑野螟蛾の寄生峰に関する研究	桑名　寿一
60	昭和23年	日本農学史	古島　敏雄

61	昭和23年	農作物の雪害防除に関する試験	松尾　孝嶺
			野村　　正
			岩切　　鱗
62	昭和23年	馬の伝染性流産並びに仔馬病に関する研究	平戸　勝七
(6)	昭和23年（鈴）	発酵の研究および実地の応用	松本　憲次
63	昭和24年	花粉分析法による北日本森林の変遷に関する研究	山崎　次男
64	昭和24年	禾穀類の胚移植に関する研究	山崎　義人
65	昭和24年	家蚕の遺伝学的研究およびその応用	橋本　春雄
66	昭和24年	豚の繁殖生理に関する研究	伊藤　祐之
67	昭和24年	犬糸状虫の研究	久米　清治
68	昭和24年（鈴）	酒類に関する研究とその応用	山田　正一
(7)	昭和24年（鈴）	乳酸菌の発酵化学的研究とその応用	片桐　英郎
			北原　覚雄
(8)	昭和25年	北海道浅海水族の増殖に関する研究	木下虎一郎
69	昭和25年	桑樹繁殖生理に関する研究	浜田　成義
70	昭和25年	農業労働生産力の国際的比較	大川　一司
71	昭和25年	二化螟虫の発生予察に関する基礎的研究	深谷　昌次
72	昭和25年	ペニシリン生産菌の変異に関する研究	有馬　　啓
73	昭和25年	馬鈴薯栽培法に関する研究	川上幸治郎
(3)	昭和25年（安）	小麦の生育と養分吸収および利用に関する肥料学的基礎研究	石塚　喜明
(9)	昭和25年（鈴）	糸状菌の生産せる色素の化学的研究	西川英次郎
74	昭和26年	飼料繊維質の動物体における利用に関する研究	岩田　久敬
75	昭和26年	家蚕微粒子病の病原体並びにその検査法に関する研究	大島　　格
76	昭和26年	日本灌漑水利慣行の史的研究	喜多村俊夫
77	昭和26年	綿毛並びに綿毛の発育に関する作物学的研究	西川　五郎
78	昭和26年	矢の根介殻虫に対する硫酸亜鉛加用石灰硫黄合剤の効果	福田　仁郎
79	昭和26年	細菌アミラーゼに関する研究	福本寿一郎
80	昭和26年	難溶性燐酸塩の肥料学的研究	藤原　彰夫
81	昭和26年	稲の線虫心枯病に関する研究	古井　　甫
(1)	昭和26年（化）	パイロシンに関する研究	松井　正直
(2)	昭和26年（化）	醤油香気成分に関する研究	横塚　　保
(4)	昭和26年（安）	ブナ林土壌の研究	大政　正隆
(10)	昭和26年（鈴）	合成清酒生産の工業化に関する研究	加藤　正二
			鈴木　正策
			飯田　茂次
82	昭和27年	稲,麦の分蘗研究—稲,麦の分蘗秩序に関する研究	片山　　佃
83	昭和27年	湖沿干拓不良土壌の改良に関する研究	小林　　嵩
84	昭和27年	有機物のポーラログラフ的研究	志方　益三
			館　　　勇
85	昭和27年	入浜塩田地盤の機構について	杉　　二郎
(5)	昭和27年（安）	紫紋羽病に関する研究	伊藤　一雄
(11)	昭和27年（鈴）	抗生物質に関する研究	住木　諭介
86	昭和28年	ルビーアカヤドリコバチに関する研究	安松　京三
87	昭和28年	葉茎類の飼料価値に関する研究	森本　　宏
88	昭和28年	自発性伝染病に関する研究	越智　勇一
89	昭和28年	酸化細菌に関する研究	朝井　勇宜

第2章 資料

(6)	昭和28年（安）	アブラナ類の種属間雑種とその倍数誘導体との核遺伝学的研究	水島宇三郎
(12)	昭和28年（鈴）	アミロ法の基礎的研究とその工業化に関する研究	武田　義人
			佐藤　喜吉
90	昭和29年	蚕のマルピギー管に関する研究とその応用	清水　　滋
91	昭和29年	日本産鰻の形態生態並びに養成に関する研究	松井　　魁
92	昭和29年	山羊間性の内分泌学的並びに遺伝学的研究	内藤　元男
			近藤　恭司
93	昭和29年	畑作物の湿害に関する土壌化学的並びに植物生理学的研究	山崎　　伝
94	昭和29年	農耕地内の微気象に関する研究	大後　美保
95	昭和29年	含硫黄炭水化物に関する研究	森　高次郎
96	昭和29年（安）	飼料栽培による高度集約的有畜農業経営への一実験的研究	松岡　忠一
97	昭和30年	北海道における稲作害虫とその防除に関する研究	桑山　　覚
98	昭和30年	甘藷塊根形成に関する研究	戸苅　義次
99	昭和30年	絹のラウジネスに関する化学的研究	清水　正徳
100	昭和30年	家畜脳炎に関する比較病理学的研究	山極　三郎
101	昭和30年	火山性地土性調査法と北海道における火山性土壌	山田　　忍
102	昭和30年	窒素配糖体の研究	井上　吉之
103	昭和30年（安）	低湿地排水の方式に関する研究	猪野徳太郎
104	昭和31年	本邦における主要水稲品種の出穂期に差異を来さしむる遺伝因子 ならびにこれら因子が温度および日長時間に対する反応に及ぼす関係について	福家　　豊
105	昭和31年（安）	家畜に対するエストロゼン処理の影響，特に発情ならびに卵巣機能を中心とした各種の現象とその発現機構について	西川　義正
106	昭和31年	微量要素に関する土壌肥料学的研究	平井　敬蔵
107	昭和31年	緑茶の成分に関する研究	辻村みちよ
108	昭和31年	邦産主要木材のパルプ化に関する研究	西田屹二
109	昭和32年（安）	水稲の胡麻葉枯病および秋落の発生機構に関する栄養生理学的研究	馬場　　赴
110	昭和32年	麦類雪腐に関する研究	富山　宏平
111	昭和32年	土壌の凝集力に関する研究	山中金次郎
112	昭和32年	雨滴と土壌侵蝕に関する研究	三原　義秋
113	昭和32年	澱粉に関する研究	二国　二郎
114	昭和32年	運材用索道主索の設計および検定法に関する研究	加藤　誠平
115	昭和33年	ニカメイチュウの人工培養並びに栄養生理学的研究	石井象二郎
116	昭和33年	食品の香に関する研究	小幡弥太郎
117	昭和33年（安）	日本農業発達史（全十巻）－明治以降における	東畑　精一（代表）
118	昭和33年	和牛の経済能力利用の増進に関する総合的研究	石原　盛衛
119	昭和33年	本邦陸水水質の化学的研究	小林　　純
120	昭和33年	重力式砂防堰堤における三次元応力の研究	遠藤　隆一
121	昭和33年	蚕のウィルス病に関する研究	石森　直人
122	昭和34年	稲ウンカ・ヨコバイ類の発生予察に関する綜説	末永　　一
			中塚　憲次
123	昭和34年	畑作用水法の合理化に関する研究	玉井虎太郎
124	昭和34年	養蚕微気象に関する研究	鈴木　親垤
125	昭和34年	牛の卵巣嚢腫に関する研究	山内　　亮
126	昭和34年（安）	本邦土壌型に関する研究	鴨下　　寛

127	昭和34年	非発酵性糖に関する研究	麻生　清
			柴崎　一雄
			松田　和雄
128	昭和34年	収穫表に関する基礎的研究と信州地方カラマツ林収穫表の調製	嶺　一三
129	昭和35年	桑の発育に関する生理学的並びに生態学的研究	田口　亮平
130	昭和35年	反芻胃の消化におけるへ Infusoria の役割	神立　誠
131	昭和35年	作物の養分吸収に関する動的研究	三井　進午
132	昭和35年	タンニンの化学的研究	大島　康義
133	昭和35年	北太平洋諸島の森林生態学的研究	館脇　操
134	昭和35年	日本水利施設進展の研究	牧　隆泰
135	昭和36年	開花の生理生態学的研究	野口　弥吉
136	昭和36年	クリタマバチの生物的防除特にその在来天敵峰群の利用に関する研究	
			鳥居　酉蔵
137	昭和36年	水稲の登熟過程よりみた玄米の品質に関する研究	長戸　一雄
138	昭和36年	反雛動物における低級脂肪酸の代謝ならびに代謝異常に関する研究	梅津　元昌
139	昭和36年	微量および特殊成分含肥料の研究	中村　輝雄
140	昭和36年	アゾオキシ配糖体の研究	西田孝太郎
141	昭和37年	家蚕休眠ホルモンの分離とその作用機構に関する研究	長谷川金作
142	昭和37年	海水濃縮工程における罐石附着機構および防止について	清水　和雄
			清水　幸夫
143	昭和37年	抗生物質によるいもち病防除に関する研究	福永　一夫
			米原　弘
			見里　朝正
144	昭和37年	家畜の血液型に関する研究	細田　達雄
145	昭和37年	日本土壌の粘土鉱物に関する研究	青峰　重範
146	昭和37年	水稲の暴風被害に関する研究	坪井八十二
147	昭和37年	稲熱病菌の代謝生産物に関する研究	玉利勤治郎
148	昭和37年	木材の細胞膜構造の電子顕微鏡的研究	原田　浩
149	昭和38年	栽培稲の起原と品種の分化	岡　彦一
150	昭和38年	ウンカ類の越冬並びに休眠に関する一連の研究	三宅　利雄
151	昭和38年	稲,麦における根の生育の規則性に関する研究	藤井　義典
152	昭和38年	家蚕その他数種昆虫におけるウィルス病誘病とウィルス干渉に関する研究	
			有賀　久雄
153	昭和38年	哺乳期における卵巣機能に関する研究	星　冬四郎
154	昭和38年	水田の窒素固定微生物に関する生化学的研究	奥田　東
155	昭和38年	葉たばこの香喫味成分の検索と製品の品質改良に関する研究	大西　勲
156	昭和39年	キュウリの雌花・雄花・両性花の分化を支配する条件の研究	伊東　秀夫
			斉藤　隆
157	昭和39年	鱗翅類の複眼に関する研究	八木　誠政
			小山　長雄
158	昭和39年	蚕の人工飼料に関する研究	浜村　保次
			福田　紀文
			伊藤　智夫
159	昭和39年	本邦土壌の腐植に関する研究	弘法　健三

160	昭和39年	物質代謝から見た蛋白質の栄養に関する研究	芦田　淳
			村松敬一郎
			吉田　昭
161	昭和39年	木材の力学的性質に関する研究	沢田　稔
162	昭和40年	土壌の微生物に関する研究	石沢　修一
163	昭和40年	水稲の冷水被害並びに出穂遅延障害に関する研究	田中　稔
164	昭和40年	豚の繁殖および育種に関する研究	丹羽太左衛門
165	昭和40年	サイクリトール類の合成に関する研究	中島　稔
166	昭和40年	海水系三重複塩の開発およびその製造方法	中山　道夫
167	昭和40年	パルプ製造におけるリグニンの挙動に関する研究	右田　伸彦
			中野　準三
168	昭和40年	バクテリオファージの利用によるイネ白葉枯病発生生態に関する研究	
			脇本　哲
			田上　義也
			吉村　彰治
169	昭和41年	昆虫個体群の生態に関する一連の研究	内田　俊郎
170	昭和41年	牧草の再生に関する生理生態学的研究	江原　薫
171	昭和41年	蚕の脳ホルモンに関する研究	小林　勝利
			桐村　二郎
			鈴木美枝子
172	昭和41年	牛痘に関する研究	添川　正夫
173	昭和41年	土壌侵蝕の発現機構とその防止に関する研究	西潟　高一
174	昭和41年	酵素蛋白質の構造と機能に関する研究	船津　勝
175	昭和42年	和牛の生態能力に関する基礎的ならびに応用的研究	上坂　章次
176	昭和42年	林木の材質に関する研究	蕪木　自輔
			加納　孟
177	昭和42年	茶の化学的研究	酒戸弥二郎
178	昭和42年	塩田の枝条架式濃縮製置の蒸発機構についての研究	池田　美登
			船田　周
179	昭和42年	代かきにおける土壌の崩壊機構とその作業機の諸特性に関する研究	山沢　新吾
180	昭和43年	蚕のウィルス病の感染病理に関する研究	鮎沢　啓夫
181	昭和43年	マルコフ過程の農業への適用	神谷　慶治
182	昭和43年	イネ縞葉枯病抵抗性水稲品種の育種に関する研究	桜井　義郎
			鳥山　国士
183	昭和43年	実験動物に関する基礎的研究	田嶋　嘉雄
184	昭和43年	微生物の生産する生理活性物質に関する研究	田村　三郎
185	昭和43年	本邦干拓地土壌に関する研究	米田　茂男
186	昭和44年	本邦桑園の土壌類型と施肥改善に関する調査研究	伊東　正夫
			森　信行
187	昭和44年	放射能式地下水探査法	落合　敏郎
188	昭和44年	水稲根の生態に関する形態形成論的研究	川田信一郎
189	昭和44年	大麦品種の地理的分布と遺伝的分化の研究	高橋　隆平
190	昭和44年	牛乳成分の化学的研究	津郷　友吉
191	昭和44年	水田土壌の地力窒素に関する研究	原田登五郎
192	昭和45年	植物病傷害の生化学的研究	
		－黒斑病菌罹病甘藷，切断傷害甘藷を中心として－	瓜谷　郁三

第2章 資料

番号	年	題目	氏名
193	昭和45年	農業水文学に関する一連の研究	金子　良
194	昭和45年	腐植酸に関する化学的研究	熊田　恭一
195	昭和45年	病と神経障碍－獣医病理形態学的研究における神経障碍説について－	佐藤　博
196	昭和45年	作物品種の多収性の研究－生育解析の立場より－	角田重三郎
197	昭和45年	酵素型からみた家蚕の起源と分化に関する研究	吉武　成美
198	昭和46年	比較農法に関する研究	熊代　幸雄
199	昭和46年	部分林制度の史的研究	塩谷　勉
200	昭和46年	農業用抗生物質ポリオキシンに関する研究	鈴木　三郎
201	昭和46年	アイソトープトレーサ法による肥料効率増進に関する研究	西垣　晋
202	昭和46年	筋運動の機構と生理に関する研究	野村　晋一
203	昭和46年	蚕における眠性及び化性に関する研究	諸星静次郎
204	昭和46年	林木の材質形成－特に未熟材に関する研究	渡辺　治人
205	昭和47年	生命表による害虫の個体群動態に関する研究	伊藤　嘉昭
206	昭和47年	本邦畑土壌の化学的研究	江川　友治
207	昭和47年	食品の香味（フレーバー）に関する化学的研究	藤巻　正生
208	昭和48年	果樹の温度環境に関する研究－とくにブドウの温度管理について－	小林　章
209	昭和48年	桑を中心とした植物の光合成・水代謝および物質生産に関する研究	田崎　忠良
210	昭和48年	コカクモンハマキの性フェロモンに関する研究	玉木　佳男
211	昭和48年	反芻家畜の消化,栄養生理に関する基礎的研究ならびに乳用牛飼養におけるその応用的研究	湯嶋　健 広瀬　可恒
212	昭和48年	肝蛭アレルギンに関する研究	前川　一之
213	昭和48年	軟弱地盤の圧密沈下に関する一連の研究	山田伴次郎
214	昭和49年	経済的土地分級の研究	金沢　夏樹
215	昭和49年	世界の主要水稲栽培地土壌の比較研究	川口桂三郎
216	昭和49年	米に関する食品化学ならびに生化学的研究	倉沢　文夫
217	昭和49年	生殖系ホルモンの作用機序に関する研究－ホルモンの生理的直達作用の解明,ならびに生体内マイクロアッセイの開発－	鈴木　善祐
218	昭和49年	球根類の休眠に関する研究	塚本洋太郎
219	昭和49年	マツ類の材線虫に関する研究－いわゆる「松くい虫」被害の原因究明－	徳重　陽山 真宮　靖治 森本　桂
220	昭和49年	日本のコイ科魚類に関する研究	中村　守純
221	昭和50年	抗蟻性木材成分としてのインプレノイドに関する研究	近藤　民雄
222	昭和50年	塩の固結に関する研究	杉山　幹雄 増沢　力
223	昭和50年	高等植物に含まれるジベレリンに関する研究	高橋　信孝
224	昭和50年	水稲の栄養生理学的研究	田中　明
225	昭和50年	群飼家畜の生理生態学的研究	三村　耕
226	昭和50年	作物の光合成の栽培学的意義および種間差に関する研究	村田　吉男
227	昭和50年	ウナギの種苗生産に関する基礎的研究	山本喜一郎
228	昭和51年	酵母の代謝と応用に関する研究	緒方　浩一

第2章 資料

229	昭和51年	水稲害虫の個体群動態に関する研究	桐谷 圭治
230	昭和51年	森林生態学に関する基礎的研究	四手井綱英
231	昭和51年	葯培養によるタバコの半数体育種法に関する研究	中村 明夫
			山田 哲也
			角谷 直人
232	昭和51年	腸内菌叢の分類と生態に関する研究	光岡 知足
233	昭和51年	木材の光分解	南 享二
234	昭和52年	日本赤米考	嵐 嘉一
235	昭和52年	動物資源の複合特性に関する食品学的研究	佐藤 泰
236	昭和52年	牛および山羊の人工妊娠に関する研究	杉江 佶
237	昭和52年	粘土質の水田の排水に関する研究	田渕 俊雄
238	昭和52年	湛水土壌－水稲系における微量無機成分の挙動に関するアイソトープ技法による研究,特に開田赤枯病の原因について	天正 清
239	昭和52年	カイコの栄養生理に関する研究	堀江 保宏
240	昭和52年	木材,木質材料の熱伝導および熱放射に関する研究	満久 崇麿
241	昭和53年	家畜の各種病原ウィルスの構造と感染に関する超微形態学的研究	田島 正典
242	昭和53年	小麦の起原と系統分化に関する比較遺伝学的研究	常脇恒一郎
243	昭和53年	植物の病害をおこすマイコプラズマ様微生物の発見	土居 養二
			石家 達爾
			興良 清
			明日山秀文
244	昭和53年	単板切削に関する研究	林 大九郎
245	昭和53年	水田土壌細菌に関する研究	古坂 澄石
246	昭和53年	複合環境下における作物光台成の動態に関する研究	矢吹 萬寿
247	昭和54年	発光分光法による微量N－15測定法の開発と植物の窒素栄養に関する研究	熊澤喜久雄
248	昭和54年	森林伐採および伐跡地の植被変化が流出に及ぼす影響に関する研究	中野 秀章
249	昭和54年	殺虫剤の選択毒性に関する比較生理・生化学的研究	深見 順一
250	昭和54年	九州農業史研究	山田 龍雄
251	昭和54年	家畜育種理論の研究と鶏育種への応用	山田 行雄
252	昭和55年	動物のマイコプラズマに関する研究	尾形 学
253	昭和55年	環境変異原に関する研究	賀田 恒夫
254	昭和55年	リグニンの化学構造と利用に関する研究	榊原 彰
255	昭和55年	水田土壌の動態に関する微生物的研究	高井 康雄
256	昭和55年	養蚕の起源と古代絹	布目 順郎
257	昭和55年	昆虫の細胞培養に関する研究	三橋 淳
258	昭和56年	生物活性有機リン化合物に関する研究	江藤 守総
259	昭和56年	弱毒ウィルス利用によるトマトモザイク病の防除に関する研究	大島 信行
260	昭和56年	植物病原菌産生の生理活性物質に関する研究	坂村 貞雄
261	昭和56年	霞ケ浦の水質汚濁に関する研究	須藤 清次（代表）
262	昭和56年	家畜家禽の飼料中特殊成分の栄養生理に関する研究	松本 達郎
263	昭和56年	アジア大陸における栽培稲の変遷と伝播に関する研究	渡部 忠世
264	昭和56年	黒ボク土の鉱物化学的研究	和田 光史
265	昭和57年	多年生雑草の生態と制御に関する基礎的研究	植木 邦和
266	昭和57年	養殖魚介類の疾病に関する病因学的ならびに病理学的研究	江草 周三

267	昭和57年	家蚕のウィルス病に関する一連の研究	川瀬 茂実
			渡部 仁
268	昭和57年	わが国における公園・緑地の発達，特にその施策，理論及び設計に関する歴史的研究	佐藤 昌
269	昭和57年	空中写真利用による森林調査法に関する研究	中島 巌
270	昭和57年	農畜産物の脂質に関する基礎的研究	藤野 安彦
271	昭和57年	牛腎盂腎炎菌に関する研究	梁川 良
272	昭和58年	農業の雪害防止に関する研究	大沼 匡之
273	昭和58年	ウンカ類の長距離移動に関する一連の研究	岸本 良一
274	昭和58年	作物体内における重金属元素の挙動に関する植物栄養学的研究	北岸 確三
275	昭和58年	家禽の比較内分泌学的研究とその応用	田名部雄一
276	昭和58年	微生物による資源の開発に関する研究	蓑田 泰治
277	昭和58年	木材のプラスチック化と溶液化に関する研究	横田 徳郎
			白石 信夫
278	昭和59年	イネいもち病および白葉枯病に対する品種抵抗性に関する研究	江塚 昭典
279	昭和59年	脂質の栄養化学的研究	金田 尚志
280	昭和59年	農地価格に関する研究	阪本 楠彦
281	昭和59年	貯水ダムの設計に関する研究	沢田 敏男
282	昭和59年	ナシ果実の発育と成熟に関する生理学的研究	林 真二
283	昭和59年	Tyzzer 病の感染病理学的研究	藤原 公策
284	昭和59年	害虫防除の毒理学的，化学生態学的研究	山本 出
285	昭和60年	食品有用特殊成分の生合成機構の解析とその応用	岩井 和夫
286	昭和60年	熱帯アジア土壌の生成と肥沃度に関する研究	久馬 一剛
287	昭和60年	イネのいもち病抵抗性の遺伝・育種学的ならびに疫学的研究	清沢 茂久
288	昭和60年	灌漑用貯水池の堆砂とその防除に関する研究	吉良 八郎
289	昭和60年	世界の農耕地雑草とその制御に関する研究	竹松 哲夫
290	昭和60年	反芻家畜の生産に及ぼす代謝動態の環境生理学的研究	津田 恒之
291	昭和60年	リグニンの生合成と生分解に関する研究	樋口 隆昌
292	昭和61年	カイコの絹蛋白質生成とその制御に関する研究	赤井 弘
293	昭和61年	日本型コンバインに関する研究	江崎 春雄
294	昭和61年	ボツリヌス菌毒素に関する獣医公衆衛生学的研究	阪口 玄二
295	昭和61年	森林生態系の物質生産構造及び環境保全機能に関する研究	只木 良也
296	昭和61年	漁業管理に関する研究	長谷川 彰
297	昭和61年	植物の生理活性物質に関する有機化学的研究	山下 恭平
298	昭和61年	"動的マイクロペドロジー"に基づく水田土壌の研究	和田 秀徳
299	昭和62年	植物に関する生化学的研究とその応用	赤沢 堯
300	昭和62年	広域農業水利系のシステム特性と系構造の計画学理に関する研究	緒形 博之
301	昭和62年	木材の特性と居住環境性能に関する研究	鈴木 正治
302	昭和62年	家畜・家禽，特に鶏のエネルギー利用に関する栄養生理学的研究	田先威和夫
303	昭和62年	『農家主体均衡論』(SUBJECTIVE EQUILBRIUM THEORY OF THE FARM HOUSEHOLD, ELSEVIER. 1986)	中嶋 千尋
304	昭和63年	農業機械の自動制御に関する研究	川村 登
305	昭和63年	脊椎動物の心臓に関する比較生物学的研究	澤崎 坦
306	昭和63年	ムギネ酸の発見とその栄養生理	高城 成一
307	昭和63年	高エネルギー制御発酵の開発と希少酵素の生産並びに応用	栃倉辰六郎

第2章 資料

308	昭和63年	細胞・組織培養による植物育種に関する研究	中島 哲夫
309	昭和63年	植物病原糸状菌の宿主特異的毒素とその作用機構に関する研究	西村 正暘
			甲元 啓介
310	昭和63年	除章剤の作用機構と選択性機構に関する研究	松中 昭一
311	平成元年	新しい視点に立つ抗生物質の研究とその農業生産への寄与	磯野 清
312	平成元年	殺虫剤抵抗性に関する一連の研究	齋藤 哲夫
313	平成元年	北米式木造壁体へ木質材料と木材を適用するための力学的研究	杉山 英男
314	平成元年	日本の稲作気候に関する研究	羽生 寿郎
315	平成元年	食肉の加工特性に関する蛋白質化学的研究	安井 勉
316	平成2年	各種動物の消化管運動とその神経支配に関する比較生理学的研究	大賀 晧
317	平成2年	土壌環境中における農薬の代謝・分解および行動に関する研究	鍬塚 昭三
318	平成2年	水田地域農業水利の近代化特性とそのシステム主要部の計画・設計に関する一連の研究	志村 博康
319	平成2年	植物の無機栄養特性に関する比較植物栄養学的研究	高橋 英一
320	平成2年	窒素固定を中心とした窒素循環系に関する生物化学的研究	丸山 芳治
321	平成2年	突然変異の誘発と利用に関する遺伝育種学的研究	山縣 弘忠
322	平成2年	家蚕における卵休眠の代謝調節に関する研究	山下 興亜
323	平成3年	日本産植物ウィルスの同定,分類,診断に関する一連の研究	井上 忠男
324	平成3年	経済発展と農業金融に関する研究	加藤 譲
325	平成3年	昆虫の移動性に関する生理,遺伝学的研究	藤條 純夫
326	平成3年	生物間相互認識に関する化学生態学的研究	深海 浩
327	平成3年	環境制御システムの開発と植物環境反応解析に関する研究	松井 健
			江口 弘美
328	平成3年	水稲収量の成立過程の解明とその多収技術への応用	松島 省三
329	平成3年	アゾラ・らん藻共生系の窒素固定に関する研究とその応用	渡辺 巌
330	平成4年	器官培養利用による園芸作物の成育機構の解明に関する研究	浅平 端
331	平成4年	草地生態系における放牧家畜エネルギー代謝と植生の適正管理に関する研究	大久保忠旦
332	平成4年	植物の病害抵抗性,発病機構とその制御に関する研究	奥 八郎
333	平成4年	極値水文学の展開と農業水利施設防災計画への応用に関する研究	角屋 睦
334	平成4年	家蚕ウィルスによる遺伝子発現ベクターの開発とその応用に関する研究	前田 進
335	平成4年	天然生物活性物質の化学合成に関する研究	森 謙治
336	平成4年	モービリウィルス感染の発病機構および予防に関する研究	山内 一也
337	平成5年	赤潮発生に関する環境科学的研究	岡市 友利
338	平成5年	火山灰土壌の生成・国際分類および農業利用に関する研究	庄子 貞雄
339	平成5年	雑種イネ品種育成のための細胞質雄性不稔性に関する遺伝・育種学的研究	新城 長有
340	平成5年	人畜共通トキソプラズマ原虫症の病態生理学的研究	鈴木 直義
341	平成5年	植物生育環境の解析と制御に関する研究	高倉 直
342	平成5年	植物起源の"みどりの香り"の発現と生理的意義の解明に関する研究	畑中 顯和
343	平成5年	イネいもち病菌レースの生態に関する研究	山田 昌雄
344	平成6年	水稲の光合成,物質生産に対する根の役割と多収性品種の生理生態的特性に関する研究	石原 邦
345	平成6年	昆虫の信号物質に関する一連の行動学的研究	高橋 正三

346	平成 6年	侵食谷の発達様式に関する研究	塚本　良則
347	平成 6年	着心地の計量的評価法の確立と衣内微環境の改善	丹羽　雅子
348	平成 6年	反芻家畜の体外受精に関する研究	花田　章
349	平成 6年	植物の生活環調節機構に関する生物有機化学的研究	室伏　旭
350	平成 6年	米の収穫後処理技術に関する研究	山下　律也
351	平成 7年	Bacillus thuringiensis（BT）における殺虫性タンパク質遺伝子の構造ならびに機能解析	飯塚　敏彦
352	平成 7年	農業革命の研究	飯沼　二郎
353	平成 7年	鶏病の病理学的研究－特に鶏体の組織反応の特徴とその病理学的診断への応用－	板倉　智敏
354	平成 7年	家畜精子の受精能獲得と顕微授精による体外受精に関する研究	入谷　明
355	平成 7年	殺虫剤抵抗性の機構とその遺伝に関する研究	正野　俊夫
356.	平成 7年	海面干拓農地の高度利用技術の開発と農地管理に関する一連の研究	長堀　金造
357	平成 7年	海洋生態環境造成に関する研究	中村　充
358	平成 8年	いもち病菌の疫学的および起源学的研究	加藤　肇
359	平成 8年	水田雑草の化学的制御剤とその省力施用技術の開発に関する先駆的研究	近内　誠登
360	平成 8年	熱帯多雨林樹種の生理特性と更新機構の解明に関する研究	佐々木恵彦
361	平成 8年	伴侶動物の真菌性人畜共通伝染病に関する研究	長谷川篤彦
362	平成 8年	澱粉の構造に関する研究	檜作　進
363	平成 8年	地球環境変動に及ぼす農業生態系の影響評価とその対策技術に関する研究	陽　捷行
364	平成 8年	醗酵微生物学の分子生物学的展開－蛋白分泌から免疫・神経へ	山崎　眞狩
365	平成 9年	平滑筋運動の生理・薬理学的研究と医学・獣医学への展開	唐木　英明
366	平成 9年	物理環境調節による培養植物の成長制御と大量増殖に関する研究	古在　豊樹
367	平成 9年	植物・動物間相互作用の数理モデルによる研究－作物・害虫間および牧草・家畜間に働くダイナミクスの解明－	塩見　正衛
368	平成 9年	C4植物における光合成機能統御の分子機構の研究	杉山　達夫
369	平成 9年	篩管液の生理学的研究	茅野　充男
370	平成 9年	アブラナ科植物の自家不和合性に関する研究	日向　康吉
371	平成 9年	海洋生物毒の精密化学構造と動態の解析	安元　健
372	平成10年	CO_2問題から見た木材生産・利用システムの再評価と新しい森林資源の開発	大熊　幹章
373	平成10年	多年生花卉類の生態反応の解明と近代的花卉生産技術の確立に関する研究	小西　国義
374	平成10年	食品香気に関する化学的研究	小林　彰夫
375	平成10年	熟成に伴う食肉の軟化機構に関する研究	高橋　興威
376	平成10年	土壌間隙の立体構造と透水抑制に関する研究	徳永　光一
377	平成10年	ニワトリのマレック病に関する研究	見上　彪
378	平成10年	昆虫の表皮形成と体色変化の機構に関する生理・生化学的研究	満井　喬
379	平成11年	牛のアルボウィルス感染症に関する研究	稲葉　右二
380	平成11年	農業生産力構造と農業政策の総合的，体系的研究	梶井　功
381	平成11年	植物細菌病の病原学的研究	後藤　正夫
382	平成11年	タンパク質代謝に関する分子栄養学的研究	野口　忠
383	平成11年	発酵乳の保健効果に関する研究	細野　明義
384	平成11年	水稲の生産過程のモデル化と水稲生産への地球環境変化の影響予測	堀江　武

番号	年度	題目	氏名
385	平成11年	水循環の素通程と農地排水に関する研究	丸山 利輔
386	平成12年	農業機械のエネルギー有効利用に関する研究	木谷 収
387	平成12年	害虫個体群の動態とその調査・解析法に関する数理生態学的研究	久野 英二
388	平成12年	持続可能な森林管理のための森林計画システムの研究	木平 勇吉
389	平成12年	哺乳動物の視床下部機能に関する神経生物学的研究	高橋 迪雄
390	平成12年	海洋生化学資源の開発に関する研究	伏谷 伸宏
391	平成12年	家畜の体温調節特性からみた温熱環境管理に関する研究	山本 禎紀
392	平成12年	植物ステロイドホルモン・ブラシノステロイドに関する生物有機化学的研究	横田 孝雄
393	平成13年	北海道における農業生産基盤と農村空間形成に関する研究	梅田 安治
394	平成13年	カルシウム代謝および骨粗鬆症予防の基礎および応用に関する研究	江澤 郁子
395	平成13年	第一胃内微生物のアミノ酸代謝と反芻動物の栄養に関する研究	小野寺 良次
396	平成13年	天然の生物制御物質に関する生物有機化学的研究	折谷 隆之
397	平成13年	キャッサバ育種研究体制の確立と新品種の開発	河野 和男
398	平成13年	細胞内寄生性紬菌による人獣共通感染症の制圧	平井 克哉
399	平成13年	鉄欠乏耐性イネの創製に関する研究	森 敏
400	平成14年	持続的農業生産のための先進的計測：リモートセンシングによる予測と評価	秋山 侃
401	平成14年	宿主植物・病原体特異性決定機構に関する基礎的研究	大内 成志
402	平成14年	エキノコックス生態解析と汚染環境の修復	神谷 正男
403	平成14年	農業生産基盤における地盤工学に関する研究	仲野 良紀
404	平成14年	先端家畜繁殖技術を応用した希少動物の保護・増殖に関する研究	藤原 昇
405	平成14年	ラッカセイ品種の系統分類と作物学的特性の解析ならびに「Ideotype」の実証に関する研究	前田 和美
406	平成14年	魚類配偶子形成機構の解析とその応用に関する研究	山内 皓平
407	平成15年	農業構造と農政改革の体系的研究	今村 奈良臣
408	平成15年	顕著な生物活性を有する天然有機化合物の合成研究	北原 武
409	平成15年	動物のプリオン病に関する研究	品川 森一
410	平成15年	カキの起源と果実形質の多様性に関する研究	杉浦 明
411	平成15年	土の物質移動科学に関する知識体系の確立	中野 政詩
412	平成15年	防風施設による気象改良・沙漠化防止および気象資源の有効利用に関する農業気象学的研究	真木 太一
413	平成15年	昆虫の光周性と季節適応に関する一連の研究	正木 進三
414	平成16年	除草剤Paraquatの毒性に関する研究	赤堀 文昭
415	平成16年	家禽代謝特性の解明と高品質食品開発への応用に関する分子栄養生化学的研究	秋葉 征夫
416	平成16年	スクリュ型脱穀選別機構の開発と実用化に関する一連の研究	市川 友彦
417	平成16年	生物有機化学における農学的先駆研究	大類 洋
418	平成16年	魚類脳下垂体ホルモンの同定と分子進化に関する研究	川内 浩司
419	平成16年	作物遺伝資源の開発・評価・利用の研究,特に不良環境耐性麦類の画期的育種の実践	武田 和義
420 421	平成16年	生体情報（SPA）を活用する環境制御法の確立と植物工場システムの実証に関する研究	橋本 康 高辻 正基
422	平成16年	環境調和型の植物病害制御剤の薬理機構と代謝に関する研究	山口 勇
423	平成17年	雑草の生物学的・生態学的特性に基づく管理法の構築	伊藤 操子

424	平成17年	インフルエンザウイルスの生態に関する研究	喜田　宏
425	平成17年	家畜卵子の選択的形成，成熟及び死滅の制御機構の解明に関する先駆的研究	佐藤　英明
426	平成17年	植物における感染防御応答の分子機構と耐病性強化に関する研究	道家　紀志
427	平成17年	木材物性の単純モデル化とその実証的応用に関する研究	則元　京
428	平成17年	土壌圏・機械システム力学のモデリングとその計算力学の確立	橋口　公一
429	平成17年	酸性土壌における生産性の向上を目的としたアルミニウム毒性機構の解析と耐性植物の作出	松本　英明
430	平成17年	植物生長調節の技術基盤開発に関する研究	吉田　茂男
431	平成18年	植物遺伝資源の保全と利用のための遺伝育種研究と国際貢献	岩永　勝
432	平成18年	シトクロムP450モノオキシゲナーゼによる生物変換に関する遺伝子工学的研究	大川　秀郎
433	平成18年	乳牛の代謝・泌乳特性の解明と酪農生産技術開発への応用に関する栄養生理学的研究	小原　嘉昭
434	平成18年	磯の香りに関する研究	梶原　忠彦
435	平成18年	澱粉および関連多糖に作用する酵素の基礎と応用に関する先駆的研究	坂野　好幸
436	平成18年	日本庭園の特質に関する研究	進士五十八
437	平成18年	害虫の総合的管理に関する一連の研究	中筋　房夫
438	平成18年	森林の計測，成長および評価に関する数理科学的研究	箕輪　光博
439	平成19年	鳥類の卵殻形成における骨髄骨の機能解明に関する先駆的研究	楠原　征治
440	平成19年	イネ生殖生長期における温度障害発生機構の解明および冷害防止のための前歴深水潅漑技術と耐冷性品種評価法の開発	佐竹　徹夫
441	平成19年	遺伝子組換えカイコの作出と利用法に関する研究	田村　俊樹
442	平成19年	ウナギの回遊に関する研究	塚本　勝巳
443	平成19年	土壌微生物とその生息環境に関する研究	服部　勉
444	平成19年	土壌微生物の養分供給機能と環境修復技術の開発に関する研究	丸本　卓哉
445	平成19年	果実の糖集積・品質向上機構に関する生理・生化学的研究	山木　昭平
446	平成19年	植物病原菌の病原因子の解明と病害抵抗性植物の創成に関する先駆的研究	米山　勝美
447	平成20年	牛乳たんぱく質の免疫調節機能の探索と利用技術の開発	大谷　元
448	平成20年	リゾクトニア属菌の分類に関する研究	生越　明
449	平成20年	シロアリ－微生物共生系とその効率的分解機構に関する先駆的研究	工藤　俊章
450	平成20年	クロマグロの完全養殖に関する研究	熊井　英水
451	平成20年	超臨界流体技術によるバイオエネルギーの創製に関する研究	坂　志朗
452	平成20年	農業用施設に特有の構造安定性解析に適した数値解法の斬新な改良に関する研究	田中　忠次
453	平成20年	植物プロトプラストの電気的細胞操作法の開発とその植物ウイルス研究への応用	日比　忠明
454	平成21年	ウイルス性自己免疫病及び遅発性感染症の動物モデルに関する研究	小野寺　節
455	平成21年	水田土壌における炭素循環と微生物群集	木村　眞人
456	平成21年	大気CO_2増加が水稲の生育と水田生態系に及ぼす影響のFACEによる解明	小林　和彦 岡田　益己
457	平成21年	鳥類繁殖生理の機構解明に関する先駆的研究	島田　清司
458	平成21年	花色デザイン技術による青いバラなどの新品種開発と実用化	田中　良和

459	平成21年	Capsicum属植物における新規遺伝資源の発掘と その実用化への展開	矢澤　進
460	平成21年	害虫および天敵タマバエ類の分類と生態に関する一連の研究	湯川　淳一

注：(鈴)は鈴木賞, (安)は安藤賞, (特)は特別奨励金. (富)は富民協会賞. (化)は農芸化学賞を示す.
　　なお, 農芸化学賞および鈴木賞は, それぞれ昭和28, 29年度より農学賞に含まれず別個に取扱われることになり, 安藤賞は昭和35年度より廃止された. また, 特別奨励金および富民協会賞は現在授与されていない.
2. 大正14年度以降平成21年度までの受賞件数は483件. 受賞者総数は531名である.
3. 昭和39年度より昭和47年度までは日本農学賞として, 賞状, 賞牌および賞金が授与されたが, 昭和48年度より賞状および賞牌が授与されることになった.
4. 賞状番号は従来不統一であったが, 昭和29年以降は1本建ての通し番号に統一することにした.

4. 日本農学会シンポジウム記録一覧

日本農学大会討論会
(1930-1936年)

1930（昭和 5）年 「本邦農村（土地産業全部を含む）に適切なる副業の種類およびその奨励方法」
1931（昭和 6）年 「技術上より見たる農作物（水産・林産・畜産・蚕糸等を含む）生産費低下方法」
1932（昭和 7）年 「本邦の農業を有利ならしむる経営方法について」
1933（昭和 8）年 I.「本邦養蚕業の不況対策」
　　　　　　　　 II.「農村計画とその実行方法」
1934（昭和 9）年 「農村（山村・漁村を含む）経済再生計画とその批判」
1935（昭和10）年 「科学の進歩とわが国の農業」
1936（昭和11）年 「最近における農村（山村・漁村を含む）経済再生の実績」

日本農学大会シンポジウム
(1960-1978年)

1960（昭和35）年 「農林水産業における生産力増強の可能性—畑作問題」
1961（昭和36）年 「農林水産業における生産力増強の可能性—畑作振興と酪農の問題」
1962（昭和37）年 「農林水産業における生産力増強の可能性—果樹園の生産力増強」
1963（昭和38）年 「植物保護，明日の課題から化学的防除と生物的防除」
1964（昭和39）年 「水田農業の機械化」
1965（昭和40）年 「農業における土壌環境とその改善—特に水分環境を中心にして」
1966（昭和41）年 「農業生産力の発展に対する育種の役割と将来」
1967（昭和42）年 「日本における草地農業の将来性とその問題点」
1968（昭和43）年 「有用動物の病害と防除」
1969（昭和44）年 「生物環境調節」
1970（昭和45）年 「産業技術の進歩と農業」
1971（昭和46）年 「農業生産と公害」
1972（昭和47）年 「無公害農業への挑戦—農薬を中心として」
1973（昭和48）年 「人間環境を守る農業」
1974（昭和49）年 「生物資源の未来」
1975（昭和50）年 「生物資源の未来—農林業における水資源の諸問題」
1976（昭和51）年 「生物資源の未来—生物生産環境と生産力」
1977（昭和52）年 「2000年の食糧—いかにして自給するか」
1978（昭和53）年 「2000年の食糧—対応する新技術を求めて」

世界の米のシンポジウム
(1967-1972年)

1967 (昭和42) 年「東南アジアの稲作環境と栽培技術」
1968 (昭和43) 年 (I)「東南アジアの稲作と水利用」
1968 (昭和43) 年 (II)「東南アジアにおけるイネの育種と病害虫」
1968 (昭和43) 年 (III)「東南アジア稲作機械化の諸問題」
1969 (昭和44) 年 (I)「東南アジアの稲作における農薬の使用」
1969 (昭和44) 年 (II)「温帯圏の稲作」
1970 (昭和45) 年「東南アジアにおける米の収穫・調製・加工・貯蔵の現状と問題点」
1972 (昭和47) 年「世界の米の市場問題」

　初期の特別講演 (1930-1943年) および以上3項の発表者および演題の詳細は日本農学会編「日本農学50年史」(養賢堂, 1980) を参照されたい.

日本農学会シンポジウム
(1980-2008年)

1980 (昭和55) 年　「農学における国際交流—生物資源の開発をめぐって」
・海洋生物資源開発にともなう技術協力および国際研究交流 (奈須敬二)
・林学分野における国際交流 (浅川澄彦)
・家畜衛生における国際交流の現状と問題点 (清水武彦)
・熱帯における作物生産向上の可能性 (長田明夫)
・農業技術移転以前の問題を考える (大村清之助)

1981 (昭和56) 年　「農学における国際交流—農業機械と作物保護の分野から
・農業機械化に関する国際交流 (江崎春雄)
・作物保護における国際交流
　1) 国際機関の活動 (吉目木三男)
　2) とくに発展途上国への技術協力 (梶原敏宏)
　3) 国際学術交流 (山本　出)
・果実の貿易をめぐる研究と国際交流 (北川博敏)

1982 (昭和57) 年　「農業における太陽エネルギーの有効利用」
・耕・林地の太陽エネルギー資源とその配分 (内嶋善兵衛)
・作物の光合成と生産力の種特異性 (田中市郎)
・農林生態系の窒素循環と土壌バイオマス (都留信也)
・施設園芸の省エネルギー (船田　周)

・太陽エネルギーの農業機械への利用（木谷　収）

1983（昭和58）年　「農業におけるバイオテクノロジー──Part 1」
・獣医学領域におけるバイオテクノロジーの利用（光岡知足）
・細胞・組織培養法による作物育種（小林　仁）
・遺伝子操作技術による植物病原細菌の研究（佐藤　守）
・水産における育種技術開発の現状と将来（藤野和男）
・新しいバイオテクノロジーと生物生産──窒素固定菌の育種に向けて──（矢野圭司）

1984（昭和59）年　「農業におけるバイオテクノロジー──Part 2」
・家畜繁殖におけるバイオテクノロジーの応用（中原達夫）
・植物細胞への遺伝子導入ベクターの開発の現状（池上正人）
・林木における組織培養，細胞融合による育種技術開発の現状と問題点（斉藤　明）
・除草剤抵抗性作物の育種とバイオテクノロジー（松中昭一）
・生物活性物質の化学合成とバイオテクノロジー（森　謙治）

1985（昭和60）年　「異常気象と日本の農業──現状と対応──」
・最近の異常気象と気候変動（内島立郎）
・異常海況と水産資源（伊東祐方・友定　彰）
・イネの冷害とその生理（西山岩男）
・異常気象とイネの病害（山口富夫）
・畑作農業における冷湿害（塩崎尚郎）
・稲作生産力構造の変化と冷害（酒井惇一）

1986（昭和61）年　「先端技術による日本農業の展開──バイオ技術をどう生かすか──」
・植物病理学分野におけるバイオテクノロジーの現状と今後の展望（羽柴輝良）
・植物細胞育種と細胞工学（山田康之）
・ピレスロイド化合物の農業分野への利用（宮本純之）
・化学的生化学的技術による新しい木材工業の展開（原口隆英）
・不妊虫放飼法によるウリミバエの根絶計画（梅谷献二・志賀正和）

1987（昭和62）年　「先端技術による日本農業の展開──開発応用の現状──」
・ランドサット利用による土壌の情報化とその応用（福原道一）
・レーザービーム測量の大区画圃場整備への応用（山路永司）
・農業機械における新技術の利用（田中　孝）
・植物組織培養における環境調節（古在豊樹）
・受精卵移植技術の普及に伴う肉用牛生産構造の変化──予備的検討を中心に──（栗原幸一）

1988（昭和63）年　「国際化時代の農学と日本農業―Part 1―」
・国際化時代における日本農業の展望（今村奈良臣）
・植物遺伝資源をめぐる課題と展望（菊池文雄）
・国際化時代の日本養鶏産業の課題と展望（杉山道雄）
・国際化時代における日本漁業の課題（長谷川　彰）
・国際化時代における国内農産物の利用を巡る課題（斎尾恭子）

1989（平成元）年　「国際化時代の農学と日本農業―Part 2―」
・国際化時代における日本の水田農業の課題（堀江　武）
・国際化時代におけるポストハーベストと機械化（山下律也）
・国際化時代の日本の花卉園芸（小西国義）
・国際化時代における日本林業の課題と展望（餅田治之）
・国際化時代の農薬（山本　出）

1990（平成2）年　「地球環境と農業をとりまく諸問題」
・地球環境問題に対する国連環境計画（UNEP）の取り組み―その現状と課題―（中山幹康）
・地球温暖化に関連する農業気候の2，3の問題（吉野正敏）
・わが国における酸性雨の拡がりと作物への影響（谷山鉄郎）
・地球の温暖化と森林資源管理の問題（井上敏雄）
・砂漠化の原因・防止・回復（矢野友久）
・土壌荒廃とその防止策（松本　聰）

1991（平成3）年　「地球環境と農業・人間生活をとりまく諸問題」
・地球温暖化と日本農業への影響（黒柳俊雄）
・地球環境と草地の役割（及川棟雄）
・地球規模の環境変化と水産業（川崎　健）
・農業化学資材と環境（山本広基）
・生活廃棄物・生活排水と環境（阿部幸子）

1992（平成4）年　「21世紀の農学像をさぐる」
・生産と環境の調和（久馬一剛）
・生物資源における循環系（岡野　健）
・造園学における景観シミュレーション（熊谷洋一）
・農業における自動化（池田善郎）
・21世紀の農学教育（古田喜彦）

1993（平成5）年　「人類の生存と生物生産」
・熱帯林の持続的な利用と地球環境（小林繁男）
・作物の生産性の向上とサステイナビリティとの調和（秋田重誠）

- 持続的生産における家畜の役割（渡邉昭三）
- 漁業生産の将来展望（清水　誠）
- 食品研究の新展開―"医食同源"への回帰（荒井綜一）

1994（平成6）年　「人類の生存と生物生産（Part 2）」
- 大気環境の変動および変化と食糧生産（堀江　武）
- 土壌によるバイオリメディエーションの実際―土壌微生物残存性機構とその応用―（松本　聰）
- 耕地生態系の保全と雑草管理（草薙得一）
- 資源としての昆虫利用（三橋　淳）
- 人間・生物生産系の包括的管理：バイオシステム論の展開―特に農業経済学者の新役割を中心に―（樋口貞三）

1995（平成7）年　「わが国の食糧と日本農学―イネを中心として―」
- 変動の大きい気象と農業技術（岡田益己）
- 間断取水による圃場の水管理（梅田安治）
- 水稲冷害を防ぐ栽培技術と作物学（西山岩男）
- イネの耐冷性遺伝資源と育種の展望（佐々木武彦）
- コメの食品学―その発展の軌跡を顧みる（荒井綜一）

1996（平成8）年　「新しい遺伝資源の創造」
- 遺伝資源をめぐる世界の動き―植物遺伝資源を中心に―（中川原捷洋）
- 遺伝資源としての在来家禽・家畜（野沢　謙）
- 動物遺伝子機能の多様性と統一性―応用遺伝学の立場から―（舘　鄰）
- 新しい動物遺伝資源の開発―畜産業への波及効果を考慮して―（村松　晋）
- 林木における遺伝子のクローニングと形質転換体の作出（田崎　清）
- 新規な微生物酵素の探索とその高度利用（山田秀明）

1997（平成9）年　「新しい遺伝資源の開発」
- 微生物ゲノムの解析―*Bacillus*属を中心に―（山根國男）
- ゲノム操作法による魚類品種の現状と展開（谷口順彦）
- ダイコン類における細胞質変異の探索と育種的利用（山岸　博）
- 新機能を有する蚕の開発と利用（井上　元）
- わが国における新しい芝草品種の開発とその未来（青木孝一）

1998（平成10）年　「アジアにおける環境と生物生産の現状と将来」
- 東南アジアにおける食料生産の課題と可能性（藤本彰三）
- モンスーン地帯の粗飼料生産の特質（福山正隆）
- 増えゆく大気CO_2とアジアのコメ（小林和彦・モイン・ウス・サラム）
- 華北における丘陵山地の荒廃・三料不足問題ととうもろこし生産（田中洋介）

- 環境ストレスと植物育種―中国黄土高原におけるケーススタディ―（武田和義）
- タイ国における各種植生の光合成と環境（矢吹萬壽）

1999（平成11）年　「アジアにおける環境と生物生産の現状と将来（Part 2）」
- 21世紀におけるアジアの食糧需給の展望（菅沼浩敏）
- 貿易自由化による農産物の国際的移動拡大に伴う侵入生物の環境インパクト（清水矩宏）
- 貿易の自由化の進展と家畜伝染病の防疫対策（小澤義博）
- アジア地域の微生物研究ネットワークと環境保全（工藤俊章・新井博之）
- 微生物を用いた環境修復―バイオマス廃棄物の微生物による資源化―（寺沢　実）

2000（平成12）年　「農学領域におけるゲノムサイエンスの展開」
- 作物保護に係わる有用遺伝子の機能解析とその利用（大川秀郎）
- アルカリ土壌での鉄欠乏耐性植物の創製（森　敏）
- カイコのゲノム研究の意義，現状および展望（嶋田　透）
- イネゲノム解析の進展とその成果の活用（佐々木卓治）
- スギのゲノム解析と新たな展開―長寿命，他殖性，巨大性，を乗り越えて！―（向井　譲）

2001（平成13）年　「農学領域におけるゲノムサイエンスの展開（Part 2）」
- 麹菌のゲノム研究の意義―現状と展望―（五味勝也）
- ゲノムプロジェクトによるカルパインスーパーファミリーの同定―分子構造と機能の多様性，その疾病への応用を目指して（反町洋之）
- 魚介類ゲノム解析の現状（青木　宙）
- 家畜ゲノム解析の現状と展望（杉本喜憲）
- ウシゲノム解析と抗病性（間　陽子）

2002（平成14）年　「21世紀における循環型生物生産への提言」
- 地域における食糧の生産と消費に伴う窒素の循環と環境への流出（波多野隆介）
- 栄養管理による家畜・家禽からの環境負荷物質排出量の低減（斉藤　守）
- 日本の半自然草地を利用した家畜生産と環境の保全（西村　格）
- 害虫総合管理の現状，課題，展望―天敵や性フェロモンを活用した害虫管理の進展―（根本　久）
- 自然循環型農業の展開条件と望まれる技術開発（甲斐　諭）

2003（平成15）年　「21世紀における循環型生物生産への提言（Part 2）」
- 持続可能な社会を目指す植物バイオテクノロジー（新名惇彦）
- アレロパシーを農業生態系に利用した持続的食料生産（藤井義晴）
- 物質循環型生産方式を目指した作物栽培の技術改善と理論的実証（天野高久）
- 持続的な水産養殖への取り組み（黒倉　壽）
- 環境保全型育種の未来（武田和義）

2004（平成16）年　「農が支える安全・安心な暮らし」
- 安全・安心な衣生活の実現（片山倫子）
- トレーサビリティと判別技術—食品の身元保証のための技術開発の現状（永田忠博）
- 快適な居住環境創出に関わる木のにおい（谷田貝光克）
- 「食の安全・安心」のための情報システム（田上隆一）
- 農業・農村に吹く冷たい風・暖かい風—農業への還流（岩元　泉）

2005（平成17）年　「遺伝子組換え作物研究の現状と課題」
○ 遺伝子組換え研究の社会への貢献
- 遺伝子組換え技術が作物の品種改良に及ぼす影響（喜多村啓介）
- 健康機能性を付与した遺伝子組換え米の開発（高岩文雄）
○ 遺伝子組換え作物の圃場試験と生態系への影響
- 作物の生産性研究と遺伝子組換え作物の圃場試験（大杉　立）
- 遺伝子組換え作物の非隔離栽培の生態系への影響（山口裕文）
○ 遺伝子組換え作物の安全性評価
- 遺伝子組換え作物の食品としての安全性（澤田純一）
- 遺伝子組換え作物の花粉飛散と自然交雑（松尾和人）
- 遺伝子拡散防止措置（田部井　豊）
＊ 日本農学会編　シリーズ21世紀の農学「遺伝子組換え作物の研究」（養賢堂，2006）として出版．

2006（平成18）年　「動物・微生物における遺伝子工学研究の現状と展望」
- コンビナトリアル生合成によるフラボノイドの発酵生産（堀之内末治・勝山陽平・鮒　信学）
- 難分解性物質の微生物分解と組換え微生物の環境浄化への利用（福田雅夫）
- 微生物における遺伝子組換え研究の意義と直面する問題（五十君靜信）
- カイコの形質転換系の開発と利用（田村俊樹）
- 単離生殖細胞からの魚類個体の作出：細胞を介した遺伝子導入技法の樹立を目指して
  （吉崎悟朗・竹内　裕・奥津智之）
- エピジェネティクス，新たな動物遺伝子工学のパラダイム（塩田邦郎・佐藤　俊・池上浩太・服部奈緒子・大鐘　潤）
- デザイナー・ピッグの基礎医学研究への応用（長嶋比呂志・春山エリカ・池田有希・黒目麻由子）
＊ 日本農学会編　シリーズ21世紀の農学「動物・微生物の遺伝子工学研究」（養賢堂，2007）として出版．

2007（平成19）年　「外来生物のリスク管理と有効利用」
- 外来生物法のしくみと対策（水谷知生）
- 外来植物のリスク評価と，蔓延防止策（藤井義晴）
- 外来牧草の有効利用のためのリスク管理（黒川俊二）

- ランドスケープの計画と事業における生物多様性配慮と外来植物（小林達明）
- 外来植物と都市緑化 〜生態的被害・便益性の真の評価を「在来種善玉・外来種悪玉論」批判〜（近藤三雄）
- 外来動物問題とその対策（羽山伸一）
- 外来魚とどう付き合うか―アジアの事例を中心に―（多紀保彦・加納光樹）
- 導入昆虫のリスク評価とリスク管理―導入天敵のリスク評価と導入基準―（望月　淳）
- 導入昆虫のリスク評価とリスク管理―特定外来生物セイヨウオオマルハナバチのリスク管理―（五箇公一）
* 日本農学会編　シリーズ21世紀の農学「外来生物のリスク管理と有効利用」（養賢堂, 2008）として出版.

2008（平成20）年　「地球温暖化問題への農学の挑戦」
○ 基調講演
- 地球温暖化への対処：緩和と適応（西岡秀三）
○ 地球温暖化による農林水産業への影響
- 水稲を中心とした作物栽培への影響と適応策（長谷川利拡）
- 地球温暖化が水産資源に与える影響（桜井泰憲）
- 農業における LCA（Life Cycle Assessment）（小林　久）
- バイオ燃料生産と国際食糧需給問題（伊東正一）
- バイオ燃料と食糧の競合と農業問題（五十嵐泰夫）
○ 農業分野での温室効果ガス削減への取り組み
- 農耕地からの温室効果ガス排出削減の可能性（八木一行）
- わが国での反すう家畜の消化管内発酵に由来するメタンについて（永西　修）
- 森林分野の温暖化緩和策（松本光朗）
- 二酸化炭素貯留源としての木材の役割と持続的・循環的な国産材利用（川井秀一）
* 日本農学会編　シリーズ21世紀の農学「地球温暖化問題への農学の挑戦」（養賢堂, 2009）として出版.

5. 日本農学会規則

第1章　総則

第1条　本会は日本農学会と称する．
第2条　本会は農学に関する専門学会の連合協力により，農学およびその技術の進歩発達に貢献することを目的とする．
第3条　本会は事務局を東京都文京区弥生1-1-1におく．

第2章　事業

第4条　本会はその目的を達成するため次の事業を行なう．
　1. 各学会の連絡，協力およびその内外に対する総合活動
　2. 日本農学大会の開催
　3. 業績の表彰および研究の奨励
　4. その他本会の目的を達成するために必要な事業

第3章　会員

第5条　会員を分けて正会員および名誉会員とする．
第6条　正会員は農学に関する専門学会とする．
第7条　正会員は次の事業を本会に通知しなければならない．
　1. 選出評議員および運営委員の氏名
　2. 所属学会員の名簿
第8条　名誉会員は本会に顕著な功績のある個人で評議員会において推薦されたものとする．
第9条　本会に入会しようとする学会，あるいは本会より退会しようとする学会は本会にその旨を申出で，評議員会の承認を得なければならない．

第4章　役員

第10条　本会に次の役員を置く．
　会長1名，副会長2名，評議員若干名，運営委員若干名，専門委員若干名，監査委員2名．
第11条　会長は会務を総理し本会を代表する．副会長は会長を補佐し，会長に事故ある時はその職務を代理する．評議員は予算その他第19条第1項に掲げる重要な事項を評議決定する．運営委員は本会の常務を執行する．専門委員は，会長の求めに応じて，専門事項の処理を担当する．監査委員は本会の会計を監査する．
第12条　会長，副会長は評議員の選挙によってこれを定める．
第13条　評議員および運営委員は正会員たる各学会がこれを選出する．評議員は各学会の役員であることを要し，会員1,000名以上を有する学会にあっては2名，1,000名未満を有する学会にあっては1名とする．運営委員は，会員2,000名以上を有する学会にあっては2名，2,000名未満の学会にあっては1名とする．
第14条　常任委員若干名は，運営委員のうちから会長が指名する．
第15条　監査委員は評議員会において評議員中よりこれを選挙する．
第16条　各役員の任期は2カ年とする．ただし重任を妨げない．
第17条　役員中欠員を生じ補充の必要あるときは第12条，第13条，第14条および第15条によりこれを選出する．後任者の任期は，前任者の任期に残存期間とする．

第5章　会議

第18条　会議は評議員会および運営委員会とする．
第19条　評議員会は次の場合に会長これを招集する．
　1. 予算の決定，決算の承認および大会開催の決定，日本農学賞の受賞者の選考決定，会長，副会長，監査委員の改選，入会および退会の承認，本会規則の改正，その他とくに重要と認められた事項の審議
　2. 評議員定数の3分の1以上から請求されたとき
　3. 監査委員より請求されたとき
第20条　評議員会は会長，副会長および評議員を以て構成し，評議員現在数の3分の2以上の出席を以て成立する．評議員に事故ある場合はその評議員の所属学会は本会会長の承認を得て代理人を出席させることができる．この場合代理人は当該学会の役員でなければならない．議長は会長これに当る．名誉会員は評議員会に出席することができる．ただし議決には加わらない．会長は必要に応じ運営委員を評議員会に出席せしめることができる．ただし議決には加わらない．
第21条　評議員会の議事は出席者の過半数の賛成で決し，可否同数の時は議長の決するところによる．本会規則の改正には3分の2以上の賛成を要する．
第22条　運営委員会は必要に応じ会長これを招集する．運営委員会は運営委員の過半数の出席を以て成

第23条　会長が必要と認めたときは，評議員会の承認を得て運営委員会のもとに特別委員会を置くことができる．

第6章　会計

第24条　本会の会計年度は毎年1月1日に始まり，12月31日に終わる．

第25条　本会の経費は正会員よりの会費，寄付金，その他の雑収入を以てこれにあてる．

第26条　会計の決算は年度経過後2カ月以内に監査の査定を経て評議員会に提出しその承認を得なければならない．

第7章　会費

第27条　会費は予算に基づき，次の方法により正会員より徴収する．会費予算額の内一部を各学会平等に負担し残額を各学会の会員数により按分して負担せしめる．会員数は前年10月末現在を以てする．

第28条　会費の納期はその年度の1月末とする．

第8章　著作権

第29条　本会の刊行物の著作権は本会に帰属する．

附則

第30条　本会の会務執行のために必要な規定は評議員会の議決を経て別に定める．

第31条　本会の正会員は次の通りである．（50音順）
園芸学会，漁業経済学会，社団法人砂防学会，システム農学会，実践総合農学会，樹木医学会，植物化学調節学会，森林計画学会，森林立地学会，動物臨床医学会，日本育種学会，日本応用糖質科学会，日本応用動物昆虫学会，日本海水学会，日本家禽学会，日本魚病学会，日本国際地域開発学会，日本砂丘学会，日本作物学会，日本雑草学会，社団法人日本蚕糸学会，日本芝草学会，社団法人日本獣医学会，日本植物病理学会，日本森林学会，社団法人日本水産学会，日本水産工学会，日本生物環境調節工学会，社団法人日本造園学会，日本草地学会，社団法人日本畜産学会，日本動物遺伝育種学会，日本土壌微生物学会，社団法人日本土壌肥料学会，日本熱帯農業学会，日本農業気象学会，日本農業経営学会，日本農業経済学会，社団法人日本農芸化学会，日本農作業学会，日本農薬学会，日本繁殖生物学会，日本ペット栄養学会，日本ペドロジー学会，日本木材学会，農業機械学会，農業施設学会，農業情報学会，社団法人農業農村工学会，農村計画学会，木質構造研究会，林業経済学会，社団法人林木育種協会．

日本農学会農学奨励規定
（日本農学賞授賞規定）

1. 本会は日本農学会規則第4条第3項および規則第30条に基づき本規定を定める．
2. 本会は農学上顕著な業績を挙げたものに対し毎年大会において日本農学賞を贈りこれを表彰する．
3. 前項の業績は発表された論文または著書とする．
4. 受賞者は正会員より推薦されたものにつき評議員会において投票によって決定する．
5. 授賞のための費用は本会の経費および寄付金を以てこれにあてる．

6. 加盟学協会の概要一覧

(2007年12月時点の各学会からの情報をまとめた)

第2章 資料

学協会名（和文名称）	園芸学会	漁業経済学会
英文名称	Japanese Society for Horticultural Science	The Japanese Society of Fisheries Economics
所在地	京都府京都市上京区下立売小川東入る 中西印刷株式会社内	東京都港区港南4-5-7 東京海洋大学内
電話	075-415-3661	03-5463-0566
ホームページURL	http://www.jshs.jp/	http://wwwsoc.nii.ac.jp/jsfe/
設立年次	1923年	1952年
日本農学会加盟年次	1929年	1955年
設立目的	園芸作物，園芸植物の生産，流通，消費にかかわる技術開発とそれら園芸技術を支える学術的な研究を通して，健康で文化的な生活を持続的に享受できる社会の実現を目指す．	漁業の政策，漁業生産の経済構造，漁業の法制度，漁業の経済，漁業の管理，漁業の経営，漁業の労働，漁業協同組合，水産物市場と流通，漁村地域の活性化，漁村社会，漁業地理，漁業史，海外漁業等の社会経済問題を研究のテーマとしている．
会員概数	2,380名	301名
部会の設置	果樹部会，野菜部会，花き部会，利用部会	
和文機関誌名（年発行回数）	園芸学研究 (Horticultural Research) 4回/年（第1巻からの通巻数：77巻）	漁業経済研究 (Japanese Journal of Fisheries Economics) 3回/年（第1巻からの通巻数：52巻）
英文機関誌名（年発行回数）	Journal of the Japanese Society for Horticultural Science (JJSHS) 4回/年（第1巻からの通巻数：77巻）	
会合（年回数）	総会 (1)，部会 (4)，シンポジウム (1)	総会 (1)，シンポジウム (1)
学会賞	園芸学会賞 2件以内，園芸学会奨励賞 4件以内，園芸功労賞 2件以内，園芸学会年間優秀論文賞 5件以内	漁業経済学会賞 2件以内，漁業経済学奨励賞 2件以内
国際学会への加盟と国際交流活動	国際園芸学会．アジア4カ国（日本，中国，韓国，台湾）交流協定	IIFET (International Institute of Fisheries Economics and Trade)
国際会議等の主催	国際園芸学会 (1994：京都)，国際シンポジウム「東アジアの園芸のさらなる発展のために」(1998：東京)，国際花卉球根シンポジウム (2004：新潟) ほか	

(社) 砂防学会	システム農学会	樹木医学会
Japan Society of Erosion Control Engineering	The Japanese Agricultural Systems Society	Tree Health Research Society, Japan
東京都千代田区平河町2-7-5 砂防会館内	東京都世田谷区桜丘1-1-1 東京農業大学国際食料情報学部 国際バイオビジネス学科内	東京都文京区弥生1-1-1 東京大学大学院農学生命科学研究科 森林植物学研究室内
03-3261-8386	03-5477-2731	03-5841-5226
http://www.jsece.or.jp/indexj.html	http://wwwsoc.nii.ac.jp/jass/	http://wwwsoc.nii.ac.jp/thrs/
1951年	1984年	1995年
2002年	1985年	2000年
砂防に関する研究及び調査を推進することにより，広く土砂災害に関する防災科学の振興を図り，もって国土の保全，国民生活の安全等に寄与する．	専門化した農学関連諸科学の仮説，概念，原理，方法論などを既存の専門分野の壁を越えてシステム化し，研究課題の境界領域を拡大ないしは変更し，未領域科学としての農学の学際研究を推進する．	樹木の保護，管理等に関する研究を推進し，広く樹木医学の向上と発展を図り，もって自然環境の保全，生活環境の改善等に寄与することを目的とする．
2,871名	302名	731名
総務部会，経理部会，研究開発部会，編集部会，事業部会，国際部会		
砂防学会誌　新砂防	システム農学 (Journal of the Japanese Agricultural Systems Society) 4回/年 (第1巻からの通巻数：24巻)	樹木医学研究 (Tree and Forest Health) 4回/年 (第1巻からの通巻数：11巻)
	なし	
総会 (1)，部会 (20)，講演会 (1)，シンポジウム (1)	総会 (1)，講演会 (2)，シンポジウム (2)	総会 (1)，部会 (2)，講演会 (1)，シンポジウム (1)
論文賞 1件，論文奨励賞 1件，砂防技術賞 1件	システム農学会賞 (最大1名)，システム農学会論文賞 (最大2名)，システム農学会優秀発表賞 (各回1名，年2名)	樹木医学会賞，樹木医学会功績賞
国際防災学会		
砂防国際シンポジウム (1995：東京)，国際防災学会 (2002：松本)，国際防災学会 (2006：新潟)		

植物化学調節学会	森林計画学会	森林立地学会
The Japanese Society for Chemical Regulation of Plants	Japan Society of Forest Planning	The Japanese Society of Forest Environment
東京都港区芝浦2-14-13 MCKビル2F 笹氣出版印刷株式会社内	岩手県盛岡市上田3-18-8 岩手大学大学院連合農学研究科内	茨城県つくば市松の里1 森林総合研究所内
03-3455-4439	019-621-6245	029-829-8226
http://wwwsoc.nii.ac.jp/jscrp/	http:// wwwsoc.nii.ac.jp/jsfplan/index.html	http://ritchi.ac.affrc.go.jp/
1965年	1965年	1959年
1986年	1993年	1995年
植物の化学調節に関する科学ならびに技術の発展に貢献することを主な目的とする.	森林および林業の計画に関わる理論および技術の発展と普及をはかるため，会員間の連絡をはかり，利用者に対する援助を行うことを目的とする.	森林の成立に関与する土壌・気象・生物等の立地環境因子とその相互作用に関心を持つ研究者，技術者相互の連絡を密にし，森林立地学会の発展を通じて，森林の育成及び森林が持つ諸機能の維持向上に貢献することを目的とする.
600名	227名	517名
植物の生長調節 (Regulation of Plant Growth & Development) 3回/年（第1巻からの通巻数：42巻；83号）	森林計画学会誌 (Japanese Journal of Forest Planning) 2回/年（第1巻からの通巻数：41巻）	森林立地 (Japanese Journal of Forest Environment) 2回/年（第1巻からの通巻数：48巻）
	Journal of Forest Planning 2回/年（第1巻からの通巻数：13巻）	
総会 (1)，講演会 (1)	総会 (1)，シンポジウム (2)	総会 (1)，シンポジウム (1)
学会賞：1件，奨励賞：1件，技術賞：1件	森林計画学賞 1件，黒岩菊郎記念研究奨励賞 1件	森林立地学会誌論文賞，1回/年（通常1件）
アメリカ植物生長調節学会 (Plant Growth Regulation Society of America：PGRSA) 国際植物生長物質会議 (International Conference on Plant Growth Substances)	国際森林研究機関連合 (IUFRO)	国際森林研究センター (CIFOR)（交流）
国際植物生長物質会議 (1998：幕張)	Symposium on Global Concerns for Forest Resource Utilization (1998：宮崎)，IUFRO国際研究集会 (2004：札幌) ほか	

(360)   第2章 資料

動物臨床医学会	日本育種学会	日本応用糖質科学会
Japanese Society of Animal Clinical Veterinary Medicine	Japanese Society of Breeding	The Japanese Society of Applied Glycoscience
鳥取県倉吉市八屋214-10 (財) 鳥取県動物臨床医学研究所内	東京都文京区弥生1-1-1 東京大学大学院農学生命科学研究科内	東京都千代田区一ツ橋1-1-1 パレスサイドビル2F (株) 毎日学術フォーラム内
0858-26-0851	075-415-3661	03-6267-4550
	http://www.nacos.com/jsb	http://wwwsoc.nii.ac.jp/jsag/
1996年	1951年	1952年
2006年	1951年	1994年
獣医学に関する臨床的研究を行い，獣医療技術の向上を図るための教育と知識の普及を行うことにより，動物臨床医学の発展に寄与することを目的とする．	農業生産性の飛躍的向上と安定化には育種が必要不可欠である．本会は，この育種に関わる研究及び技術の進歩，研究者の交流と協力，および知識の普及をはかることを目的とする．	本会は澱粉を始めとする各種糖質科学および関連する酵素科学の進歩を図り，科学，技術および関連産業の発展に寄与することを目的とする．
1,519名	2,351名	1,084名
	地域談話会：9	
動物臨床医学 (Journal of Animal Clinical Medicine) 4回/年 (第1巻からの通巻数：16巻)		
		Journal of Applied Glycoscience 4回/年 (第1巻からの通巻数：54巻)
総会 (1)，講演会 (1)，シンポジウム (1)		総会 (1)，講演会 (5) (支部事業を含む)，シンポジウム (5) (支部事業を含む)
	日本育種学会賞 (3件以内) 日本育種学会奨励賞 (3件以内) 日本育種学会論文賞 (2件以内) 日本育種学会功労賞 (件数制限なし)	学会賞 1件，奨励賞 1件-2件，技術開発賞 1件-2件，特別学会賞 1件
	国際遺伝学会, SABRAO (アジア大洋州育種学会), EUCARPIA (ヨーロッパ育種学会), International Rice Genetics Symposium, アジア作物学会, 国際作物学会, 国際稲研究所 (IRRI) との研究交流プロジェクト「イネシャトル研究プロジェクト」の事務局	
	6th Congress of the Society of the Advancement of Breeding Researches in Asia and Oceania (1989：つくば), 10th Congress of the Society of the Advancement of Breeding Researches in Asia and Oceania (2005：つくば)	デンプン科学および糖質関連酵素における先端領域の国際シンポジウム (2002：東京), International Symposium on New Horizons of Carbohydrate Engineering (2006：堺) ほか

日本応用動物昆虫学会	日本海水学会	日本家禽学会
The Japanese Society of Applied Entomology and Zoology	The Society of Sea Water Science, Japan	Japan Poultry Science Association
東京都豊島区駒込 1-43-11 日本植物防疫協会内	神奈川県小田原市酒匂 4-13-20 (財) 塩事業センター 海水総合研究所内	茨城県つくば市池の台 2 畜産草地研究所内
03-3943-6021	0465-47-2439	029-838-8777
http://odokon.org/	http://www.swsj.org/	http://wwwsoc.nii.ac.jp/jpsa/
1957年	1950年	1954年
1957年	1950年	1971年
応用昆虫学及び応用動物学の進歩普及をはかることを目的とする.	塩および海水の資源的開発・利用に関する科学技術の進歩発達ならびに普及を目的とする.	家禽に関する研究の促進をとおしてわが国の家禽産業の進展を図ると共に,世界家禽学会日本支部として国際的立場から家禽産業の発展に寄与する.
2,097名	388名	516名
日本応用動物昆虫学会誌 (Japanese Journal of Applied Entomology and Zoology) 4回/年 (第1巻からの通巻数:51巻)	日本海水学会誌 (Bulletin of the Society of Sea Water Science, Japan) 6回/年 (第1巻からの通巻数:351巻)	日本家禽学会誌 (Japanese Journal of Poultry Science) 4回/年 (第1巻からの通巻数:44巻)
Applied Entomology and Zoology 4回/年 (第1巻からの通巻数:42巻)		Journal of Poultry Science 4回/年 (第1巻からの通巻数:44巻)
総会 (1), シンポジウム (1)	総会 (1), 部会 (2-3), シンポジウム (1)	総会 (2), 講演会 (2), シンポジウム (1)
日本応用動物昆虫学会学会賞 (2件/年), 日本応用動物昆虫学会奨励賞 (2件/年)	学術賞, 技術賞, 奨励賞, 功労賞 (田中賞), 各賞とも若干名	日本家禽学会賞 1件, 日本家禽学会奨励賞 1件, 日本家禽学会技術賞 1件, 日本家禽学会功労賞 1~2件, 優秀論文賞 2件, 優秀発表賞 4件
国際昆虫学会, アジア太平洋昆虫学会議, 国際農薬化学会議, アジア-太平洋国際化学生態学会議等		世界家禽学会
国際昆虫学会 (1980:京都)	国際塩シンポジウム (1992:京都) ほか	世界家禽会議 (1988:名古屋), アジア太平洋家禽会議 (1998:名古屋)

日本魚病学会	日本国際地域開発学会	日本砂丘学会
The Japanese Society of Fish Pathology	The Japanese Society of Regional and Agricultural Development	Japanese Society of Sand Dune Research
北海道函館市港町3-1-1 北海道大学大学院水産科学研究院 海洋生物防疫学研究室内	神奈川県藤沢市亀井野1866 日本大学生物資源科学部内	鳥取県鳥取市湖山町南4-101 鳥取大学農学部内
0138-40-5597	0466-84-3460	0857-31-5367
http://www.fish-pathology.com	http://wwwsoc.nii.ac.jp/jasrad/	http://www.soc.nii.ac.jp/jssdr/
1966年	1966年	1954年
2002年	1983年	1999年
病原体の分類や生態，病理，治療，予防など，魚介類の疾病に関する広範囲な分野について，研究の進歩と知識の普及を図ることを目的とする．	国の内外における自然，経済，社会の開発と保全に関する諸科学を研究し，国際地域開発の進展を図ること．そのために，広く自然および社会科学にわたり，国際的な視野の下，国の内外における開発と環境保全に関する諸問題について学際的，総合的に研究する．	砂丘および乾燥地に関する研究の進歩発達ならびにその実際への普及を図るため
800名	354名	237名
魚病研究 (Fish Pathology) 4回/年 (第1巻からの通巻数：42巻)	開発学研究 3回/年 (第1巻からの通巻数：73巻)	日本砂丘学会誌 (Sand dune research) 3回/年 (第1巻からの通巻数：54巻)
総会 (1)，講演会 (1)，シンポジウム (1)	総会 (1)，講演会 (1)，シンポジウム (1)	総会 (1)，講演会 (1)，シンポジウム (1)
日本魚病学会賞 (1件)，日本魚病学会研究奨励賞 (2件)	日本国際地域開発学会学術賞，日本国際地域開発学会奨励賞，日本国際地域開発学会功績賞 (年件数はいずれも不定)	学術賞 (不定期)，技術賞 (不定期)，奨励賞 (不定期)，地域賞 (不定期)
ヨーロッパ魚病学会 アメリカ水産学会 アジア水産学会 マリンバイオテクノロジー学会		
International Symposium on Diseases in Marine Aquaculture (1997：広島)，日本魚病学会国際シンポジウム (2008：東京) ほか		

日本作物学会	(社) 日本蚕糸学会	日本雑草学会
The Crop Science Society of Japan	Japanese Society of Sericultural Science	The Weed Science Society of Japan
東京都中央区新川2-22-4 新共立ビル2F	茨城県つくば市大わし1-2 農業生物資源研究所内	東京都台東区台東1-26-6 植調会館6F
03-3551-9891	029-838-6056	03-3834-6375
http://wwwsoc.nii.ac.jp/cssj/	http://wwwsoc.nii.ac.jp/jsss2/	http://wssj.jp
1927年	1929年	1975年
1929年	1930年	1975年
作物に関する学術の発展を図り,同学の士の親睦を厚くすることを目的として設立された.	蚕糸科学・技術の発展を目標に学術刊行物の発行,学術講演会の開催,優れた研究成果の表彰などの諸事業を行うことを目的とする.	会員相互の協力により,雑草及び雑草の制御や利用の研究推進並びにそれらと環境に関する学術の発展及び技術の普及を図る.
1,251名	633名	1,134名
北海道,東北,北陸,関東,東海,近畿,中国,四国,九州の各地域に支部会を組織し,支部活動として講演会等を開催している.	東北支部会,関東支部会,中部支部会,東海支部会,関西支部会,九州支部会	学術研究部会
日本作物学会紀事 (Japanese Journal of Crop Science) 4回/年 (第1巻からの通巻数:76巻)	蚕糸・昆虫バイオテック (Sanshi-Konchu Biotec) 3回/年 (第1巻からの通巻数:76巻)	雑草研究 (Journal of Weed Science and Technology) 4回/年 (第1巻からの通巻数:52巻)
Plant Production Science 4回/年 (第1巻からの通巻数:10巻)	J. Insect Biotechnology and Sericology 3回/年 (第1巻からの通巻数:76巻)	Weed Biology and Management 4回/年 (第1巻からの通巻数:7巻)
総会 (1),講演会 (2),シンポジウム (1)	総会 (1),部会 (1),講演会 (2),シンポジウム (1)	総会 (1),部会 (随時),講演会 (1),シンポジウム (1)
日本作物学会賞 (1-3件),日本作物学会研究奨励賞 (1-3件),日本作物学会技術賞 (1-4件),日本作物学会論文賞 (3-6件)	蚕糸学賞 (2名/年),蚕糸学進歩賞 (奨励賞:2名/年),蚕糸学進歩賞 (技術賞:2件/年)	日本雑草学会賞 業績賞,同技術賞,同奨励賞年数件
国際作物学会,アジア作物学会,中国作物学会 (交流)	アジア・太平洋蚕糸昆虫バイテク学会 (APSERI2006)	国際雑草学会 (IWSS),アジア・太平洋雑草学会 (APWSS) 国際純正応用化学連合 (IUPAC),国際植物保護科学会 (IAPPS),世界アレロパシー会議 (World Congress on Allelopathy)
アジア作物学会議 (2nd Asian Crop Science Conference) (1995:福井),国際シンポジウム「世界の食糧安全保障と作物生産技術」(1998:京都)	国際無脊椎動物病理学会 (1998:札幌),アジア・太平洋蚕糸昆虫バイテク学会 (APSERI2008) (2008:名古屋) ほか	The 15th Asia-Pacific Weed Science Society Conference (1995:つくば) ほか

日本芝草学会	(社)日本獣医学会	日本植物病理学会
Japanese Society of Turfgrass Science	Japanese Society of Veterinary Science	The Phytopathological Society of Japan
東京都台東区台東1-26-6 植調会館内	東京都文京区本郷6-26-12 東京RSビル内	東京都豊島区駒込1-43-11 日本植物防疫協会ビル
03-3834-6385	03-5803-7761	03-3943-6021
http://www.tctv.ne.jp/members/jsts	http://wwwsoc.nii.ac.jp/jsvs/	http://www.ppsj.org/
1972年	1885年	1916年
1984年	1930年	1929年
この会は芝草ならびに地被植物に関する学術研究,教育を奨励し,技術の向上,情報の普及をはかり,もって芝草ならびに緑化に関する諸事業の発展に寄与することを目的とする.	本会は,獣医学に関する研究を推進し,その普及を図ることをもって目的とする.	農作物・樹木から生活環境植物まで幅広い植物を対象に,病原体の診断・同定,病原体の伝染方法,病原体の感染・増殖機構,病原体と植物の相互作用,植物の病害抵抗性の機構などを明らかにし,植物を病原菌から回避する方法や植物の病気を防除する方法の開発,あるいは病気に強い植物の開発などを目指し,植物の病気に関わる基礎的および応用的研究を行うことを目的とする.
771名	3,800名	2,058名
ゴルフ場部会,校庭芝生部会,公園緑地部会,グラウンドカバープランツ部会	日本獣医解剖学会,日本獣医病理学会,日本獣医寄生虫学会,微生物学分科会,家禽疾病学分科会,公衆衛生学分科会,獣医繁殖学分科会,臨床分科会,生理学・生化学分科会,日本比較薬理学・毒性学会,日本実験動物医学会,以上11団体.	
芝草研究 2回/年(第1巻からの通巻数:36巻,1巻につき2号,計72冊)		日本植物病理学会報 (Japanese Journal of Phytopathology) 4回/年(第1巻からの通巻数:74巻)
	The Journal of Veterinary Medical Science 12回/年(第1巻からの通巻数: 12巻)	Journal of General Plant Pathology 6回/年(第1巻からの通巻数:74巻)
総会(1),部会(8),講演会(2),シンポジウム(2)	総会(1),部会(2),講演会(2),シンポジウム(2)	総会(1),部会(5),講演会(6),シンポジウム(5)
日本芝草学会賞 年1件程度	日本獣医学会賞:2件,越智賞:1件,獣医学奨励賞:4件	学会賞(3件/年),学術奨励賞(3件/年),論文賞(2件以内/年),学生優秀発表賞(10件程度/年)
国際芝草学会 (International Turfgrass Society)	World Association of Veterinary Anatomists, Asian Association of Veterinary Anatomists, アジア獣医病理学 (Asian Society of Veterinary Pathology).アメリカ獣医病理学会 (American College of Veterinary Pathology)と学術雑誌共同運営を協議中.	国際植物病理学会(ISPP),アジア植物病理学会(AASPP),国際微生物連合(IUMS),国際植物保護科学会(IAPPS)ベトナム植物病理学会(交流),IRRI,CIP等と交流.
芝草緑化国際会(1989:東京)	アジア獣医病理学会シンポジウム(2003:東京),アジア獣医解剖学会(2006:つくば)	国際植物病理学会議(5th ICPP)(1988:京都)ほか

日本森林学会	(社) 日本水産学会	日本水産工学会
The Japanese Forest Society	The Japanese Society of Fisheries Science	The Japanese Society of Fisheries Engineering
東京都千代田区六番町7日林協会館内	東京都港区港南4-5-7 東京海洋大学内	茨城県神栖市波崎7620-7 (独) 水産総合研究センター水産工学研究所内
03-3261-2766	03-3471-2165	0479-44-5934
http://www.forestry.jp/	http://wwwsoc.nii.ac.jp/jsfs/	http://wwwsoc.nii.ac.jp/jsfe2/
1914年	1932年	1989年
1927年	1652年	1990年
林学の向上ならびに林業の発展を図ることを目的とする.	水産学に関する学理およびその応用の研究についての発表および連絡,知識の交換,情報の提供等を行なう場となることにより,水産学に関する研究の進歩普及を図り,もって学術の発展に寄与することを目的とする.	水産工学に関する科学技術の進歩および水産業の振興を図り,もって学術文化の進展に寄与することを目的とする.
2,695名	4,163名	570名
	編集委員会1,企画広報委員会1,学会賞選考委員会1,シンポジウム企画委員会1,出版委員会1,ベルソーブックス委員会1,国際交流委員会1,選挙管理委員会1,水産教育推進委員会1,漁業懇話会委員会1,水産利用懇話会委員会1,水産増殖懇話会委員会1,水産環境保全委員会1,財務検討委員会(特別委員会)1,水産政策委員会(特別委員会)1	委員会:総務,企画,編集,広報委員会,研究会:水産公共政策研究会,物質循環研究会
日本森林学会誌 (Journal of the Japanese Forest Society) 6回/年 (第1巻からの通巻数:89巻)	日本水産学会誌 (Nippon Suisan Gakkaishi) 6回/年 (第1巻からの通巻数:73巻)	日本水産工学会誌「水産工学」 3回/年 (第1巻からの通巻数:44巻)
Journal of Forest Research 6回/年 (第1巻からの通巻数:12巻)	Fisheries Science 6回/年 (第1巻からの通巻数:73巻)	
総会(1),シンポジウム(2)	総会(1),部会(15),講演会(2),シンポジウム(2)	総会(1),講演会(1),シンポジウム(2)
日本森林学会賞,日本森林学会奨励賞,日本森林学会功績賞/年	日本水産学会賞(2件以内),日本水産学会功績賞(2件以内),水産学進歩賞(4件以内),水産学奨励賞(4件以内),水産学技術賞(3件以内),日本水産学会論文賞(10件以内)	日本水産工学会賞,水産工学奨励賞,水産工学技術賞,水産工学論文賞,各賞若干名/年
国際森林研究機関連合 (IUFRO),国際林業研究センター (CIFOR),中国林学会(交流),韓国林学会(交流)	世界水産学協議会,世界水産学会議(交流),アメリカ水産学会(交流),中国水産学会(交流),イギリス水産学会(交流)	
IUFRO世界大会 (1981:京都) ほか	世界水産学会議 (5th World Fisheries Congress) (2008:横浜) ほか	海洋・河川における生態環境技術に関する国際会議 (1995:東京) ほか

日本生物環境工学会	日本草地学会	（社）日本造園学会
Japanese Society of Agricultural, Biological and Environmental Engineers and Scientists	Japanese Society of Grassland Science	Japanese Institute of Landscape Architecture
福岡県福岡市東区箱崎6-10-1 九州大学生物環境調節センター内	栃木県那須塩原市千本松768 畜産草地研究所内	東京都渋谷区神南1-20-11 造園会館6F
092-642-3063	0287-37-7684	03-5459-0515
http://wwwsoc.nii.ac.jp/seikan/	http://grass.ac.affrc.go.jp/	http://www.landscapearchitecture.or.jp
2007年	1954年	1925年
2007年	1962年	1929年
本会は，要素還元した環境条件下における基礎生物学から先端的食料生産システムである植物工場まで，環境調節を応用する新しい農業生産の技術開発および技術形成に関心をもつ科学者，技術者および賛同者をもって構成し，会員相互の協力によって，本学術領域の研究を促進し，その成果をもって社会へ貢献することを目的とする．	日本の草地農業の発展を願い，草地と飼料作物に関する学術の進歩とその知識の普及をはかることを目的に設立された．	造園に関する学術および技術の連絡提携および進歩をはかり，もって造園学の進展と社会の発展に貢献することを目的とする．
1,113名	751名	3,334名
執行部会・国際学術部会・教育部会・編集部会・研究事業部会（植物工場部会，生物環境調節部会および生物生体計測部会の3部会）	和文誌編集委員会，英文誌編集委員会のほか，各種委員会が8つ．若手の会がある．	関西支部，関東支部，九州支部，北海道支部，東北支部，中部支部，企画委員会，総務委員会，学術委員会，編集委員会，国際委員会，情報システム委員会，教育・職能委員会，ランドスケープセミナー委員会，JABEE委員会，論文集編集委員会，造園作品選集編集委員会，造園技術報告集編集委員会，生態工学研究委員会，緑化環境工学研究委員会，ランドスケープ遺産研究委員会，ランドスケープ建設技術研究委員会，景観計画・デザイン研究委員会，ランドスケープマネジメント研究委員会
植物環境工学 (Journal of Science and High Technology in Agriculture) 4回/年（第1巻からの通巻数：19巻）	日本草地学会誌 4回/年（第1巻からの通巻数：53巻）	日本造園学会誌　ランドスケープ研究 (Journal of the Japanese Institute of Landscape Architecture) 5回/年（第1巻からの通巻数：71巻）
Environment Control in Biology 4回/年（第1巻からの通巻数：45巻）	Grassland Science 4回/年（第1巻からの通巻数：3巻）	
総会（1），部会（1），シンポジウム（1）	総会（1），部会（1），シンポジウム（1）	
功績賞（若干件），学術賞（若干件），開発賞（若干件），論文賞（英文誌，和文誌：各1件），学術奨励賞（若干件），貢献賞（若干件）	日本草地学会賞　年3件以下，日本草地学会研究奨励賞　年2件以下	日本造園学会賞（研究論文，技術，設計作品の3部門），上原敬二賞，研究奨励賞，特別賞
IFAC		韓国造景学会（交流），中国風景園林学会（交流）
	国際草地学会議（1985：京都），日中韓シンポジウム（2004：広島）ほか	日韓中定期交流学術会議（毎年，3国で持ち回り共催）

第 2 章 資 料

(社) 日本畜産学会	日本動物遺伝育種学会	(社) 日本土壌肥料学会
Japanese Society of Animal Science	Japanese Society of Animal Breeding and Genetics	Japanese Society of Soil Science and Plant Nutrition
東京都台東区池之端 2-9-4 永谷コーポラス 201 号	愛知県名古屋市千種区不老町 名古屋大学大学院生命農学研究科 動物遺伝制御学研究室内	東京都文京区本郷 6-26-10-202
03-3828-8409	052-789-4099	03-3815-2085
http://wwwsoc.nii.ac.jp/	http://bre.soc.i.kyoto-u.ac.jp/~jsabg/	http://wwwsoc.nii.ac.jp/jssspn/
1924 年	2000 年	1927 年
1930 年	2002 年	1930 年
(1) 研究発表会, 学術講演会などの開催 (2) 機関誌および学術図書などの発行 (3) 学術の進歩発達に貢献した者の表彰 (4) その他の目的を達成するために必要な事業	日本動物遺伝育種学会は統計遺伝学と分子遺伝学を統合的に発展させ, より高度な育種戦略を構築するとともに, DNA 情報を利用する産業やライフサイエンスへも貢献できる体制を整えることを目的とする.	土壌, 肥料及び植物栄養に関する学術の進歩及び普及を図り, もって人類の福祉に寄与する.
2,253 名	346 名	2,843 名
		会誌編集委員会, 欧文誌編集委員会, 大会運営委員会, 土壌教育委員会
日本畜産学会報 (Nihon Chikusan Gakkaiho) 4 回/年 (第 1 巻からの通巻数: 78 巻)	動物遺伝育種研究 (The Journal of Animal Genetics) 2 回/年 (第 1 巻からの通巻数: 35 巻)	日本土壌肥料学雑誌 (Japanese Journal of Soil Science and Plant Nutrition) 6 回/年 (第 1 巻からの通関数: 78 巻)
Animal Science Journal 6 回/年 (第 1 巻からの通巻数: 78 巻)		Soil Science and Plant Nutrition 6 回/年 (第 1 巻からの通関数: 53 巻)
総会 (1), 講演会 (1), シンポジウム (1)	総会 (1), シンポジウム (1)	総会 (1), 部会 (1-5), 講演会 (1), シンポジウム (1)
日本畜産学会西川賞 (功労賞) 2 件, 日本畜産学会賞 2 件, 日本畜産学会奨励賞 5 件	該当なし 総会時に優秀発表を表彰している.	日本土壌肥料学会賞, 日本土壌肥料学会技術賞, 日本土壌肥料学会奨励賞, 日本土壌肥料学雑誌論文賞
世界畜産学会連合 (WAAP), アジア・大洋州畜産学会 (AAAP), 日中韓畜産学会協議会 (CJK)	International Society of Animal Genetics (交流)	International Union of Soil Science, International Council of Plant Nutrition, International Council of Soil and Plant Nutrition of LawpH, East and Southeast Asia Federation of Soil Science Societies
世界畜産学会議 (1983: 東京), アジア・大洋州畜産学会議 (1996: 千葉)	国際動物遺伝学会議 (2004: 東京)	国際土壌科学会 (1990: 京都), 国際植物栄養科学会 (1997: 東京), 国際植物硫黄代謝ワーショップ (2005: 木更津), 東南アジア土壌科学連合 (ESAFS) 国際会 (2007: つくば) ほか

日本土壌微生物学会	日本熱帯農業学会	日本農業気象学会
Japanese Society of Soil Microbiology	Japanese Society for Tropical Agriculture	The Society of Agricultural Meteorology of Japan
茨城県つくば市観音台3-1-3 (独)農業環境技術研究所　生物生態機能研究領域内	東京都世田谷区桜ヶ丘1-1-1 東京農業大学内	茨城県つくば市観音台3-1-3 (独)農業環境技術研究所地球環境部内
029-838-8355	03-5477-2404	029-838-8239
http:// http://wwwsoc.nii.ac.jp/jssm/	http://www.soc.nii.ac.jp/jsta/	http://wwwsoc.nii.ac.jp/agrmet/
1954年	1957年	1942年
2006年	1965年	1949年
土壌の微生物に関する試験研究の発達と研究者相互の協力・親睦をはかり、農業生産並びに環境保全へ寄与することを目的とする。本学会は土壌の微生物の理論及び応用に関心を有する者で構成される。	熱帯および亜熱帯農業の基礎的な調査研究をなし、これに関係ある学術の発達を図るとともに、その成果を国内および国際間に公開し、これの応用により熱帯および亜熱帯農業の進展に資することを目的とする。	農業気象学の進歩並びに農業気象学についての知識の向上および普及を図ること
587名	750名	1,001名
	研究集会委員会 8名, 学会賞受賞候補者選考委員会 12名, 電子情報委員会 6名, 創立50周年記念実行委員会 11名	リモートセンシング・GIS研究部会, フラックス観測研究部会, 気候変化影響研究部会, 生態系プロセス研究部会, 園芸工学研究部会, 若手研究者の会
土と微生物 2回/年 (第1巻からの通巻数：61巻)	熱帯農業研究 (Research for Tropical Agriculture) 2回/年 (第1巻からの通巻数：1巻)	生物と気象 (Climate in Biosphere) 4回/年 (第1巻からの通巻数：6巻) 農業気象 (Journal of Agricultural Meteorology) 4回/年 (第1巻からの通巻数：63巻) 時に6回/年
Microbes and Environments 4回/年 (第1巻からの通巻数：23巻)	Tropical Agriculture and Development 4回/年 (第1巻からの通巻数：51巻)	
総会 (1), 講演会 (1), シンポジウム (1)	総会 (1), 部会 (2), 講演会 (2), シンポジウム (2)	総会 (1), 部会 (1-2), 講演会 (1-2), シンポジウム (1-2)
なし	日本熱帯農業学会奨励賞 2件, 日本熱帯農業学会学術賞 1件, 日本熱帯農業学会磯賞 1件	学術賞 (原則1件), 普及賞 (原則1件), 功績賞 (若干数), 論文賞 (若干数), 奨励賞 (若干数)
International Union of Soil Science (IUSS), IRRI, OECD等と交流	CIAT, CIMMYT, CIP, ICARDA, ICRAF, ICRISAT, IFPRI, IITA, IPGRI, IRRI, WARDA等との交流	国際農業工学会 (CIGR), アメリカ農業工学会 (ASAE) (交流), ICSU, IRRI, WARDA等との交流
		国際シンポジウム「変動気候下での緑資源と食料生産 (1992：つくば), 「地球環境劣化下の食料生産と環境保全に関する国際シンポジウム」(2004：福岡), 農業気象国際シンポジウム (2008：下関) ほか

日本農業経営学会	日本農業経済学会	(社)日本農芸化学会
The Farm Management Society of Japan	The Agricultural Economics Society of Japan	Japan Society for Bioscience, Biotechnology, and Agrochemistry
茨城県つくば市観音台3-1-1 中央農業総合研究センター内	東京都目黒区下目黒3-9-13 目黒・炭やビル(財)農林統計協会内	東京都文京区弥生2-4-16 学会センタービル2階
029-838-8424	03-3492-2988	03-3811-8789
http://fmsj.ac.affrc.go.jp/	http://wwwsoc.nii.ac.jp/aesj2/	http://www.jsbba.or.jp/
1948年	1924年	1924年
1992年	1927年	1929年
本会は，農業経営に関する理論及びその応用を研究し，もって学術・文化ならびに農業経営の発展に寄与することを目的とする．	本会は農業経済に関する研究を行い，もって農業経済学と農業・農村の発展に寄与することを目的とする．	農芸化学の進歩を図り，もって科学，技術，文化の発展に寄与することを目的にする．
891名	1,519名	12,724名
農業経営研究 (Japanese Journal of Farm Management) 4回/年(第1巻からの通巻数:45巻)	農業経済研究 4回/年(第1巻からの通巻数:79巻)	化学と生物 (KAGAKU TO SEIBUTSU) 12回/年(第1巻からの通巻数:45巻)
	The Japanese Journal of Rural Economics 1回/年(第1巻からの通巻数:9巻)	Bioscience, Biotechnology, and Biochemistry 12回/年(第1巻からの通巻数:45巻)
総会(1)，シンポジウム(1)	総会(1)，シンポジウム(1)	総会(1)
日本農業経営学会賞 学術賞(平成19年度 1件)，日本農業経営学会賞 奨励賞(平成19年度 1件)，日本農業経営学会賞 学会誌賞(平成19年度 該当なし)，日本農業経営学会賞 実践賞(平成19年度 1件)	学会賞学術賞 1名，学会賞奨励賞 3名	日本農芸化学会賞:2件以内，日本農芸化学会功績賞:2件以内，農芸化学技術賞:2件以内，農芸化学奨励賞:10件以内
	国際農業経済学会. 中国農業経済学会・韓国農業経済学会と交流.	国際食品化学工学連盟，アジア医薬化学連合，国際微生物学連合
国際シンポジウム「循環型社会へ向けた農業の挑戦－グローバリゼーションと地域戦略」(2003:つくば)		

日本農作業学会	日本農薬学会	日本繁殖生物学会
Japanese Society of Farm Work Research	Pesticide Science Society of Japan	Society for Reproduction and Development
茨城県つくば市天王台1-1-1 筑波大学農林技術センター気付	東京都豊島区駒込1-43-11 日本植物防疫協会内	東京都文京区弥生1-1-1 東京大学大学院農学生命科学研究科獣医生理学教室内
029-853-2547	03-3943-6021	03-5841-5386
http://www.soc.nii.ac.jp/jsfwr/	http://wwwsoc.nii.ac.jp/pssj2/	http://reproduction.jp/index-j.html
1965年	1975年	1948年
1987年	1977年	2001年
本会は農作業の合理化の研究を進め，その技術普及と会員相互の親睦，協力を図ることを目的とする．	作物保護や農薬をめぐる諸問題を考える学問・技術の発展，即ち農薬科学の発展を通して人類の福祉に貢献し，さらに人口爆発，地球環境などの人類の諸問題の解決に寄与することを目的とする．	飼育動物，野生動物など主として脊椎動物の繁殖に関する学術研究を振興すること，ならびにその成果の普及を図ることを目的として設立された．
559名	1,553名	959名
	農薬残留分析研究会，農薬製剤・施用法研究会，農薬環境科学研究会，農薬生物活性研究会，農薬デザイン研究会，農薬レギュラトリーサイエンス研究会，農薬バイオサイエンス研究会	編集委員会（51名），表彰選考委員会（8名），広報委員会（5名）プログラム委員会（16名），若手奨励策検討委員会（7名），男女共同参画推進委員会（5名）
農作業研究（Japanese Journal of Farm Work research） 4回/年（第1巻からの通巻数：42巻）	日本農薬学会誌（Journal of Pesticide Science, Part II in Japanese） 4回/年（第1巻からの通巻数：32巻）	大会講演要旨（JRD Supplement） 1回/年（第1巻からの通巻数：53巻）
	Journal of Pesticide Science 4回/年（第1巻からの通巻数：32巻）	The Journal of Reproduction and Development（JRD） 6回/年（第1巻からの通巻数：53巻）
総会（2），部会（1），講演会（1），シンポジウム（1）	総会（1），部会（1），講演会（不定期），シンポジウム（1）	総会（1），部会（1-2），講演会（1），シンポジウム（2）
日本農作業学会学術賞（平均0.4件/年），日本農作業学会学術奨励賞（平均0.5件/年），日本農作業学会功績賞（平均0.3件/年）	業績賞（研究），業績賞（技術），奨励賞，功労賞，論文賞（件数は年により異なる）	日本繁殖生物学会賞（学術賞，技術賞，奨励賞 各1～2名），優秀発表賞 10名以内，優秀論文賞 3件
国際農業工学会（CIGR）	International Congress of Pesticide Chemistry（IUPA）， Pan Pacific Conference on Pesticide Science（米国化学会農業化学部門との共催）	Korean Society of Animal Reproduction（交流）
CIGR総会・シンポジウム（1993：東京），CIGR2000年記念大会（2000：つくば）ほか	IUPAC国際農薬化学会議（1982：京都），環太平洋農薬学術交流シンポジウム（1996：神戸），IUPAC国際農薬化学会議（2006：神戸）	日韓合同シンポジウム（毎年），国際胚移植学会（2006：京都），World Congress on Reproductive Biology（2008；ハワイ）

第 2 章 資 料

日本ペット栄養学会	日本木材学会	農業機械学会
Japanese Society of Pet Animal Nutrition	The Japan Wood Research Society	Japanese Society of Agricultural Machinery
東京都中央区新川2-6-16 (社)日本科学飼料協会内	東京都文京区向丘1-1-17 タカサキヤビル4F	埼玉県さいたま市北区日進町1-40-2 生研センター内
03-3297-5631	03-3816-0396	048-652-4119
	http://www.jwrs.org/	http://www.j-sam.org
1998年	1955年	1937年
2004年	1955年	1938年
ペット栄養学の研究とその研究者の育成を目指して会員相互の知識及び技術の向上とその普及を図ることを目的として設立	林産物に関する学術の発展を図ることを目的として設立した.	農業機械,農業施設および農業機械化に関する学術の進歩発展を図る.
895名	2,113名	1,269名
編集委員会,ペット栄養研究推進委員会,大会委員会,ペット栄養管理士認定委員会の4委員会,他に理事会	支部：4,研究会：15,研究分科会：3	委員会(12庶務,編集,財務,企画,表彰(以上常設),情報,国際交流,プログラム専門,英文誌編集,産官学連携,出版物)
ペット栄養学会誌 (Journal of Pet Animal Nutrition) 3回/年 (第1巻からの通巻数：10巻)	木材学会誌 (Mokuzai Gakkaishi) 6回/年 (第1巻からの通巻数：53巻)	農業機械学会誌 (Journal of the Japanese Society of Agricultural Machinery) 6回/年 (第1巻からの通巻数：70巻)
	Journal of Wood Science 6回/年 (第1巻からの通巻数：10巻)	Engineering in Agriculture, Environment and Food 4回/年 (近々創刊予定)
総会 (1), 部会 (1-4), 講演会 (2), シンポジウム (1)	総会 (1), 部会 (1), 講演会 (10), シンポジウム (10)	総会 (1), 講演会 (1-2), シンポジウム (2-3)
	日本木材学会賞：2件,日本木材学会奨励賞：2件,日本木材学会地域学術振興賞：2件,日本木材学会技術賞：2件,日本木材学会論文賞：2件	学術賞　原則1件/年,森技術賞　原則1件/年,奨励賞(研究,技術)　原則1件/年,国際賞(2008年度創設)　原則1件/年,功績賞　数名(社)/年
	国際木材学会.韓国木材工学会(交流)	国際農業工学会(CIGR), ISMAB (日本・韓国・台湾の農業機械学会と交流)
	太平洋地域木材解剖学会議 (6th PRWAC) (2005：京都), 木材の科学と利用技術に関する国際シンポジウム(2005：横浜) ほか	国際農業工学会21世紀記念世界大会(2000：筑波), ISMAB2004 (2004：神戸) ほか

農業施設学会	農業情報学会	(社)農業農村工学会
The Society of Agricultural Structures, Japan	Japanese Society of Agricultural Informatics	The Japanese Society of Irrigation, Drainage and Rural Engineering
茨城県つくば市観音台 2-1-6 農村工学研究所　農業施設工学研究チーム内	東京都目黒区下目黒 3-9-13 目黒炭やビル (財) 農林統計協会内	東京都港区新橋 5-34-4 農業土木会館内
029-838-7655	03-3492-2988	03-3436-3418
http://www.sasj.org	http://www.jsai.or.jp	http://www.jsidre.or.jp
1970年	1989年	1929年
1974年	1998年	1929年
会員相互の親和と協力により農業施設の研究と開発利用を推進し，その知識の向上と技術普及を図る．	農林水産分野における情報科学・情報技術の進歩発展と学術の推進を図り，食品産業・農山漁村の情報利用の普及を推進することを目的としている．	農業農村工学に関する学術及び技術についての発表及び連絡，知識の交換，情報の提供等を行う場となることにより，学術及び技術の進歩普及を図り，もって社会の発展に寄与することを目的とする．
500名	500名	10,509名
	情報利用・普及部会，生産・経営情報部会，環境情報部会，情報工学部会，経済・社会情報部会，農業工学部会	研究部会 13
	農業情報研究 (Agricultural Information Research) 4回/年 (第1巻からの通巻数：16巻)	農業農村工学会誌 (Journal of the Japanese Society of Irrigation, Drainage and Rural Engineering) 12回/年 (第1巻からの通巻数：76巻)
		Paddy and Water Environment 4回/年 (第1巻からの通巻数：5巻)
	総会 (1)，部会 (1-2)，講演会 (1)，シンポジウム (1-2)	総会 (1)，部会 (1-2)，講演会 (1)，シンポジウム (適宜)
学術賞，奨励賞，論文賞，技術賞，貢献賞	学会賞 (1)，学術賞 (2)，学術普及賞 (3)，学術奨励賞 (4)，開発奨励賞 (5)，論文賞 (6)，橋本賞 (7)，著述賞 (8)，ICT経営実践賞	学術賞 (3)，研究奨励賞 (4)，優秀論文賞 (3)，優秀技術賞 (2)，優秀技術リポート賞 (6)，著作賞 (1)，教育賞 (2)，環境賞 (2)，歴史・文化賞 (2)，地域貢献賞 (1)，メディア賞 (2)，功労賞 (5)，上野賞 (3)，沢田賞 (3)
国際農業工学会 (CIGR)	アジア農業情報技術連盟 (AFITA)，ヨーロッパ農業情報技術連盟 (EFITA)，世界農業コンピュータ会議 (WCCA)，国際農業工学会 (CIGR)	国際水田水環境学会 (The International Society of Paddy and Water Environment Engineering)
国際農業工学会21世紀記念世界大会 (2000：つくば)	アジア農業情報技術会議 (AFITA) (1988：和歌山)	世界水フォーラムプレシンポジウム (2002：大津)，International Conference on Management of Paddy and Water Environment for Sustainable Rice Production (2005：京都) ほか

農村計画学会	林業経済学会	(社) 林木育種協会
The Association of Rural Planning	The Japanese Forest Economic Society	Japan Forest Tree Breeding Association
東京都目黒区下目黒3-9-13 (財) 農林統計協会内	東京都北区田端2-7-26 フレンドリーハイツ201号	東京都千代田区六番町13-4
03-3492-2988	011-706-3342	03-3261-9406
http://www.soc.nii.ac.jp/arp/	http://wwwsoc.nii.ac.jp/jfes/	http://www11.ocn.ne.jp/~rinboku/
1982年	1995年	1953年
1986年	2005年	2007年
豊かで美しい農村環境と，活力と魅力にあふれた農村社会の創出をめざす教育・研究者，行政実務者，技術者および地域生活者の交流・啓発の場として発足した．社会，経済，法律，建築，土木，緑地，地理，環境科学など様々な分野を専門とする会員による学際的な交流を通じて，学術研究のみならず，調査やセミナーの開催，農村整備政策へのコミットなど多様な活動を展開している．	(1) 林業，林産業，山村さらには人間と森林との幅広いかかわりに関する社会科学および人文科学の理論的・実証的研究の向上 (2) 国内外における研究交流の促進および会員相互の研鑽	林木育種に関する技術の向上を図ることにより，森林資源を充実し，もって林業総生産量の増大に寄与すること
1,261名	434名	557名
委員会（総務委員会，編集委員会，研究委員会，学術交流委員会，事業企画委員会，国際交流委員会）		
農村計画学会誌（Journal of Rural Planning） 5回/年（第1巻からの通巻数：26巻）	林業経済研究（Journal of Forest Economics） 3回/年（林業経済研究会会報より第1巻からの通巻数：53巻）	林木の育種 5回/年（第1号からの通巻数：226号）
総会 (1), 講演会 (5), シンポジウム (2)	総会 (1), 部会 (2), シンポジウム (2)	総会 (1), 講演会 (1), シンポジウム (1)
学会賞 若干名，奨励賞 若干名，ベストペーパー賞 若干名，ポスター賞 若干名	林業経済学会賞（若干名），林業経済学会奨励賞（若干名）	林木育種賞 1/年
韓国農村計画学会（交流）		
国際シンポジウム「自然災害と農村計画」(2007：東京) ほか	IUFRO Symposium : Sustainable Management of Small Scale (1997：京都)，国際研究集会「次世代のための森林の役割―森林資源管理の哲学と技術―」(2004：宇都宮)	Creation of global environment with rich green land - Tree improvement for better forest in the 21st century (1997：東京) ほか

※ 平成21年度加盟学会（3学会）

実践総合農学会	日本ペドロジー学会	木質構造研究会
Society of Practical Integrated Agricultural Sciences	Japanese Society of Pedology	Japan Timber Engineering Society
東京都世田谷区桜丘1-1-1 東京農業大学総合研究所内	茨城県つくば市観音台3-1-3 （独）農業環境技術研究所内	東京都文京区弥生1-1-1 東京大学大学院農学生命科学研究科生物材料学専攻 木質材料学研究室内
03-5477-2532	029-838-8353	03-5841-5253
http://spia.jp/	http://pedology.ac.affrc.go.jp/	http://wwwsoc.nii.ac.jp/jte/
2004年	1957年	1981年
2009年	2009年	2009年
農学研究者だけでなく農業生産者，消費者，企業・マスコミ関係者など，多様な価値観と知識の体系を有する人々が会員になることによって，農学における専門深化型の学術研究成果を実社会の問題解決に応用し，持続的農業生産の実現と地球・地域環境の次世代への円滑な継承を図る．	土壌の生成，分類および調査に関する研究の発展と知識の普及をはかり，自由な討論の場をつくることを目的とする．	木材・木質材料・木質構造に関する研究・技術開発の推進を図り，これらの分野の技術の正しい理解と発展・普及に寄与することを目的とする．
442名	565名	343名
		選考委員会，論文審査委員会，企画委員会，編集委員会，運営委員会，横架材技術検討WG
食農と環境2回/年（第1巻からの通巻数：5巻）	ペドロジスト2回/年（第1巻からの通巻数：53巻）	Journal of Timber Engineering 6回/年（第1巻からの通巻数：21巻）
総会(1)，シンポジウム(2)	総会(1)，講演会(1)，シンポジウム(1)	総会(1)，部会(4)，講演会(1-2)，シンポジウム(4)
学術賞，奨励賞，実践賞（授賞実績なし）	日本ペドロジー学会論文賞（2年に1件），日本ペドロジー学会ポスター賞（1年に1件）	公益信託木質材料・木質構造技術研究基金賞第1部門（杉山英男賞）（年2件程度），第2部門（大熊幹章賞）（年2件程度），国際交流助成（年2件程度）
	国際土壌科学連合（IUSS）・国際地理学連合（IGU）（交流）	The New Zealand Timber Design Society（交流）
	9th International Soil Classification Workshop (1987：つくば)，第14回国際土壌科学会議（1990：京都），International symposium on volcanic ash soils and field workshop in the Mt. Fuji area (2006：川崎)，8th Conference of the East and Southeast Asian Federation of Soil Science (2007：つくば)	International Timber Engineering Conference (1990：東京)，World Conference on Timber Engineering (2008：宮崎)

日本農学会創立80周年記念事業実行委員会ならびに日本農学80年史執筆者名簿

実行委員会
　委員長　　山﨑　耕宇（前日本農学会副会長）
　副委員長　日比　忠明（日本農学会副会長）
　顧問　　　熊澤　喜久雄（前日本農学会会長）
　　　　　　鈴木　昭憲（日本農学会会長）
　　　　　　大熊　幹章（日本農学会副会長）
　　　　　　田中　学
　委員　　　鈴木　誠　　　木村　眞人　　八村　敏志　　酒井　秀夫　　松本　雄二
　　　　　　渡部　終五　　酒井　仙吉　　長谷川　篤彦　安富　六郎　　大下　誠一
　　　　　　谷口　信和
　（日本農学会常任委員）
　　　［庶務］日野　明徳　　山内　啓太郎（日本農学80年史編集幹事長）
　　　　　　　白木　克繁　　桑原　正貴
　　　［会計］柏　雅之　　　馬場　正　　　吉迫　宏　　　仁多見　俊夫
　　　［企画］小林　一　　　中村　典裕　　工藤　貴史　　山川　卓
　　　［編集］小野　智昭
　事務局　　千々松　明子　黒住　圭子

執筆者（執筆順）
　第1編　　山﨑　耕宇　　日比　忠明　　嶋田　透　　　鈴木　誠　　　木村　眞人
　　　　　　八村　敏志　　酒井　秀夫　　松本　雄二　　渡部　終五　　酒井　仙吉
　　　　　　長谷川　篤彦　安富　六郎　　大下　誠一　　谷口　信和
　第2編　　梶浦　一郎　　矢澤　進　　　今西　英雄　　今井　勝　　　谷坂　隆俊
　　　　　　雑賀　優　　　平田　昌彦　　井上　弘明　　難波　成任　　露無　慎二
　　　　　　道家　紀志　　百町　満朗　　桐谷　圭治　　森田　弘彦　　満井　喬
　　　　　　竹田　敏　　　鈴木　誠　　　藤崎　健一郎　阿部　恭久　　木村　眞人
　　　　　　三枝　正彦　　犬伏　和之　　岩崎　正美　　藤山　英保　　山口　武視
　　　　　　山本　定博　　荒井　綜一　　坂神　洋次　　松井　博和　　中久喜　輝夫
　　　　　　北畑　寿美雄　小林　富士雄　松村　和樹　　藤澤　義武　　笠原　義人
　　　　　　有光　一登　　木平　勇吉　　飯塚　堯介　　会田　勝美　　加瀬　和俊
　　　　　　吉水　守　　　中村　充　　　吉澤　史昭　　佐藤　英明　　甲斐　藏
　　　　　　半澤　惠　　　佐藤　正寛　　鈴木　啓一　　柏崎　直巳　　友金　弘
　　　　　　寺田　文典　　唐澤　豊　　　安江　健　　　鎌田　嘉彦　　羽賀　清典
　　　　　　矢野　史子　　阿久澤　良造　千国　幸一　　小澤　壯行　　小泉　聖一
　　　　　　笹本　修司　　西原　眞杉　　前多　敬一郎　内藤　邦彦　　長嶋　比呂志
　　　　　　菅原　邦生　　都築　政起　　森　誠　　　　内藤　充　　　菅原　邦生
　　　　　　田中　智夫　　佐々木　義之　長谷川　篤彦　竹村　直行　　高島　一昭
　　　　　　岩崎　和巳　　真木　太一　　橋本　康　　　高辻　正基　　冨田　正彦
　　　　　　福与　徳文　　秋山　侃　　　町田　武美　　笹尾　彰　　　武本　長昭
　　　　　　坂井　直樹　　前川　孝昭　　谷口　信和　　泉田　洋一　　岩本　純明
　　　　　　津谷　好人　　鈴木　俊
　第3編　　山﨑　耕宇

あとがき

　日本農学会が創立80周年を迎えるに当たって，何らかの記念事業を行ったらどうかという話は，役員の間でしばしば交わされていたが，これが具体化し準備委員会が設けられたのは2006年の夏のことであった．準備委員会では記念事業として，記念式典の開催にあわせて日本農学の80年史を出版することになった．準備委員会での2回の討議を経て，正式に記念事業実行委員会が発足したのは翌2007年3月のことで，時間のかかる80年史の編纂事業がまず開始された．

　すでに日本農学会は，1979年の創立50周年を記念して「日本農学50年史」（養賢堂）を刊行している．その内容は第1編：日本農学研究を推進してきたもの，第2編：専門分野（学会）の発展，第3編：日本農学会史料となっている．新たに編纂する80年史も，この前書の形式を踏襲し，前書以降の30年の学術の発展に力点を置いて記述することを基本とした．ただし第1編にあたる部分は，前書では10余名の研究者の2年間に及ぶ討論内容（その大要は「日本の農学研究」（農文協）として別途出版されている）をもとに記述したもので，限られた期間内でこれに匹敵するものを作成することは到底できなかった．そこで実行委員各位に依嘱して，それぞれが関係する農学の主要な研究領域について，学術の発展を総括することとした．第2編が各論に当たるとすれば，第1編はそれらをグループ別にまとめた総論ともいうべき記述となった．

　第2編は日本農学会加盟の各学協会に記述を依頼した．創立50周年の段階に26であった加盟学会数は本記念実行委員会発足時には50の多きに達し，さらにこの2009年には，新たに3つの学協会が加盟している．加盟学協会数の激増は，この30年間におけるバイオテクノロジー，情報科学，環境科学などの目覚しい発展に積極的に寄与しながら，農学界が単に農林水産業や食品産業などへの対応に留まらず，より広範な学術領域へと専門分化してきたことを物語るものであろう．それだけに各専門分野の記述は多面に及んでいるが，本書ではページ数の制約から割愛された部分も少なくなかったのではないかと思われる．また新加盟の3学協会については，時間的制約のため，その概要を一覧表に追加するにとどめざるを得なかった．なお加盟学協会概要一覧表や第3編の史料などの整理作成は，実行委員会役員や事務局が主として担当した．

　改めてこの間の研究環境の変化に思いを致すと，研究者にはより広範な社会的活躍が期待される一方，業績はより厳しく評価される事態が進行している．本書の執筆者および実行委員会メンバーの多くは現役の研究者である．多忙な研究環境の中で，本書の執筆ならびに編集に，貴重な時間を割いて協力されたことに深甚の謝意を表したい．とりわけ日本農学会副会長の日比忠明博士，同会前庶務幹事の山内啓太郎博士には，本書の企画の始まりから編集の万般に亘ってご尽力を賜った．またこの間，千々松明子さんは煩雑な編集事務の一切を取り仕切られた．ここに記して心からのお礼を申し上げたい．最後になったが，本書の印刷・出版を快諾された株式会社養賢堂にも厚くお礼申し上げる．

日本農学会創立80周年記念事業実行委員長　　山﨑耕宇

Ⓡ〈学術著作権協会委託〉		
2009	2009年10月5日	第1版発行

日本農学80年史

検印省略

	編著者	日本農学会
ⓒ著作権所有	発 行 者	株式会社 養 賢 堂 代 表 者 及川 清
定価6300円 (本体 6000 円) 税 5%	印 刷 者	株式会社 丸井工文社 責 任 者 今井晋太郎

〒113-0033 東京都文京区本郷5丁目30番15号

発行所 株式会社 養賢堂　TEL 東京 (03) 3814-0911　振替00120-7-25700
　　　　　　　　　　　　　FAX 東京 (03) 3812-2615
　　　　　　　　　　　　　URL http://www.yokendo.com/

ISBN978-4-8425-0461-2　C3061

PRINTED IN JAPAN　　　製本所　株式会社 丸井工文社

本書の無断複写は、著作権法上での例外を除き、禁じられています。
本書からの複写許諾は、学術著作権協会（〒107-0052 東京都港区赤坂 9-6-41 乃木坂ビル、電話 03-3475-5618・ＦＡＸ03-3475-5619）から得てください。